本书大型交互式、专业级、同步教学演示多媒体DVD说明

1.将光盘放入电脑的DVD光驱中，双击光驱盘符，双击Autorun.exe文件，即进入主播放界面。（注意：CD光驱或者家用DVD机不能播放此光盘）

主界面

辅助学习资料界面

多媒体光盘使用说明

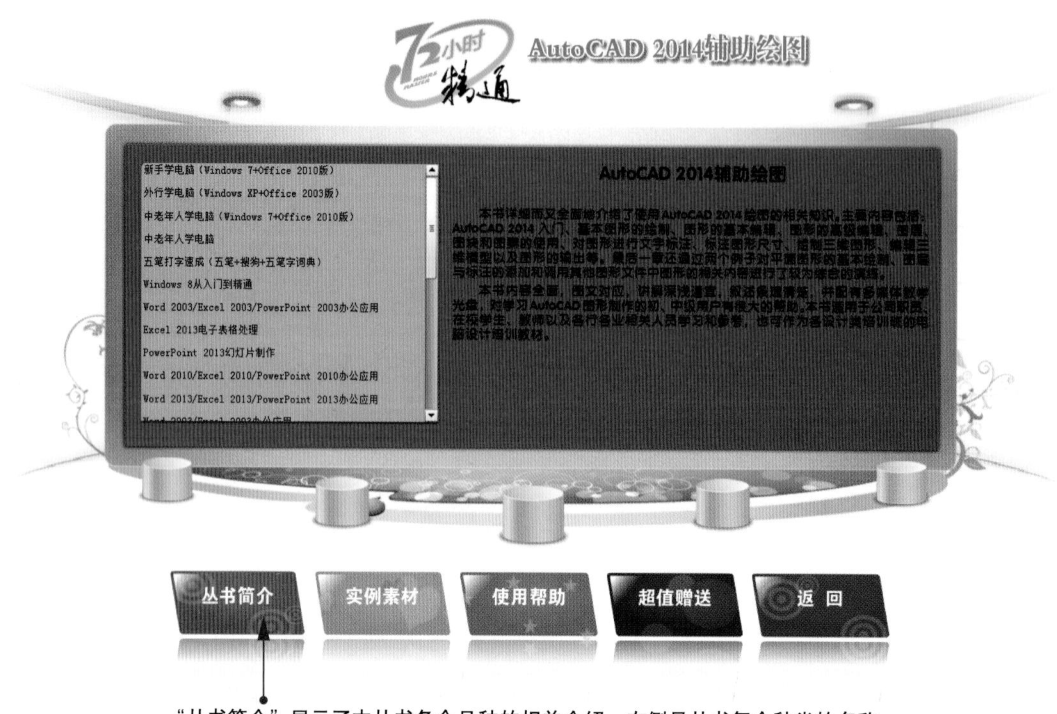

“丛书简介”显示了本丛书各个品种的相关介绍，左侧是丛书每个种类的名称，共计26种；右侧则是对应的内容简介。

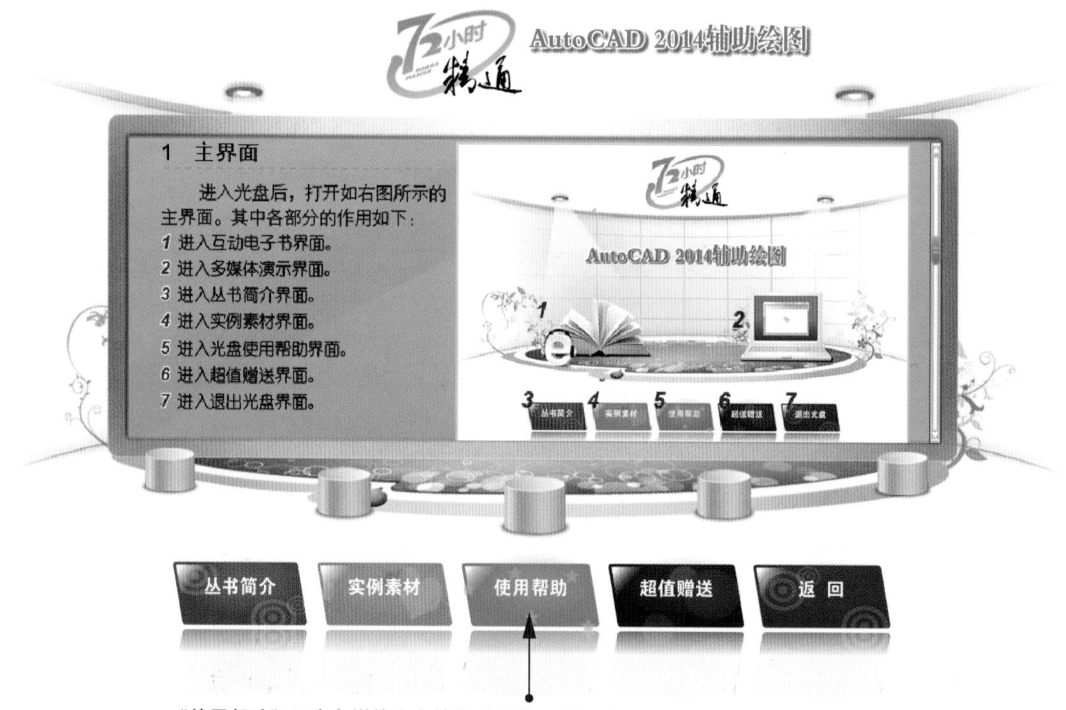

“使用帮助”是本多媒体光盘的帮助文档，详细介绍了光盘的内容和各个按钮的用途。

2.单击“阅读互动电子书”按钮进入互动电子书界面。

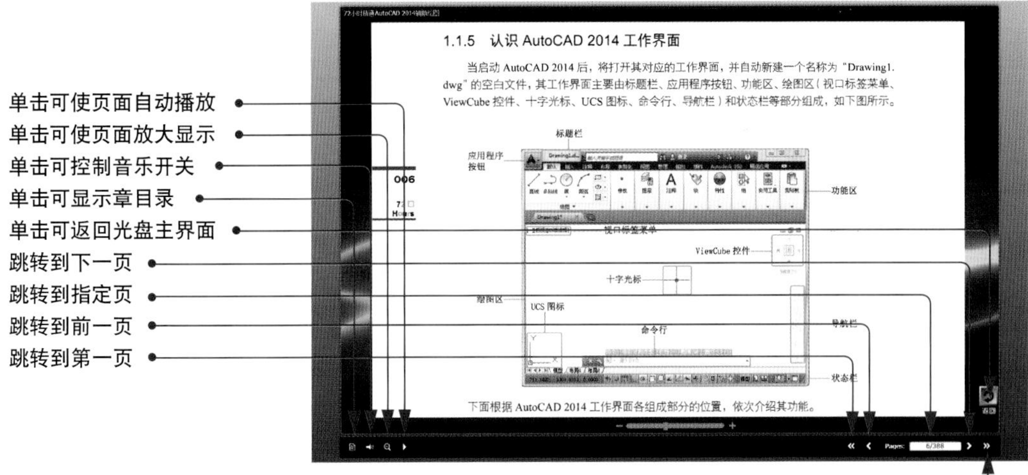

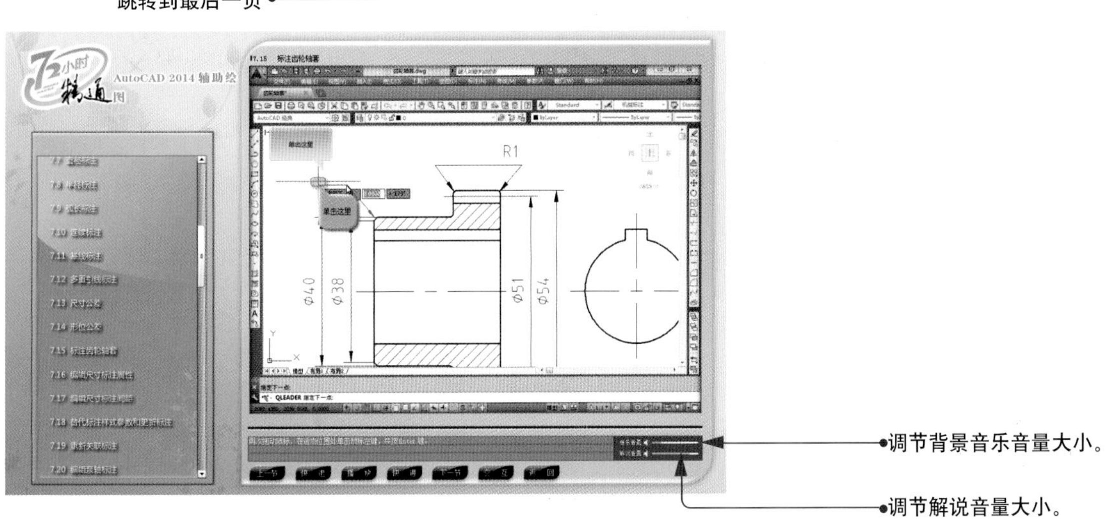

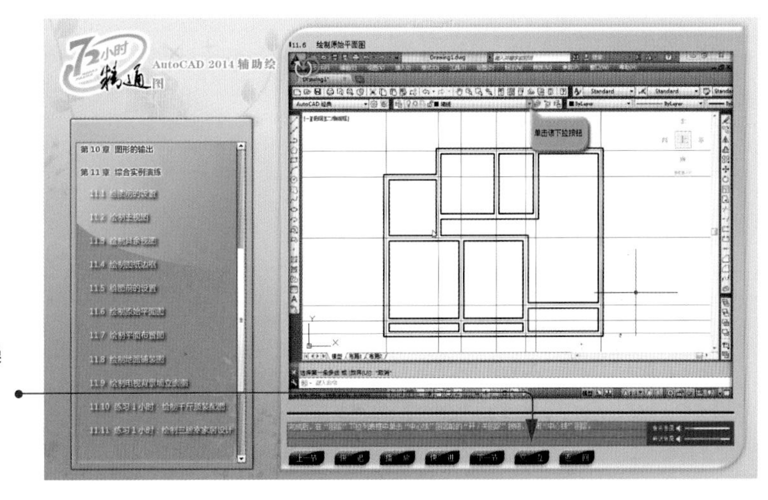

单击“交互”按钮后，进入模拟操作，读者须按光标指示亲自操作，才能继续向下进行。

AutoCAD 2014入门

三角形重心

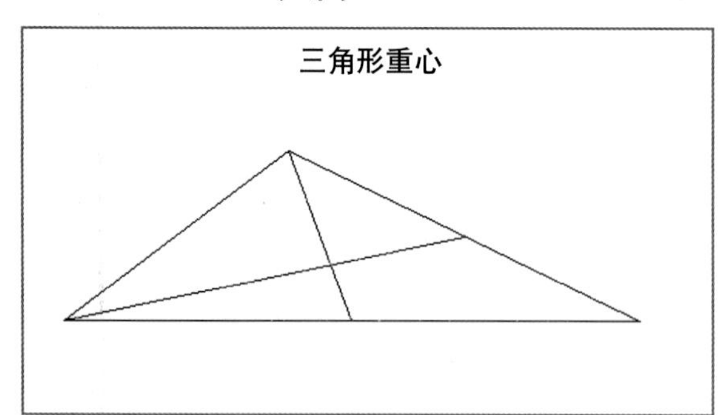

圆公切线

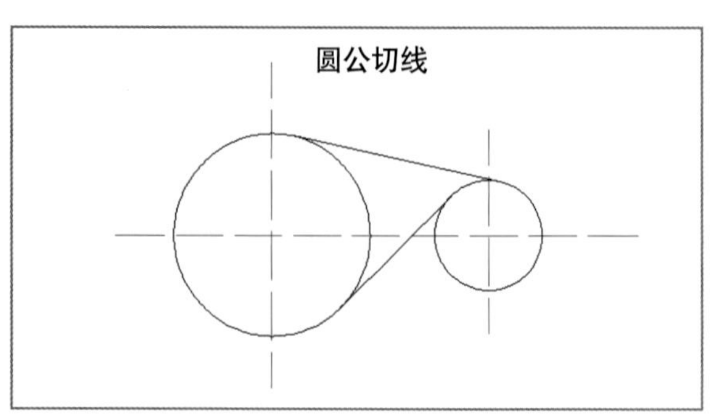

基本图形的绘制

半波整流电路图

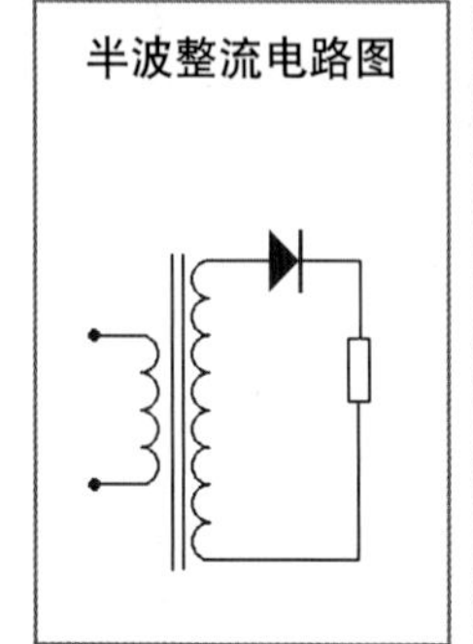

二居室平面图

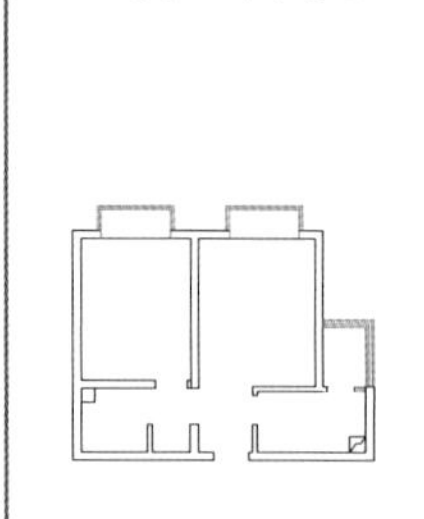

禁止掉头

门锁

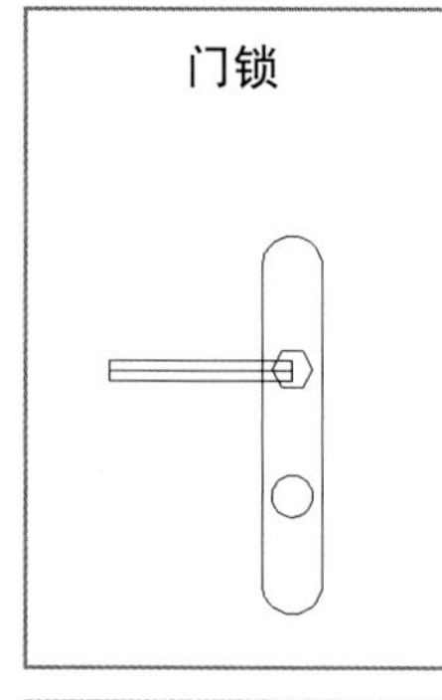

齿轮图形

茶杯

口杯

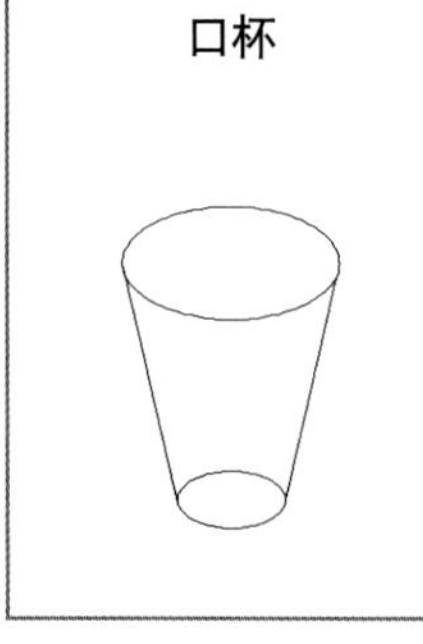

卡通造型

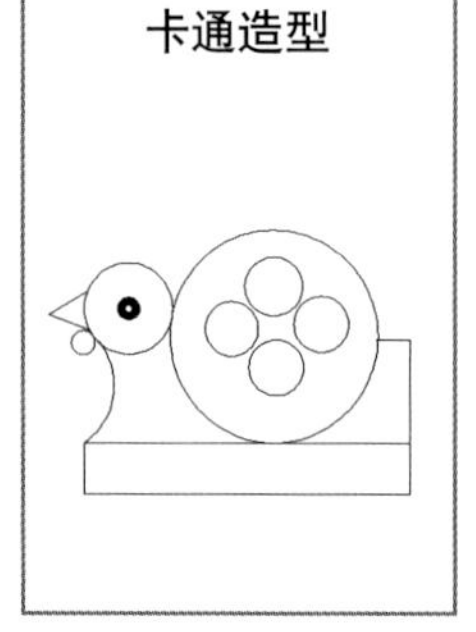

扬声器

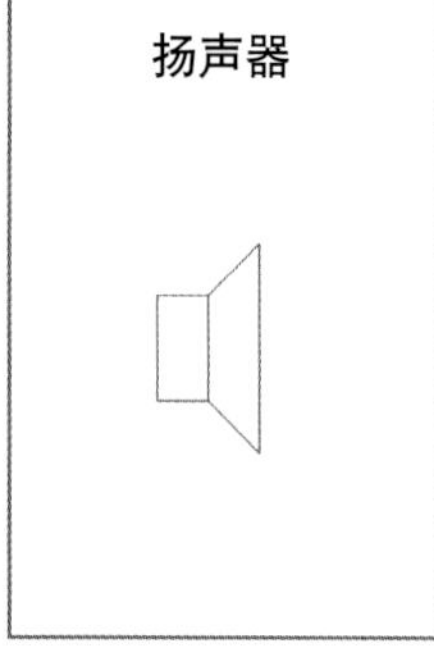

米老鼠

图形的基本编辑

餐桌

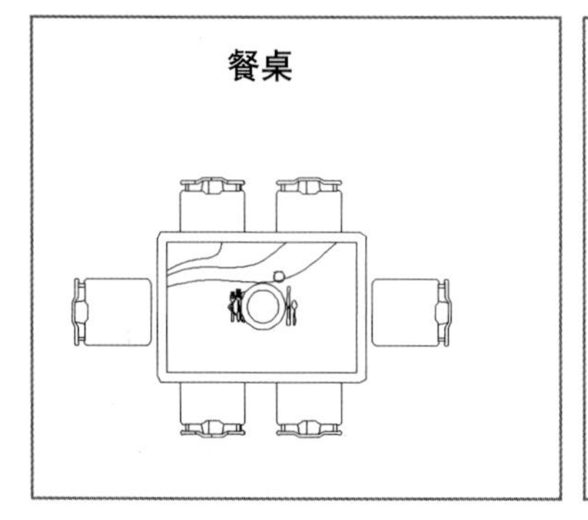

螺母主视图

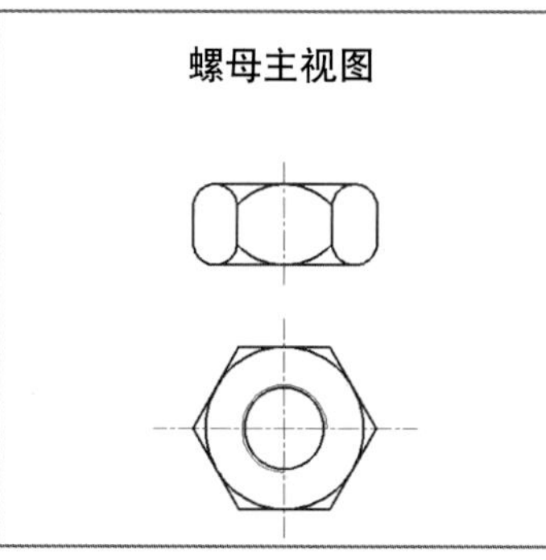

圆桌

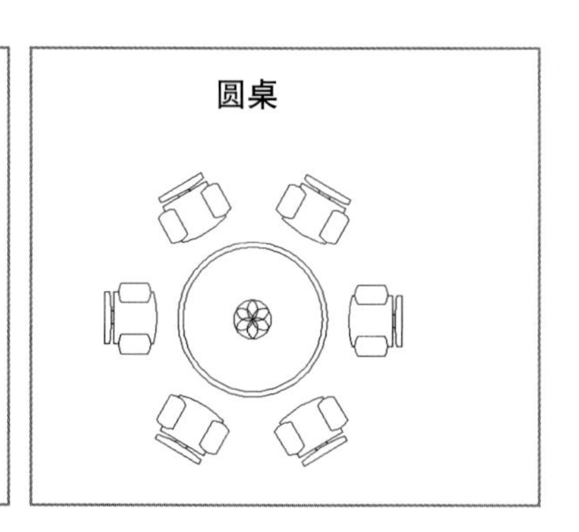

沙发

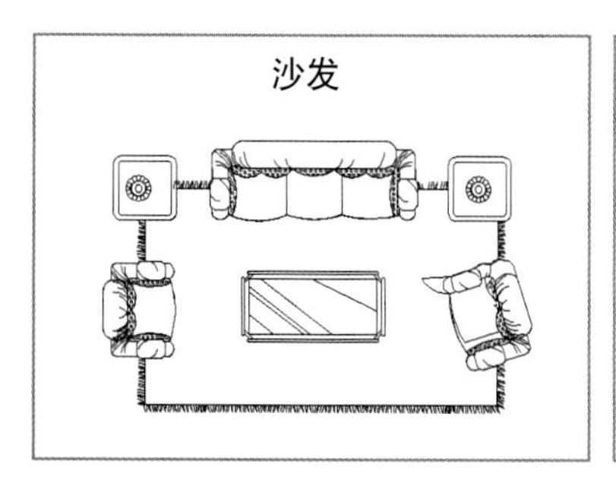

底板

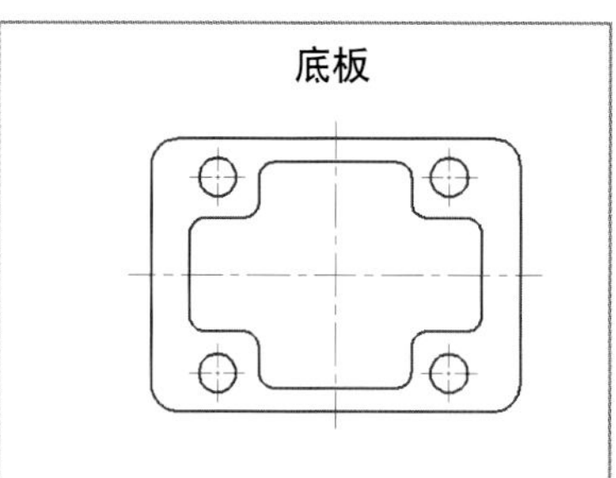

台灯

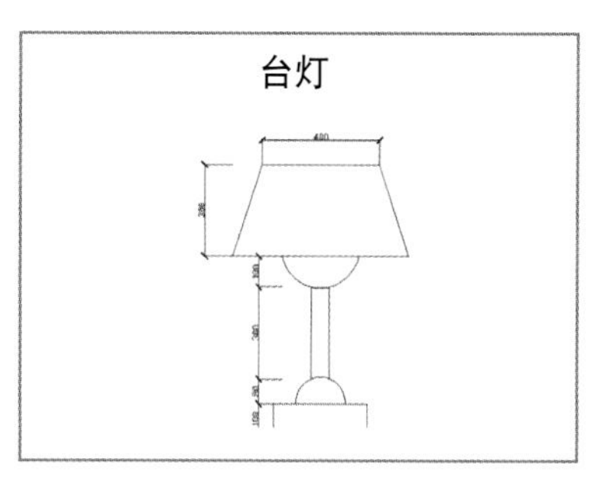

图形的高级编辑

等边三角形

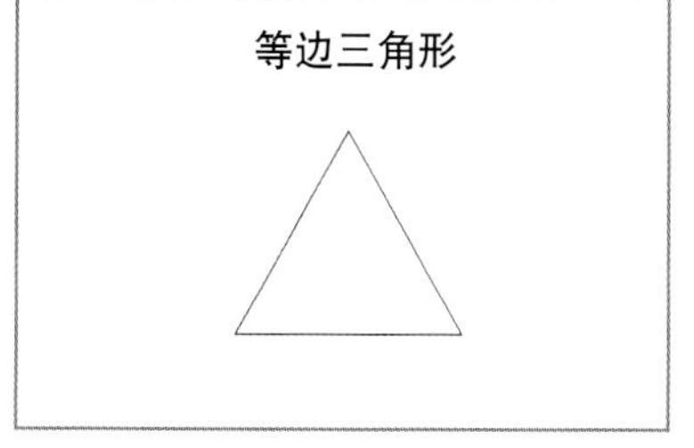

六角开槽螺母

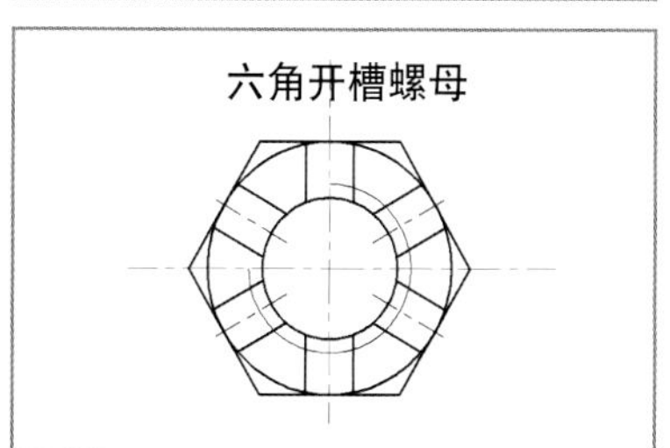

四边形

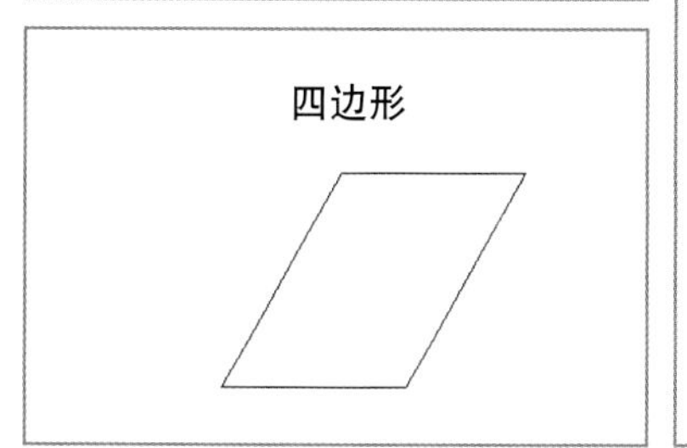

面积周长图

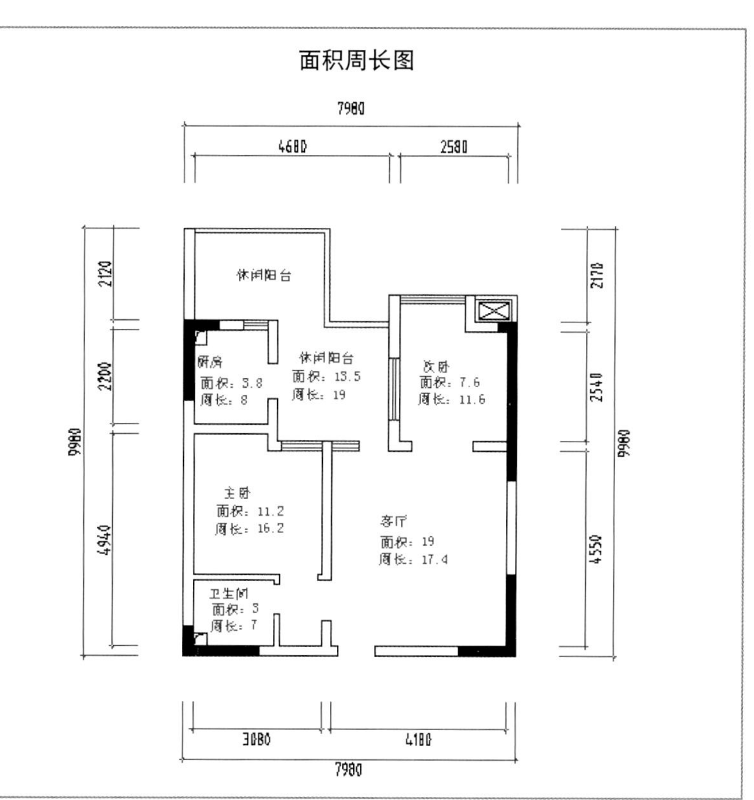

图层、图块和图案的使用

中式相片框

向日葵装饰画

装饰画

足球

Best Design
Digital communications, the digital era

综合实例演练

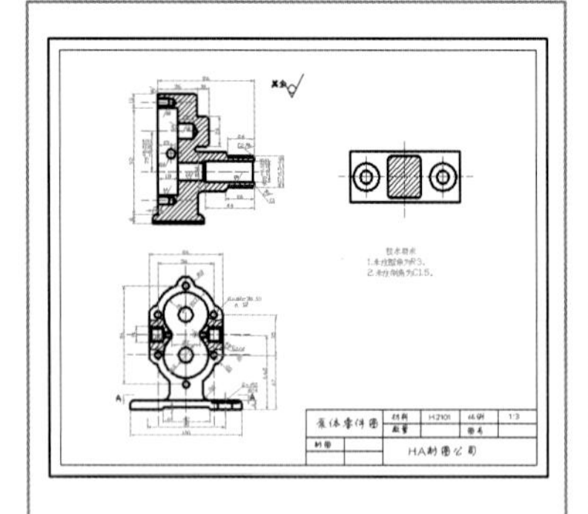
HA机械公司

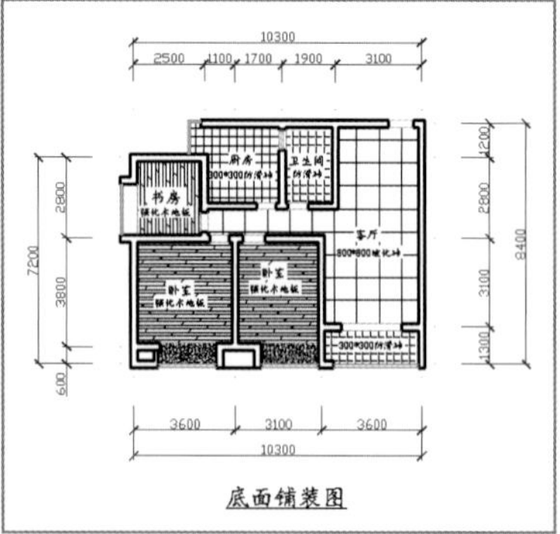
10300
2500
1100
1700
1900
3100
厨房
卫生间
书房
卧室
卧室
客厅
7200
2800
3800
600
8400
1200
2800
3100
1300
3600
3100
3600
10300
底面铺装图

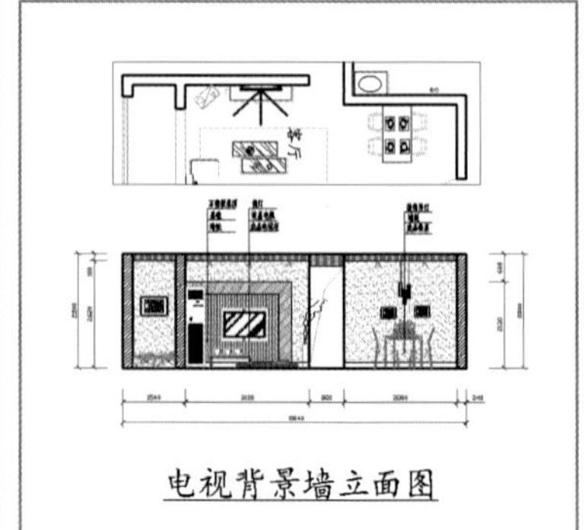
电视背景墙立面图

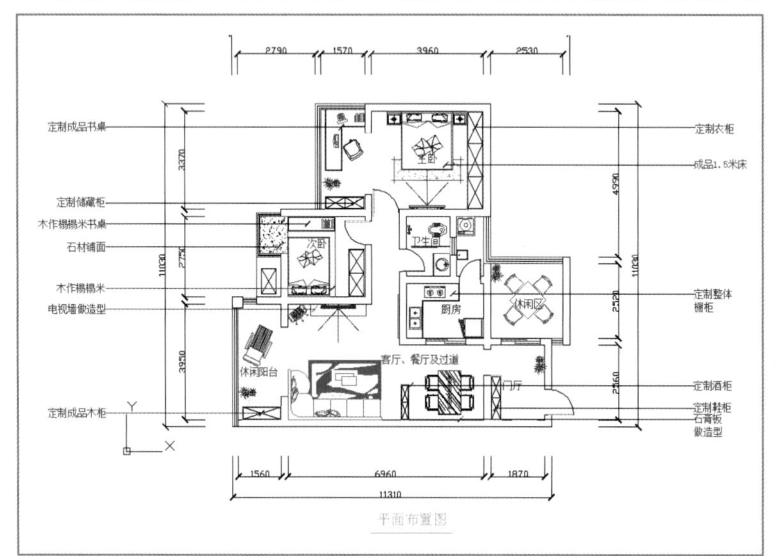
2790
1570
3960
2530
定制成品书桌
定制储藏柜
木作榻榻米书桌
石材铺面
木作榻榻米
电视墙做造型
定制成品木柜
定制衣柜
成品1.5米床
定制整体橱柜
定制酒柜
定制鞋柜
石膏板做造型
主卧
次卧
卫生间
厨房
休闲区
休闲阳台
客厅、餐厅及过道
门厅
3370
2750
3950
11030
4590
2520
2560
11030
1560
6960
1870
11310
平面布置图

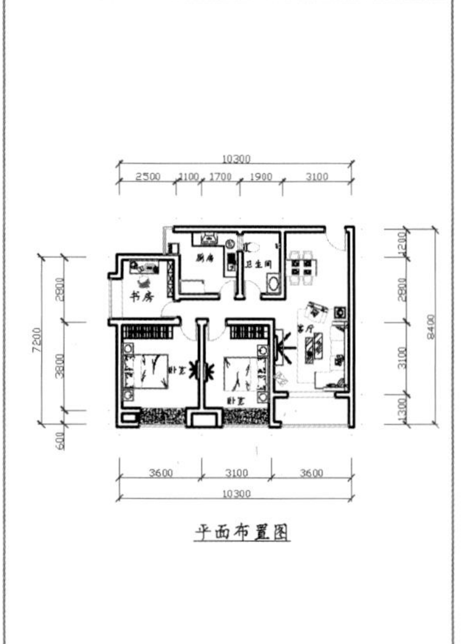
10300
2500
1100
1700
1900
3100
书房
厨房
卫生间
客厅
卧室
卧室
7200
2800
3800
600
8400
1200
2800
3100
1300
3600
3100
3600
10300
平面布置图

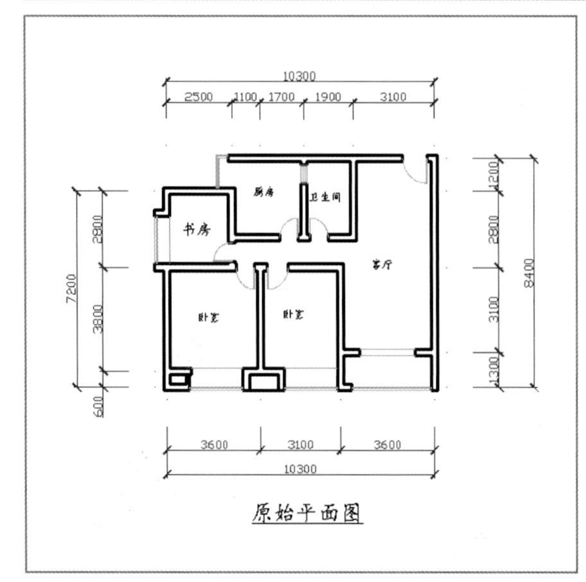
10300
2500
1100
1700
1900
3100
厨房
卫生间
书房
客厅
卧室
卧室
7200
2800
3800
600
8400
1200
2800
3100
1300
3600
3100
3600
10300
原始平面图

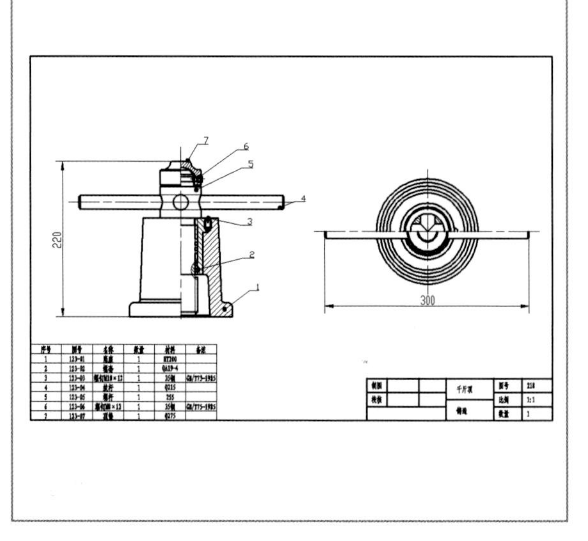
7
6
5
4
3
2
1
220
300
千斤顶

标注图形尺寸

SNAG-3298

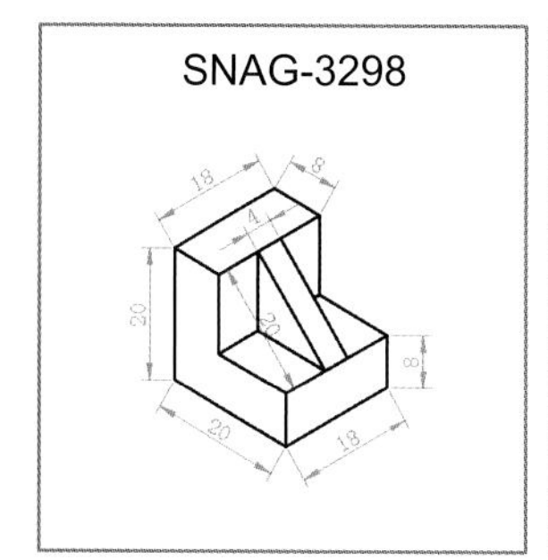

SNAG-3299

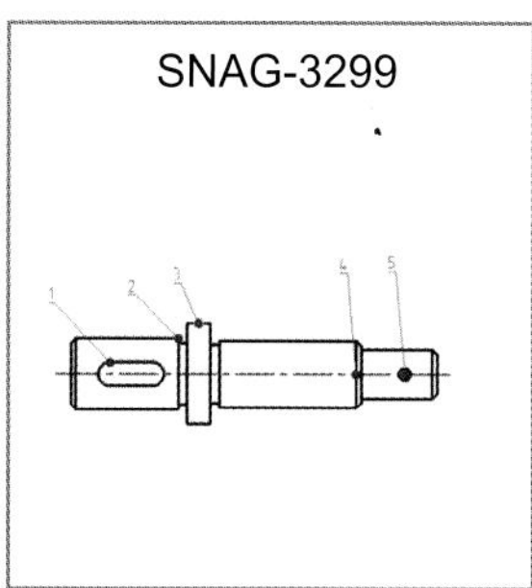

齿轮轴

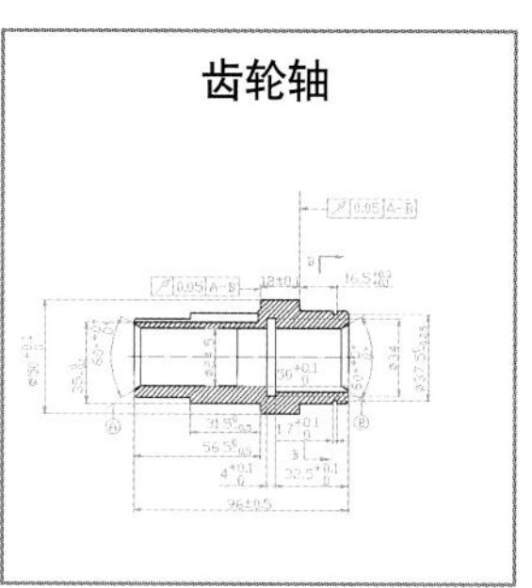

齿轮轴套

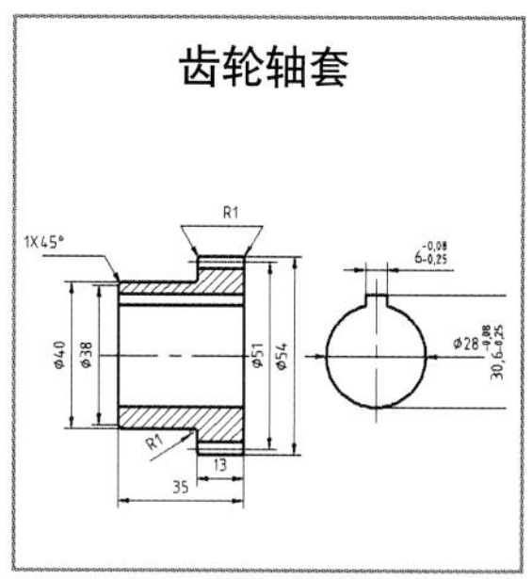

V型块

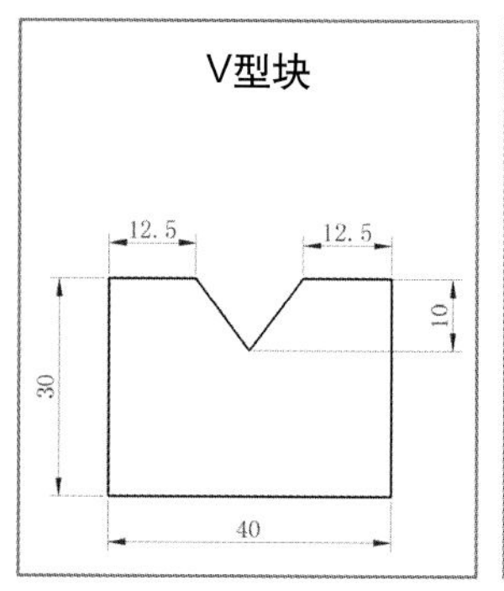

泵轴

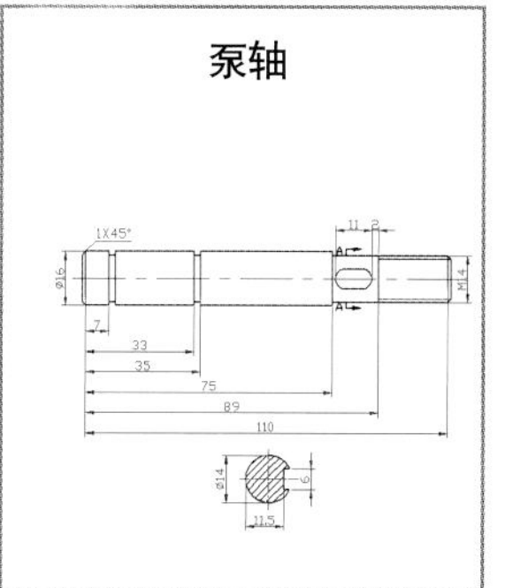

床立面图

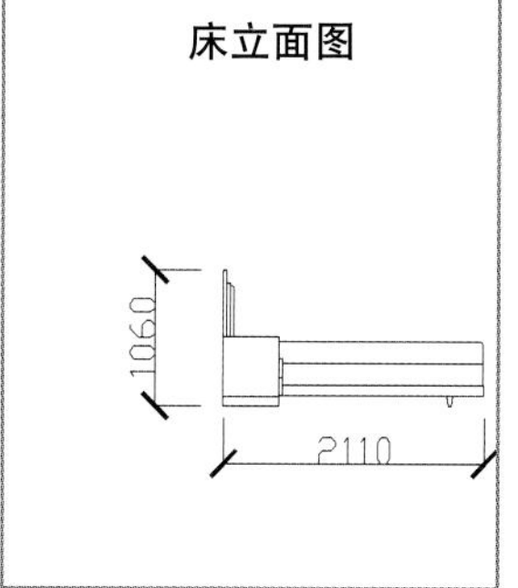

单人沙发立面图

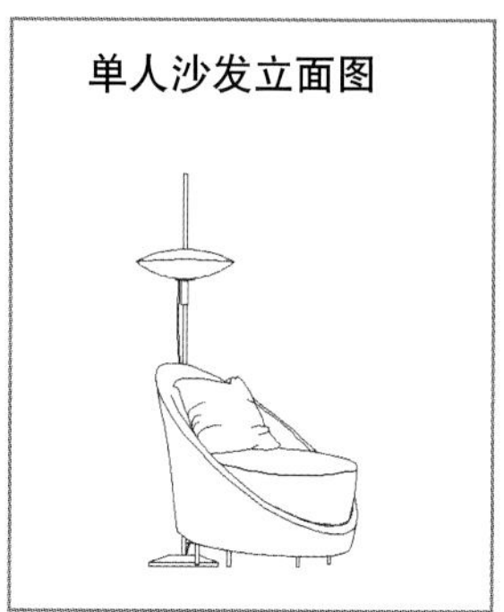

阶梯轴

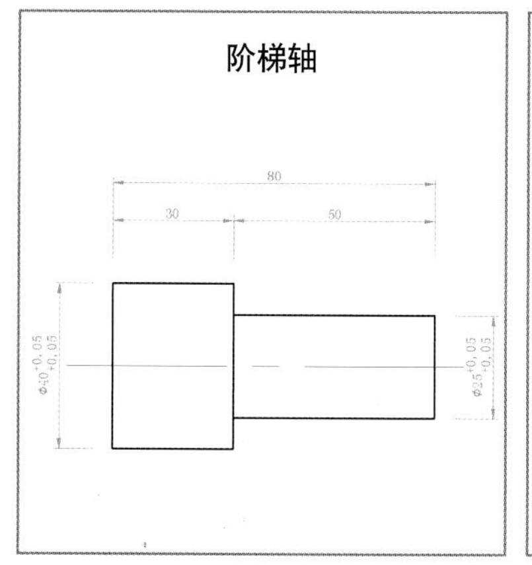

机件

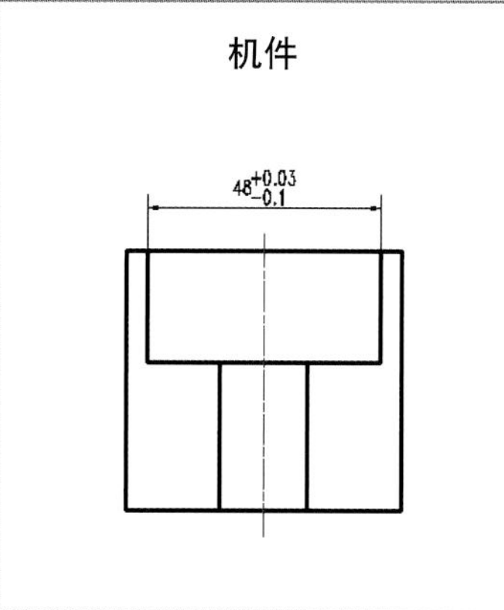

阀盖

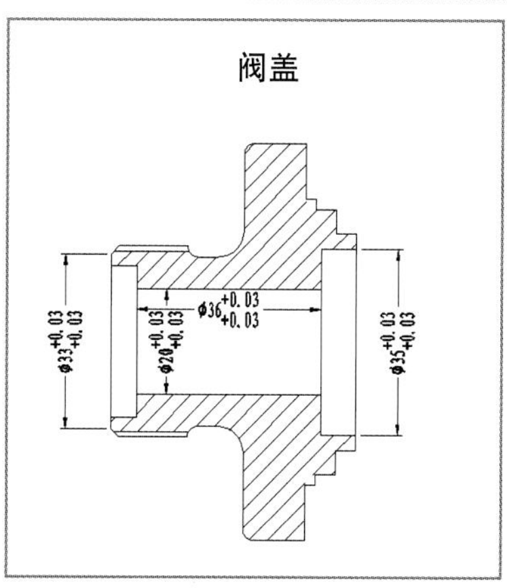

曲柄

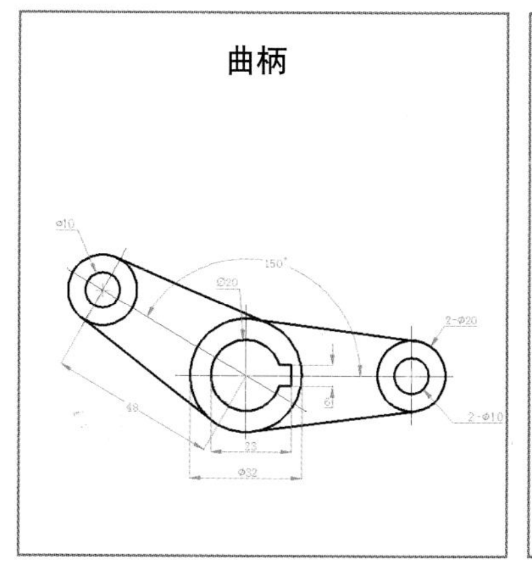

托架

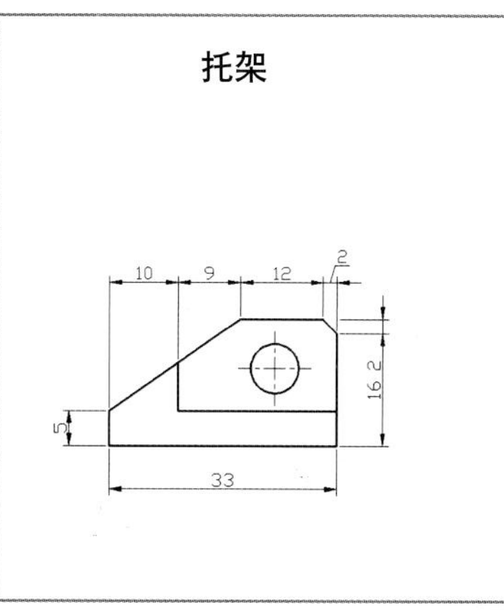

活动钳身

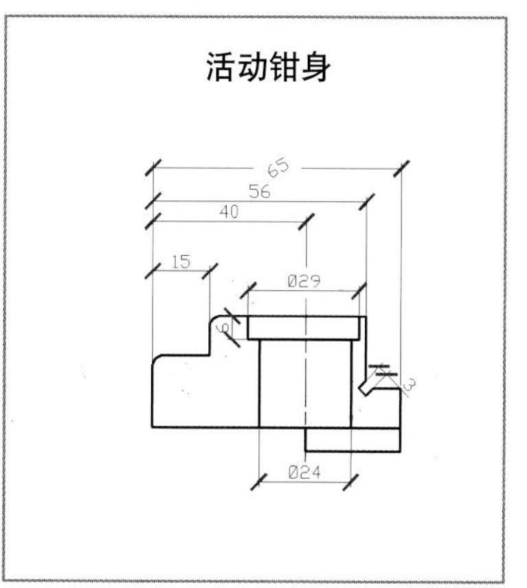

绘制三维图形

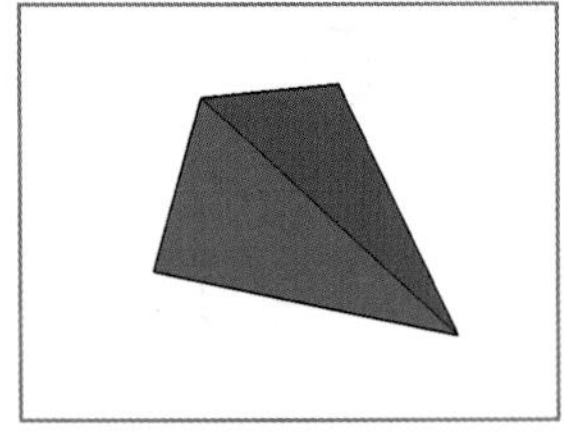

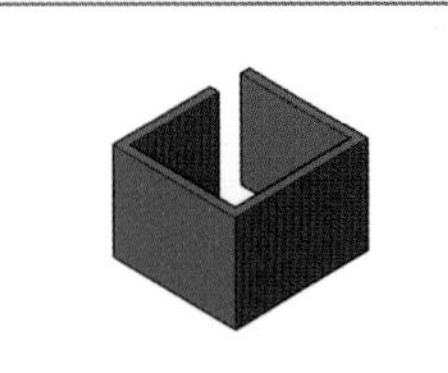

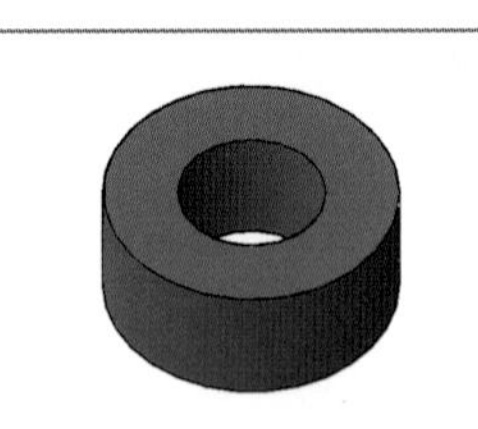

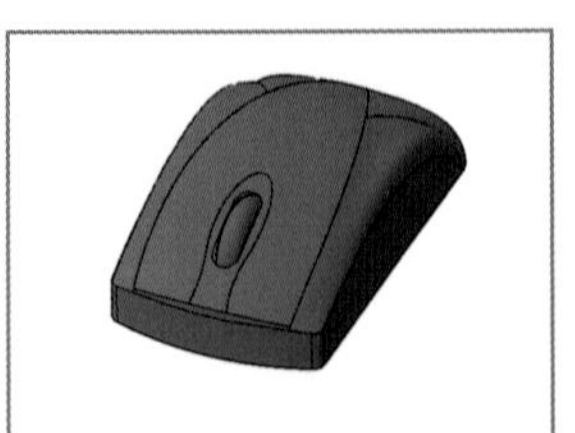

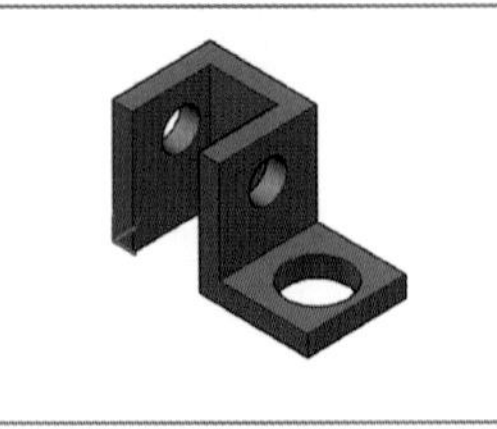

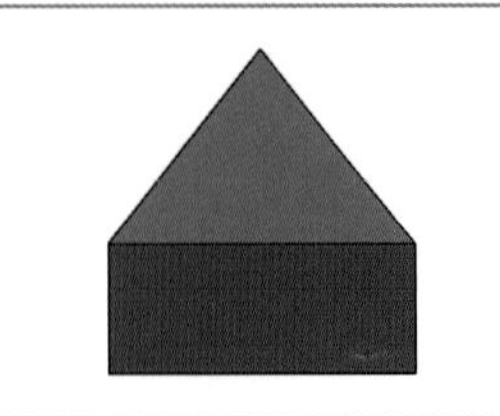

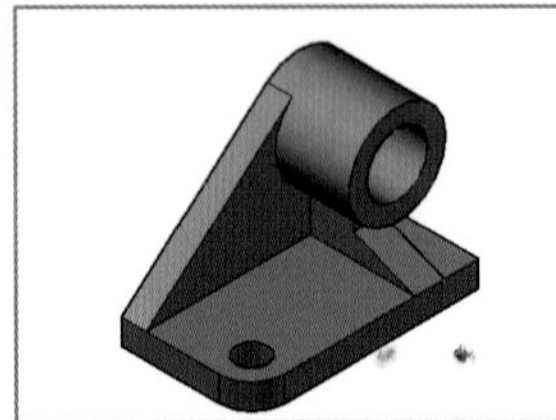

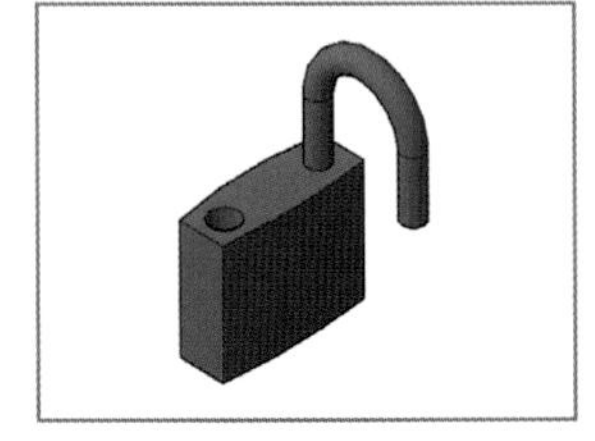

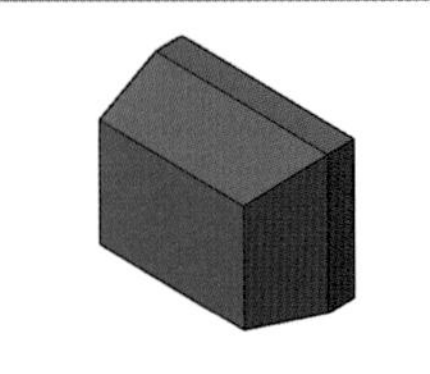

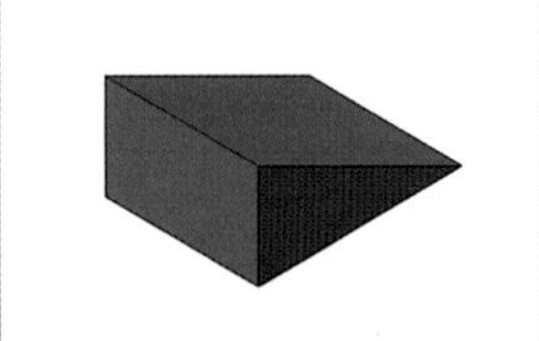

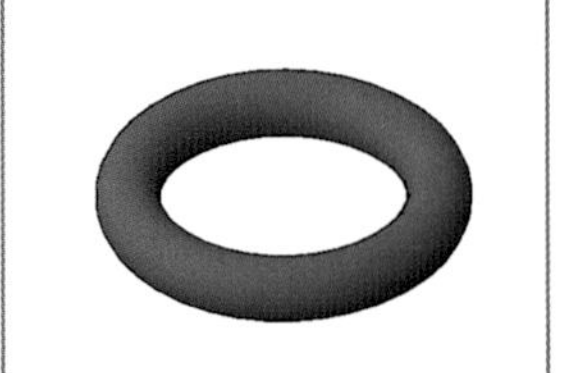

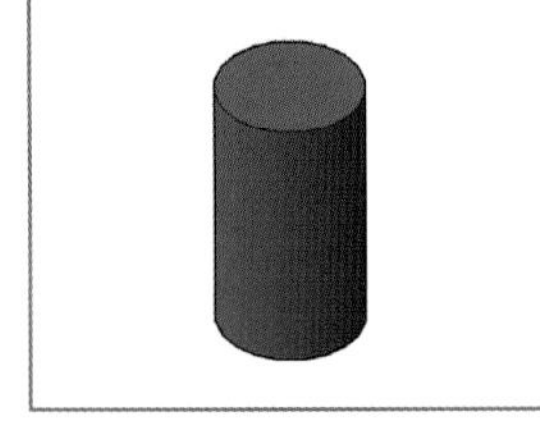

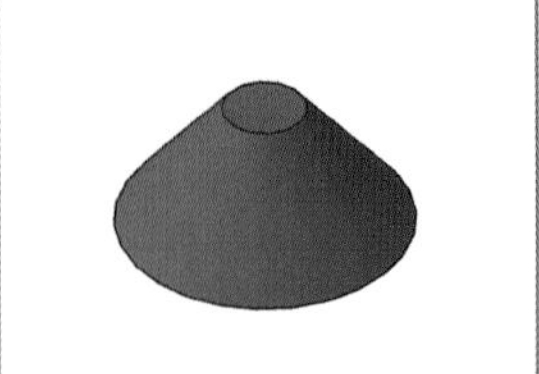

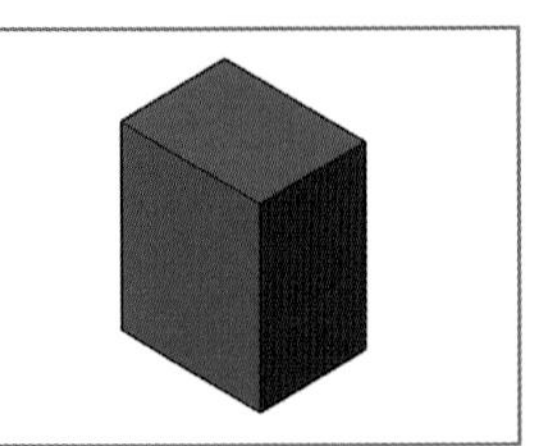

三维积木

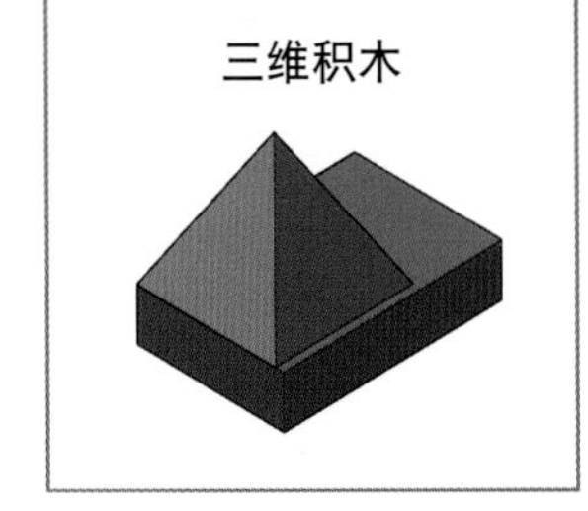

转向盘

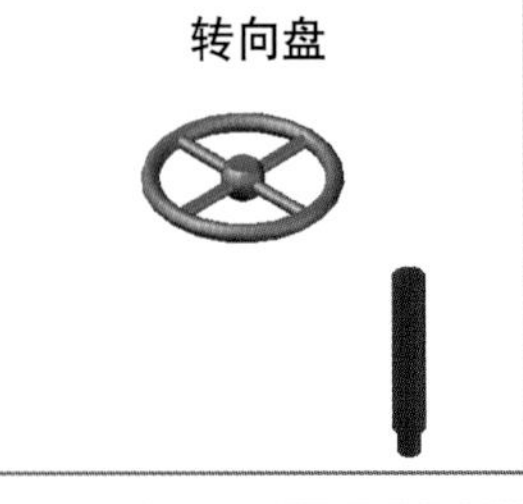

碟形螺母

圆口杯

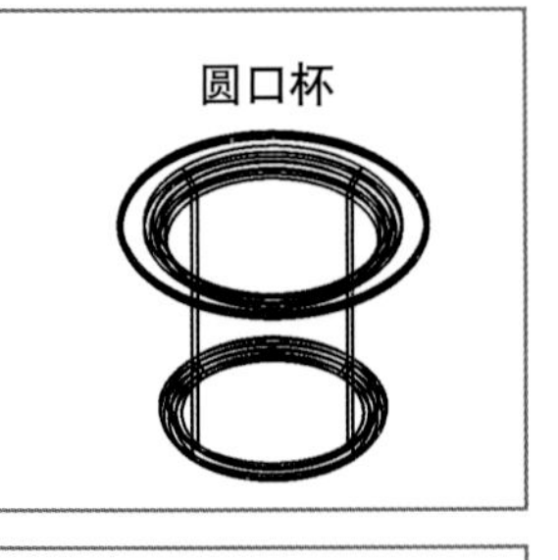

圆石桌

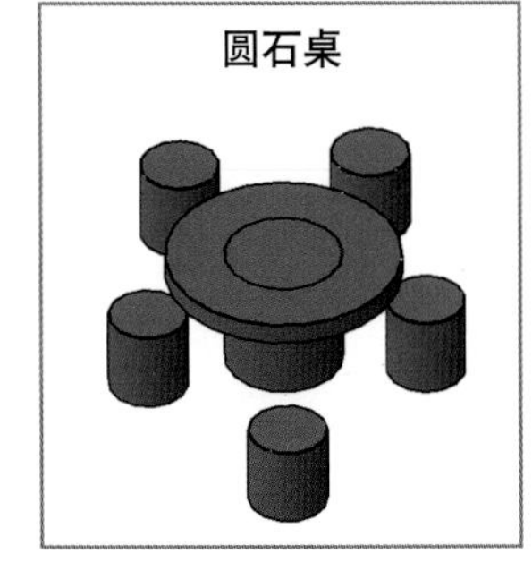

三通管

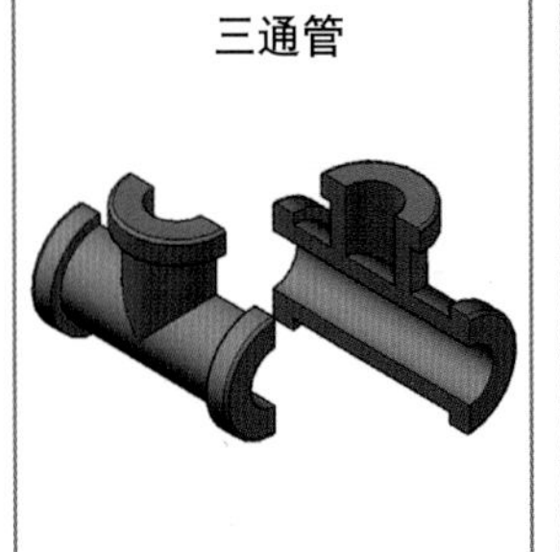

镶块

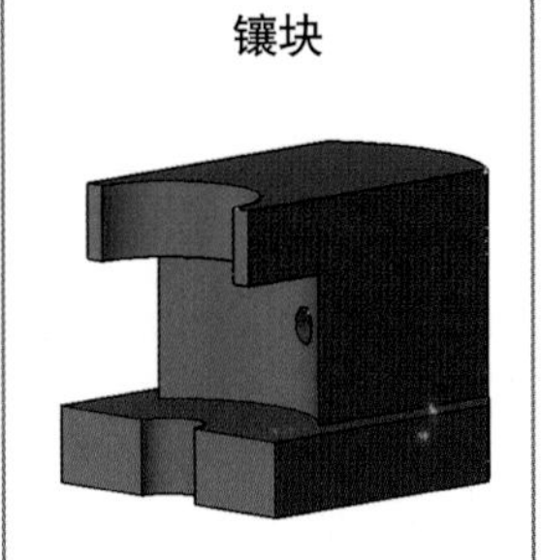

固定板

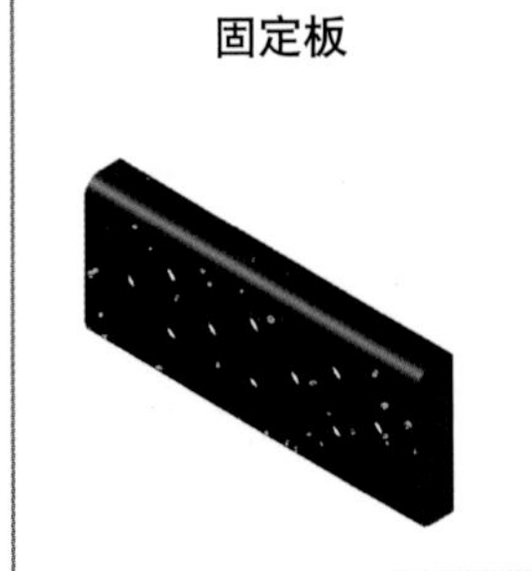

AutoCAD 2014 辅助绘图

九州书源／编著

清华大学出版社

北　京

内容简介

《AutoCAD 2014辅助绘图》一书详细而全面地介绍了使用AutoCAD 2014绘图的相关知识，主要内容包括AutoCAD 2014入门，基本图形的绘制，图形的基本编辑，图形的高级编辑，图层、图块和图案的使用，对图形进行文字标注，标注图形尺寸，绘制三维图形，编辑三维模型和图形的输出等。最后一章还通过两个例子对平面图形的绘制、文字与标注的添加和调用其他图形文件中图形的相关内容进行了综合演练。

本书内容全面，图文对应，讲解深浅适宜，叙述条理清楚，并配有多媒体教学光盘，对学习AutoCAD图形制作的初、中级用户有很大帮助。本书适用于公司职员、在校学生、教师以及各行各业相关人员进行学习和参考，也可作为各设计类培训班的计算机辅助设计培训教材。

本书和光盘有以下显著特点：

152节交互式视频讲解，可模拟操作和上机练习，边学边练更快捷！

实例素材及效果文件，实例及练习操作，直接调用更方便！

全彩印刷，炫彩效果，像电视一样，摒弃"黑白"，进入"全彩"新时代！

372页数字图书，在电脑上轻松翻页阅读，不一样的感受！

图书在版编目（CIP）数据

AutoCAD 2014辅助绘图/九州书源编著．—北京：清华大学出版社，2015
（72小时精通）
ISBN 978-7-302-37957-7

I．①A… II．①九… III．①计算机辅助设计－AutoCAD软件 IV．①TP391.72

中国版本图书馆CIP数据核字（2014）第207776号

责任编辑：赵洛育
封面设计：李志伟
版式设计：文森时代
责任校对：赵丽杰
责任印制：杨　艳

出版发行：清华大学出版社
网　　址：http://www.tup.com.cn，http://www.wqbook.com
地　　址：北京清华大学学研大厦A座　　邮　　编：100084
社 总 机：010-62770175　　邮　　购：010-62786544
投稿与读者服务：010-62776969，c-service@tup.tsinghua.edu.cn
质 量 反 馈：010-62772015，zhiliang@tup.tsinghua.edu.cn
印 装 者：三河市中晟雅豪印务有限公司
经　　销：全国新华书店
开　　本：185mm×260mm　　印　张：24　　插　页：4　　字　数：614千字
（附DVD光盘1张）
版　　次：2015年10月第1版　　印　　次：2015年10月第1次印刷
印　　数：1～4000
定　　价：69.80元

产品编号：052269 -01

PREFACE 言

※如果您还在为不会操作 AutoCAD 2014 而发愁；

※如果您还在为不知道怎么绘制建筑和机械图纸而焦虑；

※如果您还在为不知如何用三维的实体表示图形而不知所措；

※如果您还在为如何设计房屋的装饰而苦恼；

※请翻开《AutoCAD 2014 辅助绘图》，

※这些问题都能在其中找到解决办法，

※让您从此不再为平面图和三维图的制作而烦恼。

随着社会的发展和进步，在建筑工程、装饰设计、环境艺术设计、水电工程、土木施工、精密零件和模具等领域都需要使用 AutoCAD 进行图形的绘制。本书结合建筑和机械领域的使用，以 AutoCAD 2014 版本的绘图软件为基础，针对需要学习平面制图与立面制图的人士特意编写，希望通过本书可以让读者在最短的时间内从 AutoCAD 设计初学者变为 AutoCAD 设计能手。

■ 本书的特点

本书以利用 AutoCAD 2014 进行辅助绘图为例进行讲解。当您在茫茫书海中看到本书时，不妨翻开看看，关注一下它的特点，相信它一定会带给您惊喜。

28 小时学知识，44 小时上机：本书以实用功能讲解为核心，每章分为学习和上机两个部分，学习部分以操作为主，讲解每个知识点的操作和用法，操作步骤详细、目标明确；上机部分相当于一个学习任务或案例制作，同时在每章最后提供有视频上机任务，书中给出操作要求和关键步骤，具体操作过程放在光盘中演示。

知识丰富，简单易学：书中讲解由浅入深，操作步骤目标明确，并分小步讲解，与图中的操作提示相对应，并穿插了“提个醒”、“问题小贴士”和“经验一箩筐”等小栏目。其中“提个醒”主要是对操作步骤中的一些方法进行补充或说明；“问题小贴士”是对用户在学习知识过程中产生的疑惑进行解答；而“经验一箩筐”则是对知识的总结和技巧提示，以提高读者对软件的掌握能力。

技巧总结与提高：本书以“秘技连连看”列出了学习 AutoCAD 2014 的技巧，并以索引目录的形式指出其具体的位置，使读者能更方便地对知识进行查找。最后还在“72 小时后该如何提升”中列出了学习本书过程中应该注意的地方，以提高用户的学习效果。

书与光盘演示相结合：本书的操作部分均在光盘中提供了视频演示，并在书中指出了相对应的路径和视频文件名称，可以打开视频文件对某一个知识点进行学习。

排版美观，全彩印刷：本书采用双栏图解排版，一步一图，图文对应，并在图中添加了操作提示标注，以便于读者快速学习。

配超值多媒体教学光盘：本书配有一张多媒体教学光盘，提供书中操作所需的素材、效果和视频演示文件，同时光盘中还赠送了大量相关的教学教程。

赠电子版阅读图书：本书制作有实用、精美的电子版放置在光盘中，在光盘主界面中单击"电子书"按钮可阅读电子图书，单击"返回"按钮可返回光盘主界面，单击"观看多媒体演示"按钮可打开光盘中对应的视频演示，也可一边阅读一边进行上机操作。

■ 本书的内容

本书共分为6部分，用户在学习的过程中可循序渐进，也可根据自身的需求，选择需要的部分进行学习。各部分的主要内容介绍如下。

AutoCAD 2014入门知识（第1章）：主要介绍AutoCAD 2014基础知识、新建图形、打开图形、加密图形、保存图形、关闭图形、修复图形、设置绘图环境、调整视图显示和设置AutoCAD 2014的辅助功能等。

图形的绘制和编辑（第2~5章）：主要介绍点的绘制、直线图形的绘制、圆的绘制、圆弧的绘制、矩形的绘制和正多边形的绘制等基本绘制知识，还包括图形的基本编辑，如选择、修改与复制图形对象，改变图形对象位置，辅助功能的使用，改变图形的特征和块的使用等内容。

标注图形（第6~7章）：主要包括输入和编辑文本、在图形中添加表格、标注尺寸样式、标注图形尺寸和编辑尺寸标注等。

三维图形的绘制与编辑（第8~9章）：主要介绍三维绘图的基础知识、绘制三维实体模型，由二维图形创建三维模型、编辑三维对象和编辑三维实体对象等。

图形的输出（第10章）：主要介绍打印参数的设置、保存打印设置、调用打印设置和数据交换功能的使用等。

综合实例（第11章）：综合运用本书介绍的AutoCAD 2014的基本运用和机械与建筑的相关知识，练习制作泵体零件图和三居室设计方案等。

■ 联系我们

本书由九州书源组织编写，参加本书编写、排版和校对的工作人员有蔡雪梅、曾福全、陈晓颖、向萍、廖宵、李星、贺丽娟、彭小霞、何晓琴、刘霞、包金凤、杨怡、李冰、张丽丽、张鑫、张良军、简超、朱非、付琦、何周、董莉莉、张娟。

如果您在学习的过程中遇到什么困难或疑惑，可以联系我们，我们会尽快为您解答，联系方式为：

QQ群：122144955、120241301（注：只选择一个QQ群加入，不要重复加入多个群）。

网址：http://www.jzbooks.com。

由于作者水平有限，书中疏漏和不足之处在所难免，欢迎读者不吝赐教。

九州书源

目录

CONTENTS

第1章 AutoCAD 2014 入门

学习 3 小时

AutoCAD（Auto Computer Aided Design）主要用于机械、建筑、电子、服装和广告等行业的辅助设计，以帮助设计者设计和绘制出各种各样的图纸，本书将以 AutoCAD 2014 版本为基础进行讲解，其功能非常强大，用户要想使用它来进行绘图，需要先掌握其基本功能。

- AutoCAD 2014 基础知识
- 图形的创建与管理
- 设置 AutoCAD 2014 的辅助功能

上机 4 小时

1.1 AutoCAD 2014 基础知识

AutoCAD 是目前使用较为广泛的计算机辅助设计软件之一，被广泛应用于机械、建筑、电子、服装和广告设计等行业，使用它可以精确并快速地绘制各种图形。本节将介绍 AutoCAD 2014 的基础知识，主要包括初识 AutoCAD 2014、安装 AutoCAD 2014、启动与退出 AutoCAD 2014、认识 AutoCAD 2014 工作界面、认识 AutoCAD 2014 三大空间和使用 AutoCAD 2014 绘图的基本方法。

学习 1 小时

- 了解 AutoCAD 的应用领域。
- 熟悉软件的工作环境。
- 认识 AutoCAD 2014 工作界面。
- 了解 AutoCAD 2014 三大空间。
- 掌握启动与退出 AutoCAD 2014 的操作方法。
- 掌握绘图的基本方法。

1.1.1 初识 AutoCAD 2014

AutoCAD 是由美国 Autodesk 公司开发的一款计算机辅助设计绘图软件，其全称为 Auto Computer Aided Design（计算机辅助设计）。自从 1982 年 12 月推出 AutoCAD 的第一个版本 AutoCAD 1.0 以来，为了适应计算机技术的不断发展与不同行业的用户需求，如今的 AutoCAD 软件经历了二十几次升级后又迎来了 2014 版，其每一次升级都会带来软件性能的大幅度提高和功能的进一步完善与扩展。

AutoCAD 是目前使用较为广泛的计算机辅助设计软件之一，使用它可以精确并快速地帮助设计者设计和绘制出各种各样的图纸。它除了广泛应用于机械、建筑、服装和广告设计等行业外，同时也可应用于电子、石油、化工、冶金、地理和航海等部门，下面将简单介绍其主要的应用领域。

1. 机械领域

AutoCAD 在机械设计领域中主要用于绘制剖视图、剖面图、零件图和装配图等二维图形，也可以绘制轴测图和三维图形等。利用 AutoCAD 的辅助功能，如尺寸查询和图块使用等，不仅可提高设计速度，还能让设计者摆脱图板和丁字尺组合的绘图方式，为产品的可行性分析提供更充足的时间。

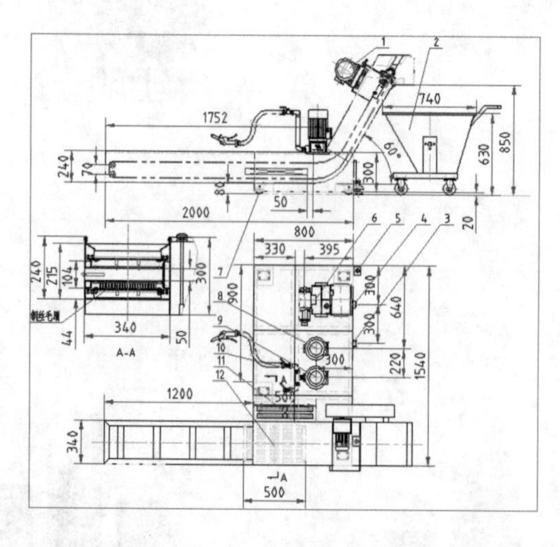

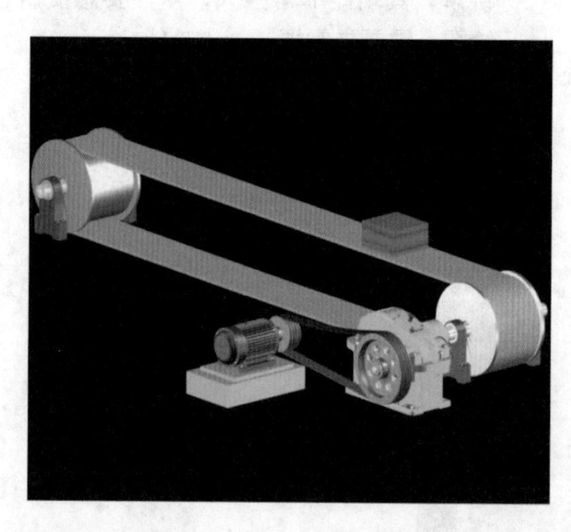

2. 建筑领域

AutoCAD在建筑方面的应用也非常广泛，使用它可绘制平面图、地面图、立面图、顶面图、剖面图和竣工验收图等。同时，也可以使用AutoCAD的三维绘图功能，根据绘制的立面图绘制出整个建筑模型或单个房间模型。在建筑领域中通过该软件还可以快速创建并轻松共享建筑方案图和建筑施工图。目前，市面上出现了许多以AutoCAD为平台的建筑专业设计软件，如天正、建筑之星、圆方、华远和容创达等。要熟练运用这些专业设计软件，首先必须熟悉和掌握AutoCAD的相关知识。

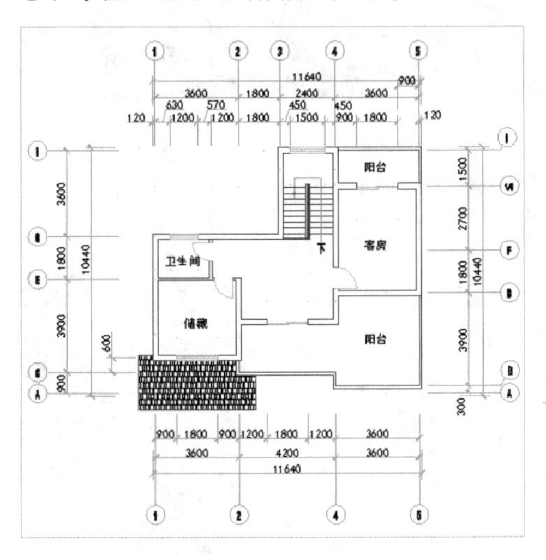

1.1.2 安装 AutoCAD 2014

当认识了 AutoCAD 的应用领域后，可在 AutoCAD 专业网站中下载试用软件，或购买永久性软件，然后对软件进行安装。下面将介绍安装 AutoCAD 2014 的方法，其具体操作如下：

光盘文件　实例演示 \ 第 1 章 \ 安装 AutoCAD 2014

STEP 01： 开始安装 AutoCAD 2014

当下载完成后，双击下载的文件驱动程序，打开 AUTODESK AUTOCAD 2014 窗口，并在其中单击“在此计算机上安装”超级链接，进行安装的第一步操作。

提个醒 下载的驱动程序一般以压缩包显示，当下载完成后，应先解压压缩包，然后再进行安装操作。

STEP 02： 安装协议

1. 打开“许可及服务协议”窗口，在“国家或地区”下拉列表框中选择 China 选项。
2. 在协议下方选中 我接受 单选按钮。
3. 单击 下一步 按钮。

提个醒 在安装该软件时，若对安装的方法不了解，可单击“安装帮助”超级链接，在打开的页面中查看安装方法。

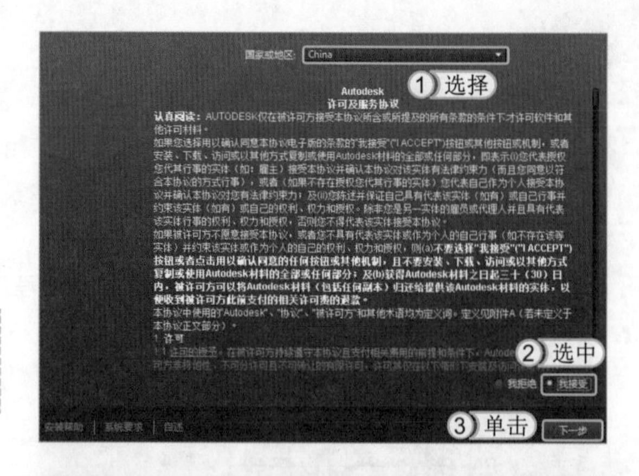

STEP 03： 产品信息

1. 打开“产品信息”窗口，在“产品语言”下拉列表框中选择“中文（简体）”选项。
2. 在“产品信息”栏中，选中 我有我的产品信息 单选按钮。
3. 在下方“序列号：”文本框中输入对应的序列号，应注意只有购买了该软件后，才有对应的序列号。
4. 单击 下一步 按钮。

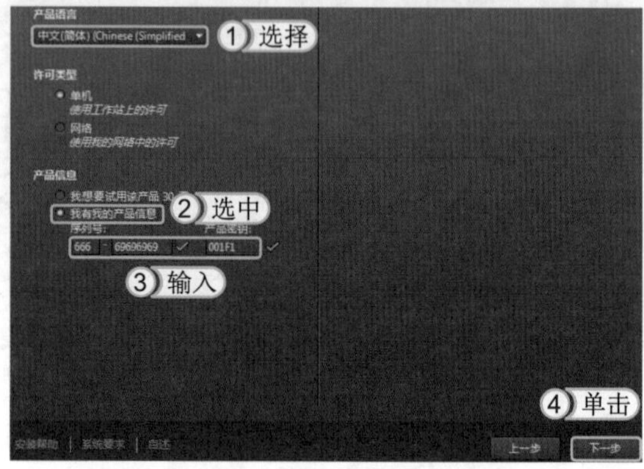

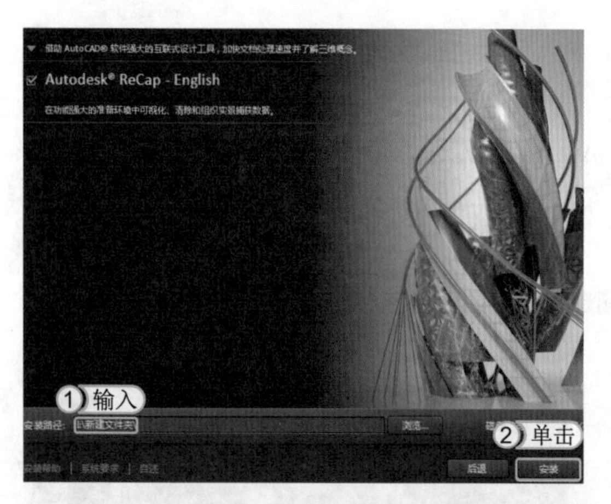

STEP 04： 配置安装

1. 打开“配置安装”窗口，在“安装路径”文本框中输入安装软件的路径。
2. 单击 安装 按钮。

提个醒 在输入安装路径时，还可通过单击 浏览 按钮，在打开的对话框中选择安装的路径，即可将其设置为新的路径。若上步操作出现错误，还可单击 后退 按钮进行前一步操作。

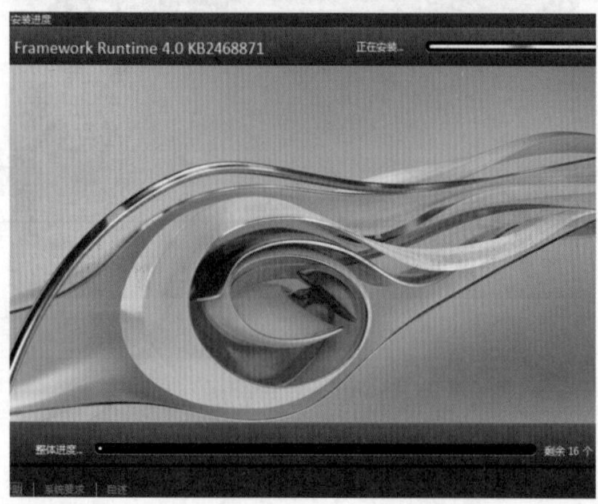

STEP 05： 完成安装

打开“安装进度”窗口，可查看安装的进度，稍等片刻后，单击 安装 按钮，即可完成 AutoCAD 2014 的安装。

读书笔记

1.1.3 启动 AutoCAD 2014

当安装完成后即可使用 AutoCAD 进行绘图设计，绘图前首先应启动该软件，启动 AutoCAD 2014 的方法主要有如下两种。

- 通过桌面快捷方式图标启动：安装好 AutoCAD 2014 之后，系统会在桌面上创建 AutoCAD 2014 的快捷图标，其名称为“AutoCAD 2014 - 简体中文”，双击该图标，就可以启动 AutoCAD 2014。

- 通过“开始”菜单启动：与其他应用软件类似，当安装 AutoCAD 2014 后，系统将自动在【开始】/【所有程序】菜单中创建一个名为 AutoCAD 2014 的程序组，在该程序组中选择 AutoCAD 2014 命令即可启动 AutoCAD 2014。

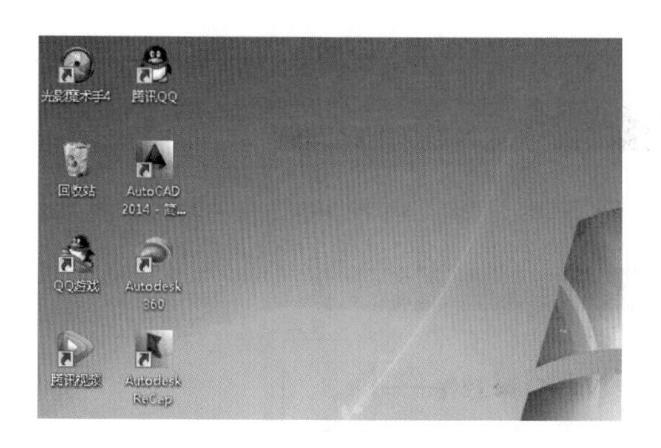

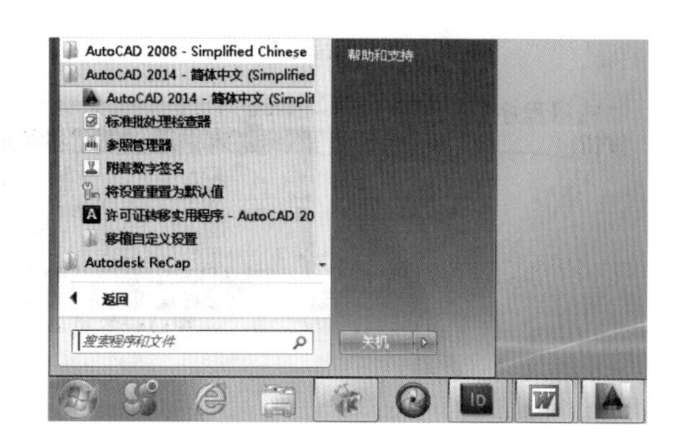

经验一箩筐——通过打开 AutoCAD 文件方式启动

如果用户的计算机中有 AutoCAD 2014 图形文件，则可双击扩展名为 .dwg 的文件，也可启动 AutoCAD 2014 并打开该图形文件。

1.1.4 退出 AutoCAD 2014

当在 AutoCAD 2014 中绘制完图形文件后，即可退出 AutoCAD 2014 程序，其退出方法有如下几种。

- 窗口退出：在已启动的 AutoCAD 窗口中，单击右上角的“关闭”按钮即可关闭该程序。

- 应用程序退出：单击 AutoCAD 工作界面中的“应用程序”按钮，在打开的应用程序菜单中选择【关闭】/【所有图形】命令。

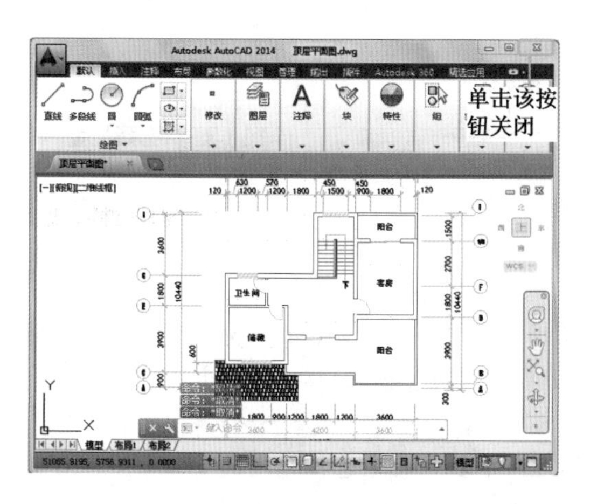

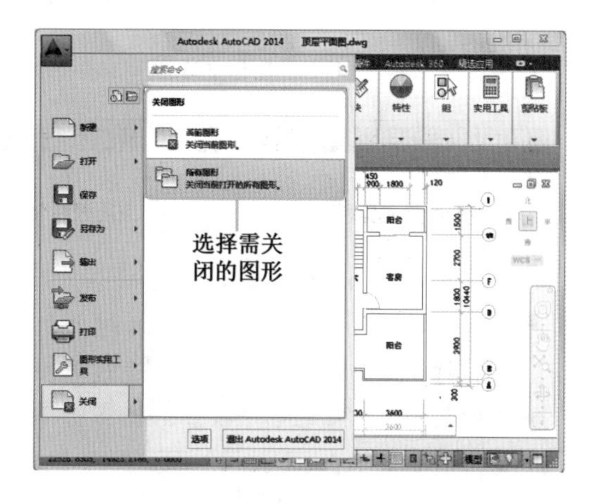

经验一箩筐——退出 AutoCAD 2014 的其他方法

用户还可以直接按 Alt+F4 组合键或 Ctrl+Q 组合键，退出 AutoCAD 2014。

1.1.5 认识 AutoCAD 2014 工作界面

当启动 AutoCAD 2014 后，将打开其对应的工作界面，并自动新建一个名称为“Drawing1.dwg”的空白文件，其工作界面主要由标题栏、“应用程序”按钮、功能区、绘图区（视口标签菜单、ViewCube 控件、十字光标、导航栏、UCS 图标、命令行）和状态栏等部分组成，如下图所示。

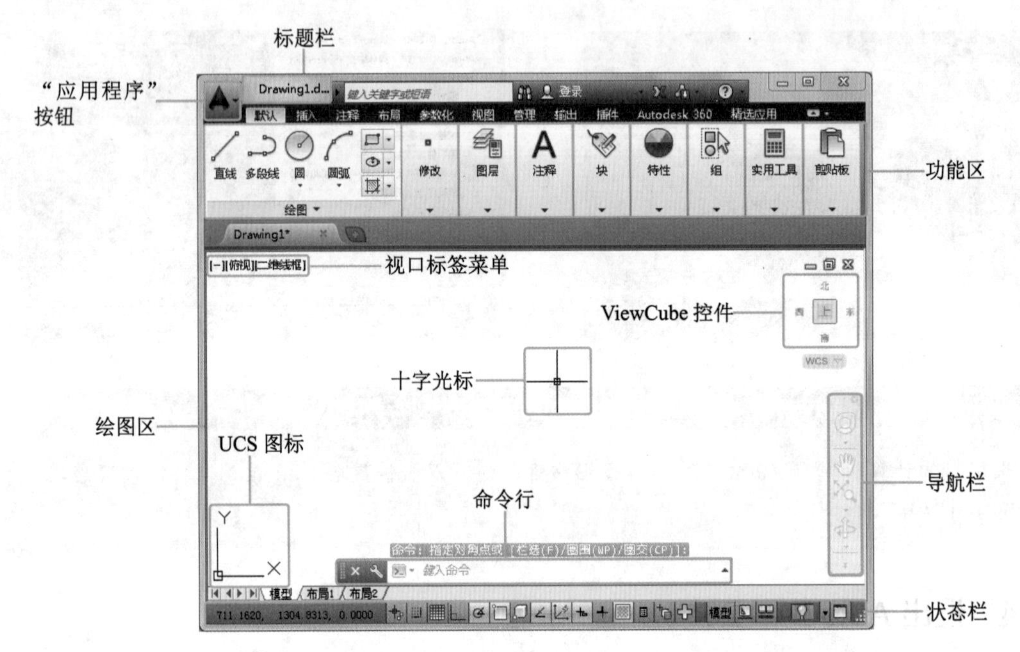

下面根据 AutoCAD 2014 工作界面各组成部分的位置，依次介绍其功能。

1. 标题栏

AutoCAD 2014 的标题栏位于工作界面最上方，与其他应用软件的标题栏结构及功能类似。在标题栏中主要包含了快速访问工具栏、工作空间、应用程序名称、搜索区和窗口控制按钮等，如下图所示。

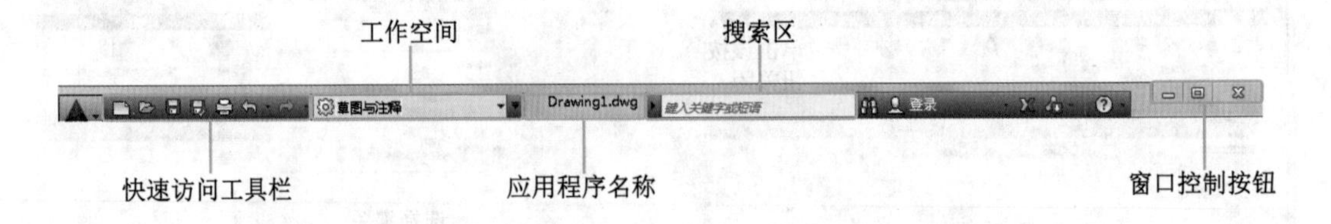

其中各部分的含义分别介绍如下。

- 快速访问工具栏：快速访问工具栏中有各种常用的文件操作命令按钮，如新建、打开、保存和打印等，还可根据需要，通过单击工作空间旁边的下拉按钮▪，在弹出的下拉列表中添加或删除对应的命令按钮。
- 工作空间：单击“草图与注释”按钮，在弹出的下拉列表中选择相应的工作空间，可对

AutoCAD 的工作空间进行切换，并且可以对工作空间进行相应设置。

- 应用程序名称：主要显示当前窗口的程序名和版本号，以及当前正在编辑的图形文件的名称等。
- 搜索区：该区域可用于搜索各类命令的使用方法和相关操作。搜索区右边是登录区，若注册了 AutoCAD 账户，用户可以在登录后将绘制的图像上传到网络中。
- 窗口控制按钮：该区域主要有 3 个按钮，在其中可分别实现对 AutoCAD 2014 窗口的最小化、最大化、还原和关闭操作。

2. “应用程序”按钮

“应用程序”按钮位于标题栏左侧，单击“应用程序”按钮，将弹出应用程序菜单，在该菜单的左边可快速地创建图形、打开图形、保存图形、输出图形、发布图形、打印图形和打开图形实用工具等，在应用菜单的右边还可进行退出 AutoCAD 2014、打开“选项”对话框和打开最近使用的文档等操作。若将鼠标光标放在需要打开的文档上，将会打开该文档的预览图和基本信息，如下图所示。

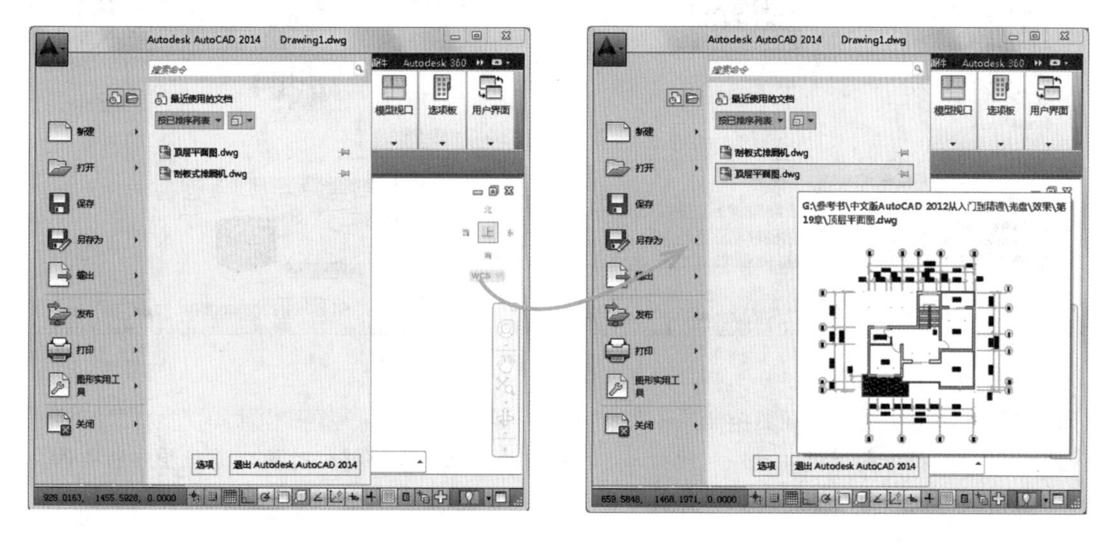

3. 功能区

功能区位于标题栏下方，其主要由选项卡和面板组成。当创建或打开文件时，将会自动显示功能区，在其中提供并创建了文件所需的所有工具的小型选项板，若在功能区中单击鼠标右键，可以在弹出的快捷菜单中添加或隐藏选项卡或面板。

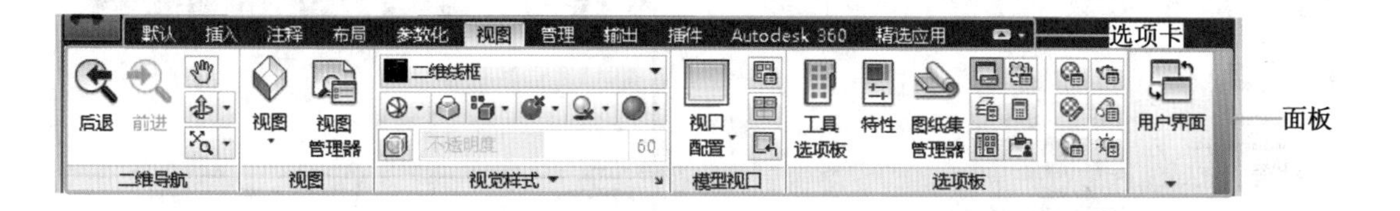

功能区中选项卡和面板的含义介绍如下。

- 选项卡：功能区中包含的选项卡可控制功能区面板在功能区上的显示及显示顺序，用户在操作时，将功能区选项卡添加至工作空间，以控制在功能区中显示对应的选项卡。
- 面板：功能区面板包含了很多工具和控件，在面板中单击对应的命令按钮，即可执行相应的操作。

4. 绘图区

绘图区在功能区下方，是用户绘图的主要区域，位于屏幕中央的空白区域。绘图区没有边界，无论多大的图形都可放置其中，通过移动绘图区右侧及下方的滚动条可使当前绘图区进行上、下、左、右移动。

绘图区的颜色可以根据需要进行设置，其方法为：在绘图区中单击鼠标右键，在弹出的快捷菜单中选择“选项”命令。在打开的“选项”对话框中选择“绘图”选项卡，在“自动捕捉设置”栏中单击 颜色(C)... 按钮。然后在打开的“图形窗口颜色”对话框中的“颜色”下拉列表框中选择相应的选项，单击 应用并关闭(A) 按钮，返回“选项”对话框，单击 确定 按钮，即可返回绘图区查看更改的颜色。同时，还可以在“选项”对话框中的“自动捕捉设置”栏中选择相应的选项并对其颜色进行修改。

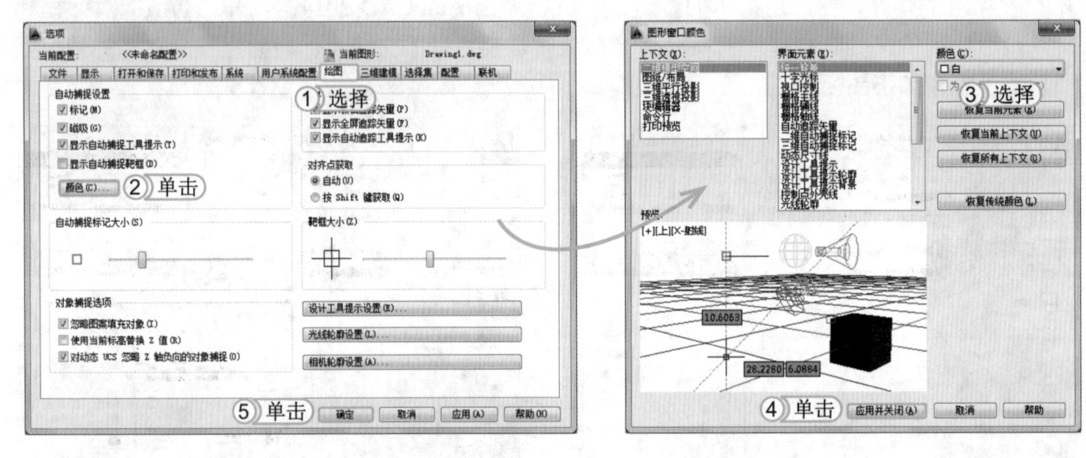

(1) 视口标签菜单

在绘图区的左上方有视图控制的相关控件，主要有视口控件、视图控件和视觉样式控件。

- 视口控件：单击“视口控件”按钮[-]，在弹出的下拉列表中可以对视口进行相应的操作，如将视口设置为“三个：上”，其方法为：单击“视口控件”按钮[-]，在弹出的下拉列表中选择“视口配置列表”/“三个：上”选项。

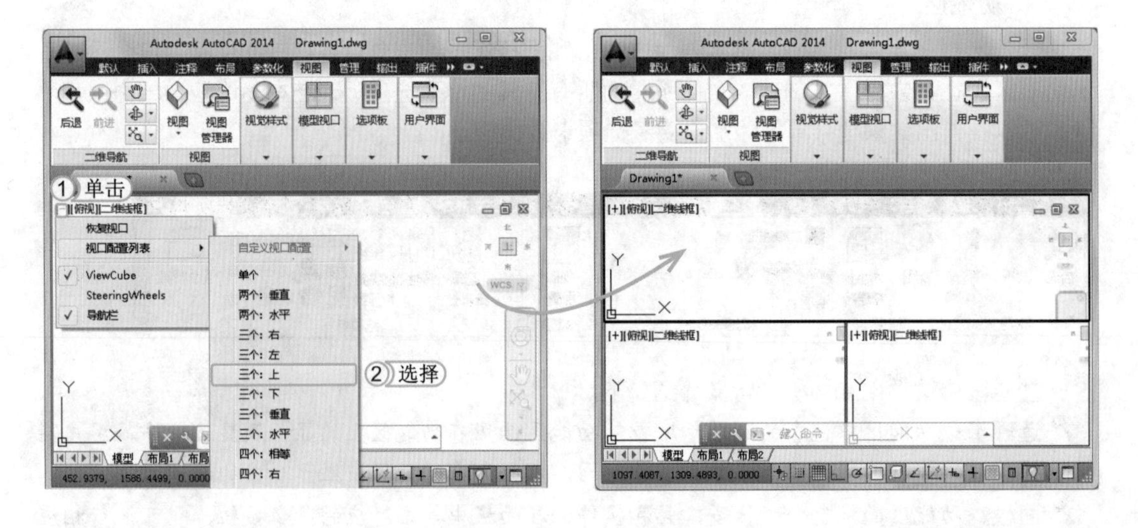

🔑 视图控件：单击“视图控件”按钮[俯视]，在弹出的下拉列表中可以对视图进行切换，如将当前视图切换至前视图或西北等轴测视图。

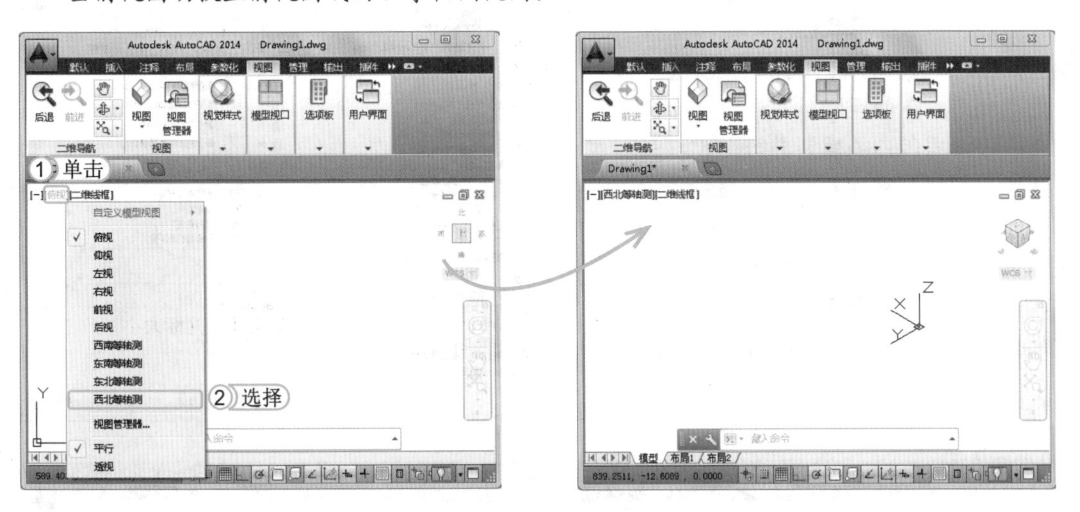

🔑 视觉样式控件：单击“视觉样式控件”按钮[二维线框]，可对视觉样式进行更改，该控件一般在绘制三维模型时使用，如将二维线框切换至真实等。

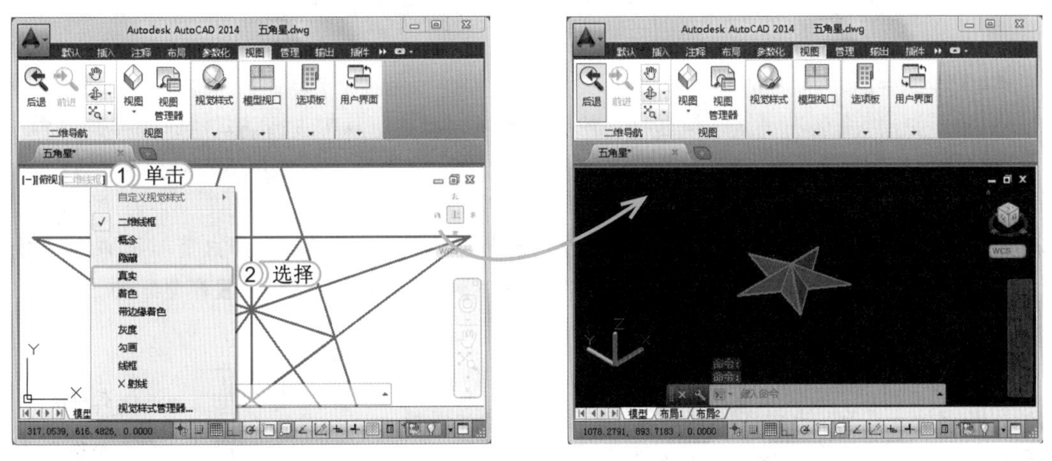

（2）ViewCube 控件

ViewCube 控件位于绘图区右方，是用户在二维模型空间或三维视觉样式中处理图形时显示的导航工具。通过 ViewCube 控件，用户可在标准视图和等轴测视图间进行切换，也可以随意旋转视图的观看角度。

🔑 标准视图切换：单击 ViewCube 控件的相应视图图标，即可转换视图，如单击“上”图标即可切换至俯视图。

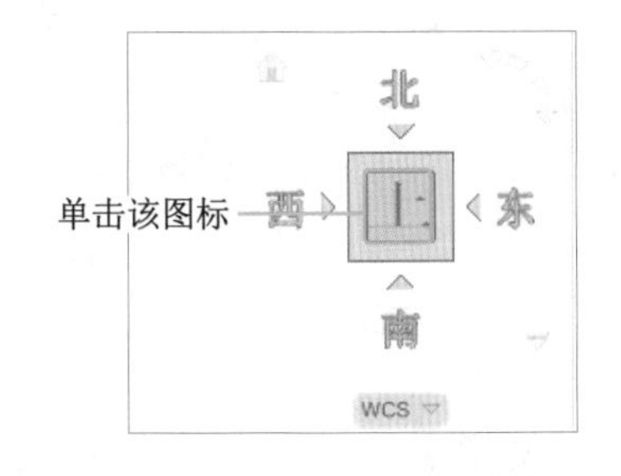

🔑 旋转视图：将光标移动到 ViewCube 控件上，按住鼠标左键不放，移动鼠标，即可将视图进行相应的旋转。

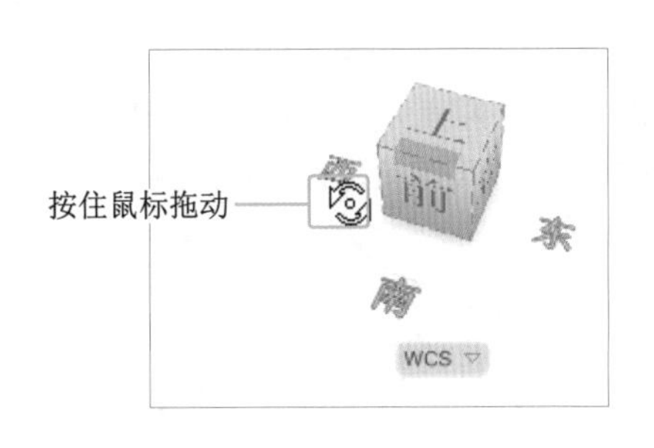

（3）十字光标

AutoCAD 中的十字光标只显示在绘图区中并且呈+形状显示。使用鼠标绘制图形时，可根据十字光标直观地查看图形状态。在使用鼠标时，鼠标光标的大小可根据用户的需要进行更改。其方法为：单击“应用程序”按钮，在打开的应用程序菜单右边单击选项按钮。在打开的“选项”对话框中选择“显示”选项卡，在“十字光标大小”栏的文本框中输入相应的数值即可改变光标大小。

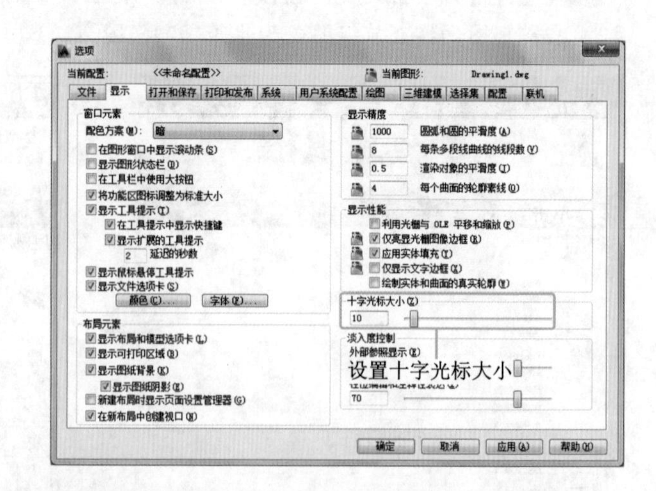

经验一箩筐——认识“选项”对话框

“选项”对话框中包含多种功能的选项卡，可通过选择不同的选项卡进行相应的设置，如选择“绘图”选项卡，在打开的对话框中可设置靶框大小。

（4）导航栏

导航栏位于绘图区右侧，它是一种用户界面元素，用户可从中进行访问操作，并通过导航工具进行特定的导航操作，主要由控制盘、平移、视图缩放、动态观察和 ShowMotion 等组成。各工具按钮作用如下。

- 控制盘：控制盘将多个常用导航工具结合到一个单一界面中，从而为用户节省了操作时间。其中控制盘任务是特定的，通过控制盘可以在不同的视图中导航和设置模型方向。
- 平移：单击“平移”按钮，可以将视图进行平移操作，以观察图形对象。
- 视图缩放：用于增大或减小当前视图比例的导航工具集。
- 动态观察：用于旋转模型当前视图的导航工具集。
- ShowMotion：指用户界面元素，为创建和回放电影式相机动画提供屏幕显示，以便进行设计查看、演示和书签样式导航。

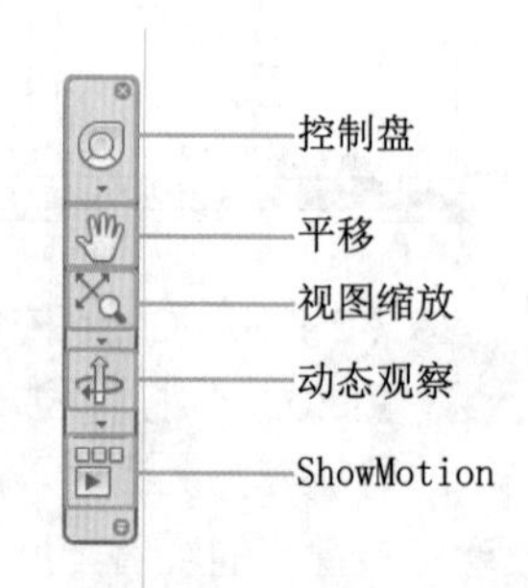

（5）UCS 图标

UCS 图标指坐标系图标，位于绘图区左下角，主要用于显示当前使用的坐标系以及坐标方向，而且在不同的视图模式下，该坐标系所指的方向不同。

在 AutoCAD 中，坐标系包括两种：一种是固定不变的世界坐标系（WCS）；另一种是可移动的自定义用户坐标系（UCS）。在世界坐标系中，X 轴是水平的，Y 轴是垂直的，Z 轴垂直于 XY 平面，原点是 X、Y 和 Z 轴的交点，坐标值的表达方式为（0,0,0）。用户坐标系可以根据世界坐标系来定义，包括相对直角坐标、绝对直角坐标和极坐标，下面分别对这 3 种坐标系进行介绍。

- **相对直角坐标：** 相对直角坐标是某点以另外一个坐标点（原点除外）为参照点，而设置相对直角坐标的方法，只需要在坐标值前加上 @ 符号，如输入“@80,20”表示输入该点相对于前一点在 X 轴上移动 80 个绘图单位，在 Y 轴上移动 20 个绘图单位。

- **绝对直角坐标：** 该坐标的输入方法与相对直角坐标的输入方法类似，唯一不同是绝对直角坐标的输入是以世界坐标系原点（0,0,0）为基点来定位图形的点，当输入坐标（X,Y）时，就可确定绘制对象的某一点位置。坐标系中有箭头指向的一端为正值方向，反之为负值方向。

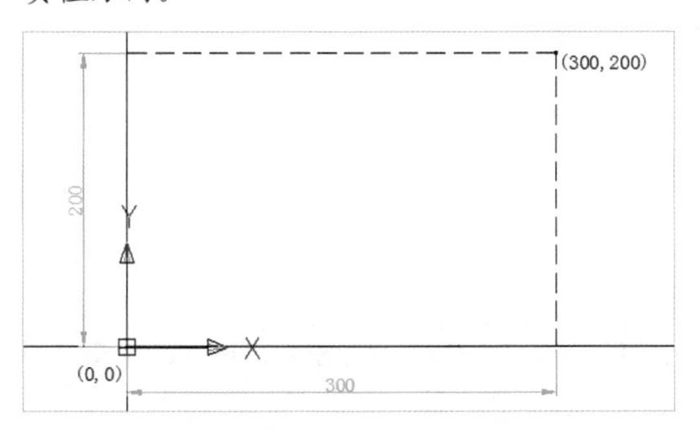

（6）命令行

命令行位于绘图区的下方，主要用于输入命令和显示正在执行的命令及相关信息。用户选择的所有命令都将会在命令行中显示和记录。输入命令后，按 Enter 键或 Space 键即可执行该命令。当信息太多而显示不完全时，可通过拖动命令行右侧的滚动条，或按 F2 键打开命令窗口来查看更多的提示信息。

- **极坐标：** 极坐标系采用点与原点的直线距离和直线角度进行定位，其输入方式为“距离 < 角度”。以当前坐标系 X 轴正向为度量基准，逆时针方向为正，顺时针方向为负。极坐标也有相对极坐标和绝对极坐标之分，在绝对极坐标的坐标值前添加“@”符号即为相对极坐标，格式为“@ 距离 < 角度”。

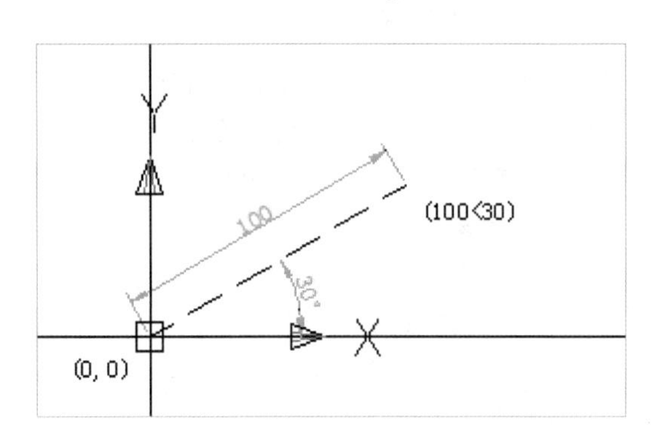

提个醒 在绘制平面图时，使用世界坐标系就可以满足需要；在绘制复杂三维模型时，只使用世界坐标系就难以满足全面观察和绘制的需要，此时必须依靠用户坐标系来辅助绘图。

命令行

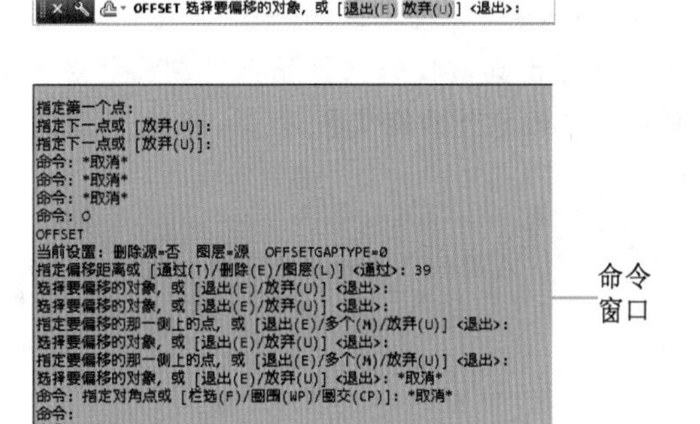
指定第一个点:
指定下一点或 [放弃(U)]:
指定下一点或 [放弃(U)]:
命令: *取消*
命令: *取消*
命令: *取消*
命令: O
OFFSET
当前设置: 删除源=否 图层=源 OFFSETGAPTYPE=0
指定偏移距离或 [通过(T)/删除(E)/图层(L)] <通过>: 39
选择要偏移的对象, 或 [退出(E)/放弃(U)] <退出>:
选择要偏移的对象, 或 [退出(E)/放弃(U)] <退出>:
指定要偏移的那一侧上的点, 或 [退出(E)/多个(M)/放弃(U)] <退出>:
选择要偏移的对象, 或 [退出(E)/放弃(U)] <退出>:
指定要偏移的那一侧上的点, 或 [退出(E)/多个(M)/放弃(U)] <退出>:
选择要偏移的对象, 或 [退出(E)/放弃(U)] <退出>: *取消*
命令: 指定对角点或 [栏选(F)/圈围(WP)/圈交(CP)]: *取消*
命令:
命令: *取消*

命令窗口

5. 状态栏

状态栏位于 AutoCAD 2014 工作界面的最下方，主要由图形坐标、辅助功能按钮、布局、注释比例、工作空间和状态栏按钮等组成，如下图所示。

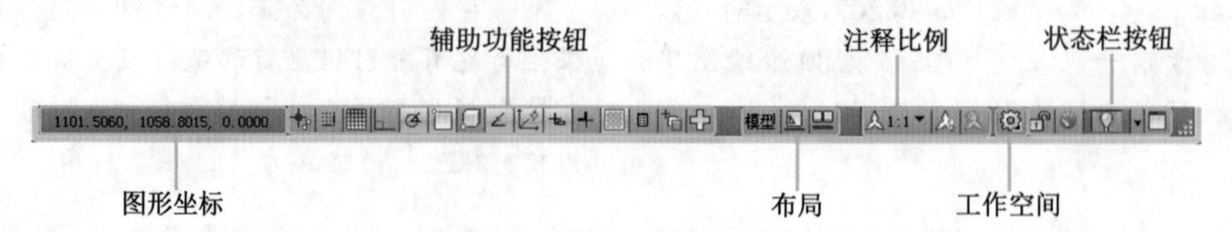

状态栏中各部分的作用分别如下。

- 图形坐标：在状态栏的图形坐标中，可快速查看当前光标的位置和对应的坐标值，用户只需移动鼠标光标，对应的坐标值将随着变化，单击坐标值区域可关闭该功能，再次单击则可打开该功能。
- 辅助功能按钮：辅助功能按钮都属于开关型按钮，即单击对应的按钮，表示启用对应的功能，再次单击该按钮则表示关闭该功能。
- 布局：在布局选项中，单击按钮，可快速查看当前布局效果；单击按钮，则可快速查看当前布局中的图形对象。
- 注释比例：注释比例默认状态下是1:1，用户可根据不同需求，自行调整注释比例，其方法为：单击右侧的下拉按钮，在弹出的下拉列表中选择需要的比例即可。
- 工作空间：单击按钮，在弹出的下拉菜单中选择相应的工作空间命令，可对 AutoCAD 的工作空间进行切换，AutoCAD 2014 主要包括草图与注释、三维基础、三维建模和 AutoCAD 经典等几种工作空间。
- 状态栏按钮：单击状态栏按钮右侧的下拉按钮，在弹出的下拉列表中选择相应的选项，即可显示或隐藏状态栏的相应部分。

1.1.6 AutoCAD 绘图的基本方法

当认识了 AutoCAD 2014 工作界面后，即可使用 AutoCAD 绘制图形，常见的绘制方法有多种，如单击面板上相应的按钮或在命令行中输入执行命令，无论用户选择哪种绘图方法，在命令提示行中都会显示相应的提示信息。

- 单击面板中的按钮执行命令：在“功能区”中，每个面板中都有相关的命令按钮，单击其中任意一个按钮，都将执行相应的 AutoCAD 命令，这种方法适合初学者。若记不住每个按钮所代表的命令操作，只需将鼠标光标移动到该按钮上再稍等片刻，将会出现该按钮的相关功能信息。

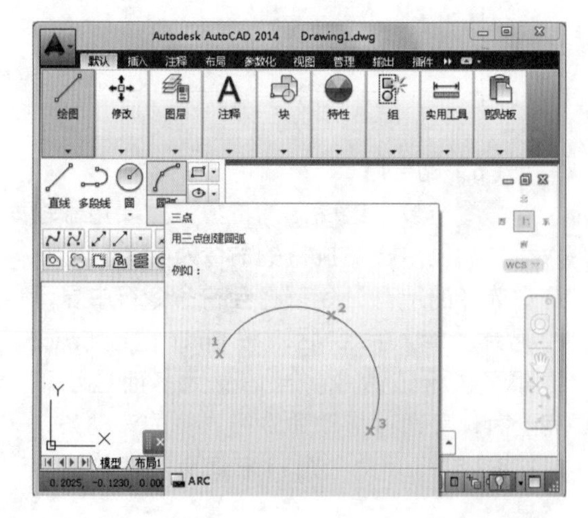

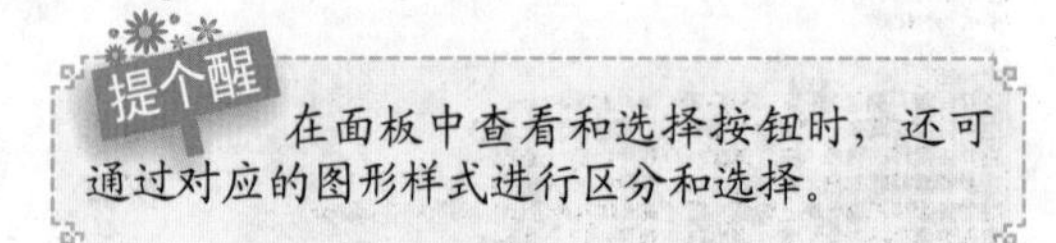

在面板中查看和选择按钮时，还可通过对应的图形样式进行区分和选择。

在命令行中输入命令：通过在命令行中输入命令的方式来执行命令，是非常快捷的方法之一，只需要在命令行中输入命令的英文全称或缩写，然后按Enter键，即可执行该命令。使用这种方法绘图并不是所有的操作都能执行，有时还需与鼠标结合使用才能完成图形的绘制。

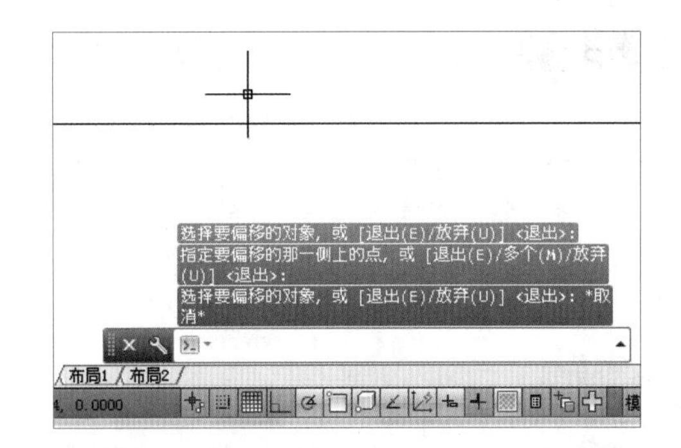

经验一箩筐——命令行各符号的含义

命令符号常常分为两种，分别是“[ ]”符号中的选项和“< >”符号中的数值，其中“[ ]”符号中的选项表示该命令在执行过程中可以使用的各种功能选项，若要选择某个选项，只需输入其中的数字或字母即可；“< >”符号中的数值表示括号中的数值是当前系统的默认值或是上次操作时使用的值，若在这类提示下，直接按Enter键将采用括号内的数值。

上机1小时 设置光标大小并绘制圆形

- 练习AutoCAD 2014的启动与退出方法。
- 熟悉光标的设置方法。
- 掌握命令的执行方法。

光盘文件 实例演示\第1章\设置光标大小并绘制圆形

62 Hours

52 Hours

42 Hours

32 Hours

22 Hours

12 Hours

本例启动AutoCAD 2014后，将光标大小设置为20，并在绘图栏中选择“圆形”命令，进行圆形的绘制，最后退出AutoCAD 2014。

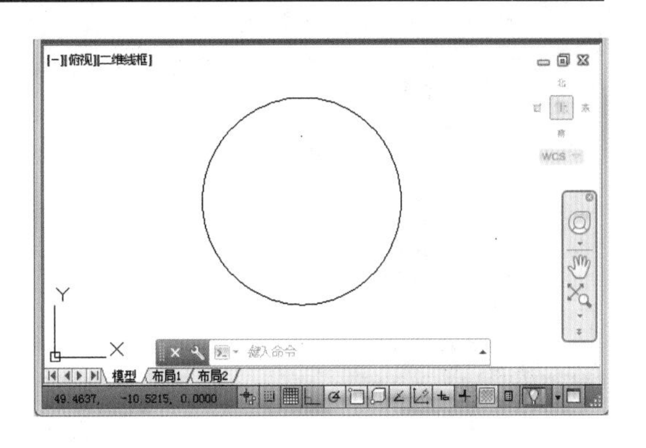

提个醒 在设置鼠标光标大小时，还可通过在“选项”对话框中选择“用户系统配置”选项卡，来设置图形的单位和内容单位。

STEP 01：启动AutoCAD 2014软件

1. 单击“开始”按钮，在打开的“开始”菜单中选择“所有程序”命令。
2. 在其中选择Autodesk/【AutoCAD 2014-简体中文】/【AutoCAD 2014-简体中文】命令，即可启动AutoCAD 2014。

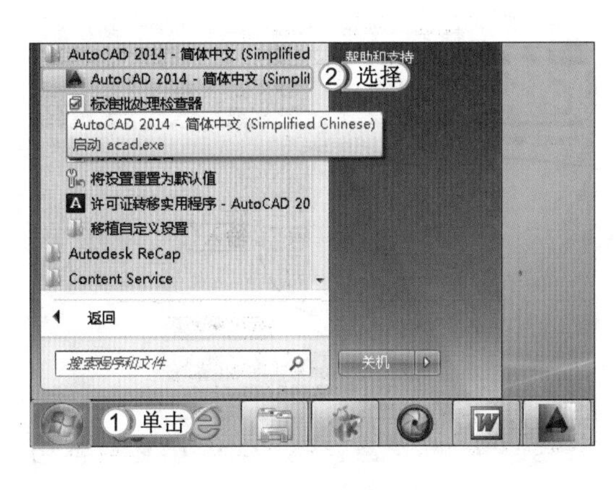

提个醒 当启动AutoCAD 2014一次后，“开始”菜单中将显示AutoCAD 2014的快捷命令，只需双击该快捷命令即可快速启动。

STEP 02：打开“选项”对话框

1. 在空白的绘图区中，单击鼠标右键，在弹出的快捷菜单中选择“选项”命令，打开“选项”对话框，在其中选择“显示”选项卡。
2. 在“十字光标大小”栏的文本框中输入“30”。

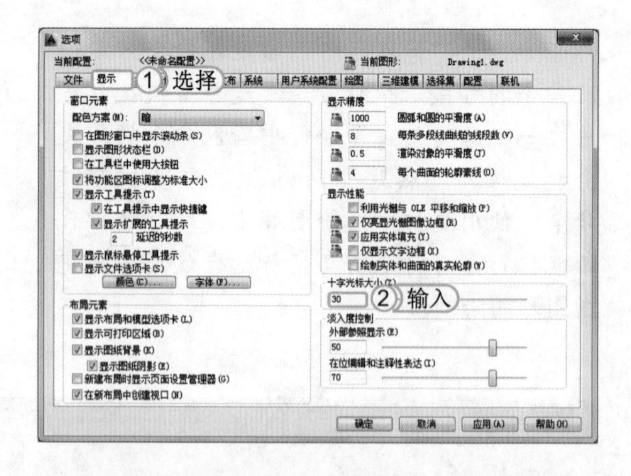

提个醒 在设置十字光标大小时，还可单击下方的滑块，并使用鼠标拖动该滑块，以调整十字光标大小。

STEP 03：调整靶框大小

1. 选择“绘图”选项卡。
2. 在“靶框大小”栏中单击滑块并拖动鼠标，当滑块移动至中心位置时，释放鼠标即可。
3. 单击 确定 按钮。

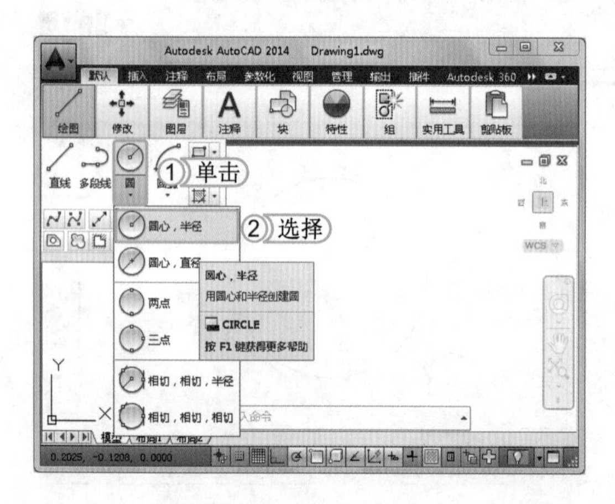

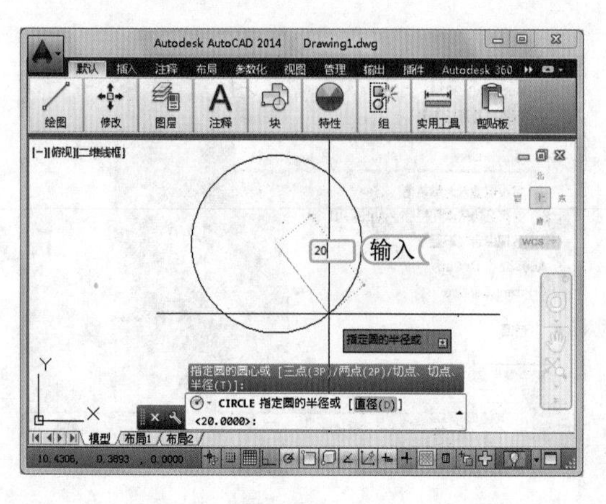

STEP 04：选择圆形选项

1. 选择【默认】/【绘图】组，单击“圆”按钮⊘。
2. 在弹出的下拉列表中显示了常用的绘制圆选项，这里选择“圆心，半径”选项。

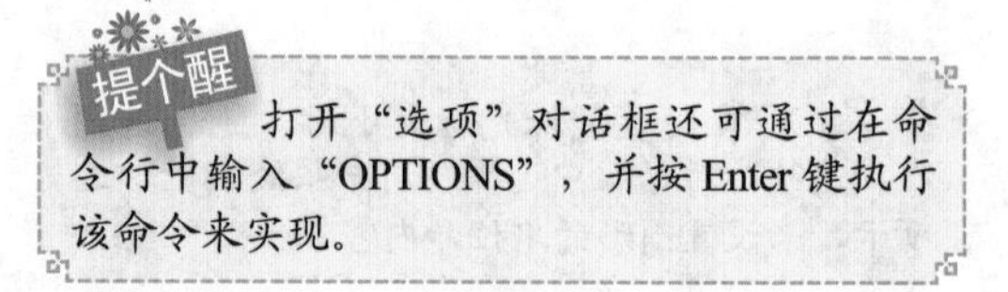

提个醒 打开“选项”对话框还可通过在命令行中输入“OPTIONS”，并按 Enter 键执行该命令来实现。

STEP 05：绘制圆形

在绘图区中单击并拖动鼠标，将自动在绘图区中绘制圆形，在绘图区的文本框中输入圆形的半径，这里输入“20”，按 Enter 键执行该命令。

读书笔记

STEP 06： 退出 AutoCAD 2014

1. 在标题栏中单击控制按钮区中的“关闭”按钮。
2. 在打开的对话框中单击否(N)按钮，不保存图形，直接退出软件。

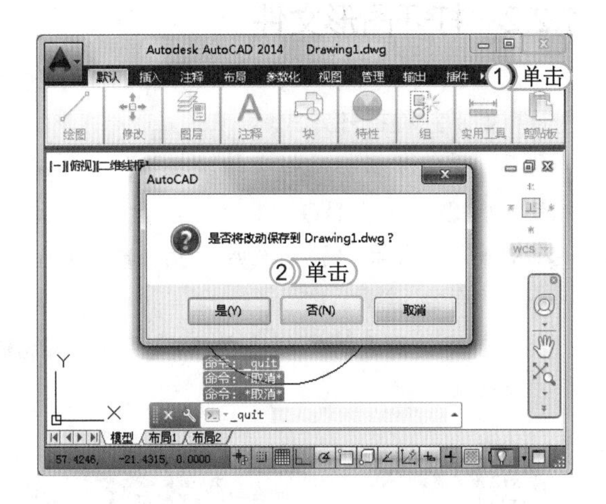

提个醒 在 AutoCAD 2014 中可按 Ctrl+S 组合键，或单击“应用程序”按钮，在打开的应用程序菜单中选择“保存”命令，进行保存操作。保存后的文件在退出时就不会再打开提示是否保存的对话框了。

1.2 图形的创建与管理

当了解 AutoCAD 2014 的基础知识后，即可对图形进行创建与管理，常见的操作有新建图形文件、打开图形文件、保存图形文件、加密图形文件、关闭图形文件、修复图形文件以及设置绘图环境和控制显示图形，下面将分别进行介绍。

学习 1 小时

- 掌握新建、打开、保存和关闭图形文件的方法。
- 了解绘图环境的设置方法。
- 熟练掌握调整视图显示的基本方法。

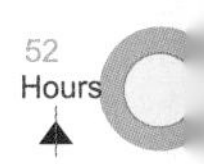

1.2.1 新建图形文件

启动 AutoCAD 2014 后，系统将自动新建一个以“acadiso.dwt”为模板且命名为“Drawing1”的图形文件。用户可根据需要来新建图形文件，以完成更多的绘图操作。其方法为：单击“应用程序”按钮，在打开的应用程序菜单中选择“新建”命令，打开“选择样板”对话框，在其中选择查找范围，完成后单击打开(O)按钮即可。

经验一箩筐——新建图形的其他方法

新建图形文件的方法还有 4 种，分别为：在命令行中执行 NEW 命令；单击标题栏中的按钮；选择【文件】/【新建】命令；按 Ctrl+N 组合键。

1.2.2 打开图形文件

若计算机中已经保存有 AutoCAD 的图形文件，可以将其打开，进行查看和编辑等操作，主要有如下几种打开方式。

- 功能区：单击标题栏中的“打开”按钮，打开图形文件。
- 快捷键：按 Ctrl+O 组合键，打开图形文件。
- 菜单栏：单击“应用程序”按钮，在打开的应用程序菜单中选择“打开”命令，打开图形文件。

下面将使用在标题栏中单击“打开”按钮的方法，打开“排屑机 .dwg”图形文件。其具体操作如下：

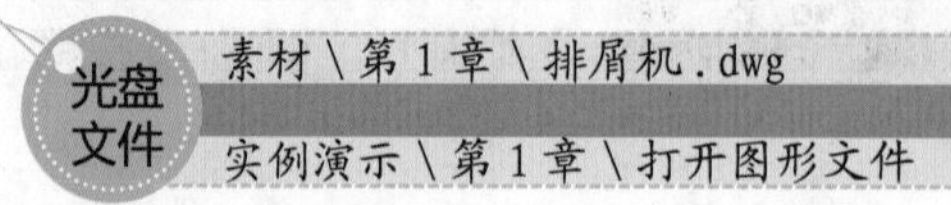

STEP 01：打开“选择文件”对话框

1. 在标题栏中单击“打开”按钮。
2. 打开“选择文件”对话框，在“查找范围”下拉列表框中找到需要的文件位置，然后在中间列表框中选择需要打开的图形文件。
3. 单击 打开(O) 按钮。

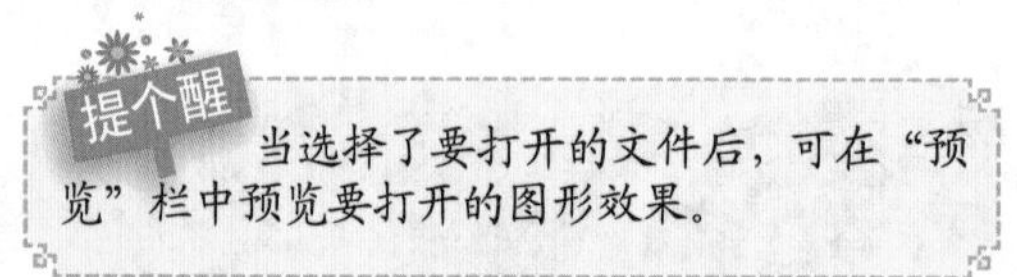

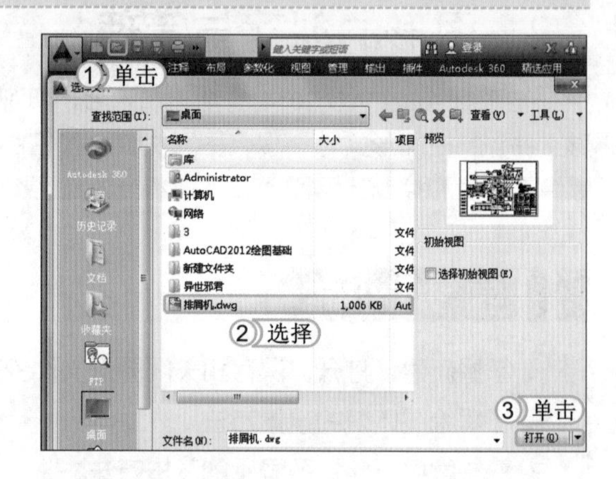

STEP 02：打开图形文件效果

在 AutoCAD 工作界面中将显示打开的图形文件，如右图所示。

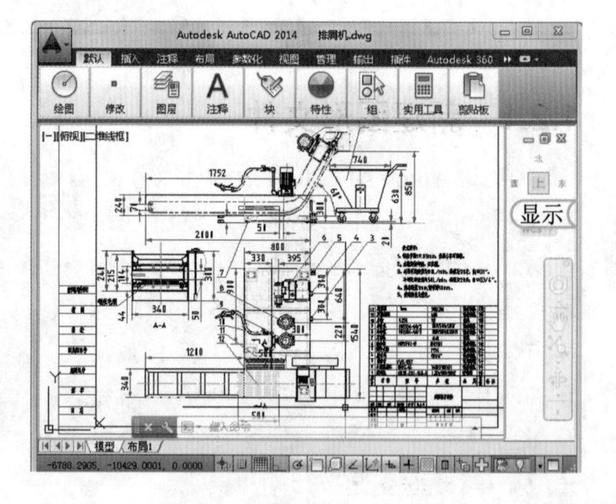

1.2.3 保存图形文件

当在打开的图形文件中完成绘图后，应保存已绘制的图形，保存文件的方法主要分为直接保存、另存为和自动保存 3 种，下面将分别进行介绍。

1. 直接保存图形文件

当对新建的图形文件或打开的图形文件进行编辑与修改后，即可对文件进行直接保存，其方法主要有如下几种。

- 命令行：在命令行中执行 SAVE 命令进行保存。
- 功能区：单击标题栏中的“保存”按钮，可打开保存对话框，进行保存。
- 快捷键：按 Ctrl+S 组合键，也可保存文件。
- 菜单栏：单击“应用程序”按钮，在打开的应用程序菜单中选择“保存”命令，保存文件。

如果保存的图形文件属于新建的图形文件，可在执行保存命令时，打开“图形另存为”对话框，在“保存于”下拉列表框中选择图形文件的保存位置，然后在“文件名”文本框中输入保存文件的名称，单击保存(S)按钮即可保存该图形文件。

提个醒 在保存图形时，可根据用户的工作需要，在“图形另存为”对话框的“文件类型”下拉列表框中将其保存为早期版本的图形文件，方便使用早期版本软件打开。

2. 另存为图形文件

另存为图形文件是保存图形的另一种方法，通过另存为图形文件可将打开并修改后的图形文件保存在另一个位置而不改变原文件。其方法主要有如下几种。

- 命令行：在打开窗口的命令行中执行 SAVEAS 命令，进行另存为图形文件操作。
- 功能区：在打开的窗口中单击“另存为”按钮，进行另存为图形文件操作。
- 菜单栏：单击“应用程序”按钮，在打开的应用程序菜单中选择“另存为”命令。

当执行“另存为”命令时也会打开一个和保存新建的图形文件时相同的“图形另存为”对话框，其后的相应操作完全相同。

经验一箩筐——文件格式的含义

在“图形另存为”对话框的“文件类型”下拉列表框中列出了该图形文件可以保存为的各种文件类型，选择其中的某个选项后，即可将该文件保存为该格式的文件。常见的文件格式有：.dwg 格式（它是 AutoCAD 的二维图形档案文件，可以和多种文件格式进行转化）、.dws 格式（它是二维矢量文件，使用这种格式可在网络发布 AutoCAD 图形）、.dwt 格式（它是 AutoCAD 的样板文件）与 .dxf 格式（它是包含图形信息的文本文件，使用其他 CAD 系统可以读取该图形信息）。

3. 自动保存图形文件

自动保存图形也是保存图形的另一种方法，它是按照指定的时间对图形文件进行自动保存，通过该设置可免去随时手动保存的麻烦，从而提高绘图速度。设置自动保存功能后，当达到设置的间隔时间后，将自动保存当前正在编辑的文件内容。

下面将以设置自动保存时间为 5 分钟为例讲解设置方法。其具体操作如下：

光盘文件 实例演示 \ 第 1 章 \ 自动保存图形文件

STEP 01：打开“选项”对话框

1. 在打开的AutoCAD窗口中单击“应用程序”按钮。
2. 在打开的应用程序菜单中单击按钮。

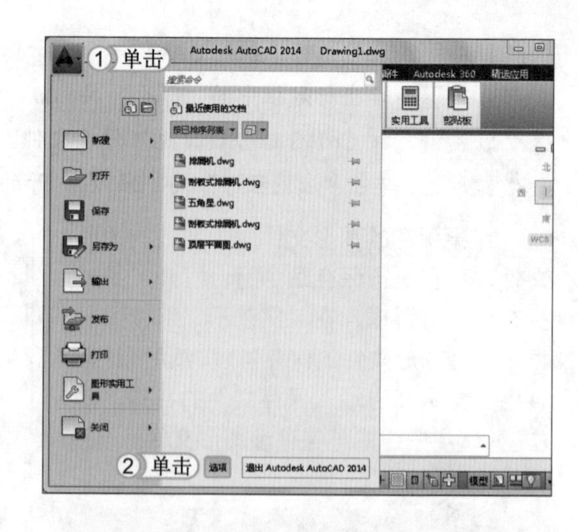

提个醒 设置自动保存间隔时间后，当遇到意外情况时，重新启动AutoCAD后便可从自动保存的临时文件夹中找回工作内容。

STEP 02：设置自动保存时间

1. 在打开的“选项”对话框中选择“打开和保存”选项卡。
2. 在“文件安全措施”栏的“自动保存”文本框中输入自动保存的时间，这里输入“5”。
3. 单击确定按钮，完成设置。

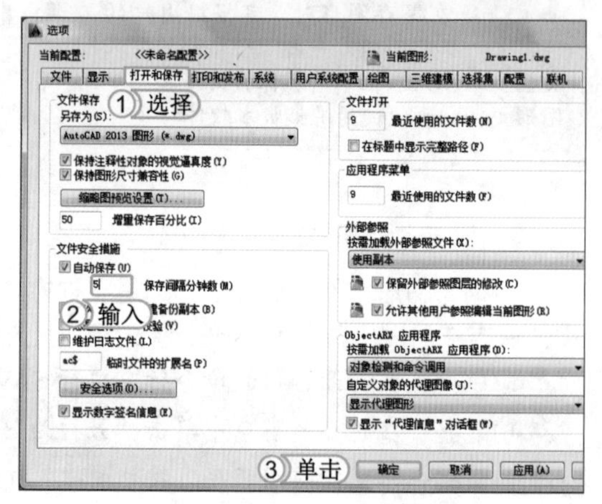

提个醒 在“文件保存”栏的“另存为”下拉列表框中可选择AutoCAD的保存版本；单击缩略图预览设置(T)...按钮，可对预览效果进行设置。

1.2.4 加密图形文件

在保存图形文件时，还可使用密码保存功能对文件进行加密保存，从而限制打开文件的用户范围，提高所保存资料的安全性。其具体操作如下：

光盘文件 实例演示\第1章\加密图形文件

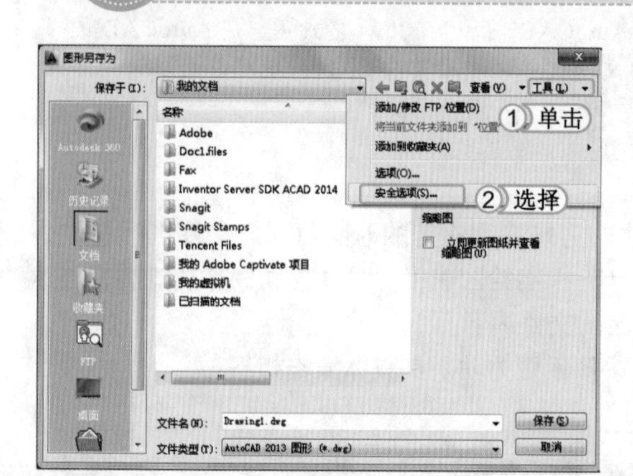

STEP 01：打开“安全选项”对话框

1. 在AutoCAD窗口中单击“应用程序”按钮，在打开的应用程序菜单中选择“另存为”命令，打开“图形另存为”对话框，在其中单击工具(L)按钮。
2. 在弹出的下拉列表中选择“安全选项”选项。

提个醒 单击工具(L)按钮后，可在弹出的下拉列表中选择“添加到收藏夹”选项，可将图形文件添加至收藏夹。

STEP 02: 设置安全选项

1. 在“安全选项”对话框的“用于打开此图形的密码或短语”文本框中输入打开权限密码，这里设置为“12345”。
2. 单击确定按钮。

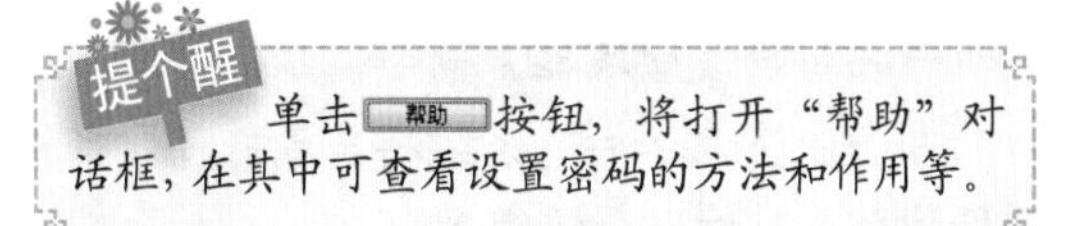

单击帮助按钮，将打开“帮助”对话框，在其中可查看设置密码的方法和作用等。

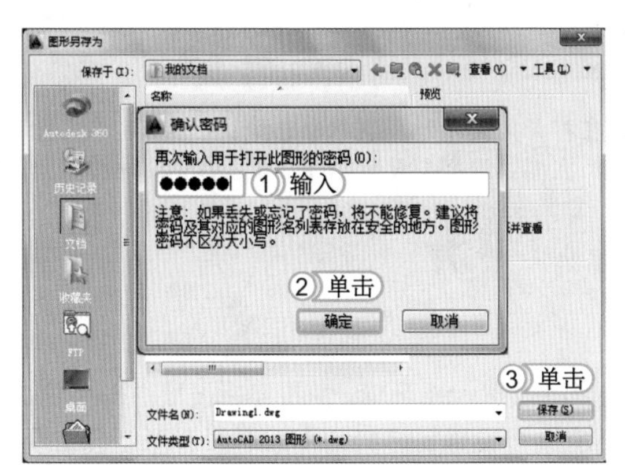

STEP 03: 确认密码

1. 打开“确认密码”对话框，在“再次输入用于打开此图形的密码”文本框中再次输入相同的权限密码。
2. 单击确定按钮。
3. 返回“图形另存为”对话框，指定图形保存的位置、文件名称和文件类型后，单击保存(S)按钮即可加密保存图形文件。

STEP 04: 查看加密的图形文件

1. 当下次打开该图形文件时，系统将弹出提示“请输入密码以打开图形”的对话框，在下面的文本框中输入密码。
2. 单击确定按钮，若密码正确即可打开对应文件。

1.2.5 关闭图形文件

在设置完图形的基本操作后，可关闭当前不使用的图形文件，关闭 AutoCAD 的图形文件与退出 AutoCAD 软件有所不同，关闭图形文件只是关闭当前编辑的图形文件，而不会退出 AutoCAD 2014 软件。关闭图形文件的方法主要有如下几种。

- 命令行：在命令行中执行 CLOSE 命令，关闭图形文件。
- 功能区：单击绘图区右上角的“关闭”按钮，关闭图形文件。
- 菜单栏：单击“应用程序”按钮，在打开的应用程序菜单中选择“关闭”命令，关闭图形文件。

经验一箩筐——使用快捷键关闭文件

只有在打开两个或两个以上的图形文件时，按 Alt+F4 组合键，才能关闭当前的图形文件，若只打开了一个图形文件，使用快捷键后将退出 AutoCAD 2014 软件。

1.2.6 修复图形文件

在打开图形文件时，若发现需要打开的图形文件无法正常显示，可通过修复图形文件进行修复后再查看该文件，常见的修复文件的方法主要有如下几种。

- 命令行：在命令行中执行 DRAWINGRECOVERY 命令。
- 菜单栏：单击“应用程序”按钮，在打开的应用程序菜单中选择【图形使用工具】/【打开图形修复管理器】命令。

执行上述命令后，系统将自动打开“备份文件”对话框，选择需修复的文件，进行文件的重新保存，从而进行修复。

经验一箩筐——直接修复文件

在修复文件时，还可通过单击“应用程序”按钮，在打开的应用程序菜单中选择【图形使用工具】/【修复】/【修复】命令，打开“选择文件”对话框，在其中选择需要的文件，单击 打开(O) 按钮，打开对应的文件并进行修复。

1.2.7 设置绘图环境

当认识了图形文件的基本操作后，即可在绘图区中设置绘图环境，主要包括设置图形单位、界限与工作空间三方面。若在绘图前没有对绘图环境进行设置，在打印图纸时很有可能会出现打印不完整等情况。通过对 AutoCAD 绘图环境的设置可使其更符合用户的绘图习惯，从而提高绘图效率。

1. 设置图形单位

在开始绘图前，首先应确定一个图形单位，用来表示图形的实际大小。在AutoCAD中，绘图单位和绘图界限都采用样板文件的默认设置，但在实际绘图过程中，样板文件设置的单位并不符合要求，这时就需要用户根据需要进行设置。设置图形单位主要是在“图形单位”对话框中进行，打开该对话框的方法主要有如下几种。

- 命令行：在命令行中执行 UNITS、DDUNITS 或 UN 命令。
- 菜单栏：单击“应用程序”按钮，在打开的应用程序菜单中选择【图形使用工具】/【单位】命令。

下面将使用在命令行中输入命令的方法，设置精度为“0.00”、单位为“毫米”、方向为“北90°”的绘图单位。其具体操作如下：

光盘文件 实例演示\第 1 章\设置图形单位

STEP 01：设置精度

在命令行中执行 UNITS 命令，按 Enter 键，打开“图形单位”对话框。在该对话框的“精度”下拉列表框中选择“0.00”选项。

提个醒 还可通过按 Space 键进行确认命令。

STEP 02： 打开“方向控制”对话框

1. 在“用于缩放插入内容的单位”下拉列表框中选择“毫米”选项。
2. 单击 方向(D)... 按钮，打开“方向控制”对话框。

提个醒 “长度”栏用于设置绘图时尺寸的表示类型和数值精度；“类型”下拉列表框中提供了可选择的单位，如小数、工程、分数、建筑和科学等；“精度”下拉列表框中可选择长度单位的精度；“插入时的缩放单位”栏用于设置插入内容的单位。如果插入内容的单位与图形文件设置的单位不符，则以该单位放大或缩小插入的内容。

STEP 03： 完成设置

1. 在“方向控制”对话框中选中 北(N) 单选按钮。
2. 单击 确定 按钮。
3. 返回“图形单位”对话框，单击 确定 按钮，完成绘图单位的设置。

提个醒 “角度”栏用于设置角度的类型、精度和角度的旋转方向。“类型”下拉列表框中提供了角度的单位类型，如十进制度数、百分度、度/分/秒、弧度和勘测单位等，“精度”下拉列表框与“长度”栏中的“精度”下拉列表框类似，用户可选择角度单位的精度。

经验一箩筐——更改角度的方向

在“角度”栏中选中 顺时针(C) 复选框，系统将以顺时针方向为角度的正方向，在默认设置下是以逆时针方向为角度的正方向；在“图形单位”对话框中单击 方向(D)... 按钮，在打开的对话框中还可改变基准角度的方向，但是一般情况下不需要更改角度方向，保持默认即可。

2. 设置图形界限

绘图界限是指绘图边限范围的两个二维点，这两个二维点分别用绘图范围左下角点至右上角点的图形边界表示。在绘制图形前可根据图纸的规格设置绘图界限，一般绘图界限应大于或等于选择的图纸尺寸。设置图形界限的方法有如下几种。

- 命令栏：在命令行中执行 LIMITS 命令。
- 菜单栏：切换到“AutoCAD 经典”工作空间中选择【格式】/【图形界限】命令。

下面将把默认样板创建图形文件的绘图界限设置为 A3 纸（420,297），其具体操作如下：

光盘文件 实例演示\第1章\设置图形界限

STEP 01： 输入命令

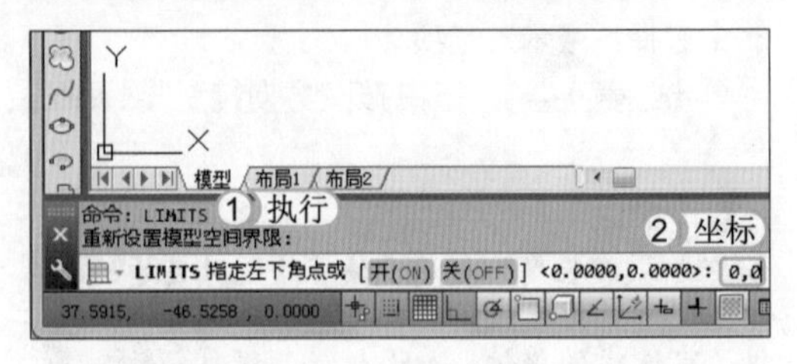

1. 在命令行中执行 LIMITS 命令，然后按 Enter 键进行确认。
2. 确认指定图形界限左下角点的坐标位置为"0,0"，按 Enter 键。

STEP 02： 输入坐标值

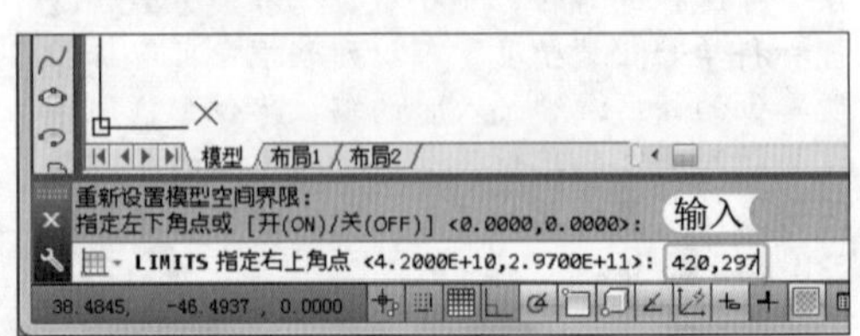

系统将提示输入右上角的坐标，这里输入坐标值"420,297"，按 Enter 键完成设置。

经验一箩筐——图形界限的打开和关闭

在执行"图形界限"命令的过程中，命令行中会出现"开 (ON)/ 关 (OFF)"提示选项，用于控制打开或关闭检查功能。在打开（ON）状态下表示只能在设置的图形界限范围内绘制图形；在关闭（OFF）状态下，可以在绘图区中的任意位置绘制图形。当用户开启或关闭图形界限功能后还需要选择【视图】/【重生成】命令，设置才会生效。

3. 设置工作空间

设置工作空间也是对用户工作环境的管理。在 AutoCAD 2014 中为用户提供了草图与注释、三维基础、三维建模和 AutoCAD 经典 4 种工作空间。工作空间中各个选项板、工具栏的位置可以由用户自己定义，方便用户在一个熟悉的绘图环境中工作。设置工作空间可以在"自定义用户界面"对话框中进行。打开该对话框的方法主要有如下几种。

- 工作空间：单击标题栏中的 草图与注释 按钮，在弹出的下拉列表中选择"AutoCAD 经典"选项，将其切换为"AutoCAD 经典"工作空间，选择【工具】/【工作空间】/【自定义】命令。
- 选项：单击标题栏中的 草图与注释 按钮，在弹出的下拉列表中选择"自定义"选项。

下面将以单击标题栏中对应按钮的方法，新建一个工作空间，并命名为"我的空间"，要求新建工作空间只包含快速访问工具栏、工具栏、菜单、选项板和功能区选项卡。其具体操作如下：

光盘文件 实例演示\第1章\设置工作空间

STEP 01： 选择"自定义"选项

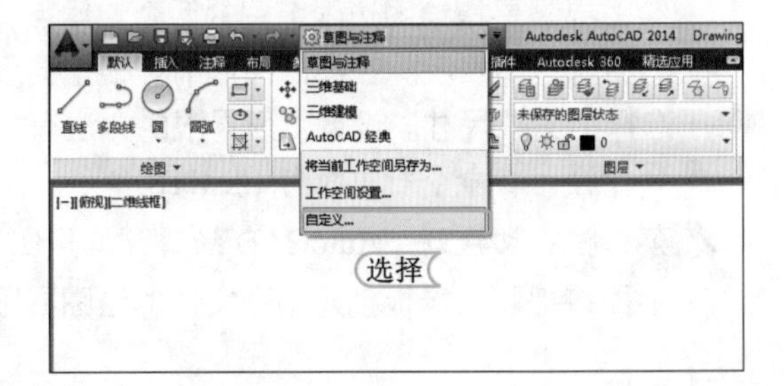

单击标题栏中的 草图与注释 按钮，在弹出的下拉列表中选择"自定义"选项。

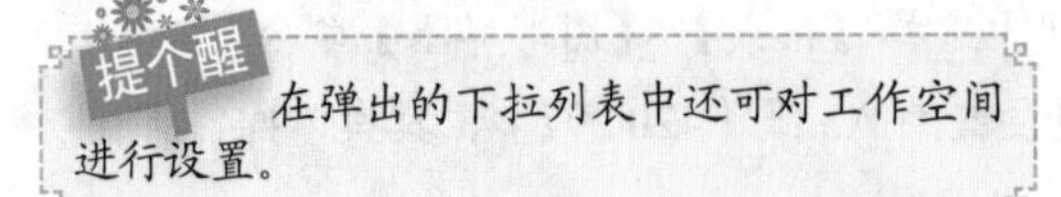

提个醒 在弹出的下拉列表中还可对工作空间进行设置。

STEP 02： 新建工作空间

1. 在打开对话框的“所有文件中的自定义设置”栏的列表框中选择“工作空间”选项。
2. 单击鼠标右键，在弹出的快捷菜单中选择“新建工作空间”命令，并命名为“我的空间”。

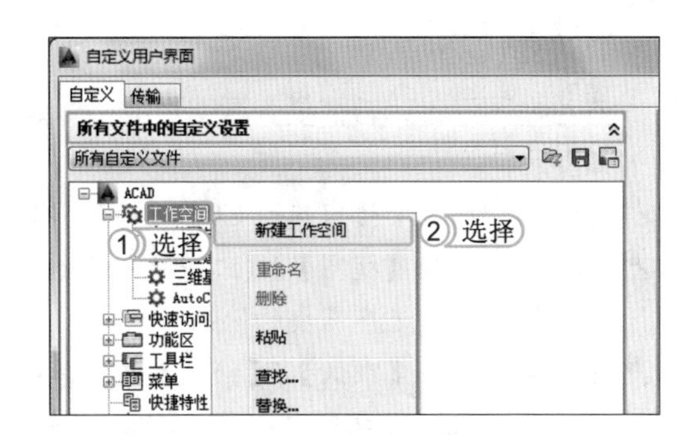

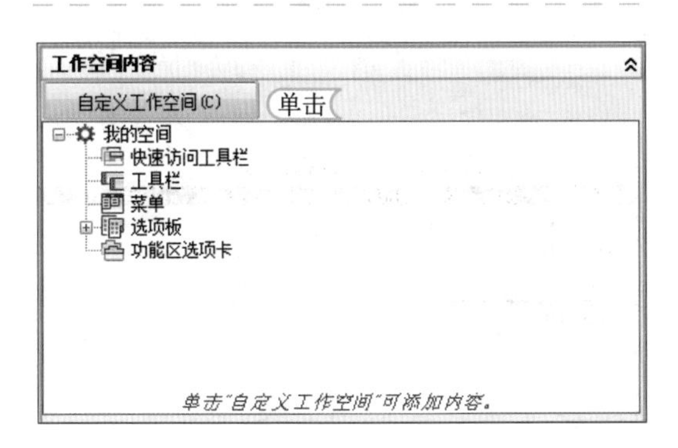

STEP 03： 自定义工作空间

在“自定义用户界面”对话框右侧的“工作空间内容”栏中单击[自定义工作空间(C)]按钮。

提个醒 自定义工作空间包含了常见选项卡，若需查看对应的小项目，只需单击⊞按钮即可展开对应的小项目。

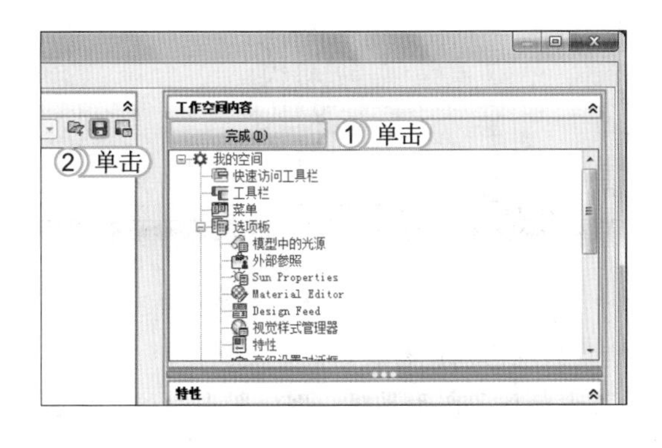

STEP 04： 设置我的工作空间

1. 在“所有文件中的自定义设置”栏中单击“选项卡”前面的⊞标记查看展开的下级目录，单击[完成(D)]按钮。
2. 单击“所有文件中的自定义设置”栏右侧的“保存”按钮，保存自定义的工作空间。单击[确定]按钮完成新建工作空间。

STEP 05： 调用“我的空间”

单击标题栏中的[草图与注释]按钮，在弹出的下拉列表中选择“我的空间”选项，调用自定义的工作空间。

1.2.8 控制显示图形

当认识绘图环境后，还可控制显示图形以便于更好地观察视图与绘图，常用的操作包括缩放、平移、重画、重生成和清除屏幕等。

1. 缩放图形

在绘制图形时，若需要查看图形的整体效果，就会用到缩放命令，使用缩放命令的方法主要有如下几种。

- 命令行：在命令行中执行ZOOM（Z）命令。
- 菜单栏：选择【视图】/【二维导航】组，单击“范围”按钮右侧的下拉按钮，在弹出的下拉列表中选择需要的选项。
- 工具栏：选择【默认】/【修改】组，单击“缩放”按钮。

缩放图形的方式多种多样，在不同的情况下可采用不同的方式，在使用ZOOM命令时，只需在命令行中输入“ZOOM”，然后在列出的选项中选择对应的命令，再在打开的图形中拖动鼠标选择其中的区域，放大图形即可。

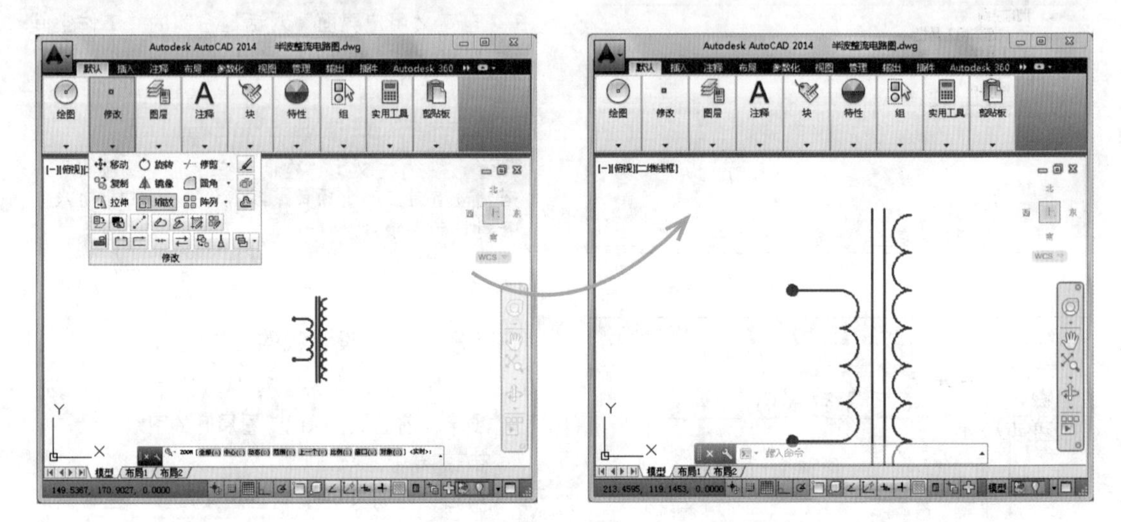

使用缩放命令对图形对象进行缩放操作时，可以选择8种缩放方式，其含义分别介绍如下。

- 全部(A)：在当前窗口中显示全部图形。如果绘制的图形均包含在用户定义的图形界限内，则在当前视窗中完全显示出图形；如果绘制的图形超出了图形界限，则以图形的边界所包括的范围进行显示。
- 中心(C)：以指定的点为中心进行缩放，然后再相对于中心点指定比例来缩放视图。
- 范围(E)：将当前窗口中的所有图形尽可能大地显示在屏幕上。
- 上一个(P)：返回前一个视图。当使用其他选项对视图进行缩放后，需要使用前一个视图时，可直接选择此选项。
- 比例(S)：根据输入的比例值缩放图形，输入的数值为非零的正数，当输入的值大于1时，则将视图进行放大显示；当输入的值小于1时，则将视图缩小显示。AutoCAD中有3种输入比例值的方法，分别为：直接输入数值表示相对于图形界限进行缩放；在输入的比例值后面加上x，表示相对于当前视图进行缩放；在比例值后面加上xp，表示相对于图纸空间单位进行缩放。
- 窗口(W)：选择该选项后，可以使用鼠标指定一个矩形区域，在该范围内的图形对象将最大化地显示在绘图区。
- 对象(O)：选择该选项后，再选择要显示的图形对象，选择的图形对象将尽可能大地显示在屏幕上。
- 实时：执行ZOOM命令后默认使用该选项。选择该选项后在绘图区中的图形任意位置处单击鼠标，即可快速进行缩放操作。按 Esc 键或 Enter 键则退出该命令。

经验一箩筐——缩放命令的使用技巧

在执行缩放命令时有许多选项供用户选择，通常使用的就是“全部”和“窗口”两个选项。其中“全部”选项表示将图形全部显示在当前视窗中；“窗口”选项表示只显示鼠标光标拖曳的矩形区域。

2. 平移图形

在绘制图形时，除了经常会用到缩放命令外，还需要把图形平移到合适的位置，方便查看和编辑，这时就需要执行平移命令，使用平移命令的方法主要有如下几种。

- 命令行：在命令行中执行 PAN（P）命令。
- 功能区：选择【视图】/【二维导航】组，单击“平移”按钮。

当执行平移命令后鼠标光标就会变成形状，按住鼠标左键不放在绘图区中拖动就可以平移绘图区的图形。

经验一箩筐——最常用的缩放与平移图形的方法

若用户使用的是三键鼠标，在绘图区中任何状态下滑动滚轮均可对视图进行缩放，当按住鼠标滚轮移动时还可实现图形的平移操作。另外，双击鼠标滚轮可直接执行缩放命令中“范围”选项。

3. 重画与重生成

当在 AutoCAD 2014 中绘制较复杂或较大的图形时，在绘图区中常常会遗留下用来指示对象位置的标记点，使显示屏幕看起来有些杂乱，此时可以通过重画或重生成操作刷新当前视图窗口中的图形，从而消除残留的标记点痕迹，使图形变得更加清晰和有序。重画或重生成视图窗口的方法主要有如下两种。

- 菜单栏：在“AutoCAD 经典”工作空间中选择【视图】/【重画】或【重生成】或【全部重生成】命令。
- 命令行：在命令行中执行 REDRAWALL 或 REGEN 或 REGENALL 命令。

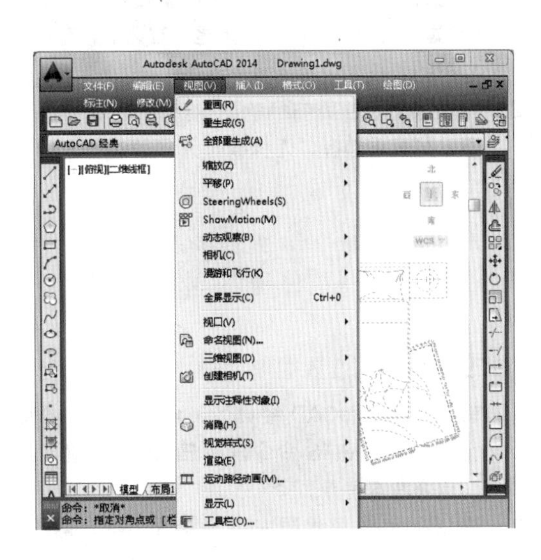

在绘制三维图形时，也会出现线框显示等情况，此时也需要重生成视图才能观察到更改后的效果，其中三维绘图的知识将在第 8 章中进行讲解。

读书笔记

4. 清除屏幕

清除屏幕与重画和重生成的功能有所不同，重画和重生成主要用于消除残留的标记点和痕迹，而清除屏幕可将图形环境中，除了一些基本的命令或菜单外的其他配置在屏幕上进行清除，从而只保留绘图区，这样更有利于突出图形本身，以便于查看。清除屏幕的方法介绍如下。

- 菜单栏：在“AutoCAD 经典”工作空间中选择【视图】/【全屏显示】命令。
- 快捷键：按 Ctrl+0 组合键快速清除屏幕。

当清除屏幕并查看清除后的效果后，可在“AutoCAD 经典”工作空间中再次选择【视图】/【全屏显示】命令，退出清除屏幕显示。

上机 1 小时 绘制前的准备

- 练习新建、保存和加密文件操作。
- 熟悉图形界限和绘图区的设置。

本例将以“公制”的方式新建一个图形文件，然后设置其界限为420mm×297mm，并自定义绘图区的颜色，最后将图形文件保存并加密在计算机中。

光盘文件 实例演示 \ 第 1 章 \ 绘制前的准备

STEP 01：新建图形文件

1. 在打开的 AutoCAD 窗口中，单击标题栏中的“新建”按钮。打开“新建”对话框，在“名称”列表框中选择 acadiso.dwt 选项。
2. 单击 打开(O) 按钮右侧的下拉按钮，在弹出的下拉列表中选择“无样板打开－公制”选项。

STEP 02：设置图形界限

1. 转换为“AutoCAD 经典”工作空间，在命令行中执行 LIMITS 命令，按 Enter 键，确定默认点为左下角点。
2. 确认指定图形界限左下角点的坐标位置为“0,0”，按 Enter 键。
3. 系统将提示输入右上角的坐标，这里输入坐标值“420,297”，按 Enter 键完成设置。

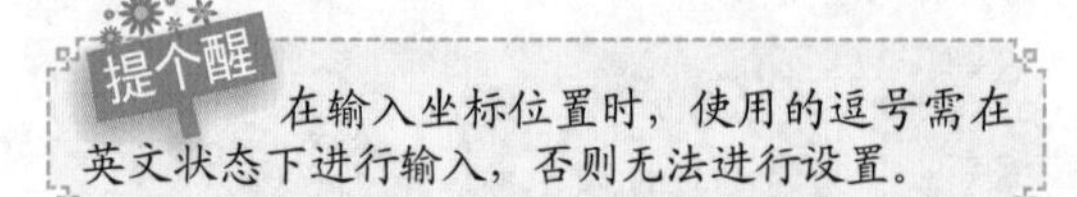
提个醒

在输入坐标位置时，使用的逗号需在英文状态下进行输入，否则无法进行设置。

STEP 03： 打开“图形窗口颜色”对话框

1. 在绘图区单击鼠标右键，在弹出的快捷菜单中选择“选项”命令，在打开的“选项”对话框中选择“显示”选项卡。
2. 单击“窗口元素”栏中的[颜色(C)...]按钮，打开“图形窗口颜色”对话框。

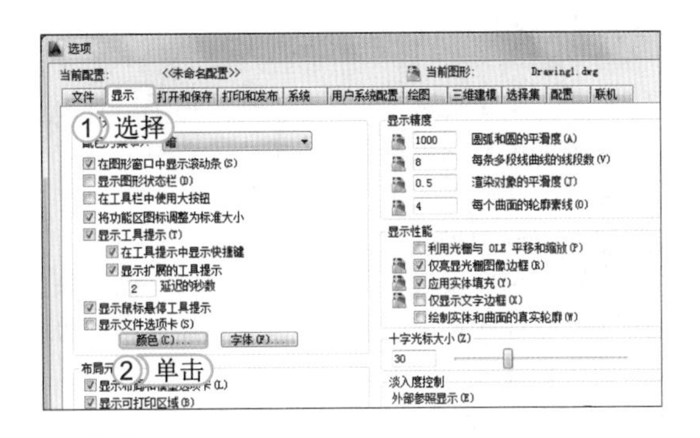

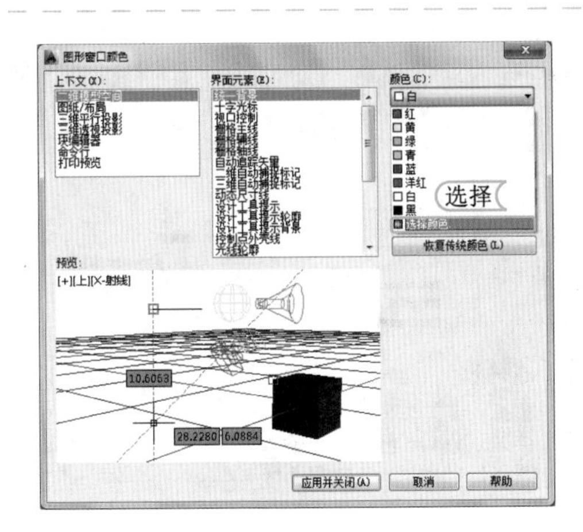

STEP 04： 准备设置图形颜色

在“图形窗口颜色”对话框的“颜色”下拉列表框中选择“选择颜色”选项，打开“选择颜色”对话框。

STEP 05： 选择颜色

1. 在“选择颜色”对话框中选择“索引颜色”选项卡。
2. 在“AutoCAD颜色索引”栏中选择颜色“14”。
3. 单击[确定]按钮，完成设置。
4. 返回“图形窗口颜色”对话框，单击[应用并关闭(A)]按钮，返回到“选项”对话框中，单击[确定]按钮。

提个醒

在“图形窗口颜色”对话框中单击[恢复传统颜色(L)]按钮，可恢复默认窗口颜色。

STEP 06： 安全设置

1. 单击标题栏中的“保存”按钮，打开“图形另存为”对话框，在右上角单击[工具(L)]按钮。
2. 在弹出的下拉列表中选择“安全选项”选项。

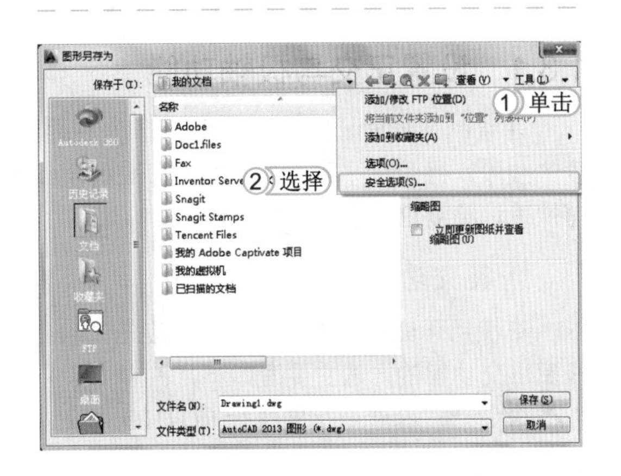

提个醒

对图形文件进行保存时，若需执行另存为操作可以按Ctrl+Shift+S组合键。

STEP 07： 设置安全选项

1. 打开“安全选项”对话框，在“用于打开此图形的密码或短语”文本框中输入打开权限密码，这里设置为“12345xl”。
2. 单击 确定 按钮。
3. 打开“确认密码”对话框，在“再次输入用于打开此图形的密码”文本框中输入相同权限的密码。
4. 单击 确定 按钮。

STEP 08： 保存设置

1. 在打开对话框的“保存于”下拉列表框中选择保存位置，这里选择“我的文档”。
2. 在“文件名”文本框中输入要保存的名称，这里输入“学习”。
3. 单击 保存(S) 按钮，完成图形文件的保存。

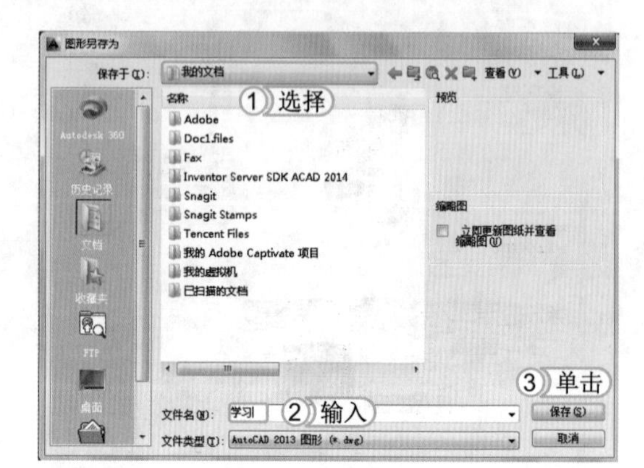

1.3 设置 AutoCAD 2014 的辅助功能

AutoCAD 2014 的辅助功能是除了图形的创建与管理的另一个入门知识，它是提高绘制图形精确度和绘制速度的重要功能。常见的辅助功能主要有设置正交与极轴功能、设置栅格和捕捉功能、设置对象捕捉和对象追踪功能、设置线宽显示功能以及设置动态输入功能。

学习 1 小时

- 熟悉正交与极轴功能的运用。
- 了解捕捉与栅格功能的设置方法。
- 掌握对象捕捉与对象追踪功能以及动态输入功能的设置和运用方法。

1.3.1 设置正交与极轴功能

在绘制图形时，除了需设置图形的界面外，还经常需要绘制水平、垂直或者是成一定角度的线段，当设置了正交功能后，可更好地绘制出水平或垂直的线段，而设置极轴功能后，还可快速地绘制出任意角度的直线。

1. 正交功能

在使用正交功能进行绘图时，应先开启正交功能，才能更加方便地绘制水平或垂直线段，开启正交功能的方法主要有如下几种。

命令行：在命令行中执行 ROTHO 命令。

- 快捷键：按 F8 键。
- 状态栏：在状态栏中单击“正交”按钮。

2. 极轴追踪功能

了解了正交功能的使用方法后，还可设置极轴追踪功能，该功能主要用于增量角，通过使用能更好、更方便地绘制出成增量角整数倍的线段，设置极轴功能的方法有如下两种。

- 状态栏：在状态栏中单击“极轴追踪”按钮。
- 快捷键：按 F10 键。

设置增量角可以在状态栏中的“极轴追踪”按钮上单击鼠标右键，在弹出的快捷菜单中选择“设置”命令，打开“草图设置”对话框，选择“极轴追踪”选项卡，在“极轴角设置”栏中的“增量角”下拉列表框中选择或输入极轴追踪的角度。开启极轴功能后，用户在绘图区中进行绘图操作时，在屏幕上会显示由极轴角度定义的临时对齐路径，系统默认的极轴角度为 90°，当设置完成后，单击确定按钮即可。

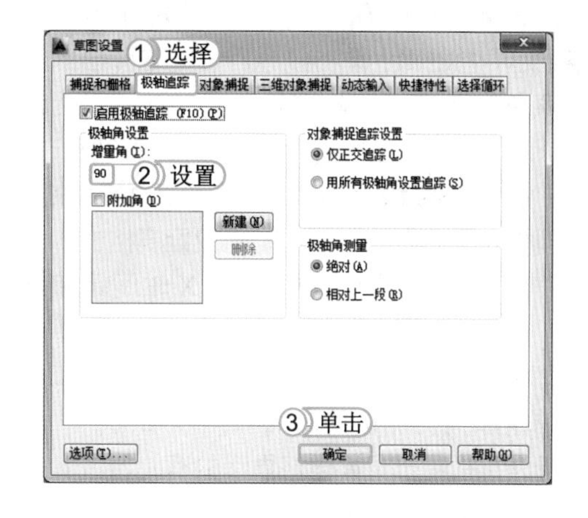

经验一箩筐——极轴追踪功能的使用方法

当鼠标光标移动到相对于前一点成增量角的整数倍时，系统会自动显示一条虚线（极轴追踪线），然后单击鼠标左键即可绘制出成一定角度的线段。另外，极轴功能与正交功能是相互对应的，在绘制图形时，两个功能只能开启一个，当开启一个功能时，另一个功能将自动关闭，不会出现提示信息。

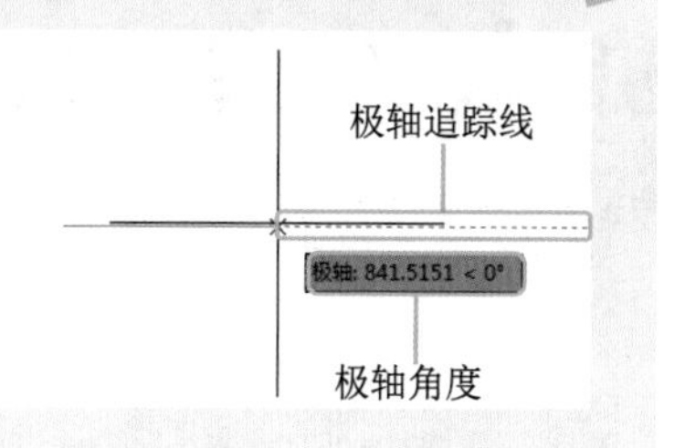

问题小贴士

问：极轴追踪除了以上使用方法外，还有其他的吗？

答：有，只需在打开的“草图设置”对话框中选中附加角(D)复选框，并单击新建(N)按钮，即可新增一个附加角。此时当十字光标移动到设定的附加角度位置时，会自动捕捉到该极轴线，以辅助用户绘图。在“极轴角测量”栏中还可更改极轴的角度类型，系统默认选中绝对(A)单选按钮，即以当前用户坐标系确定极轴追踪的角度；若选中相对上一段(R)单选按钮，则根据上一个绘制线段确定极轴追踪角度。

1.3.2 设置栅格和捕捉功能

捕捉功能与正交功能不同，捕捉功能常用于开启栅格功能后，在绘图区的某块区域中出现一些小点（栅格），可更好地辅助鼠标光标定位。

1. 设置栅格功能

栅格功能也是绘图的主要辅助功能之一，当使用栅格功能后，绘图区域上将出现可见网格，它是一个形象的绘图工具，就如同传统的坐标纸一样，可作为参照，以更好地确定数据。设置栅格功能的方法主要有如下几种。

- 命令行：在命令行中执行 GRID 命令。
- 快捷键：按 F7 键。
- 状态栏：在状态栏中单击“栅格显示”按钮▦。

设置栅格的方法为：在状态栏中的“栅格显示”按钮▦上单击鼠标右键，在弹出的快捷菜单中选择“设置”命令。打开“草图设置”对话框，并选择“捕捉和栅格”选项卡，其中选中☑启用捕捉 (F9)(S)复选框表示显示栅格；“栅格间距”栏的主要功能是设置栅格在水平与垂直方向的间距，如果栅格 X 轴间距和栅格 Y 轴间距均设置为“0”，则 AutoCAD 会自动将捕捉栅格间距引用于栅格，其原点和角度总是和捕捉栅格的原点和角度相同；“栅格行为”栏用于设置栅格显示的有关特性。还可通过 GRID 命令在命令行中设置栅格间距。

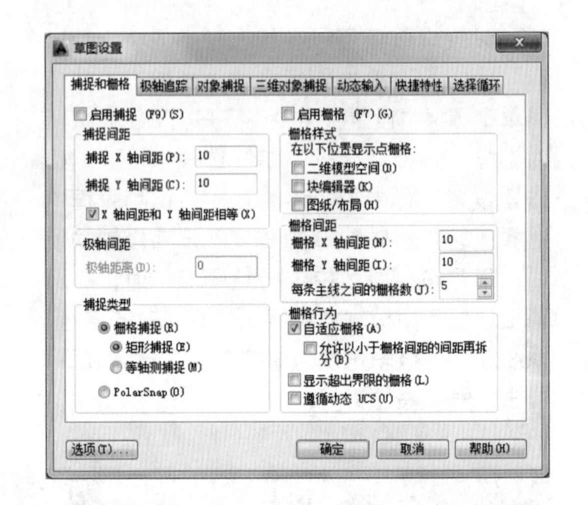

经验一箩筐——栅格中数值的输入

在“栅格 X 轴间距”和“栅格 Y 轴间距”文本框中输入数值时，若在“栅格 X 轴间距”文本框中输入一个数值后按 Enter 键，AutoCAD 将自动传送此值给“栅格 Y 轴间距”，从而减少工作量。

2. 设置捕捉功能

为了更加准确地在屏幕上捕捉点，AutoCAD提供了完善的捕捉工具，从而在屏幕上生成一个隐含的栅格。通过设置捕捉功能可将捕捉光标落在栅格的某个节点上，使用户能够精确地复制和选择栅格上的点，设置捕捉功能的方法主要有如下几种。

- 命令行：在命令行中执行 SNAP 命令。
- 快捷键：按 F9 键。
- 状态栏：在状态栏中单击“捕捉模式”按钮▦。

1.3.3 设置对象捕捉和对象追踪功能

在绘制图形时，通过对象捕捉功能可以捕捉到图形的一些几何特征点对象，然后根据这些特殊点进行其余图形的绘制。而对象追踪功能是根据捕捉点的位置，再沿极轴方向或正交方向进行追踪。

1. 设置对象捕捉功能

设置对象捕捉功能的方法主要有如下两种。

快捷键： 按 F3 键。

状态栏： 在状态栏中单击“对象捕捉”按钮□。

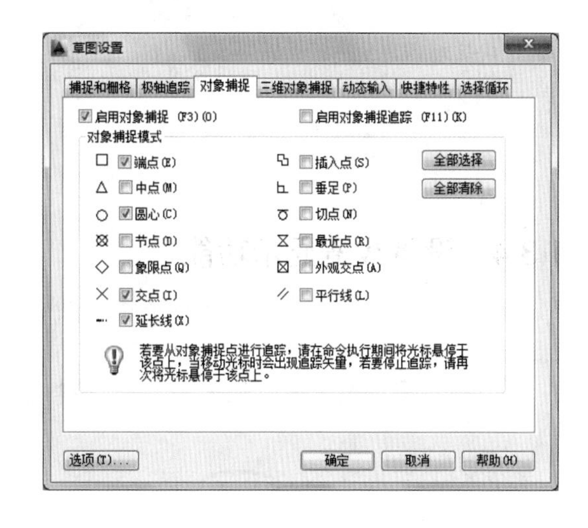

在默认情况下对象捕捉功能只开启了少部分的捕捉模式，用户可根据绘图的不同需要对其进行设置。其方法为：在状态栏的“对象捕捉”按钮□上单击鼠标右键，在弹出的快捷菜单中选择“设置”命令，打开“草图设置”对话框，选择“对象捕捉”选项卡，在“对象捕捉模式”栏中选中或取消选中相应的复选框。完成设置后，将鼠标光标移动到图形中，在一些特殊点上将出现提示，此时单击可自动捕捉到对应的特征点上。用户在绘图中，应多注意结合捕捉功能完成绘图，如不使用捕捉，在肉眼状态下，单击一些特征点往往不精确，也降低了准确性。

2. 设置对象追踪功能

设置对象追踪功能与设置对象捕捉的方式类似，其设置方法主要有如下两种。

快捷键： 按 F11 键。

状态栏： 在状态栏中单击“对象捕捉追踪”按钮∠。

开启对象追踪功能后，可通过“设置”命令打开“草图设置”对话框，选择“极轴追踪”选项卡，在“对象捕捉追踪设置”栏中对对象追踪模式进行设置。在该对话框中选中☑附加角(D)复选框，然后单击新建(N)按钮，可新增一个附加角。其功能与极轴功能一样，当十字光标移动到设定的附加角度位置时，系统也会自动捕捉到极轴追踪线，以辅助用户绘图。

经验一箩筐——◉仅正交追踪(L)单选按钮的作用

选中◉仅正交追踪(L)单选按钮，表示在启用对象捕捉追踪时，将显示获取对象捕捉点的正交（水平或垂直）对象捕捉追踪路径。

仅正交追踪

垂足：< 0°，极轴：< 270°

经验一箩筐——"用所有极轴角设置追踪(S)"单选按钮的作用

"用所有极轴角设置追踪(S)"单选按钮表示在启用对象捕捉追踪时，鼠标光标将从对象捕捉点起沿极轴对齐角度进行追踪。

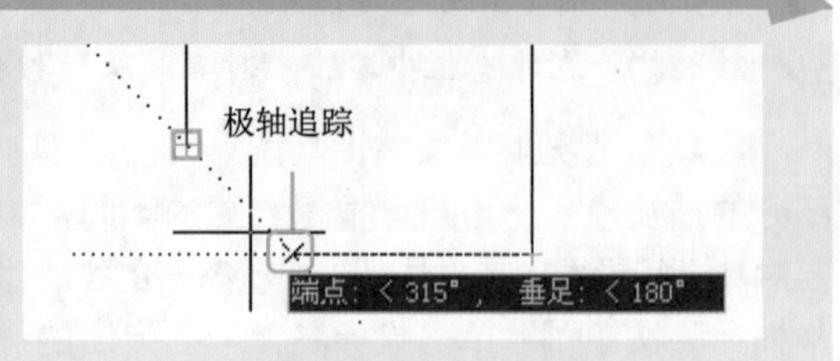

1.3.4 设置线宽显示功能

在绘制图形时，除了设置各种辅助功能外，还常常需要设置不同的线宽来区别一些线型。当设置了线宽后，需要开启线宽显示功能才能看见设置线宽后的效果，可以通过单击状态栏中的"显示/隐藏线宽"按钮开启或关闭该功能。如下图所示为开启和关闭线宽功能的效果。

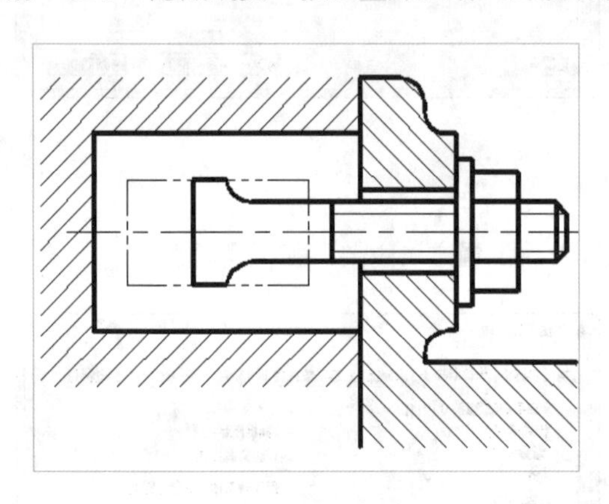

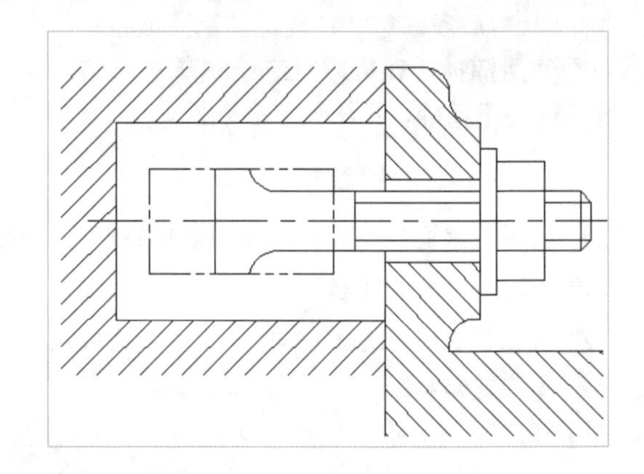

1.3.5 设置动态输入功能

开启动态输入功能后，在鼠标光标位置处会出现一个动态输入文本框，可以显示输入的命令和提示等信息，方便用户的查看。常用的设置动态输入功能的方法主要有如下几种。

- 命令行：在命令行中执行 DSETTINGS 命令。
- 菜单栏：在"AutoCAD 经典"工作空间中选择【工具】/【绘图设置】命令。
- 快捷键：按 F12 键（只限于打开与关闭）。

开启和关闭动态输入功能主要还可通过单击状态栏中的"动态输入"按钮来实现。只需在状态栏的"动态输入"按钮上单击鼠标右键，在弹出的快捷菜单中选择"设置"命令，在打开的"草图设置"对话框的"动态输入"选项卡中即可对其进行设置。单击"指针输入"栏中的"设置(S)..."按钮，可以设置指针的格式和可见性；单击"标注输入"栏中的"设置(S)..."按钮，可以设置标注的可见性。

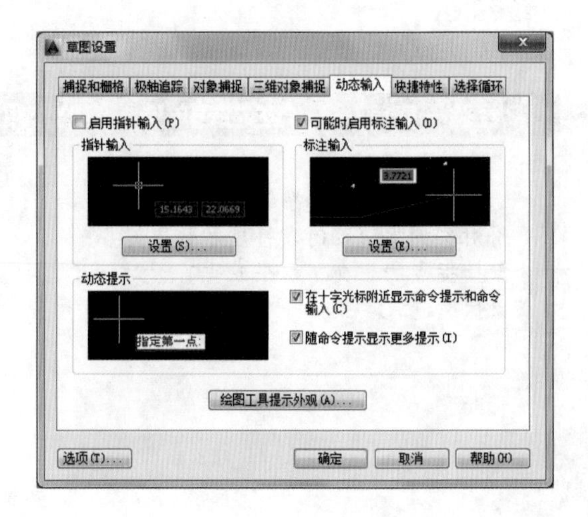

上机1小时 绘制三角形重心

- 熟悉在动态文本框中执行命令。
- 灵活运用辅助功能绘制图形。

本例将在设置好辅助功能后，利用直线命令（关于直线命令的使用将在第2章详细讲解）绘制重心，完成后的效果如右图所示。

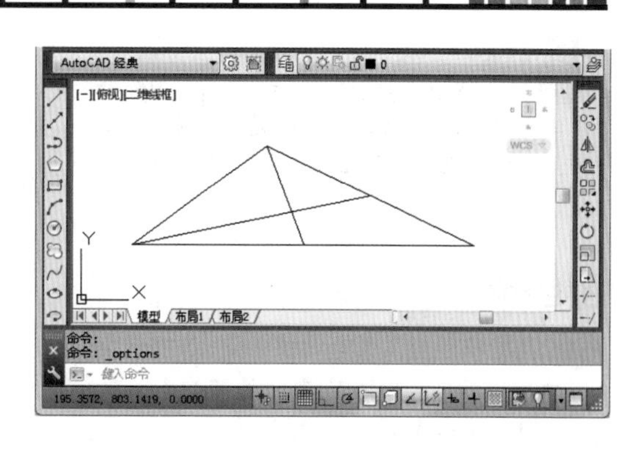

光盘文件
素材\第1章\三角形.dwg
效果\第1章\三角形重心.dwg
实例演示\第1章\绘制三角形重心

STEP 01: 打开动态输入功能

打开“三角形.dwg”图形文件，并使图形在“AutoCAD经典”工作空间显示，在状态栏中单击“动态输入”按钮，开启动态输入功能。

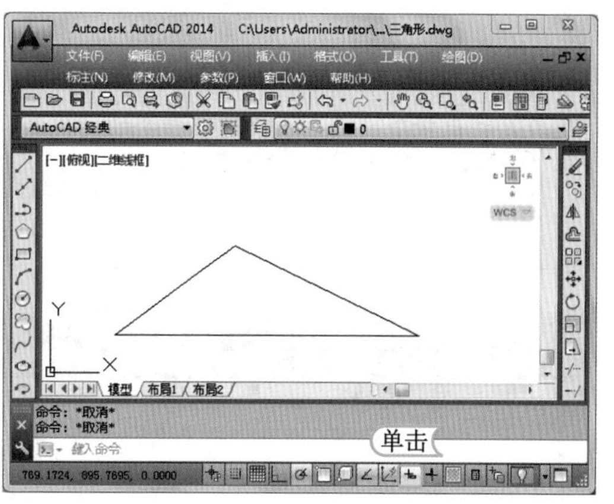

> 提个醒
> 在“草图设置”对话框的“动态输入”选项卡中单击 草图工具提示外观(A)... 按钮，在打开的“工具栏提示外观”对话框中还可以对工具栏提示的颜色、大小、透明度以及应用范围等进行设置。

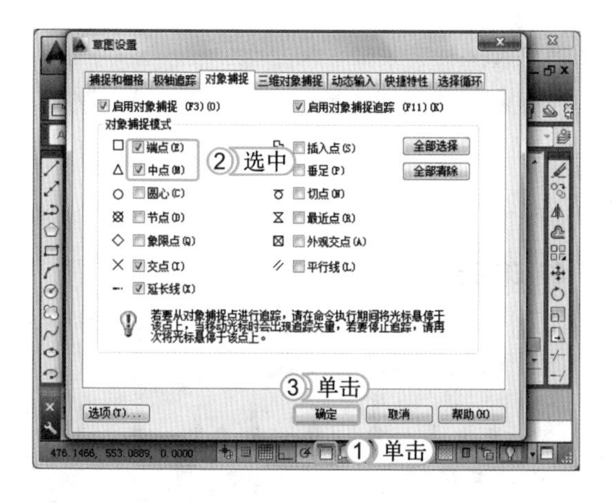

STEP 02: 设置对象捕捉功能

1. 在状态栏的“对象捕捉”按钮上单击鼠标右键，在弹出的快捷菜单中选择“设置”命令，打开“草图设置”对话框。
2. 在该对话框中选择“对象捕捉”选项卡，在“对象捕捉模式”栏中选中 端点(E) 和 中点(M) 复选框。
3. 单击 确定 按钮完成设置。

> 提个醒
> 在“草图设置”对话框的“对象捕捉”选项卡中单击 全部选择 按钮，可选中全部复选框。

读书笔记

STEP 03： 捕捉点

1. 在命令行中执行 LINE 命令。
2. 将鼠标光标移动到上方捕捉直线端点，等提示“端点”时，单击鼠标左键，确定直线第一点。

> 提个醒
> 使用直线时，还可通过在“绘图”栏中单击“直线”按钮/，进行直线的选择与绘制，对直线的介绍将在第 2 章进行具体介绍。

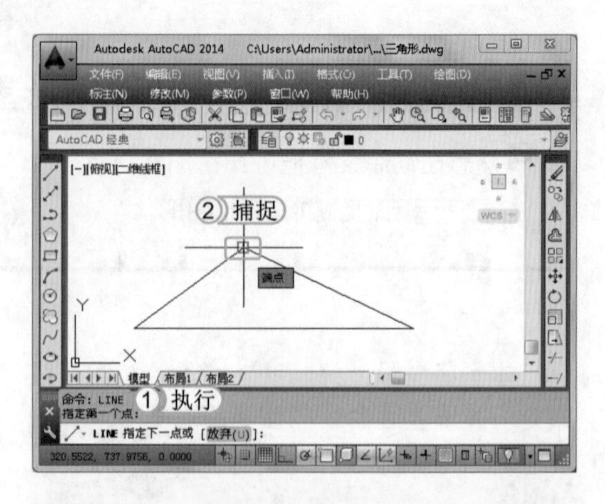

STEP 04： 绘制第一条中线

将鼠标光标移动至下方直线的中间，等提示“中点”时，单击鼠标左键，指定直线的第二点，然后按 Esc 键退出直线命令。

> 提个醒
> Esc 键在 AutoCAD 中主要是退出绘图或是退出命令，它可用于所有命令的退出操作，一般情况下退出所有命令需按 3 次。

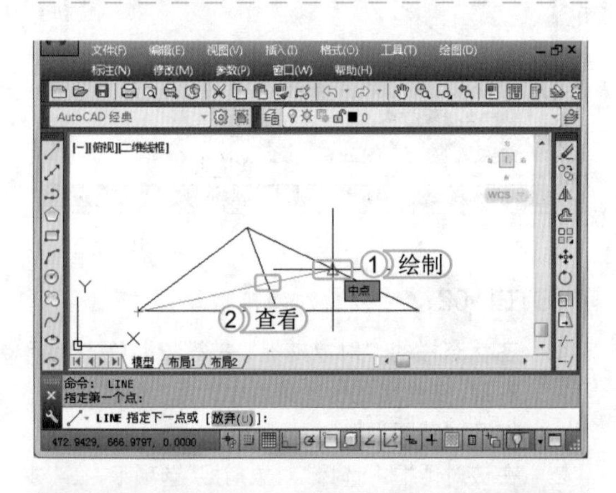

STEP 05： 找出重心

1. 使用相同的方法绘制出第二条中线。
2. 两条中线的交点即是三角形的重心，查看重心的位置。

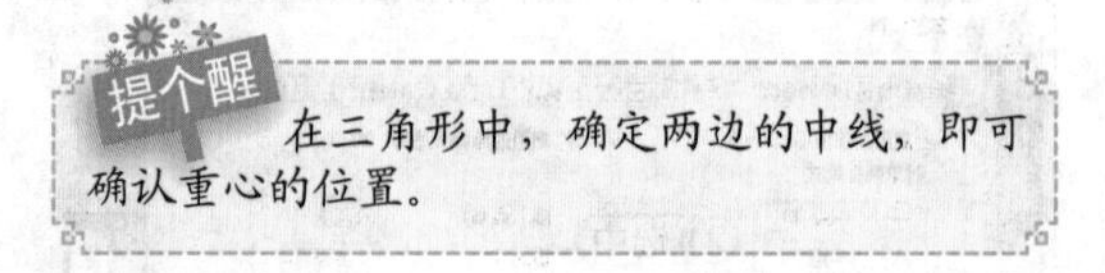

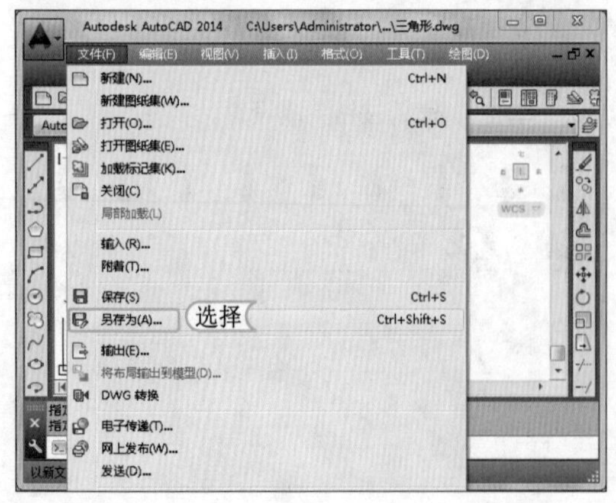

STEP 06： 打开“图形另存为”对话框

查看绘制后的图形，并选择【文件】/【另存为】命令，打开“图形另存为”对话框。

STEP 07： 重命名图形

1. 在“图形另存为”对话框的“保存于”下拉列表框中选择保存位置，这里选择“我的文档”。
2. 在“文件名”文本框中输入要保存的名称，这里输入“三角形重心 .dwg”。
3. 单击 保存(S) 按钮，完成图形文件的保存。

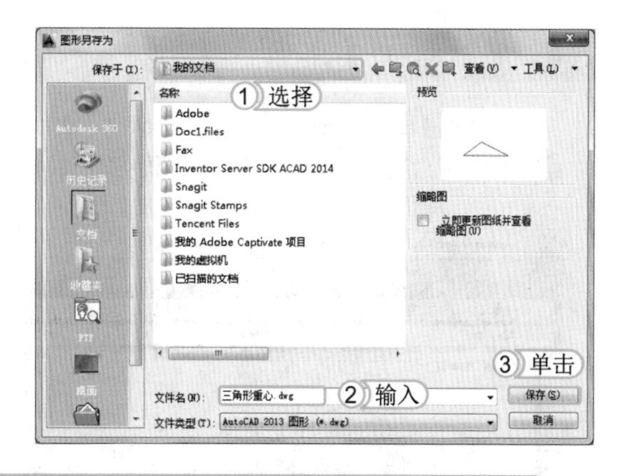

经验一箩筐——对象捕捉的类型

在使用对象捕捉功能时，捕捉对象的类型需要根据鼠标光标的形状来辨别。鼠标光标的形状与“草图设置”对话框中“对象捕捉”选项卡的“对象捕捉模式”栏中的各复选框前面的图形是对应的。

1.4 练习 1 小时

本章主要介绍了 AutoCAD 2014 的基础知识、图形的创建和管理与设置 AutoCAD 2014 的辅助功能的方法，用户要想在日常工作中熟练地使用它们，还需再进行巩固练习。下面以设置绘图环境并加密文件和绘制圆公切线为例，进一步巩固这些知识的使用方法。

1. 设置绘图环境并加密文件

本例将练习打开图形文件，对其进行查看，并设置图形环境为“黄色”，设置十字光标大小为“15”。然后将其保存在计算机的其他位置，再对保存后的图形进行加密，加密的密码为“12345”，加密后退出软件。通过这一过程进一步熟悉对图形文件的管理操作，设置前后的效果如下图所示。

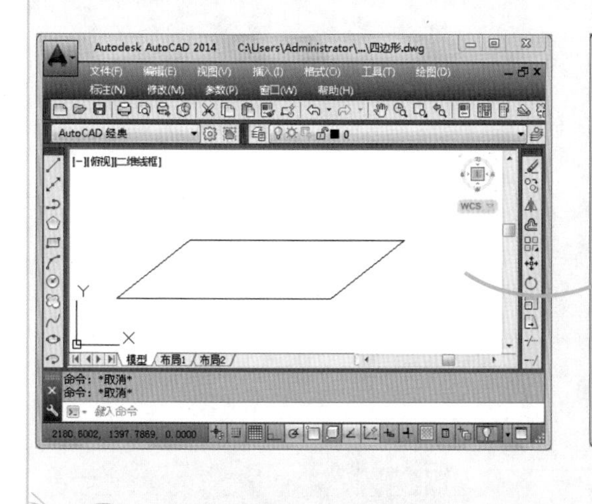

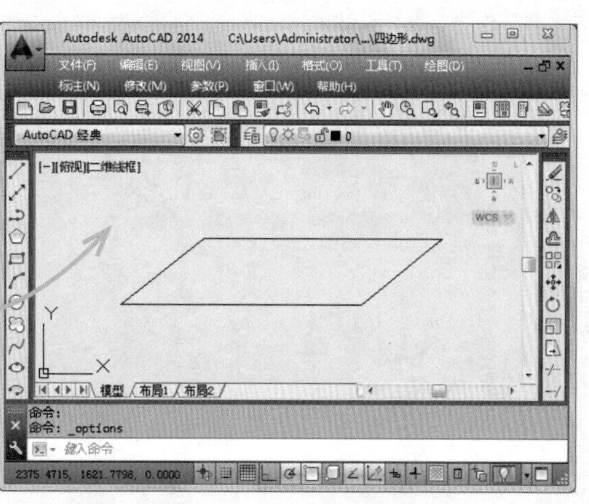

光盘文件
素材 \ 第 1 章 \ 四边形 .dwg
效果 \ 第 1 章 \ 四边形 .dwg
实例演示 \ 第 1 章 \ 设置绘图环境并加密文件

2. 绘制圆公切线

本例将在打开的“圆公切线.dwg”图形文件中，利用所学的对象捕捉功能和直线命令，绘制圆的公切线，绘制前后的效果如下图所示。

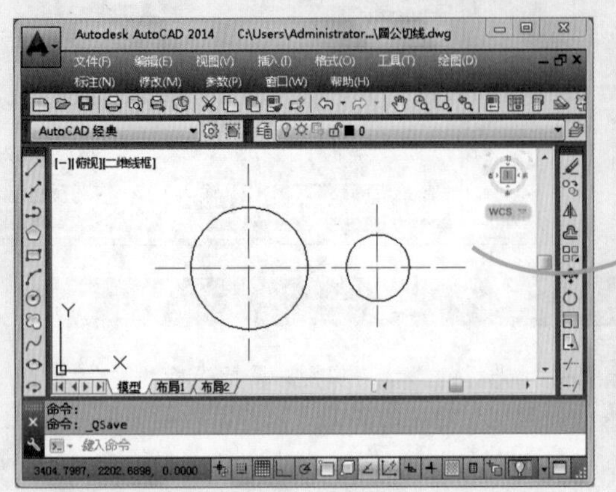

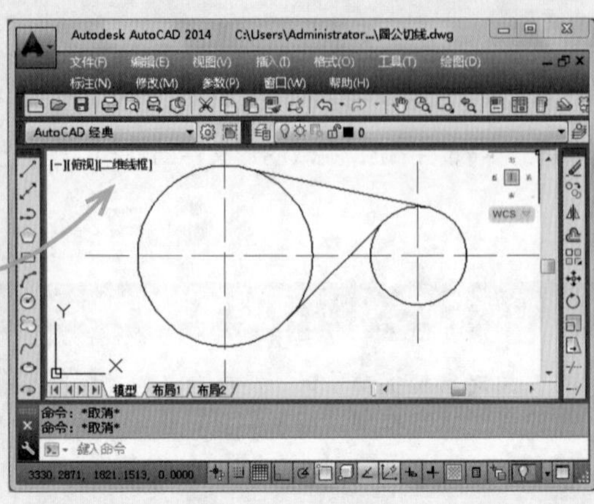

光盘文件

素材\第1章\圆公切线.dwg
效果\第1章\圆公切线.dwg
实例演示\第1章\绘制圆公切线

读书笔记

第2章 基本图形的绘制

学习 4 小时

了解并掌握了AutoCAD 2014的基本功能后，就可以在其中绘制需要的图形，最常见的有点、直线、圆、曲线、矩形和正多边形等。通过本章的学习，可掌握这些基本图形的绘制方法，为后面的学习奠定基础。

- 绘制点
- 绘制直线类图形
- 绘制圆与曲线类图形
- 绘制矩形和正多边形

上机 5 小时

2.1 绘制点

当认识 AutoCAD 2014 辅助功能后，可认识绘制图形的基本方法，常见的绘制方法是点的绘制，点不仅仅是组成图形最基本的元素，还可以通过点来标识某些特殊的部分，如直线的端点、中点，以及将图形对象分成若干段时所标注的点等。

学习 1 小时

- 学习设置点样式的方法。
- 掌握绘制单点和绘制多点的方法。
- 认识绘制定数等分点的方法。
- 了解绘制定距等分点的方法。

2.1.1 设置点样式

在 AutoCAD 2014 中，默认绘制的点显示为一个小圆点，不利于查看，因此要绘制的图形需表现出点的位置等特征，就必须先设置点样式。点样式设置可通过“点样式”对话框来完成，打开该对话框的方法有如下几种 。

- 命令行：在命令行中执行 DDPTYPE 命令。
- 功能区：选择【常用】/【实用工具】组，单击“点样式”按钮。
- 菜单栏：在“AutoCAD 经典”工作空间中选择【格式】/【点样式】命令。

根据以上任意一种方法，并执行该命令后，将打开“点样式”对话框。在该对话框上方列表框中选择需要的点样式，并在“点大小”文本框中输入点的大小，单击 确定 按钮，完成点样式的设置。

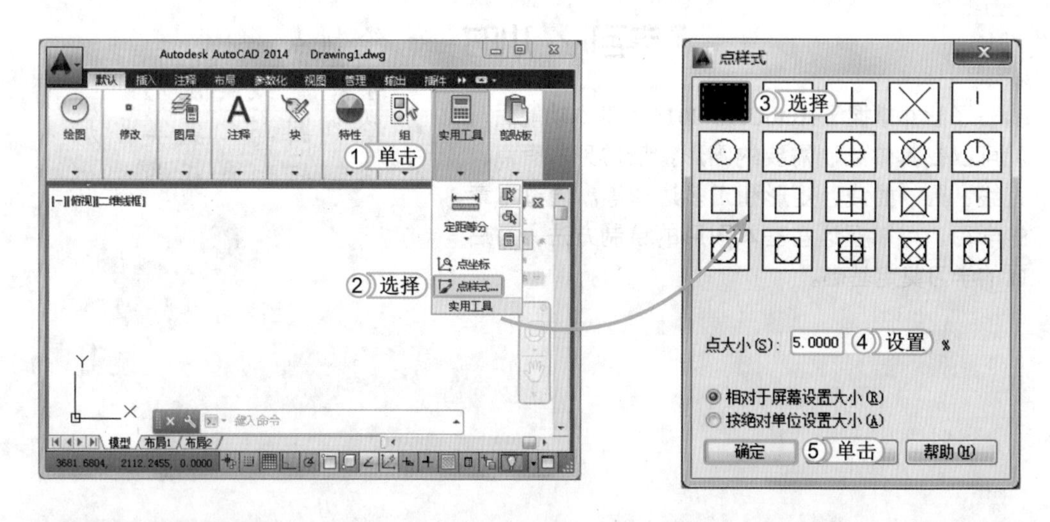

经验一箩筐——“点样式”对话框中各单选按钮的具体含义

在设置点样式时，如果选中 相对于屏幕设置大小(R) 单选按钮，当进行缩放操作时，点的显示大小将跟随屏幕尺寸的百分比变化；如果选中 按绝对单位设置大小(A) 单选按钮，当进行缩放操作时，点的显示大小将按输入的数值大小保持不变。

2.1.2 绘制单点

在 AutoCAD 2014 中，除了可设置点样式外，还可绘制单点。但是每执行一次“单点”命令，只能绘制一个单点。调用“单点”命令的方法主要有如下几种。

- 命令行：在命令行中执行 POINT（PO）命令。
- 菜单栏：在“AutoCAD 经典”工作空间中选择【绘图】/【点】/【单点】命令。
- 工具栏：在“AutoCAD 经典”工作空间中的工具栏中单击“点”按钮。

其使用命令行绘制单点的方法为：在命令行中输入 POINT 命令，按 Enter 键执行该命令，在绘图区中适当的位置单击鼠标左键，即可完成单点的绘制。

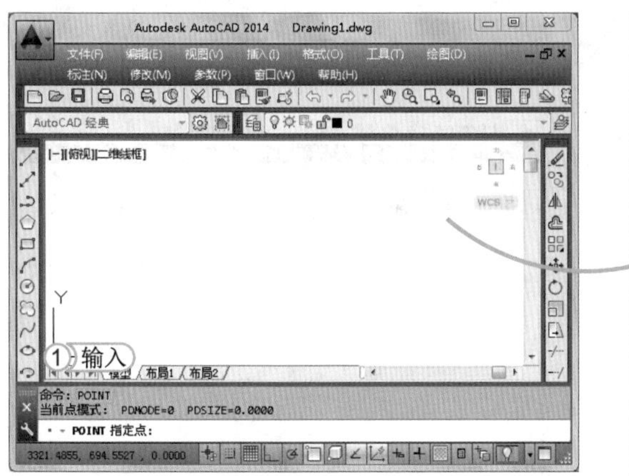

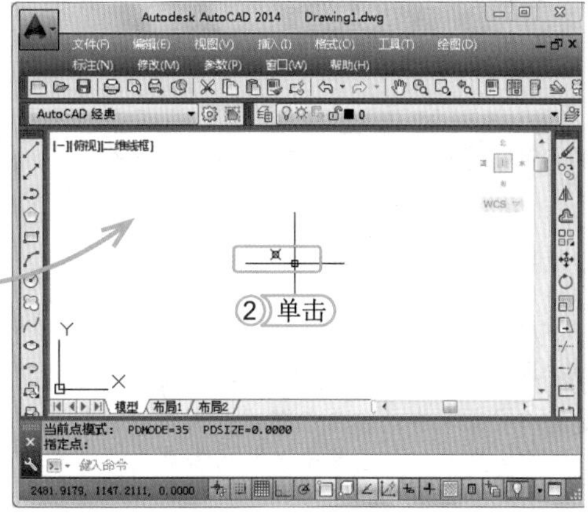

2.1.3 绘制多点

若使用单点命令绘制多个点时，会显得绘图过程十分繁琐。为了提高绘图效率，可以使用绘制多点命令来完成多个点的绘制。调用绘制多点的命令主要有如下几种。

- 命令行：在命令行中执行 POINT（PO）命令。
- 功能区：选择【常用】/【绘图】组，单击“多点”按钮。
- 菜单栏：在“AutoCAD 经典”工作空间中选择【绘图】/【点】/【多点】命令。

常用绘制多点的方法为：根据以上任意一种方法，并执行该命令后，在绘图区任意位置单击鼠标左键，单击鼠标左键次数越多，绘制的点也越多。当绘制完成后按 Esc 键，退出“多点”命令。

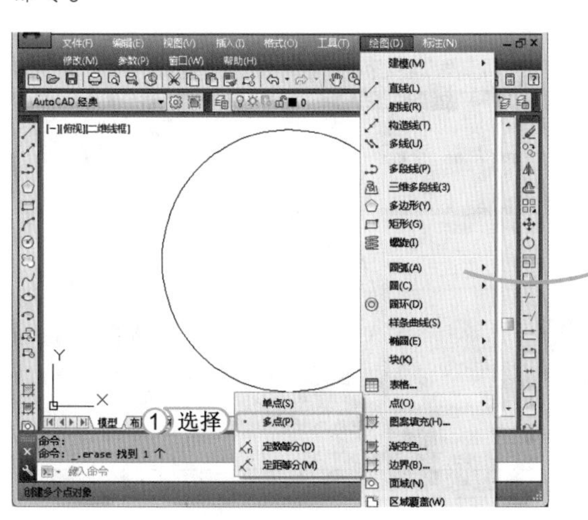

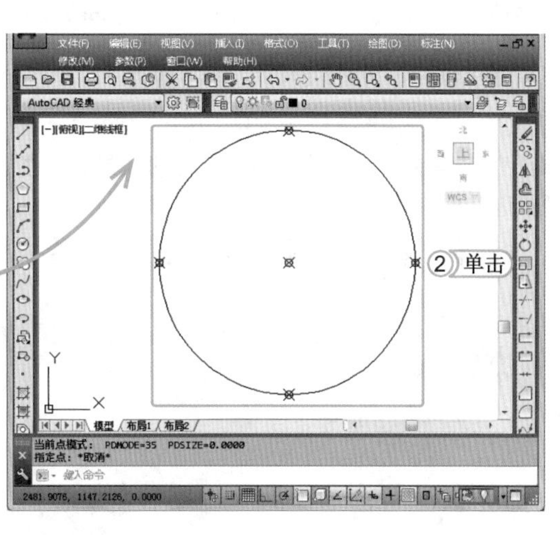

2.1.4 绘制定数等分点

绘制定数等分点与绘制多点不同，它是指在选定对象上绘制的点，将以指定数目来进行划分，每段的长度相等。调用定数等分点命令的方法主要有如下几种 。

- 命令行：在命令行中执行 DIVIDE（DIV）命令。
- 功能区：选择【常用】/【绘图】组，单击“定数等分”按钮。
- 菜单栏：在“AutoCAD 经典”工作空间中选择【绘图】/【点】/【定数等分】命令。

下面将根据以上任意一种方法，将“圆 .dwg”图形文件等分为 6 段，其具体操作如下：

光盘文件
素材 \ 第 2 章 \ 圆 . dwg
效果 \ 第 2 章 \ 圆 . dwg
实例演示 \ 第 2 章 \ 绘制定数等分点

STEP 01：执行“定数等分”命令

打开“圆 .dwg”图形文件，在命令行中输入“DIVIDE”命令，按 Enter 键执行该命令。

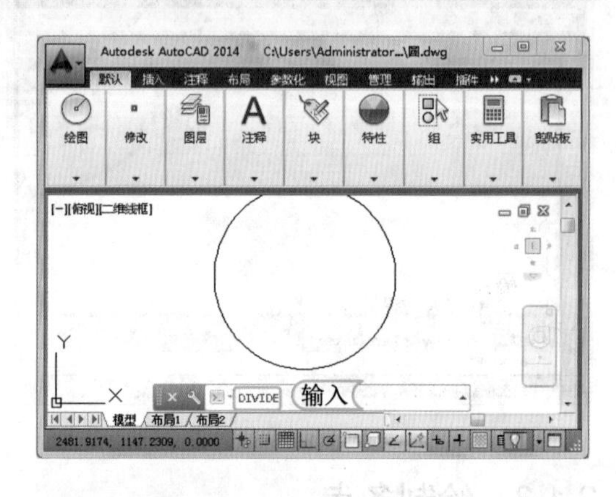

提个醒
使用定数等分对象时，由于输入的是需将对象等分的数目，所以如果对象是封闭的，则生成点的数量等于输入的等分数。

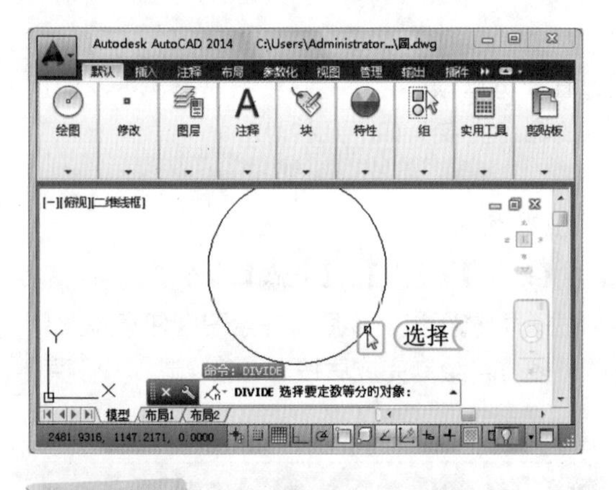

STEP 02：选择对象

将鼠标光标移到圆上，单击鼠标左键，选择要进行定数等分的圆。

提个醒
在选择对象时，可打开捕捉命令，使选择对象时更容易对对象进行捕捉，帮助等分，而且等分数目范围只能在 2~32967 之间。

STEP 03：指定定数等分的数目

在动态文本框中输入等分数目“6”，按 Enter 键确定定数等分数目的输入，完成后的效果如右图所示。

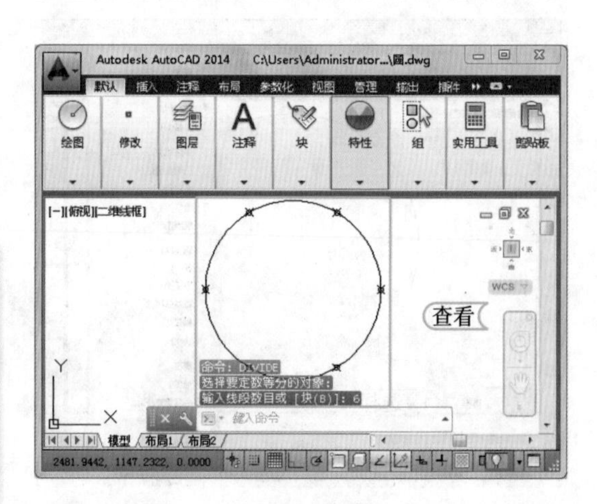

2.1.5 绘制定距等分点

绘制定距等分点与绘制定数等分点不同，它是指在选定的对象上绘制的点将对象以指定距离来进行划分，点与点之间的距离相等。调用定距等分点的方法主要有以下几种 。

- 命令行：在命令行中执行 MEASURE（ME）命令。
- 功能区：选择【常用】/【绘图】组，单击“定距等分”按钮。
- 菜单栏：在“AutoCAD 经典”工作空间中选择【绘图】/【点】/【定距等分】命令。

下面将根据以上任意一种方法，对“不规则图形 .dwg”图形文件中的直线执行“定距等分”命令，使其点与点的距离为 10mm。其具体操作如下：

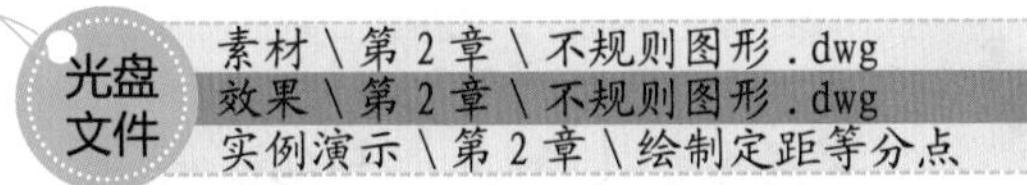

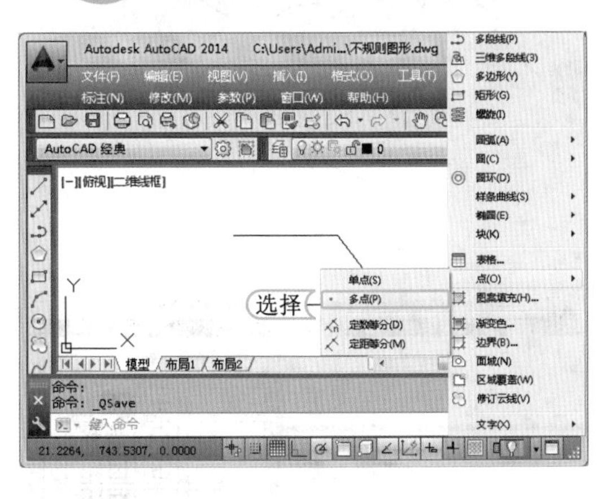

STEP 01：选择“定距等分”命令

打开“不规则图形 .dwg”图形文件。在“AutoCAD 经典”工作空间中，选择【绘图】/【点】/【定距等分】命令。

> 提个醒
> 在设置定距等分前，可先设置点样式，在执行“定距等分”命令时方便等分后的查看。

STEP 02：选择对象

将鼠标光标移动到样条曲线上，单击鼠标左键，选择要进行定距等分的不规则图形。

> 提个醒
> 在绘制定距等分时，设置的起点一般为指定线的绘制起点，在第二提示行选择“块”选项时，表示在测量点处插入指定的块。

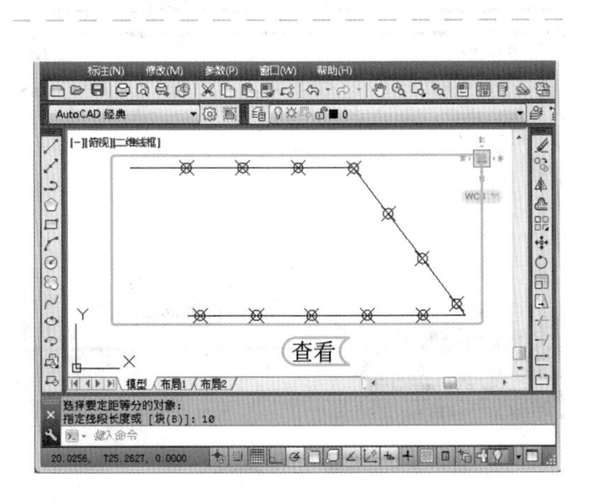

STEP 03：指定定距等分的数值

在动态文本框中输入每段线的长度为“10”，按 Enter 键确定定距等分值的输入，完成后的效果如左图所示。

> 提个醒
> 在绘制定距等分时，将按照当前的点样式设置绘制测量点，而且最后一个测量段的长度不一定等于指定分段长度，它将会随图形的大小而变化。

上机 1 小时 ▶ 绘制齿轮图形

- 巩固点样式的设置方法。
- 进一步掌握定数等分点的使用。
- 学习删除多余图形的方法。

光盘文件
素材 \ 第 2 章 \ 同心圆 .dwg
效果 \ 第 2 章 \ 齿轮图形 .dwg
实例演示 \ 第 2 章 \ 绘制齿轮图形

本例将在“同心圆 .dwg”图形文件中，使用设置点样式功能设置点的样式，并进一步掌握定数等分点的使用方法，完成前后的效果如下图所示。

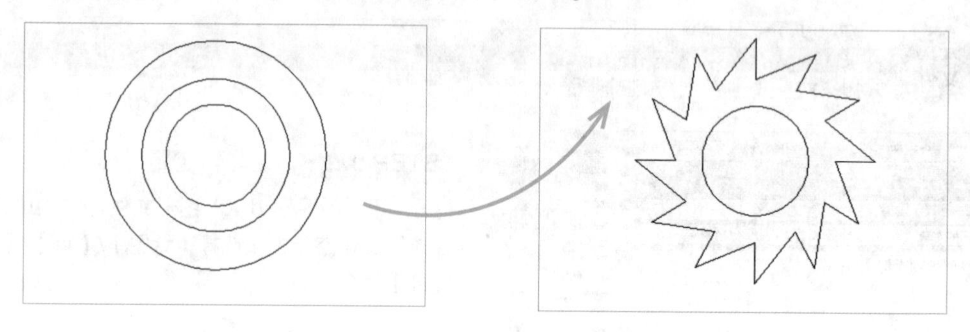

STEP 01：设置点样式

1. 打开“同心圆 .dwg”图形文件。在命令行中输入 DDPTYPE 命令，按 Enter 键。打开“点样式”对话框，在上方列表框中选择⊠样式。
2. 单击 确定 按钮，完成点样式的设置。

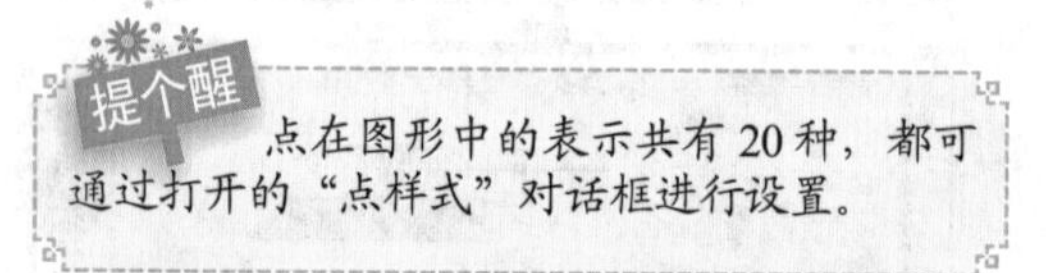

提个醒 点在图形中的表示共有 20 种，都可通过打开的“点样式”对话框进行设置。

STEP 02：等分圆

1. 转换为“AutoCAD 经典”工作空间，选择【绘图】/【点】/【定数等分】命令。
2. 将鼠标光标移动到图形上，单击鼠标左键，选择要进行定数等分的图形，这里选择外圈的圆。

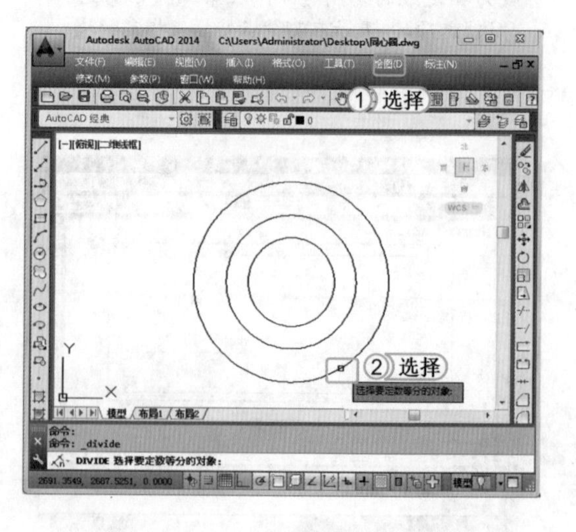

读书笔记

STEP 03：指定定数等分的数目

1. 在动态文本框中输入等分数目“12”，按 Enter 键确定定数等分数目。
2. 使用相同的方法，设置第 2 个圆的等分数目为“12”。

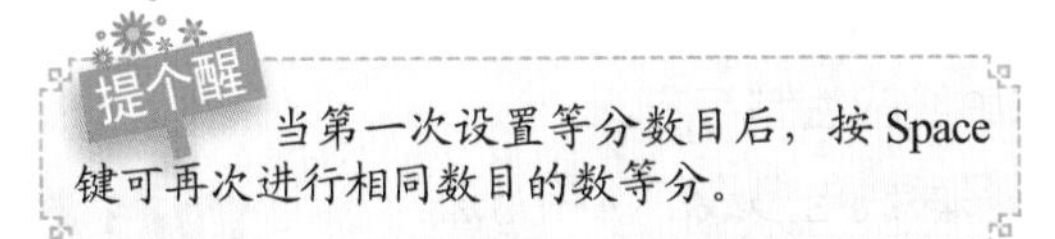

提个醒 当第一次设置等分数目后，按 Space 键可再次进行相同数目的数等分。

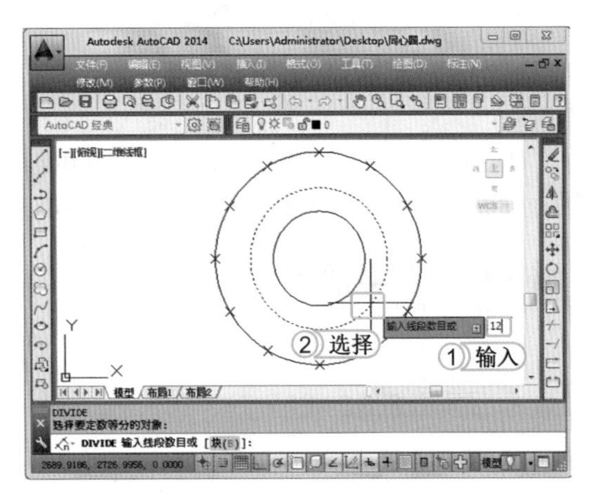

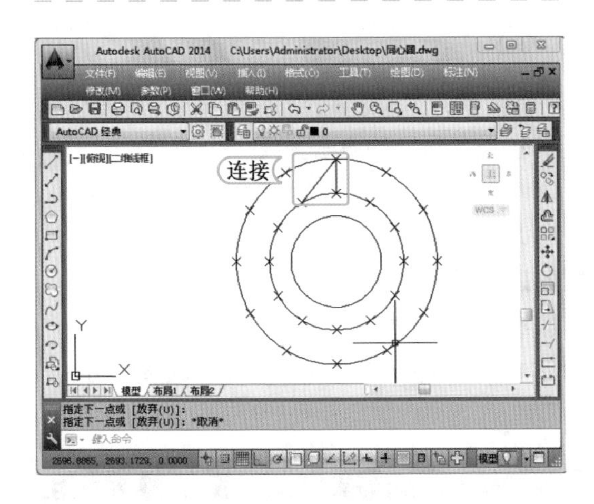

STEP 04：绘制齿轮

单击“绘图”工具栏中的“直线”按钮，连接 3 个等分点，绘制两条直线。

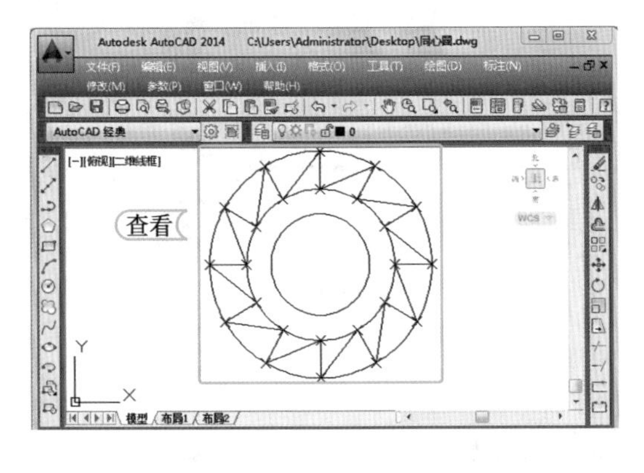

STEP 05：绘制其余齿轮

使用相同的方法连接其他点，并查看完成绘制后的效果。

提个醒 在连接其他点时，可开启节点捕捉（NOD）功能，快速连接其他点，完成后按 Esc 键，取消连接命令。

STEP 06：删除多余图形

选择绘制的点和多余的圆，按 Delete 键，删除多余的图形，查看删除后的效果，完成后将其另存为“齿轮图形 .dwg”。

提个醒 在删除点时，可发现因为点数太多删除很麻烦，此时可通过在“点样式”对话框中将点样式设置为默认形式来解决。

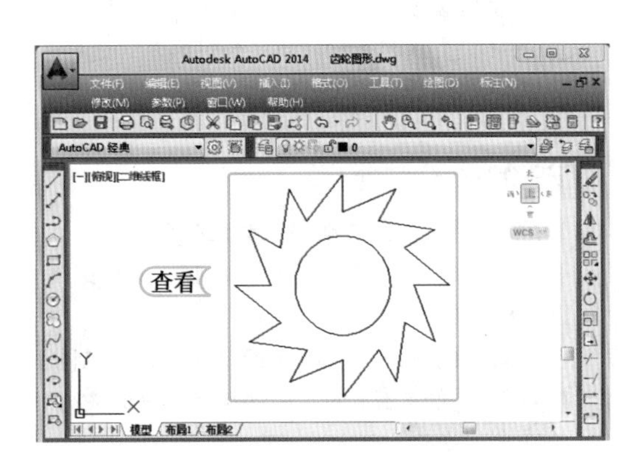

2.2 绘制直线类图形

当掌握了点的输入方法后，可发现点的绘制在日常使用中并不多，更多的还是直线的绘制，通过直线绘制的图形主要有直线、射线、构造线、多段线和多线5类，下面将分别介绍。

学习1小时

- 了解直线的绘制方法。
- 认识射线的绘制方法。
- 了解构造线的绘制方法。
- 了解多段线与多线的绘制方法。

2.2.1 绘制直线

在绘图中直线是最常见的图形元素之一，绘制直线的方法也比较简单，一般只需要确定直线的起点和端点即可完成对直线的绘制。其调用“直线”命令的方法主要有如下几种。

- 命令行：在命令行中执行LINE（L）命令。
- 功能区：选择【默认】/【绘图】组，单击“直线”按钮。
- 菜单栏：在“AutoCAD经典”工作空间中选择【绘图】/【直线】命令。
- 工具栏：在“AutoCAD经典”工作空间的工具栏中单击“直线”按钮。

下面将根据以上方法，绘制扬声器，并存为“扬声器.dwg”图形文件。其具体操作如下：

光盘文件
效果\第2章\扬声器.dwg
实例演示\第2章\绘制直线

STEP 01：使用工具组执行直线命令

1. 在“AutoCAD经典”工作空间中选择【绘图】/【直线】命令。
2. 在绘图区任意位置单击鼠标左键指定直线起点位置。

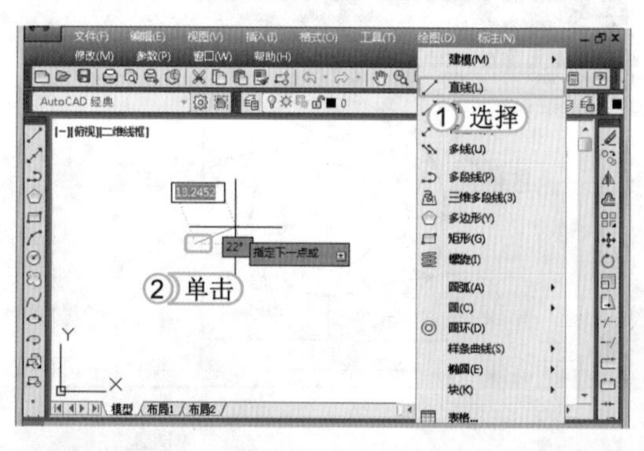

提个醒

在“指定下一点”提示下，用户可以指定多个端点，从而绘制出多条直线段。但是，每一段直线都是一个独立的对象，可进行单独的编辑操作。

STEP 02：绘制图形

1. 按F8键开启正交功能，鼠标光标向左移动，在文本命令行中输入“20”，按Enter键确认水平直线的长度。
2. 按照同样的方法，鼠标光标向下移动绘制长度为“40”的直线，向右移动绘制长度为“20”的直线，按Esc键退出“直线”命令。

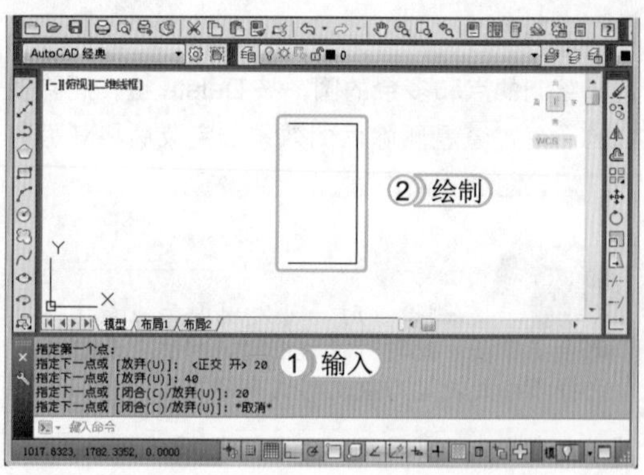

STEP 03：设置对象捕捉

1. 在状态栏中的“对象捕捉”按钮上单击鼠标右键。
2. 在弹出的快捷菜单中选择“端点”命令。

> **提个醒** 若按 Enter 键后，响应“指定下一点”提示，系统将把上次绘制图线的终点作为本次绘制的起始点。若上次操作为绘制圆弧，按 Enter 键并响应后，将绘制出通过圆弧终点并与该圆弧相切的直线段，并且该线段的长度为光标在绘图区指定的一点与切点之间线段的距离。

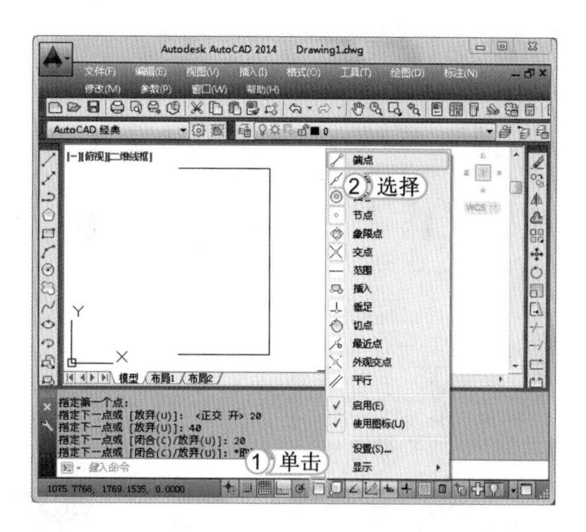

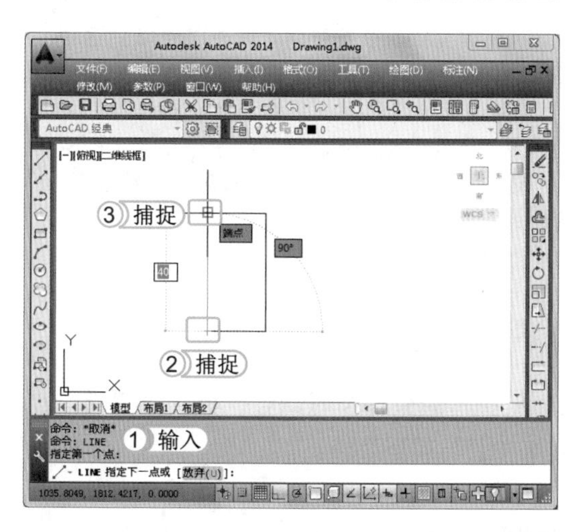

STEP 04：利用对象捕捉绘制图形

1. 在命令行中输入 LINE 命令，按 Enter 键执行“直线”命令。
2. 将鼠标光标移动到图形下方，捕捉直线端点，单击鼠标左键，指定直线起点。
3. 将鼠标光标向上移动，捕捉图形另一端点，单击鼠标左键，指定直线终点。

> **提个醒** 利用坐标输入的方法，在绘制图形时，在命令行提示后的动态文本框中输入的坐标为相对坐标，相当于在坐标值前添加@符号。

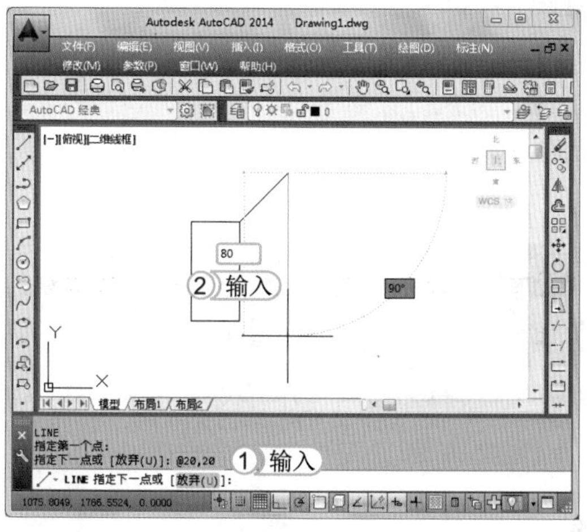

STEP 05：输入坐标绘制图形

1. 输入直线下一点的坐标（@20,20），输入完成后按 Enter 键确认输入。
2. 将鼠标光标向下移动，在动态文本框中输入“80”，按 Enter 键确认输入。

> **提个醒** 在输入数据时，可选择在动态文本框中进行输入，还可直接在命令行中进行命令的输入，其结果相同。

经验一箩筐——“闭合”与“放弃”选项

在执行“直线”命令时，如果绘制了多条相连接的线段，需要将直线的端点与第一条线段的起点相重合，从而形成一个封闭的图形。可以在命令提示行中输入“C”，选择“闭合”选项；如果需要撤销刚才绘制的线段但又不退出“直线”命令，可以在命令提示行中输入“U”，执行“放弃”命令。

STEP 06： 完成绘制

在命令行中输入“C”，选择“闭合”选项，完成绘制图形，并查看绘制后的效果。完成后以“扬声器 .dwg”为名进行保存。

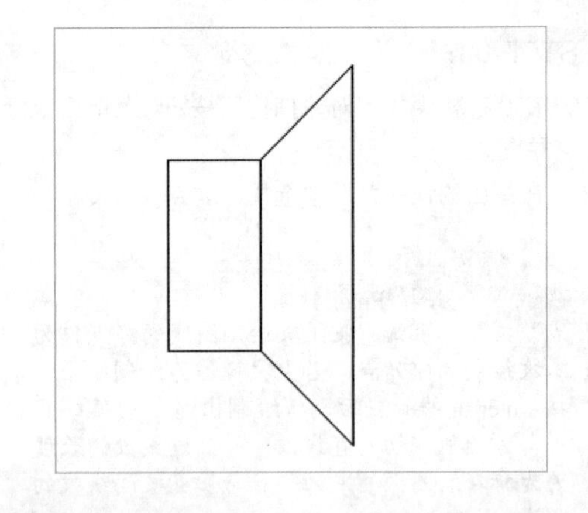

经验一箩筐——AutoCAD 的运用技巧

在 AutoCAD 中，任意一个命令或操作的执行方式，一般都有在命令行中输入命令名、功能区中选择相应命令和在菜单栏中选择相应命令按钮 3 种方式，不同的方式执行的结果相同。一般来说，采取工具栏方式操作起来更加快捷，但是对于需要大量长期作图的用户，要使操作方式更加方便快捷，就可使用在命令行中输入快捷命令的方法。AutoCAD 针对不同的命令设置了相应的快捷命令，只要在命令行输入一两个字母，就可快速执行该命令，这种方式要求用户多练多用，长期使用即可记住各种快捷命令，养成一种快速绘图的习惯。

2.2.2 绘制射线

在绘制图形时，射线的作用与直线有所不同，射线一般只作为辅助线，射线是只有起点和方向，没有终点的直线。调用“射线”命令的方法主要有如下几种。

- 命令行：在命令行中执行 RAY 命令。
- 功能区：选择【默认】/【绘图】组，单击“射线”按钮。
- 菜单栏：在“AutoCAD 经典”工作空间中选择【绘图】/【射线】命令。

常用绘制射线的方法为：根据以上任意一种方法，并执行该命令后，在绘图区任意位置单击鼠标左键指定射线起点位置。在动态文本框中输入通过点，按 Enter 键确认输入，再次按 Enter 键退出“射线”命令，完成绘制。

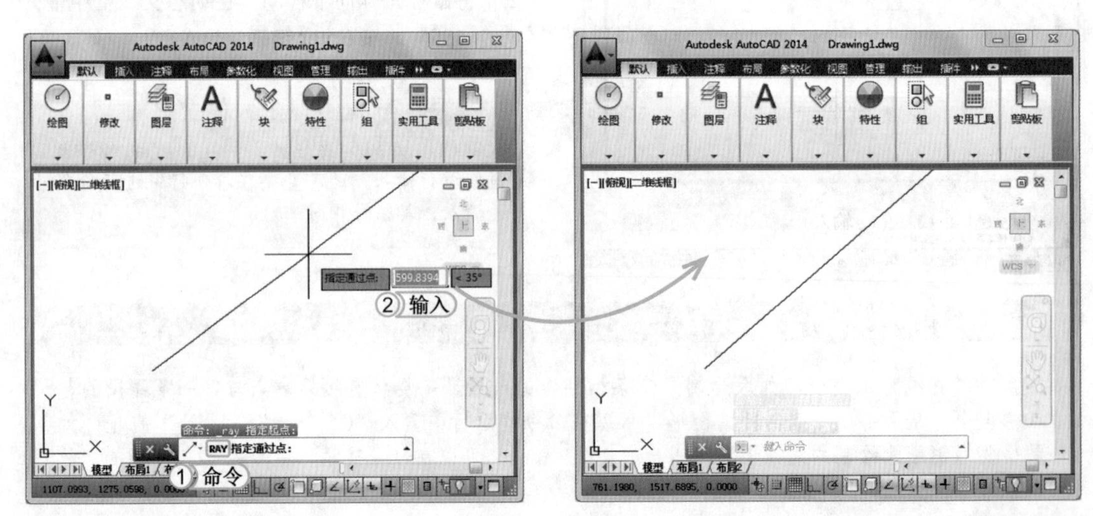

2.2.3 绘制构造线

构造线是没有起点和终点，两端都可以无限延伸的直线。与射线一样，在绘图过程中构造线常用作辅助线，在建筑设计中常用于确定建筑图形的结构，而在机械设计中又常用于绘制轴线。调用“构造线”命令的方法主要有如下几种。

- 命令行：在命令行中执行 XLINE（XL）命令。
- 功能区：选择【默认】/【绘图】组，单击“构造线”按钮。
- 菜单栏：在“AutoCAD 经典”工作空间中选择【绘图】/【构造线】命令。
- 工具栏：在“AutoCAD 经典”工作空间的工具栏中单击“构造线”按钮。

下面将使用工具栏的方法，利用“构造线”命令为已知三角形的锐角创建角平分线。其具体操作如下：

光盘文件
素材\第 2 章\三角形 .dwg
效果\第 2 章\三角形 .dwg
实例演示\第 2 章\绘制构造线

STEP 01： 绘图栏执行构造线命令

打开“三角形.dwg”图形文件，在“AutoCAD 经典”工作空间的工具栏中单击“构造线”按钮，执行“构造线”命令。

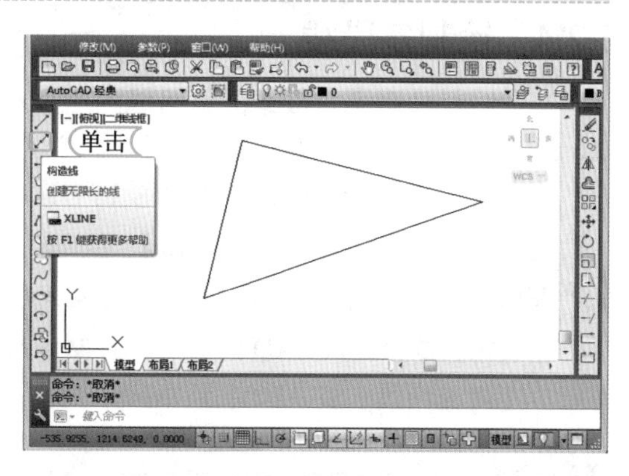

提个醒
在绘制构造线时，系统默认的方法是两点法，即通过指定构造线上的起点和终点来绘制构造线。

STEP 02： 绘制角平分线

1. 在命令行中输入“B”，按 Enter 键，选择“二等分”选项。
2. 开启对象捕捉，设置端点捕捉后，分别捕捉锐角的顶点、起点和端点。

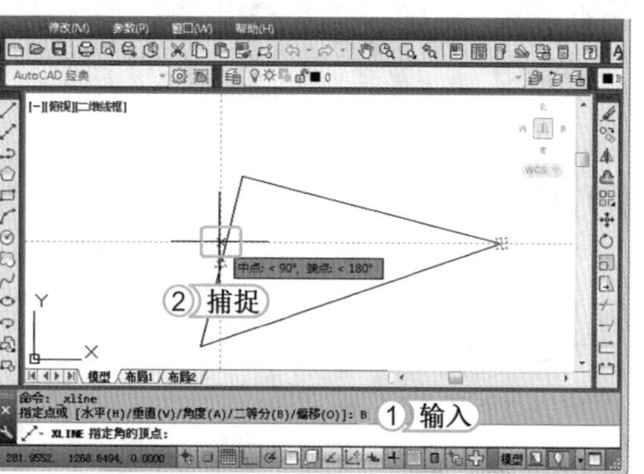

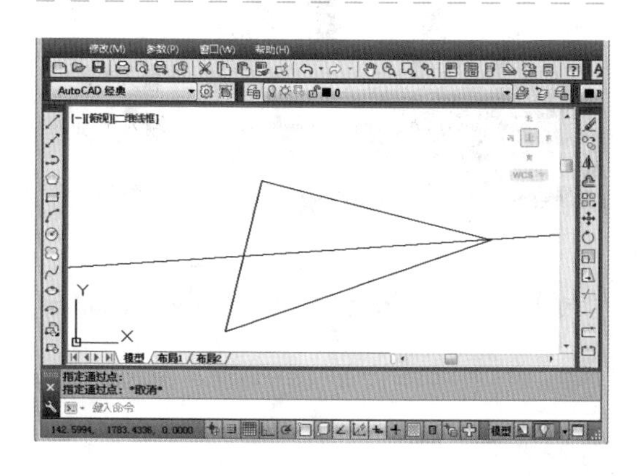

STEP 03： 完成绘制

按 Esc 键退出命令，并查看完成设置后的效果。

经验一箩筐——构造线各选项的含义

在绘制构造线时，将出现不同的选项，包括水平、垂直、角度、二等分和偏移 5 种，下面对各选项的含义分别进行介绍。

- 水平 (H)：绘制一条通过指定点且水平的构造线。
- 垂直 (V)：绘制一条通过指定点且垂直的构造线。
- 角度 (A)：可按指定的角度创建一条构造线，在指定构造线的角度时，该角度是构造线与坐标系水平方向上的夹角，若角度值为正值，则绘制的构造线将逆时针旋转。
- 二等分（B）：使用该选项绘制的构造线将平分指定的两条相交线之间的夹角。
- 偏移（O）：创建平行于另一对象的平行线，绘制此平行构造线时可以指定偏移的距离与方向，也可以指定通过的点。

2.2.4 绘制多段线

多段线是由多条直线或圆弧组成的图形对象，使用“多段线”命令绘制的图形是一个整体，易于选择和编辑。调用“多段线”命令的方法主要有如下几种。

- 命令行：在命令行中执行 PLINE（PL）命令。
- 功能区：选择【默认】/【绘图】组，单击“多段线”按钮。
- 菜单栏：在“AutoCAD 经典”工作空间中选择【绘图】/【多段线】命令。
- 工具栏：在“AutoCAD 经典”工作空间的工具栏中单击“多段线”按钮。

下面将根据以上第一种方法，绘制“禁止掉头”标志。其具体操作如下：

光盘文件
素材 \ 第 2 章 \ 禁止掉头 . dwg
效果 \ 第 2 章 \ 禁止掉头 . dwg
实例演示 \ 第 2 章 \ 绘制多段线

STEP 01：绘制线段

1. 打开“禁止掉头.dwg”图形文件，在“AutoCAD 经典”工作空间的命令行中输入 PLINE 命令，按 Enter 键，并在图中选中图形中的辅助点，指定为起点。
2. 在命令行中输入“W”，选择“宽度”选项，设置起点及端点宽度为“160”，按 Enter 键。
3. 将鼠标光标向上移，在命令行中输入“L”，选择“长度”选项。
4. 设置指定直线的长度为“800”，按 Enter 键，指定直线的端点。

提个醒

在绘制多段线时，选择“圆弧”选项后，其下的“半宽”、“长度”、“放弃”和“宽度”选项与命令行中各选项的含义相同。

STEP 02: 绘制半圆

1. 在命令行中输入“A”，选择“圆弧”选项。
2. 将鼠标光标向左移，并在动态文本框中输入“400”，按 Enter 键指定圆弧的端点。

提个醒 选择多段线中的“圆弧”选项，主要是在绘制多段线过程中可方便后面步骤中进行圆弧的绘制。

STEP 03: 继续绘制直线

1. 在命令行中输入“L”，按 Enter 键执行“直线”命令。
2. 将鼠标光标向下移，并在动态文本框中输入“400”，按 Enter 键指定直线的端点。

提个醒 多段线中的直线与绘制直线的形式基本相同，只是多段线中选择直线可立即将上步的半圆转换为直线。

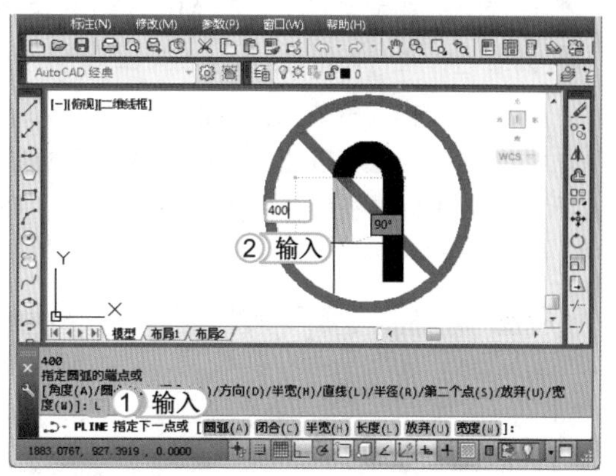

STEP 04: 绘制箭头

1. 在命令行中输入“W”，选择“宽度”选项，分别设置起点宽度为“400”，端点宽度为“0”。
2. 将鼠标光标向下移，并输入箭头长度值为400，按 Enter 键完成箭头的绘制。

提个醒 因为绘制箭头图形相对复杂，所以绘制时需将宽度进行递减的改变，从而出现起点和端点宽度不同。

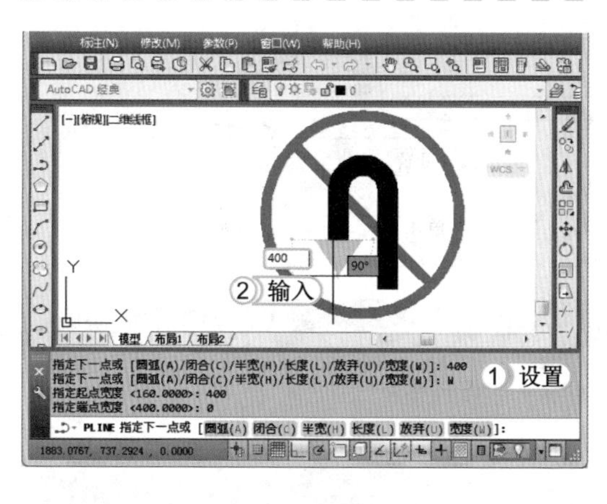

STEP 05: 完成绘制

按 Enter 键退出“多段线”命令。单击辅助点，再按 Delete 键，查看最终效果。

读书笔记

2.2.5 绘制多线

多线与多段线不同，它是由多条平行线组成的组合图形对象。使用“多线”命令可以一次绘制多条平行线，且平行线之间的距离和数目都可以调整，各线条也可以使用不同的颜色。在实际绘图中，多线多用于绘制建筑平面图中的墙体。多线是 AutoCAD 中设置项目最多，应用最复杂的直线段对象。

1. 设置多线样式

在绘制多线前应该对多线的样式进行设置，包括对多线的数量以及每条线之间的偏移距离等进行设置。设置多线样式可以通过“多线样式”对话框完成，打开该对话框的方法主要有如下两种。

- 命令行：在命令行中执行 MLSTYLE 命令。
- 菜单栏：在“AutoCAD 经典”工作空间中选择【绘图】/【多线样式】命令。

设置多线样式的方法为：根据以上任意一种方法，并执行该命令后，在打开的“多线样式”对话框中单击 新建(N)... 按钮。在打开的“创建新的多线样式”对话框的“新样式名”文本框中输入新建的多线样式名称，单击 继续 按钮。在打开的“新建多线样式”对话框中设置新建的样式，单击 确定 按钮。

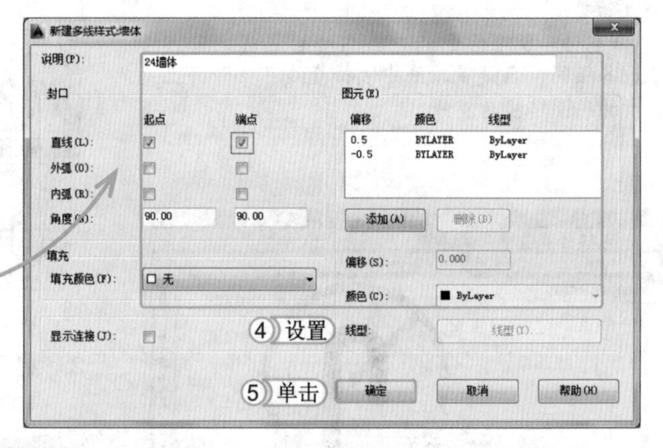

经验一箩筐——“封口”栏各项含义

“封口”栏也是新建多线样式的常见操作，下面将介绍其各项的含义。

- 直线：表示多线端点以垂直线封口。
- 外弧：表示多线端点以向外凸出的弧形线封口。
- 内弧：表示多线端点以向内凹进的弧形线封口。
- 角度：用于设置多线封口处的角度。

2. 绘制多线

当设置好多线样式后，即可开始绘制多线了。绘制多线的方法主要有如下两种。

- 命令行：在命令行中执行 MLINE（ML）命令。
- 菜单栏：在“AutoCAD 经典”工作空间中选择【绘图】/【多线】命令。

下面将根据以上命令行的方法，使用创建的“240墙”多线样式绘制长为3000、宽为3500的“卧室墙体”图形。其具体操作如下：

光盘文件
效果\第 2 章\卧室墙体 .dwg
实例演示\第 2 章\绘制多线

STEP 01：选择“比例”选项

1. 启动 AutoCAD 2014 程序，并切换到“AutoCAD 经典”工作空间，在命令行中输入 ML 命令。
2. 在命令行中输入“S”，按 Enter 键选择“比例”选项。

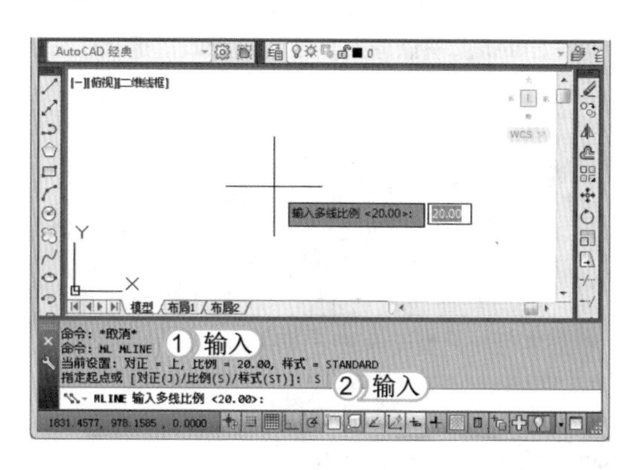

提个醒
在绘制建筑平面图时，除了可采用“多线”命令来绘制墙线外，还可采用“偏移”命令进行绘制，其绘制方法将在第 3 章进行介绍。

STEP 02：确认比例选择对齐选项

1. 在命令行中输入比例“240”，按 Enter 键。
2. 在命令行中输入“J”，按 Enter 键选择“对正”选项。
3. 在弹出的下拉列表中选择“无”选项。

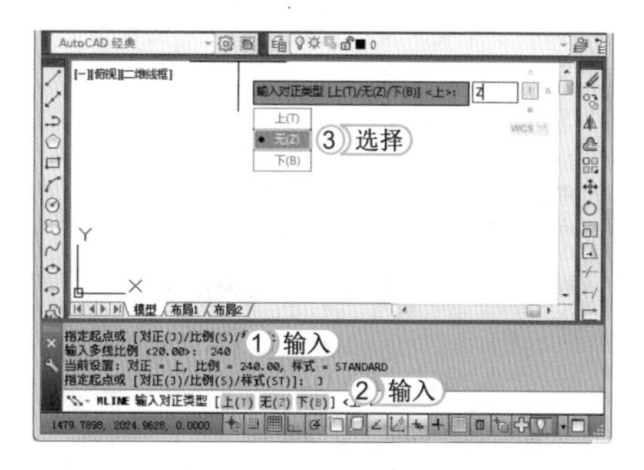

提个醒
在绘制建筑平面图时，墙体尺寸常常被分为两种，一是“120”墙体；二是“240”墙体。

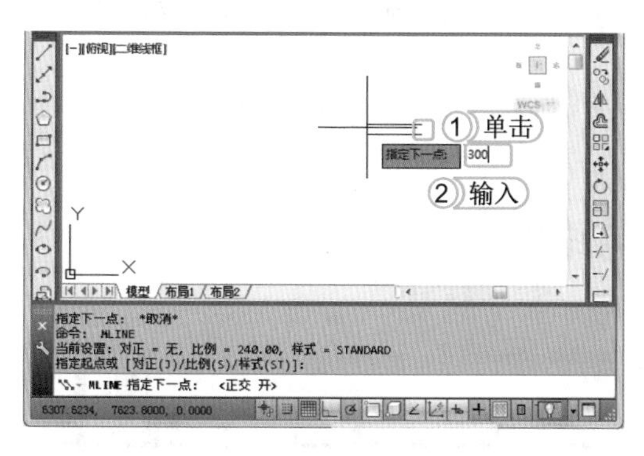

STEP 03：开始绘制图形

1. 在绘图区中任意位置单击鼠标左键，指定起点位置。
2. 按 F8 键开启正交功能，鼠标向左移动，在动态文本框中输入多线的长度值为“300”，按 Enter 键确认。

提个醒
在建筑行业中，主墙又被称为承重墙，是房屋的框架；而辅墙体主要用于划分放置位置，因此在装修时，主墙不可更改，而其他墙体可随着设计的需要进行增减。

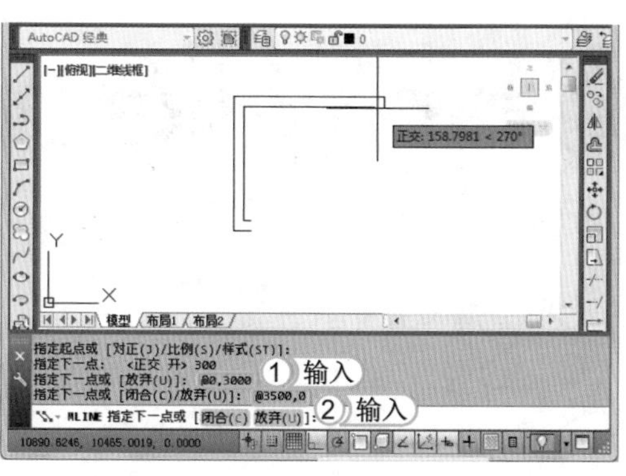

STEP 04：输入坐标绘制图形

1. 将鼠标光标向上移动，在动态文本框中输入“0,3000”，按 Enter 键确认输入。
2. 将鼠标光标向右移动，在动态文本框中输入“3500,0”，按 Enter 键确认输入。

STEP 05： 完成墙线绘制

1. 将鼠标光标向下移动，在命令行中输入“3000”，按 Enter 键确认输入。
2. 将鼠标光标向左移动，在命令行中输入“2500”，按 Enter 键确认输入。最后按 Esc 键退出命令，完成绘制。

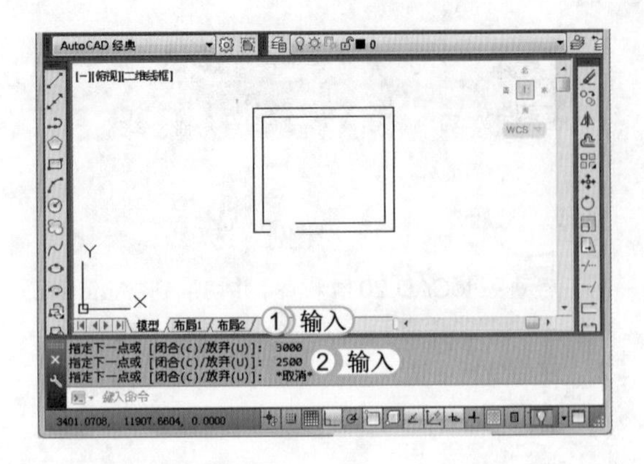

提个醒 在绘制大门时，应注意大门的常见尺寸，在日常生活中“卫生间”应预留800~700mm的门位置，“卧室”应预留900~800mm的门位置，而“大门”处应预留1200~900mm的门位置，根据不同的户型要求可再具体选择。

STEP 06： 查看效果

在工具栏中单击“直线”按钮，画出预留的大门位置，对图形进行保存，并查看完成后的效果。

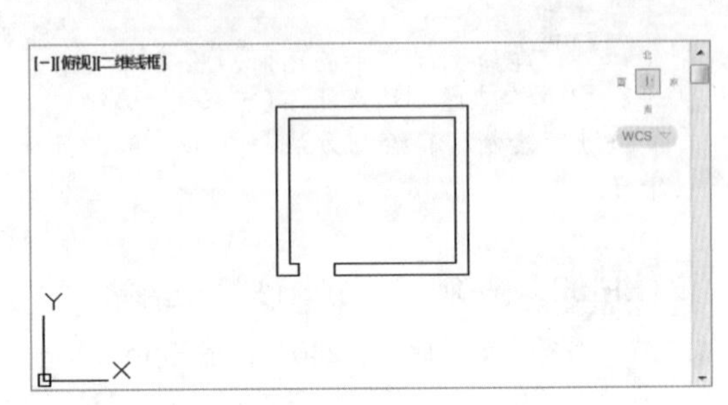

经验一箩筐——命令中各项的含义

在绘制多线过程中，常常会使用 3 种选项，下面将各选项的含义分别进行介绍。

- 对正 (J)：表示设置多线的 3 种对齐方式，“上”对齐是以多线最上方端点作为对齐点进行对齐；“无”对齐是以多线中轴线作为对齐点进行对齐；“下”对齐是以多线最下方的端点作为对齐点进行对齐。
- 比例 (S)：表示设置多线样式宽度的比例。系统默认为“20”，如果将多线比例设为“1”，则不影响多线的线型比例。
- 样式 (ST)：表示调用其他设置好的多线样式，系统默认多线样式为 STANDARD。

上机 1 小时 绘制半波整流电路图

- 练习使用坐标绘制图形的方法。
- 进一步掌握“直线”和“多段线”命令的使用。

本例将使用“多段线”和“直线”命令，在“半波整流电路图”中绘制出未绘制的电路元件，绘制前后的效果如下图所示。

光盘文件
素材 \ 第 2 章 \ 半波整流电路图 .dwg
效果 \ 第 2 章 \ 半波整流电路图 .dwg
实例演示 \ 第 2 章 \ 绘制半波整流电路图

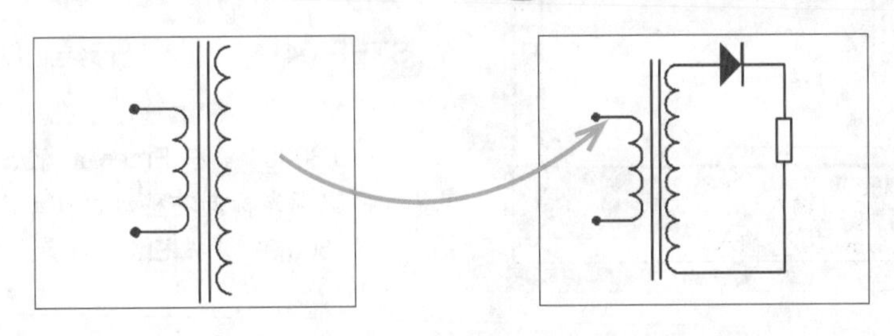

STEP 01: 设置对象捕捉

1. 打开“半波整流电路图 .dwg”图形文件，并切换为“AutoCAD 经典”工作空间，在其中按 F8 键，打开正交功能。
2. 在状态栏中的“对象捕捉”按钮上单击鼠标右键，在弹出的快捷菜单中选择“端点”命令。

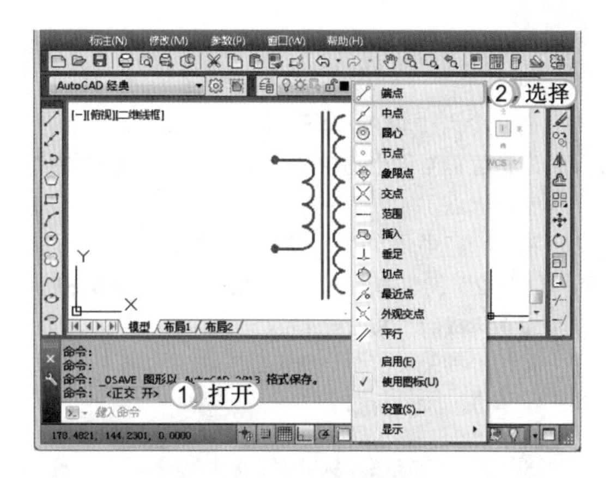

> **提个醒**
> 选择对象捕捉中的“端点”选项，还可通过在命令行中输入“FRO”命令，也可切换为端点捕捉。

STEP 02: 利用“多段线”命令绘制图形

1. 在命令行中输入 PLINE 命令，按 Enter 键执行命令。
2. 利用对象捕捉功能捕捉线圈的端点，单击鼠标左键指定起点。
3. 鼠标向右移动，在动态文本框中输入“2”，按 Enter 键确定输入。

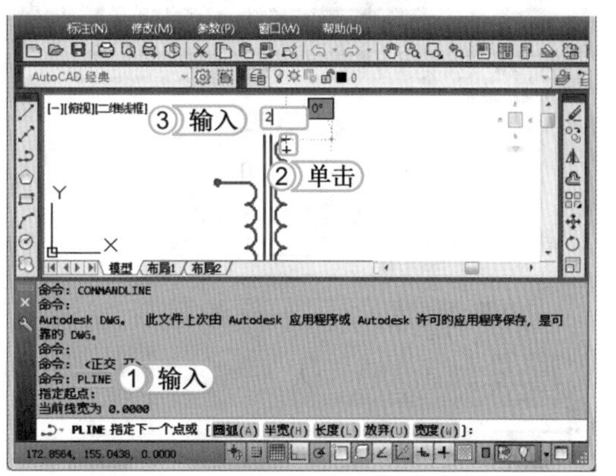

STEP 03: 绘制二极管箭头符号

1. 在命令行中输入“W”，按 Enter 键确认。
2. 在命令行中输入起点宽度“2”，并按 Enter 键。
3. 在命令行中输入端点宽度“0”，并按 Enter 键。在命令行再输入“1”，按 Enter 键确认长度。

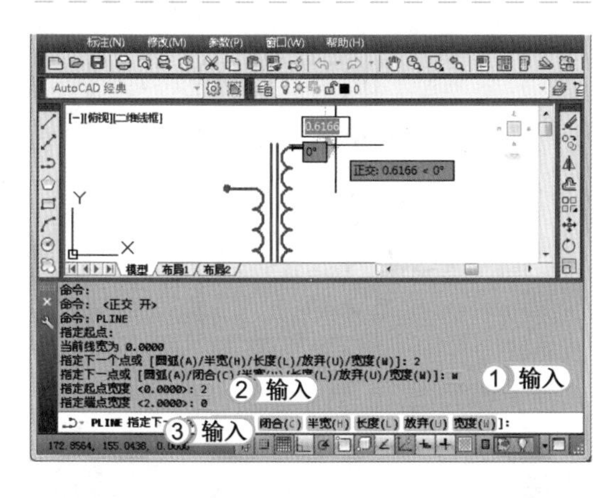

STEP 04: 绘制二极管直线符号

1. 按照相同的方法选择“宽度”选项，设置起点宽度和端点宽度都为“2”。
2. 设置长度为“0.1”，完成后按 Esc 键退出命令。

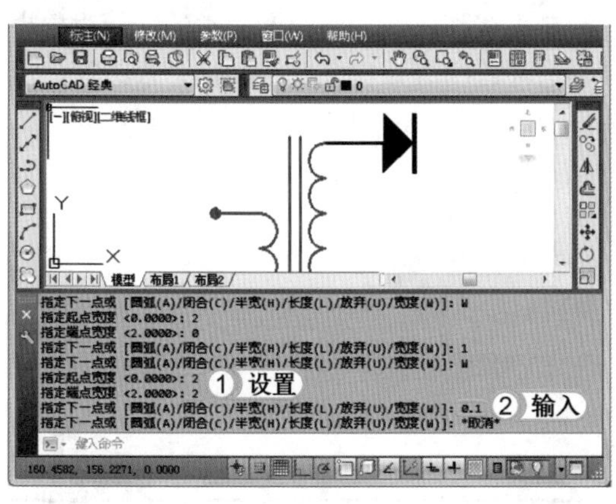

STEP 05： 利用“直线”命令绘制电阻符号

1. 在命令行中输入 LINE 命令，按 Enter 键。捕捉二极管符号图形前端的中点，单击鼠标左键确定直线起点。
2. 在命令行中依次输入（2,0）、（0,-2.5）、（0.3,0）、（0,-2）、（-0.7,0）、（0,2）和（0.35,0），输入完成后，按 Esc 键退出命令。

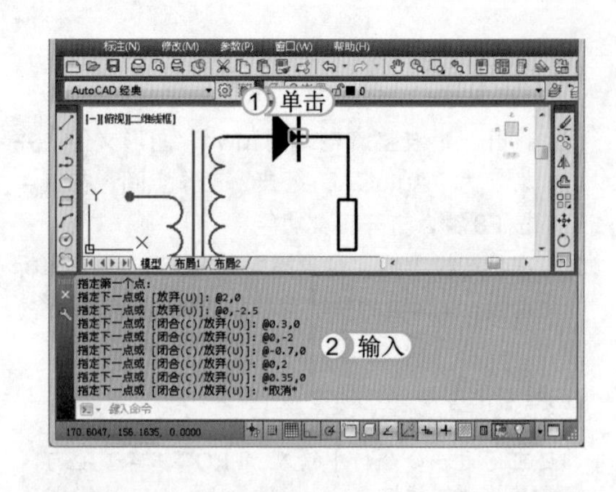

STEP 06： 继续绘制图形

1. 在命令行中输入 LINE 命令，按 Enter 键。
2. 捕捉电阻符号图形下端的中点，单击鼠标左键确定直线起点。
3. 将鼠标光标向下移动，在命令行中输入“5.2”，将鼠标光标向左移动，在命令行中输入“5”，完成后按 Esc 键退出命令。

STEP 07： 完成绘制

在命令行中输入 MA 命令，并选择一个对象，框选全部图形从而达到颜色的统一，完成后查看设置后的效果。

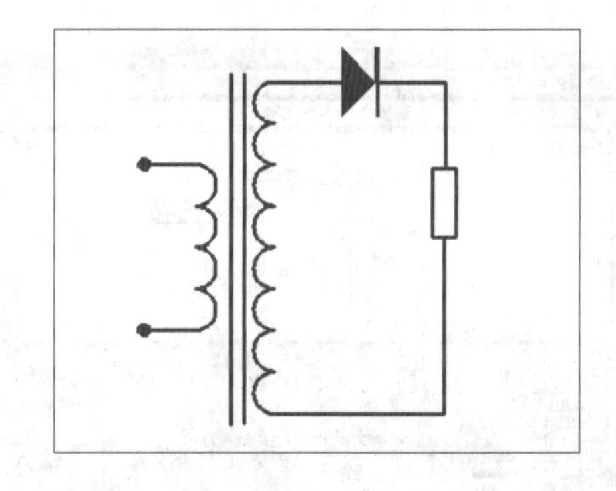

提个醒 在编辑完善图形的过程中，经常需要捕捉各类点，开启相应点的捕捉状态，可提高绘图效率。

2.3 绘制圆与曲线类图形

在 AutoCAD 2014 中的图形绘制过程中，除了绘制直线和点外，还有圆弧类的图形对象也是常见的绘制种类，其中主要包括圆、圆弧、椭圆、圆环、椭圆弧样条曲线和修订云线等，绘制方法相对于直线型图形对象的绘制方法更加复杂，下面将分别进行介绍。

学习 1 小时

- 了解绘制圆环的基本方法。
- 掌握圆弧和椭圆弧的绘制。
- 灵活运用圆和椭圆的各种绘制方式。
- 灵活运用样条曲线和修订云线的绘制方式。

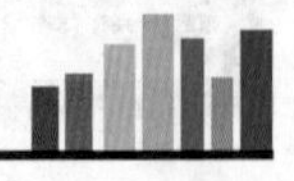

2.3.1 绘制圆

圆是绘制图形中使用非常频繁的图形元素之一，如在机械图形中可绘制轴孔和螺孔等，在建筑制图中绘制孔洞、灯饰和管道等，都会用到“圆”命令，常用的调用“圆”命令的方法主要有如下几种。

- 命令行：在命令行中执行 CIRCLE（C）命令。
- 功能区：选择【默认】/【绘图】组，单击“圆”按钮⊙。
- 菜单栏：在“AutoCAD 经典”工作空间中选择【绘图】/【圆】命令。
- 工具栏：在“AutoCAD 经典”工作空间的工具栏中单击“圆”按钮⊙。

若选择【默认】/【绘图】组，单击“圆”按钮⊙，在弹出的下拉列表框中包括了半径画圆、直径画圆、两点画圆、三点画圆和两种相切画圆的 6 种方式。下面将依次介绍这几种绘制方法。

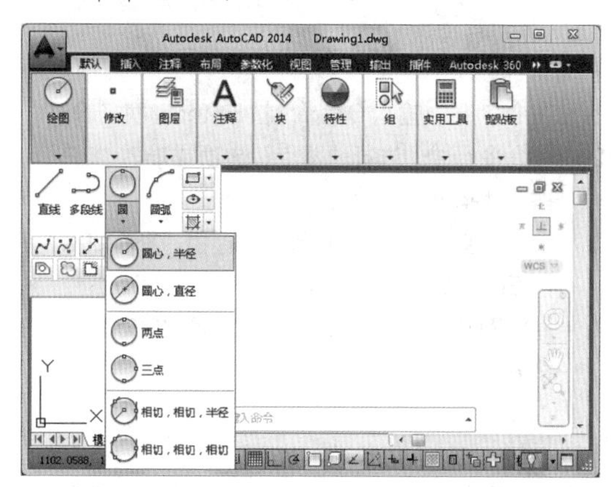

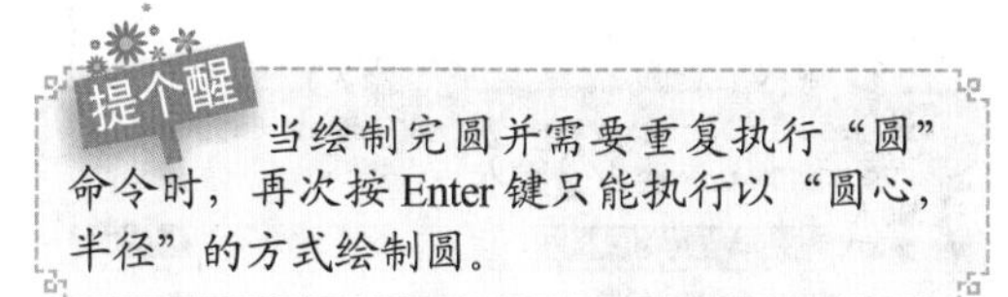

提个醒

当绘制完圆并需要重复执行“圆”命令时，再次按 Enter 键只能执行以“圆心，半径”的方式绘制圆。

- 圆心，半径：使用“圆心，半径”方式绘制圆时只需要确定圆心，然后在动态文本框中输入半径值或指定半径值就能绘制出圆。
- 圆心，直径：使用“圆心，直径”方式绘制圆和使用“圆心，半径”绘制圆方法类似，先确定圆心，然后在动态文本框中输入直径值或指定直径值就能绘制出圆。
- 两点：使用“两点”方式绘制圆时，只需要确定圆直径的两个端点，或者在动态文本框中输入两点之间的距离（即直径值）来绘制圆。这种方法多用于绘制两点之间的距离等于圆的直径时的两点圆。
- 三点：使用“三点”方式绘制圆时，只需要依次确定通过圆上任意的 3 个点来绘制，也可以通过在动态文本框中输入点与点之间的距离确定点的位置来绘制圆。这种方法多用于绘制通过指定点的圆。
- 相切，相切，半径：使用“相切，相切，半径”方式绘制圆时，只需要通过指定半径和两个相切对象绘制圆。这种方法多用于绘制与两个指定对象相切的圆。
- 相切，相切，相切：使用“相切，相切，相切”方式绘制圆时，只需要通过指定三个对象绘制。这种方法多用于绘制与三个对象相切，绘制圆的直径是系统根据相切对象的位置和大小自动计算出来的。

下面将利用圆的各种绘制方法共同完成房屋装饰设计中的装饰品，在绘制时首先绘制装饰品耳朵、头和嘴巴，然后利用“直线”命令绘制上下颌分界线。其具体操作如下：

光盘文件
效果 \ 第 2 章 \ 米老鼠 . dwg
实例演示 \ 第 2 章 \ 绘制圆

STEP 01：绘制米老鼠单个眼睛

1. 启动AutoCAD 2014程序，并切换为“AutoCAD经典”工作空间，在“绘图”工具栏中单击“圆”按钮⊙。
2. 在命令行中输入坐标值“200,200”，按Enter键确定输入。
3. 在命令行中输入指定半径值“25”，按Enter键确定输入。

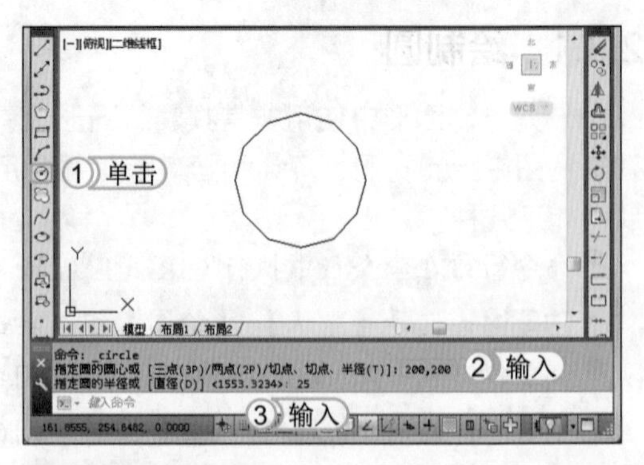

STEP 02：绘制米老鼠另一只眼睛

1. 在命令行中输入C命令，按Enter键执行命令。
2. 在命令行中，选择“两点”选项或输入“2P”，按Enter键执行命令。
3. 输入圆直径的第一个端点坐标值“280,200”，按Enter键执行命令。
4. 输入圆直径的第二个端点坐标值“330,200”，按Enter键执行命令。

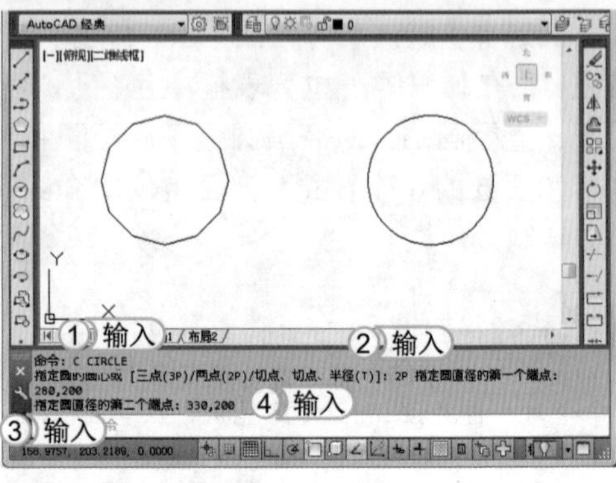

STEP 03：绘制米老鼠嘴巴

1. 按Enter键执行上次命令，在命令行中输入“T”，按Enter键。
2. 在右方指定圆的第一个切点，在左方指定圆的第二个切点。
3. 在命令行中输入指定圆半径“50”，按Enter键执行命令。

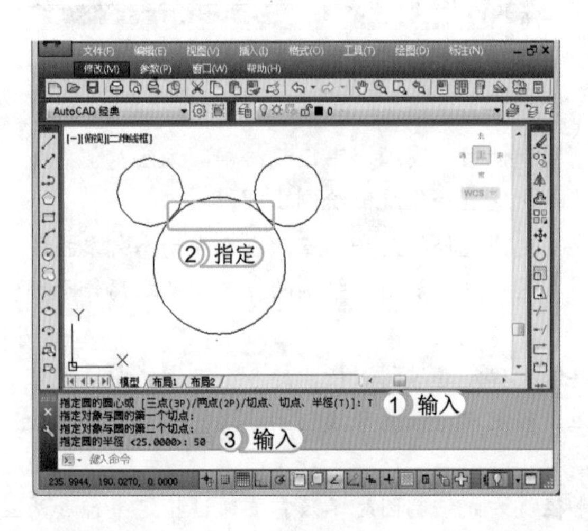

提个醒　在绘制时，满足与绘制的两个圆相切并且半径为50的圆有4个，分别是与两个圆在上下方内外切，所以要指定切点的大致位置，系统才能指定在大致位置捕捉切点，才能确定圆是否为用户需要的。

STEP 04：绘制米老鼠头部

1. 在命令行中输入CIRCLE命令，按Enter键执行命令。
2. 在命令行中选择“三点”选项或输入“3P”，按Enter键。
3. 分别捕捉3个圆的切点并绘制圆。

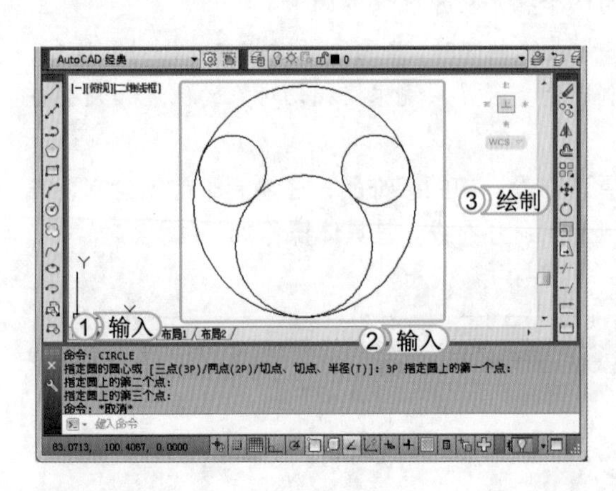

提个醒　这里不指定3个圆的顺序，可以任意选择，但是大体位置必须正确，因为满足条件的圆只有两个，当切点不同，绘制的图形也不相同。

STEP 05： 绘制上下颌分界线

1. 单击“绘图”工具栏的“直线”按钮。
2. 以嘴巴的两个象限点为端点，绘制一条直线，并查看绘制后的效果。

提个醒 在使用三点绘制圆时，可先在圆中添加辅助线，在通辅助线查看圆的交点位置，从而进行圆的绘制。

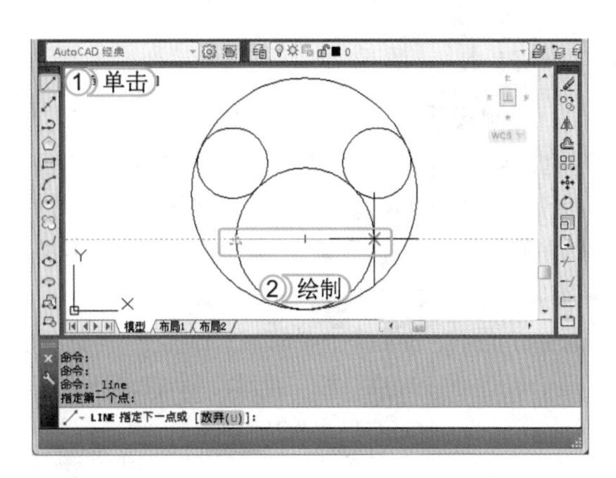

STEP 06： 绘制米老鼠眼睛

1. 在命令行中输入C命令，按Enter键执行命令。
2. 在对应的命令行中输入圆心坐标“225,165”，按Enter键执行命令。
3. 在指定圆命令行中输入“D”，按Enter键执行命令。
4. 在指定直径命令行中输入“20”，按Enter键执行命令。

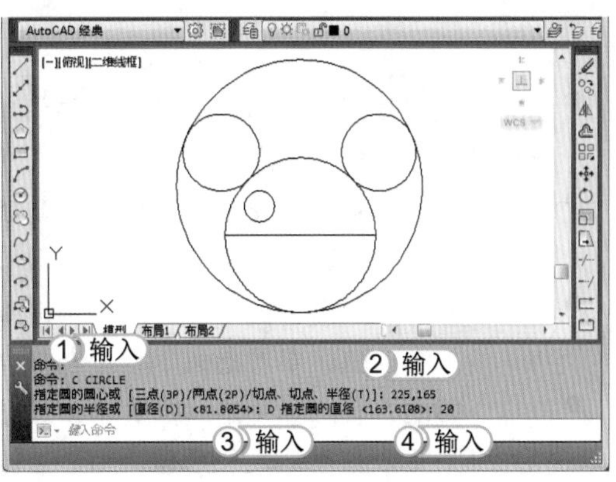

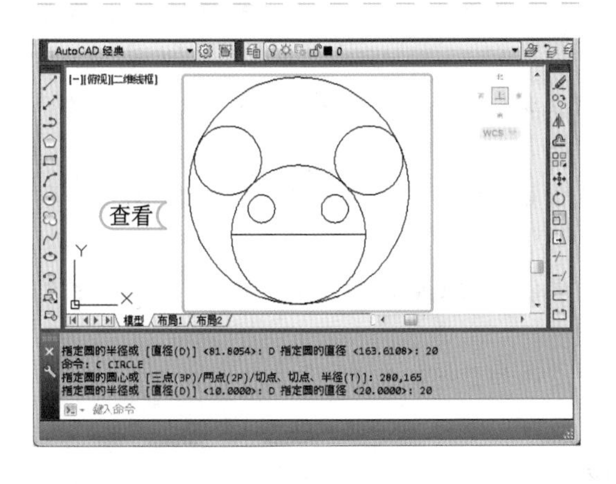

STEP 07： 查看绘制后的效果

根据上步的方法绘制右边的眼睛，其右眼睛圆心坐标为“280,165”查看设置完成后的效果。

2.3.2 绘制圆弧

圆弧是圆的一部分。在工程造型中，圆弧比圆使用更加普遍，如绘制弧形楼梯和弧形门窗等图形，而在绘制机械图时常用于绘制相贯线等图形。常用的调用“圆弧”命令的方法主要有如下几种。

- 命令行：在命令行中执行ARC（A）命令。
- 功能区：选择【默认】/【绘图】组，单击“圆弧”按钮。
- 菜单栏：在“AutoCAD经典”工作空间中选择【绘图】/【圆弧】命令。
- 工具栏：在“AutoCAD经典”工作空间的工具栏中单击“圆弧”按钮。

绘制圆弧时，可以以指定圆弧的圆心、端点、起点、半径、角度、弦长和方向值的各种组合形式绘制。其方法为：选择【常用】/【绘图】组，单击“圆弧”按钮右侧的下拉按钮，在弹出的下拉列表中包括了“三点”、“起点、圆心、端点”、“起点、端点、角度”、“圆心、起点、端点”和“继续”等11种形式。下面将依次介绍这11种绘制圆弧的方法。

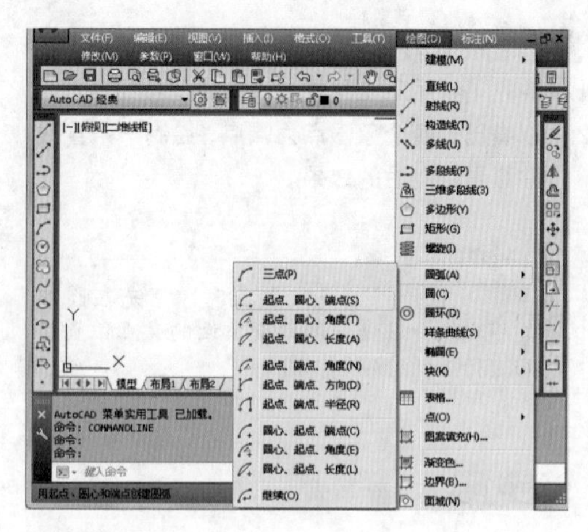

- 三点：使用该形式绘制圆弧时只需要指定圆弧的起点、第二个点和端点。绘制圆弧的三点可以是任意指定的三点。
- 起点、圆心、端点：使用该形式绘制圆弧时只需依次指定圆弧的起点、圆心和端点。也可在动态文本框中输入值来确定起点与圆心的距离。
- 起点、圆心、角度：使用该形式绘制圆弧时只需指定圆弧的起点和圆心，然后在动态文本框中输入角度值。在动态文本框中也可以输入起点和圆心的距离。
- 起点、圆心、长度：使用该形式绘制圆弧时只需依次指定圆弧的起点、圆心和长度。也可以在动态文本框中输入长度值。
- 起点、端点、角度：使用该形式绘制圆弧时只需要指定圆弧的起点和端点，然后在动态文本框中输入角度值。
- 起点、端点、方向：使用该形式绘制圆弧时只需要指定圆弧的起点和端点，然后通过移动鼠标或输入角度来控制方向。
- 起点、端点、半径：使用该形式绘制圆弧时只需要指定圆弧的起点和端点，然后再输入半径值来确定圆弧。
- 圆心、起点、端点：使用该形式绘制圆弧时需要依次指定圆弧的圆心、起点和端点，也可以输入角度来确定圆弧形状。
- 圆心、起点、角度：使用该形式绘制圆弧时只需先指定圆弧的圆心和起点，然后在动态文本框中输入角度确定圆弧角度。
- 圆心、起点、长度：使用该形式绘制圆弧时只需先指定圆弧的圆心和起点，然后在动态文本框中输入长度确定圆弧弦长。
- 继续：在绘制了其他直线或非封闭曲线对象后，使用“继续”形式绘制圆弧时，系统将自动以刚才绘制的对象的终点作为圆弧的起点，只需要指定端点或在动态文本框中输入值便可确定其形状。

下面利用“圆弧”命令的几种绘制方法创建花瓣造型。其具体操作如下：

光盘文件

效果\第2章\梅花花瓣.dwg

实例演示\第2章\绘制圆弧

STEP 01：绘制第一段圆弧

1. 启动 AutoCAD 2014，切换到“AutoCAD 经典”工作空间，在命令行中输入 ARC 命令，按 Enter 键执行命令。
2. 输入起始点坐标“140,110”，并按 Enter 键执行命令。
3. 在命令行中选择“端点”选项，或输入“E”，按 Enter 键执行命令。
4. 输入圆弧端点“@40<180”，按 Enter 键执行命令。
5. 在命令行中选择“半径”选项，并设置半径为“20”，按 Enter 键。

STEP 02：绘制第二段圆弧

1. 在命令行中输入 A 命令，按 Enter 键执行命令。
2. 在绘图区中确定圆弧的起始点，并在命令行中输入“E”，选择“端点”选项。
3. 输入圆弧端点“@40<252”，按 Enter 键执行命令。
4. 在命令行中输入“A”，并指定包含角为“180”，按 Enter 键执行命令。

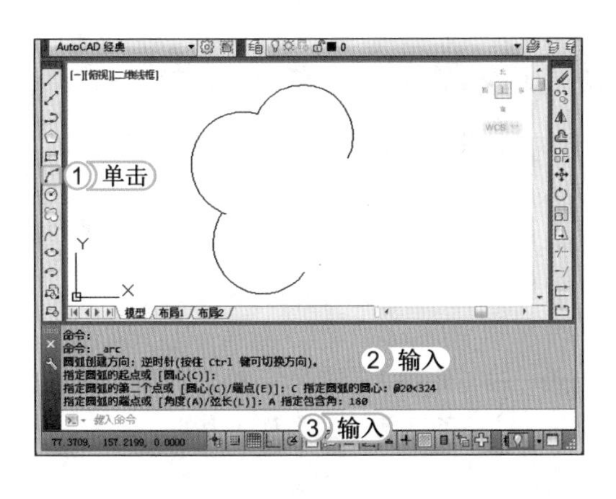

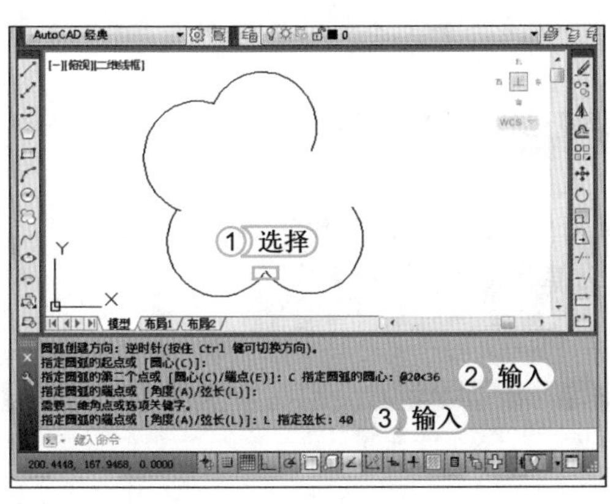

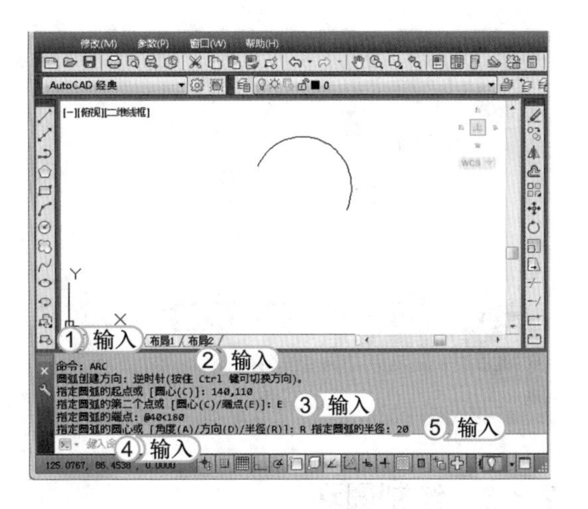

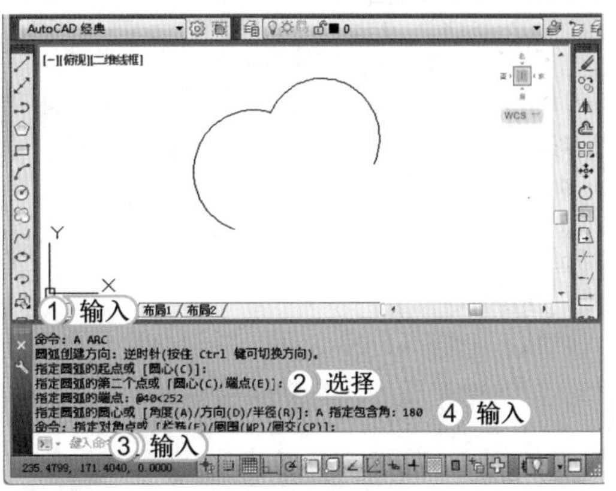

STEP 03：绘制第三段弧

1. 在绘图栏中单击“圆弧”按钮，并确定绘图的起点位置。
2. 在命令行中选择“圆心”选项，并输入指定圆心“@20<324”，按 Enter 键执行命令。
3. 在命令行中输入 A 命令，并指定包含角为“180”，按 Enter 键执行命令。

提个醒 AutoCAD 中不区分字母的大小写，即在输入命令时不需要刻意输入，在输入分隔号时，应注意需用英文状态输入。

STEP 04：绘制第四段弧

1. 单击“圆弧”按钮后，选择对应的起始点，并在命令行中输入“C”，按 Enter 键。
2. 输入指定圆心“@20<36”，按 Enter 键，在指定圆弧命令行中输入“L”，按 Enter 键。
3. 在指定弦长命令行中输入“40”，按 Enter 键。

STEP 05： 绘制第五段弧

1. 单击“圆弧”按钮后，选择对应的起始点，并在命令行中输入“E”，按 Enter 键。
2. 选择终止点，在命令行中输入“D”，选择“方向”选项，按 Enter 键。
3. 在命令行中输入起点切向“@20<20”，按 Enter 键。在绘图区中调整图形位置并查看完成后的效果。

2.3.3 绘制圆环

圆环是由两个同心圆组成的组合图形。绘制圆环时，首先应指定圆环的内径和外径，然后再指定圆环的中心点，即可完成圆环图形的绘制。在 AutoCAD 系统默认情况下，圆环的两个圆形中间的面积填充为实心。调用“圆环”命令的方法主要有如下两种。

- 命令行：在命令行中执行 DONUT（DO）命令。
- 菜单栏：在“AutoCAD 经典”工作空间中选择【绘图】/【圆环】命令。

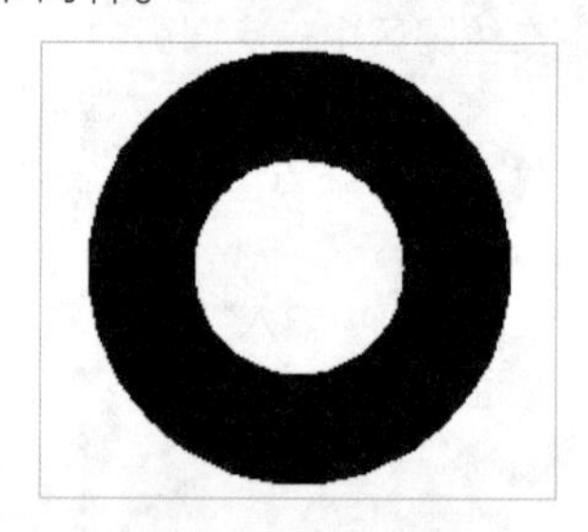

执行“圆环”命令后，需要分别设置圆环的内径和外径大小，设置完成后，在需要绘制圆环的地方单击鼠标左键即可绘制出圆环。

经验一箩筐——绘制实心圆

在绘制圆环时，若需要将圆环绘制为实心圆，可将内径值设置为 0，而外径值为大于 0 的任意数值便可完成绘制。

2.3.4 绘制椭圆

椭圆的绘制与圆环不同，它主要由中心点、椭圆长轴与短轴 3 个参数来确定。当长轴与短轴相等时，绘制出来的图形是一个正圆。调用“椭圆”命令的方法主要有如下几种。

- 命令行：在命令行中执行 ELLIPSE（EL）命令。
- 功能区：选择【默认】/【绘图】组，单击“椭圆”按钮，在弹出的下拉列表框中选择相应选项。
- 菜单栏：在“AutoCAD 经典”工作空间中选择【绘图】/【椭圆】命令，然后在弹出的下拉列表中选择相应选项。
- 工具栏：在“AutoCAD 经典”工作空间的工具栏中单击“椭圆”按钮。

下面将根据命令行的方法，绘制出一个口杯。其具体操作如下：

光盘文件
效果 \ 第 2 章 \ 口杯 .dwg
实例演示 \ 第 2 章 \ 绘制椭圆

STEP 01：开始绘制杯口

1. 启动 AutoCAD 2014，切换为“AutoCAD 经典”工作空间，在命令行中输入 EL 命令，按 Enter 键。
2. 在命令行中选择“中心”选项，或输入“C”，按 Enter 键。
3. 在绘图区中任意位置单击鼠标左键确定椭圆中心，并指定鼠标光标向左移动。按 F8 键开启正交功能，在指定轴端点处输入“12”，按 Enter 键确定长半轴。
4. 将鼠标光标向上移动并输入距离值为“6”，按 Enter 键确定短半轴，完成杯口的绘制。

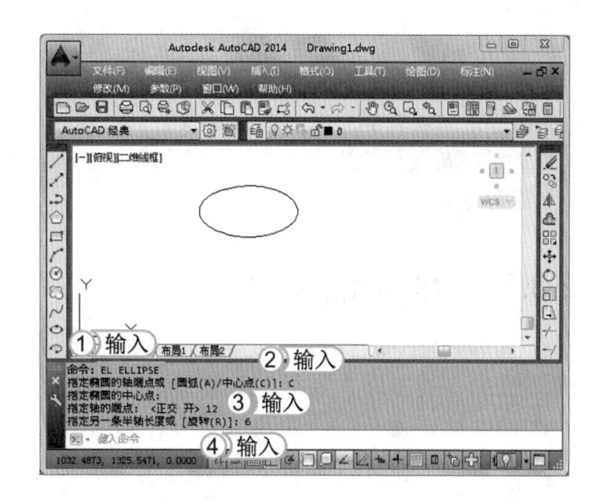

STEP 02：绘制完成杯口

1. 在命令行中再次输入 EL 命令，按 Enter 键，绘制杯底椭圆。
2. 用鼠标捕捉到杯口的中心点后将鼠标光标向下移动，输入“25”，按Enter键确定杯底的位置。

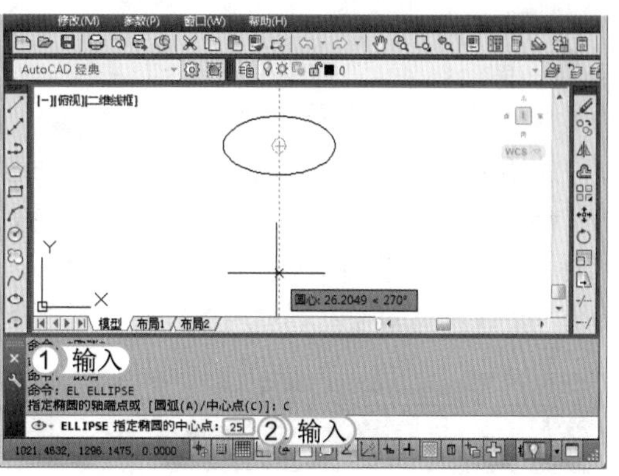

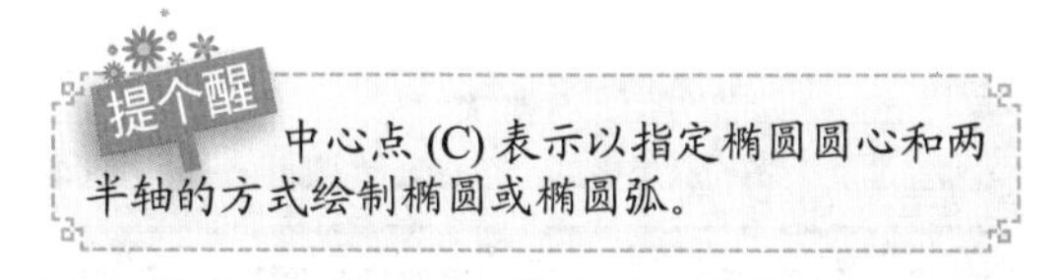

中心点 (C) 表示以指定椭圆圆心和两半轴的方式绘制椭圆或椭圆弧。

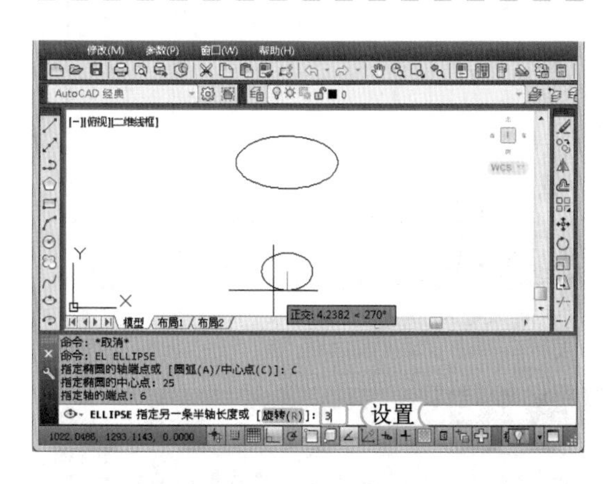

STEP 03：绘制杯底

按照相同的方法设置杯底椭圆的长半轴为“6”，短半轴为“3”。

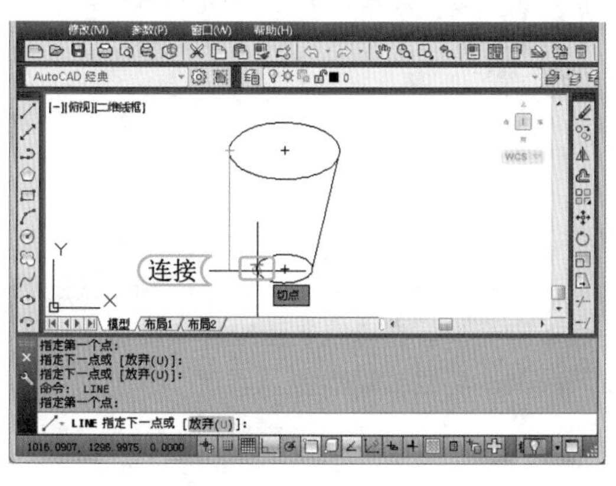

STEP 04：完成绘制

设置“切点”捕捉功能。使用“直线”命令分别连接杯口和杯底长半轴的端点，完成绘制，并查看其效果。最后以“口杯 .dwg”为名进行保存。

提个醒

“旋转 (R)”表示通过绕第一条轴旋转圆的方式绘制椭圆或椭圆弧；“圆弧 (A)”表示只绘制椭圆上的一段弧线。

经验一箩筐——"圆心"和"轴，端点"用法的区别

"圆心"是指通过指定圆心确定长半轴和短半轴来绘制椭圆；"轴，端点"是指指定两个点确定第一条轴的位置和长度，然后指定第三个点确定椭圆的圆心与第二条轴的端点之间的距离来绘制椭圆。

2.3.5 绘制椭圆弧

和圆弧一样，椭圆弧也是椭圆上的某一部分，椭圆弧主要运用在某些特别的图形中，调用椭圆弧命令的方法主要有如下几种。

- 命令栏：在命令行中执行 ELLIPSE（EL）命令，选择"圆弧"选项。
- 功能区：选择【默认】/【绘图】组，单击"椭圆"按钮右侧的下拉按钮，在弹出的下拉列表框中选择"椭圆弧"选项。
- 菜单栏：在"AutoCAD 经典"工作空间中选择【绘图】/【椭圆】命令，然后在弹出的子菜单中选择"圆弧"命令。

常用绘制椭圆弧的方法为：根据以上任意一种方法，并执行该命令后，在命令行中输入"A"，按 Enter 键选择"圆弧"选项。在绘图区中任意位置单击鼠标左键确定椭圆的轴端点。将鼠标光标向左移动，在命令行中分别输入椭圆第一端点和另一点的距离（长轴），在输入短半轴后，按 Enter 键，然后输入起始角度和终止角度即可。

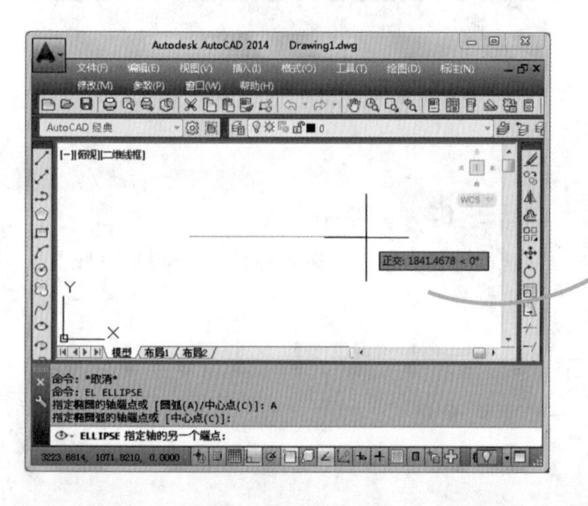

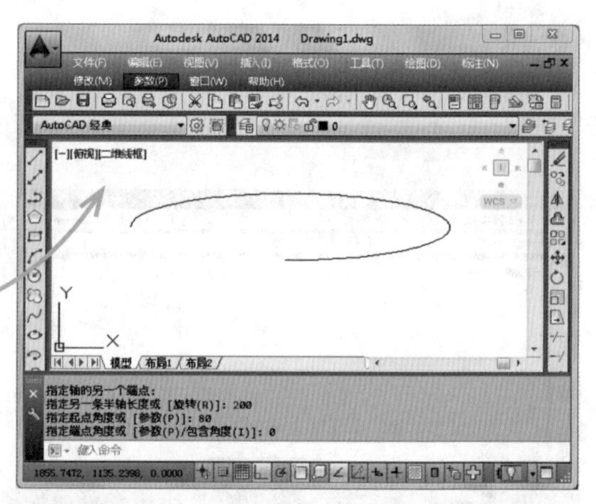

经验一箩筐——椭圆弧命令各选项的含义

参数"P"表示需要手动输入椭圆弧的起始角度，但系统将通过矢量参数方程式"p(u) = c+a*cos(u)+b*sin(u)"来绘制椭圆弧。其中，"c"表示椭圆的中心点；"a"表示椭圆的长轴；"b"表示椭圆的短轴；"u"表示从起始角度开始的包含角度。

2.3.6 绘制样条曲线

样条曲线与绘制圆有所差异，它可以通过起点、控制点、终点及偏差变量来控制曲线的自由曲线，使用"样条曲线"命令绘制出来的闭合曲线非常光滑。在建筑制图中样条曲线主要用于绘制剖断符号，而在机械制图中用于表达某些工艺品的剖切线或轮廓线。调用"样条曲线"

命令的方法主要有如下几种。

- 命令栏：在命令行中执行 SPLINE 命令。
- 功能区：选择【默认】/【绘图】组，单击“曲线”按钮~。
- 菜单栏：在“AutoCAD 经典”工作空间中选择【绘图】/【样条曲线】命令。
- 工具栏：在“AutoCAD 经典”工作空间的工具栏中单击“曲线”按钮~。

样条曲线的绘制比较简单，只需要在绘图区依次指定点的位置，即可绘制出样条曲线。其具体方法为：只需根据以上任意一种方法，并执行该命令后，在绘图区任意位置单击鼠标左键指定样条曲线的第一点，移动鼠标光标在绘图区任意位置依次指定样条曲线的其他点，在命令行中选择“闭合”选项，最后按 Enter 键退出“样条曲线”命令，完成样条曲线的绘制。

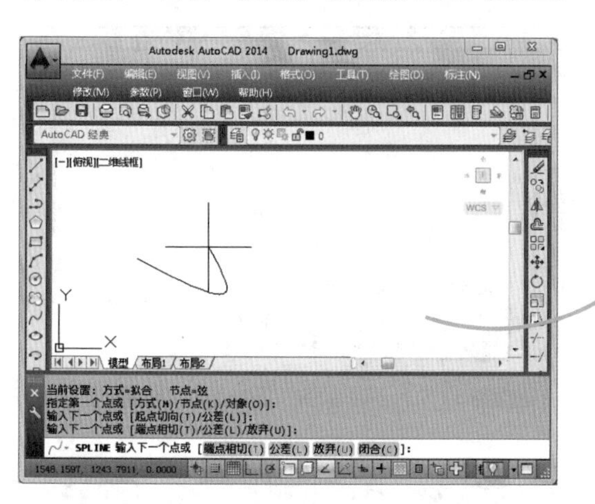

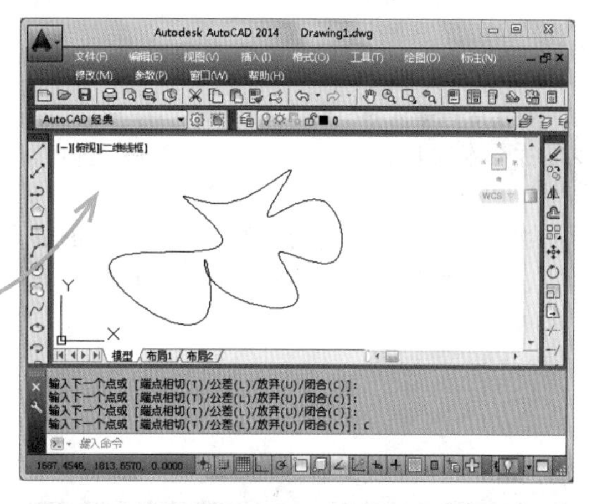

经验一箩筐——样条曲线命令行各选项的含义

“对象（O）”表示将一条多段线拟合生成样条曲线。“公差（L）”表示通过设置样条曲线的公差值的大小来控制样条曲线的走向。值越大，曲线偏离指定的点越远；值越小，曲线偏离指定的点越近。“起点切向（T）”表示指定样条曲线起始点处的切线方向。“端点相切（T）”表示指定样条曲线终点处的切线方向。

2.3.7 绘制修订云线

修订云线与其他图形的作用有所不同，它由多个控制点、最大弧长和最小弧长组成，形状类似于天空中的云朵，主要用于突出显示图纸中已修改的部分。调用“修订云线”命令的方法主要有如下几种。

- 命令栏：在命令行中执行 REVCLOUD 命令。
- 功能区：选择【默认】/【绘图】组，单击“修订云线”按钮。
- 菜单栏：在“AutoCAD 经典”工作空间中选择【绘图】/【修订云线】命令。
- 工具栏：在“AutoCAD 经典”工作空间的工具栏中单击“修订云线”按钮。

下面将根据以上的方法，先绘制出一个半径为 80 的圆，再设置修订云线的最小弧长和最大弧长分别为 30 和 50，将绘制的圆转换为修订云线。其具体操作如下：

光盘文件
效果 \ 第 2 章 \ 修订云线 . dwg
实例演示 \ 第 2 章 \ 绘制修订云线

STEP 01： 绘制圆

1. 在打开界面中的命令行中输入CIRCLE命令，按 Enter 键。
2. 在绘图区任意位置指定圆心，并在命令行中输入半径为“80”，按 Enter 键完成绘制。

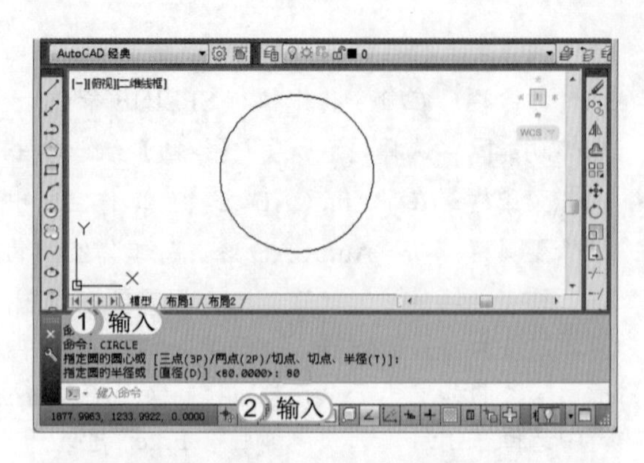

提个醒

修订云线除了用于图形上外，还可单击直接以图形的方式进行绘制，只是绘制的图形没有固定的样式。

STEP 02： 设置弧长值

1. 在命令行输入 REVCLOUD 命令，按 Enter 键。
2. 在命令行中输入“A”，选择“弧长”选项，按 Enter 键。
3. 在命令行中输入最小弧长值“30”，按Enter 键。
4. 设置最大弧长值为“50”，按 Enter 键。

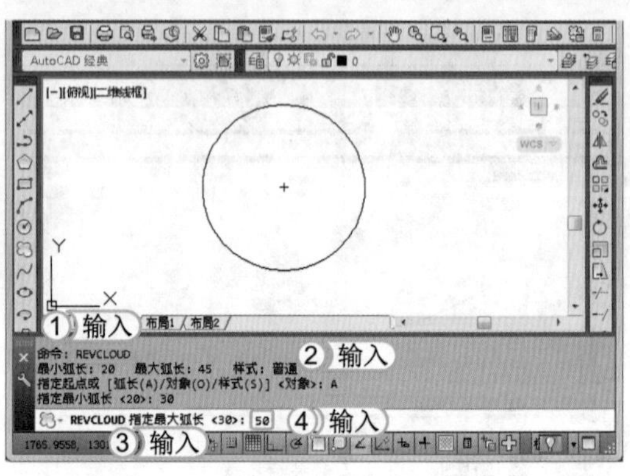

STEP 03： 完成绘制

1. 在命令行中输入“O”，选择“对象”选项，按 Enter 键。
2. 用鼠标单击绘制的圆，选择对象，在弹出的下拉列表框选择“ 否”选项，完成绘制。最后以“修订云线 .dwg”为名进行保存。

提个醒

在绘制不封闭的修订云线时，可以在绘制过程中将鼠标光标移动到合适的位置后，单击鼠标右键来完成修订云线的绘制。

经验一箩筐——修订云线命令行各选项的含义

“弧长（A）”表示设置绘制修订云线的最小和最大弧长，其中最大弧长不能超过最小弧长的3倍；“对象（O）”表示将选择的单个闭合对象转化为修订云线；“样式（S）”表示选择修订云线的样式，系统默认为“普通”样式；在“反转方向”下拉列表中系统默认为“否”选项，表示绘制出的修订云线是向外凸出，若选择“是”选项，修订云线的方向将反转，为凹进去的云线。

上机 1 小时 绘制茶杯造型

- 练习圆和椭圆弧的绘制方法。
- 了解样条曲线和修订云线的用途。

光盘文件

效果 \ 第 2 章 \ 茶杯 . dwg

实例演示 \ 第 2 章 \ 绘制茶杯造型

本例将使用椭圆、椭圆弧、样条曲线、圆和修订云线命令绘制出茶杯造型，完成后的效果如右图所示。

提个醒 在现实生活中，茶杯已经成为生活的必需品，可为繁重的生活带来乐趣。常见茶杯可根据材质进行分类，本例所制作的茶杯是生活中的常见形象。

STEP 01：绘制杯口

1. 启动AutoCAD 2014，切换到“AutoCAD 经典”工作空间，按F8键打开正交功能，在命令行中输入ELLIPSE命令，按Enter键。
2. 在命令行中输入“C”，在绘图区任意位置单击鼠标左键确定椭圆的中心点。
3. 在命令行中输入长半轴为“240”，按Enter键。
4. 在命令行中输入短轴为“80”，按Enter键。

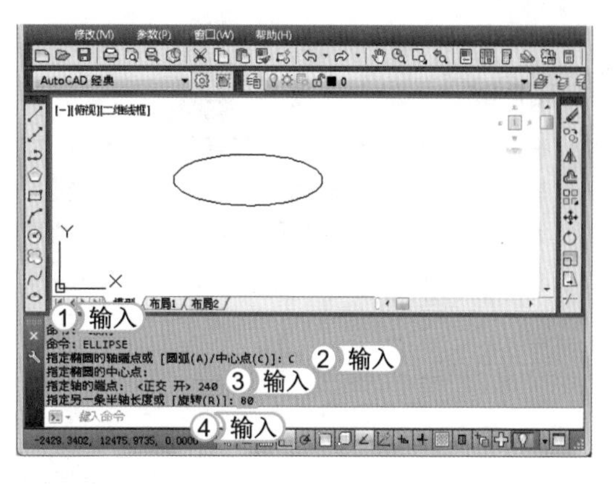

STEP 02：完成杯口绘制

1. 按F3键，设置“圆心”对象捕捉，使用相同的方法，选择“中心点”选项，并在绘图区中捕捉绘制出椭圆的中心点。
2. 在命令行中输入长半轴为“220”，按Enter键。
3. 命令行中输入短轴为“60”，按Enter键。

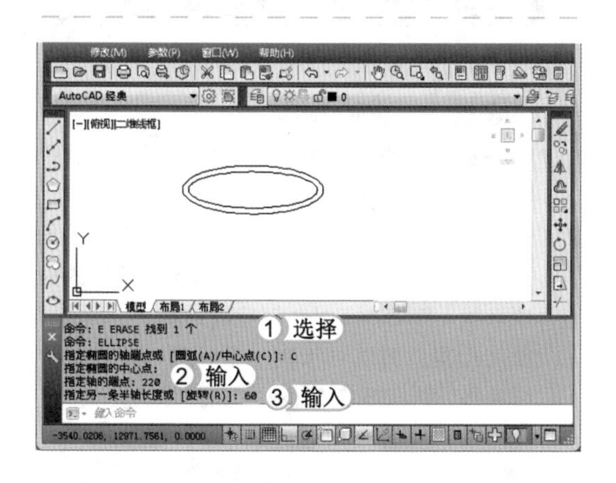

STEP 03：绘制杯身

1. 设置“象限点”对象捕捉，在命令行中输入LINE命令，按Enter键。
2. 捕捉外椭圆的象限点为直线的起点，将鼠标光标向下移动，在命令行中输入“600”，确定直线的长度。
3. 使用相同方法绘制出另一条直线。

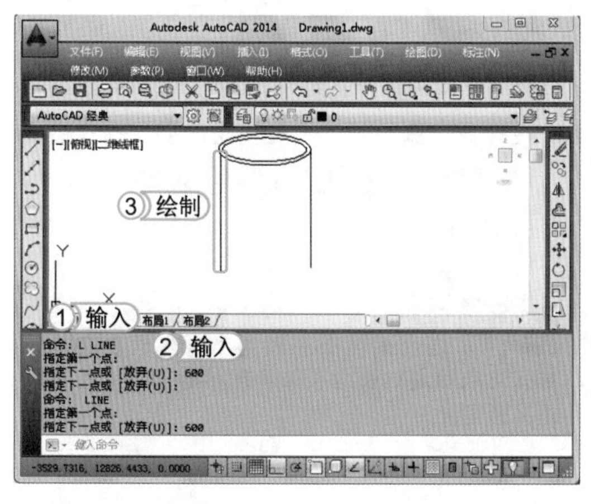

提个醒 在使用象限点捕捉时，应注意捕捉的点是否为图形的中心位置，以免出现捕捉错误现象。

STEP 04：确定杯底中心点

1. 在命令行中输入 ELLIPSE 命令，按 Enter 键。
2. 在命令行中输入“A”，或选择“圆弧”选项，按 Enter 键。
3. 在命令行中输入“C”，或选择“中心点”选项，按 Enter 键。
4. 捕捉到杯口椭圆的中心点，鼠标向下移动，在命令行中输入“600”，确定杯底椭圆弧的中心点。

STEP 05：绘制杯底

1. 在命令行中输入长半轴为“240”，按 Enter 键。
2. 在命令行中输入短轴为“60”，按 Enter 键。
3. 设置“端点”对象捕捉，捕捉左边直线的端点作为椭圆弧起点，即可完成杯底的绘制。

STEP 06：绘制手柄

1. 将捕捉设置为“最近点”对象捕捉，在命令行中输入 SPLINE 命令，按 Enter 键。
2. 捕捉右边直线上部任意一点作为样条曲线的第一点。在绘图区中单击鼠标绘制手柄的大概形状，按 3 次 Enter 键完成绘制。
3. 使用相同的方法再绘制一条间隔一定距离的样条线，再按 3 次 Enter 键完成绘制。

STEP 07：绘制修饰图形

1. 在命令行中输入 CIRCLE 命令，按 Enter 键。
2. 在杯身右侧处任意位置指定圆心，并在命令行中输入半径为“60”，按 Enter 键完成绘制。

提个醒

在绘制椭圆和椭圆弧时经常会通过捕捉点来确定椭圆的长轴和短轴的长度以及椭圆弧的角度。

STEP 08： 绘制图案

1. 在命令行中输入REVCLOUD命令，按Enter键。
2. 在命令行中输入“A”，或选择“弧长”选项，按 Enter 键。
3. 设置最小弧长为“20”，按 Enter 键。设置最大弧长为“30”，按 Enter 键。
4. 在命令行中输入“O”，并选择圆为对象，然后在下方命令行中选择“否”选项。

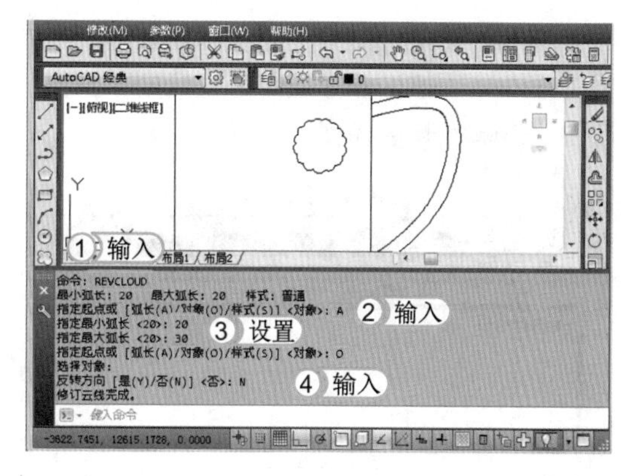

STEP 09： 完整图形的绘制

当绘制完单个图案后，可根据相同的方法绘制其他图形，并查看完成后的效果。

提个醒

在绘制椭圆时，如果采用旋转方式，当角度为0° 时，将绘制出一个圆；若角度为45° 时，将绘制呈45° 的椭圆，输入角度值的最大值不要超过89.4°，否则命令无效。

2.4 绘制矩形和正多边形

在绘制图形的过程中，除了需要绘制直线和圆之外，还经常需要绘制由多条相等边组成的多边形图形，如正三边形、正四边形和矩形等。熟练掌握多边形绘制命令，可以提高绘图效率，下面对其进行逐一讲解。

学习 1 小时

- 掌握矩形的绘制方法。
- 灵活运用正多边形命令绘制图形。

2.4.1 绘制矩形

矩形是最简单的封闭直线图形，它可使用直线进行绘制，但是通过直线绘制的速度过慢而且过程繁琐、效率太低，而使用“矩形”命令能够很好地提高绘图效率。调用“矩形”命令的方法主要有如下几种。

- 命令栏：在命令行中执行 RECTANG（REC）命令。
- 功能区：选择【默认】/【绘图】组，单击“矩形”按钮□。
- 菜单栏：在“AutoCAD 经典”工作空间中选择【绘图】/【矩形】命令。
- 工具栏：在“AutoCAD 经典”工作空间的工具栏中单击“矩形”按钮□。

绘制矩形的方法为：根据以上任意一种方法，并执行该命令后，在命令行中选择对应的选项，输入选项值，并在绘图区任意处单击鼠标左键，指定矩形的第一角位置。若选择“尺寸”选项，需输入长度和宽度即可。

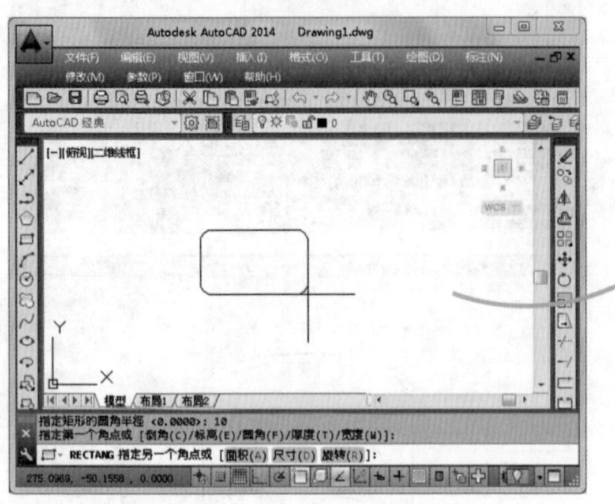

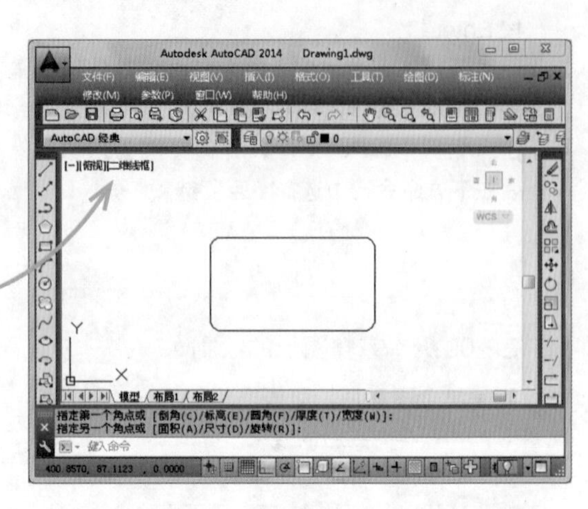

矩形命令行各选项的含义如下。

- 倒角 (C)：指倒角距离，当绘制带倒角的矩形时，每一个角点的逆时针和顺时针方向的倒角都可相同，也可不同。其中第一个倒角距离是指角点逆时针方向倒角的距离，第二个倒角距离是指角点顺时针方向的倒角距离。
- 圆角 (E)：需要绘制圆角矩形时选择该选项可以指定矩形的圆角半径。
- 宽度 (W)：该选项为要绘制的矩形指定多段线的宽度。
- 面积 (A)：该选项通过确定矩形面积大小的方式绘制矩形。
- 尺寸 (D)：该选项通过输入矩形的长和宽两个边长确定矩形大小。
- 旋转 (R)：选择该选项指定绘制矩形的旋转角度。
- 标高 (E)：指所在平面高度，在执行“矩形”命令时可通过标高的设置确定其平面高度。
- 厚度 (T)：矩形的厚度，在执行命令时带厚度的矩形具有三维立体的特征。

经验一箩筐——倒角的绘制

绘制带圆角或倒角的矩形时，如果矩形的长度和宽度太小，而无法使用当前设置创建矩形时，则绘制出来的矩形将不进行圆角或倒角操作。

2.4.2 绘制多边形

在 AutoCAD 中可以通过指定多边形的边长或指定中心点和相切、相接的方式绘制多边形。调用“多边形”命令的方法主要有如下几种。

- 命令栏：在命令行中执行 POLYGON（POL）命令。
- 功能区：选择【默认】/【绘图】组，单击“多边形”按钮⬠。
- 菜单栏：在“AutoCAD 经典”工作空间中选择【绘图】/【多边形】命令。
- 工具栏：在“AutoCAD 经典”工作空间的工具栏中单击“多边形”按钮⬠。

下面将绘制“螺母图形.dwg”图形文件，主要通过“圆”命令绘制圆，然后利用“多边形”命令绘制正六边形，最后利用“圆”命令绘制孔。其具体操作如下：

光盘文件

效果 \ 第 2 章 \ 螺母图形 .dwg

实例演示 \ 第 2 章 \ 绘制多边形

STEP 01： 绘制圆

1. 在“AutoCAD 经典”工作空间的工具栏中单击“圆”按钮。
2. 绘制一个圆心坐标为“150,150”、半径为“50”的圆。

提个醒 在绘制多边形时，只能绘制 3~1024 条边的多边形。在选择内接或内切后可以移动鼠标光标的方向来控制多边形的放置方位。

STEP 02： 绘制多边形

1. 在命令行中输入 POL 命令，按 Enter 键。输入侧面数“6”，按 Enter 键，在绘制的圆图形中捕捉其中点，并用鼠标左键单击。
2. 在命令行中输入“C”，或选择“外切于圆”选项，按 Enter 键。
3. 指定圆的半径为“50”，按 Enter 键。

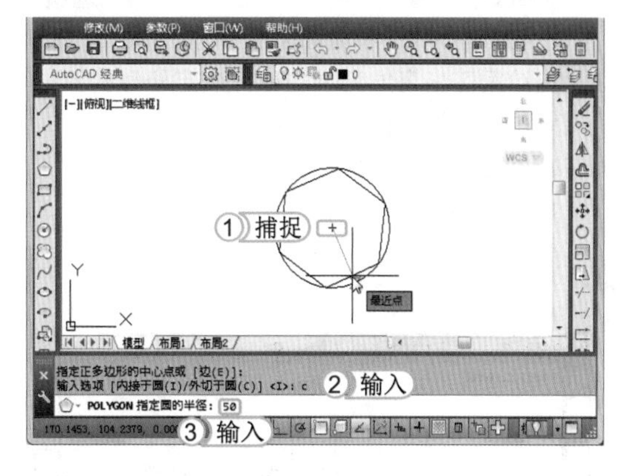

STEP 03： 绘制另一个圆

使用绘制圆的方法绘制另一个圆，使用鼠标左键捕捉圆心位置，并以“30”为半径绘制另一个圆，并查看绘制后的效果。

提个醒 在绘制多边形时，命令行各项中的边表示通过指定边的数量和长度来绘制多边形；内接于圆表示以指定多边形内接圆半径的方式来绘制多边形；外切于圆表示以指定多边形外切圆半径的方式来绘制多边形。

上机 1 小时 绘制门锁

- 巩固捕捉功能的运用。
- 灵活运用矩形和正多边形命令绘制图形。

光盘文件

效果 \ 第 2 章 \ 门锁 .dwg

实例演示 \ 第 2 章 \ 绘制门锁

本例将先使用矩形和正多边形绘制门锁的主体，再利用“直线”和“圆”命令绘制门锁的基本构体，从而绘制出门锁图形，最终效果如右图所示。

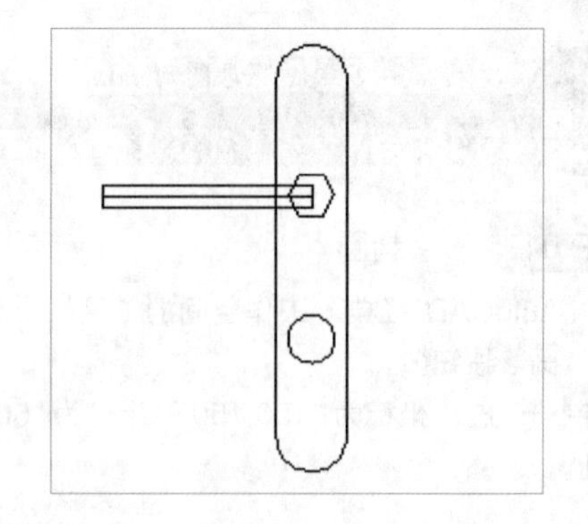

提个醒

门锁的图形和样式不是固定的，用户在选择大门样式时，可根据总体样式选择门锁样式，让整体更加统一。

STEP 01：绘制门锁主体

1. 按F8键打开正交功能，在命令行中输入RECTANG命令，按Enter键。
2. 在命令行中输入“F”，或选择“圆角”选项，按Enter键，并设置圆角半径为“15”。
3. 在绘图区任意位置单击鼠标确定矩形的第一角点，命令行中输入“D”。
4. 输入矩形的长度值为“30”，宽度值为“180”，按Enter键完成绘制。

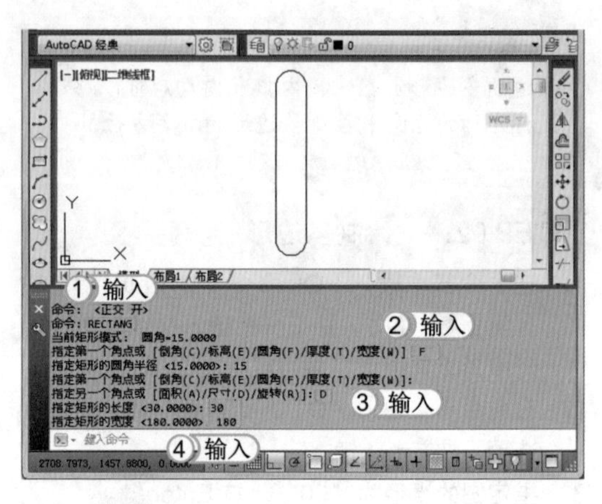

STEP 02：绘制正六边形

1. 按F9键开启对象捕捉，并设置“中点”对象捕捉。在命令行输入POLYGON命令，按Enter键。
2. 在命令行中设置侧面数为“6”，按Enter键。
3. 使用鼠标捕捉圆角矩形上方的中点，将鼠标光标向下移动，输入“70”，确定多边形的中心点，在弹出的下拉列表中选择“内接于圆”选项，按Enter键。
4. 在命令行中输入“10”，指定圆的半径。

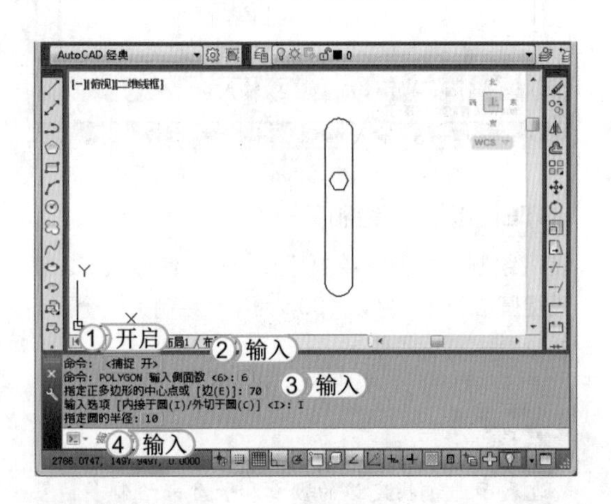

STEP 03：捕捉手柄的位置

1. 在命令行中输入RECTANG命令，按Enter键。
2. 捕捉正六边形两条边的中点延伸线的交点，单击该点，指定矩形的第一角点。

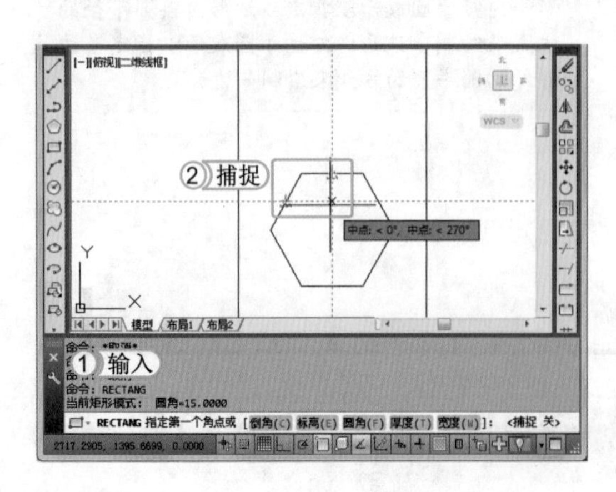

提个醒

在绘制矩形时设置倒角、圆角、宽度、面积、尺寸和旋转等参数后，下一次执行矩形命令时此值将成为当前值。

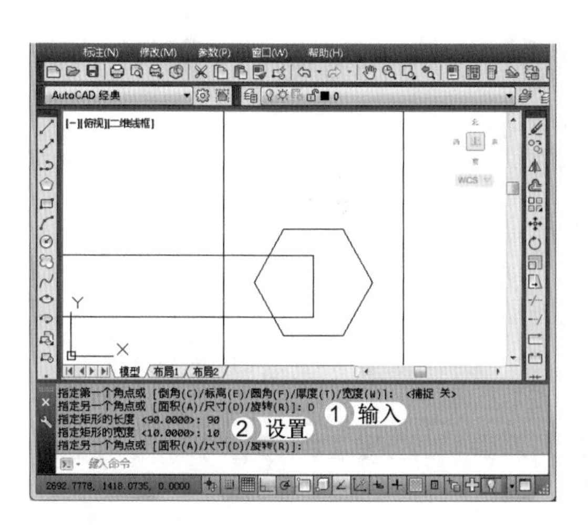

STEP 04：绘制手柄矩形

1. 将鼠标光标向左移动，在命令行中输入“D”，选择“尺寸”选项，按 Enter 键。
2. 设置矩形的长度值为“90”，宽度值为“10”。单击鼠标完成矩形的绘制。

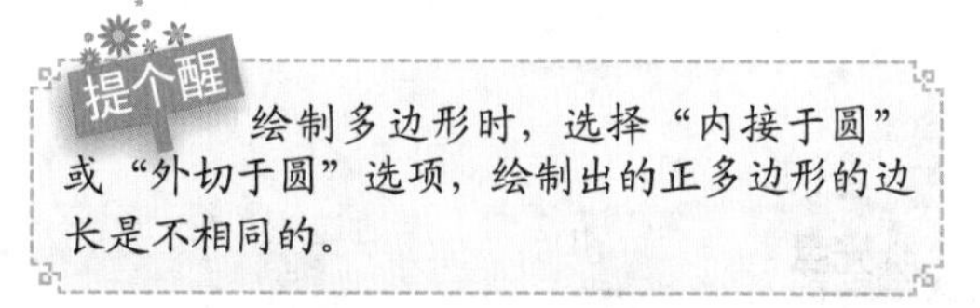

绘制多边形时，选择“内接于圆”或“外切于圆”选项，绘制出的正多边形的边长是不相同的。

STEP 05：完成手柄绘制

1. 在命令行中输入 LINE 命令，按 Enter 键。
2. 捕捉手柄矩形两条宽的中点，在其中间绘制一条直线。

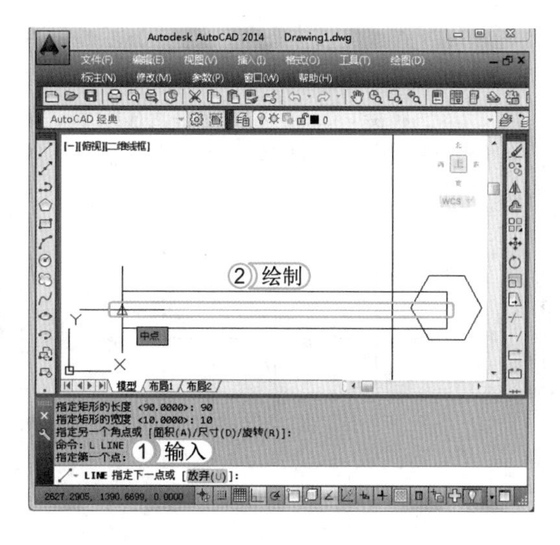

STEP 06：绘制锁孔

1. 在命令行中输入 CIRCLE 命令，按 Enter 键。
2. 捕捉圆角矩形上边中点，将鼠标光标向下移动，输入距离值“60”，按 Enter 键，指定圆心位置。
3. 根据圆心位置，绘制半径为“10”的圆，并查看设置完成后的效果。

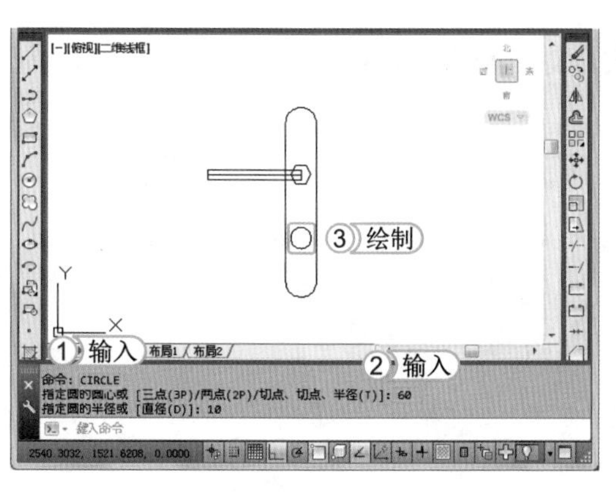

2.5 练习 1 小时

本章主要介绍了绘制点、直线类图形、圆与曲线类图形、矩形和多边形类图形的方法，用户要想在日常工作中熟练使用它们，还需再进行巩固练习。下面以绘制装饰画和绘制户型图为例，进一步巩固这些知识的使用方法。

1. 绘制装饰画

本例将绘制装饰画中常用的卡通造型，在绘制该图形时，通过“圆”命令绘制头部轮廓，再利用“直线”命令绘制身体部分，并且使用“多线”命令绘制颈部，最后，通过三者的结合使用，完成卡通造型的绘制，最终效果如右图所示。

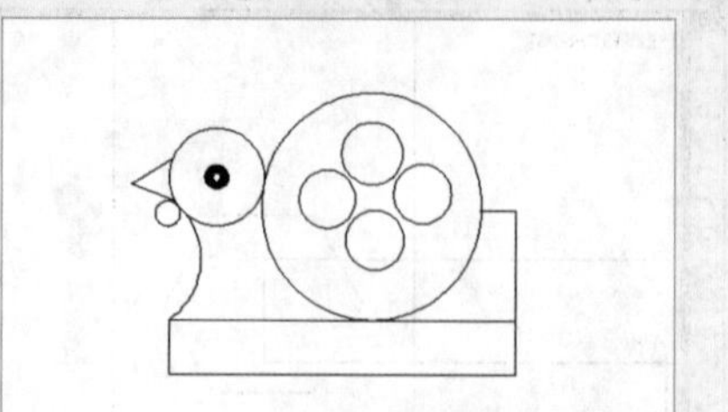

光盘文件

效果\第2章\卡通造型.dwg

实例演示\第2章\绘制装饰画

2. 绘制二居室户型图

本例将绘制二居室户型图，在绘制时先通过直线绘制户型图的大致框架，再通过构造线绘制墙体，最后将多余部分进行删除，其大致框架与完成后的效果如下图所示。

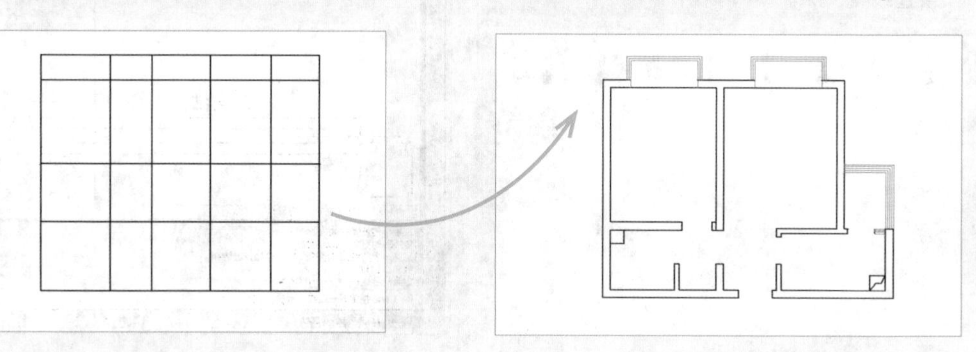

光盘文件

效果\第2章\二居室户型图.dwg

实例演示\第2章\绘制二居室户型图

读书笔记

第3章 图形的基本编辑

学习 4 小时

在 AutoCAD 2014 中绘制了图形后，还可根据需要对图形进行编辑，将其形状修改为实际需要的形状，或通过选择、复制等操作来快速绘制图形，提高工作效率。此外，还可将图形移动到另一个位置，营造不同的效果。

- 选择图形对象
- 修改图形对象
- 复制图形对象
- 改变图形对象位置

3.1 选择图形对象

在绘制图形过程中，除了了解基本的图形绘制方法外，还必须掌握选择图形对象的方法。快速、准确地选择图形对象，是编辑图形对象的前提。AutoCAD 2014 中选择对象的方法有多种，如选择单个、选择多个和选择相同属性的图形对象等。

学习 1 小时

- 了解选择对象的方法。
- 区分窗口框选对象和交叉框选对象的不同。
- 掌握使用快速选择功能选择所需图形的方法。

3.1.1 选择单个图形对象

选择单个图形对象主要是通过点选方法来实现。点选是最简单、最常用的一种选择方式，直接用十字光标在绘图区中单击需要选择的对象。被选择的图形对象将以虚线显示，还会出现一些小正方形，这些正方形叫做夹点。如果在选择的过程中连续单击其他对象，则可以同时选择多个对象。

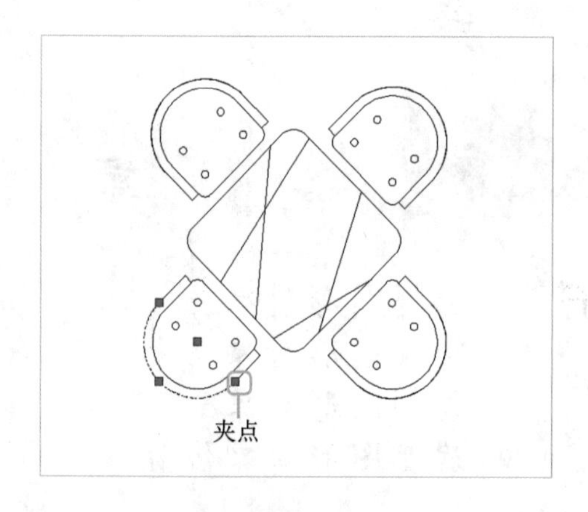

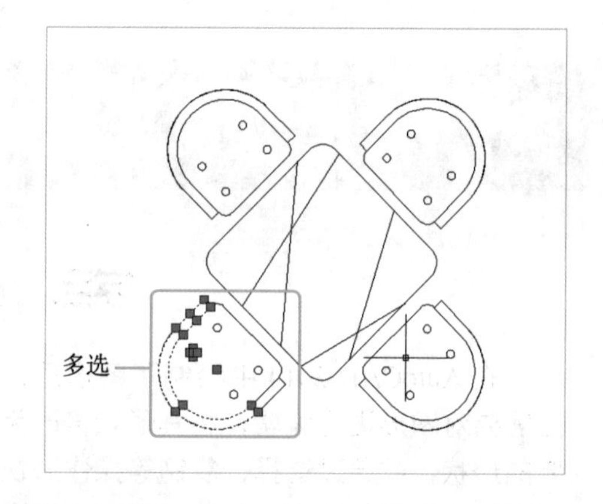

3.1.2 选择多个图形对象

选择多个图形对象有很多种方法，其中常用的方法有框选对象、围选对象和栏选对象3种，下面将分别进行介绍。

1. 框选对象

框选对象的操作与选择单个图形对象的操作都相对比较简单，只需要先在绘图区上单击一点，然后移动十字光标，在适当的位置再单击鼠标左键，由起点到第二点形成的矩形区域就是选择区。框选对象又分为窗口框选和交叉框选两种。

- 窗口框选：由两个对角顶点来确定的矩形窗口，选取位于其范围内的所有图形，与边界相交的对象将不被选中，指定对角顶点时应按照从左到右的顺序进行选择。在选择时，只需在命令行中输入“W”，然后按 Enter 键指定两对角顶点后，位于矩形窗口内部的所有图形将被选中。

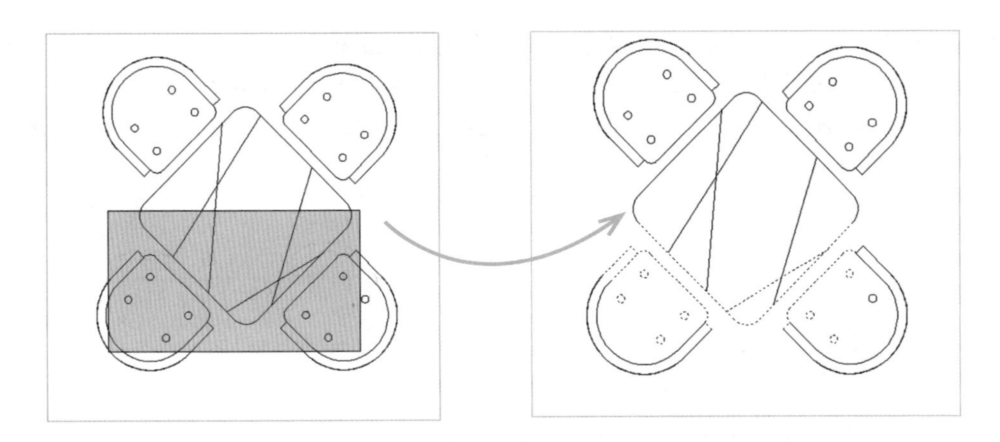

🔑 交叉框选：交叉框选与窗口框选的方法类似，它是指在确定了选区的第一点后，从右向左移动鼠标指定选区，释放鼠标后，被绿色选区相交以及被完全包含的对象将被选中。它不但可选择矩形窗口内部的对象，也可选择矩形窗口边界相交的对象。其具体选择方法为：在命令行中出现“选择对象：”提示后输入“C”，然后按Enter键指定两对角顶点后，对角顶点所包含的图形将被选中。

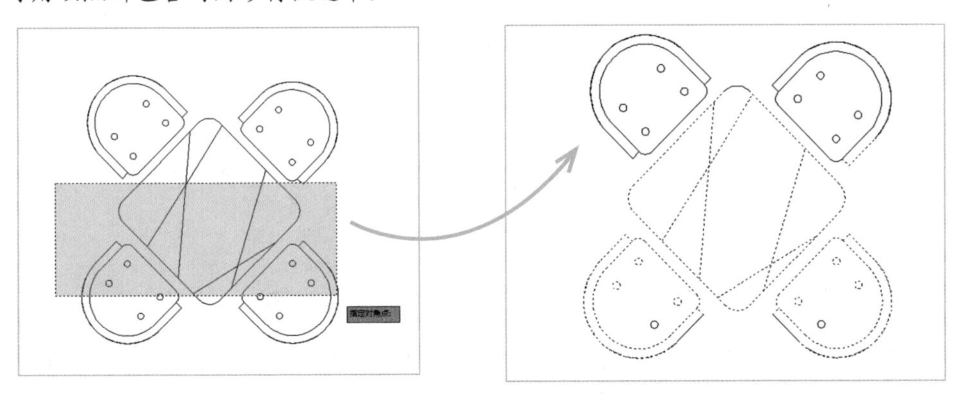

2. 围选对象

使用围选方式选择图形对象的特点就是选择的自主性更大，它主要是通过确定不同的点来绘制不规则的选区，围住要选择的图形对象，选择的对象将以虚线显示。围选对象的方法又包括圈围和圈交两种，下面分别进行介绍。

🔑 圈围对象：圈围与矩形框选对象的方法类似，它是以不规则的多边形选择对象。选择时完全包含在选区内的对象将会被选中。其方法为：在出现“选择对象：”提示后输入“WP”，选择“圈围”选项，然后在绘图区绘制出任意形状的选区，按Enter键确认选择。

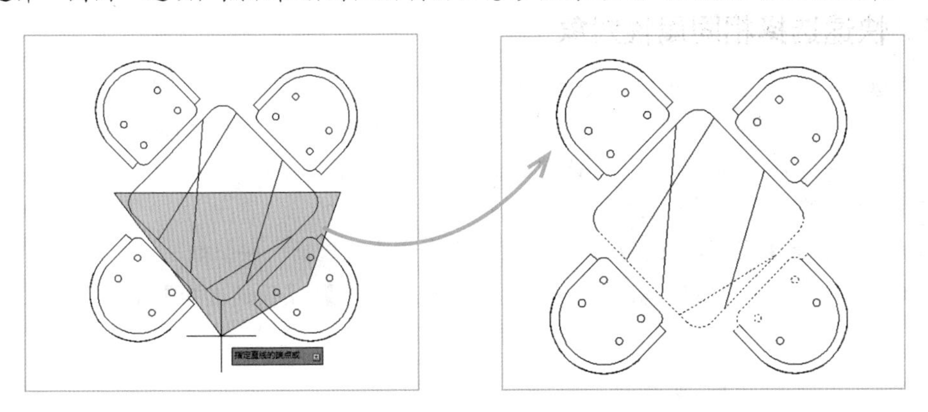

- 圈交对象：圈交与交叉框选对象的方法类似，圈交方法绘制的选区形状和圈围方法绘制的选区类似。被选区相交以及完全包含其中的对象将会被选中。其方法为：在出现“选择对象：”提示后输入“CP”，选择“圈交”选项，然后在绘图区绘制出任意形状的选区，按 Enter 键确认选择。

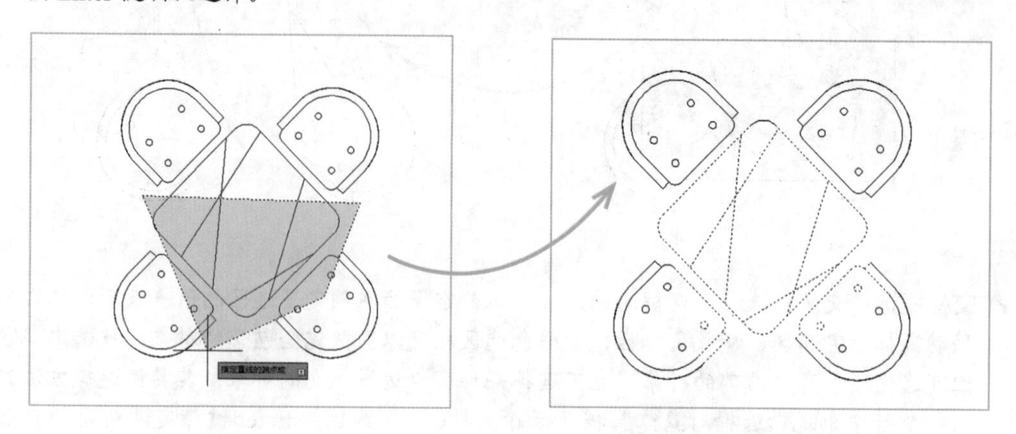

3. 栏选对象

在选择连续性目标时可使用栏选的方法选择图形对象，栏选对象需要绘制出任意的折线，与直线相交的图形对象将会被选择。不过栏选绘制的折线选区不能封闭或相交，被选择的对象也会显示为虚线。

栏选的方法很简单，出现“选择对象：”提示后输入“F”，选择“栏选”选项，然后在绘图区绘制出选区，按 Enter 键确认选择。

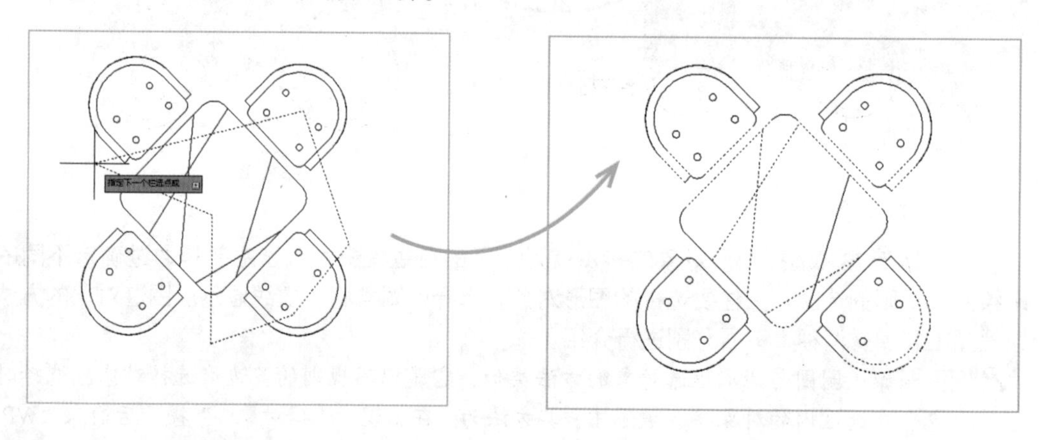

3.1.3 快速选择相同属性对象

快速选择相同属性图形对象与其他的选择方法不同，它主要是在“快速选择”对话框中选择不同“对象类型”或“特性”，选择完成后单击 确定 按钮，即可创建一个符合用户指定对象类型和对象特性的选择集。打开该对话框的方法主要有如下几种。

- 命令行：在命令行中执行 QSELECT 命令。
- 功能区：选择【默认】/【实用工具】组，单击“快速选择”按钮。
- 菜单栏：在“AutoCAD 经典”工作空间中选择【工具】/【快速选择】命令。

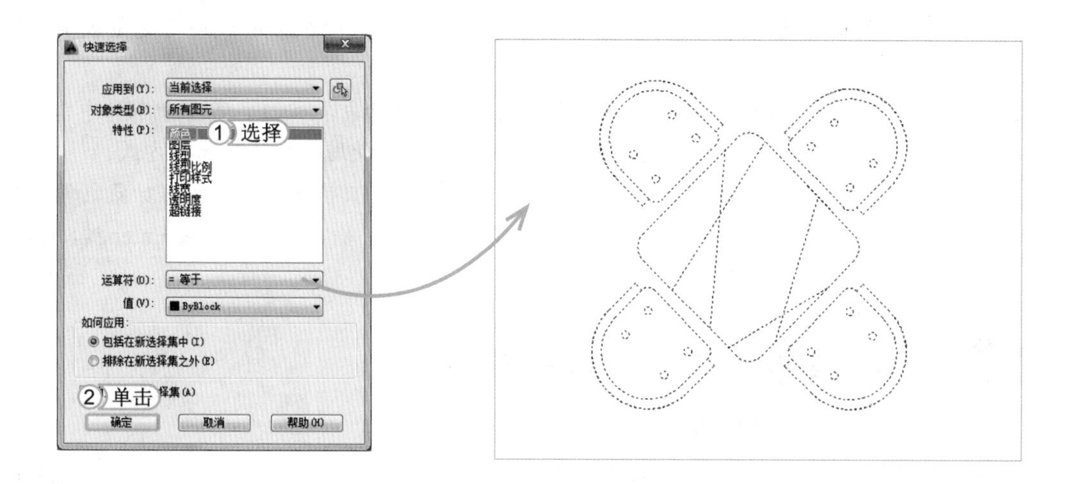

经验一箩筐——对话框内各选项的含义

“应用到”主要用于选择图形范围，只需单击右侧的按钮，可以选择部分图形对象为快速选择的筛选范围；“对象类型”表示选择对象的类型；“特性”表示根据对象类型选择特性；“运算符”表示选择相应的运算方式；“值”表示选择对象特性的具体值；“如何应用”表示将符合过滤条件的对象是包括在新选择集内，还是排除在新选择集之外。

问题小贴士

问：在 AutoCAD 2014 中，可向选择集中添加或删除对象吗？

答：可以的，在选择多个需要修改的图形对象时，若发现少选或多选了某个图形对象，就可向选择集中添加或删除图形对象，而不必取消所有的选择图形对象后再重新选择。向选择集中添加图形对象可以直接用鼠标单击需要添加的图形对象，若是删除选择集中的图形对象，只需按住 Shift 键，用鼠标单击需要删除的图形对象即可。

3.1.4 其他选择方式

选择图形对象，除了上面介绍的方法外，还可使用其他方式进行选择，如在执行编辑命令的过程中，在命令行出现“选择对象:”时，在命令行中输入“?”，然后按 Enter 键，将出现“需要点或窗口 (W)/ 上一个 (L)/ 窗交 (C)/ 框 (BOX)/ 全部 (ALL)/ 栏选 (F)/ 圈围 (WP)/ 圈交 (CP)/ 编组 (G)/ 添加 (A)/ 删除 (R)/ 多个 (M)/ 前一个 (P)/ 放弃 (U)/ 自动 (AU)/ 单个 (SI)/ 子对象 (SU)/ 对象 (O)”的命令行提示，选择相应的选项，可以使用不同的方法选择图形对象，其中常用方法已在前面进行具体介绍，这里将不再赘述，下面将分别介绍其他选项的含义。

- 上一个 (L)：当命令行出现“选择对象:”提示信息时，输入“L”并按 Enter 键，可以选中最近一次绘制的图形对象。
- 全部 (ALL)：当命令行出现“选择对象:”提示信息时，输入“ALL”并按 Enter 键即可选中绘图区中的所有图形对象。
- 多个 (M)：当命令行中出现“选择对象:”提示信息时，输入“M”并按 Enter 键，然后依次用变成□形状的鼠标光标在要选择的对象上单击，再按Enter键即可选中被单击的多个图形对象。

- 自动(AU)：在未执行任何命令（即当命令行中显示为“命令:”），或当命令行中出现“选择对象:”时，在不输入任何选择方式的默认状态下即使用“自动”选择方式。
- 单个(SI)：是一种单一对象的选择方式，在该方式下，只能选择一个图形对象，常与其他选择方式联合使用。当命令行提示“选择对象：”时，输入“SI”并按Enter键，然后单击要选择的单个图形对象即可。

上机1小时 编辑户型中的标注

- 进一步巩固选择对象的各种方法。
- 进一步掌握设置快速选择对象的要领。

本例将使用快速选择相同属性对象、框选对象和点选等方式，选择图形中的标注线并将其删除，使图形文件更加美观，页面更加干净。编辑前后的效果如下图所示。

光盘文件
素材\第3章\小户型.dwg
效果\第3章\小户型.dwg
实例演示\第3章\编辑户型中的标注

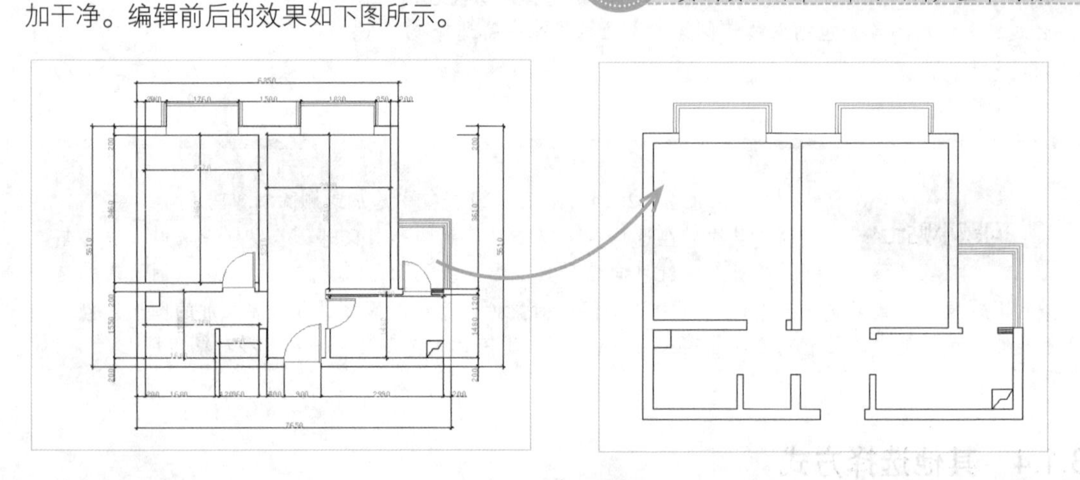

STEP 01：打开“快速选择”对话框

1. 打开“小户型.dwg”文件，在命令行中输入QSELECT命令，按Enter键。
2. 打开“快速选择”对话框，在“特性”列表框中选择“颜色”选项。
3. 在“值”下拉列表框中选择“黄”选项。
4. 在“如何应用”栏中选中 包括在新选择集中(I) 单选按钮。
5. 单击 确定 按钮，完成设置。

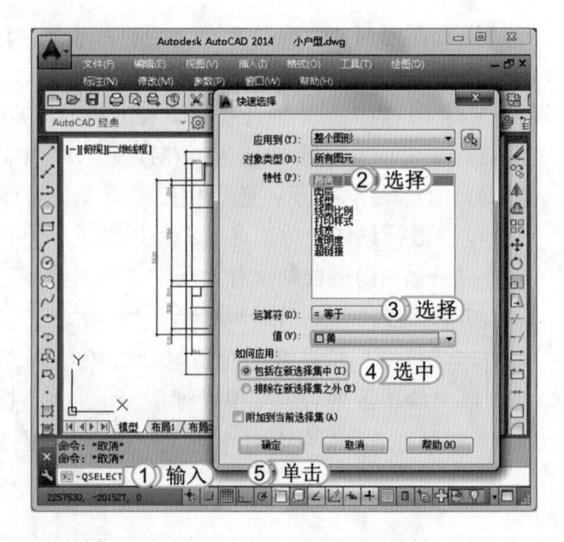

提个醒 在室内设计中，中间部分包括墙体都具有尺寸的图纸是具体尺寸图，它是通过在施工现场测量得出的，有尺寸准确性。

STEP 02: 删除快速选择的对象

返回可查看图形中黄色部分已被选中，按 Delete 键，删除快速选择的图形对象。

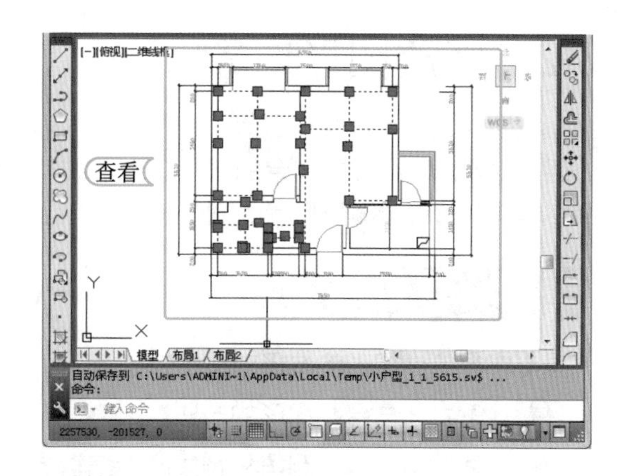

> **提个醒**
> 当需要选择全部图形对象时，除了可以使用交叉框选的方法框选对象外，还可以按 Ctrl+A 组合键来实现全选。

STEP 03: 删除门

将鼠标光标移动至对应门右侧的空白区，单击鼠标左键，向右进行拖动至当拖动区域呈淡绿色显示时，释放鼠标即可选中门，按 Delete 键，即可将其删除。

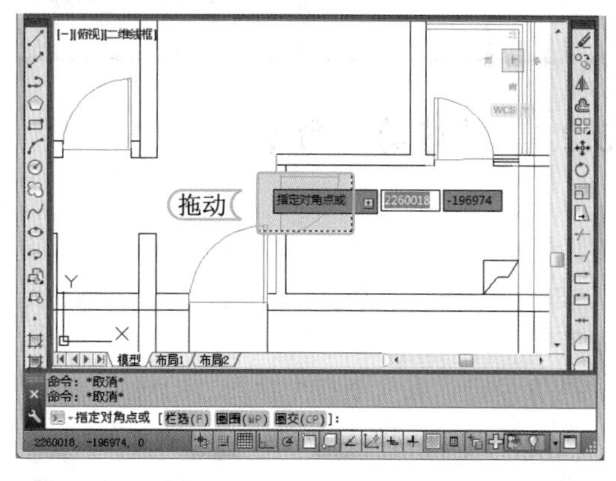

> **提个醒**
> 在选择图形对象时，建议不要使用固定的方法选择，用户可以根据实际情况使用适合的方法选择所需图形对象。

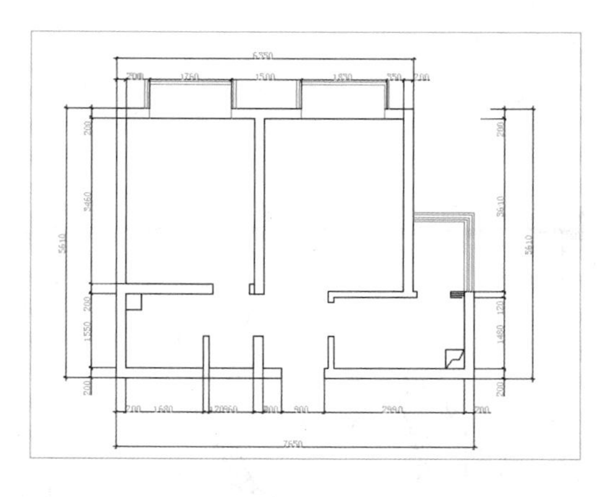

STEP 04: 删除其他门选区

通过上一步的方法删除图中其他门样式，并查看删除后的效果。

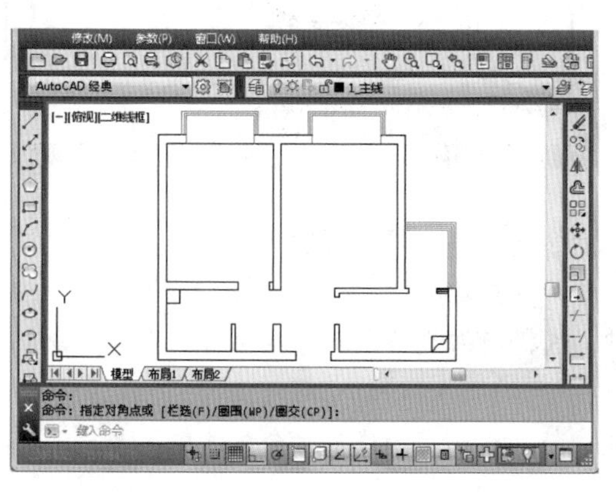

STEP 05: 删除外围标注

使用鼠标依次单击对应的外围标注，完成后按 Delete 键，将其全部删除，并查看删除完成后的效果。

> **提个醒**
> 选择对象后，如果需要取消对象的选择状态，只需按 F2 键，即可将选择的对象取消。

3.2 修改图形对象

在图形的绘制过程中，为了使绘制的图形更加准确，通常会使用编辑命令对图形进行编辑处理，比如修剪图形中多余的线段、延伸线条、为图形设置圆角和倒角及打断图形对象等。下面将详细讲解编辑图形形状的方法。

学习 1 小时

- 掌握延伸图形的选择对象的方法。
- 掌握分解图形的方法。
- 了解打断与合并图形的方法。
- 灵活运用修剪、倒角和圆角命令编辑图形。

3.2.1 “修剪”命令

在绘制图形时经常会绘制出多余的线段，遇到这种情况就可以使用“修剪”命令将多余的线段进行修剪。“修剪”命令需要选择修剪边界和被修剪对象，并且两者必须相交。修剪边界和被修剪线段可以是直线、圆、弧、多段线、样条曲线和射线等。调用“修剪”命令的方法主要有如下几种。

- 命令行：在命令行中执行 TRIM（TR）命令。
- 功能区：选择【默认】/【修改】组，单击“修剪”按钮。
- 菜单栏：在“AutoCAD 经典”工作空间中选择【修改】/【修剪】命令。
- 工具栏：在“AutoCAD 经典”工作空间的工具栏中单击“修剪”按钮。

常用的剪切方法为：根据以上任意一种方法，并执行该命令后，连续按两次 Enter 键，再选择需要修剪的图形对象，完成后按 Esc 键即可。

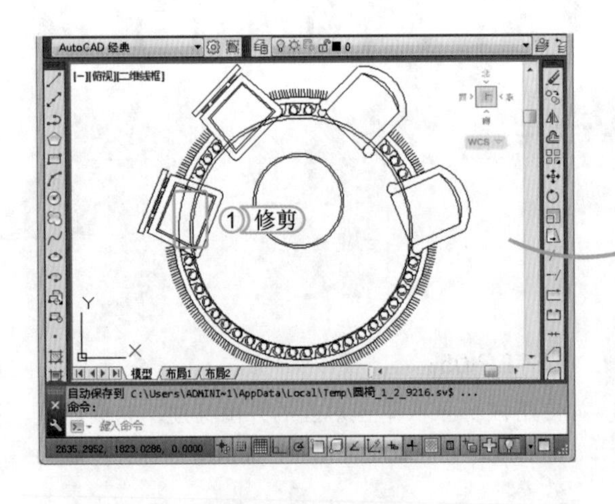

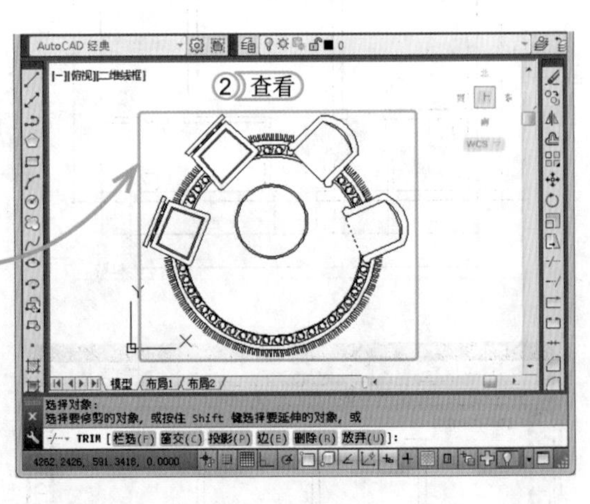

在使用“修剪”命令对图形对象进行修剪时，命令行中各主要选项的含义如下。

- 全部选择：使用该选项将选择所有可见图形，作为修剪边界。
- 按住 Shift 键选择要延伸的对象：按住 Shift 键，选择所需线条，即可在执行“修剪”命令时将图形对象进行延伸操作。
- 栏选：使用该选项后，若需在屏幕上绘制直线，与直线相交的线条将会被选中。

- 窗交：在 AutoCAD 2014 中提供了窗交选择方式，就可以直接使用交叉方式选择多条被修剪的线条。
- 投影：是指定修剪对象时使用的投影模式，在三维绘图中才会用到该选项。
- 边：确定是在另一对象的隐含边处修剪对象，还是仅修剪对象到与它在三维空间中相交的对象处，在三维绘图中进行修剪时才会用到该选项。
- 删除：直接删除选定的对象。
- 放弃：表示撤销上一步修剪操作。

3.2.2 “延伸”命令

在绘图过程中，若遇到直线、圆弧和多段线等对象的端点离要求的边界有一定的距离时，就可以使用“延伸”命令将图形对象延伸至指定的边界。调用“延伸”命令的方法主要有如下几种。

- 命令行：在命令行中执行 EXTEND（EX）命令。
- 功能区：选择【默认】/【修改】组，单击“修剪”按钮右侧的下拉按钮，在弹出的下拉列表中选择“延伸”选项。
- 菜单栏：在“AutoCAD 经典”工作空间中选择【修改】/【延伸】命令。
- 工具栏：在“AutoCAD 经典”工作空间的工具栏中单击“延伸”按钮。

常用的延伸方法为：根据以上任意一种方法，并执行该命令后，在绘图区的任意位置单击鼠标右键，在需要延伸的线段或样条线上，单击鼠标左键即可对线段进行延伸，完成后按 Esc 键即可。

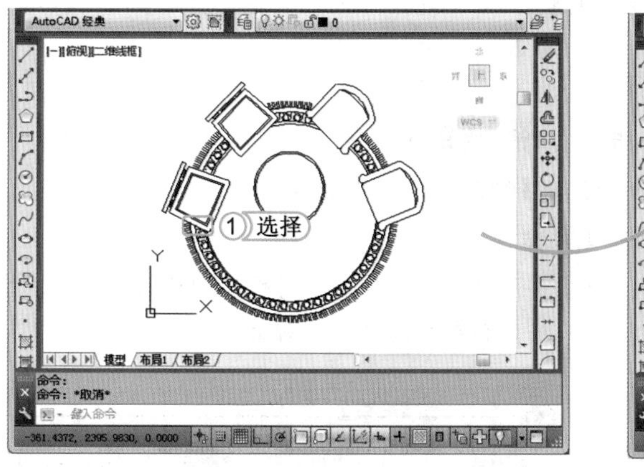

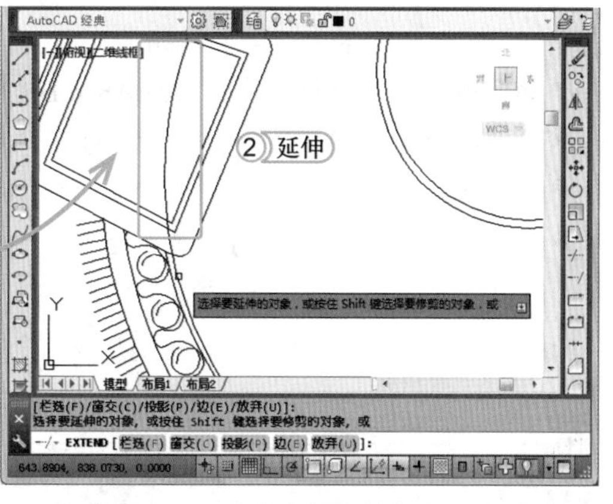

3.2.3 “合并”命令

延伸和修剪都只是在图形中对应的线上进行操作，而合并与之不同，合并图形可以将相似的图形对象合并为一个对象，而且合并的对象包括圆弧、椭圆弧、直线、多段线和样条曲线等。调用“合并”命令的方法主要有如下几种。

- 命令行：在命令行中执行 JOIN（J）命令。
- 功能区：选择【默认】/【修改】组，单击“合并”按钮。
- 菜单栏：在“AutoCAD 经典”工作空间中选择【修改】/【合并】命令。
- 工具栏：在“AutoCAD 经典”工作空间的工具栏中单击“合并”按钮。

常用的合并图形的方法为：根据以上任意一种方法，并执行该命令后，先选择源对象，然

后选择要合并到源的对象后按 Enter 键，系统会自动合并图形。

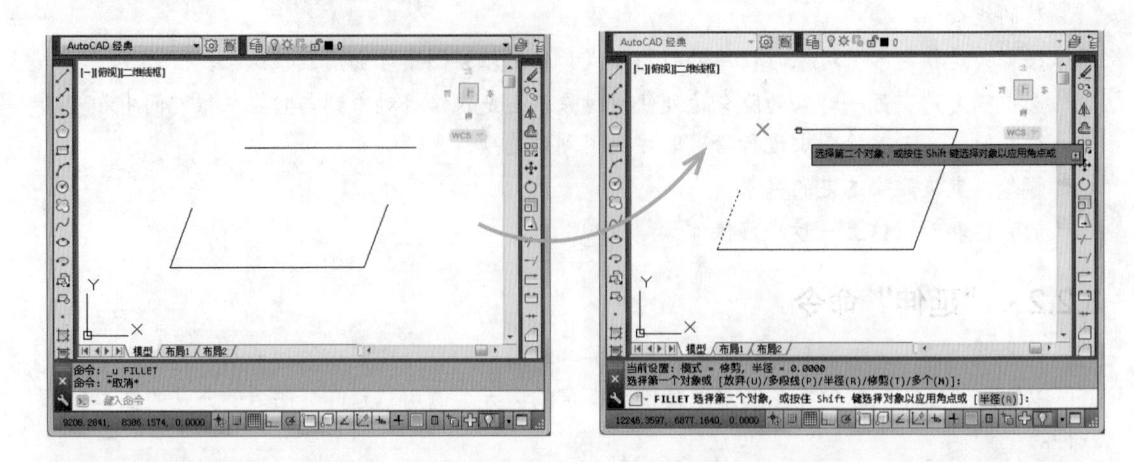

经验一箩筐——圆弧合并为整圆

当对圆弧进行闭合操作时，选择圆弧为源对象后，在命令行中输入“L”，选择“闭合”选项，就能将圆弧闭合成整圆。

3.2.4 “打断”命令

“打断”命令和“合并”命令相反，它是将直线、多段线、圆弧和样条曲线等图形对象进行无缝打断分成两个对象，或将其中一部分进行删除，但不能打断任何组合形体，如图块等。调用“打断”命令的方法主要有如下几种。

- 命令行：在命令行中执行 BREAK（BR）命令。
- 功能区：选择【默认】/【修改】组，单击“打断”按钮。
- 菜单栏：在“AutoCAD 经典”工作空间中选择【修改】/【打断】命令。
- 工具栏：在“AutoCAD 经典”工作空间的工具栏中单击“打断”按钮。

常用的打断方法为：根据以上任意一种方法，并执行该命令后，选择对象并指定了第一个打断点后，系统会自动输入 @，当确定第二个打断点后，将实现无缝打断对象。

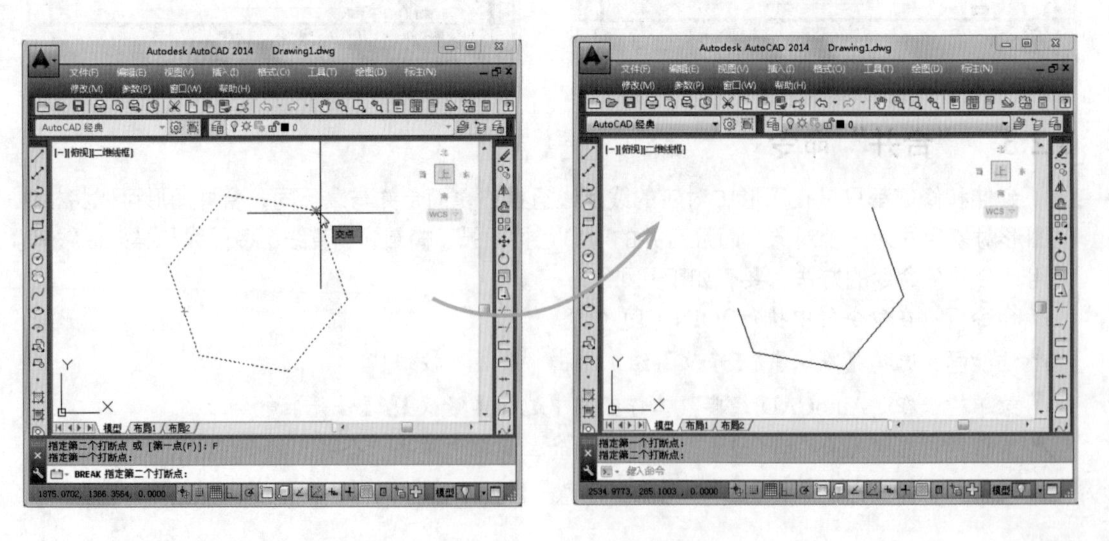

3.2.5 “分解”命令

“分解”命令主要用于复合对象，它与“打断”命令不同，打断只能用于线段，而分解可用于多段线、图案填充和块等，并将其还原为一般对象。任意被分解的对象颜色、线型和线宽都将随着分解操作而改变，而其他的结果也将取决于所分解的合成对象的类型，调用“分解”命令的方法主要有如下几种。

- 命令行：在命令行中执行 EXPLODE（X）命令。
- 功能区：选择【默认】/【修改】组，单击“分解”按钮。
- 菜单栏：在“AutoCAD 经典”工作空间中选择【修改】/【分解】命令。
- 工具栏：在“AutoCAD 经典”工作空间的工具栏中单击“分解”按钮。

常用的分解图形的方法为：选择要分解的对象，再根据以上任意一种方法，执行该命令后，按 Enter 键即可完成分解。

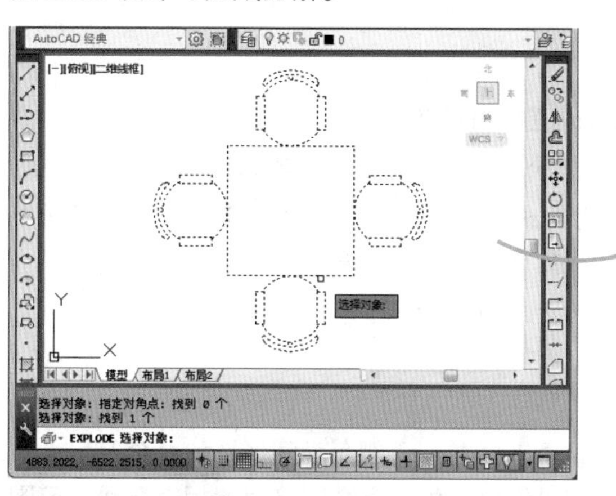

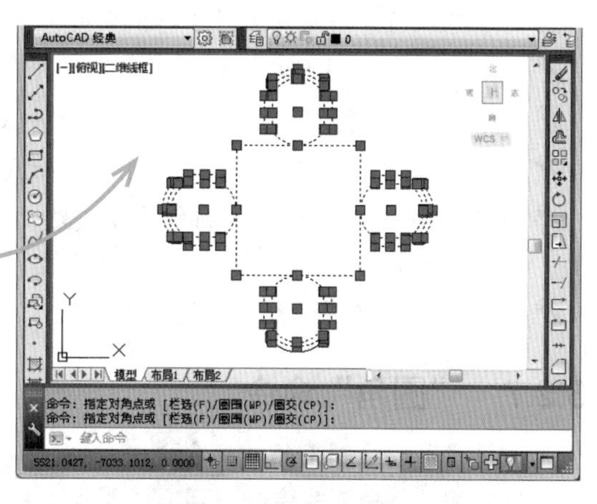

经验一箩筐——分解对象的选择

在选择分解对象时，选择的对象不同，分解的结果也不相同，如注释性对象，将分解成一个包含属性的块，而且将删除属性值显示属性定义，而且在分解后无法使用 AINSERT 命令和外部参照插入的块和依赖块。

3.2.6 “倒角”命令

“倒角”命令与其他修改对象的命令不同，“倒角”命令主要用于将两条非平行直线或多段线做出有斜度的倒角。为了防止机械物品在日常生活中对人体构成伤害，通常在设计机械零件时都会对零件的棱角进行倒角，所以在绘制机械图纸时经常会用到“倒角”命令。调用“倒角”命令的方法主要有如下几种。

- 命令行：在命令行中执行 CHAMFER（CHA）命令。
- 功能区：选择【默认】/【修改】组，单击“圆角”按钮右侧的下拉按钮，在弹出的下拉列表中选择“倒角”选项。
- 菜单栏：在“AutoCAD 经典”工作空间中选择【修改】/【倒角】命令。
- 工具栏：在“AutoCAD 经典”工作空间的工具栏中单击“倒角”按钮。

常用的倒角图形的方法为：根据以上任意一种方法，并执行该命令后，先选择源对象，并在命令行中选择“角度”选项，或输入“A”，完成后输入角度值，按两次 Enter 键，选择第二条线段即可。

在使用“倒角”命令对图形对象进行倒角时，命令行中各主要选项的含义如下。

- 多段线：选择该选项后，将对所选的多段线进行整体倒角操作，如对六边形进行倒角处理时，可以将六个角点同时进行倒角处理。
- 距离：选择该选项后，可设置倒角的距离。
- 角度：以指定一个角度和一段距离的方法来设置倒角的距离。
- 修剪：设定修剪模式，控制倒角处理后是否删除原角的组成对象，默认为删除。
- 方式：该选项用于设置倒角的方式是“距离”或“角度”，其中“距离”方式是用两个距离的方式对图形进行倒角，而“角度”方式则是用一个距离和一个角度来倒角。
- 多个：可连续对多组对象进行倒角处理，直至结束命令为止。

3.2.7 “圆角”命令

“圆角”命令是常用的命令之一，在绘制建筑图形时常用于倒角类图形，如灶台等。“圆角”命令和“倒角”命令的使用方法类似，不同的是倒角是使用直线连接两条相交直线，而圆角是使用圆弧连接两条相交直线，且圆弧的半径值可以自定义。调用“圆角”命令的方法主要有如下几种。

- 命令行：在命令行中执行 FILLET（F）命令。
- 功能区：选择【默认】/【修改】组，单击“圆角”按钮□。
- 菜单栏：在“AutoCAD 经典”工作空间中选择【修改】/【圆角】命令。
- 工具栏：在“AutoCAD 经典”工作空间的工具栏中单击“圆角”按钮□。

常用的圆角图形方法为：根据以上任意一种方法，并执行该命令后，在下方命令行中选择“角度”选项，或输入“R”，按 Enter 键，输入角度值，完成后选择需倒角的第一条线，当其成虚线显示后，选择需倒角的第二条线，按 Enter 键即可。

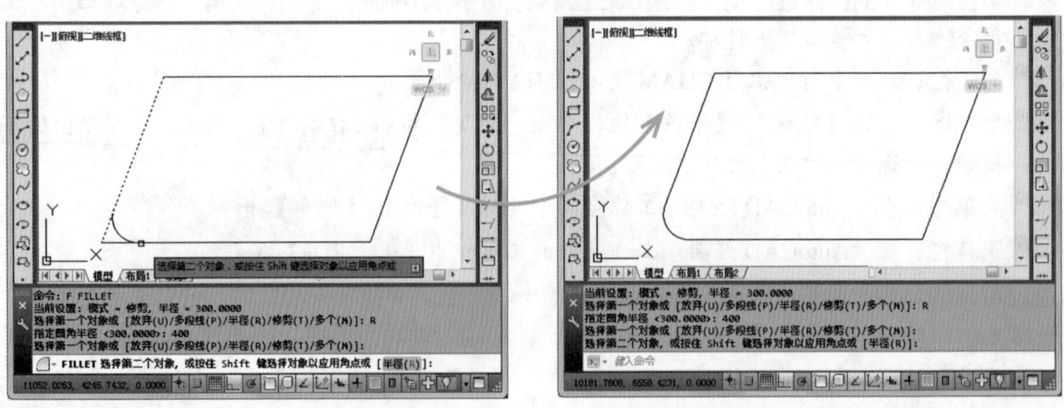

上机 1 小时 ▶ 编辑餐桌图形

- 熟悉“分解”和“延伸”命令的使用方法。
- 灵活运用“修剪”命令。
- 进一步掌握倒角和圆角的区域与使用方法。

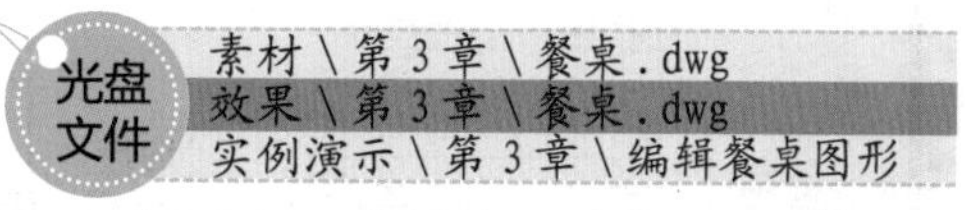

本例将使用“延伸”、“圆角”和“修剪”命令对餐桌图形进行编辑，编辑前后效果如下图所示。

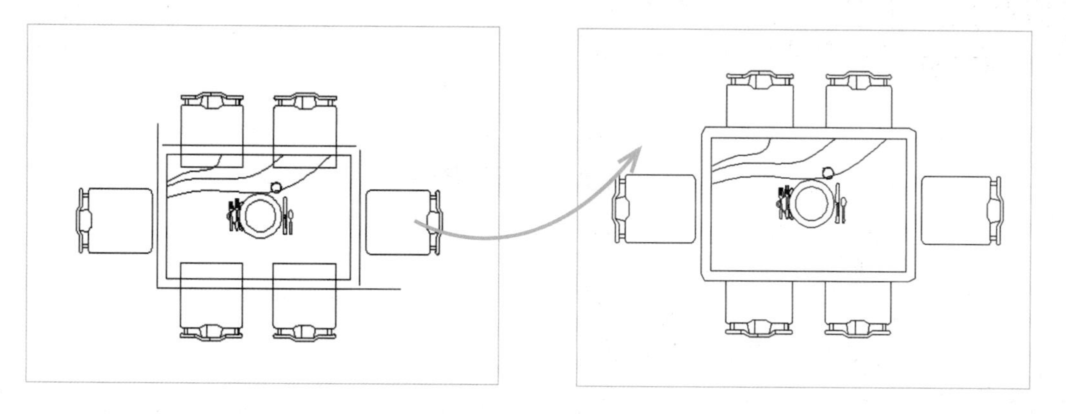

STEP 01：分解图形对象

1. 打开“餐桌.dwg”文件，在“AutoCAD 经典”工作空间的命令行中输入X命令，按Enter键，执行“分解”命令。
2. 在绘图区中选择餐桌图形，按Enter键将该图形分解。

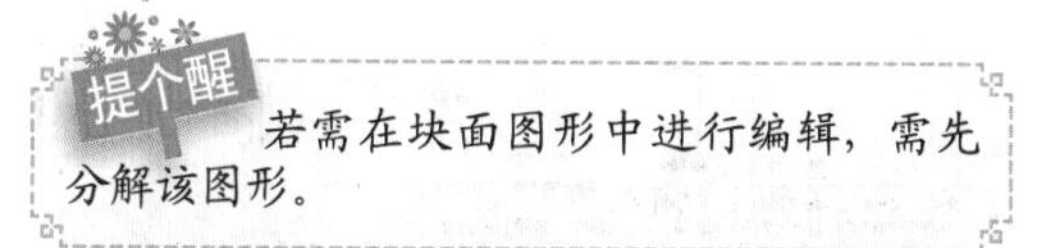

若需在块面图形中进行编辑，需先分解该图形。

STEP 02：延伸对应的线段

1. 在命令行中输入EX命令，按Enter键执行“延伸”命令。
2. 将鼠标光标移动至需要延伸的对象上，单击鼠标左键延伸该图形。根据以上方法延伸其他需要延伸的线段，完成后按Esc键退出命令。

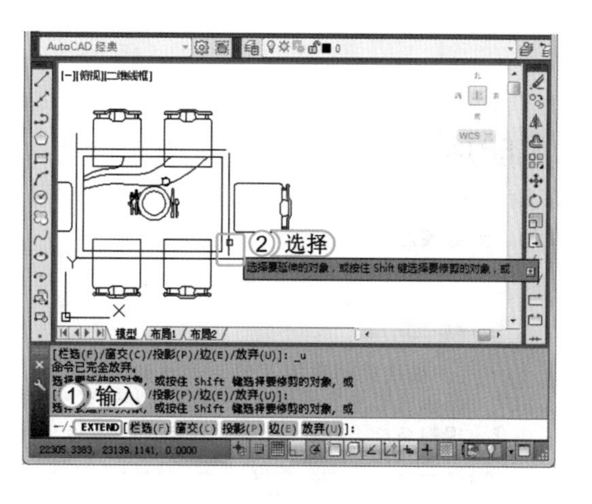

提个醒

在使用延伸工具时，延伸的线段前必须有对应的线段，不能是空白的区域，若出现空白情况，则不会执行“延伸”命令。

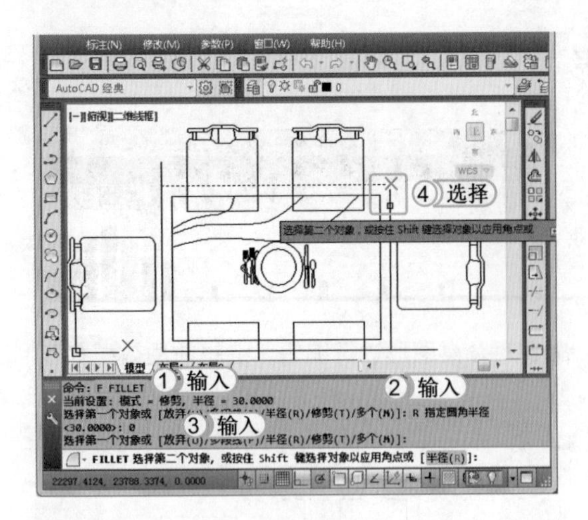

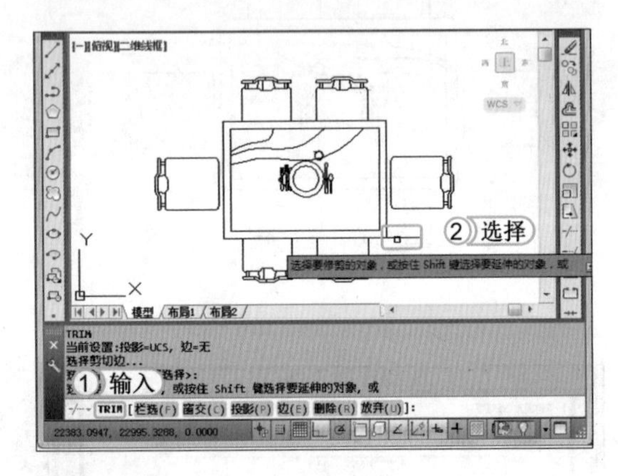

STEP 03： “圆角”命令连接对应的线段

1. 在命令行中输入 F 命令，按 Enter 键执行“圆角”命令。
2. 在下方命令行中选择“半径”选项，或输入“R”，按 Enter 键。
3. 输入半径值“0”，按 Enter 键。
4. 在需要选择的圆角的两条线段上方分别单击鼠标，即可完成“圆角”命令的操作。

提个醒 使用“圆角”命令时，如果要对一条多段线或矩形的所有角进行圆角操作时，可以选择“多段线”选项，即可对所有角进行圆角处理。

STEP 04： 剪切多余线段

1. 在命令行中输入 TRIM 命令，连续按两次 Enter 键。
2. 选择需要剪切的图形对象，剪切多余线段。根据此方法剪切图中多余线段。

提个醒 使用命令进行剪切时，可使用框选的方法进行快速剪切。当出现剪切错误时，还可按 Ctrl+Z 组合键撤销前一步剪切操作。

STEP 05： 给方桌四周倒角

1. 在命令行中输入 CHA 命令，按 Enter 键。
2. 选择需倒角的第一条线，并在命令行中选择“角度”选项，或输入“A”，按 Enter 键。
3. 指定倒角长度值“40”，按 Enter 键。
4. 设置另一条倒角长度值“30”，按 Enter 键。选择第二条倒角对象，并查看倒角后的效果。

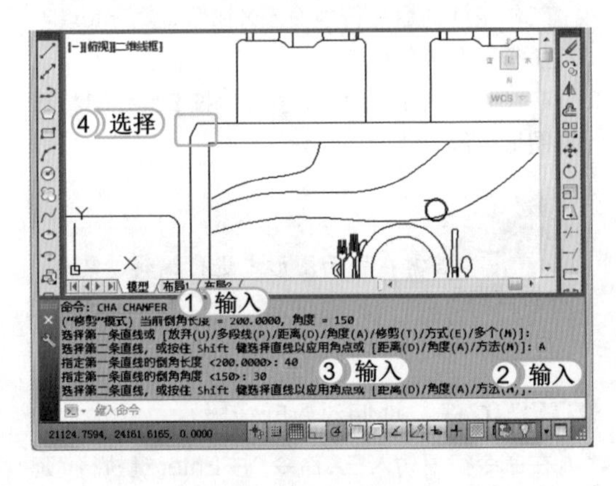

STEP 06： 查看完成后的效果

按 Enter 键，继续倒角操作，当桌面四周全都倒角后，查看最后完成的效果。

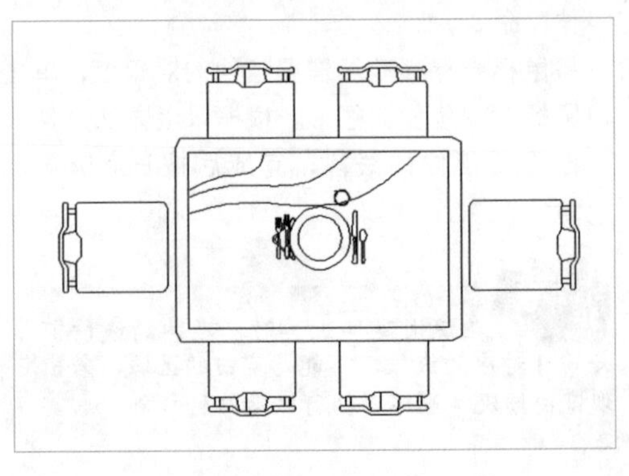

提个醒 在设置倒角弧度时，需认识倒角的弧度，根据图形中角度的大小决定，当设置的角度比图形角度大时，将无法完成角度的操作。

3.3 复制图形对象

使用 AutoCAD 2014 绘制与编辑图形时，除了可选择图形并进行修改外，还可以将已经绘制完成的图形对象，通过复制、偏移、镜像和阵列等命令，快速复制与原图形相同或相似的图形。

学习 1 小时

- 了解直接复制和利用剪贴板复制图形的方法。
- 掌握“阵列”命令的两种方式。
- 学会运用“偏移”和“镜像”命令绘制图形。

3.3.1 “复制”命令

“复制”命令在日常生活中使用得非常广泛，无论是绘制机械图形还是绘制建筑图形，都会使用到该命令。使用“复制”命令可一次复制出一个或多个图形对象，并且操作起来非常方便快捷。调用“复制”命令的方法主要有如下几种。

- 命令行：在命令行中执行 COPY（CO 或 CP）命令。
- 功能区：选择【默认】/【修改】组，单击“复制”按钮。
- 菜单栏：在“AutoCAD 经典”工作空间中选择【修改】/【复制】命令。
- 工具栏：在“AutoCAD 经典”工作空间的工具栏中单击“复制”按钮。

常用的复制方法为：根据以上任意一种方法，并执行该命令后，选择要复制的对象后按 Enter 键执行复制操作，在绘图区中选择一点作为复制的位移点，完成后按 Esc 键退出“复制”命令即可。

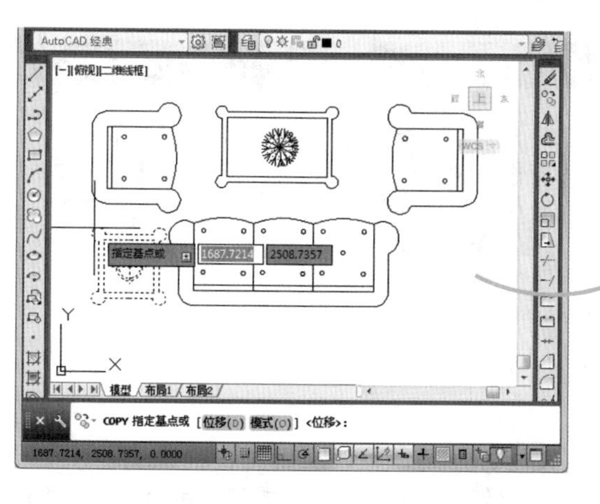

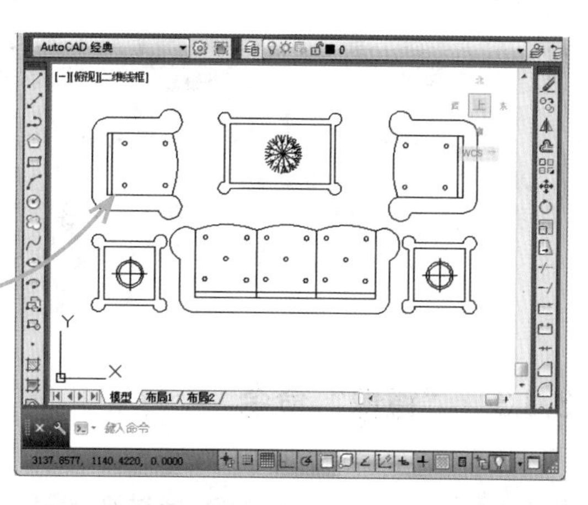

经验一箩筐——使用剪贴板复制图形对象

当需要将图形对象复制到其他文件或软件中时，使用 COPY 命令将不能实现此操作，因为 COPY 命令只能复制当前绘图区中的图形。这时就可通过将图形对象复制到剪贴板中，再通过“粘贴”命令将图形对象粘贴到其他文件或软件中。选择【默认】/【剪贴板】组或按 Ctrl+C 组合键都能使用剪贴板复制图形对象。在执行该命令，并在绘图区中选择需要复制的对象后，按 Enter 键就能将图形文件复制到剪贴板中。打开其他的文件或软件并执行粘贴操作即可将复制的图形对象粘贴到该文件或软件中。执行粘贴操作可直接按 Ctrl+V 组合键实现。

3.3.2 “偏移”命令

偏移对象也是复制中的一种，使用“偏移”命令可以根据指定的距离或指定某个特殊点，复制一个与所选对象平行的图形。被偏移的对象可以是直线、圆、弧线和样条曲线等对象。调用“偏移”命令的方法主要有如下几种。

- 命令行：在命令行中执行 OFFSET（O）命令。
- 功能区：选择【默认】/【修改】组，单击“偏移”按钮。
- 菜单栏：在“AutoCAD 经典”工作空间中选择【修改】/【偏移】命令。
- 工具栏：在“AutoCAD 经典”工作空间的工具栏中单击“偏移”按钮。

常用的偏移方法为：根据以上任意一种方法，并执行该命令后，输入偏移距离值，按 Enter 键确认。选择需要偏移的对象，并使用鼠标确定偏移方向，单击鼠标左键偏移该对象，按 Esc 键退出“偏移”命令即可。若出现多余线段，还可使用剪切命令进行修改。

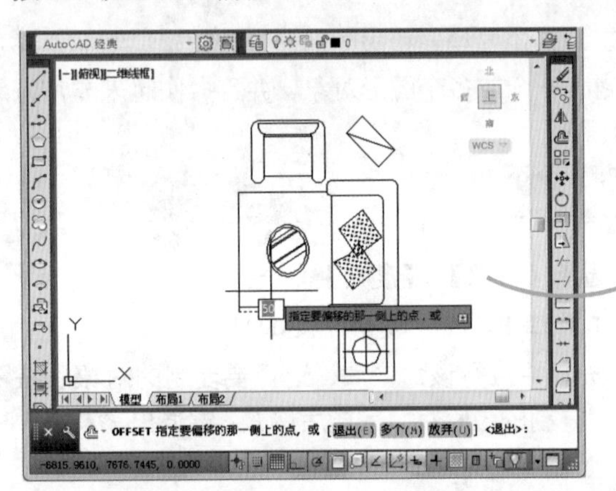

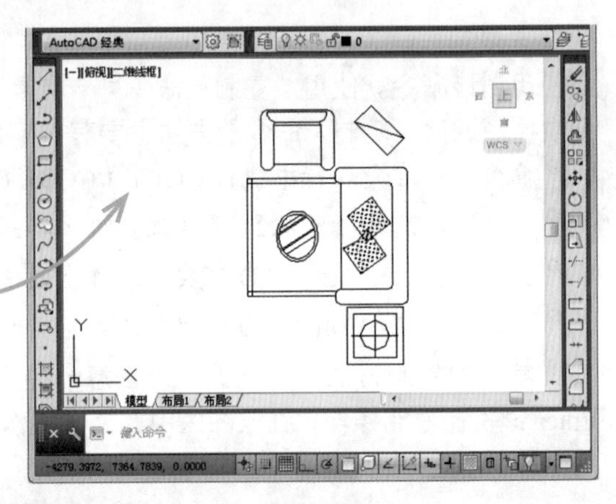

经验一箩筐——“偏移”命令各项的含义

“通过”表示需要指定一个已知点来偏移图形对象；“删除”表示需要指定在偏移完成后是否删除源图形对象，系统默认为“否”，即执行偏移操作后保留源图形对象；“图层”表示需要指定是在源图形对象所在图层执行偏移操作还是在当前图层执行偏移操作，如果“图层 = 源”则表示在源对象所在图层执行偏移操作，如果“图层 = 当前”则表示在当前图层执行偏移操作。

3.3.3 “镜像”命令

“镜像”命令也是复制中的一种，多用于绘制对称图形时使用，“镜像”命令在绘制机械和建筑图形时都经常用到，在镜像对象时需要指定对称轴线，轴线可以是任意方向的。调用“镜像”命令的方法主要有如下几种。

- 命令行：在命令行中执行 MIRROR（MI）命令。
- 功能区：选择【默认】/【修改】组，单击“镜像”按钮。
- 菜单栏：在“AutoCAD 经典”工作空间中选择【修改】/【镜像】命令。
- 工具栏：在“AutoCAD 经典”工作空间的工具栏中单击“镜像”按钮。

常用的镜像方法为：根据以上任意一种方法，并执行该命令后，选择要镜像的图形作为镜像对象，按 Enter 键确认选择。移动鼠标确定进行位置，完成后输入“N”，选择“否”选项，完成镜像图形操作。

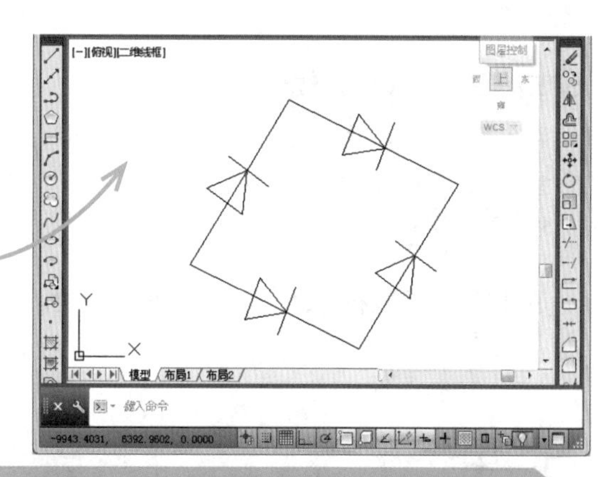

经验一箩筐——镜像文字

在使用“镜像”命令对文字进行镜像操作时，系统默认状态下镜像后的文字也具有可读性，而有时镜像后的文字位置、形状均与原文字对称，不具有可读性。这是由系统变量 MIRRTEXT 的值设为 1 造成的，只需要在命令行执行 MIRRTEXT 命令，将变量值设置为 0 即可。

3.3.4 “阵列”命令

在绘制具有一定规律且有很多相同图形的对象时，使用直接“复制”、“偏移”和“镜像”命令就显得有些繁琐，而使用“阵列”命令就能更快解决这类问题，调用“阵列”命令的方法主要有如下几种。

- 命令行：在命令行中执行 ARRAY（AR）命令。
- 功能区：选择【默认】/【修改】组，单击“阵列”按钮右侧的下拉按钮，在弹出的下拉列表中选择相应的选项。
- 菜单栏：在“AutoCAD 经典”工作空间中选择【修改】/【阵列】命令。
- 工具栏：在“AutoCAD 经典”工作空间的工具栏中单击“阵列”按钮。

“阵列”命令主要包括矩形阵列、路径阵列和环形阵列，下面将分别进行介绍。

1. 矩形阵列

矩形阵列就是将选择的对象呈矩形样的排列，通过设置行数、列数、行偏移和列偏移的值来控制矩形阵列，系统默认选择的是矩形阵列。

下面将执行矩形阵列命令，将“底板.dwg”图形文件中左下角的螺孔圆进行阵列复制，其行间距为36，列间距为44。其具体操作如下：

光盘文件
素材 \ 第 3 章 \ 底板 . dwg
效果 \ 第 3 章 \ 底板 . dwg
实例演示 \ 第 3 章 \ 矩形阵列

STEP 01：开始阵列

1. 打开“底板 .dwg”图形文件，并在命令行中输入 ARRAY 命令，按 Enter 键，执行“阵列”命令。
2. 在绘图区中选择需要阵列的图形，按 Enter 键。

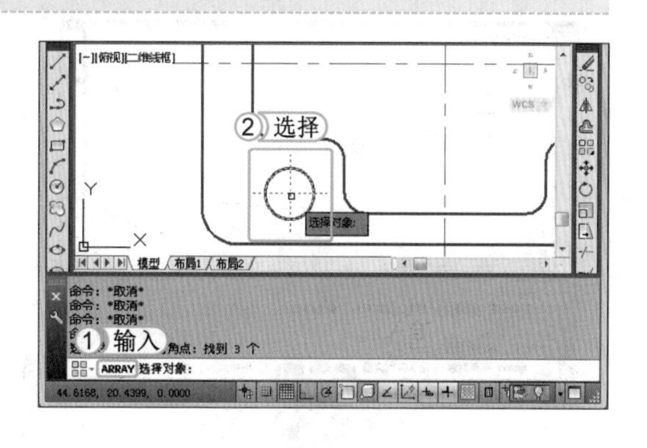

STEP 02： 设置列数与行数

1. 当选择图形对象后，在下方命令行中输入“R”，或选择“矩形”选项，按 Enter 键。
2. 在命令行中，选择“计数”选项，或输入“COU”，按 Enter 键。
3. 设置阵列的列数和行数都为“2”，按 Enter 键。

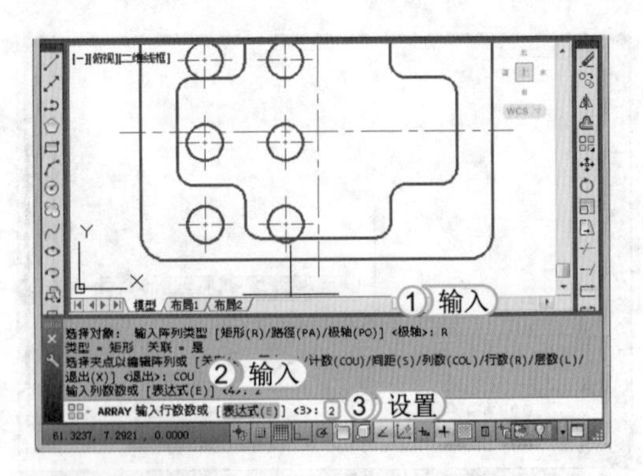

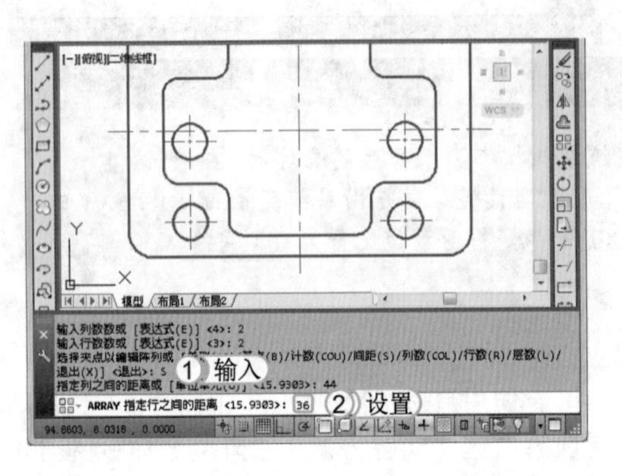

STEP 03： 设置间距

1. 在命令行中选择“间距”选项，或输入“S”，按 Enter 键执行间距命令。
2. 指定列之间的距离为“44”，指定行之间的间距为“36”，完成间距的设置。

提个醒 在设置间距时，不能盲目地输入设置，应在设置前大概地测量一下需要设置阵列的长度，再根据此长度进行阵列。

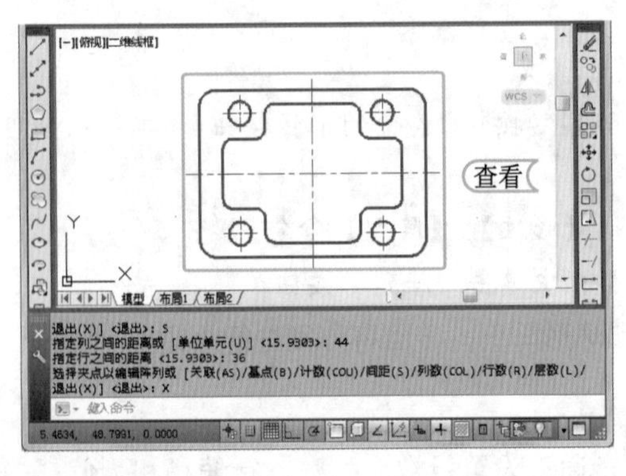

STEP 04： 查看阵列后的效果

在命令行中输入“X”，退出阵列的设置，并查看设置完成后的效果。

提个醒 在 AutoCAD 2014 中使用“矩形阵列”命令对图形进行阵列操作时，确定图形的阵列操作后，还可以随时更改阵列参数。

2. 路径阵列

路径阵列即是将图形进行阵列操作时，阵列复制的图形对象按照指定线条的路径进行排列，执行路径阵列命令。路径阵列的方法与矩形阵列相同，主要区别在于选择的选项为“路径”选项，而不是“矩形”选项，其常用操作方法为：输入命令后，选择“路径”选项，按 Enter 键选择曲线路径，将自动根据路径进行阵列。

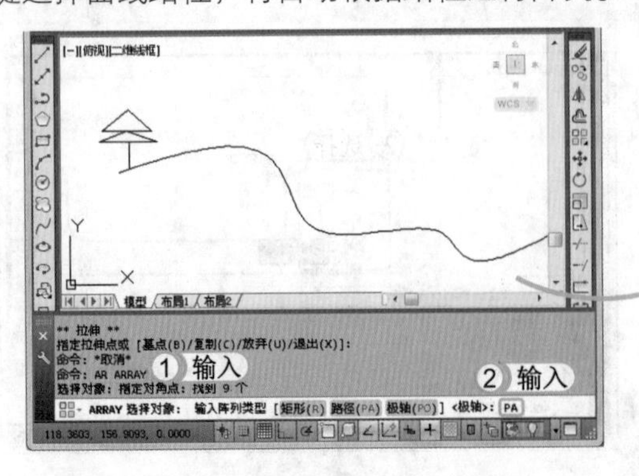

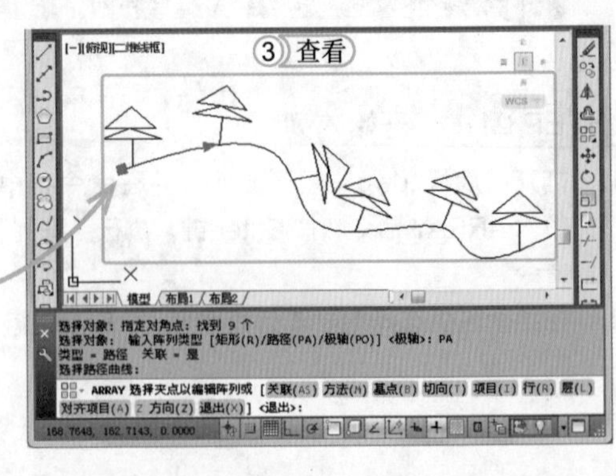

3. 环形阵列

环形阵列就是将选择的对象以圆形进行排列，通过指定中心点，设置项目个数和填充角度来控制环形阵列。其常用操作方法为：输入命令后，选择“极轴”选项，按 Enter 键，选择阵列中心，单击鼠标左键，将自动根据路径进行阵列。

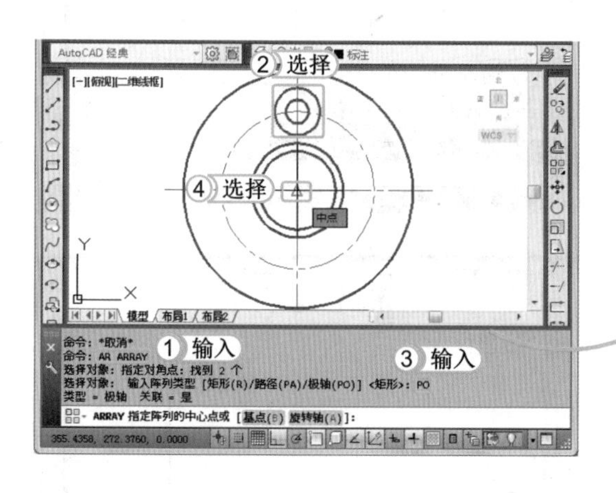

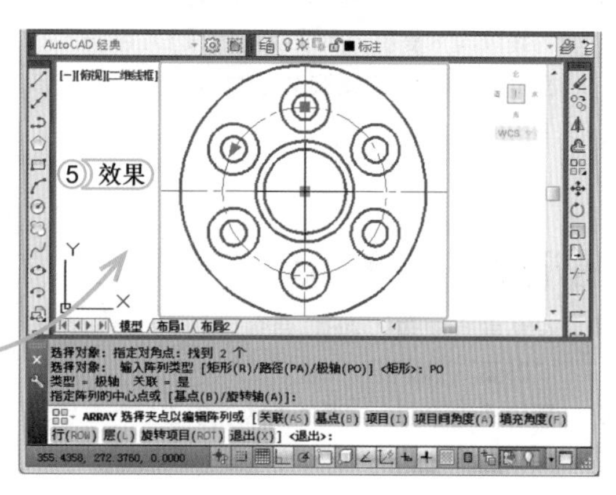

上机 1 小时 绘制圆桌

- 巩固直线、圆和圆角等命令的使用。
- 灵活运用各种编辑命令绘制图形。

本例将使用直线、圆、圆角、偏移、阵列和镜像等命令绘制家用圆桌图形，最终效果如右图所示。

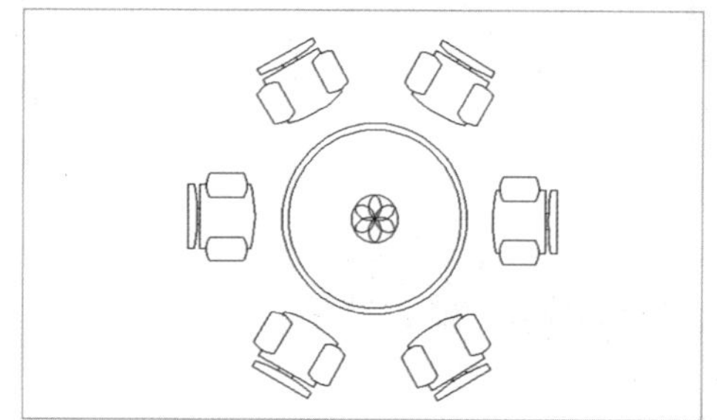

提个醒 在日常生活中，家用餐桌常常为 4 人餐桌，而餐桌可分为 2 人、4 人、6 人、8 人和 10 人餐桌几种。

光盘文件
效果 \ 第 3 章 \ 圆桌 .dwg
实例演示 \ 第 3 章 \ 绘制圆桌

STEP 01： 绘制线段

启动 AutoCAD 2014，在命令行中输入 L 命令，按 Enter 键绘制两条 800mm 的直线，再复制两条长 80mm 的竖线，并查看完成后的效果。

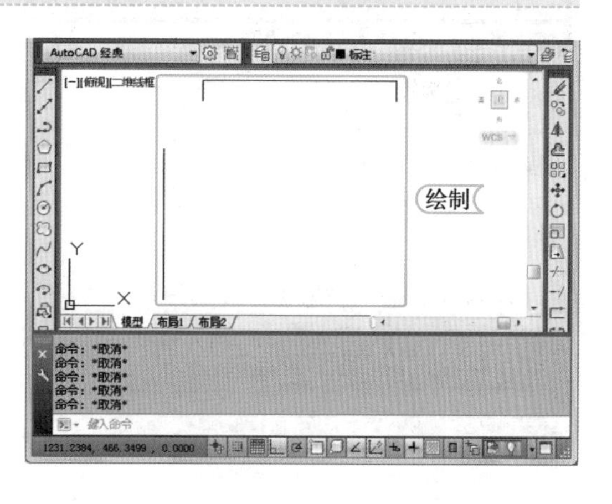

提个醒 复制直线时，可打开正交功能绘制直线，在绘制相连直线时，可根据插入点进行绘制。

STEP 02：复制线段

1. 在命令行中输入CO命令，按Enter键执行“复制”命令。
2. 选择需要复制的线段，按Enter键，将选择的线段向下复制，完成复制后按Enter键。
3. 根据以上的方法复制其他线段，并查看完成后的效果。

STEP 03：绘制圆弧

1. 在命令行中输入ARC命令，按Enter键执行“圆弧”命令。
2. 用鼠标指定右上方竖线端点，单击鼠标左键。
3. 用鼠标在上方的两竖线段正中间指定一点，再用鼠标指定左上方竖线段端点，完成后按Esc键。
4. 根据以上方法绘制其他轮廓。

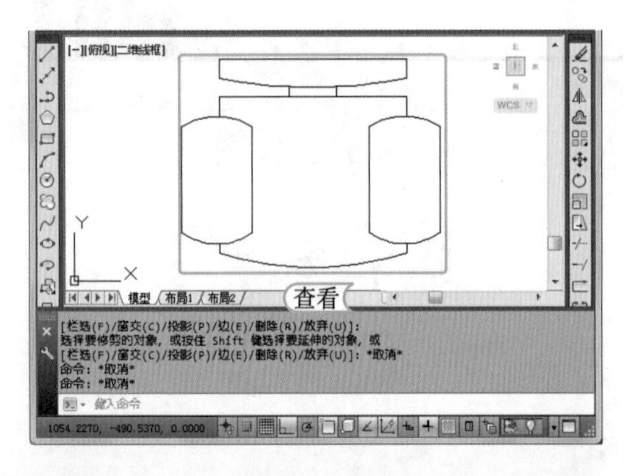

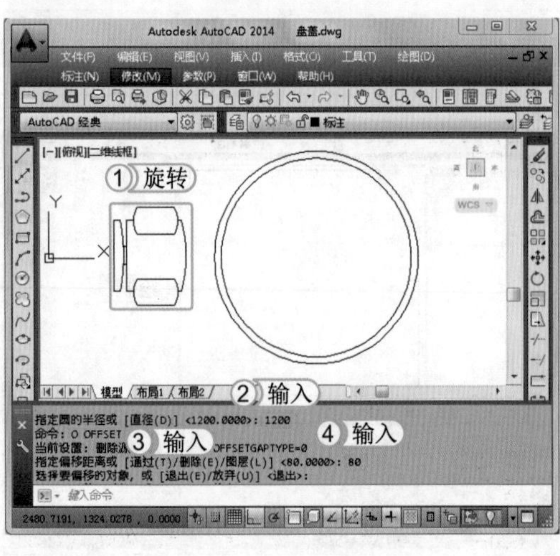

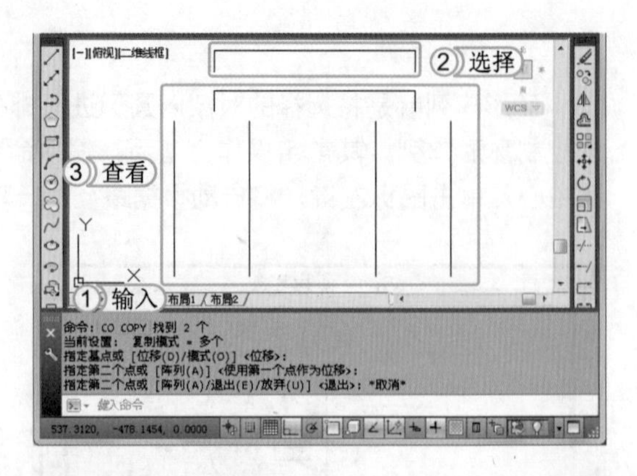

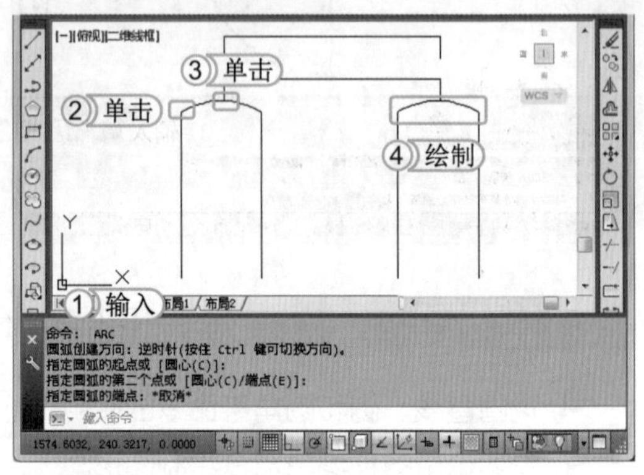

STEP 04：绘制椅子轮廓

根据以上绘制方法，使用“直线”与“圆弧”命令，绘制椅子的轮廓，并查看绘制完成后的效果。

提个醒 在绘制椅子的平面图时，所绘制的平面图没有固定的样式，可根据个人的使用习惯进行绘制，但是在绘制时，应注意椅子的常用尺寸，而不能盲目地进行绘制。

STEP 05：绘制桌子

1. 选择椅子图形，在命令行中输入RO命令，并在椅子中选择旋转点，并输入旋转度数，这里输入“90”，按Enter键查看旋转后的效果。
2. 使用“圆”命令，在椅子右侧，绘制半径为“1200”的桌子。
3. 在命令行中输入O命令，按Enter键执行“偏移”命令。
4. 在命令行中输入偏移值“80”，按Enter键，在绘图区中选择要偏移的桌子，向右进行偏移。

STEP 06： 阵列椅子

1. 在命令行中输入 ARRAY 命令，按 Enter 键。
2. 选择要阵列的椅子图形，并在下方命令行中选择“极轴”选项，或输入“PO”，按 Enter 键。
3. 使用鼠标选择阵列中心，单击鼠标左键，将自动根据路径进行极轴阵列。

STEP 07： 绘制装饰盘

1. 在桌面中心位置处，绘制半径为“300”的圆，作为装饰盘的外轮廓线。
2. 单击“绘图”工具栏中的“圆弧”按钮，绘制花瓣。
3. 单击“绘图”工具栏中的“镜像”按钮。绘制镜像花瓣。

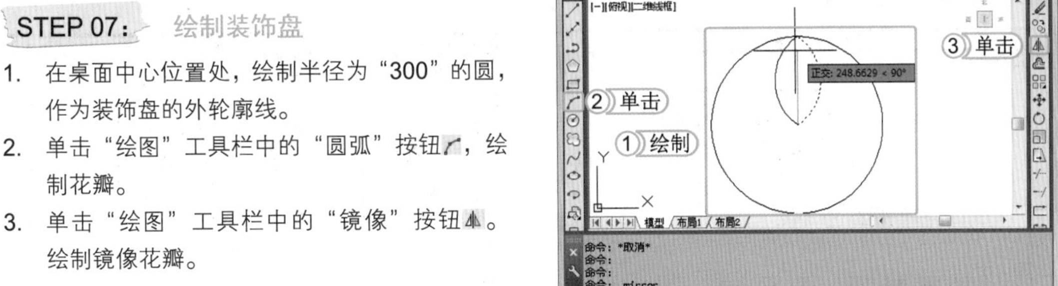

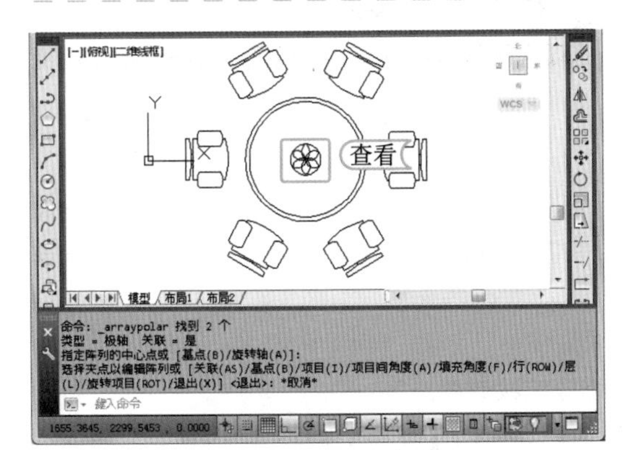

STEP 08： 阵列花瓣

选择【修改】/【阵列】/【环形阵列】命令，阵列花瓣图形，并查看阵列后的效果。

> **提个醒** 复制或阵列图形时除了可以开启对象捕捉功能外，还可以开启正交功能。不过开启正交功能就只能将图形进行水平和垂直方向的移动，关闭正交功能就可以随意复制到绘图区的任意位置。

3.4 改变图形对象位置

在绘制图形时，若遇见绘制的图形位置错误，可以使用改变图形对象位置的方法，将图形移动或旋转到符合要求的位置，如移动、旋转图形对象等操作。

学习 1 小时

- 了解“移动”和“旋转”命令的使用方法。
- 掌握“缩放”和“拉伸”命令的使用方法和作用。
- 灵活运用“删除”和“恢复”命令编辑图形。

3.4.1 “移动”命令

移动图形主要是改变图形对象的位置，多用在指定方向上按指定距离或位置移动对象。使用“移动”命令可以将单个或多个图形对象从当前位置移动到新位置。调用“移动”命令的方法主要有如下几种。

- 命令行：在命令行中执行 MOVE（M）命令。
- 功能区：选择【默认】/【修改】组，单击“移动”按钮。
- 菜单栏：在“AutoCAD 经典”工作空间中选择【修改】/【移动】命令。
- 工具栏：在“AutoCAD 经典”工作空间的工具栏中单击“移动”按钮。

常用的移动方法为：根据以上任意一种方法，并执行该命令后，选择需要移动的图形，按 Enter 键即可移动图形。

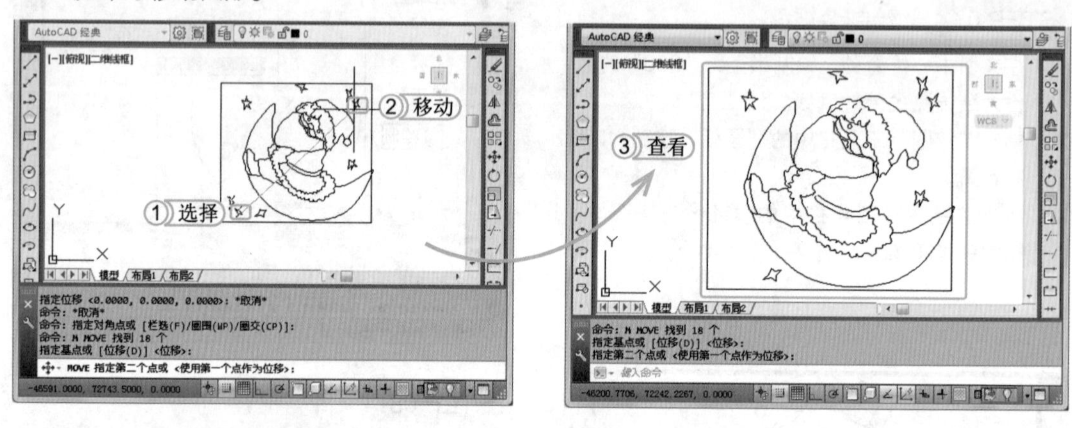

3.4.2 “旋转”命令

“旋转”命令是改变图形对象位置中的一种方法，使用“旋转”命令可以将选中的对象旋转一个绝对的角度，而且旋转后的图形，其大小不会发生改变。调用“旋转”命令的方法主要有如下几种。

- 命令行：在命令行中执行 ROTATE（RO）命令。
- 功能区：选择【默认】/【修改】组，单击“旋转”按钮。
- 菜单栏：在“AutoCAD 经典”工作空间中选择【修改】/【旋转】命令。
- 工具栏：在“AutoCAD 经典”工作空间的工具栏中单击“旋转”按钮。

常用的旋转方法为：根据以上任意一种方法，并执行该命令后，选择需要旋转的图形，按 Enter 键，然后选择被旋转对象的旋转参考点，最后再输入旋转的角度值或指定旋转图形的位置来完成图形的旋转。

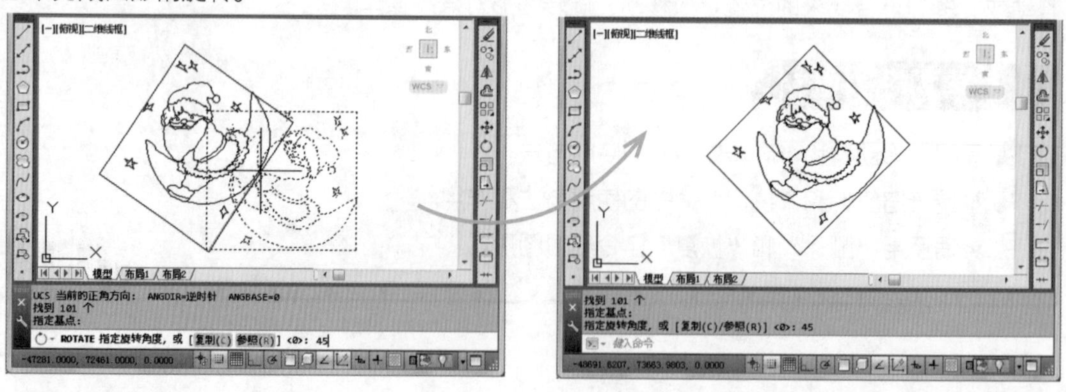

3.4.3 “缩放”命令

使用“缩放”命令可以将图形对象的大小以一定的比例进行更改，调用“缩放”命令的方法主要有如下几种。

- 命令行：在命令行中输入 SCALE（SC）命令。
- 功能区：选择【默认】/【修改】组，单击“缩放”按钮。
- 菜单栏：在“AutoCAD 经典”工作空间中选择【修改】/【缩放】命令。
- 工具栏：在“AutoCAD 经典”工作空间的工具栏中单击“缩放”按钮。

常用的缩放方法为：根据以上任意一种方法，并执行该命令后，选择需要缩放的图形，按 Enter 键，然后选择缩放基点，最后再输入比例或拖动鼠标放大或缩小图形对象即可完成缩放。

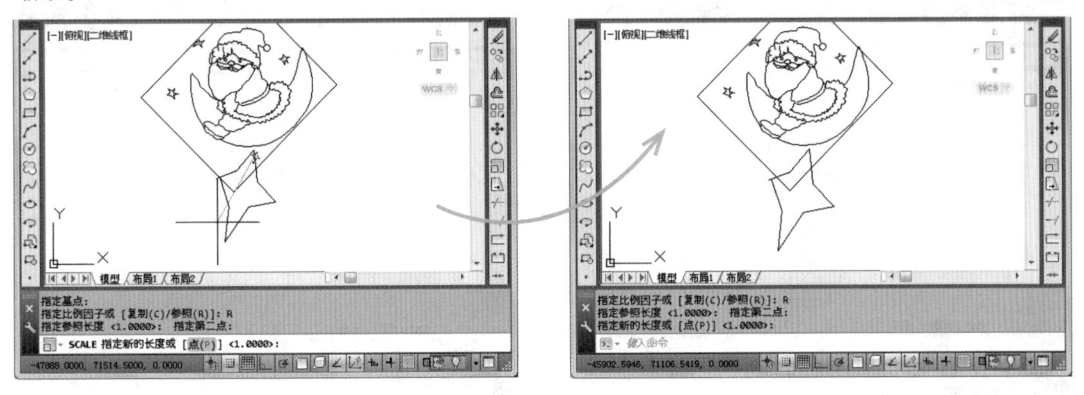

3.4.4 “拉伸”命令

“拉伸”命令可以将图形对象按一定的方向和角度拉长或缩短，从而改变图形的形状和大小。但是“拉伸”命令不能对点、圆、椭圆或块进行拉伸，拉伸的对象包括直线、弧线、多段线和样条曲线等。调用“拉伸”命令的方法主要有如下几种。

- 命令行：在命令行中输入 STRETCH（S）命令。
- 功能区：选择【默认】/【修改】组，单击“拉伸”按钮。
- 菜单栏：在“AutoCAD 经典”工作空间中选择【修改】/【拉伸】命令。
- 工具栏：在“AutoCAD 经典”工作空间的工具栏中单击“拉伸”按钮。

常用的拉伸方法为：根据以上任意一种方法，并执行该命令后，选择需要拉伸的图形对象，再选择拉伸的基点，然后通过拖动鼠标或输入拉伸距离值完成对图形对象的拉伸。如果选择的对象包括了尺寸标注，拉伸后标注的尺寸值也会改变。

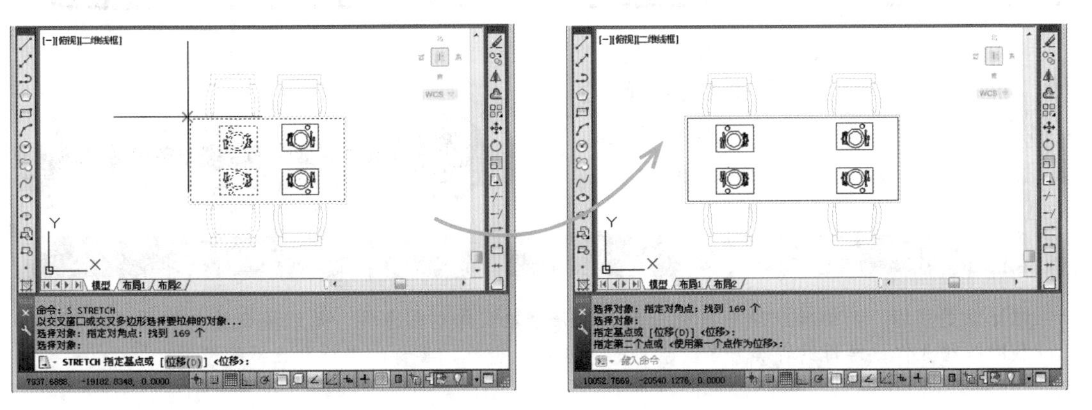

3.4.5 “删除”命令

“删除”命令可将无用的图形对象进行删除，使图形更加美观和简洁。调用“删除”命令的方法主要有如下几种。

- 命令行：在命令行中输入 ERASE（E）命令。
- 功能区：选择【默认】/【修改】组，单击“删除”按钮。
- 菜单栏：在“AutoCAD 经典”工作空间中选择【修改】/【删除】命令。
- 工具栏：在“AutoCAD 经典”工作空间的工具栏中单击“删除”按钮。

常用的删除方法为：根据以上任意一种方法，并执行该命令后，选择需要删除的图形，按 Enter 键，即可删除该对象。

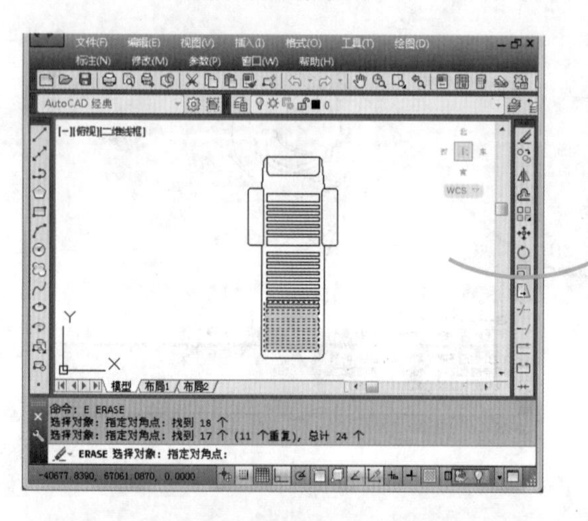

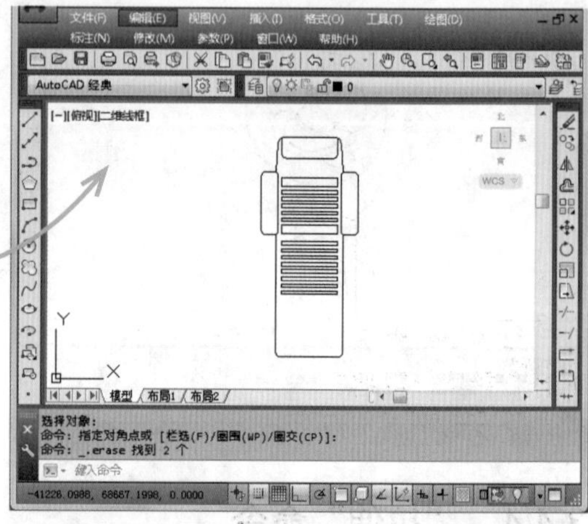

经验一箩筐——恢复图形

只要没有退出软件就可以使用恢复命令恢复到前一次或前几次执行的命令，可以通过在命令行中输入 UNDO 命令、单击标题栏中的按钮、选择【编辑】/【放弃】命令或按 Ctrl+Z 组合键来调用恢复命令。

上机 1 小时 绘制螺母主视图

- 巩固“直线”、“偏移”和“镜像”等命令的使用。
- 灵活运用各种改变图形位置的命令编辑图形。

本例将打开“螺母俯视图 .dwg”图形文件，通过所学的编辑命令完成螺母主视图的绘制。在编辑的过程中，主要使用了偏移、复制、删除、修剪、缩放和镜像等知识。

光盘文件
素材 \ 第 3 章 \ 螺母俯视图 .dwg
效果 \ 第 3 章 \ 螺母主视图 .dwg
实例演示 \ 第 3 章 \ 绘制螺母主视图

经验一箩筐——螺母的介绍

螺母就是螺帽，与螺栓或螺杆拧在一起，用来起紧固作用的零件，是机械设计与制造中使用频繁的一种元件。螺母的种类繁多，常见的有国标、德标、英标、美标和日标的螺母。

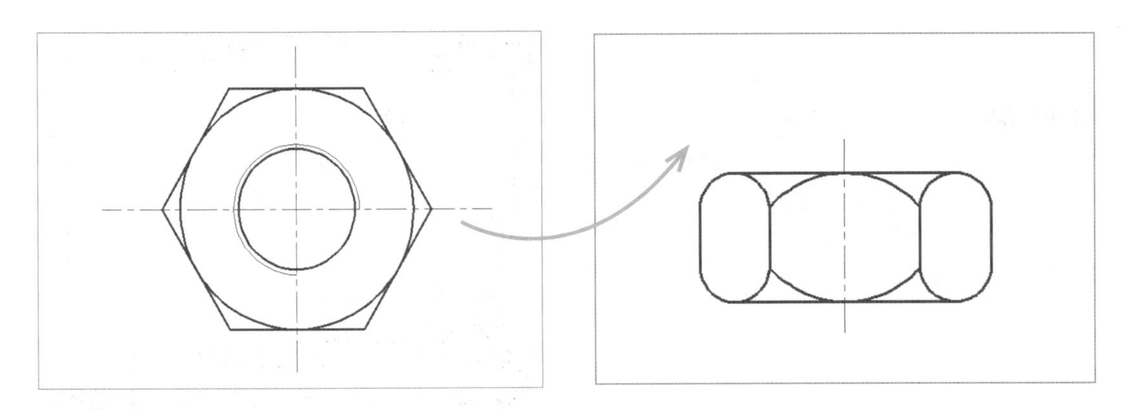

STEP 01：偏移图形

打开“螺母俯视图.dwg”文件，在“AutoCAD 经典”工作空间的工具栏中单击“偏移”按钮，执行偏移命令，将水平辅助线向上进行偏移，将其偏移距离设置为 10。

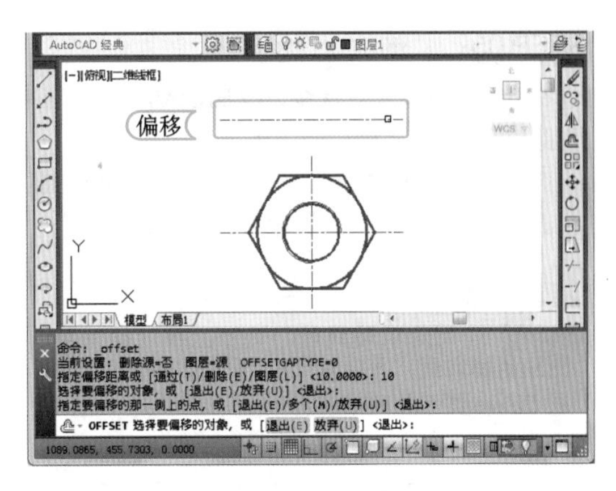

提个醒 使用“偏移”命令对图形进行偏移操作时，若选择“删除”选项对图形进行偏移操作，在偏移图形对象后，将删除源图形对象。

STEP 02：再次偏移

按 Enter 键，再次执行偏移操作，再设置偏移距离为“5”，按 Enter 键。

提个醒 使用“偏移”命令对图形进行偏移操作，选择“通过”选项后，可以将源图形偏移到指定的点上，指定的点可以是直接通过的点，也可以是图形对象延伸线上的点。

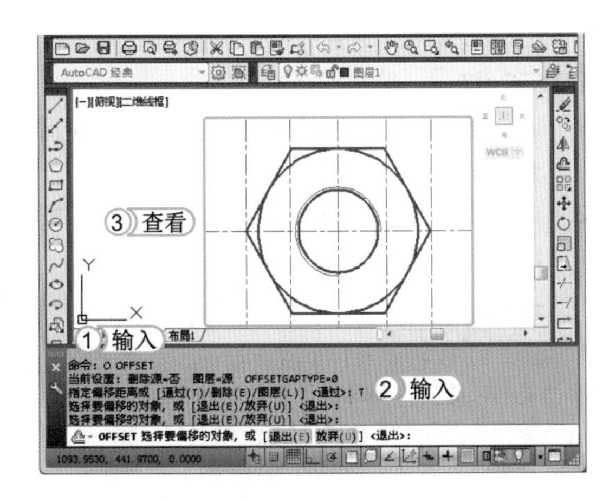

STEP 03：偏移其他线段

1. 在命令行中输入 O 命令，按 Enter 键执行“偏移”命令。
2. 在下方命令行中选择“通过”选项，或输入“T”，按 Enter 键。
3. 依次偏移中线，其偏移效果如左图所示，并查看完成后的效果。

提个醒 使用“复制”命令对图形进行复制操作时，若选择“位移”选项，则可以直接输入位移的第二点坐标，第一点以坐标原点为基础。

STEP 04: 复制偏移线段

在工具栏中单击“复制”按钮，选择需要复制的偏移线段，按 Enter 键向上复制，在复制时，按 F8 键打开正交功能，以帮助更好地复制线段，查看复制后的效果。

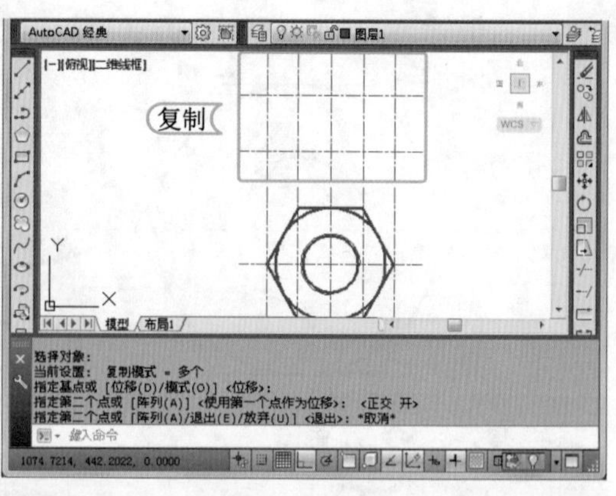

STEP 05: 删除俯视图辅助线

1. 在命令行中输入 E 命令，按 Enter 键执行“删除”命令。
2. 选择需要删除的俯视图辅助线，按 Enter 键删除该线段，并查看删除后的效果。

> **提个醒** 删除辅助线时，还可直接选择需要删除的辅助线，再输入“E”命令，按 Enter 键或 Delete 键直接删除。

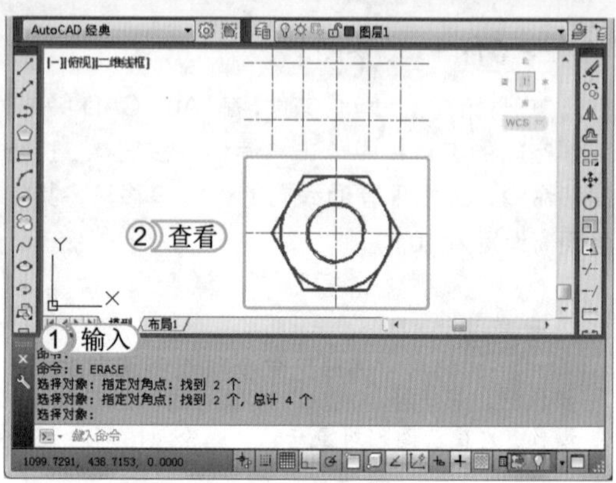

STEP 06: “修剪”命令

1. 在命令行中输入 TR 命令，按两次 Enter 键执行“修剪”命令。
2. 选择需要剪切的线段，依次进行修剪操作，并查看完成后的效果。

> **提个醒** 对图形进行修剪操作时，选中“边”选项，并设置为“延伸”时，可以利用线条的延伸线作为修剪边界，而不与图形对象实际相交。

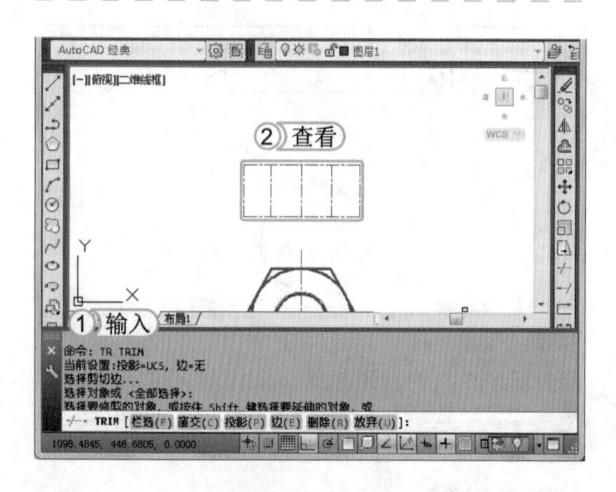

STEP 07: 缩放图形

1. 在工具栏中单击“缩放”按钮，选择需要缩放的线段。
2. 在下方命令行中输入缩放值“1.5”，按 Enter 键执行缩放操作。

> **提个醒** 缩放图形对象的过程中，如果选择“复制”选项，则对图形进行缩放后，保留源图形对象，复制生成进行缩放后的图形对象。

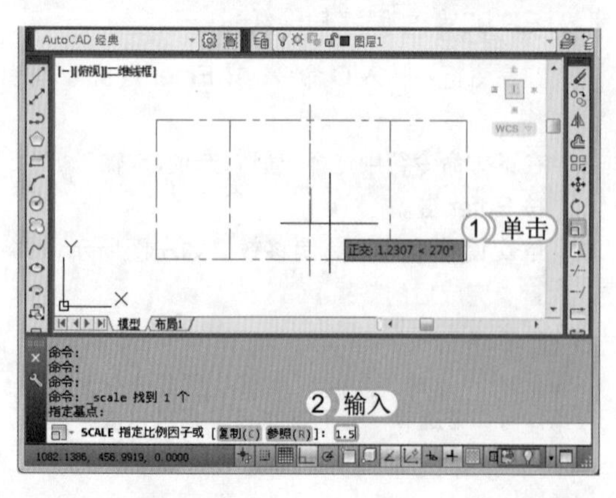

STEP 08：绘制圆弧

1. 在命令行中输入 ARC 命令，按 Enter 键执行该命令。
2. 依次捕捉并单击对应的端点，完成绘制。根据以上方法绘制左右两边对应的圆弧。

> **提个醒**　绘制圆弧时，若按住 Ctrl 键后，再进行绘制，可以绘制出与此步骤相反方向，即向下凹的圆弧。

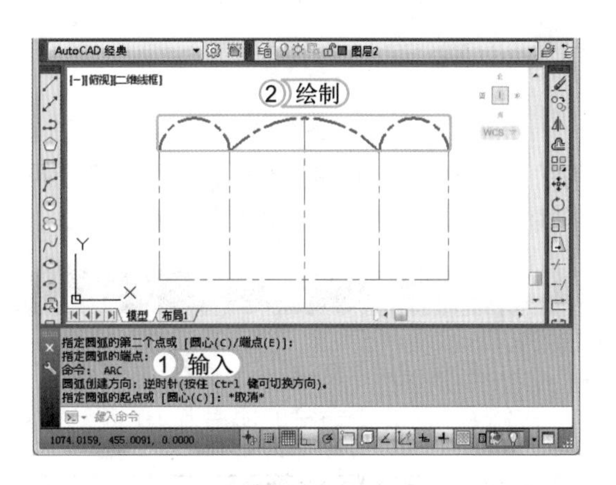

STEP 09：移动图形

1. 在命令行中输入 M 命令，按 Enter 键执行移动命令。
2. 选择需要移动的图形，并根据交点向下进行移动操作。

> **提个醒**　在使用复制操作时，可复制多个图形，而不是仅限于一个。

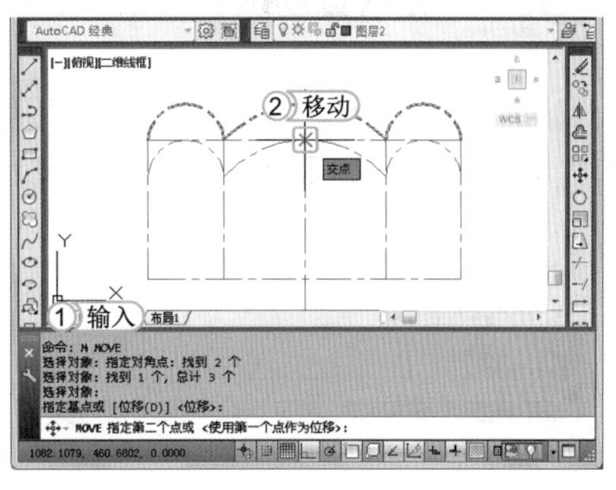

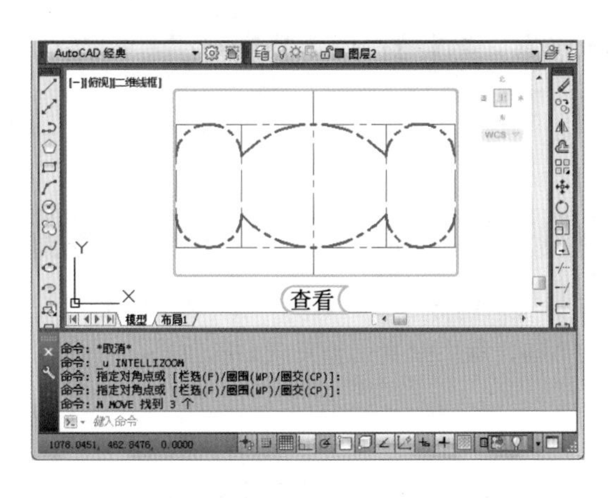

STEP 10：镜像图形

在命令行中输入 MI 命令，按 Enter 键执行“镜像”命令。选择需要镜像的线段，按 Enter 键，执行“镜像”命令，并查看镜像后的效果。

STEP 11：查看效果

1. 使用“修剪”命令，修剪图形四周角点，并在命令行中输入 MA 命令，按 Enter 键，选择俯视图的主体线段。
2. 依次单击绘制后的线段，并查看完成后的效果，完成后将当前文件重命名为“螺母主视图”。

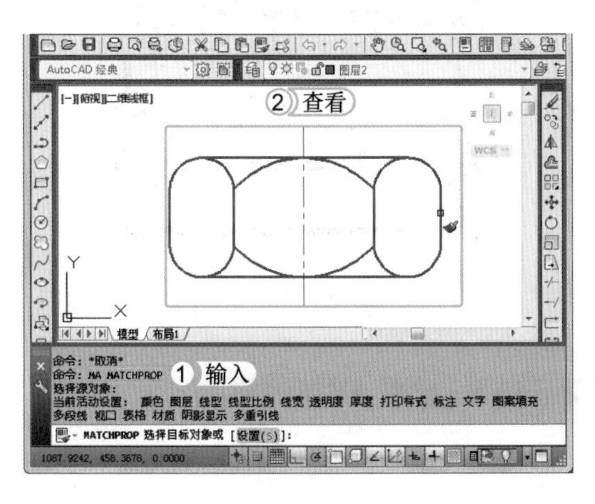

> **提个醒**　MA 命令主要是执行格式刷的作用，因此在使用时，只需要输入该命令，并使用格式刷的方法进行格式的应用即可。

3.5 练习 1 小时

本章主要介绍选择图形对象、修改图形对象、复制图形对象和改变图形对象位置的方法，用户要想在日常工作中熟练使用它们，还需再进行巩固练习。下面以绘制台灯和调整沙发布局样式为例，进一步巩固这些知识的使用方法。

1. 绘制台灯

本例将使用“直线”、“镜像”、“缩放”、“阵列”和“修剪”命令绘制出台灯图形文件，通过练习巩固这些命令的使用方法，进一步掌握本章学习的编辑命令，最终效果如下图所示。

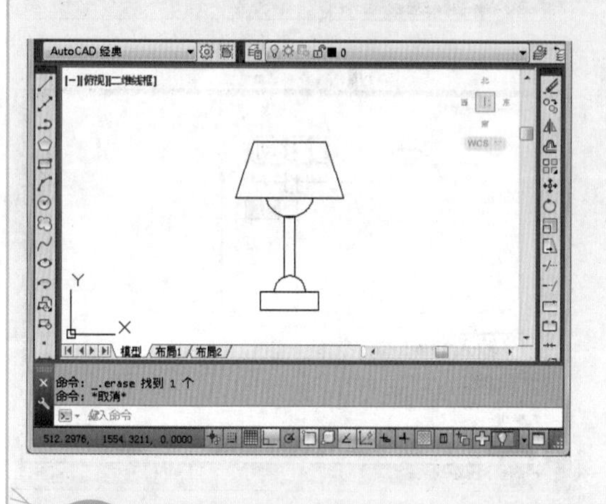

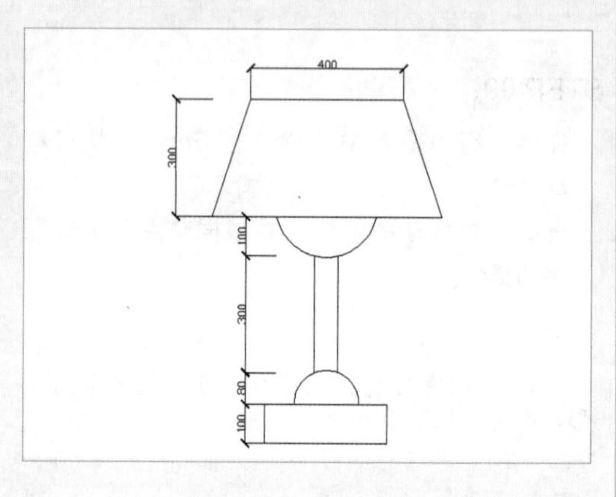

光盘文件
效果 \ 第 3 章 \ 台灯 . dwg
实例演示 \ 第 3 章 \ 绘制台灯

2. 调整沙发布局样式

本例将在打开的“沙发 .dwg”图形文件中，通过“拉伸”、“修剪”和“移动”命令调整沙发布局，并通过“旋转”命令调整沙发的方向，最后查看调整完成后的效果。

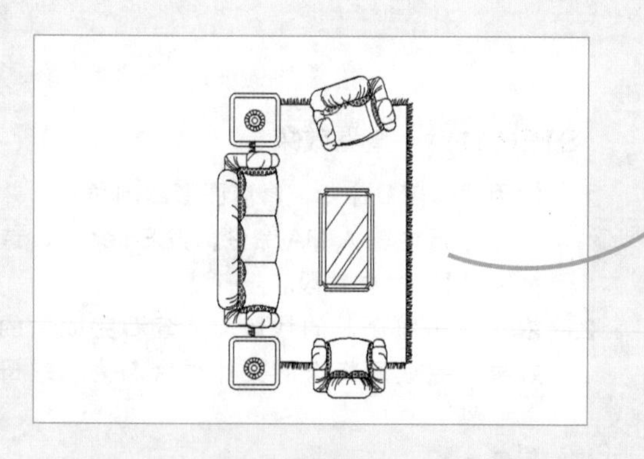

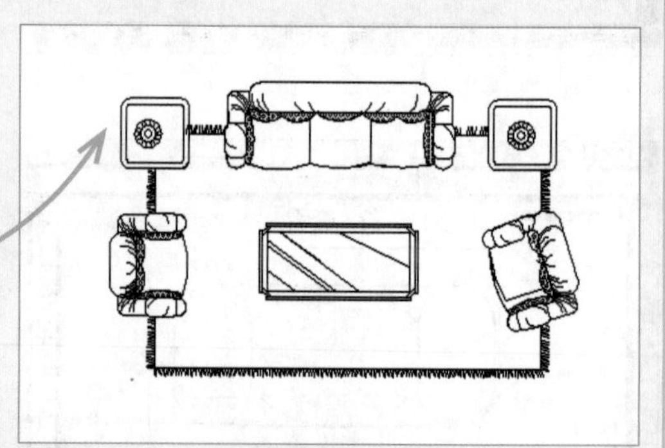

光盘文件
素材 \ 第 3 章 \ 沙发 . dwg
效果 \ 第 3 章 \ 沙发 . dwg
实例演示 \ 第 3 章 \ 调整沙发布局样式

第4章 图形的高级编辑

学习 2小时

在 AutoCAD 2014 中除了可以对图形进行基本的编辑操作外，还可通过几何约束、夹点等辅助功能来对图形进行编辑，改变图形的外形与样式。同时还可对图形的颜色、线型、线宽和特性匹配功能等进行设置，使绘制的图形效果更加美观。

- 利用辅助功能绘图
- 改变图形对象特征

上机 3小时

4.1 利用辅助功能绘图

使用 AutoCAD 2014 绘制图形时，除了认识图形的基本编辑外，还可利用特殊图形的编辑方法编辑图形。此外，还可使用辅助功能编辑图形。常见辅助功能包括参数几何约束、夹点编辑图形和查询图形对象等，下面将分别对其进行介绍。

学习 1 小时

- 认识特殊图形的编辑方法。
- 了解参数化绘图的基本知识。
- 熟悉夹点功能编辑图形的方法。
- 灵活运用查询功能编辑图形。

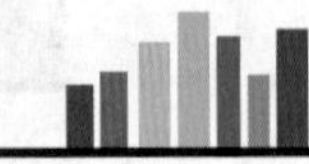

4.1.1 特殊图形的编辑

特殊图形包括多段线、样条曲线和多线，第 2 章介绍了它们的绘制方法，下面将分别介绍其编辑方法，让使用更加方便。

1. 编辑多段线

在 AutoCAD 中，可编辑任何类型的多段线、多段线形体（如多边形、填充图形、2D 或 3D 多段线图形等）和多变网格等，除了前面介绍的编辑命令外，还可以使用多段线编辑命令对多段线进行编辑，调用多段线编辑命令的方法主要有如下几种。

- 命令行：在命令行中执行 PEDIT（PE）命令。
- 功能区：选择【默认】/【修改】组，单击“编辑多段线”按钮。
- 菜单栏：在“AutoCAD 经典”工作空间中选择【修改】/【对象】/【多段线】命令。

常用的编辑多段线的方法为：根据以上任意一种方法，并执行该命令后，选择需要编辑的线段，在下方命令行中选择需要编辑多段线的样式，如这里选择“线宽”选项，并输入新宽度值，按 Enter 键即可将线段转换为新的宽度。

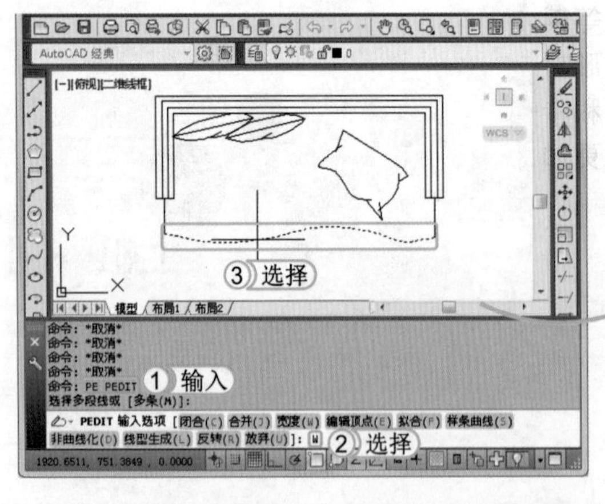

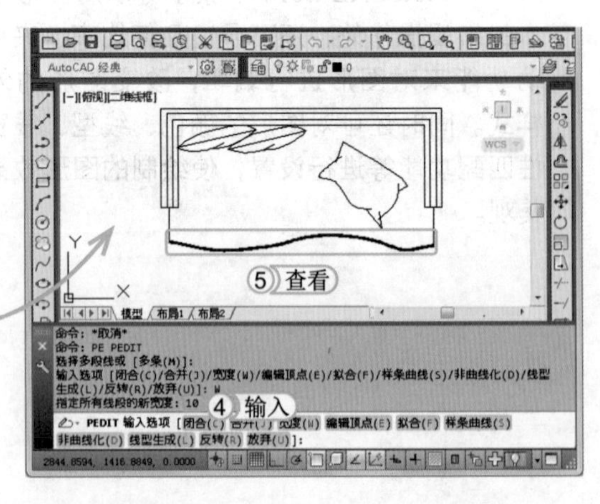

在执行编辑多段线命令的过程中各选项的含义如下。

- 闭合：主要用于闭合多段线，若选择的多段线属于闭合状态，则该选项为“打开”，当执行打开命令后将打开多段线。
- 合并：主要指将首尾相连的多个非多段线对象连接成一条完整的多段线，当选择该选项后，再选择要合并的多个对象，即可将其合并为一条多段线。但是需注意的是，选择的对象必须首尾相连，否则无法进行合并。

- 宽度：可修改多段线的宽度。
- 编辑顶点：用于编辑多段线的顶点。当选择该选项后，命令行中将出现提示信息，用户可在其中选择相应的选项对多段线的顶点进行编辑。
- 拟合：当选择该选项后，系统将用圆弧组成的光滑曲线拟合成多段线。
- 样条曲线：当选择该选项后，系统将用样条曲线拟合多段线，而拟合后的多段线可使用SPLINE 命令，将其转换为样条曲线。其方法为：输入 SPLINE 命令，选择“对象”选项，然后再选择用样条曲线拟合的多段线即可。
- 非曲线化：主要用于将多段线中的曲线拉成直线，并同时保留多段线顶点的所有切线信息。
- 线型生成：主要用于控制有线型的多段线的显示方式，当选择该选项后，可改变多段线的显示方式。
- 反转：主要用于反转多段线的方向。该选项主要用于第三方应用程序。
- 放弃：主要用于放弃编辑并结束编辑样条曲线命令。

2. 编辑样条曲线

编辑样条曲线和绘制样条曲线不同，通过使用样条曲线的编辑命令和对样条曲线的顶点、精度和反转方向等参数进行设置。调用编辑样条曲线命令的方法主要有如下几种。

- 命令行：在命令行中执行 SPLINEDIT 命令。
- 功能区：选择【默认】/【修改】组，单击“编辑样条曲线”按钮。
- 菜单栏：在“AutoCAD 经典”工作空间中选择【修改】/【对象】/【样条曲线】命令。

常用的编辑样条曲线的方法是：根据以上任意一种方法，并执行该命令后，选择需要编辑的线段，并在下方命令行中选取需要编辑的样条曲线样式，如这里选择“拟合数据”选项，在命令行中选择“关闭”选项，即可添加样条曲线，再连续按两次 Enter 键，即可完成样条曲线的编辑。

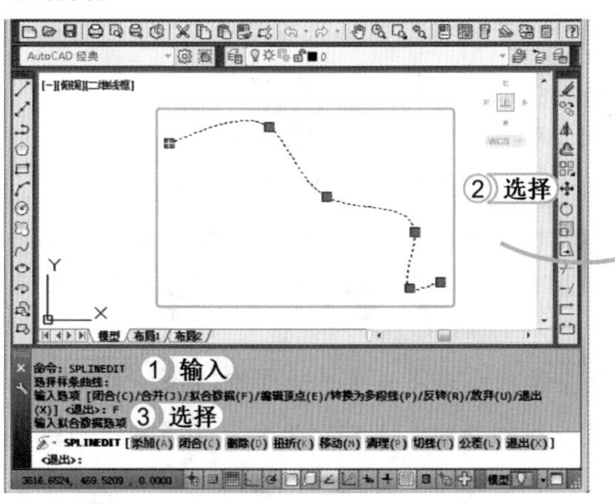

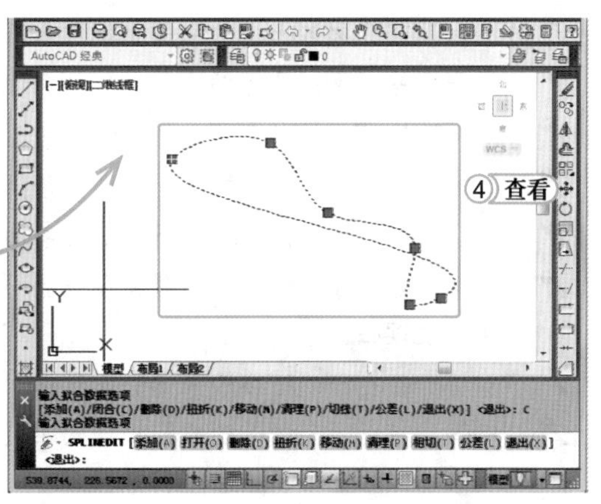

3. 编辑多线

多线是由多个线型和颜色混合成的单一对象，在其中可使用标准的对象编辑方法进行修改，但常见的修改不能编辑多线，如修剪、延伸和打断等。调用编辑多线命令的方法主要有如下几种。

- 命令行：在命令行中执行MLEDIT命令。
- 菜单栏：在“AutoCAD经典”工作空间中选择【修改】/【对象】/【多线】命令。

常用的编辑多线的方法为：根据以上任意一种方法，并执行该命令后，将打开“多线编辑工具”对话框，在其中选择需要的编辑工具即可。

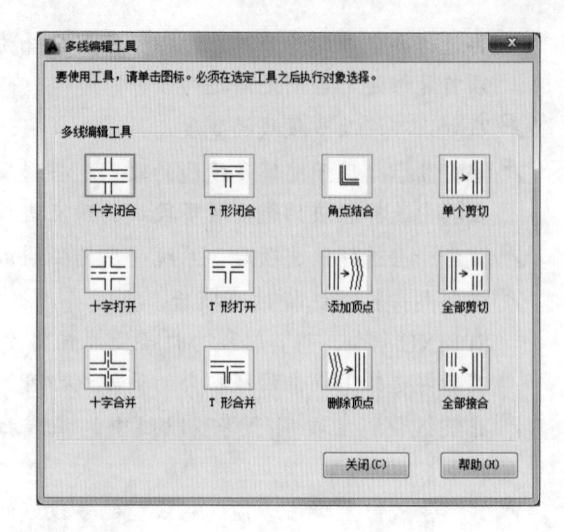

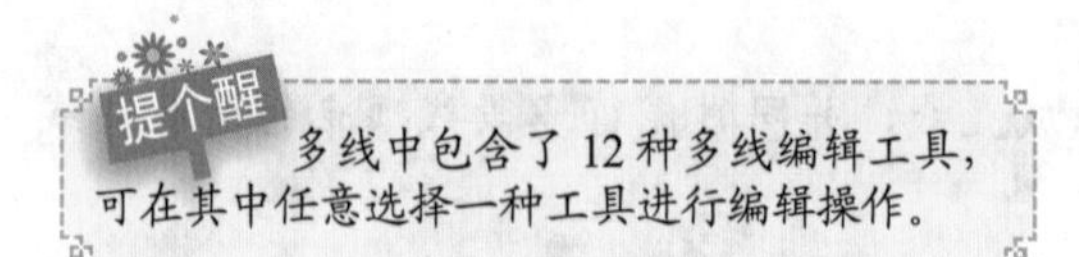

多线中包含了12种多线编辑工具，可在其中任意选择一种工具进行编辑操作。

4.1.2 几何约束功能

几何约束功能，也是辅助功能中的一种，利用几何约束功能绘制图形，如将线条限制为水平、垂直、同心以及相切等特性，从而可快速对图形对象进行编辑处理，更好地完成图形的绘制。

1. 几何约束功能介绍

几何约束功能主要指几何限制条件。当选择“参数化”选项卡，在“几何”组中单击相应的几何约束按钮即可对图形对象进行限制，其中各按钮的作用如下。

- “重合”按钮：单击该按钮后，即可执行“重合”命令，在绘图区中分别选择图形的两个端点，即可将选择的两个点进行重合。
- “共线”按钮：共线约束强制使两条直线位于同一条无限长的直线上。
- “同心”按钮：同心约束强制使选定的圆、圆弧或椭圆保持同一中心点。
- “固定”按钮：固定约束使一个点或一条曲线固定到相对于世界坐标系（WCS）的指定位置和方向上。
- “平行”按钮：平行约束强制使两条直线保持相互平行。
- “垂直”按钮：垂直约束强制使两条直线或多段线线段的夹角保持90°。
- “水平”按钮：水平约束强制使一条直线或一对点与当前X轴保持平行。
- “竖直”按钮：竖直约束强制使一条直线或一对点与当前Y轴保持平行。
- “相切”按钮：相切约束强制使两条曲线保持相切或与其延长线保持相切。
- “平滑”按钮：平滑约束强制使一条样条曲线与其他样条曲线、直线、圆弧或多段线保持几何连续性。
- “对称”按钮：对称约束强制使对象上的两条曲线或两个点关于选定直线保持对称。
- “相等”按钮：相等约束强制使两条直线或多段线线段具有相同长度，或强制使圆弧具有相同半径值。

2. 以几何约束方式绘制图形

使用几何约束方式绘制图形时，可对已经绘制的图形对象进行编辑处理，从而快速、准确地完成图形对象的绘制，以方便图形的控制。

下面将打开“线段.dwg”图形文件，并利用几何约束功能，将图形中的四条边约束为60°的平行四边形。其具体操作如下：

光盘文件
素材\第4章\线段.dwg
效果\第4章\四边形.dwg
实例演示\第4章\以几何约束方式绘制图形

STEP 01：对直线进行相等约束

1. 打开“线段.dwg”图形文件，选择【参数化】/【几何】组，单击“相等”按钮=。
2. 将左下端和右上端的直线进行相等约束。

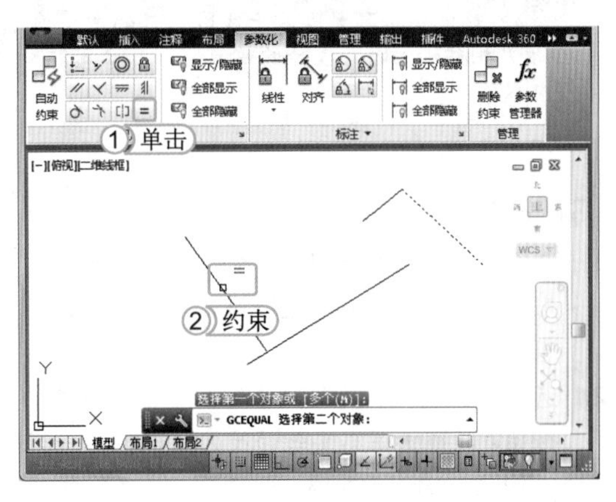

提个醒 当单击“相等”按钮=后，鼠标光标右侧将显示等号形状，在选择需要的线段后，线段的右侧将显示等号形状。

STEP 02：约束顶端和底端直线

单击“相等”按钮=，执行相等命令，在命令行提示后先选择顶端直线，再选择底端直线，查看选择后的效果。

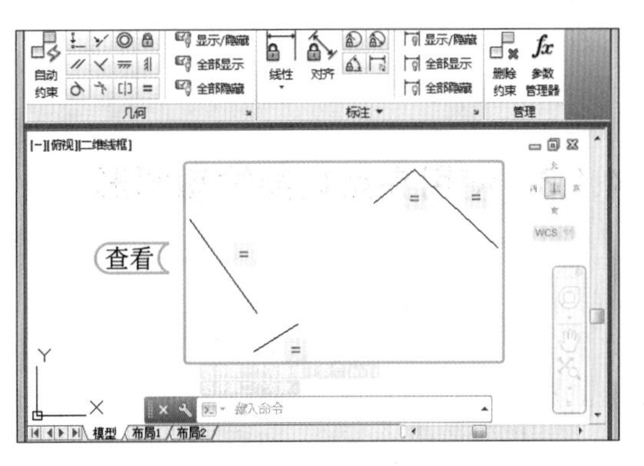

提个醒 用户可指定二维对象或对象上的点之间的几何约束，之后编辑受约束的几何图形时，将保留约束。

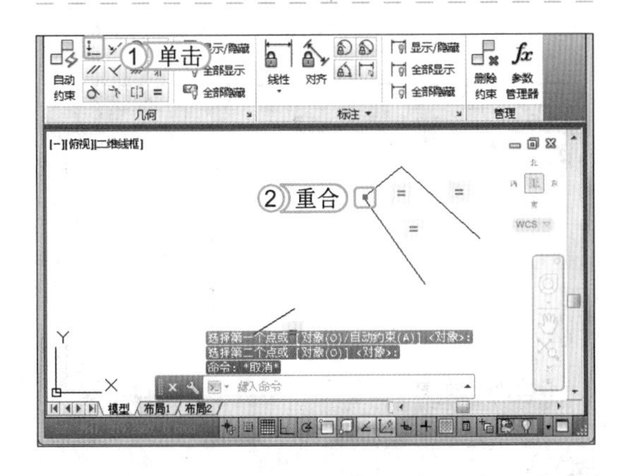

STEP 03：执行重合操作

1. 选择【参数化】/【几何】组，单击“重合”按钮。
2. 分别选择顶线端点和左侧线段端点，使其进行重合操作，并查看重合后的效果。

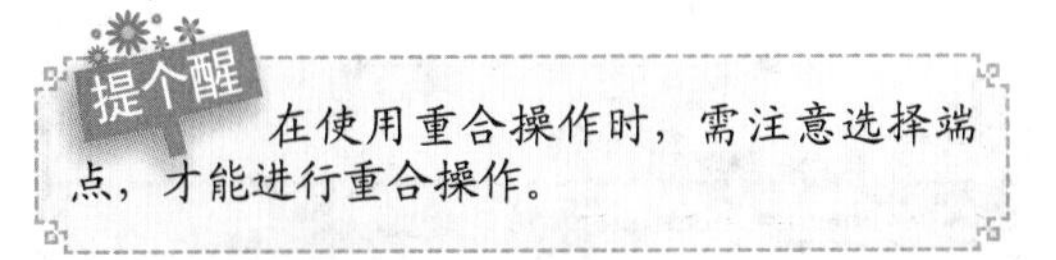

提个醒 在使用重合操作时，需注意选择端点，才能进行重合操作。

读书笔记

STEP 04： 重合其他线段

再次单击“重合”按钮，将其余线条的端点进行重合操作，并查看重合后的效果。

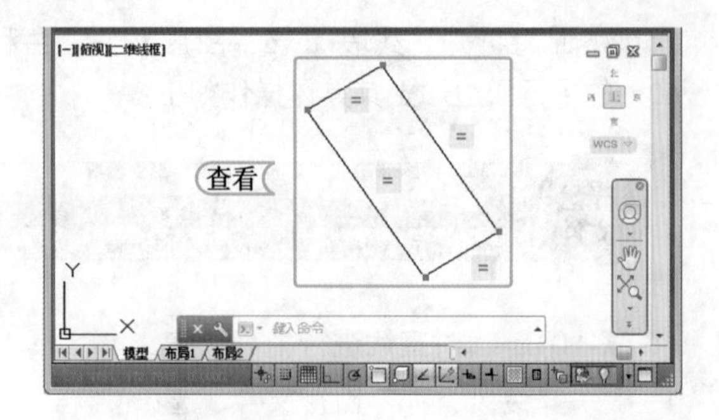

提个醒

重合图形主要用于线段较近的重合，当距离相对较远时，重合的效果将不在规定的范围。

STEP 05： 水平约束

1. 选择【参数化】/【几何】组，单击“水平”按钮，将右下方的直线进行水平约束，查看约束后的效果。
2. 选择【参数化】/【标注】组，单击“角度”按钮，将底端水平线与左方直线的角度进行约束，约束角度为60°，查看完成后的效果。

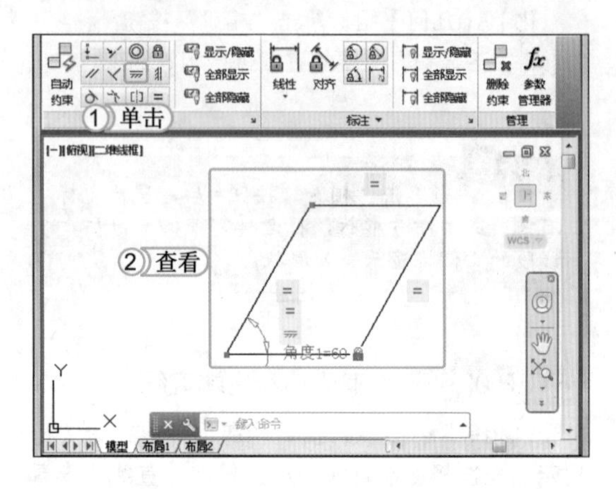

4.1.3 使用夹点功能编辑图形

绘图区中直接选择图形对象后，在图形对象的关键处出现的一些实心蓝色小方框就是夹点。利用夹点可以对图形对象进行拉伸、旋转、移动、缩放和镜像等编辑操作。将鼠标光标移动到夹点上时，系统默认夹点的颜色为绿色，单击某个夹点时，系统默认夹点的颜色会变为红色。按住 Shift 键，单击夹点可以选择多个夹点。

选择对象并单击某一夹点后，单击鼠标右键，在弹出的快捷菜单中选择相应命令，即可对选中的夹点进行拉伸、移动、缩放、旋转和镜像等操作，其使用方法与编辑图形对象命令相似。

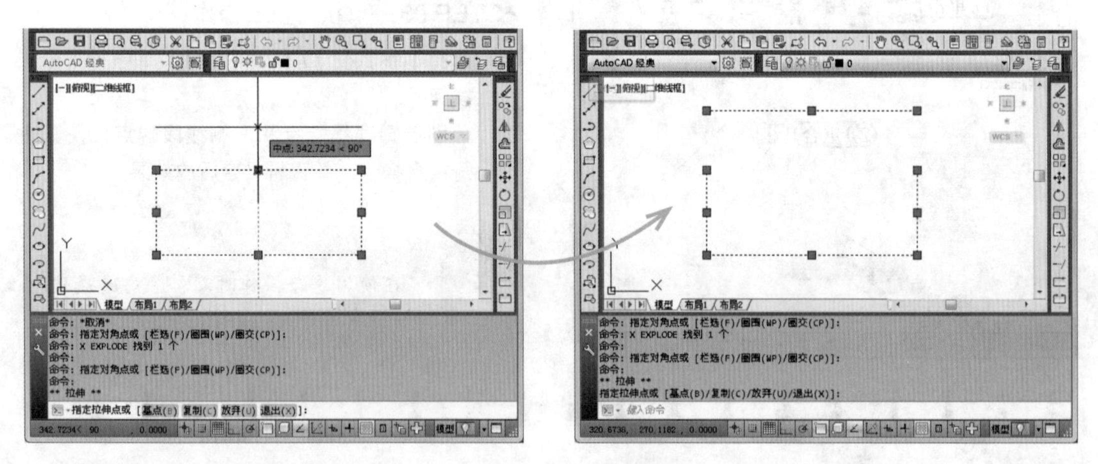

4.1.4 查询图形对象

在AutoCAD中，查询图形对象是辅助功能中最主要的部分，通过查询图形对象，可让对象的时间、状态列表、周长、距离、面积和点坐标等信息详细地显示出来，确保绘制的图形对象准确无误，下面将分别在“AutoCAD经典”工作空间中介绍查询对象信息的方法。

- **查询时间：** 查询时间主要显示图形的日期和时间统计信息、图形的编辑时间、最后一次修改时间和系统当前时间等信息。该命令可以通过在命令行中输入 TIME 命令或选择【工具】/【查询】/【时间】命令调用。

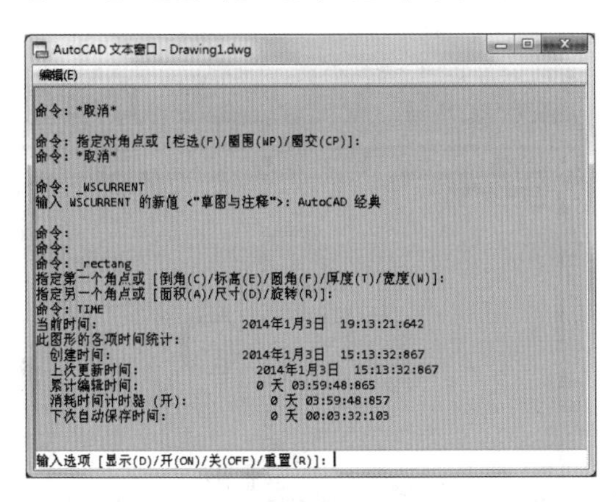

- **查询状态：** 查询状态主要显示当前图形中对象的数目和当前空间中各种对象的类型等信息。该命令可以通过在命令行中输入 STATUS 命令或选择【工具】/【查询】/【状态】命令调用。

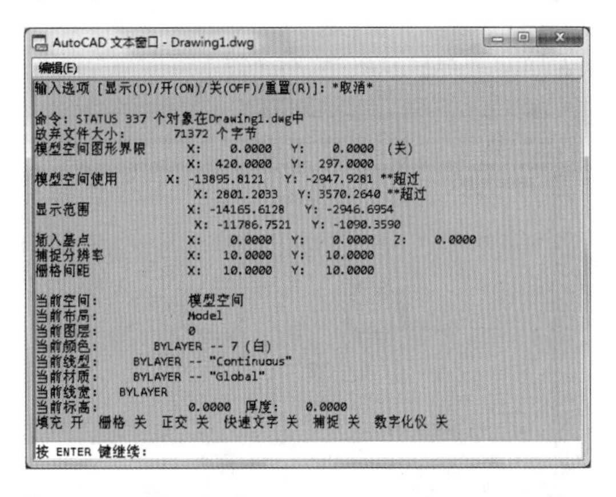

- **查询对象列表：** 查询对象列表主要显示AutoCAD 图形对象中各个点的坐标值、长度、宽度、高度、旋转、面积、周长以及所在图层等信息。该命令可以通过在命令行中输入 LIST 命令，选择【默认】/【特性】组，单击“列表”按钮，或选择【工具】/【查询】/【列表】命令调用。

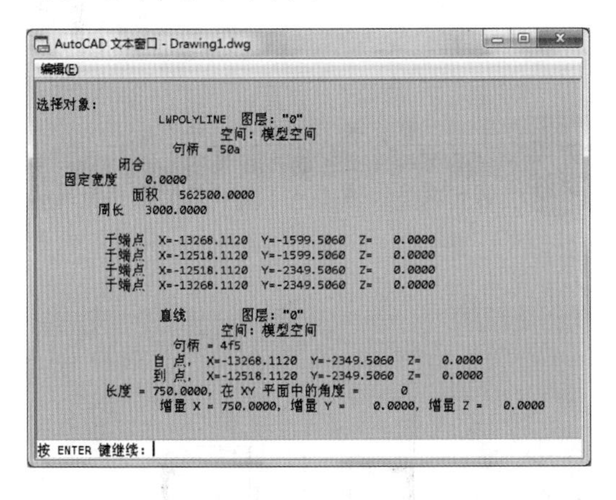

- **查询面积及周长：** 查询面积及周长命令主要用于查询图形对象的面积和周长值，只需要依次指定每个角点，在命令行中就会显示出查询信息。该命令可以通过在命令行中输入 AREA 命令、选择【默认】/【使用工具】组，单击“定距等分”按钮或选择【工具】/【查询】/【面积】命令调用。

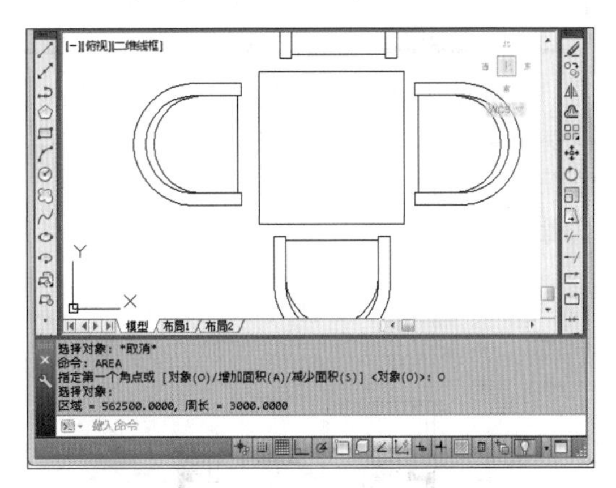

经验一箩筐——查询面积命令各项的含义

“对象”表示可对多边形、圆、椭圆、样条曲线、多段线、面域、实体和一些首尾相连形成的封闭图形等对象进行面积和周长的查询；“加”表示可以继续定义新区域，不仅计算各个定义区域和对象的面积、周长，还计算所有定义区域和对象的总面积；“减”表示从计算总面积中减去指定的面积。

查询距离：查询距离主要用来查询指定两点间的长度值与角度值，只需要依次指定两点，在命令行中就会显示出查询信息。该命令可以通过在命令行中输入DIST（DI）命令，选择【默认】/【使用工具】组，单击“定距等分”按钮，或选择【工具】/【查询】/【距离】命令调用。

查询点坐标：查询点坐标命令主要用于查询指定点的坐标，在根据某个对象绘制另一个对象时经常用到，只需要指定查询的点，在命令行中就会显示出查询信息。该命令可以通过在命令行中执行ID命令或选择【工具】/【查询】/【点坐标】命令调用。

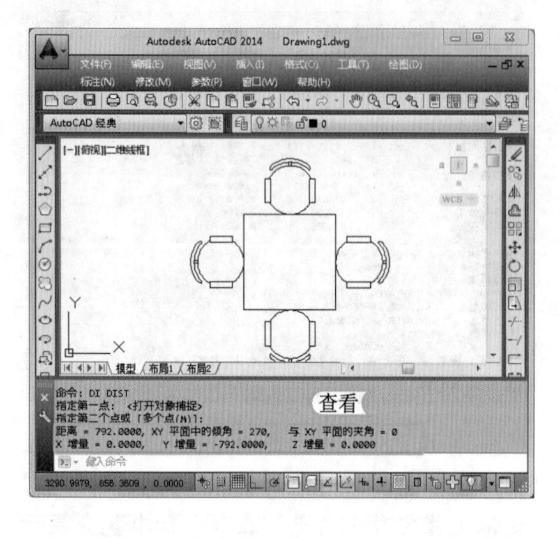

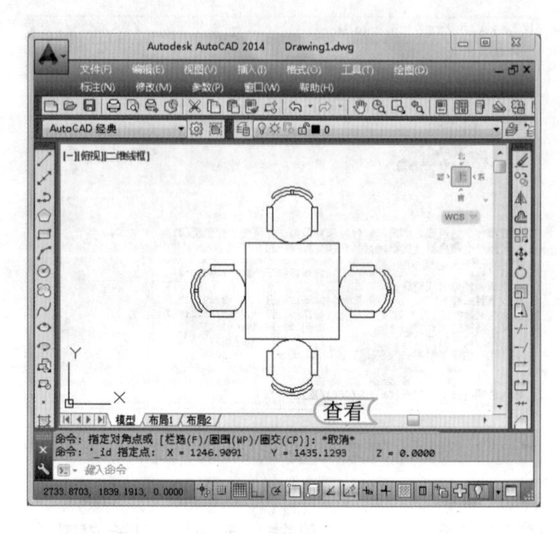

上机1小时 查询户型面积与周长

- 进一步巩固查询图像的基本方法。
- 熟悉基本连接线的绘制。

本例将使用夹点功能连接相邻的线段，再使用查询距离工具查询线段的距离、户型的面积与周长，完成后将其标示在图形中，编辑前后的效果如下图所示。

光盘文件
素材\第4章\原始结构图.dwg
效果\第4章\面积周长图.dwg
实例演示\第4章\查询户型面积与周长

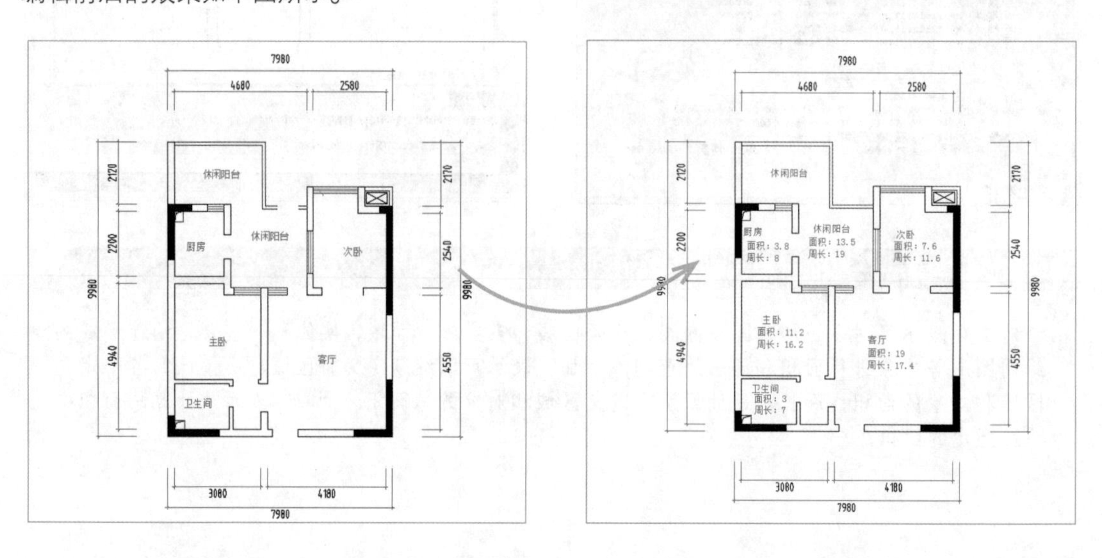

STEP 01：使用夹点连接线段

打开“原始结构图 .dwg”图形文件，选择图形上方休闲阳台部分的断裂处，当线段成蓝色夹点显示时，选择单个夹点向右移动连接对应的连接点，并查看连接后的效果。

> **提个醒** 在连接夹点时，应注意打开正交捕捉功能，方便连接为直线，从而减少连接的差错。

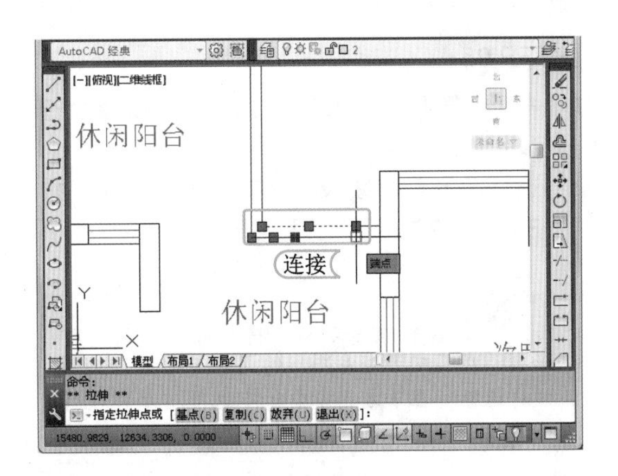

STEP 02：测量线段距离

1. 将鼠标移动至次卧断裂处，并在命令行中输入 DI 命令，按 Enter 键执行该命令。
2. 打开端点捕捉，捕捉断裂部分的端点，向右进行捕捉测量，查看两点间的距离，并在下方命令行中查看显示的距离。

> **提个醒** 测量距离命令主要用于测量单独线段，而不能测量连续的线段。

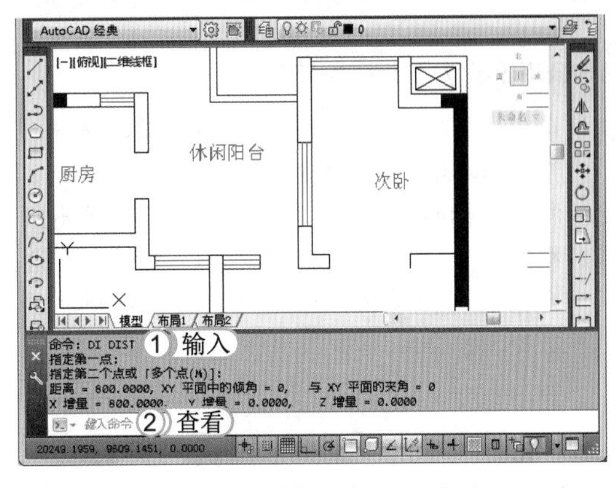

STEP 03：绘制断裂线段

1. 将鼠标移动至次卧断裂处，并在命令行中输入 L 命令，按 Enter 键执行该命令。
2. 在断裂处指定第一个端点，并输入测量值“800”，按 Enter 键执行该命令。再次按 Enter 键，结束操作。

> **提个醒** 若需绘制的线段对面处于平行的直线，可通过“偏移”命令，对其进行偏移操作，而偏移的距离可通过测量进行偏移。

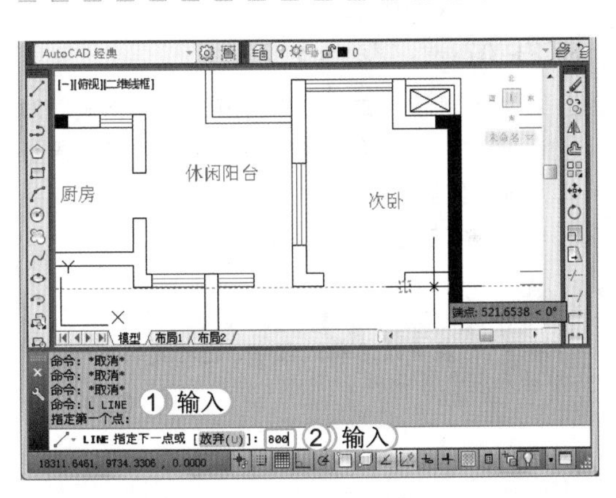

STEP 04：闭合图形

1. 在命令行中输入 PL 命令，按 Enter 键执行该命令。
2. 在绘图区中捕捉客厅的四个点，并绘制连接的直线，捕捉完成后，按 Enter 键闭合线段的绘制。

> **提个醒** 在测量图形的面积与周长时，需以闭合的状态才能进行测量。

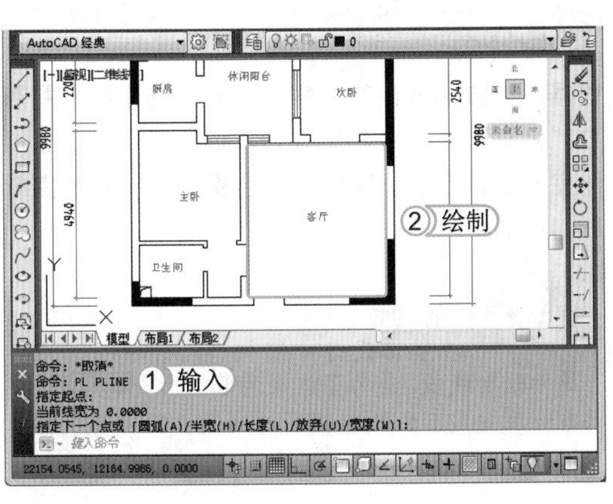

STEP 05： 查询周长面积

1. 在命令行中输入 LIST 命令，按 Enter 键执行该命令。
2. 选择闭合后的线段，使其呈虚线显示，按 Enter 键查询图形的面积与周长。

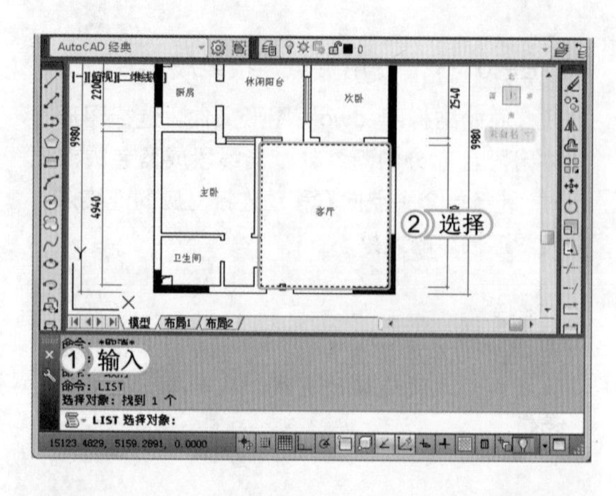

提个醒

执行该命令后，将打开“编辑”对话框，在其中可查看图形的周长与面积，关闭该对话框，在下方的命令行中也可对面积进行查看。

STEP 06： 复制文字

1. 选择“客厅”，在命令行中输入 CO 命令，按 Enter 键执行该命令。
2. 移动鼠标向下移动，在适当位置处，单击鼠标左键，确定复制点，再次向下移动，在适合的位置处单击鼠标左键，查看复制后的效果。

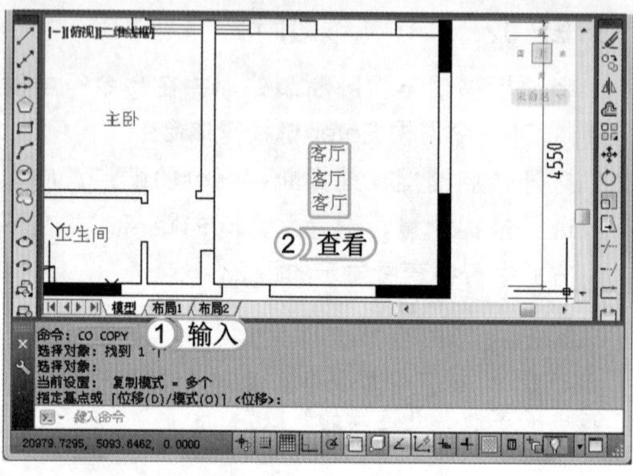

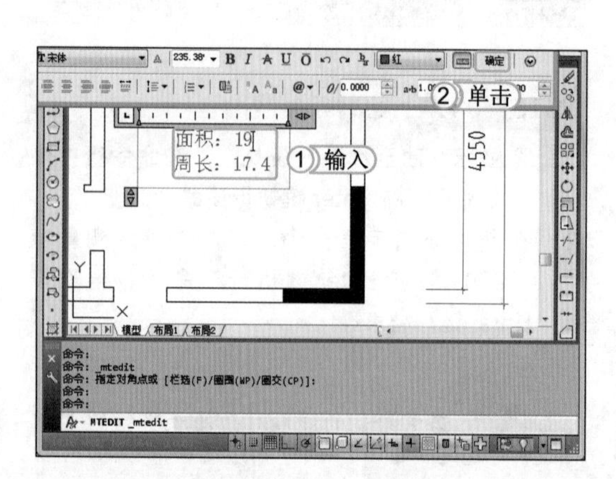

STEP 07： 更改为名称

1. 双击复制后的文字，将打开“文字格式”对话框，在该对话框对应的文本框中输入周长与面积值。
2. 单击 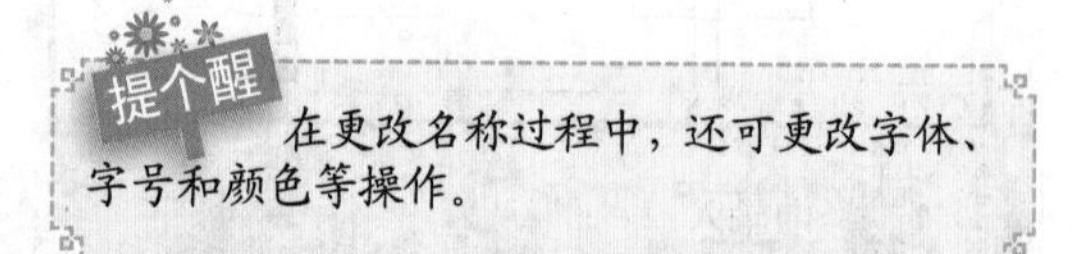 按钮，确认更改。

提个醒

在更改名称过程中，还可更改字体、字号和颜色等操作。

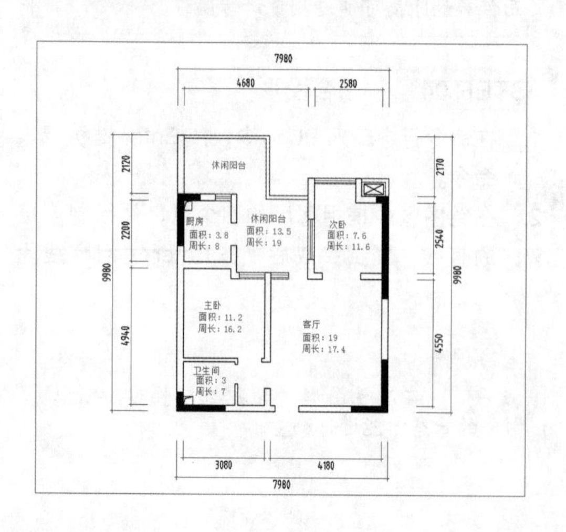

STEP 08： 查看完成后的效果

根据以上方法查询其他房间的周长与面积，并通过“复制”命令将其更改为查询到的信息，当操作完成后，应删除绘制的闭合图形，并查看完成后的效果。

提个醒

在装饰设计中绘制的闭合线段，只属于辅助线段，是为了方便周长与面积的计算，当计算完成后需删除辅助的线段，不要留在图形中。

4.2 改变图形对象特征

改变图形对象特征是图形的高级编辑之一，使用它可使绘制的图形变得更加美观，更符合绘图要求。改变绘图对象的特性主要包括改变图形颜色、改变图形线型、改变图形线宽和特性匹配功能等。下面将依次介绍改变图形对象特性的方法。

学习 1 小时

- 了解改变颜色的基本知识。
- 灵活运用线型和线宽的基本知识。
- 熟悉特性匹配功能的使用方法。

4.2.1 改变图形颜色

AutoCAD 绘制的图形对象都具有一定的颜色，为使绘制的图形更加清晰明确，可通过改变图形对象的颜色特性使图形变得美观，更易于区分。在系统中提供了若干种颜色供用户选择。系统默认当前颜色为 ByLayer，可以为将绘制的图形对象设置线条的颜色，改变图形颜色，调用改变图形颜色的方法主要有如下几种。

- 命令行：在命令行中执行 COLOR（COL）命令。
- 功能区：选择【默认】/【特性】组，单击“对象颜色”按钮 ByLayer，在弹出的下拉列表中选择需要的颜色。
- 菜单栏：在“AutoCAD 经典”工作空间中选择【格式】/【颜色】命令。

常用的改变图形颜色的方法为：根据以上任意一种方法，可选择需要的颜色，若没有需要的颜色，可选择“选择颜色”选项，打开“选择颜色”对话框，在其中选择相应的颜色，单击 确定 按钮，即可将选择的颜色设置为当前颜色。当设置当前颜色后，以后绘制的线条颜色将以当前颜色为基准。如果需要更改已经绘制的线条颜色，只需要选择需要修改颜色的图形对象，再选择需要的颜色即可。

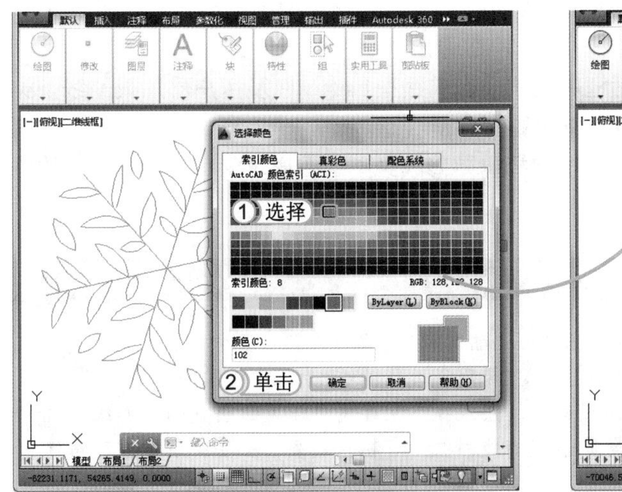

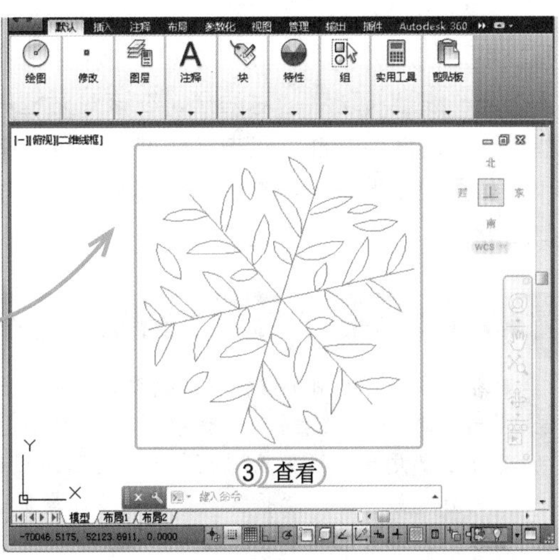

经验一箩筐——“真彩色”与“配色系统”选项卡

在“真彩色”选项卡中可选择需要的任意颜色，用户可通过拖动调色板中的颜色和“亮度”滑块选择颜色或亮度。还可通过“色调”、“饱和度”和“亮度”调节按钮选择需要的颜色。然而所选择颜色的红、绿和蓝值显示在下面的“颜色”文本框中，也可直接输入设定的红、绿和蓝值来选择颜色。

选择“配色系统”选项卡，可从标准配色系统中选择预定义的颜色，其方法为：在“配色系统”下拉列表框中选择需要的系统，然后拖动右边的滑块选择具体的颜色，而且所选择的颜色标号将显示在下面的“颜色”文本框中，还可直接在该文本框中输入编号值，选择需要的颜色。

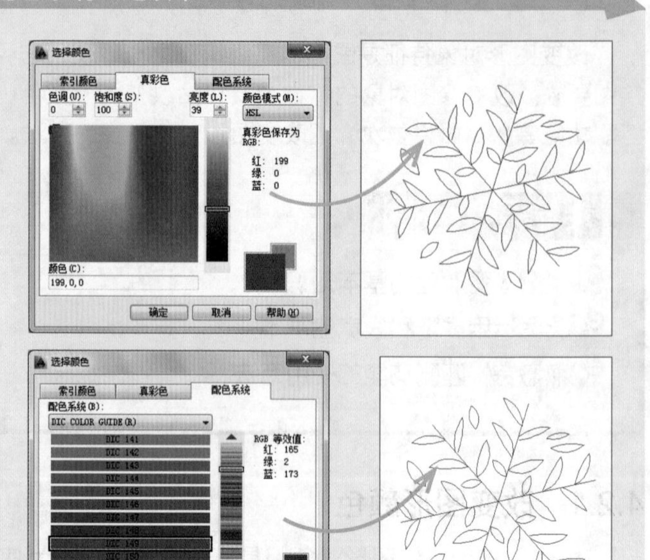

4.2.2 更改图形线型

在绘制机械图形的轴线或在建筑设计中需要调整墙线，通常会使用点画线绘制，而系统默认的当前线型为 ByLayer。为了符合制图要求，就需要改变线型特性，调用改变图形线型的方法主要有如下几种。

- 命令行：在命令行中执行 LINETYPE（LT）命令。
- 功能区：选择【默认】/【特性】组，单击“线型”按钮 ——ByLayer ▾，在弹出的下拉列表中选择需要的线型。
- 菜单栏：在“AutoCAD 经典”工作空间中选择【格式】/【线型】命令。

在默认情况下，系统只加载了 Continuous 实线线型，而其他线型则需要用户手动添加。添加线型的方法为：单击“线型”按钮 ——ByLayer ▾，在弹出的下拉列表中选择“其他”选项，将打开“线型管理器”对话框，在该对话框中显示了当前线型名称，以及用户已加载的线型类型，在对话框列表框中双击某线型，即可将其设置为当前线型。

如果要更改已经绘制的线条线型，只需要选择需要修改线型的图形对象，再选择需要的线型即可。

经验一箩筐——图形的型式及应用

“粗实线”主要用于设置可见轮廓和可见过渡线；“细实线”主要用于设置尺寸线、尺寸界线、引出线、弯折线、牙底线和辅助线等；“细点划线”主要用于设置轴线、对称中心线和齿轮节线等；虚线主要用于不可见轮廓线和不可见过渡线等；“波浪线”主要用于设置断裂处的边界线和视图的分界线等；“双折线”主要用于设置断裂处的边界线；“粗点划线”主要用于设置有特殊要求的线或面的表示线。

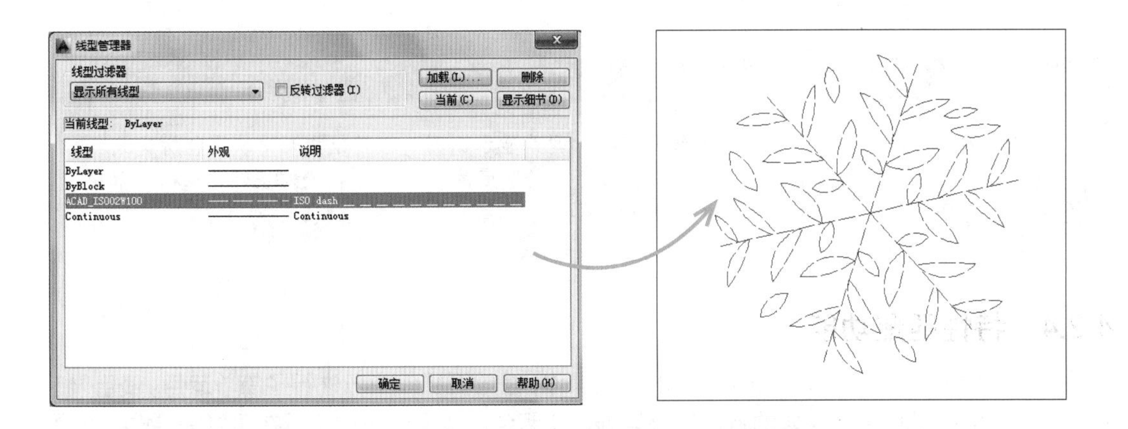

经验一箩筐——加载新线型

如果在“线型管理器”对话框中没有需要的线型，用户可以通过加载获取更多的线型，其方法为：单击该对话框中的加载(L)...按钮，在打开的“加载或重载线型”对话框中选择所需的线型，单击确定按钮即可。

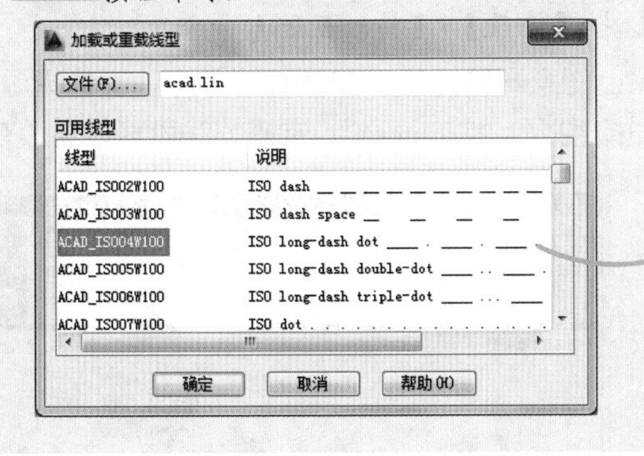

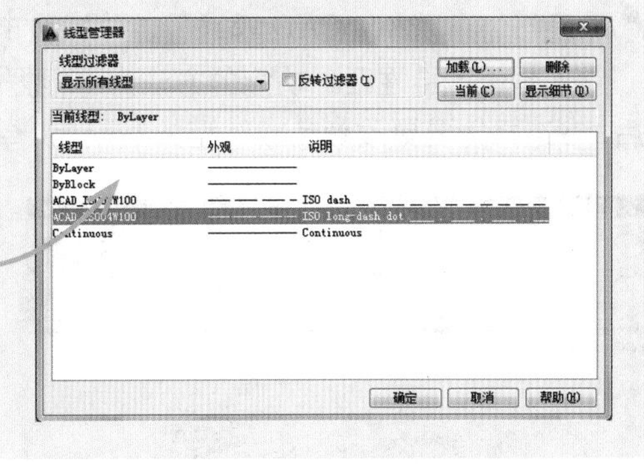

4.2.3 改变图形线宽

设置图形线宽与设置图形颜色和更改图形线型的方法类似，在机械绘图中，绘制零件的可见轮廓线都会比较粗，但系统默认的当前线宽为ByLayer。更改图形的线宽特性不需要加载，在建筑设计中，墙线的设置也以ByBlock为主。调用改变图形线型的方法主要有如下几种。

- 命令行：在命令行中执行LWEIGHT命令。
- 功能区：选择【默认】/【特性】组，单击“线宽”按钮，在弹出的下拉列表中选择需要的线宽。
- 菜单栏：在“AutoCAD经典”工作空间中选择【格式】/【线宽】命令。

常用的改变图形线宽的方法为：根据以上任意一种方法，将打开“线宽设置”对话框，在其中可设置线宽、单位和显示比例等操作。

提个醒

设置好线宽后，需要通过单击状态栏中的“显示/隐藏线宽”按钮开启或关闭线宽显示功能，关闭线宽显示后，并不会影响图形打印输出的效果。

经验一箩筐——“线宽设置”对话框各部分的含义

“线宽”列表框用于显示当前可用的线宽值；“调整显示比例”栏可以拖动滑块调整所选线宽的初始显示宽度；“列出单位”栏可以选择线宽初始宽度的单位；选中 ☑显示线宽(D) 复选框表示在绘图区中将显示出对象的线宽特性；“默认”下拉列表框可以选择系统默认的线宽。

4.2.4 特性匹配功能

使用特性匹配功能是改变图形对象的常见操作，在前面操作中已进行了简单运用。使用“特性匹配”功能可以将图形对象的特性进行复制，如颜色、线宽、线型及所在图层等特性。在更改已经绘制好的线条特性时，使用特性匹配功能可以提高更改特性的效率，调用特性匹配功能的方法主要有如下几种。

- 命令行：在命令行中执行 MATCHPROP（MA）命令。
- 功能区：选择【默认】/【剪贴板】组，单击“特性匹配”按钮。
- 菜单栏：在“AutoCAD 经典”工作空间中选择【修改】/【特性匹配】命令。

常用的使用特性匹配功能的方法为：根据以上任意一种方法，将执行该命令，当选择源对象后，在选择需要更改颜色或线型的线段上，单击该线段，按 Enter 键，选择的线段将随着改变。

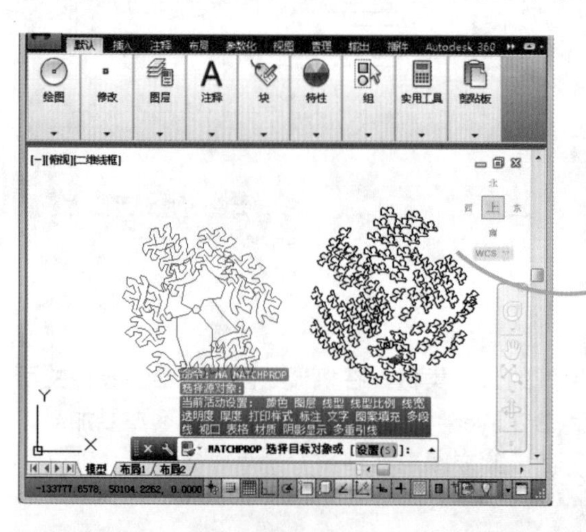

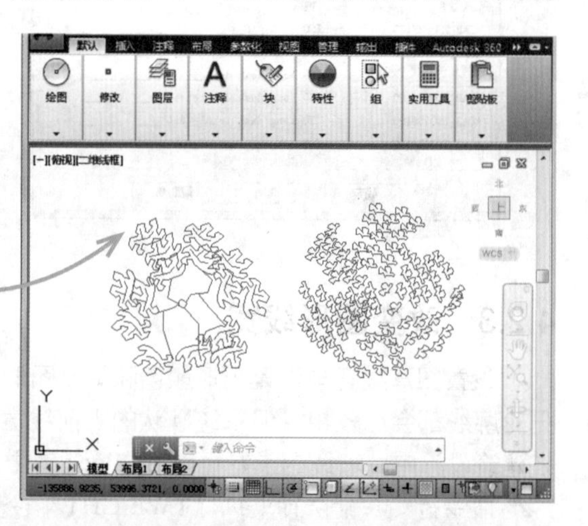

经验一箩筐——特性设置

输入“MATCHPROP（MA）”命令后，选择源对象并在命令行中输入“S”，选择“设置”选项，将打开“特性设置”对话框，在该对话框中包含了基本特性和特殊特性，通过该对话框，可以选择在特性匹配过程中需要被复制的特性，完成设置后，单击 确定 按钮即可。

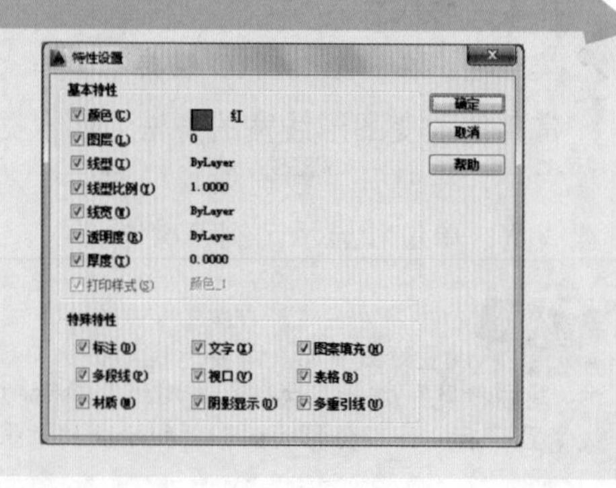

上机 1 小时 编辑六角开槽螺母

- 进一步了解特性匹配功能。
- 熟悉更改图形对象的各种特性。

本例将使用夹点功能先将内孔圆半径放大到合适大小，设置线宽和颜色再更改图形对象的特性，编辑前后效果如下图所示。

光盘文件
素材 \ 第 4 章 \ 六角开槽螺母 .dwg
效果 \ 第 4 章 \ 六角开槽螺母 .dwg
实例演示 \ 第 4 章 \ 编辑六角开槽螺母

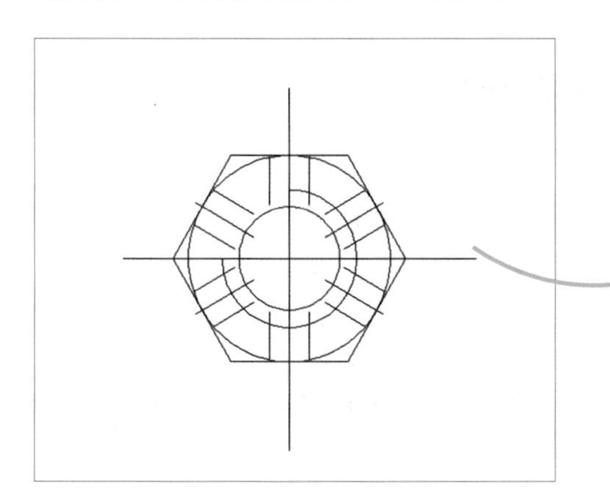

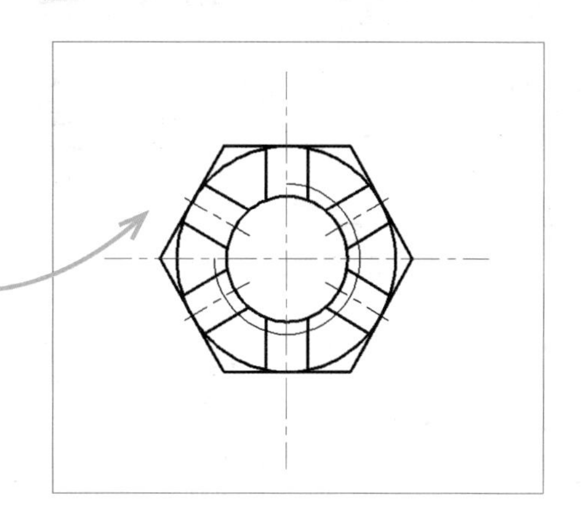

STEP 01： 拖动夹点

1. 打开“六角开槽螺母 .dwg”文件，选择内孔圆中的一个夹点。
2. 将夹点向外拖动，并在命令行中输入距离值为“5”，按 Enter 键执行拖动命令。

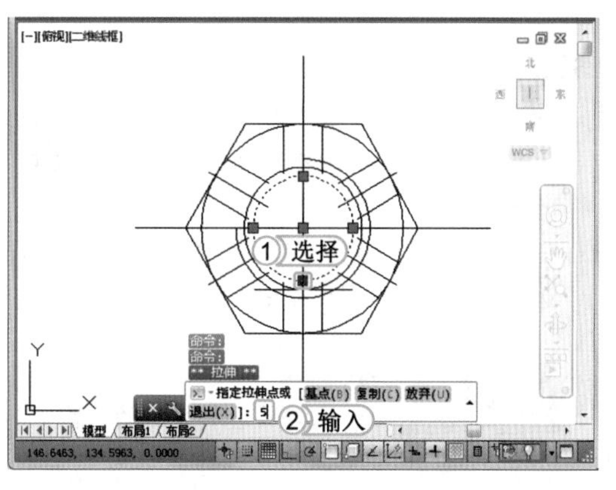

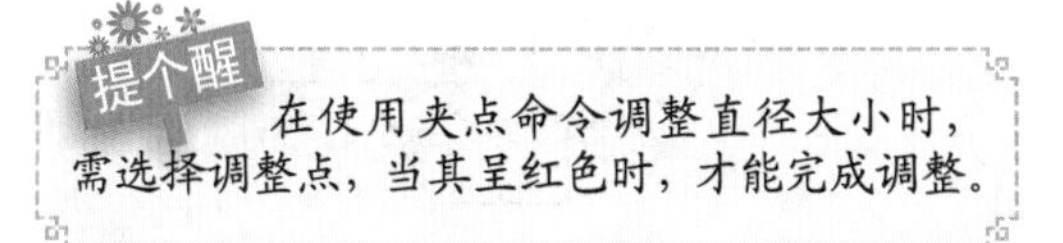

提个醒 在使用夹点命令调整直径大小时，需选择调整点，当其呈红色时，才能完成调整。

STEP 02： 加载线型

1. 在命令行中输入 LINETYPE 命令，按 Enter 键执行该命令。
2. 打开“线型管理器”对话框，在其中单击 加载(L)... 按钮。

STEP 03：选择线型

1. 在打开的“加载或重载线型”对话框的“可用线型”列表框中选择“CENTER”线型。
2. 单击[确定]按钮。

提个醒

在加载线型过程中，单击[文件(F)...]按钮，在打开的对话框中可加载新的线型，选择后单击[打开(O)]按钮。

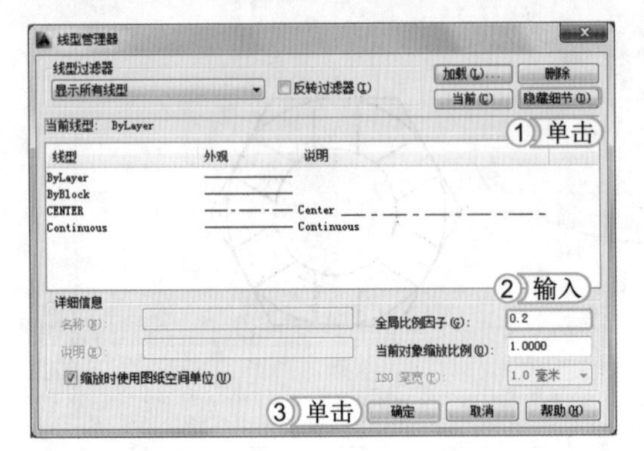

STEP 04：设置比例因子

1. 单击“线型管理器”对话框中的[显示细节(D)]按钮。
2. 在“详细信息”栏的“全局比例因子”文本框中输入比例因子值“0.2”。
3. 单击[确定]按钮。

提个醒

在“线型管理器”对话框中单击“显示细节”按钮[显示细节(D)]，其会自动变为[隐藏细节(D)]按钮。

STEP 05：更改中心线线型特性

1. 选择六角开槽螺母任意一条中心线。选择【默认】/【特性】组，单击“线型”按钮[ByLayer]。
2. 在弹出的下拉列表中选择“CENTER”线型选项，按Esc键退出命令。

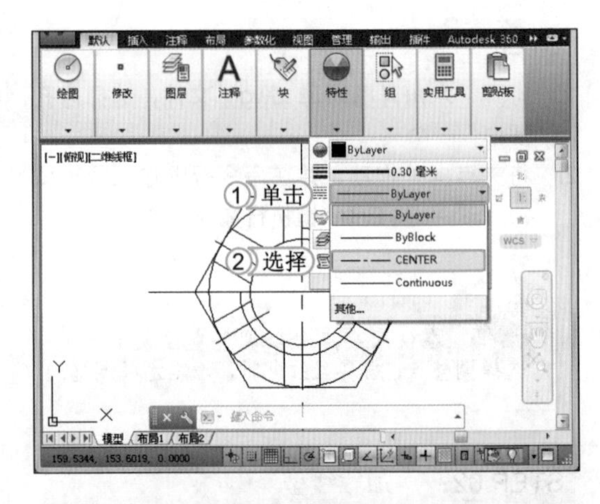

提个醒

列表中的线型属于加载后的线型，只有加载了新的线型后，才能在其中进行线型选择。

STEP 06：改变线型颜色

1. 选择更改后的线段，选择【默认】/【特性】组，单击“对象颜色”按钮[ByLayer]。
2. 在弹出的下拉列表中选择“红”选项。

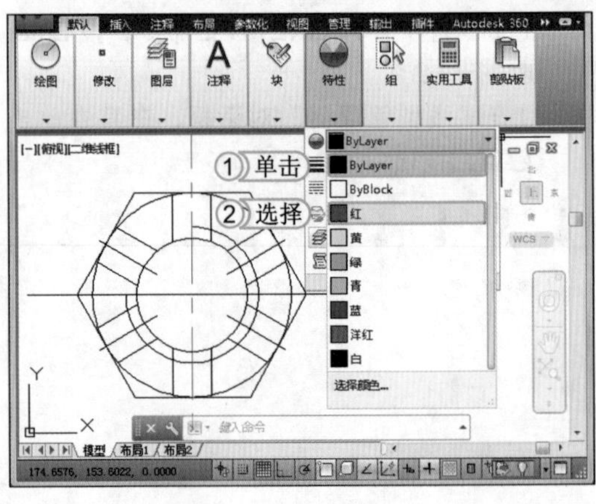

提个醒

在下拉列表中罗列出了选择的颜色，若需添加新的颜色，可选择“选择颜色”选项，在打开的对话框中选择颜色后，列表中将显示新的颜色。

STEP 07： 特性匹配线型

1. 选择【默认】/【剪贴板】组，单击“特性匹配”按钮，选择改变后的中心。
2. 再次选择其余一条中心线。

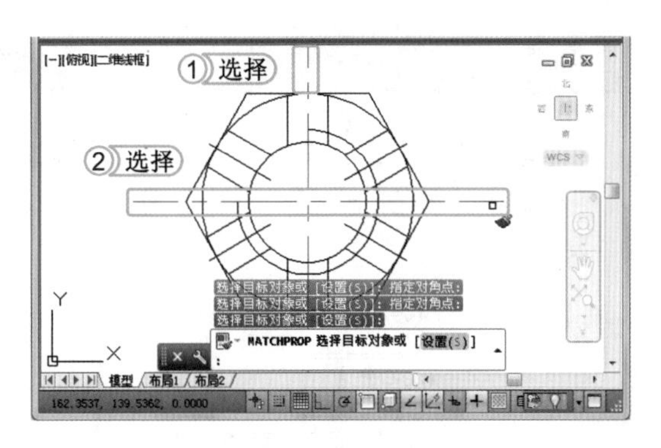

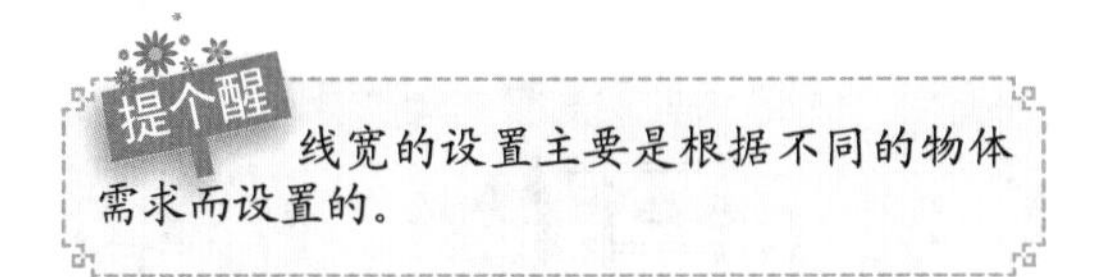

STEP 08： 更改可见轮廓线线宽特性

1. 选择图形中所有可见轮廓线，选择【默认】/【特性】组，单击“线宽”按钮。
2. 在弹出的下拉列表中选择“0.30 毫米”线宽选项。按 Esc 键退出命令。
3. 查看完成后的效果。

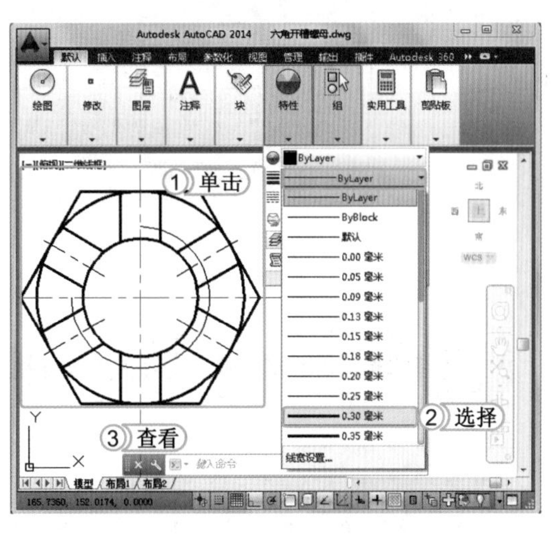

4.3 练习 1 小时

本章主要介绍辅助功能的运用和改变图形对象特征的方法，用户要想在日常工作中熟练使用它们，还需要再进行巩固练习。下面以编辑正三角形和调整户型图颜色为例，进一步巩固这些知识的使用方法。

1. 编辑正三角形

本例将对“断线 .dwg”图形文件中的任意三条直线使用约束功能，将其编辑成等边三角形。编辑该图形时，首先约束三条边的长度，再约束直线端点的端点为重合，最后约束直线的长度，进一步掌握本章学习的编辑命令，编辑前后的效果如下图所示。

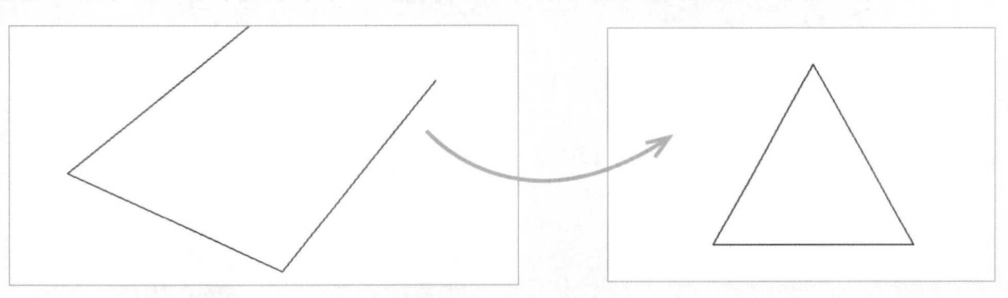

光盘文件
素材 \ 第 4 章 \ 断线 . dwg
效果 \ 第 4 章 \ 等边三角形 . dwg
实例演示 \ 第 4 章 \ 编辑正三角形

2. 调整户型图颜色

本例将对“三室户型图 .dwg”图形文件中通过改变图形颜色、改变线型和属性匹配功能进行户型颜色的调整，再计算周长与面积，查看调整完成后的效果。

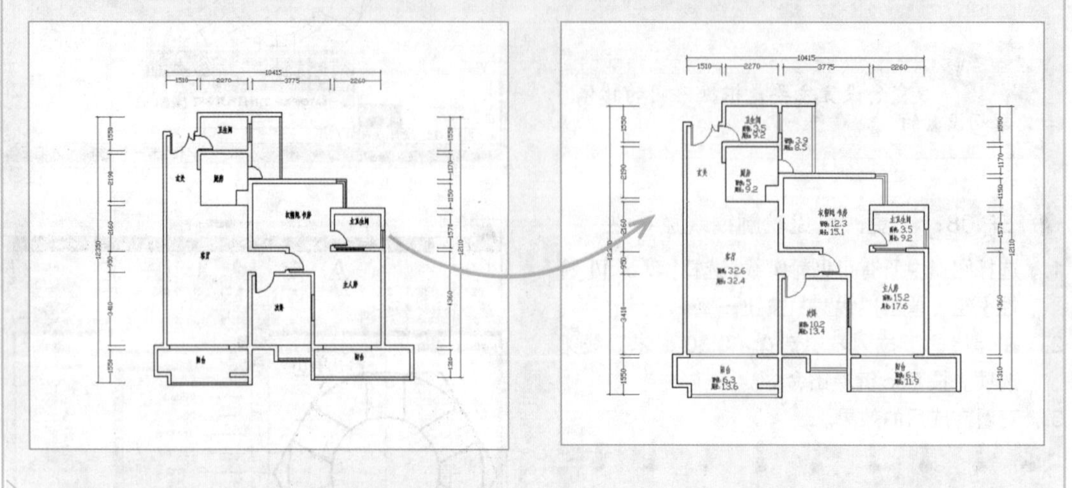

光盘文件
素材 \ 第 4 章 \ 三室户型图 .dwg
效果 \ 第 4 章 \ 调整后的户型图 .dwg
实例演示 \ 第 4 章 \ 调整户型图颜色

读书笔记

第5章 图层、图块和图案的使用

学习 3小时

AutoCAD 除了可以绘制单一的图形外，还可通过图层、图块来绘制复杂的图形。其中图层主要是将多个图形重叠在一起；图块则是由一个或多个对象组成的对象集合整体，多用于绘制复杂或重复的图形。绘制好需要的图形后，还可通过 AutoCAD 的图形填充功能对图形的图案进行编辑，使效果更加逼真。

- 图层的使用
- 编辑图块与外部参照
- 填充图形

上机 5小时

5.1 图层的使用

绘制复杂的图形时，除了前面所学的编辑图形外，一般需要多个图层来管理、控制图形，如创建图层、管理图层和保存与调用图层等，而且每个图层应设置不同的图层特性，以适应不同图形的需求。

学习 1 小时

- 了解图层的基本知识。
- 掌握创建图层的方法。
- 认识图层的特性。
- 了解图层的管理方法。
- 熟悉保存、输出与输入图层的方法。

5.1.1 认识图层

图层类似于投影片，将不同属性的对象分别画在不同的投影片（图层）上，并将多个投影片重叠在一起，除了图形对象外，其余部分全部为透明状态。

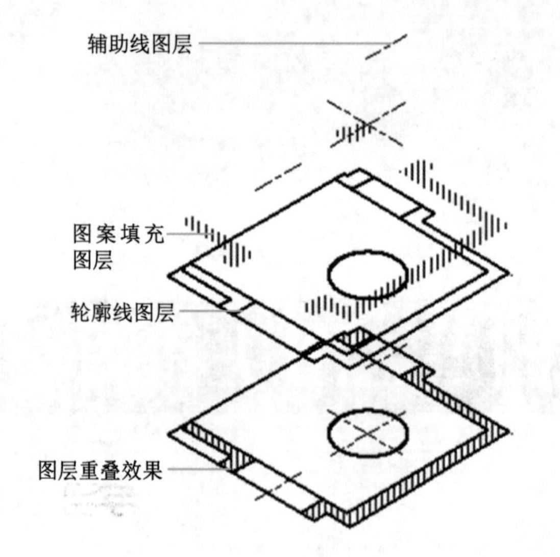

在 AutoCAD 2014 中绘制任何对象都是在图层中进行的，图层可以是系统生成的默认图层，也可以是用户新建的图层。对图层进行编辑后，位于图层上的图形对象也会随之而变化。使用图层管理图形，用户就可以独立地对每个图层中的图形对象进行修改、编辑，而对其他图层中的图形图像不会有任何影响。

5.1.2 创建图层

当认识了图层后，即可创建新的图层，图层是一个非常重要的管理图形对象的工具。在默认情况下，系统只有一个名为“0”的图层，为了更方便编辑和修改图形对象，可以创建更多的图层，把不同的图形对象分别绘制在不同的图层上。创建图层主要是在“图层特性管理器”对话框中进行。打开该对话框的方法主要有如下几种。

- 命令行：在命令行中执行 LAYER 命令。
- 功能区：选择【常用】/【图层】组，单击“图层特性”按钮。
- 菜单栏：在“AutoCAD 经典”工作空间中选择【格式】/【图层】命令。

根据以上任意一种方法，并执行该命令后，将打开“图层特性管理器”对话框，在该对话框中可以对图层进行创建、删除和设置为当前图层等操作。

下面将打开“图层特性管理器”对话框，并创建一个新的图层，并将图层的名称更改为“轮廓线”。其具体操作如下：

光盘文件 实例演示 \ 第 5 章 \ 创建图层

STEP 01： 打开图层特性管理器

在打开的AutoCAD窗口中选择【默认】/【图层】组，单击“图层特性”按钮，打开“图层特性管理器”对话框。

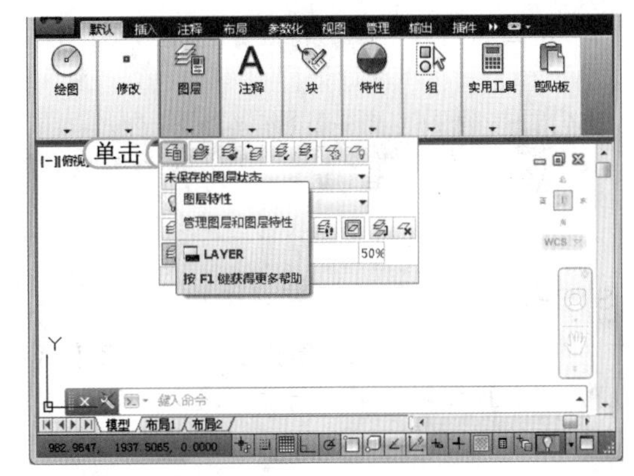

提个醒 在AutoCAD 2014中绘制的图形都是在图层上进行的，对图层进行编辑后，位于其上的图形实体的特性也会随之而变化。

STEP 02： 新建轮廓线

1. 在打开的对话框中单击“新建图层”按钮。
2. 在图层列表中出现“图层1”图层，将其名称更改为“轮廓线”。

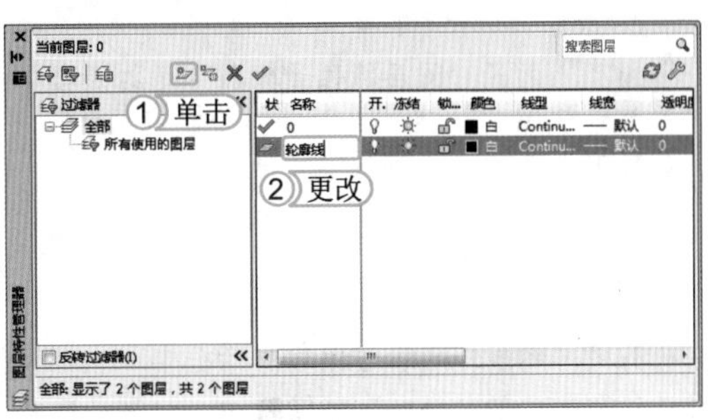

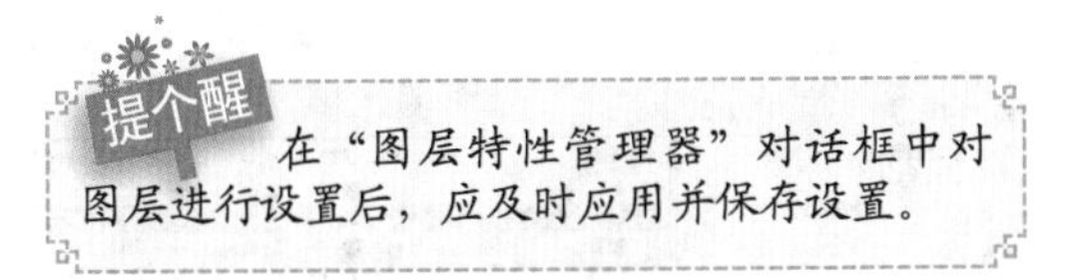

STEP 03： 关闭对话框

在“轮廓线”图层的其他位置单击鼠标，确定“轮廓线”图层的创建，单击“关闭”按钮，关闭“图层特性管理器”对话框。

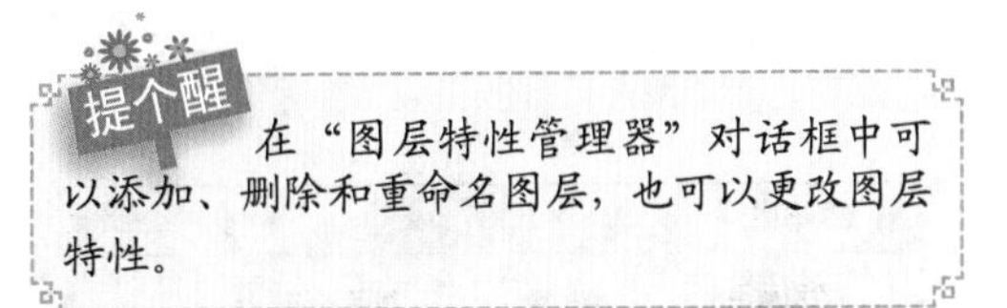

经验一箩筐——重命名图层和方法

创建新图层后图层名称呈可编辑状态，可以直接输入图层名称。如果图层名称呈不可编辑状态，用户可以通过单击鼠标右键，在弹出的快捷菜单中选择“重命名图层”命令或按F2键对图层重命名，输入名称后按Enter键即可。

5.1.3 设置图层特性

在图形的绘制过程中，常常会使用不同颜色、线型和线宽的线条来代表不同的图形对象，下面分别对图层特性中常使用的颜色、线型以及线宽进行介绍。

1. 设置图层颜色

在绘图过程中，为了区分不同的对象，通常需要将图层设置为不同的颜色，AutoCAD 2014中提供了7种标准颜色，即红色、黄色、绿色、青色、蓝色、紫色和白色，用户也可以根据需要设置其他的颜色。

下面将打开"图层特性管理器"对话框，对图层的颜色进行更改。其具体操作如下：

光盘文件
素材 \ 第 5 章 \ 图层颜色 .dwg
效果 \ 第 5 章 \ 图层颜色 .dwg
实例演示 \ 第 5 章 \ 设置图层颜色

STEP 01：打开管理器对话框

打开"图层颜色.dwg"图形文件，选择【默认】/【图层】组，单击"图层特性"按钮，打开"图层特性管理器"对话框。

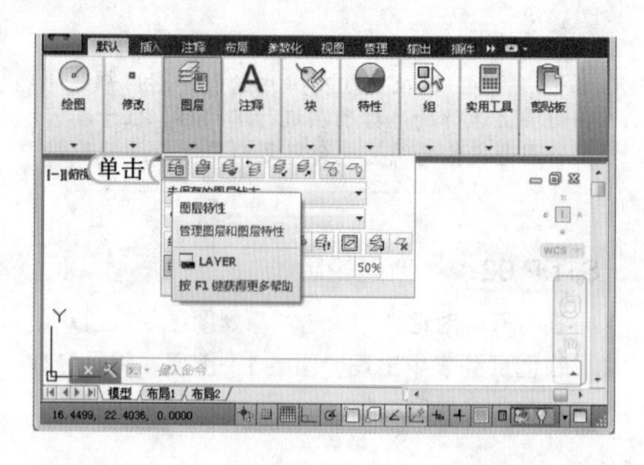

> 提个醒
> 打开"图层特性管理器"是打开当前图层的第一步，因此，可通过不同的方法进行打开。

STEP 02：打开"选择颜色"对话框

在打开的"图层特性管理器"对话框中单击"尺寸标注"图层的"颜色"按钮■白，打开"选择颜色"对话框。

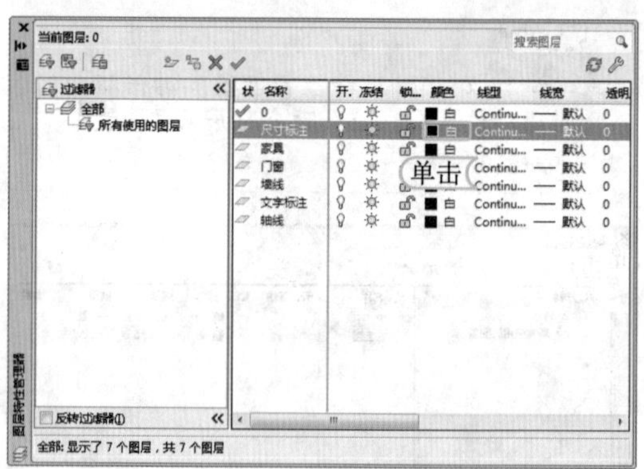

> 提个醒
> 选择颜色还可通过单击所需设置的图层的"颜色"按钮■白，再单击鼠标右键，在弹出的快捷菜单中选择"选择颜色"命令，也可设置颜色。

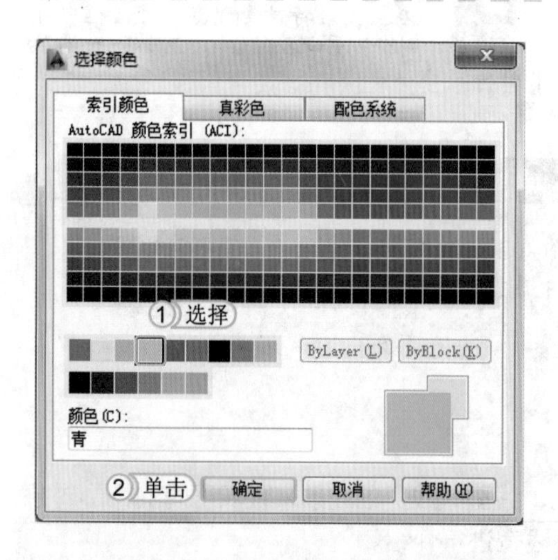

STEP 03：设置颜色

1. 在"选择颜色"对话框中选择"青"选项。
2. 单击确定按钮，返回"图层特性管理器"对话框。

经验一箩筐——图层颜色与改变颜色的区别

设置图层颜色与改变图形颜色类似，只是针对的对象不同，设置图层颜色是针对图层中的所有对象，而改变颜色主要是针对单独的选择对象，其打开的方法有所不同，但是它们都将打开"选择颜色"对话框，并在其中进行设置。

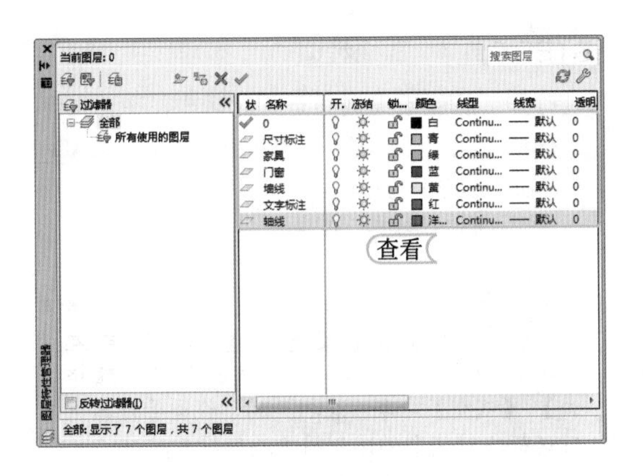

STEP 04： 更改其他颜色

使用相同的方法，将其他图层的颜色进行依次更改，并查看更改后的效果。

提个醒 在设置图层颜色过程中，图层颜色可根据个人的爱好进行设置，还可通过特定的要求进行设置，如墙线常常以白色、黑色和黄色作为图层的主色线。

2. 设置图层线型

在图层中除了使用不同的颜色表示图形的不同外，不同的线型表示的作用也不相同。在默认情况下采用“Continuous”线型，而在实际的绘图中，经常使用点划线、虚线等线型，因此需为图层设置相应的线型。

下面将在打开的“图层特性管理器”对话框中，将“门窗”图层的线型更改为 ACAD_IS007W100。其具体操作如下：

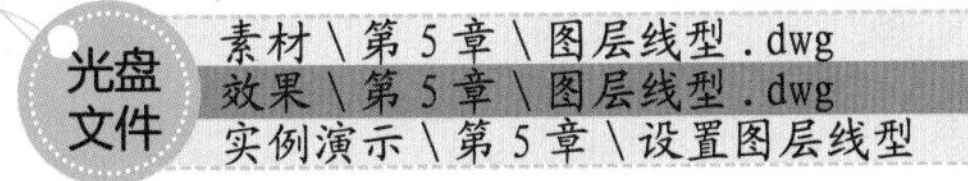

光盘文件

素材 \ 第 5 章 \ 图层线型 .dwg

效果 \ 第 5 章 \ 图层线型 .dwg

实例演示 \ 第 5 章 \ 设置图层线型

STEP 01： 打开管理器对话框

打开“图层线型.dwg”图形文件，选择【默认】/【图层】组，单击“图层特性”按钮，打开“图层特性管理器”对话框。

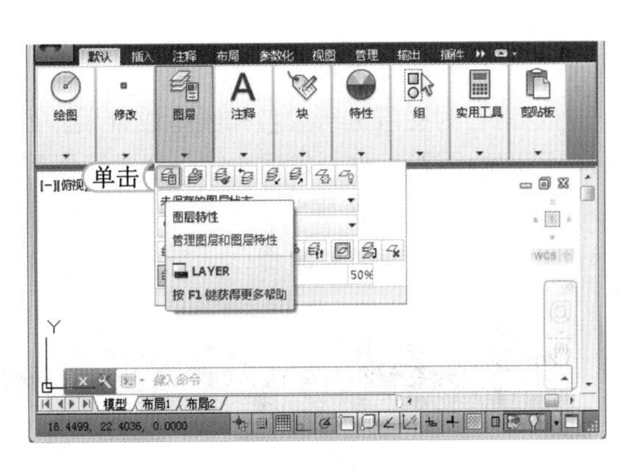

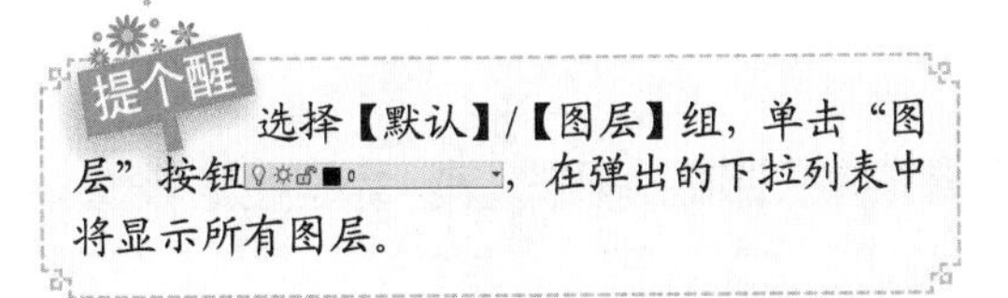

提个醒 选择【默认】/【图层】组，单击“图层”按钮，在弹出的下拉列表中将显示所有图层。

STEP 02： 加载线型

1. 在“图层特性管理器”对话框中选择“门窗”图层的“Continuous”选项。
2. 打开“选择线型”对话框，单击加载(L)...按钮。

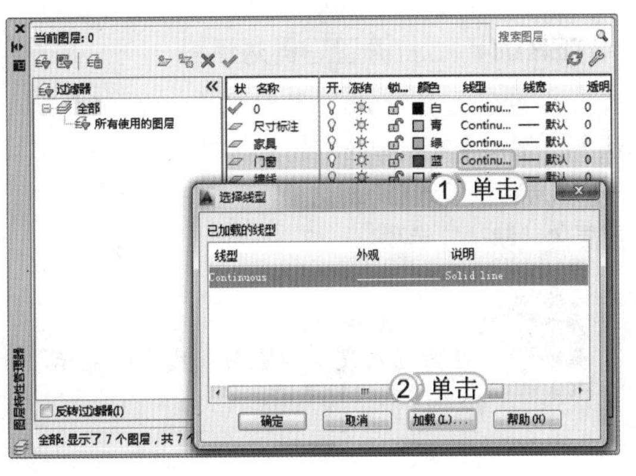

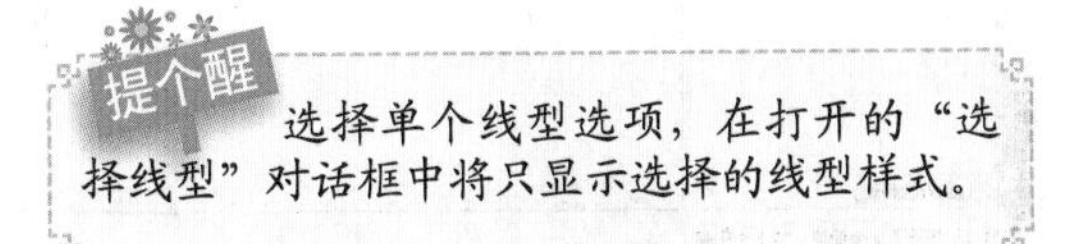

提个醒 选择单个线型选项，在打开的“选择线型”对话框中将只显示选择的线型样式。

STEP 03：选择线型

1. 打开“加载或重载线型”对话框，在该对话框的“可用线型”列表框中选择“ACAD_ISO07W100”选项。
2. 单击 确定 按钮。

提个醒　当为图层设置线型后，还可在“AutoCAD 经典”工作空间中通过选择【格式】/【线型】命令，在打开的“线型管理器”对话框中对线型的比例因子进行设置。

STEP 04：设置图层线型

1. 返回“选择线型”对话框，在“已加载的线型”列表框中选择“ACAD_ISO07W100”选项。
2. 单击 确定 按钮。

3. 设置图层线宽

通常在对图层进行颜色和线型设置后，还需对图层的线宽进行设置。不同线条的粗细，可代表不同的图形对象，如粗实线一般表示图形的轮廓线、细实线表示剖切线等。

下面将打开“图层特性管理器”对话框，将“墙线”图层的线宽设置为 0.30 毫米，将其余图形的线宽设置为 0.20 毫米。其具体操作如下：

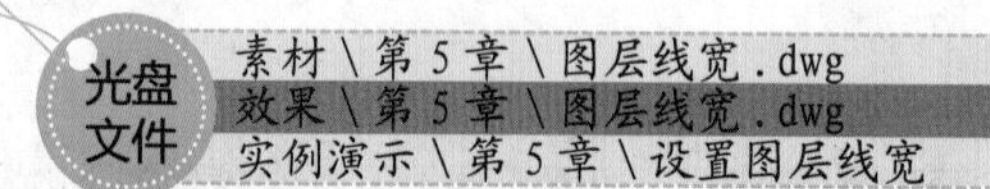

素材 \ 第 5 章 \ 图层线宽 .dwg
效果 \ 第 5 章 \ 图层线宽 .dwg
实例演示 \ 第 5 章 \ 设置图层线宽

STEP 01：打开管理器对话框

打开“图层线宽.dwg”图形文件，选择【默认】/【图层】组，单击“图层特性”按钮，打开“图层特性管理器”对话框，在其中选择“墙线”图层的“默认”选项。

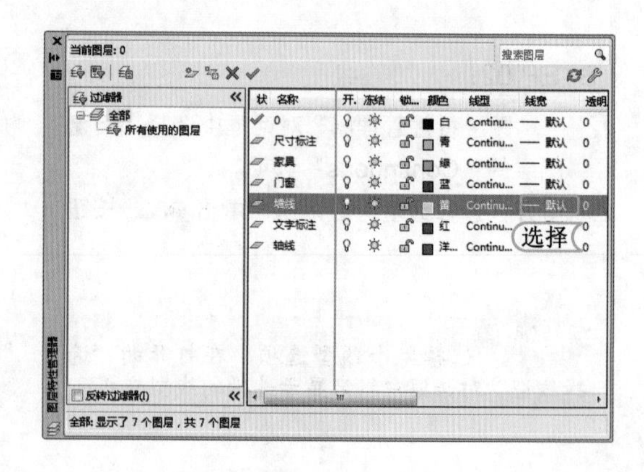

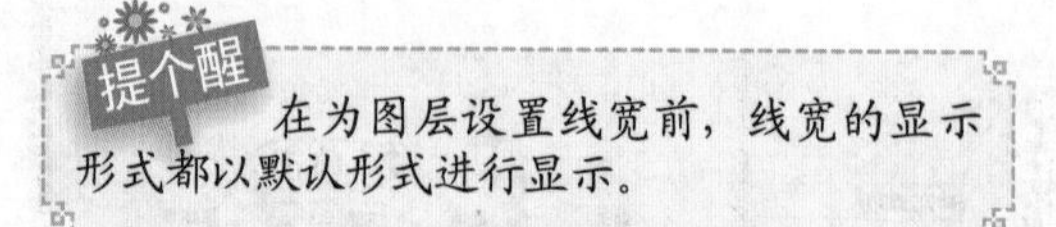

提个醒　在为图层设置线宽前，线宽的显示形式都以默认形式进行显示。

STEP 02: 设置线宽

1. 打开“线宽”对话框，在“线宽”对话框的“线宽”列表框中选择“0.30mm”选项。
2. 单击[确定]按钮，返回“图层特性管理器”对话框。

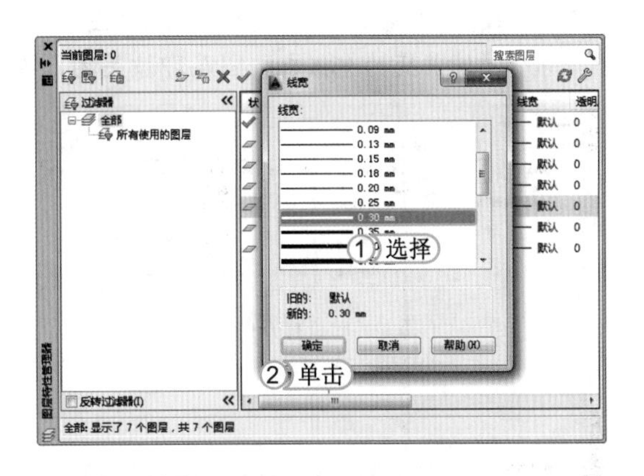

提个醒 用户在设置线宽时为了更好地了解图层线宽原来的状态和现在选择的状态，可以通过“线宽”对话框下面的提示来查看。单击[帮助(H)]按钮，在打开的“AutoCAD 2014 帮助”窗口中也会显示相关的信息。

STEP 03: 设置其他线宽

使用相同的方法，对其余图层的线宽进行设置，其设置的线宽为“0.20mm”，查看设置完成后的效果。

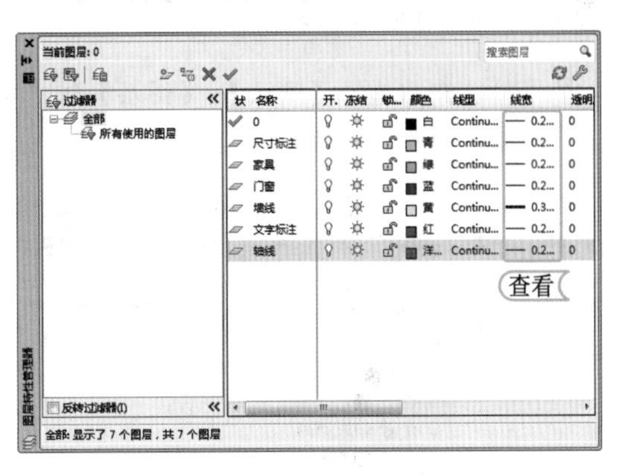

提个醒 由于 AutoCAD 在各个行业中使用的线型完全不相同，所以在选择线型、线宽时可根据自身行业的需要进行加载。

5.1.4 图层管理

图层管理包括设置为当前图层、图层的打开与关闭、冻结与解冻以及锁定与解锁等。通过对图层的管理，可以为图形的绘制和管理带来极大的便利。

1. 设置当前图层

若要在指定的图层上对图形进行绘制，首先应切换至当前图层，然后在绘图区中绘制图形，其图形的特性将与该图层相匹配，即图形的颜色、线型、线宽为该图层所设置的特性。切换当前图层，主要有以下几种方法。

- 通过按钮设置当前图层：在“图层特性管理器”对话框中选中需要设置为当前的图层，单击“置为当前”按钮✔。
- 通过快捷菜单设置当前图层：在“图层特性管理器”对话框中选中需要设置为当前的图层，单击鼠标右键，在弹出的快捷菜单中选择“置为当前”命令。
- 通过下拉列表设置当前图形：选择【常用】/【图层】组，在“图层”下拉列表框中选择需要设置为当前图层的图层。
- 通过面板中设置当前图层：在绘图区中选择图形对象，在“默认”选项卡的“图层”面板中，单击“将对象的图层设为当前图层”按钮。

2. 打开与关闭图层

默认情况下图层都处于打开状态，在该状态下图层中的所有图形对象将显示在屏幕上，用户可对其进行编辑操作，若将其关闭后，该图层上的实体不会显示在屏幕上，也不能被编辑以及打印输出。打开与关闭图层，主要有以下两种方法。

“图层特性管理器”对话框：在“图层特性管理器”对话框中单击图层上的“开”状态图标，使其变为状态，图层即被关闭，再次单击可打开该图层。

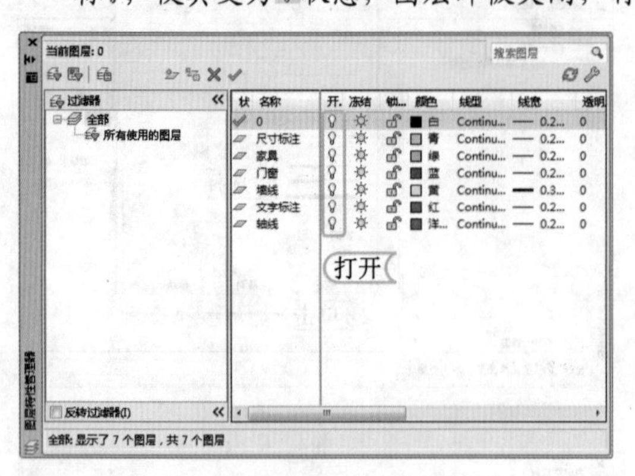

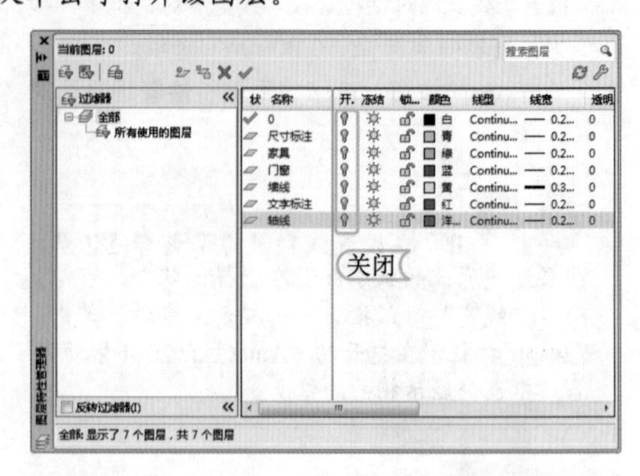

下拉按钮：选择【默认】/【图层】组，单击“图层”下拉按钮，在打开的下拉列表中单击图层的开关图标，使其变为状态，即可关闭该图层，再次单击可打开该图层。

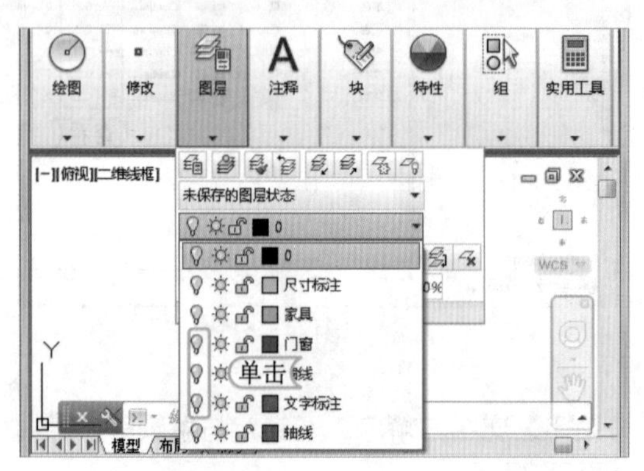

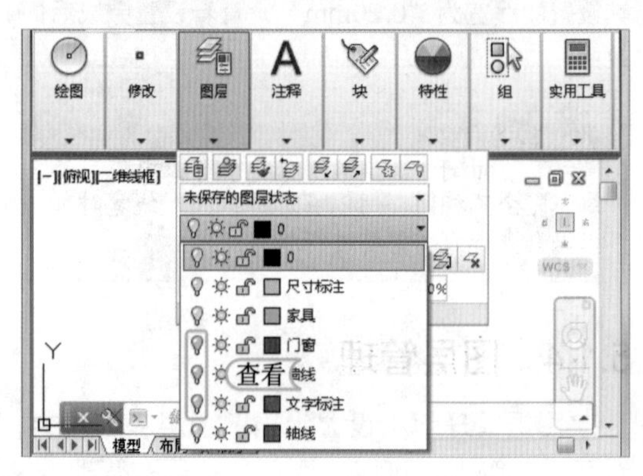

3. 冻结与解冻图层

冻结图层有利于减少系统重生成图形的时间，冻结的图层不参与计算且不显示在绘图区中，并且用户不能对其进行编辑。将图层进行冻结和解冻操作，主要有以下两种方法。

“图层特性管理器”对话框：在“图层特性管理器”对话框中需要进行冻结的图层上单击“冻结”状态图标，使其变为状态，则将该图层冻结。

下拉按钮：选择【默认】/【图层】组，单击“图层”下拉按钮，在打开的下拉列表中单击需要进行冻结图层的“冻结”图标，该图标变为状态，即可将该图层进行冻结。

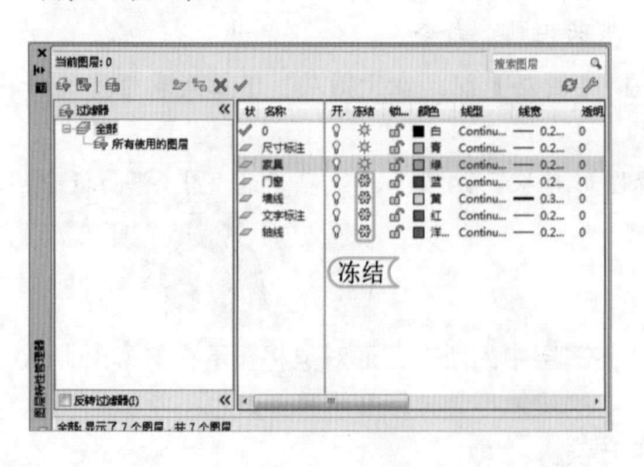

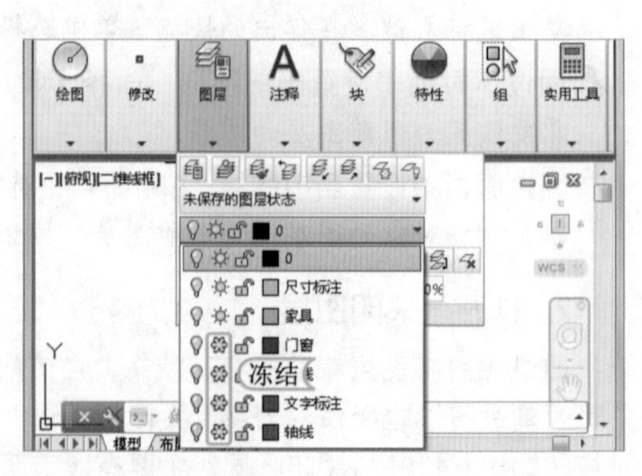

4. 锁定与解锁图层

图层被锁定后，该图层上的实体仍显示在屏幕上，但不能对其进行编辑操作，锁定图层有利于对较为复杂的图形进行编辑，而锁定图层，通常用于绘制辅助线，如建筑绘图中的轴线和机械制图中的中心点等。将图层进行锁定与解锁操作，主要有以下几种方法。

- "图层特性管理器"对话框：在"图层特性管理器"对话框中需要进行锁定的图层上单击"锁定"图标，使其变为状态，则将该图层锁定，再次单击即可解锁此图层。
- 下拉按钮：选择【默认】/【图层】组，单击"图层"下拉按钮，在打开的下拉列表中单击要锁定图层的"锁定"图标，该图标变为状态，即可将该图层锁定，再次单击可解锁此图层。

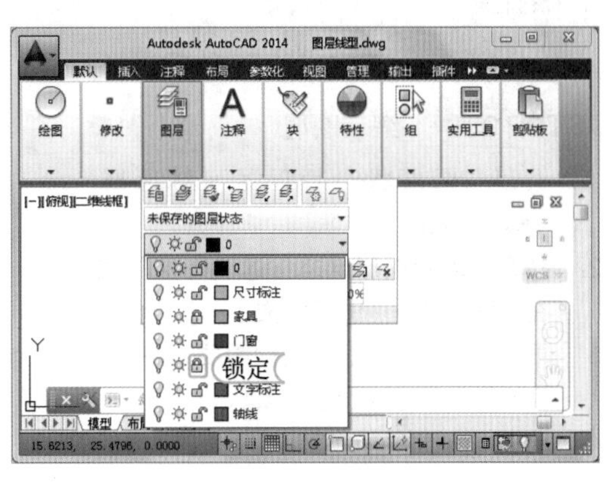

5.1.5 保存并输出图层状态

当需要绘制较复杂的图形时，需创建多个图层并为其设置相应的图层特性，如果每次绘制新的图形时都要创建和设置这些新的图层，绘制将十分麻烦且会降低工作效率。AutoCAD 2014 提供了保存图层特性功能，即用户可将创建好的图层以文件的形式保存起来，在绘制其他图形时，直接将其调用到当前图形中即可。

下面将在"建筑图层 .dwg"图形文件中，保存并输出图层状态。其具体操作如下：

STEP 01：打开状态管理对话框

1. 打开"建筑图层 .dwg"图形文件，选择【默认】/【图层】组，单击"图层特性"按钮，打开"图层特性管理器"对话框，在其中单击"图层状态管理器"按钮，打开"图层状态管理器"对话框。
2. 单击 新建(N)... 按钮。

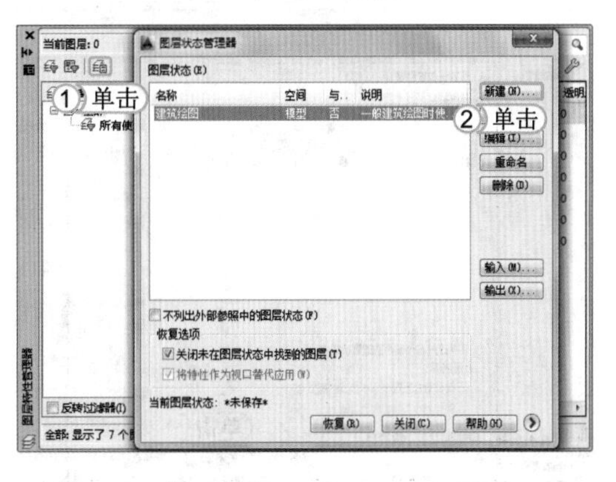

STEP 02：输入新图层状态名

1. 打开“要保存的新图层状态”对话框，在“新图层状态名”下拉列表框中输入“建筑图层”。
2. 在“说明”文本框中输入说明文字。
3. 单击 确定 按钮。

> **提个醒** 打开“图层特性管理器”对话框后，除了单击“图层状态管理器”按钮外，按Alt+S组合键，也可打开“图层状态管理器”对话框。

STEP 03：编辑图层

1. 返回“图层状态管理器”对话框，单击 编辑(I)... 按钮。
2. 打开“编辑图层状态：建筑图层”对话框，在图层列表框中选择“文字标注”图层。
3. 单击“从图层状态中删除图层”按钮，将选择的图层从图层状态中删除。
4. 单击 确定 按钮，确定编辑操作。

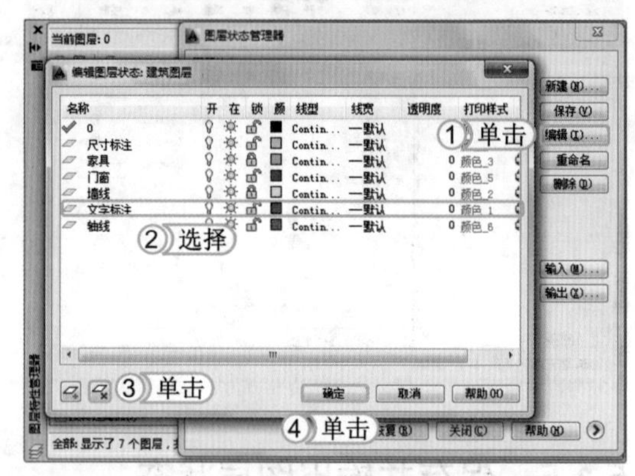

STEP 04：输出图层

1. 返回“图层状态管理器”对话框，单击 输出(X)... 按钮。打开“输出图层状态”对话框，在“保存于”下拉列表框中选择文件的保存位置。
2. 在“文件名”文本框中输入“建筑图层 .las”。
3. 单击 保存(S) 按钮。

STEP 05：关闭图层

返回“图层状态管理器”对话框，单击 关闭(C) 按钮，返回“图层特性管理器”对话框，单击“关闭”按钮，完成操作。

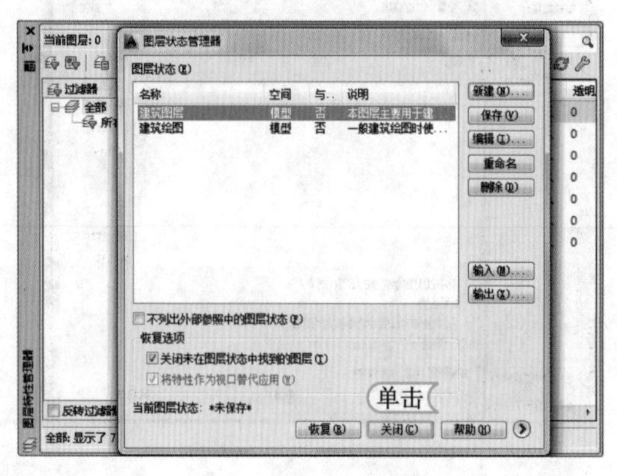

5.1.6 输入图层状态

绘制图形时，除了可输出图层状态外，当已经有相似或相同的图层特性，可以通过输入图层状态的方法来快速设置图层。

下面将在“建筑常用图层 .dwg”图形文件中输入图层状态。其具体操作如下：

光盘文件
素材\第 5 章\建筑常用图层 .dwg、建筑图层 .las
实例演示\第 5 章\输入图层状态

STEP 01：打开管理器对话框

1. 打开“建筑图层 .dwg”图形文件，选择【默认】/【图层】组，单击“图层特性”按钮，打开“图层特性管理器”对话框，在其中单击“图层状态管理器”按钮，打开“图层状态管理器”对话框。
2. 单击输出(X)...按钮。

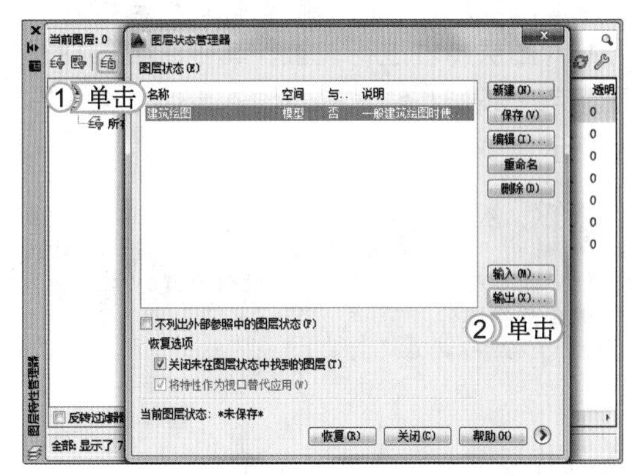

STEP 02：选择输入的图层状态文件

1. 打开“输入图层状态”对话框，在“文件类型”下拉列表框中选择“图层状态 (*.las)”选项。
2. 在“查找范围”下拉列表框中选择文件存放的位置。
3. 在文件列表中选择要输入的图层状态文件。
4. 单击打开(O)按钮。

STEP 03：完成图层输入

打开“图层状态 - 成功输入”对话框，单击恢复状态按钮，即可为图形输入图层状态。

上机 1 小时 ▶ 创建机械制图图层

- 巩固创建图层的方法。
- 熟悉设置图层特性的方法。
- 进一步了解更改图层名称的方法。

光盘文件
效果\第5章\机械图层.dwg、机械制图图层.las
实例演示\第5章\创建机械制图图层

本例将创建机械制图中的常用图层，在创建图层之后，对图层的名称进行更改，并分别对图层特性进行设置，其中主要包括图层颜色、线型和线宽等特性。最终效果如右图所示。

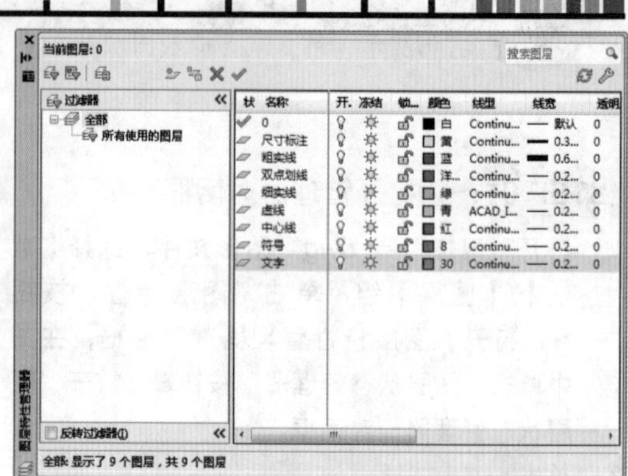

提个醒 在打开的“图层状态管理器”对话框中还可对已知的图层状态进行新建、删除和重命名等操作。

STEP 01： 打开管理器对话框

1. 启动 AutoCAD 2014，在打开的窗口中选择【默认】/【图层】组，单击“图层特性”按钮，打开“图层特性管理器”对话框。单击“新建图层”按钮新建图层。
2. 根据以上方法，创建 8 个新的图层，并查看新建后的效果。

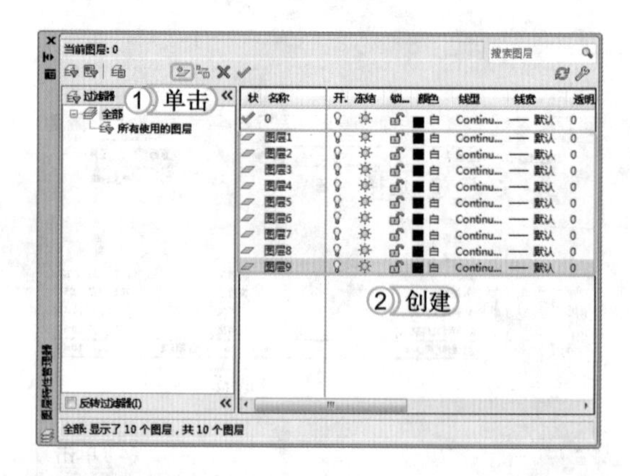

STEP 02： 重命名名称

1. 选择“图层 1”选项，单击鼠标右键，在弹出的快捷菜单中选择“重命名图层”命令，使其呈可编辑状态并输入名称“尺寸标注”。
2. 根据以上方法，重命名其他图层选项，并查看重命名后的效果。

提个醒 在图层中单击鼠标右键，在弹出的快捷菜单中罗列出了图层的常见操作，只需在其中选择相应的命令即可执行该操作。

读书笔记

STEP 03： 选择颜色

1. 在“尺寸标注”图层上单击“颜色”按钮■白，打开“选择颜色”对话框，在其中选择“黄”选项。
2. 单击[确定]按钮，返回“图层特性管理器”对话框。
3. 根据以上方法，将其余图层的颜色进行更改，并查看完成后的效果。

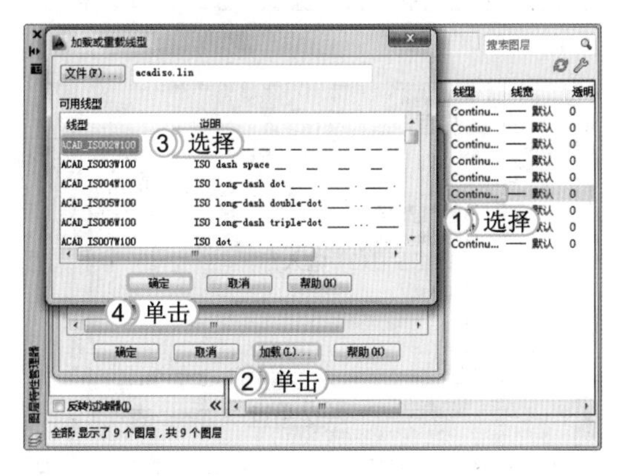

STEP 04： 选择线型

1. 选择“虚线”图层的“Continuous”选项，打开“选择线型”对话框。
2. 单击[加载(L)...]按钮。
3. 打开“加载或重载线型”对话框，在“可用线型”列表框中选择“ACAD_IS002W100”选项。
4. 单击[确定]按钮。

STEP 05： 加载线型

1. 返回“选择线型”对话框，在“已加载的线型”列表框中选择“ACAD_IS002W100”选项。
2. 单击[确定]按钮。

提个醒

使用图层功能绘制图形时，应在“常用”选项卡的“特性”面板中将“线型”、“线宽”以及“颜色”选项设置为Bylayer。

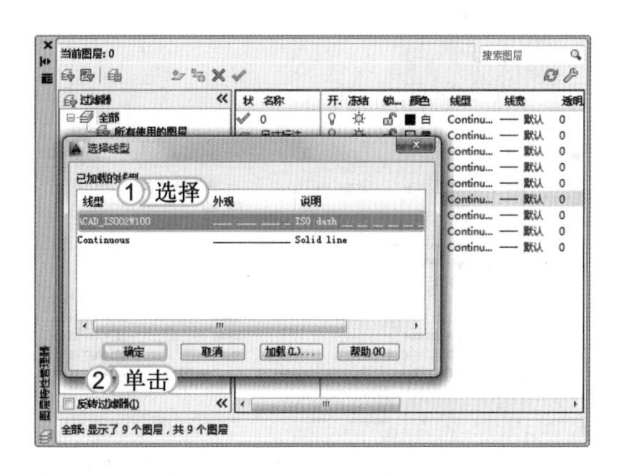

STEP 06： 设置线宽

1. 在“尺寸标注”图层中选择“默认”选项，打开“线宽”对话框，在“线宽”列表框中选择“0.30mm”选项。
2. 单击[确定]按钮，返回“图层特性管理器”对话框，查看将“尺寸标注”图层的线宽进行更改后的效果。

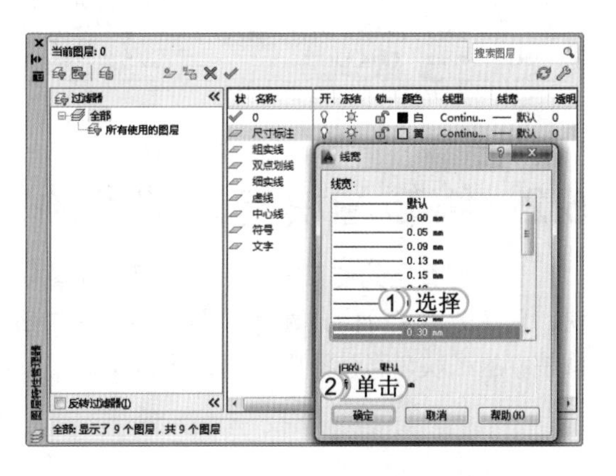

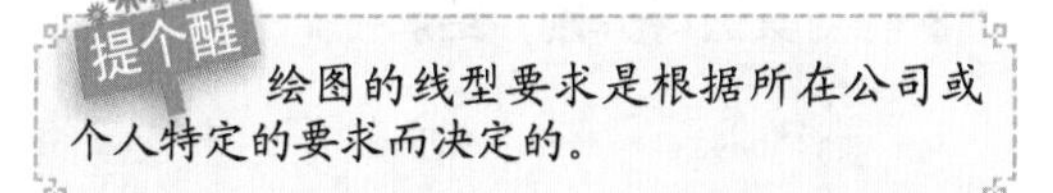

提个醒

绘图的线型要求是根据所在公司或个人特定的要求而决定的。

STEP 07: 设置其他线宽

使用相同的方法，将“粗实线”图层的线宽更改为“0.60mm”，将其余图层的线宽更改为“0.20mm”。

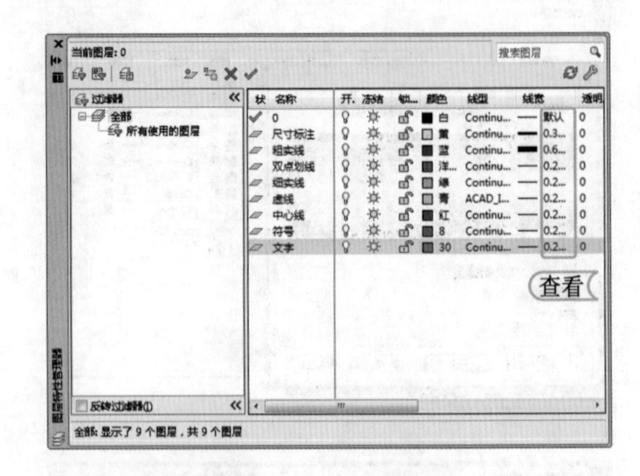

提个醒

系统提供的可供选择的线宽为0~2.11mm，用户可根据实际需要选择合适的选项进行应用。

STEP 08: 新建图层状态

1. 在“图层特性管理器”对话框中单击“图层状态管理器”按钮。
2. 打开“图层状态管理器”对话框，单击新建(N)...按钮，打开“要保存的新图层状态”对话框。
3. 在“新图层状态名”下的文本框中输入“机械制图图层”。
4. 单击确定按钮。

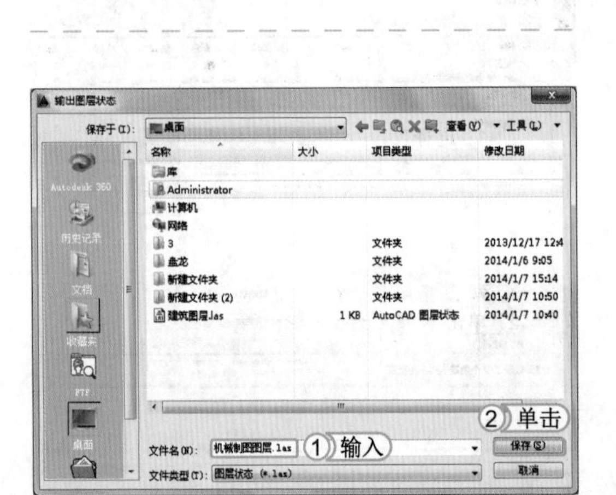

STEP 09: 完成图形输出

1. 返回“图层状态管理器”对话框，单击输出(X)...按钮。在打开对话框的“文件名”文本框中输入“机械制图图层”。
2. 单击保存(S)按钮。完成后依次关闭对话框，完成其操作。

提个醒

每个图形均包含一个名为0的图层。无法删除或重命名图层0，其作用主要是确保每个图形至少包括一个图层。

5.2 编辑图块与外部参照

当掌握图层的使用方法后，即可调用图块让图层变得更加完整，要调用图块必须先创建图块，创建图块又分为创建外部图块和创建内部图块，在调用图块时，还可以通过设计中心调用系统中的图块，当认识图块后还可认识外部参照，下面将对其进行分别介绍。

学习 1 小时

- 熟悉创建、插入、调用和编辑图块的方法。
- 认识外部参照。
- 灵活使用设计中心调用系统图块绘制图形。
- 掌握设置图块属性的方法。

5.2.1 创建图块

图块又称为块，是由一个或多个对象组成的对象集合整体。多用于绘制复杂或重复的图形。当将多个对象组合成一个图块后，再根据绘图需要将其插入到绘图区中进行编辑操作。通过图块的使用可提高绘图效率并节省存储空间，同时便于修改和重定义图块。创建新图块可分为创建内部图块和创建外部图块两类。下面将依次进行介绍。

1. 创建内部图块

内部图块只能在定义内部图块的图形文件中调用，内部图块是定义在图块所在图形文件中，并随着图形文件一起保存在图形文件内部，且该文件只能在存储的文件中使用，而不能在其他图形文件中使用。创建内部图块主要是在“块定义”对话框中进行，调用该对话框的方法主要有如下几种。

- 命令行：在命令行中执行 BLOCK（B）命令。
- 功能区：选择【默认】/【块】组，单击“创建”按钮。
- 菜单栏：在“AutoCAD 经典”工作空间中选择【绘图】/【块】/【创建】命令。

下面将在“圆形沙发.dwg”图形文件的命令行中输入BLOCK命令，并创建名为“圆形沙发”的内部图块。其具体操作如下：

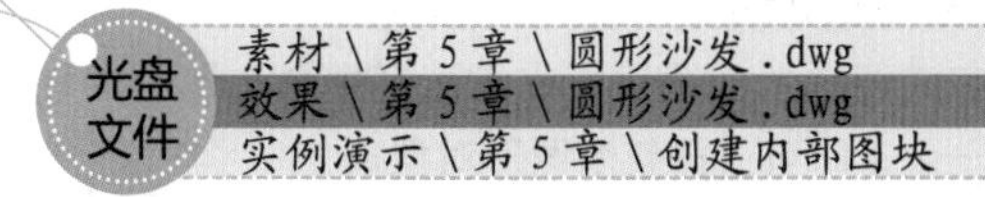

STEP 01：设置图块名称

1. 打开“圆形沙发.dwg”文件，在命令行中输入BLOCK命令，按Enter键，打开“块定义”对话框。
2. 在该对话框的“名称”文本框中输入要定义的图块名称，这里输入“圆形沙发”。
3. 单击“对象”栏中的“选择对象”按钮返回绘图区。

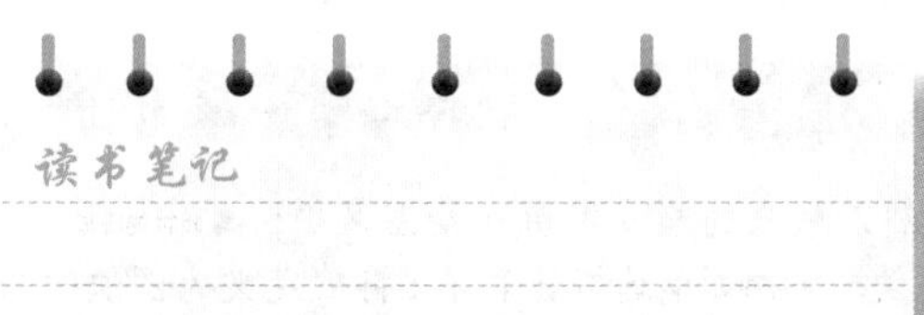

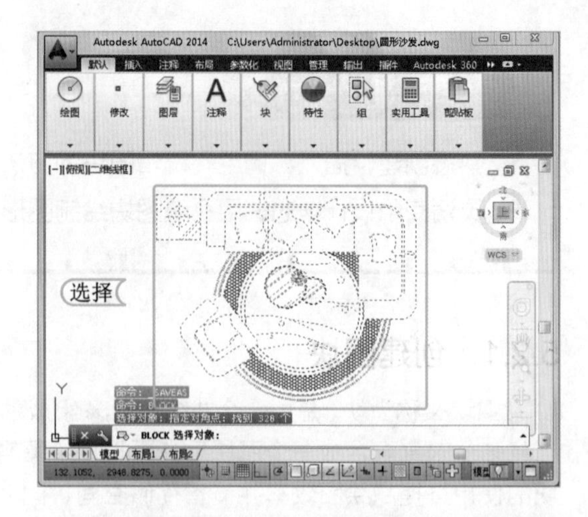

STEP 02： 选择对象

在绘图区中选择需要定义为块的图形对象，这里使用框选方式框选所有图形对象，选择完后按Enter键返回“块定义”对话框。

> **提个醒** 在指定基点后系统会自动返回“块定义”对话框，并在“基点”栏的“X:”、“Y:”和“Z:”文本框中显示基点的坐标，也可以直接在这些坐标文本框中输入值来确定基点。

STEP 03： 指定基点

1. 单击“基点”栏中的“拾取点”按钮，指定图块的基点，这里指定圆形沙发的中心为基点。
2. 单击 确定 按钮。

> **提个醒** 在“设置”栏的“块单位”下拉列表框中可以选择单位级别，通常保持默认的“毫米”选项。

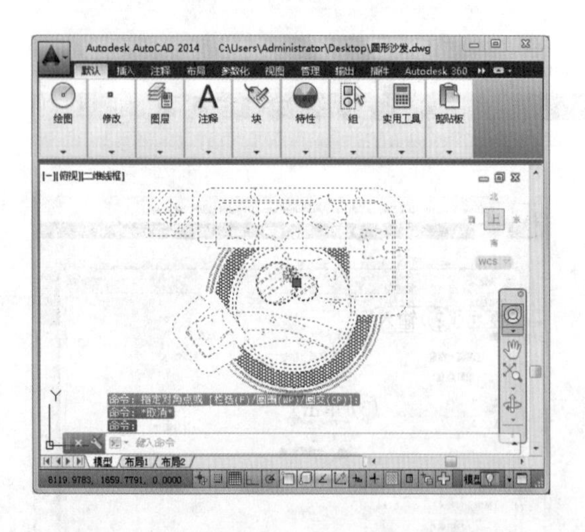

STEP 04： 图块创建效果

完成图块的创建后，在绘图区中单击图形的任意一点，即可选择整个图形对象。

经验一箩筐——“对象”栏各单选按钮含义

保留(R)单选按钮表示：将定义为图块的源对象仍然以原来的格式保留在绘图区中；转换为块(C)单选按钮表示：将被定义为图块的源对象转换为图块；删除(D)单选按钮表示：将被定义为图块的源对象从绘图区中删除。

2. 创建外部图块

外部图块又称外部图块文件，创建的外部图块将以文件的形式保存在计算机中。外部图块与定义其他图块文件没有任何联系，当定义好外部图块文件后，将不会包含在定义的图形文件中，而且外部图块可以随时将其调用到任何图形文件中。调用外部图块命令主要有如下两种方法。

- 命令行：在命令行中执行 WBLOCK（W）命令。
- 功能区：选择【插入】/【块定义】组，单击“创建块”按钮右侧的下拉按钮，在弹出的下拉列表中选择“写块”选项。

下面将使用选择命令的方法将“欧式立面图 .dwg”图形文件中的图形对象创建成名为“立面图”的外部图块。其具体操作如下：

光盘文件
素材 \ 第 5 章 \ 欧式立面图 . dwg
效果 \ 第 5 章 \ 立面图 . dwg
实例演示 \ 第 5 章 \ 创建外部图块

STEP 01：打开“写块”对话框

1. 打开“欧式立面图 .dwg”图形文件，选择【插入】/【块定义】组，单击“创建块”按钮右侧的下拉按钮。
2. 在弹出的下拉列表中选择“写块”选项，打开“写块”对话框。

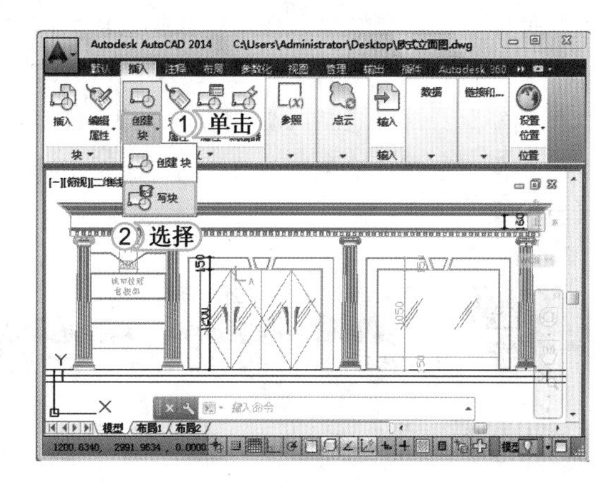

提个醒
打开“写块”对话框后，在“对象”栏中的各个单选按钮含义与“块定义”对话框中的“对象”栏中各单选按钮的含义相同。

STEP 02：选择对象

1. 在“写块”对话框的“基点”栏中单击“拾取点”按钮，返回绘图区中，捕捉图形的中点，指定图块的基点，并返回“写块”对话框。
2. 在“写块”对话框的“对象”栏中选中 保留(R) 单选按钮。
3. 单击“选择对象”按钮，在绘图区中选择要定义为外部图块的图形对象，并按 Enter 键返回“写块”对话框。

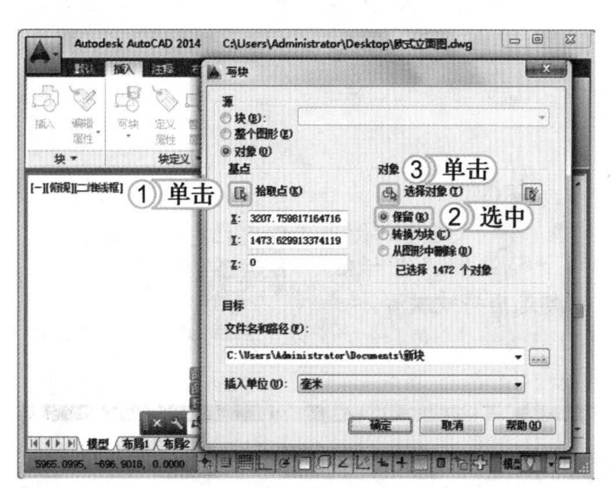

STEP 03: 保存图形

1. 在“目标”栏的“文件名和路径”下拉列表框后单击...按钮，打开“浏览图形文件”对话框，在“保存于”选项后的下拉列表框中选择外部图块的存放位置。
2. 在“文件名”文本框中输入“立面图 .dwg”。
3. 单击保存按钮。返回“写块”对话框并单击确定按钮，完成外部图块的创建操作。

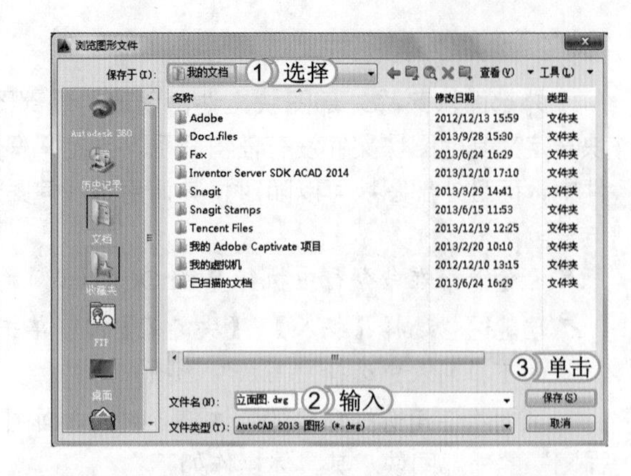

3. 创建带属性的图块

图块属性主要是指与图块相关联的文字信息，它的存在主要依赖于图块，用于表达图块的文字信息，如在机械制图中的形位公差、表面粗糙度以及建筑绘图中的轴号等，都可将其定义为图块。但其中的数值又因为需要经常改变，此时便可为图块定义属性，这样在插入图块时可以方便地更改文字信息。调用创建带属性的图块的命令主要有如下两种方法。

- 命令行：在命令行中执行 ATTDEF（ATT）命令。
- 功能区：选择【插入】/【块定义】组，单击“定义属性”按钮。

下面将使用命令的方法在“门平面图 .dwg”图形文件中创建图块，完成后再设置图块属性。其具体操作如下：

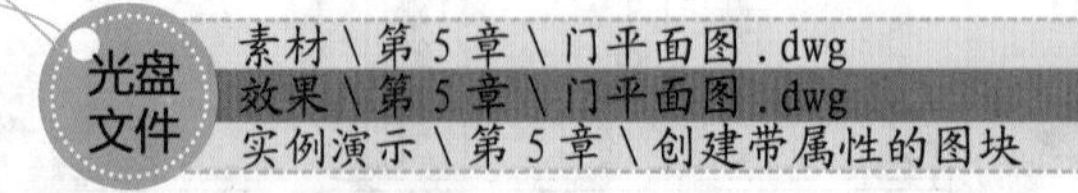

STEP 01: 属性定义

打开“门平面图 .dwg”图形文件，选择【插入】/【块定义】组，单击“定义属性”按钮，打开“属性定义”对话框。

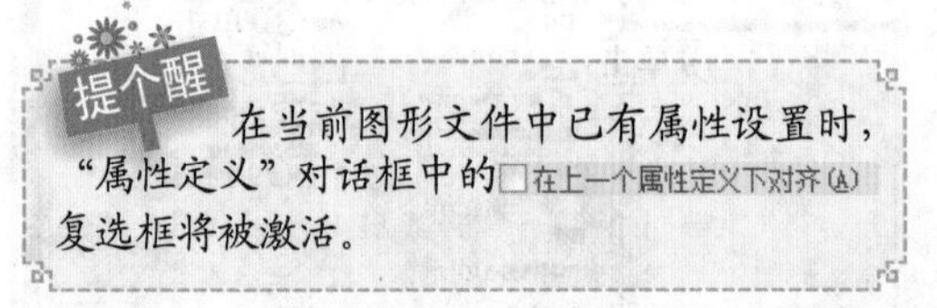

STEP 02: 设置属性参数

1. 在“属性”栏的文本框中输入需设置的属性参数。
2. 在“文字设置”栏的“文字高度”文本框中输入“220”。
3. 单击确定按钮返回绘图区，在绘图区中指定属性的位置。

STEP 03: 创建块

1. 选择【插入】/【块定义】组，单击“创建块”按钮，打开“块定义”对话框，在“名称”选项后的文本框中输入“大门块”。
2. 在“对象”栏中选中 转换为块(C) 单选按钮。
3. 单击“选择对象”按钮，在绘图区中选择属性文字和门图形，按Enter键返回“块定义”对话框。
4. 单击 确定 按钮。

STEP 04: 编辑属性

1. 在“请输入大门型号”的第一个文本框中输入“M1280”。
2. 单击 确定 按钮。

提个醒 图块属性只有在将属性文字定义为图块后，才能正常显示属性值，在未进行定义成为图块之前，显示的是“标记”选项中设置的文本内容。

STEP 05: 查看效果

返回窗口，可查看到图形文件已改变，如右图所示。

读书笔记

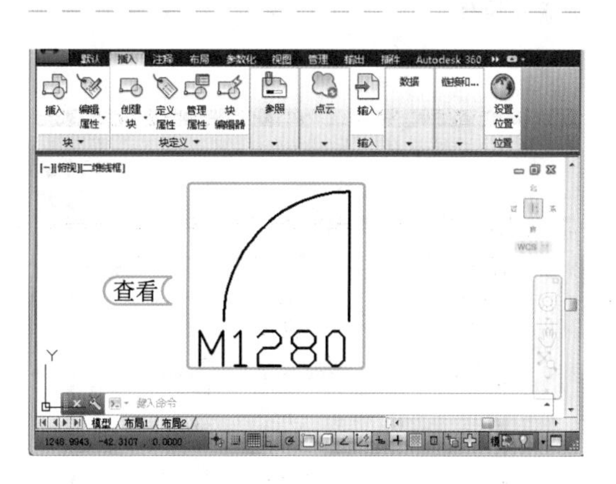

在“属性定义”对话框中各选项的功能介绍如下。

- 模式：该栏主要用于控制块中属性的行为，如属性在图形中是否可见、是否可相对于块的其余部分移动等，其中主要有不可见、固定、验证、预置、锁定位置和多行等。
- 属性：该栏用于设置图块的文字信息，其中包括标记、提示和默认三项。标记选项用于设置属性的显示标记；提示文本框用于设置属性的提示信息；默认文本框用于设置默认的属性值，单击“插入字段”按钮，可在打开的对话框中选择常用的字段。
- 文字设置：在该栏中主要对属性值的文字大小、对齐方式、文字样式和旋转角度等参数进行设置。
- 插入点：主要用于指定插入属性图块的位置，默认情况下以拾取点的方式来指定，与插入图块的相同选项含义相同。
- 在上一个属性定义下对齐：如果在定义图块属性之前，当前图形文件中已经定义了属性，则该复选框变为可用状态，即表示当前定义的属性将采用上一个属性的字体、字高及倾斜角度，且与上一属性对齐。

5.2.2 插入图块

当创建图块后，在绘图过程中，便可以根据需要将已绘制的图块文件插入到当前图形文件中。插入图块主要有插入单个图块、插入多个图块或使用设计中心插入图块等方式来实现。下面将对这 3 种方法分别进行介绍。

1. 插入单个图块

当创建图块后，就可以在绘图过程中使用这些图块，使用图块就必须将图块插入到绘图区中。插入图块主要是在“插入”对话框中进行，调用并打开该对话框的方法主要有如下几种。

- 命令行：在命令行中执行 INSERT（I）命令。
- 功能区：选择【默认】/【块】组，单击“插入”按钮。
- 菜单栏：在“AutoCAD 经典”工作空间中选择【插入】/【块】命令。

插入单个图块又分为插入单个内部图块和插入单个外部图块，下面将分别进行介绍。

- 插入单个内部图块：使用以上任意一种方法，打开“插入”对话框后，在该对话框中的“名称”下拉列表框中选择需要插入的内部图块名称，单击 确定 按钮，完成单个内部图块的插入操作。

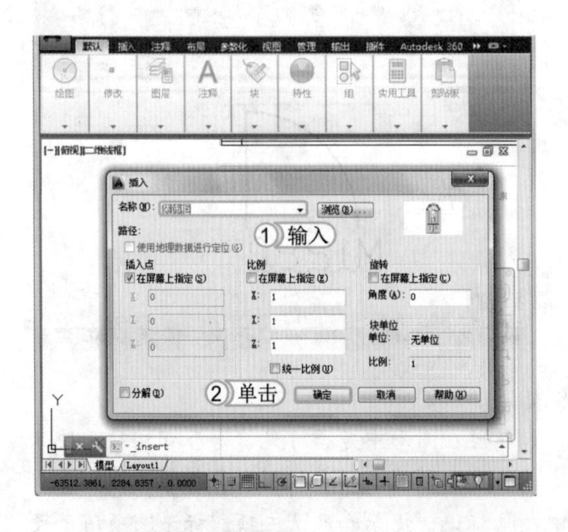

- 插入单个外部图块：使用以上任意一种方法，打开“插入”对话框后，单击该对话框中的 浏览(B)... 按钮，在打开的“选择图形文件”对话框中找到需要插入的外部图块，单击 打开(O) 按钮，返回“插入”对话框中单击 确定 按钮，完成单个外部图块的插入操作。

> **经验一箩筐——“插入”对话框中各项的设置**
>
> 如果选中了“插入点”、“比例”和“旋转”栏中的 ☑在屏幕上指定(S) 复选框，就可以使用鼠标在绘图区指定插入点、比例和旋转角度，也可以在“插入点”、“比例”和“旋转”栏中分别输入相应值来设置插入块的参数。若选中该对话框中的 ☑分解(D) 复选框，块对象将会作为单独的对象插入。

2. 插入多个图块

插入图块不仅可插入单个图块，还可连续插入多个相同的图块，其插入方式主要可通过阵列插入。阵列插入图块的原理和阵列命令一样，需要设置行数、列数、行间距和列间距值，阵列插入图块不仅能节约绘图时间，还能减少占用磁盘资源。

阵列插入图块的方法只有通过在命令行中执行 MINSERT 命令，然后在图区中单击鼠标确定插入点，并按 3 次 Enter 键，确认 X、Y 比例因子和旋转角。在命令行分别输入行数、列数、行间距值和列间距值，按 Enter 键完成阵列插入图块。

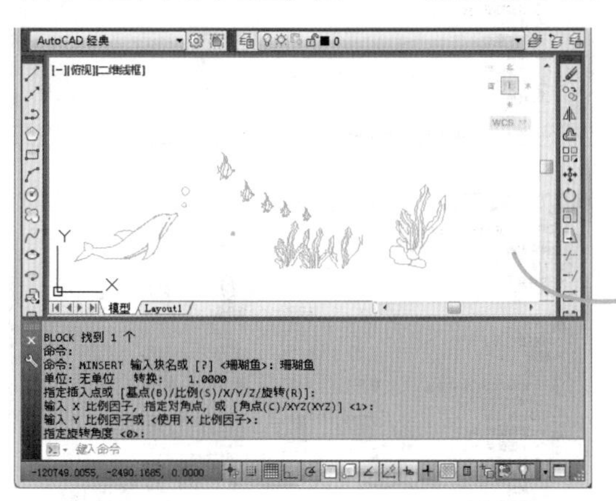

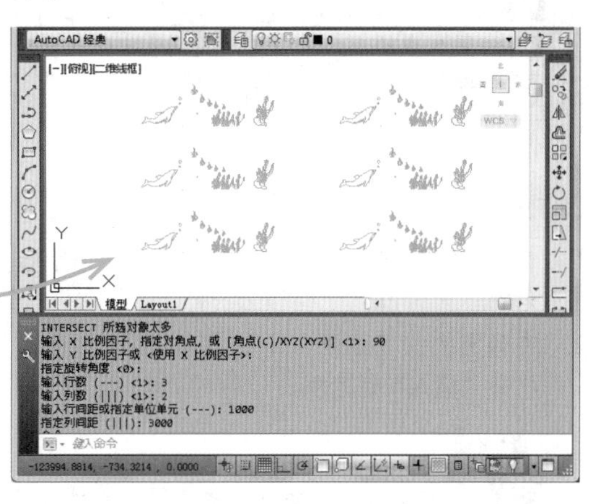

经验一箩筐——块名的输入

在命令行中执行 MINSERT 命令后，会提示用户输入块名，系统默认块的路径为“D:\ 我的文档”。如果插入的图块位于默认路径中，则可以直接输入块名；如果插入的块不在默认路径中，直接输入块名，系统会提示为找到文件，这时可以直接在命令行中输入图块所在的位置路径，如“珊瑚鱼”图块位于 H 盘中，则应该输入“H:\ 珊瑚鱼”。

3. 通过设计中心调用图块

AutoCAD 的设计中心中包含了多种图块，如建筑设施图块、机械零件图块和电子电路图块等，通过设计中心可方便地将这些图块调用到图形中。打开“设计中心”对话框的方法主要有如下几种。

- 命令行：在命令行中执行 ADCENTER（ADC）命令。
- 功能区：选择【视图】/【选项板】组，单击“设计中心”按钮。
- 菜单栏：在“AutoCAD 经典”工作空间中选择【工具】/【选项板】/【设计中心】命令。
- 快捷键：按 Ctrl+2 组合键。

下面将通过以上任意一种方法，打开“设计中心”对话框，在绘图区中插入“床 8.dwg”图块。其具体操作如下：

光盘文件 实例演示 \ 第 5 章 \ 通过设计中心调用图块

STEP 01： 选择图块路径

选择【视图】/【选项板】组，单击“设计中心”按钮▦，打开“设计中心”对话框，在“文件夹列表”窗格中选择“G:\CAD 文件 \cad 图库 \CAD 平面模库 .dwg\ 块”路径。

提个醒 设计中心的路径主要是根据图库的保存位置生成的，只需在文件夹列表中依次进行选择即可。

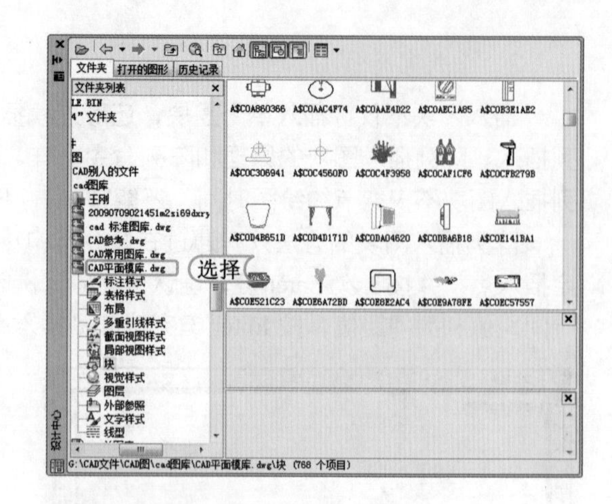

STEP 02： 选择图块

1. 在右边的图块列表的“床 8”图块上单击鼠标右键。
2. 在弹出的快捷菜单中选择“插入块”命令，打开“插入”对话框。

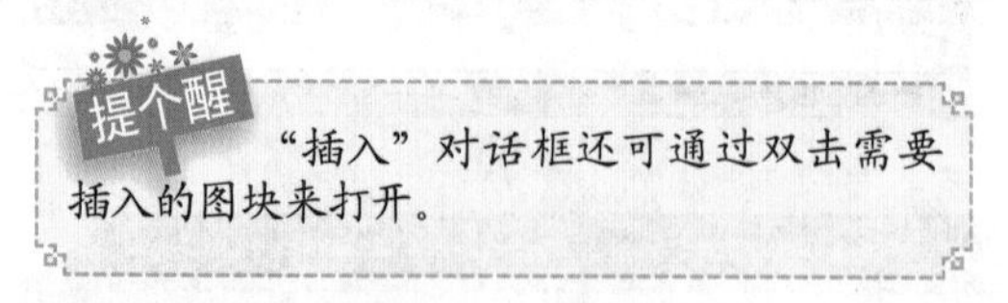
提个醒 “插入”对话框还可通过双击需要插入的图块来打开。

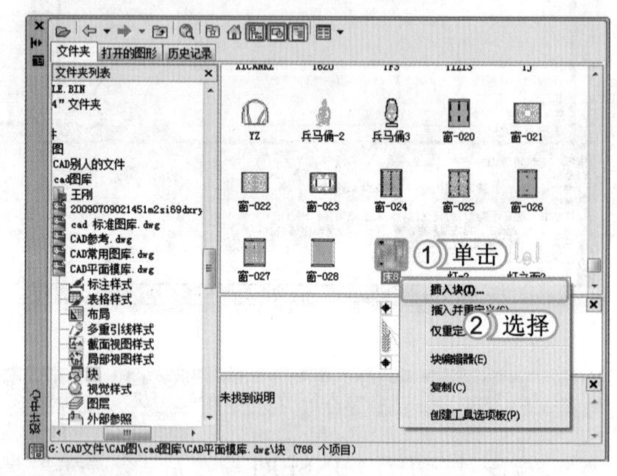

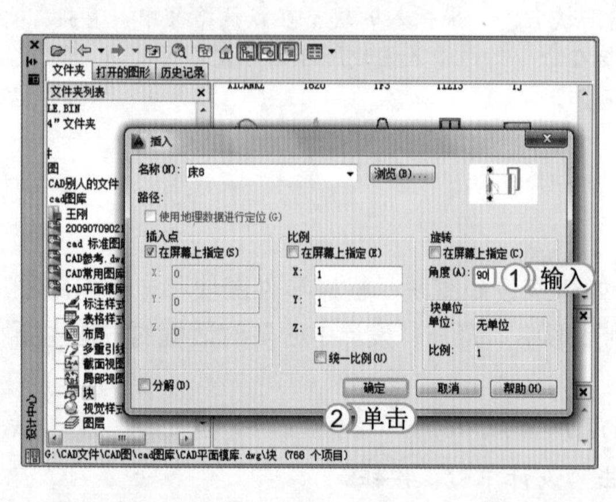

STEP 03： 插入图块

1. 在“旋转”栏的“角度”文本框中输入旋转角度“90”。
2. 单击 确定 按钮，返回绘图区。

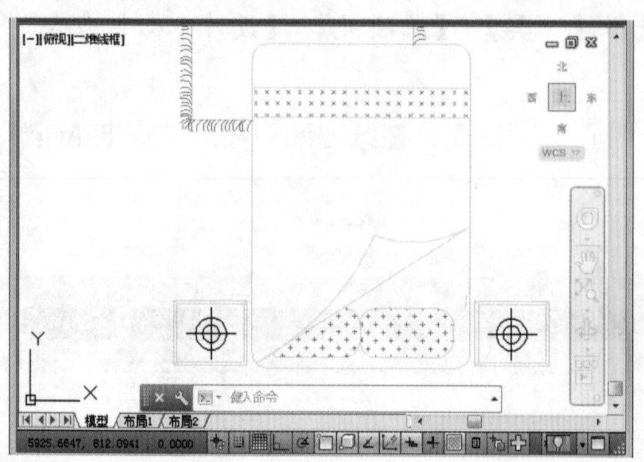

STEP 04： 完成插入

在绘图区中需要插入块的位置单击鼠标，指定图块插入点，完成图块的插入。

经验一箩筐——使用设计中心调用图块的其他方法

通过设计中心调用图块除了可以在需要插入的某个项目上单击鼠标右键，通过弹出的快捷菜单命令将图块插入到绘图区中以外，还可以直接将图块拖动到绘图区中，按照默认设置将其插入。此外，若双击填充图案将打开“边界图案填充”对话框，通过该对话框也可将图块插入到绘图区中。

5.2.3 编辑图块

在完成图块的创建之后，除了将图块插入到图形文件中，还可以对图块进行编辑处理，如编辑图块内容、重命名图块和删除图块等。下面将依次进行介绍。

1. 编辑图块内容

编辑图块内容可以对图块的图形对象进行删除、绘制和修改等操作。编辑图块内容主要是在“编辑块定义”对话框中选择需要进行编辑的图块，然后在打开的“块编辑器”对话框中进行编辑，调用“编辑块定义”对话框的方法主要有如下几种。

- 命令行：在命令行中执行 BEDIT（BE）命令。
- 功能区：选择【默认】/【块】组，单击“编辑”按钮。
- 菜单栏：在“AutoCAD 经典”工作空间中选择【工具】/【块编辑器】命令。

下面使用在命令行中输入命令的方法将“沙发”图块中的线条颜色特性更改为红色。其具体操作如下：

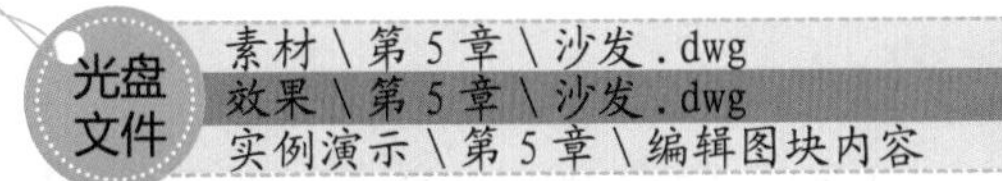

光盘文件
素材 \ 第 5 章 \ 沙发 . dwg
效果 \ 第 5 章 \ 沙发 . dwg
实例演示 \ 第 5 章 \ 编辑图块内容

STEP 01：选择图块

1. 打开“沙发 .dwg”图形文件，在命令行中输入 BEDIT 命令，打开“编辑块定义”对话框。
2. 在“要创建或编辑的块”列表框中选择“沙发”选项。
3. 单击 确定 按钮，打开“块编辑器”对话框及块编辑区域。

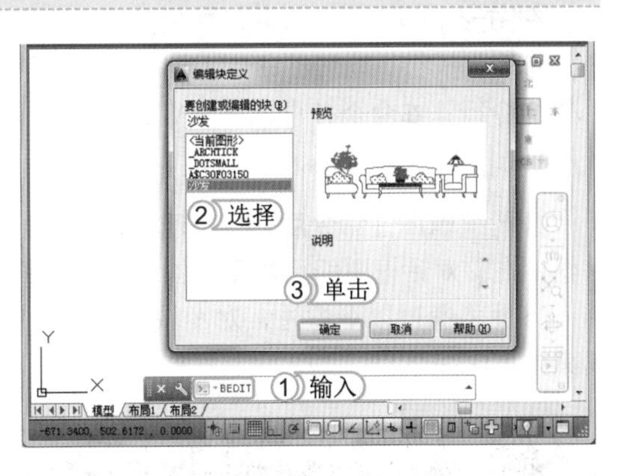

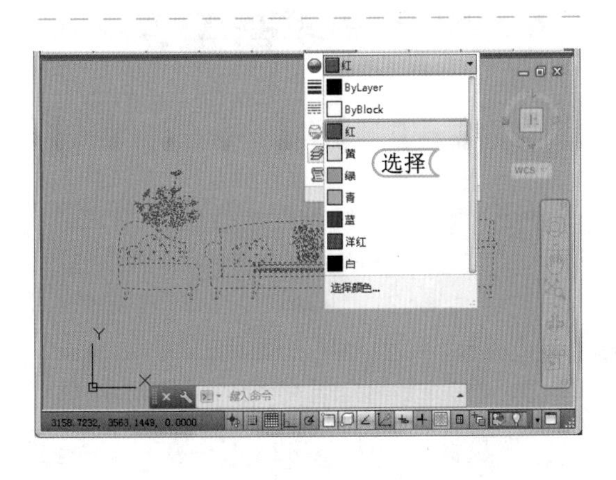

STEP 02：编辑块对象

使用交叉框选方式选择所有图形对象。在【默认】/【特性】组中，设置颜色特性为“红色”选项。

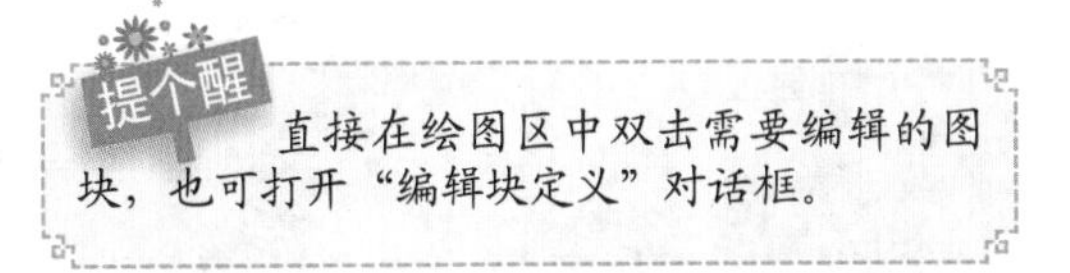

提个醒
直接在绘图区中双击需要编辑的图块，也可打开“编辑块定义”对话框。

STEP 03：完成编辑

在“块编辑器”选项卡的“打开/保存”面板中单击“保存块”按钮，保存图块。在该选项卡的“关闭”面板中单击“关闭块编辑器”按钮，退出编辑，并查看完成后的效果。

提个醒

对于插入的图块，并不是完全符合需要，但插入的图块是一个整体，并不能对其中的某一部分进行编辑，这时就可以将图块分解后再对其进行编辑。分解图块主要是用分解编辑命令 EXPLODE（X）进行。

经验一箩筐——保存编辑的图块

如果不在“块编辑器”选项卡中的“打开/保存”面板中单击“保存块”按钮，而是直接单击“关闭块编辑器”按钮，系统会打开“块-未保存更改”提示对话框，单击该提示对话框中的“将更改保存到沙发（S）”选项一样可以保存并退出编辑。

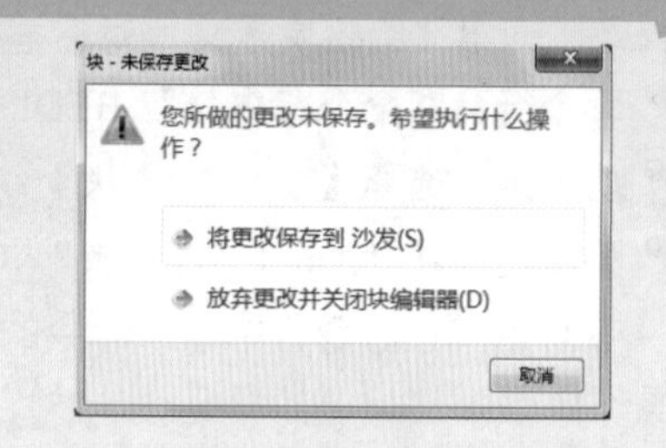

2. 编辑图块属性

在图形中插入属性块后，如果觉得属性值或属性值位置不符合自己的要求，可以对属性值进行修改。执行编辑属性命令主要有如下两种方法。

- 命令行：在命令行中执行 EATTEDIT 命令。
- 功能区：选择【插入】/【块】组，单击“编辑属性”按钮。

执行编辑属性命令后，将提示指定要进行编辑的属性块，然后打开“增强属性编辑器”对话框，在该对话框中即可对图块的属性进行更改。

下面将通过以上方法，对图块的属性文字进行更改，将字母 M1280 更改为数字 A1530。其具体操作如下：

光盘文件
素材 \ 第 5 章 \ 门平面图 1.dwg
效果 \ 第 5 章 \ 门平面图 1.dwg
实例演示 \ 第 5 章 \ 编辑图块属性

读书笔记

STEP 01： 编辑属性

1. 打开“门平面图 1.dwg”图形文件，选择【插入】/【块】组，单击“编辑属性”按钮。
2. 在命令行中提示“选择块：”后选择要进行编辑的属性块。

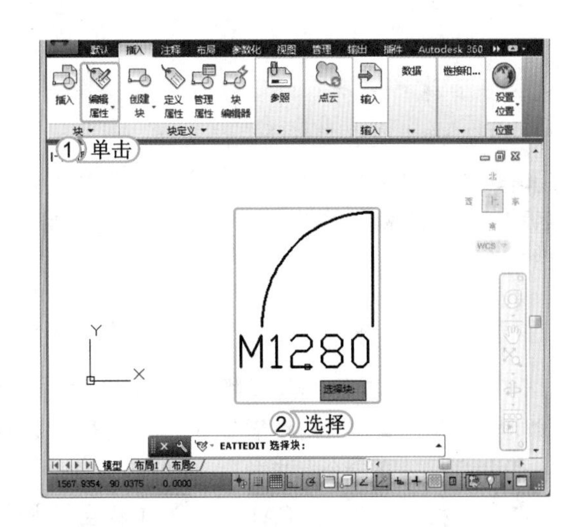

提个醒 除了可编辑图块属性外，还可插入带属性的图块，其方法与插入单个图块类似，都需要通过“插入”对话框将其插入到绘图区中，而且插入带属性的图块时可以指定相应的属性值，以符合插入图块的要求。

STEP 02： 增强属性编辑器

1. 打开“增强属性编辑器”对话框，在“值”文本框中输入“A1530”。
2. 单击 确定 按钮，关闭“增强属性编辑器”对话框。

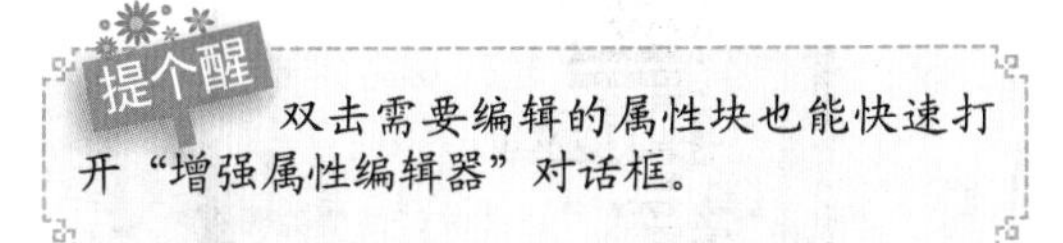
提个醒 双击需要编辑的属性块也能快速打开“增强属性编辑器”对话框。

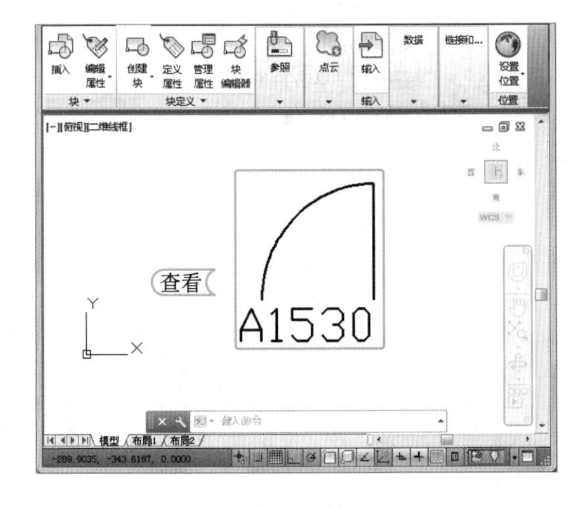

STEP 03： 查看效果

完成属性图块的编辑，返回窗口并查看完成后的效果。

3. 重命名图块

重命名外部图块，可以在保存该图块的位置处直接重命名，而重命名内部图块，可以在“重命名”对话框中进行。调用“重命名”对话框的方法主要有如下两种。

- 命令行：在命令行中执行 RENAME（REN）命令。
- 菜单栏：在“AutoCAD 经典”工作空间中选择【格式】/【重命名】命令。

根据以上任意一种方法打开“重命名”对话框，在该对话框中的“命名对象”列表框

中选择“块”选项，然后在其右侧的“项数”列表框中选择需要命名的图块，最后在重命名为(R):按钮后的文本框中输入重命名的名称，单击确定按钮，即可完成图块的重命名操作。

4. 删除图块

与重命名图块一样，删除外部图块可在保存该图块的位置处直接删除，而内部图块的删除则需要在“清理”对话框中进行，打开该对话框的方法主要有如下两种。

- 命令行：在命令行中执行 PURGE 命令。
- 菜单栏：在“AutoCAD 经典”工作空间中选择【文件】/【绘图实用程序】/【清理】命令。

使用以上任意一种方法，打开“清理”对话框后，在该对话框的“图形中未使用的项目”列表框中双击“块”选项，打开所包含的块选项，在其中选择需要删除的块，单击清理(P)按钮，即可删除选择的图块。

> **提个醒** 在图块操作中，除了重命名图块和删除图块外，还可重新定义图块。其方法与创建图块的方法类似，实际上就是将分解后的图块进行编辑，再用创建图块命令 BLOCK（B）将编辑后的图形对象重新定义为分解图块前同一名称的图块，从而覆盖原来的图块文件。

5.2.4 外部参照

外部参照是把已有的其他图形文件链接到当前图形文件中，与插入“块”的区别在于：插入“块”是将块的图形数据全部插入到当前图形中；而外部参照只记录参照图形位置等链接信息，而且不插入该参照图形的图形数据。

1. 附着外部参照

附着外部参照是将存储在外部媒介上的外部参照链接到当前图形中的操作。附着外部参照需要在“选择参照文件”对话框中进行，调用该对话框的方法主要有如下几种。

- 命令行：在命令行中执行 XATTACH 命令。
- 功能区：选择【插入】/【参照】组，单击“附着”按钮。
- 菜单栏：在“AutoCAD 经典”工作空间中选择【插入】/【DWG 参照】命令。

根据以上任意一种方法，并执行该命令后，打开“选择参照文件”对话框，在该对话框中选择附着的文件后，单击打开(O)按钮，打开“附着外部参照”对话框，在“参照类型”栏中选中附着型(A)单选按钮，然后按照插入图块的方法指定外部参照的插入点、缩放比例和旋转角度，单击确定按钮即可。

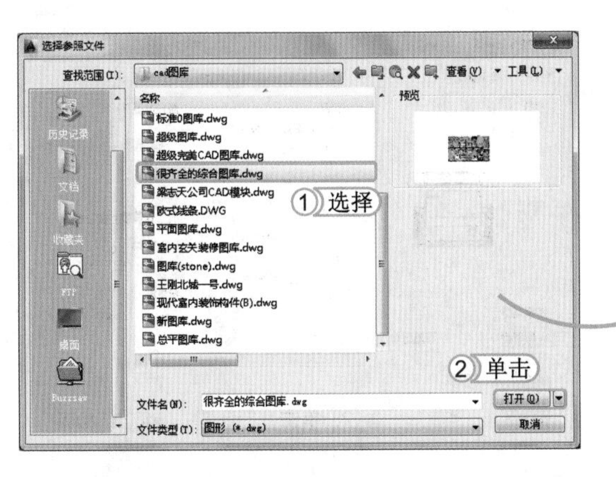

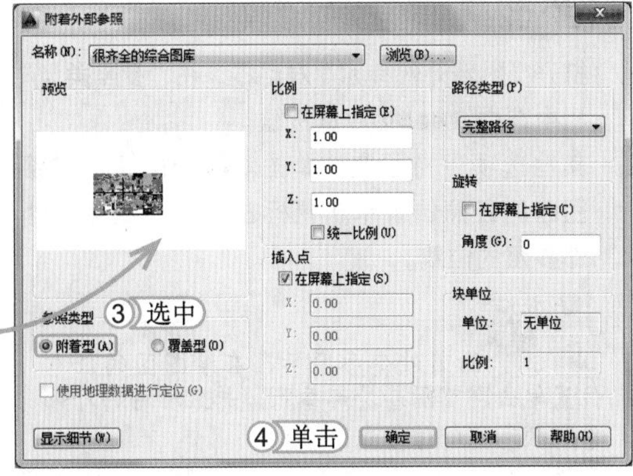

经验一箩筐——打开“外部参照”选项板查看相关信息

如果当前图形中有外部参照附着，那么在状态栏的右下角将显示一个“管理外部参照”按钮。单击该按钮可打开“外部参照”选项板，在该选项板中可以查看已打开图形文件或已加载的外部参照的详细信息。

2. 剪裁外部参照

附着外部参照会将选择图形文件中的全部图形对象附着在绘图区中，并且是以一个整体的形式显示，但是在绘图时通常只需要其中的某一部分，这时就需要使用“剪裁”命令对外部参照进行剪裁。调用“剪裁”命令的方法主要有如下两种。

- 命令行：在命令中执行 XCLIP（clip）命令。
- 功能区：选择【插入】/【参照】组，单击“剪裁”按钮。

下面将通过在“床平面图 .dwg”图形文件中的外部参照进行剪裁处理。其具体操作如下：

光盘文件

素材 \ 第 5 章 \ 床平面图 . dwg
效果 \ 第 5 章 \ 床平面图 . dwg
实例演示 \ 第 5 章 \ 剪裁外部参照

STEP 01：选择参照图形

1. 在打开的 AutoCAD 窗口中，选择“AutoCAD 经典”工作空间，并选择【插入】/【DWG 参照】命令，打开“选择参照文件”对话框，在“查找范围”下拉列表框中选择“桌面”选项。
2. 在下方的下拉列表框中选择“床平面图 .dwg”选项。
3. 单击 打开(O) 按钮。

提个醒

剪裁关闭时，如果对象所在的图层处于打开且已解冻状态，将不显示边界，此时整个外部参照是可见的。

STEP 02: 附着外部参照

1. 打开“附着外部参照”对话框，在“参照类型”栏中选中 附着型(A) 单选按钮。
2. 其他选项保持不变，单击 确定 按钮。在绘图区的任意位置单击鼠标左键，确定复制外部参照的位置。

提个醒

附着外部参照后，在绘图区的任意位置单击即可附着外部参照，并且附着的外部参照颜色将相对变浅。

STEP 03: 执行“剪裁”命令

1. 在命令行中输入 XCLIP 命令，按 Enter 键执行“剪裁”命令。
2. 在绘图区中选择“床平面图”图形，完成后按 Enter 键执行选择命令。

提个醒

在使用“剪裁”命令过程中，选择的对象可以是一个也可以是多个，只需同时进行选择即可。

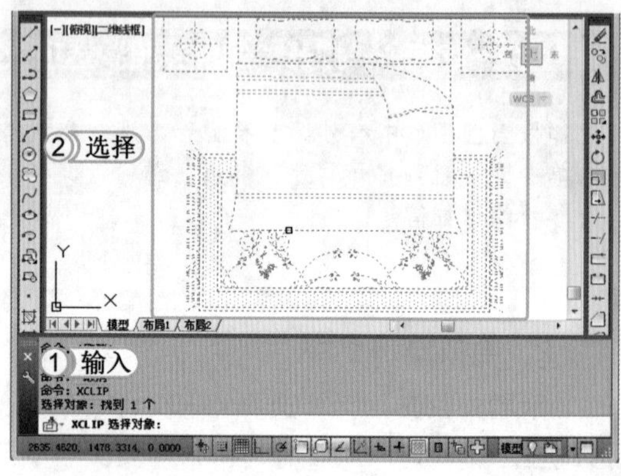

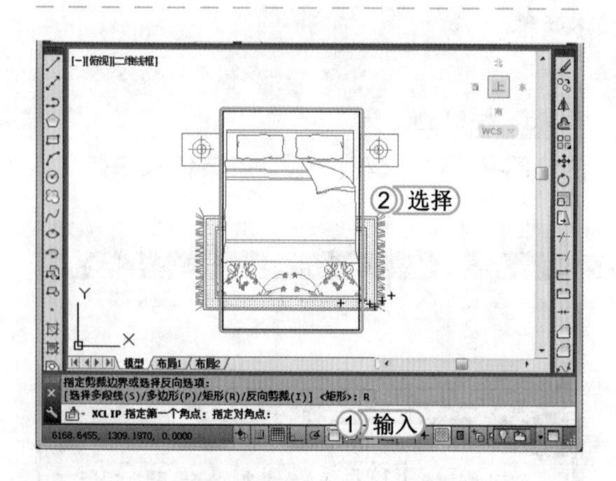

STEP 04: 选择剪裁形状

1. 在下方命令行中输入剪裁选项，这里输入“N”，或选择“新建边界”选项，按 Enter 键执行该命令。选择剪裁样式，这里选择“矩形”选项，或输入“R”选项。
2. 在绘图区中框选需要剪裁的图形对象，被框选的区域将被保留，被框选外的区域将被剪裁。

STEP 05: 查看剪裁后的效果

框选后图形的效果将被改变，查看剪裁后的效果。

提个醒

在附着外部参照过程中，除了可进行 AutoCAD 文件参照外，还可附着图像，并且附着的图像也可进行剪裁图像。

提个醒

剪裁除了可通过 XCLIP 命令进行外，还可通过 IMAGECLIP 命令进行。

3. 绑定外部参照

将外部参照转换为标准的内部图块就叫做绑定外部参照。将外部参照绑定到当前图形后，外部参照和源对象将会成为当前图形的一部分。绑定外部参照主要是在“外部参照绑定”对话框中进行，打开该对话框的方法主要有如下两种。

- 命令行：在命令行中执行 XBIND 命令。
- 菜单栏：在“AutoCAD 经典”工作空间中选择【修改】/【对象】/【外部参照】/【绑定】命令。

根据以上任意一种方法，打开“外部参照绑定”对话框，在该对话框的“外部参照”列表框中选择需要绑定的选项，单击 添加(A)-> 按钮，将其添加到“绑定定义”列表框中，单击 确定 按钮即可绑定相应的外部参照。如果将不需要的选项添加到了“绑定定义”列表框中，在该列表框中选择不需要的选项，单击 <-删除(R) 按钮即可将其从该列表框中删除。

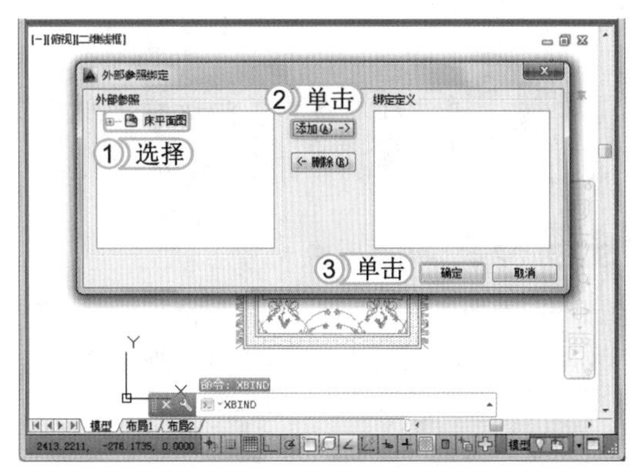

经验一箩筐——外部参照的管理

当外部参照附着后，可输入 XREF 命令，系统将自动执行该命令，并打开“外部参照”选项板，在其中可附着、组织和管理所有与图形相关的文件参照，还可附着和管理外部参照、复制的 DWF 参考底图（是外部参照的一种）和输入的光栅图像（是外部参照的一种）。

上机 1 小时 制作装饰画

- 灵活运用光栅图像的相关知识。
- 熟悉四边形的使用方法。
- 进一步认识剪裁光栅图像的方法。

光盘文件
素材\第 5 章\夜色.jpg
效果\第 5 章\装饰画.dwg
实例演示\第 5 章\制作装饰画

本例将综合利用前面所学的知识，进一步了解外部参照的使用方法。首先调用装饰画图样，并使用多边形命令绘制多边形，再进行偏移，完成后剪裁光栅图像，编辑前后效果如下图所示。

STEP 01： 附着图像

1. 在打开的 AutoCAD 窗口中选择“AutoCAD 经典”工作空间，再选择【插入】/【光栅图像参照】命令。打开“选择参照文件”对话框，在“查找范围”下拉列表框中选择文件的查找范围。
2. 在下方的列表框中选择“夜色.jpg”图像文件。
3. 单击 打开(O) 按钮。

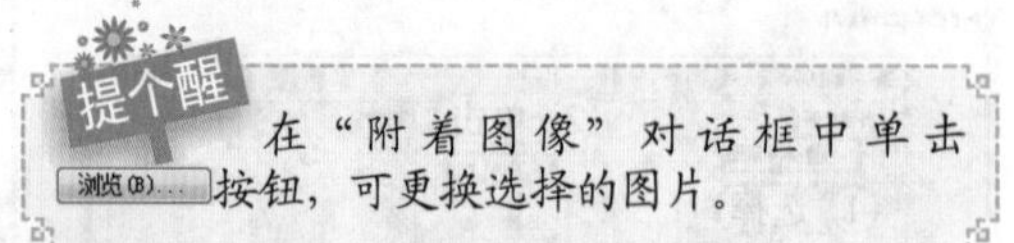
提个醒 在“附着图像”对话框中单击 浏览(B)... 按钮，可更换选择的图片。

STEP 02： 附着图像

打开“附着图像”对话框，在“预览”栏中将显示附着的图像，查看图像效果，单击 确定 按钮。在绘图区的任意位置单击鼠标左键，确定附着的图像位置。

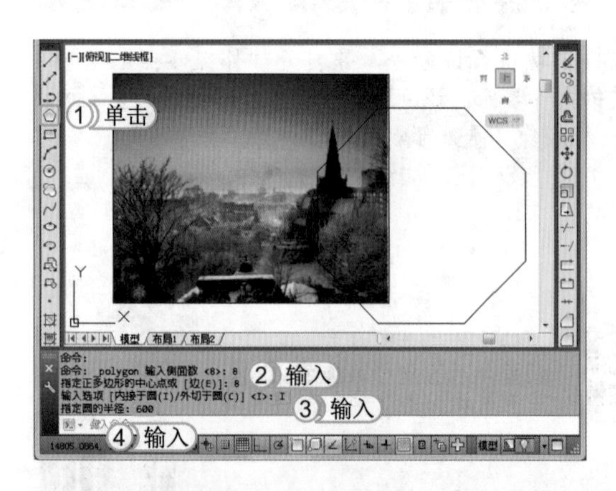

STEP 03： 编辑多边形

1. 单击“绘图”工具栏中的“多边形”按钮。在命令行中输入侧面数“8”，按 Enter 键执行面命令。
2. 输入多边形的边数，这里输入“8”，按 Enter 键。
3. 在命令行中选择“内接于圆”选项，或输入 I 命令。
4. 完成命令后指定半径“600”，按 Enter 键。

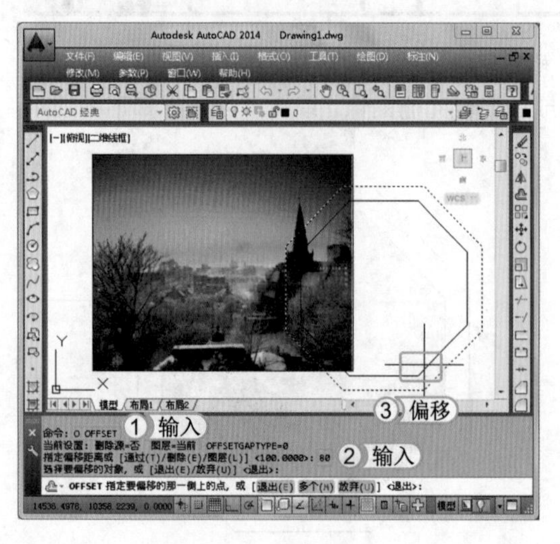

STEP 04： 偏移多边形

1. 在命令行中输入 O 命令，按 Enter 键执行偏移操作。
2. 在命令行中输入偏移值“80”，按 Enter 键。
3. 将鼠标光标移动至需偏移的图形上，向右进行偏移操作。

STEP 05： 移动图形

1. 在命令行中输入 M 命令，按 Enter 键执行偏移操作。
2. 选择需要移动的多边形图形，按 Enter 键执行移动操作。使用鼠标将多边形移动至图片所在的相应位置，单击鼠标左键，完成移动图形的操作。

> **提个醒** 在移动图形的过程中，可打开对象捕捉功能，进行捕捉移动。

STEP 06： 剪裁光栅图像

1. 在命令行中输入 IMAGECLIP 命令，按两次 Enter 键执行剪裁操作。
2. 在下方命令行中选择“矩形”选项，或输入“P”，按 Enter 键。
3. 指定剪裁的第一端点，并依次进行单击。

> **提个醒** 在建筑设计中也常常使用插入光栅图像，如在绘制户型图过程中，可将图形文件插入到绘图区，更加方便查看效果。

STEP 07： 查看完成后的效果

当连续单击各处的端点后，按 Enter 键即可完成剪裁操作，并查看完成后的效果。

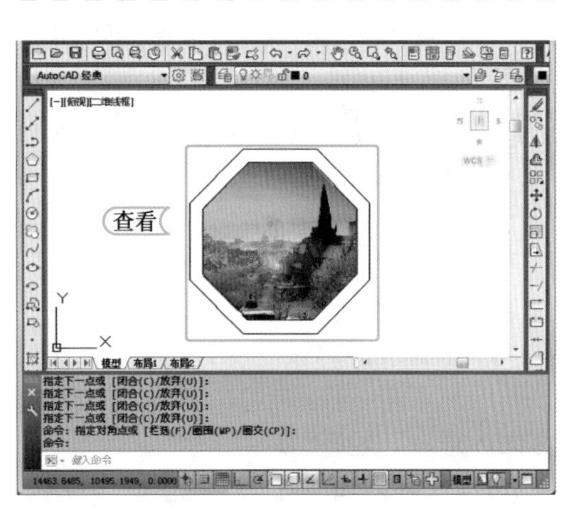

5.3 填充图形

当认识了图层、图块和外部参照后，还可对单个物体或图形进行填充。填充将快速使图形对象表现出某种材质或剖面，使图形变得更美观。下面将介绍创建填充图案、填充边界、渐变色和编辑填充图案的方法。

学习1小时

- 熟悉图案填充的编辑方法。
- 掌握填充图案和填充渐变色的方法。

5.3.1 创建填充图案

在 AutoCAD 2014 中，图案填充主要是在“图案填充和渐变色”对话框中进行的，调用该对话框的方法主要有如下几种。

- 命令行：在命令行中执行 HATCH（H）命令。
- 功能区：选择【默认】/【绘图】组，单击“图案填充”按钮。
- 菜单栏：在“AutoCAD 经典”工作空间中选择【绘图】/【图案填充】命令。

下面将根据以上方法，在“向日葵装饰画 .dwg”图形文件中填充装饰画线框。其具体操作如下：

光盘文件
素材 \ 第 5 章 \ 向日葵装饰画 . dwg
效果 \ 第 5 章 \ 向日葵装饰画 . dwg
实例演示 \ 第 5 章 \ 创建填充图案

STEP 01：填充图案和渐变色

1. 打开“向日葵装饰画 .dwg”文件，在“AutoCAD 经典”工作空间的命令行中输入HATCH命令，打开“图案填充和渐变色”对话框。
2. 在“类型和图案”栏的“图案”下拉列表框后单击按钮，打开“填充图案选项板”对话框。

STEP 02：选择图案

1. 在打开的对话框中选择“其他预定义”选项卡。
2. 在打开的列表框中选择“LINE”选项。
3. 单击 确定 按钮，返回到“图案填充和渐变色”对话框中。

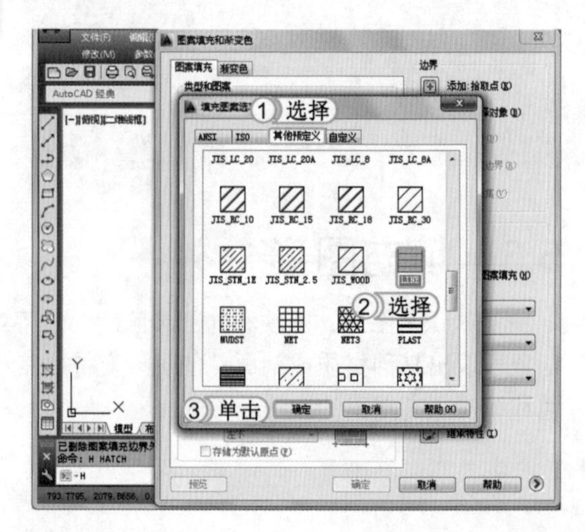

提个醒
在选择图案时，要根据特定的要求进行选择，在装饰设计过程中所用的填充图形，主要是根据材质的需要进行填充。

STEP 03: 返回绘图区

1. 在“颜色”下拉列表框中选择 ByLayer 选项。
2. 在“角度和比例”栏的“角度”下拉列表框中输入角度值“45”。
3. 在“比例”下拉列表框中输入比例值“1.25”。
4. 单击“添加：拾取点”按钮，即可返回到绘图区中。

提个醒 单击“颜色”下拉列表框后的按钮，也可快速选择颜色。

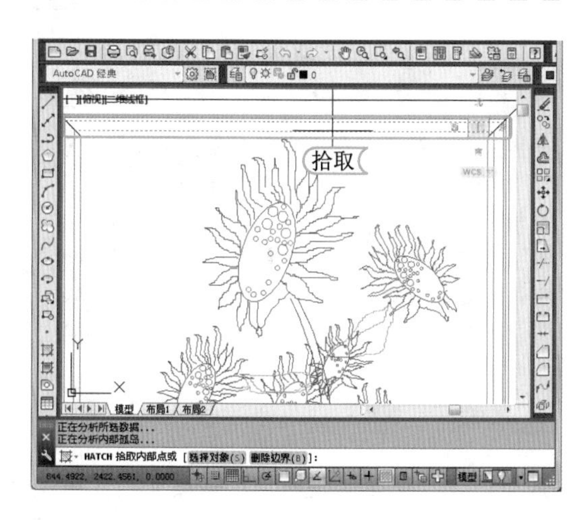

STEP 04: 拾取点

在装饰画的边框上拾取一点，指定图案填充区域，按 Enter 键返回到“图案填充和渐变色”对话框中。

STEP 05: 填充其他边框

在返回的对话框中单击按钮，返回窗口可查看选择的边框已填充所选择图形。根据以上方法，填充其他边框并查看填充后的效果。

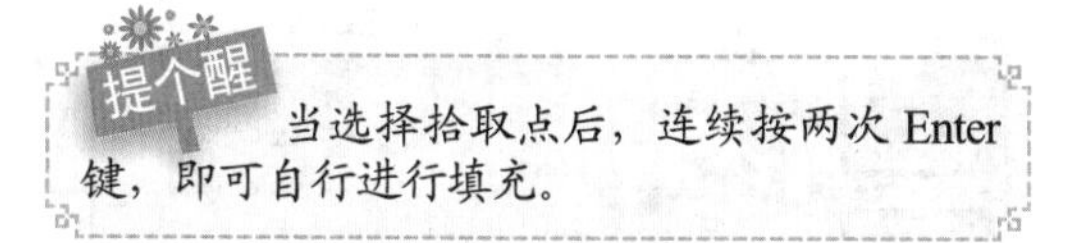

提个醒 当选择拾取点后，连续按两次 Enter 键，即可自行进行填充。

经验一箩筐——“添加：选择对象”按钮的作用

在填充图形时，需要选择构成封闭区域的对象，就可以单击“图案填充和渐变色”对话框中的“添加：选择对象”按钮。使用该按钮进行选择对象时，不会自动检测内部对象，必须选择选定边界内的对象。在绘图区域单击鼠标右键，在弹出的快捷菜单中可进行放弃最后一个对象、更改选择方式等操作。

5.3.2 创建填充边界

在填充复杂的图形时，经常需要创建填充边界，创建填充边界可以避免填充到不需要填充的图形区域，创建填充边界的对象可以是圆、矩形等单个封闭的图形对象，也可以是由多个首尾相连的线型对象形成的封闭区域。

其方法为：在打开的“图案填充和渐变色”对话框中单击该对话框右下角的⊙按钮，即可展开创建填充边界的选项。在右侧依次进行设置即可进行边界的创建与填充。

经验一箩筐——“孤岛”各项的含义与作用

“孤岛”的含义是指内部边界中的对象。如果对填充样式有特殊的要求，也可对相应选项进行设置，在“孤岛显示样式”选项中主要包括了“普通”、“外部”和“忽略（I）”三种样式。“普通”样式表示将从最外层的外边界向内边界填充，第一层填充，第二层不填充，第三层填充，如此交替进行，直到选定边界被填充完毕为止；“外部”样式表示将只填充从最外层边界向内第一层边界之间的区域；而“忽略”样式表示将忽略内边界，最外层边界的内部将被全部填充。

5.3.3 填充渐变色

在对图形进行填充时，除了可用图案填充外，还可以使用渐变色进行填充。填充渐变色主要是在“图案填充和渐变色”对话框的“渐变色”选项卡中进行，其方法与图案填充的方法基本相同。

下面将为“电视机立面图”图形文件填充渐变色。其具体操作如下：

光盘文件
素材\第5章\电视机立面图.dwg
效果\第5章\电视机立面图.dwg
实例演示\第5章\填充渐变色

STEP 01：设置渐变色

1. 打开“电视机立面图.dwg”图形文件，并在命令行中输入HATCH命令，在打开的“图案填充和渐变色”对话框中选择“渐变色”选项卡。
2. 在“渐变色”选项卡的“颜色”栏中选中◉单色(O)单选按钮。

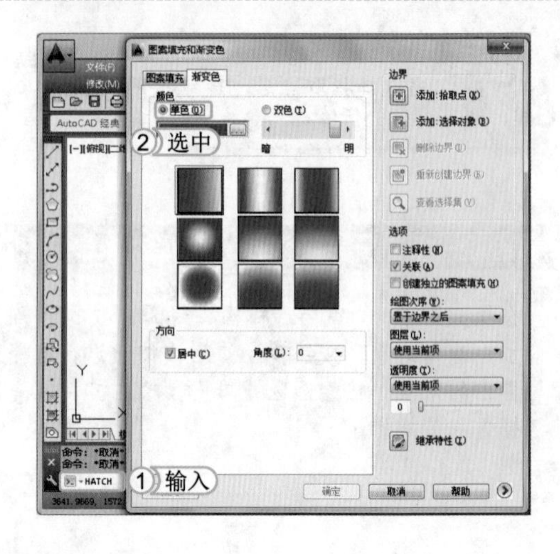

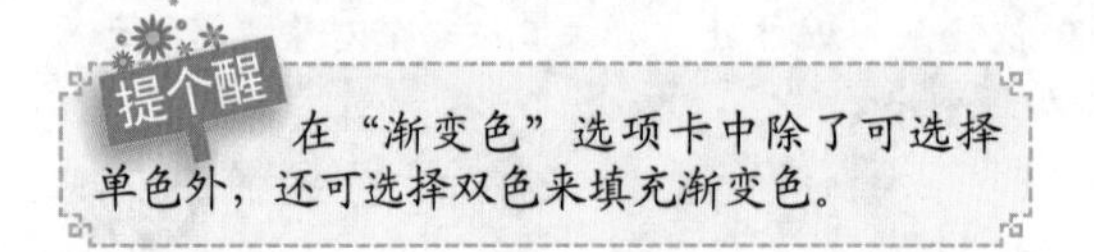

提个醒
在“渐变色”选项卡中除了可选择单色外，还可选择双色来填充渐变色。

STEP 02: 设置颜色1

1. 单击颜色后的▭按钮，打开“选择颜色”对话框，选择“索引颜色”选项卡。
2. 在“颜色”文本框输入“9”。

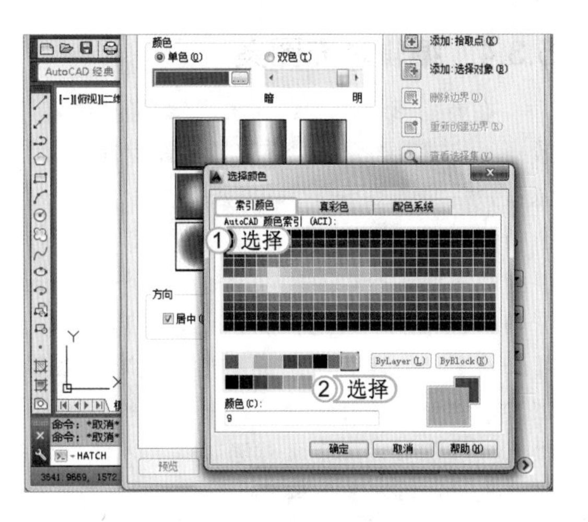

STEP 03: 选择真彩色

1. 选择“真彩色”选项卡。
2. 在下方“亮度”文本框中输入亮度值“89”。
3. 单击 确定 按钮。

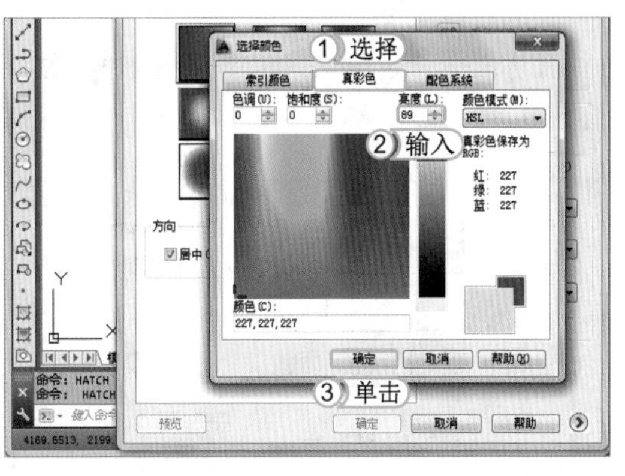

> **提个醒** 渐变色填充是一种颜色的不同灰度之间或两种颜色之间的过渡，使用渐变色填充不仅可以增强演示图形的效果，还可以使其呈现出反射效果。

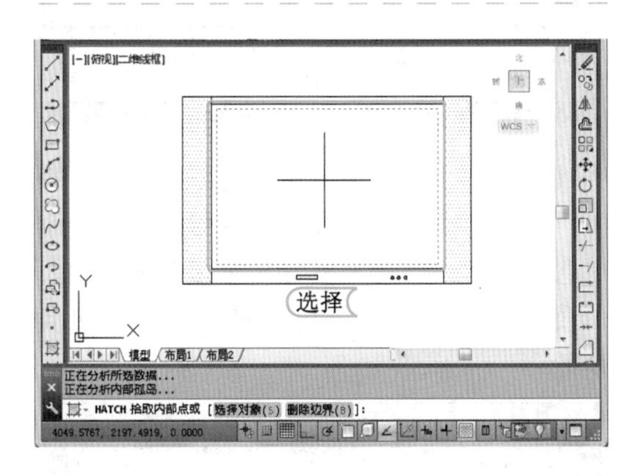

STEP 04: 选择对象

返回“图案填充和渐变色”对话框，单击“添加：拾取点”按钮▣，返回绘图区中选择电视机的屏幕为填充对象，按 Enter 键。

> **提个醒** 再次按 Enter 键也可打开“图案填充和渐变色”对话框，在其中还可进行调整设置。

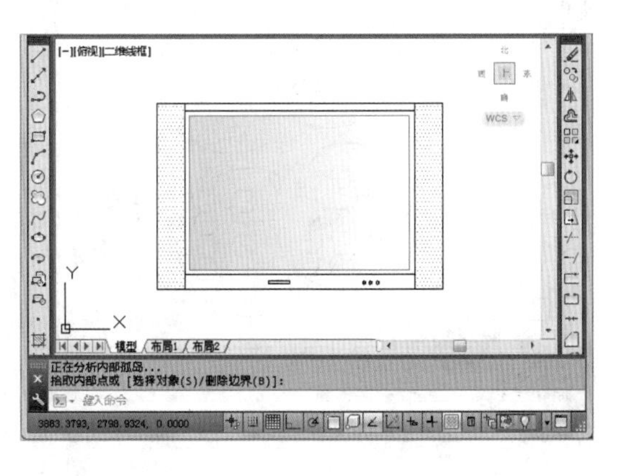

STEP 05: 完成填充

返回“图案填充和渐变色”对话框，单击该对话框中的 确定 按钮，返回绘图区完成填充。

> **提个醒** 在填充渐变色时如果需要指定图案填充的绘图次序，可以在“绘图次序”下拉列表框中进行选择，其中主要包括了“不指定”、“后置”、“前置”、“置于边界之后”和“置于边界之前”等选项，用户可以根据不同的需要选择不同选项。

5.3.4 编辑填充图案

在为图形填充了图案后，还可通过图案填充中的编辑命令对其进行编辑，以达到最完善的效果。编辑填充图案主要包括快速编辑图案、设置图案可见性、分解图案和修剪图案，下面将依次介绍编辑图案的不同方法。

- 快速编辑图案：快速编辑图案主要是使用编辑填充图案命令，可以通过在命令行中执行 HATCHEDIT（HE）命令或选择【默认】/【修改】组，单击“编辑图形填充”按钮调用该命令。执行命令后，在打开的“图案填充编辑”对话框中进行编辑，其方法和设置填充图案的方法基本相同。

- 设置图案可见性：设置图案可见性主要是在绘制较大的图形时，为了避免用较长时间来等待图形中的填充图形生成而关闭“填充”模式，从而提高显示速度。关闭“填充”模式主要可以通过在命令行中输入 FILL 命令，然后输入 OFF，选择“关”选项来实现。但执行该命令后需重生成视图才能将填充的图案关闭。

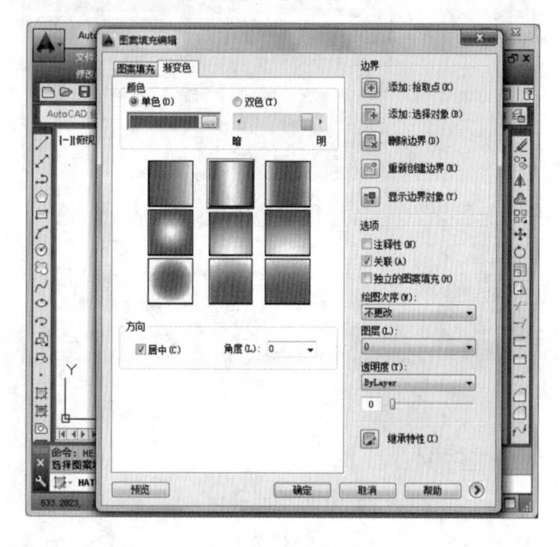

- 分解图案：分解图案主要是使用分解“EXPLODE”命令，图案被分解后，不再是一个单一的对象，而是一组组成图案的线条。此时，就可以对线条进行任何的编辑操作，但是不能对填充的渐变色进行分解。

- 修剪图案：修剪图案主要是输入 TRIM 命令，修剪命令可以修剪填充图案和填充的渐变色，其方法和修剪图形的方法基本相同，但是需注意在修剪之前需将图形文件进行分解。

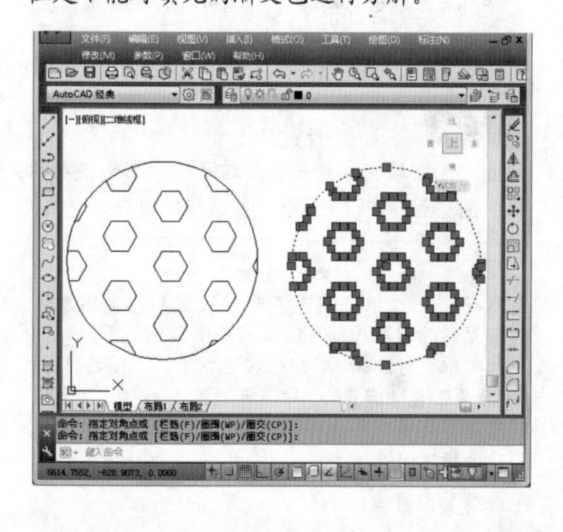

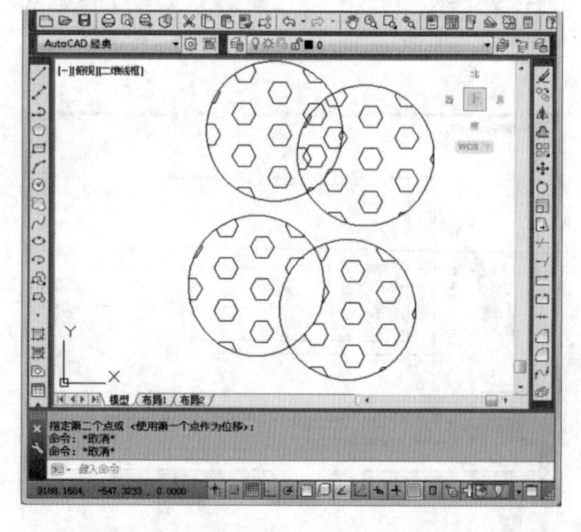

上机1小时 美化客厅立面图

- 掌握填充图案的方法。
- 进一步认识填充渐变色的方法。

本例将通过更改比例值、角度值、颜色特性和编辑填充图案来完善图形，编辑前后的效果如下图所示。

光盘文件
素材\第5章\客厅立面图.dwg
效果\第5章\客厅立面图.dwg
实例演示\第5章\美化客厅立面图

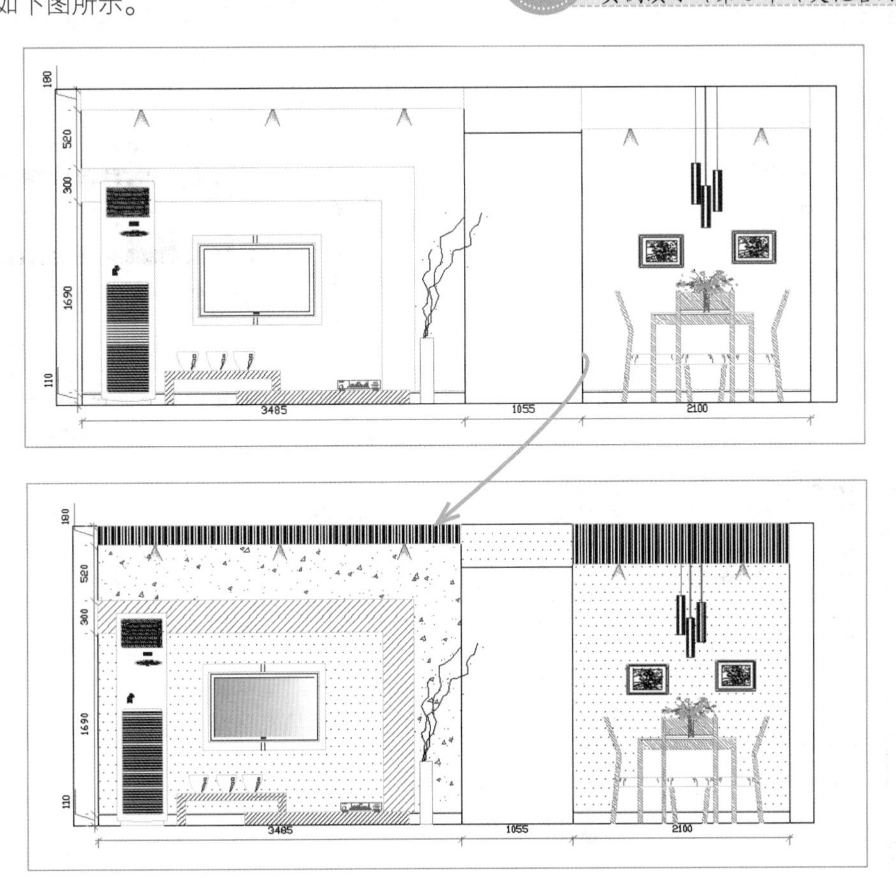

STEP 01：图案填充与渐变色

1. 打开“客厅立面图.dwg”文件，在命令行中输入HATCH命令，按Enter键，打开“图案填充和渐变色”对话框。
2. 在“类型和图案”栏的“图案”下拉列表框后单击按钮，打开“填充图案选项板”对话框。

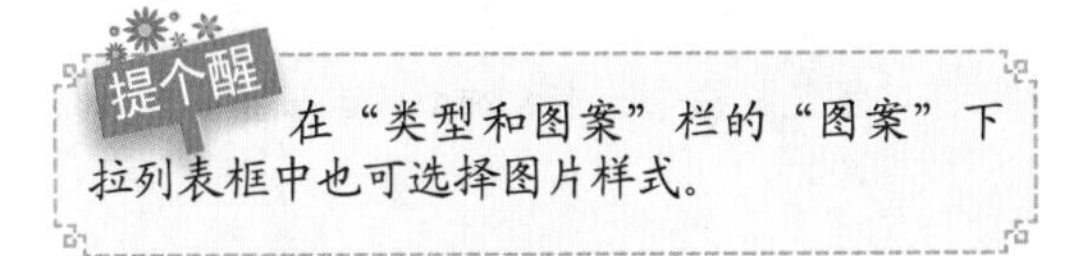

提个醒 在“类型和图案”栏的“图案”下拉列表框中也可选择图片样式。

STEP 02：选择图案

1. 在该对话框中选择“其他预定义”选项卡。
2. 在打开的列表框中选择 AR-CONC 选项。
3. 单击 确定 按钮，返回到“图案填充和渐变色”对话框中。

提个醒 图案除了可选择预定义图案外，还可自定义图形，即在“自定义”选项卡中进行图案的设置。

STEP 03：选择颜色

1. 在“颜色”下拉列表中选择“选择颜色”选项，打开“选择颜色”对话框，在其中选择“索引颜色”选项卡。
2. 在“颜色”文本框中输入颜色值“252”。
3. 单击 确定 按钮。

STEP 04：拾取点

1. 在“角度和比例”栏下的“比例”下拉列表框中输入“2”。
2. 单击“添加：拾取点”按钮，即可返回到绘图区中。在电视墙的中间位置拾取一点，指定图案填充区域，按 Enter 键返回到“图案填充和渐变色”对话框中。
3. 单击 确定 按钮。

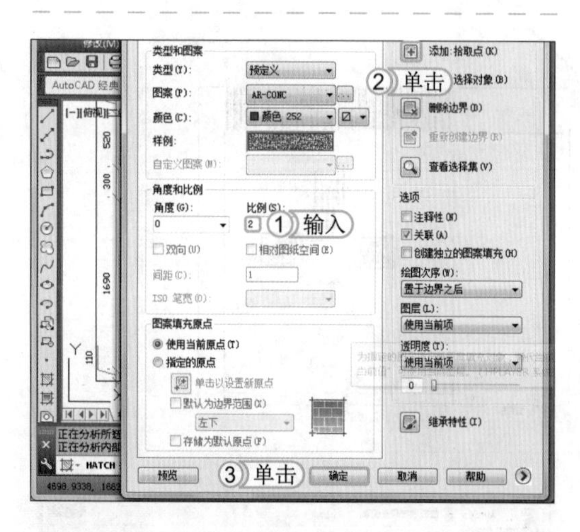

STEP 05：填充颜色

1. 根据以上方法，打开“图案填充和渐变色”对话框，在其中选择“渐变色”选项卡。
2. 在“颜色”栏中选中 双色 单选按钮。

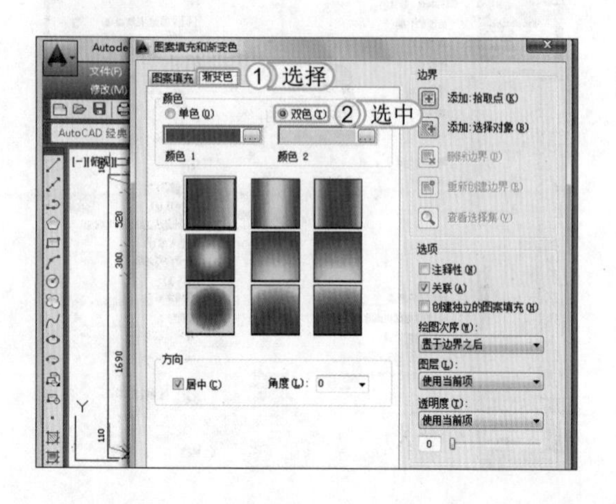

STEP 06： 设置颜色1

1. 单击颜色 1 后的⋯按钮，打开“选择颜色”对话框，选择“索引颜色”选项卡。
2. 在“颜色”文本框输入颜色值“9”。
3. 单击 确定 按钮。

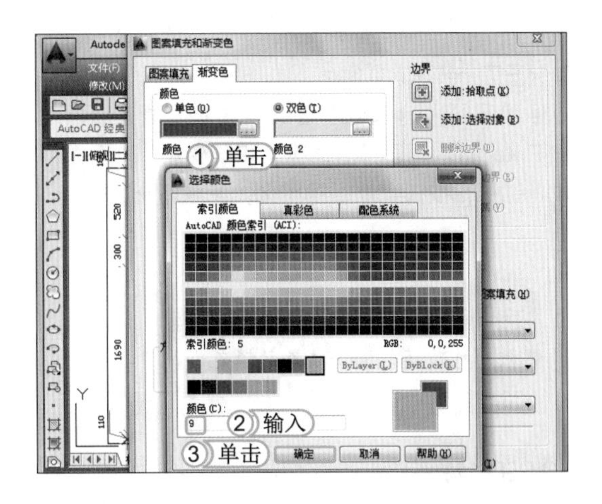

提个醒 图案填充可以创建单独的注释性填充对象或创建注释性填充图案，这些都是按照图纸尺寸进行定义的。

STEP 07： 选择真彩色

1. 单击颜色 2 后的⋯按钮，打开“选择颜色”对话框，选择“真彩色”选项卡。
2. 在下方“亮度”文本框中输入亮度值“93”。
3. 单击 确定 按钮。
4. 返回“图案填充和渐变色”对话框，单击“添加：拾取点”按钮。

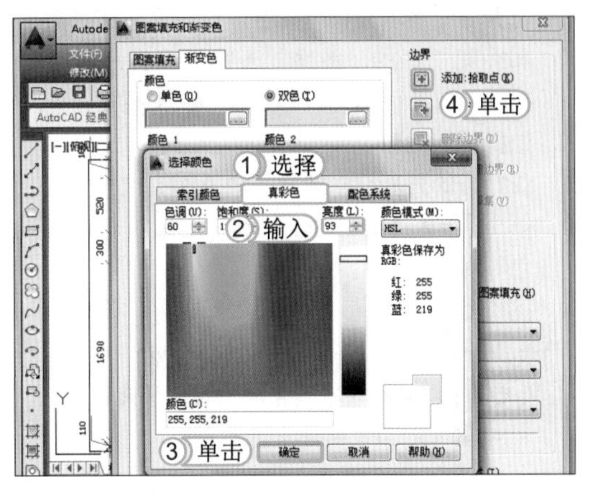

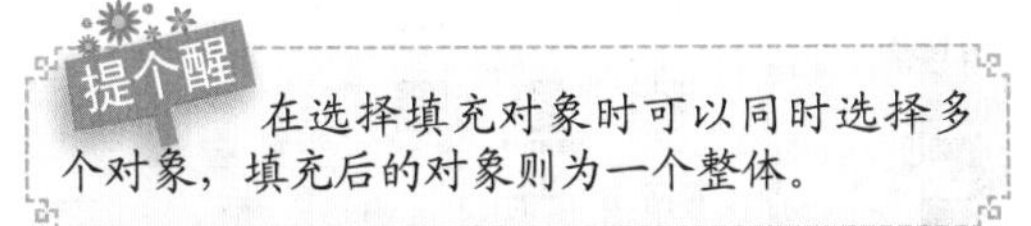
提个醒 在选择填充对象时可以同时选择多个对象，填充后的对象则为一个整体。

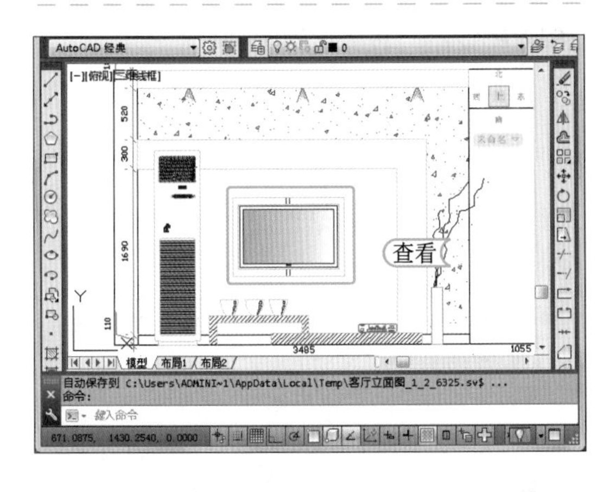

STEP 08： 查看填充后的效果

返回绘图区中选择电视机的屏幕为填充对象，按Enter键。返回“图案填充和渐变色”对话框，单击该话框中的 确定 按钮，返回绘图区，完成填充。

提个醒 在设置角度和比例的过程中，单击 ☑双向(U) 复选框，即可设置双向样例线段。

STEP 09： 用户定义样式

1. 在命令行中输入H命令，按Enter键，打开“图案填充和渐变色”对话框，在“类型和图案”栏的“类型”下拉列表框中选择“用户定义”选项。
2. 在“角度”下拉列表框中输入角度值“45”。
3. 在“间距”文本框中输入间距值“50”。
4. 单击“添加：拾取点”按钮。

STEP 10： 查看填充后的效果

返回绘图区中选择电视墙的玻璃处为填充对象，按 Enter 键。返回“图案填充和渐变色”对话框，单击 确定 按钮，返回绘图区，完成填充。

> **提个醒**
> 在房屋设计的绘制过程中，斜线常常被用作玻璃或装饰线条的填充。

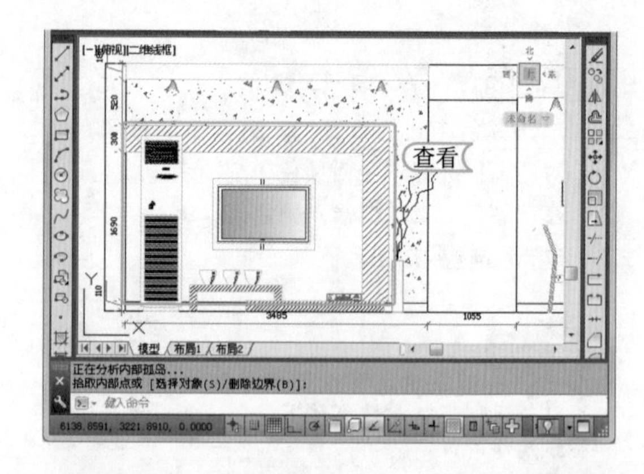

STEP 11： 吊顶的填充

1. 打开“图案填充和渐变色”对话框，在“类型和图案”栏的“图案”下拉列表框后单击 ... 按钮，打开“填充图案选项板”对话框。
2. 选择“其他预定义”选项卡。
3. 在打开的列表框中选择“PLASTI”选项。
4. 单击 确定 按钮，返回到“图案填充和渐变色”对话框中。

> **提个醒**
> 在房屋设计的绘制过程中，吊顶的填充常常以竖线条或实体颜色进行填充。

STEP 12： 设置比例

1. 在“角度和比例”栏下的“角度”下拉列表框中输入角度值“90”。
2. 在“比例”下拉列表框中输入“10”。
3. 单击“添加：选择对象”按钮，返回到绘图区中。

STEP 13： 查看效果

在吊顶处分别拾取对应的线段，指定图案填充区域，按 Enter 键返回到“图案填充和渐变色”对话框中，单击 确定 按钮。返回绘图区查看其填充后的效果。

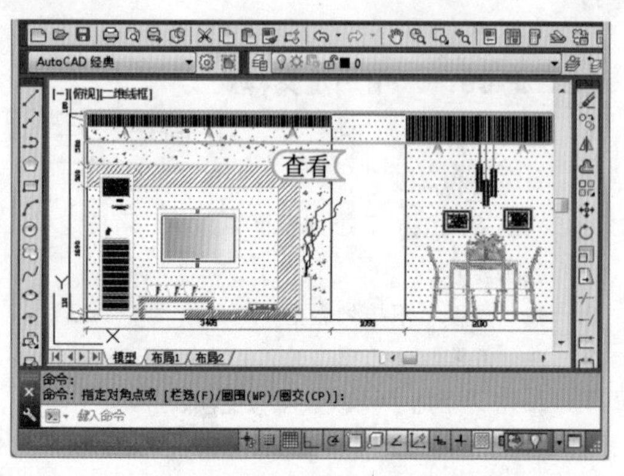

STEP 14：填充其他图形

1. 在“图案填充和渐变色”对话框中的“类型”下拉列表框中选择“预定义”选项，在“图案”下拉列表框中选择“DOTS”选项。
2. 在“比例”下拉列表框中输入“6”。
3. 单击“添加：拾取点”按钮，返回到绘图区并在其中对其他区域进行填充。

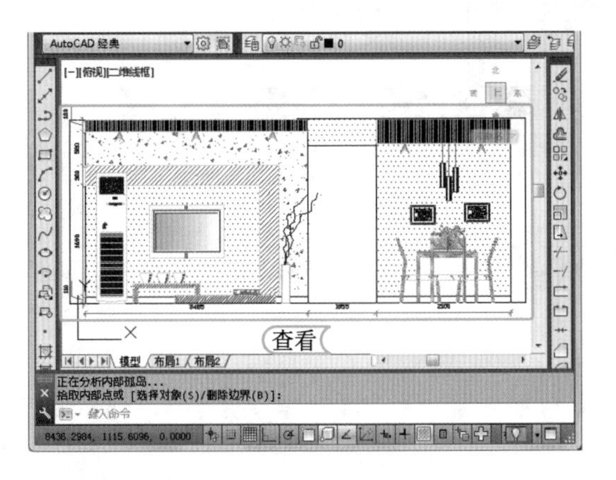

STEP 15：查看完成后的效果

依次填充其他绘图区域，查看完成后的效果。

159
72 Hours
62 Hours
52 Hours
42 Hours
32 Hours
22 Hours
12 Hours

5.4 练习 2 小时

本章主要介绍图层的使用、编辑图块与外部参照和填充图形的方法，用户要想在日常工作中熟练使用它们，还需进行巩固练习。下面以绘制足球图样和制作中式相片框为例，进一步巩固这些知识的使用方法。

1. 练习 1 小时：绘制足球图样

本例主要通过“多边形”命令绘制正六边形，再使用“镜像”命令绘制正六边形，并使用“圆”命令绘制圆，然后剪切该图形的多余线段并进行选择性的填充，效果如下图所示。

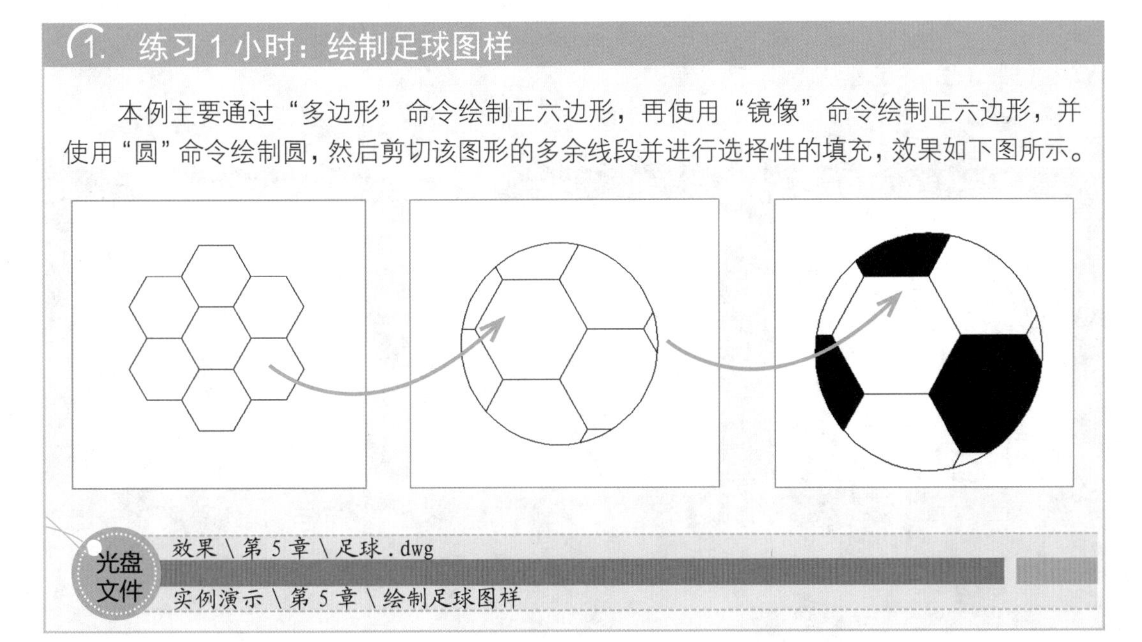

光盘文件

效果 \ 第 5 章 \ 足球 . dwg

实例演示 \ 第 5 章 \ 绘制足球图样

2. 练习1小时：制作中式相片框

本例将对“水墨画.jpg”图形文件使用外部参照的方法，调用装饰画图样，并使用“四边形”命令绘制四边形，再进行复制，完成后剪切光栅图像，接着对边框进行填充操作，进一步掌握本章学习的外部参照和填充命令的使用方法，编辑前后效果如下图所示。

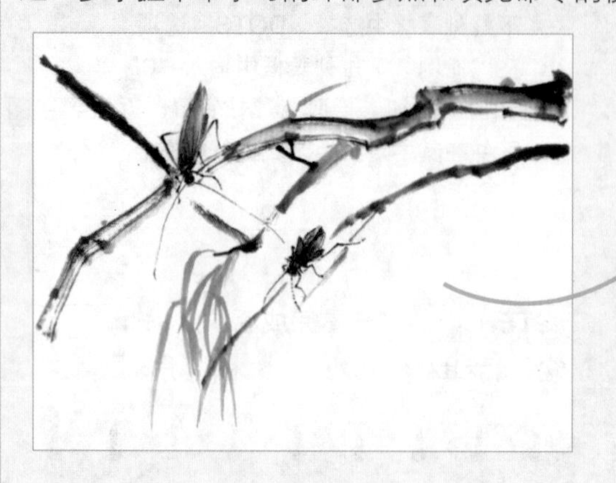

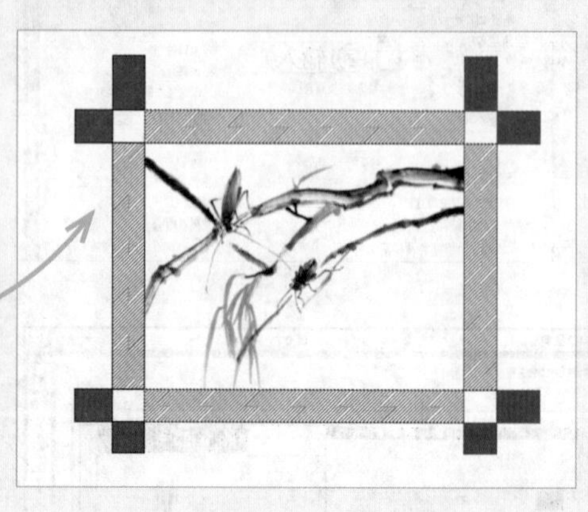

光盘文件
素材\第5章\水墨画.jpg
效果\第5章\中式相片框.dwg
实例演示\第5章\制作中式相片框

读书笔记

第6章 对图形进行文字标注

学习 2小时

为绘制的图形添加说明性的文字，可以使图形表达更直观，特别是在绘制建筑、机械类的图形时，都必须标注图形的尺寸，以便查看。此外，还可通过表格的形式，将需要的内容集合在一起，使数据显示更直观。

- 输入和编辑文本
- 在图形中添加表格

上机 3小时

6.1 输入和编辑文本

当绘制图形完成后，可对图形进行文字说明，从而更好地表达出使用图形不易表现的内容。但是对图形进行文字说明之前，需输入和编辑文本。编辑文本主要包括设置文字样式、输入单行文字、输入多行文字、输入特殊字符、编辑文字内容和查找与替换文字等，下面将分别进行介绍。

学习 1 小时

- 了解文字样式的设置方法。
- 区分单行文字与多行文字的不同。
- 掌握文字的编辑与插入特殊符号的方法。

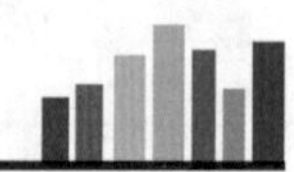

6.1.1 设置文字样式

使用 AutoCAD 2014 绘制的图形与文字说明是紧密相连的，文字说明可表现图形隐含或不能直接表现的含义或功能。在对图形进行文字说明前，可根据需要对文字样式进行设置，如文字高度、字体样式和倾斜角度等。

在 AutoCAD 2014 中，系统默认使用 Standard 文字样式作为标准文字样式，在对图形进行文字说明时，可以根据自己的需要创建并设置不同的文字样式，然而创建与设置文字样式可在“文字样式”对话框中进行。调用“文字样式”命令，主要有如下几种方法。

- 命令行：在命令行中执行 STYLE 命令。
- 功能区：选择【默认】/【注释】组，单击“文字样式”按钮A。
- 菜单栏：在“AutoCAD 经典”工作空间中选择【格式】/【文字样式】命令。

下面将使用以上任意一种方法，创建名为“建筑制图”和“机械制图”的文字标注样式，并分别设置文字样式的字体和高度等参数。其具体操作如下：

光盘文件

效果 \ 第 6 章 \ 设置文字样式 . dwg

实例演示 \ 第 6 章 \ 设置文字样式

STEP 01：新建文字样式

1. 启动 AutoCAD 2014，在命令行中输入 STYLE 命令，按 Enter 键执行文字样式命令，打开“文字样式”对话框。
2. 单击 新建(N)... 按钮，打开“新建文字样式”对话框。

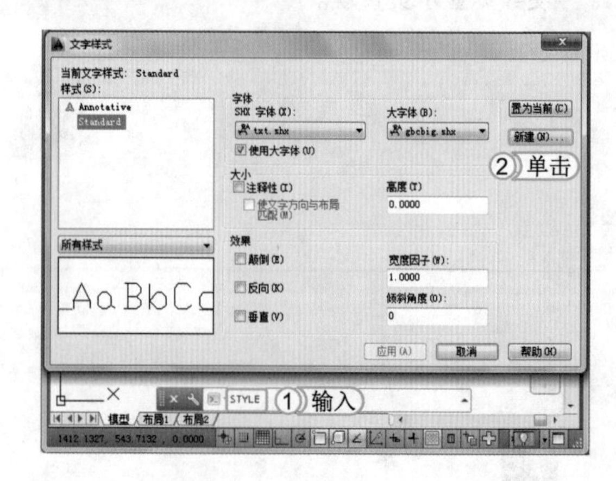

> **提个醒**
> 在设置文字样式的“效果”时，TrueType 字体和符号不支持垂直方向，只支持颠倒和反向的文字效果。

STEP 02：命名文字样式

1. 在打开对话框的“样式名”文本框中输入“建筑制图”。
2. 单击 确定 按钮。

提个醒 在“文字样式”对话框中可以将创建的文字样式设置为当前文字样式，只需单击 置为当前(C) 按钮，即可将其设置为当前样式。

STEP 03：设置字体样式

1. 返回“文字样式”对话框，在“字体”栏的“SHX 字体”下拉列表框中选择 acaderef.shx 选项。
2. 在“大小”栏的“高度”文本框中输入“2.5000”，指定文字的高度。
3. 在“效果”栏的“宽度因子”文本框中输入“2.0000”，指定文字的宽度。
4. 在“倾斜角度”文本框中输入“5”。
5. 单击 应用(A) 按钮。

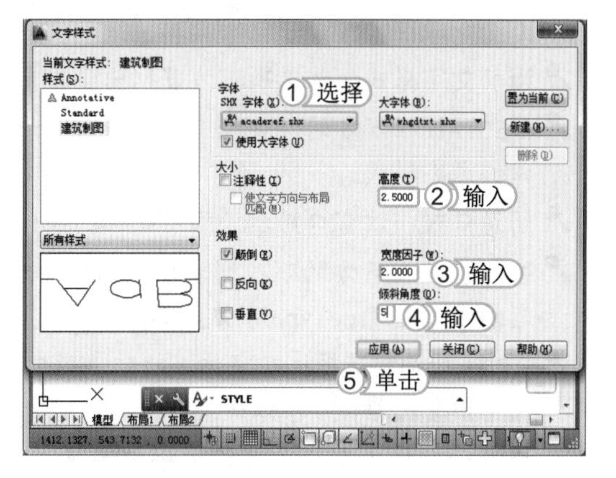

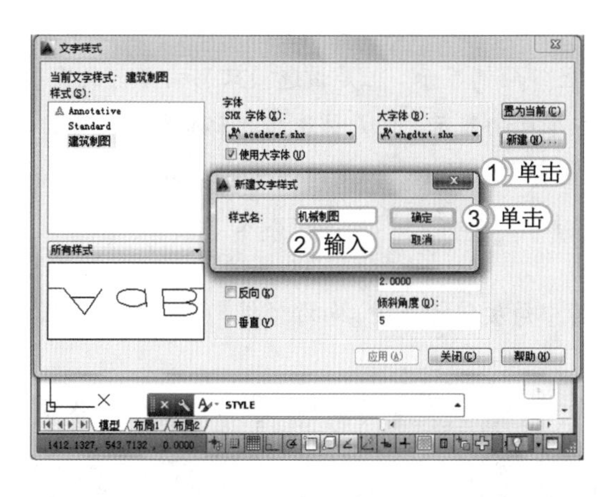

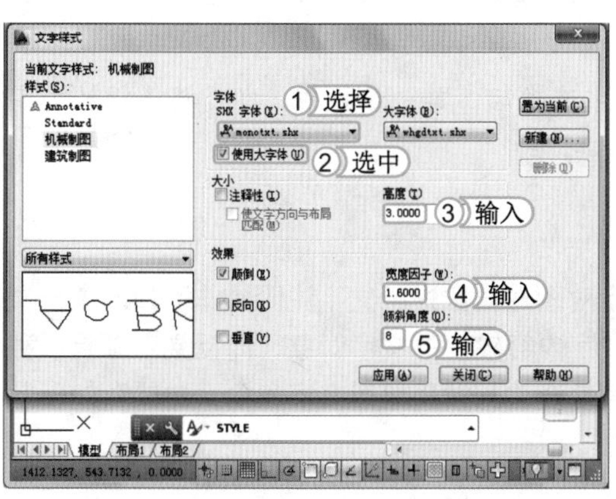

STEP 04：再次新建文字样式

1. 单击 新建(N)... 按钮，打开“新建文字样式”对话框。
2. 在“样式名”文本框中输入“机械制图”。
3. 单击 确定 按钮。

提个醒 若需删除样式，只需在“文字样式”对话框中选择需要删除的字体样式，单击 删除(D) 按钮即可完成删除，但是当前文字样式与 Standard 文件样式是不能被删除的。

STEP 05：设置其他字体样式

1. 返回“文字样式”对话框，在“字体”栏的“SHX 字体”下拉列表框中选择 monotxt.shx 选项。
2. 选中 ☑使用大字体(U) 复选框。
3. 在“大小”栏的“高度”文本框中输入“3.0000”，指定文字的高度。
4. 在“效果”栏的“宽度因子”文本框中输入“1.6000”。
5. 在“倾斜角度”文本框中输入“8”。

STEP 06： 完成设置

1. 单击 关闭(C) 按钮，将打开 AutoCAD 对话框，提示是否对样式进行保存。
2. 单击 是(Y) 按钮，保存文字样式，返回绘图区。

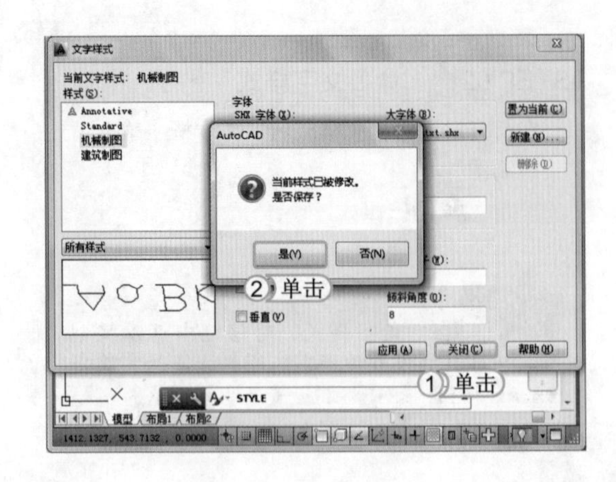

> **提个醒**
> 查看已有字体样式可通过选择【注释】/【文字】组，单击“文字样式”下拉按钮，在弹出的下拉列表中可罗列出已有样式。

在“文字样式”对话框中，各选项的含义介绍如下。

- 当前文字样式：该选项下方罗列出了当前正在使用的文字样式。
- 样式：该栏下方的列表框中显示当前图形文件中的所有文字样式，并默认选择当前正在操作的文字样式。
- 所有样式：该窗口显示了随着选择的字体而改变的效果。
- 字体：该栏下方的下拉列表框中列出了所有 AutoCAD 2014 的字体，其中带有双“T”标志的字体是 TrueType 字体，其他字体是 AutoCAD 自带的字体。
- ☑使用大字体(U)复选框：在字体下拉列表框中选择后缀名为“SHX”的字体时，该复选框可用，选中该复选框，“字体样式”选项将变为“大字体”选项，可在该选项中选择大字体样式。
- 高度：在该文本框中可设置字体高度。如果在该文本框中输入了指定文字高度，则使用 Text（单行文字）命令时，系统将不提示“指定高度”选项。
- ☑颠倒(E)复选框：选中该复选框，可将文字进行上下颠倒显示，但是该选项只影响单行文字。
- ☑反向(K)复选框：选中该复选框，可将文字进行首尾反向显示，但是该选项只影响单行文字。
- ☑垂直(V)复选框：选中该复选框，可以将文字沿竖直方向显示，但是该选项只影响单行文字。
- 宽度因子：主要用于设置字符间距。输入小于 1 的值将紧缩文字。输入大于 1 的值则加宽文字。
- 倾斜角度：该选项用于指定文字的倾斜角度。其中角度值为正时，向右倾斜，角度值为负时，向左倾斜。
- 置为当前(C)按钮：当选择“样式”列表框中的文字选项后，单击该按钮，即可将选择的文字样式设置为当前文字样式。
- 新建(N)...按钮：单击该按钮后，可打开“新建文字样式”对话框，在“新建文字样式”对话框中可输入新样式名，并创建新的文字样式。
- 删除(D)按钮：当选择“样式”列表框中的文字选项后，单击该按钮，即可将选择的文字样式进行删除操作。

6.1.2 输入单行文字

当创建并设置好文字样式后，可使用文字命令对图形对象进行文字说明操作。输入单行文字是进行文字说明的常见方法，它主要用于创建文字内容较少的文字对象，而且文字都是以独立的对象存在，可对其进行重定位、调整格式或其他修改。调用单行文字命令，主要有如下几种方法。

- 命令行：在命令行中执行 TEXT 和 DTEXT（DT）命令。
- 功能区：选择【注释】/【文字】组，单击“多行文字”按钮A下方的下拉按钮，在弹出的下拉列表中选择“单行文字”选项。
- 菜单栏：在“AutoCAD 经典”工作空间中选择【绘图】/【文字】/【单行文字】命令。

下面将在“玩具车.dwg”图形文件中添加单行文字标注，标注的文字高度为“40”，旋转角度为“0”，标注文字为“玩具车”。其具体操作如下：

光盘文件
素材\第6章\玩具车.dwg
效果\第6章\玩具车.dwg
实例演示\第6章\输入单行文字

STEP 01：捕捉插入点

1. 打开“玩具车.dwg”图形文件，在命令行中输入 TEXT 命令，按 Enter 键，执行该命令。
2. 在绘图区中捕捉玩具车图形下方的一点，单击鼠标左键。

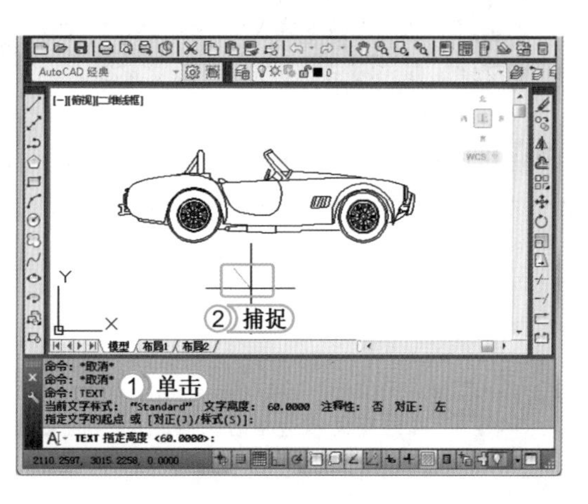

提个醒
当需要移动输入的文字时，可通过直接选择文字进行拖动，或使用 M 命令进行移动操作。

STEP 02：设置指定高度

1. 在下方命令行中输入文字高度“40”，按 Enter 键，执行该命令。
2. 设置旋转角度为“0”。

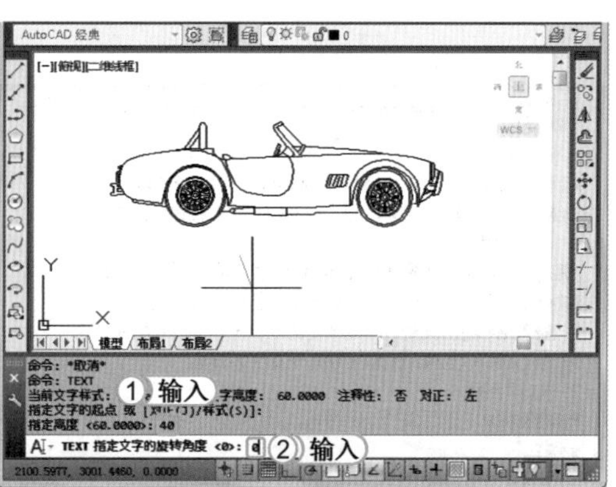

提个醒
单行文字是指用户创建的文字信息，每一段文字都是一个独立的对象，用户可分别对每一段文字进行编辑修改，而不影响其他文字对象。

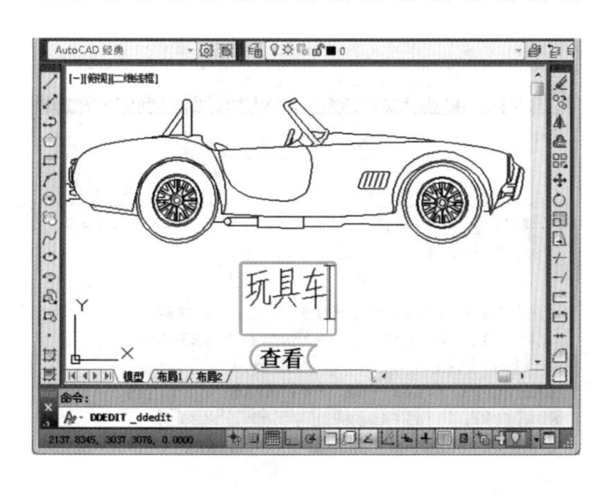

STEP 03：输入文字

在插入点位置处输入“玩具车”，并在绘图区的空白位置单击鼠标左键，完成文字的操作，并查看完成后的效果。

提个醒
创建单行文字时，要指定文字样式并设置对齐方式，文字样式用于指定文字对象的默认特征；对齐方式决定字符与插入点的对齐格式。

6.1.3 输入多行文字

创建多行文字与单行文字不同，创建的多行文字信息是一个整体对象，用户可对多行文字的每一行文字进行编辑。不管创建文字说明的内容多少都可以使用该方法，调用创建多行文字说明命令的方法主要有如下几种。

- 命令行：在命令行中执行 MTEXT（MT）命令。
- 功能区：选择【注释】/【文字】组，单击“多行文字”按钮A。
- 菜单栏：在“AutoCAD 经典”工作空间中选择【绘图】/【文字】/【多行文字】命令。

下面将根据以上一种方法，执行多行文字命令，在图形文件中对电路的设计进行相应的文字说明，其中主要包括建筑的设备安装及施工等信息。其具体操作如下：

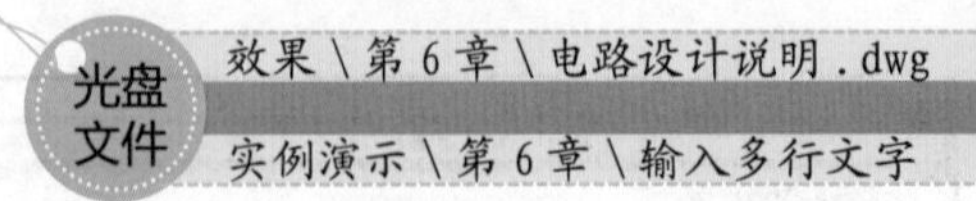

STEP 01：指定文字起点

1. 在命令行中输入 MTEXT 命令，按 Enter 键执行该命令。
2. 在绘图区适当位置指定文字边框的第一点和对角点。

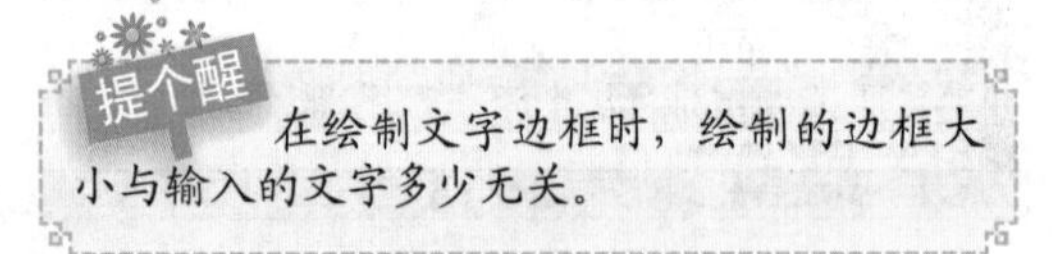

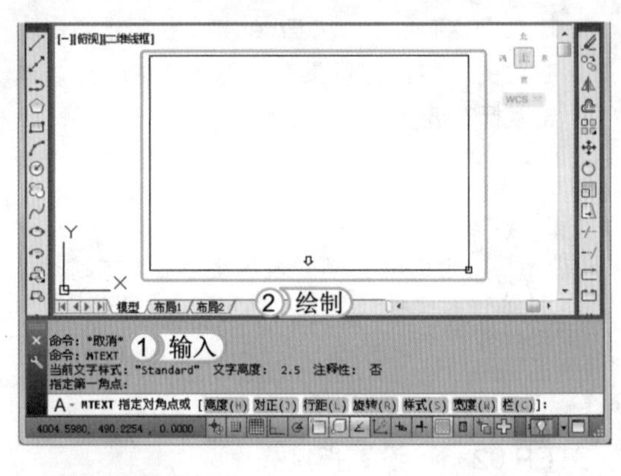

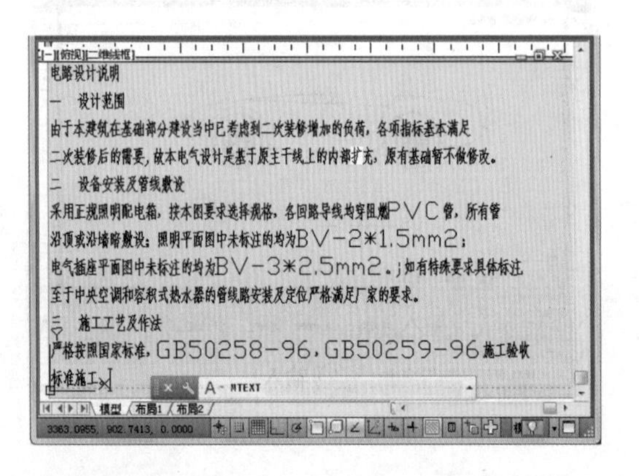

STEP 02：编辑文字

在打开的文字编辑框中输入多行文字的内容，并按 Enter 键进行段落间的分段。

提个醒

使用多行文字输入文字之前，应指定文字边框的起点及对角点，文字边框用于定义多行文字对象中段落的宽度，多行文字对象的长度取决于文字量，而不是边框的长度。

STEP 03：修改标题样式

1. 选择标题文字“电路设计说明”。
2. 在“样式”组的“文字高度”下拉列表框中输入“5”，按 Enter 键，指定文字的高度。
3. 在“段落”组中单击“居中”按钮。

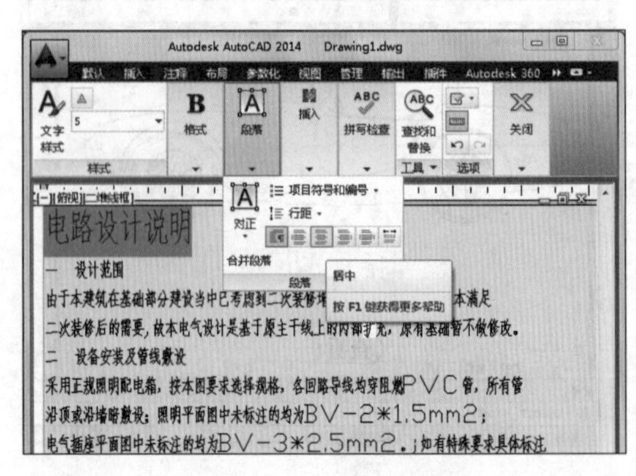

STEP 04：编辑其他文字

1. 选择其他文字，在“段落”组中单击“下划线”按钮U。
2. 单击“文字编辑器颜色库”右侧的下拉按钮▾。
3. 在弹出的下拉列表中选择“红”选项。

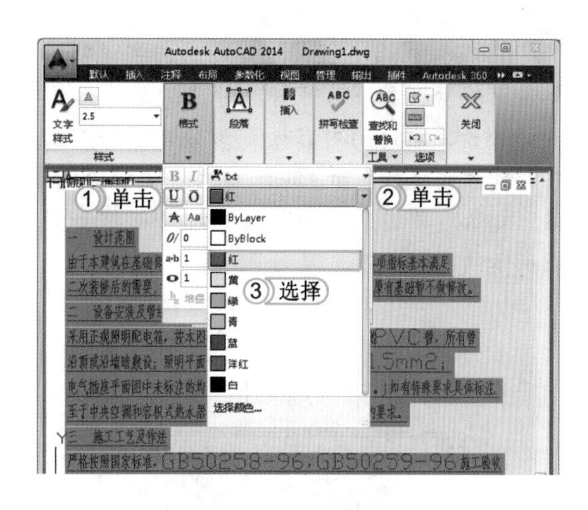

> **提个醒** 在多行文字对象中可以通过将格式（如下划线、粗体和不同的字体）应用到单个字符来替代当前文字样式。

STEP 05：完成编辑

在绘图区任意位置单击鼠标左键，完成对多行文字的创建与编辑，并查看完成后的效果。

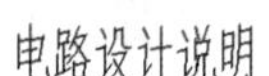

6.1.4 输入特殊字符

使用文字对图形进行说明时，除了使用汉字和字母外，有时还要输入一些特殊符号，如“≠”不等于符号 、“±”正负符号和“≈”约等于符号等，使用多行文字输入文字信息时，在“文字编辑器”选项卡的“插入”面板中单击“符号”按钮@。在弹出的下拉列表中选择相应的选项，即可输入一些特殊的符号。下面对一些特殊符号的插入进行讲解。

分数与尺寸公差符号的插入，首先需要通过将工作空间切换到“AutoCAD 经典”工作空间，然后单击“文字格式”工具栏中的“堆叠”按钮来完成。

“堆叠”按钮只对包含有“/”、“#”和“^”3 种分隔符号的文本起作用。只有包含有这 3 种分隔符中的一种，“堆叠”按钮才呈激活状态，再单击该按钮即可进行相应的设置，下面将依次进行介绍。

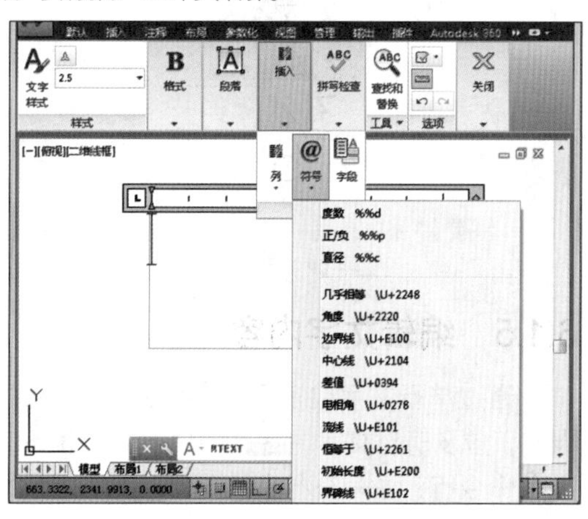

"/"符号：选中包含该符号的文字说明，单击"堆叠"按钮可将符号左边的内容设置为分子，右边的内容设置为分母，并以上下排列方式进行显示。例如，在其中输入"H5/I3"文本，单击"堆叠"按钮将创建如下图所示的配合公差。

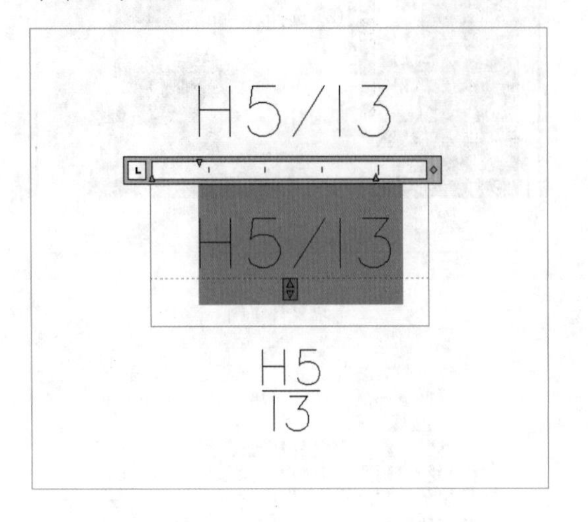

"#"符号：选中包含该符号的文字说明，单击"堆叠"按钮即可将该符号左边的内容设为分子，右边的内容设为分母，并以斜排方式进行显示。例如，选择"3#8"文字说明并单击"堆叠"按钮，将创建如下图所示的分数效果。

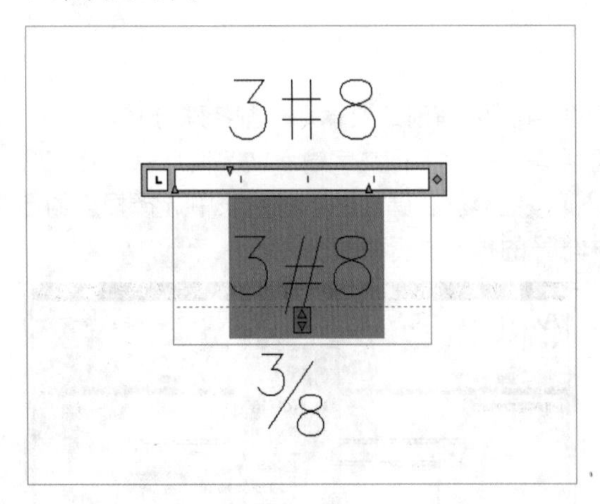

"^"符号：选中包含该符号的文字说明，单击"堆叠"按钮可将该符号左边的内容设为上标，右边的内容设为下标。例如，输入文字 30+0.035^-0.028，然后选择数字 30 后的文本"+0.035^-0.028"，单击"堆叠"按钮，将创建如下图所示的尺寸公差。

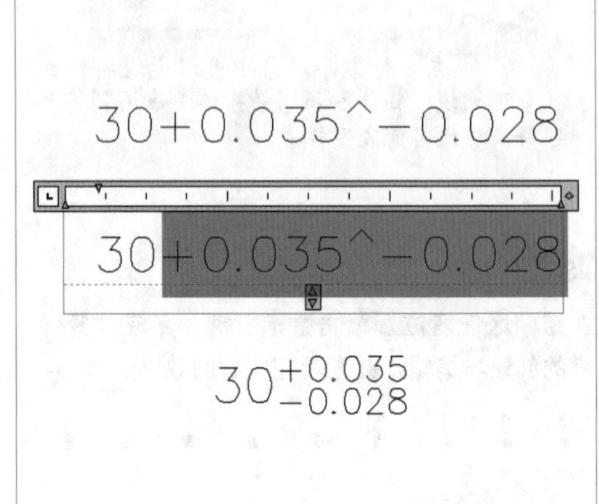

经验一箩筐——单行中输入特殊符号

在单行文字中输入特殊符号时，除了使用"符号"按钮@输入特殊符号外，同样可以采用在多行文本中输入特殊符号的方法来输入特殊符号。

提个醒 在"特性"组中可以查看并修改多行文字对象的对象特性，其中包括仅适用于文字的特性。

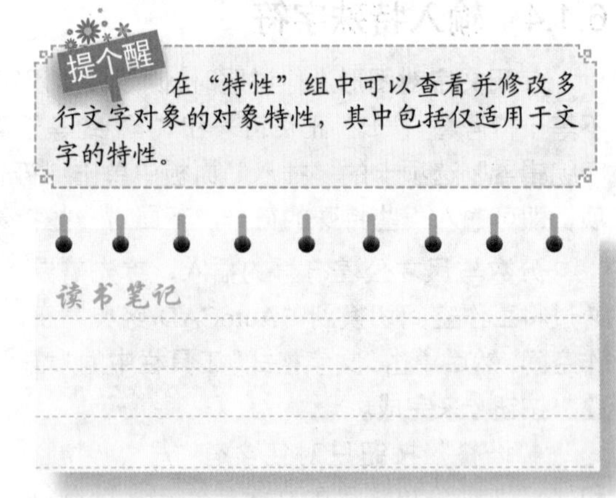

6.1.5 编辑文字内容

通过单行文字或多行文字对图形进行文字说明时，难免会出现文字错误，当出现类似错误时，应及时对文字内容进行更改，而执行编辑文字命令，主要有如下几种方法。

- 命令行：在命令行中执行 DDEDIT（ED）命令。
- 菜单栏：在"AutoCAD 经典"工作空间中选择【修改】/【对象】/【文字】/【编辑】命令。

🔑 快捷菜单：在需要修改的文字上方单击鼠标右键，在弹出的快捷菜单中选择“修改多行文字”或“编辑文字”命令。

下面将打开“工程设计依据.dwg”图形文件，在其中的“建”字后定位插入点，并输入“设”字。其具体操作如下：

光盘文件
素材\第 6 章\工程设计依据.dwg
效果\第 6 章\工程设计依据.dwg
实例演示\第 6 章\编辑文字内容

STEP 01：选中要修改的文字

1. 打开“工程设计依据.dwg”图形文件，在命令行中输入 DDEDIT 命令，按 Enter 键执行编辑文字内容命令。
2. 在命令行中提示“选择注释对象或 [放弃(U)]:”后，在绘图区中单击第四行文字内容。

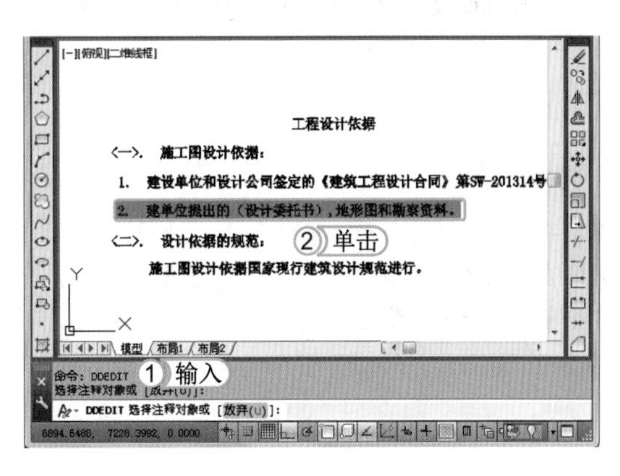

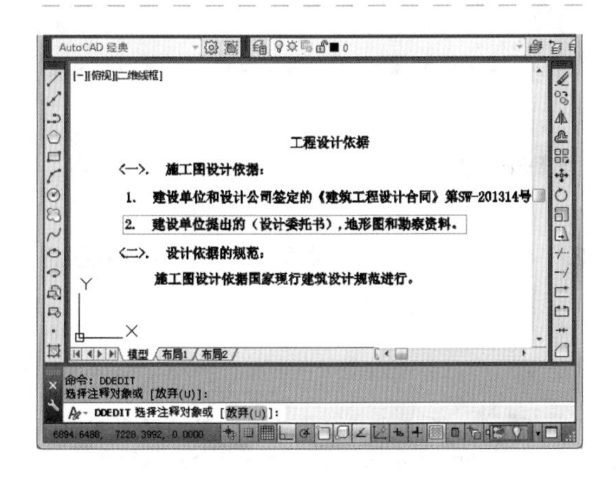

STEP 02：更改文本

选择的文本将呈可编辑状态，在“建”字后定位插入点，并输入“设”字，按 Enter 键确定文字内容的更改，再按 Enter 键，结束编辑文本命令。

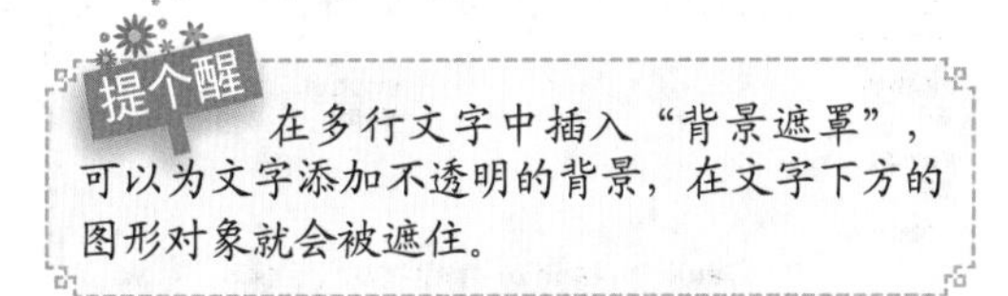

提个醒 在多行文字中插入“背景遮罩”，可以为文字添加不透明的背景，在文字下方的图形对象就会被遮住。

6.1.6 查找与替换文字

编辑文字内容只能对文本内容较少的文字进行编辑，当文字说明内容较多时，单个查找与修改将会很麻烦，此时，可使用查找和替换功能来快速查找与替换需要的文本，调用查找和替换命令的方法主要有如下几种。

🔑 命令行：在命令行中执行 FIND 命令。

🔑 功能区：选择【注释】/【文字】组，在“查找文字”文本框中输入内容，然后单击按钮。

🔑 菜单栏：在“AutoCAD 经典”工作空间中选择【编辑】/【查找】命令。

在查找和替换文本时可以单击 查找(F) 按钮和 替换(R) 按钮来逐个查找和替换文本，也可以单击 全部替换(A) 按钮替换全部的文本。下面将打开“设计依据.dwg”文件，将其中的“建设”文本全部替换为“建筑”。其具体操作如下：

光盘文件
素材\第 6 章\设计依据.dwg
效果\第 6 章\设计依据.dwg
实例演示\第 6 章\查找与替换文字

STEP 01： 打开“查找和替换”对话框

打开“设计依据.dwg”文件，在“AutoCAD经典”工作空间中选择【编辑】/【查找】命令，打开“查找和替换”对话框。

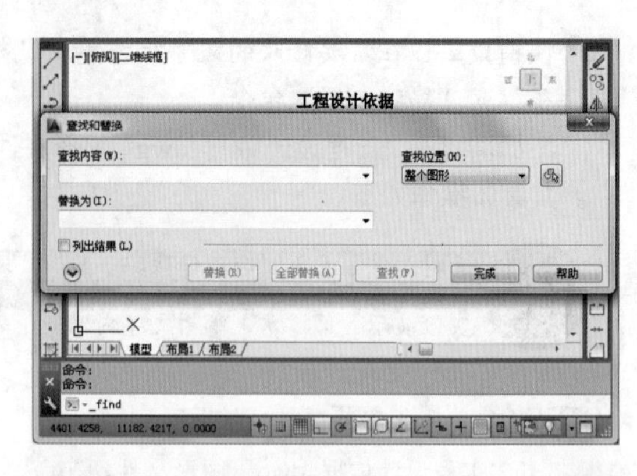

提个醒 在“查找和替换”对话框中选中☑列出结果(L)复选框，可将查找的结果进行依次显示。

STEP 02： 查找文字

1. 在“查找内容”文本框中输入“建设”。
2. 在“替换为”文本框中输入“建筑”。
3. 单击 查找(F) 按钮。

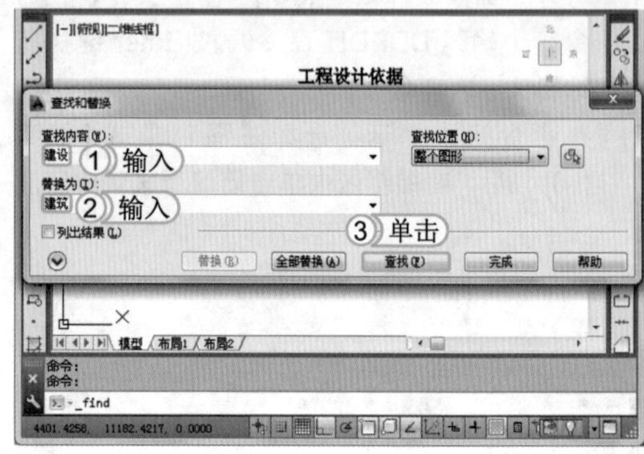

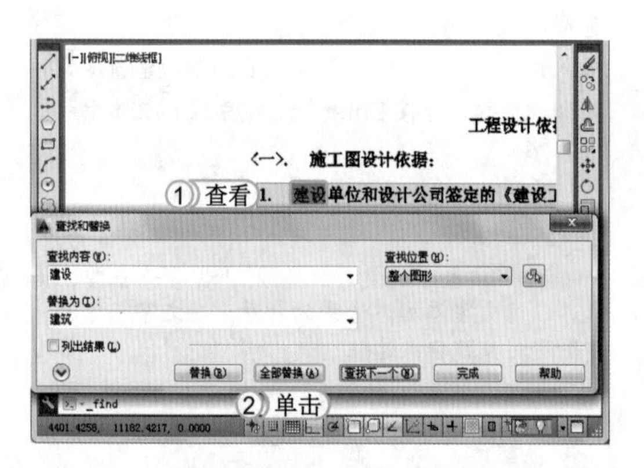

STEP 03： 全部替换

1. 在绘图区中显示了查找到的内容。
2. 在“查找和替换”对话框中单击 全部替换(A) 按钮将文字全部替换。

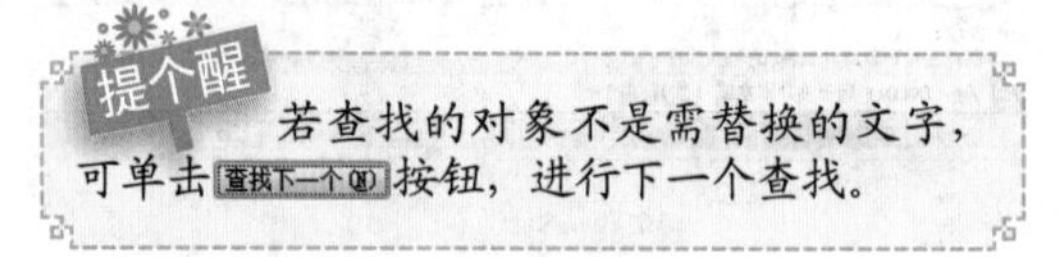

提个醒 若查找的对象不是需替换的文字，可单击 查找下一个(N) 按钮，进行下一个查找。

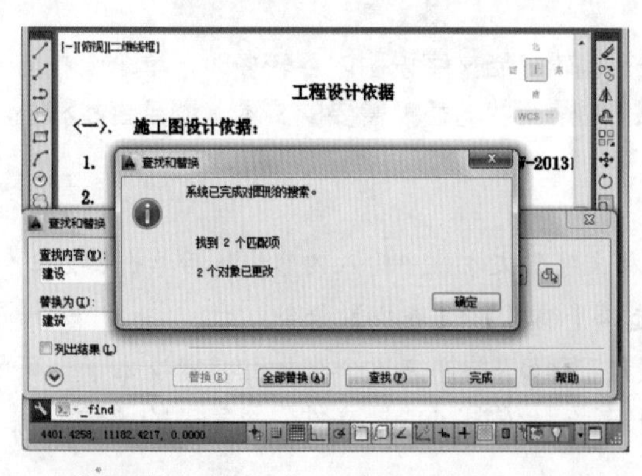

STEP 04： 完成查找和替换文本

1. 在打开的“查找和替换”提示对话框中单击 确定 按钮。
2. 返回“查找和替换”对话框，单击 完成 按钮完成查找和替换文本。

提个醒 使用查找命令查找文字对象时，可以使用通配符，其中“#”匹配任意数字字符，“@”匹配任意字母字符。

上机1小时 ▶ 添加泵盖文字说明

- 熟悉新建文字样式的方法。
- 认识创建多行文字的方法。
- 掌握文字的编辑和堆叠的使用。

光盘文件
素材\第6章\泵盖.dwg
效果\第6章\泵盖.dwg
实例演示\第6章\添加泵盖文字说明

下面将为泵盖图形新建名为“中文”，高度为6，宽度为1.2的文字样式，并使用多行文字为泵盖图形添加“锻件经调质处理240 ~ 280HB”、“螺孔与螺钉的间隙应调整为13±0.016”、“未注圆角为R3”的技术要求内容，要求尺寸公差以上下排列的方式显示。编辑前后的效果如下图所示。

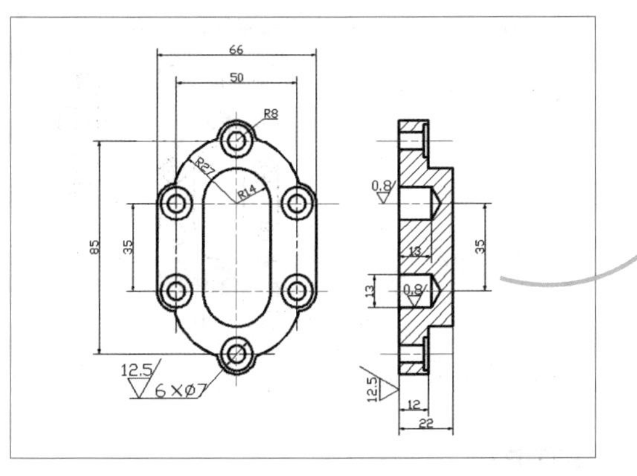

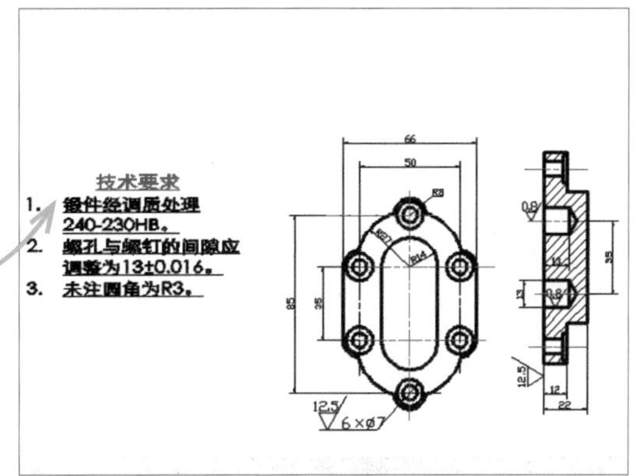

STEP 01：打开“文字样式”对话框

1. 打开“泵盖.dwg”图形文件，选择【注释】/【文字】组，单击“文字样式”下拉按钮▾。
2. 在弹出的下拉列表中选择“管理文字样式”选项，打开“文字样式”对话框。

提个醒 机械设计中的技术要求为零件设计时的具体要求与行业规范等，具体的零件因设计、材质的不同，则有不同的技术要求规定，包括对毛坯的要求、边角处理、热处理要求、表面处理和其他要求等。

STEP 02：命名样式

1. 单击新建(N)...按钮打开“新建文字样式”对话框。
2. 在“样式名”文本框中输入“中文”。
3. 单击确定按钮。

提个醒 在多行文字中可以为不同的文字指定不同的字体格式，如粗体、斜体、下划线、上划线和颜色等。

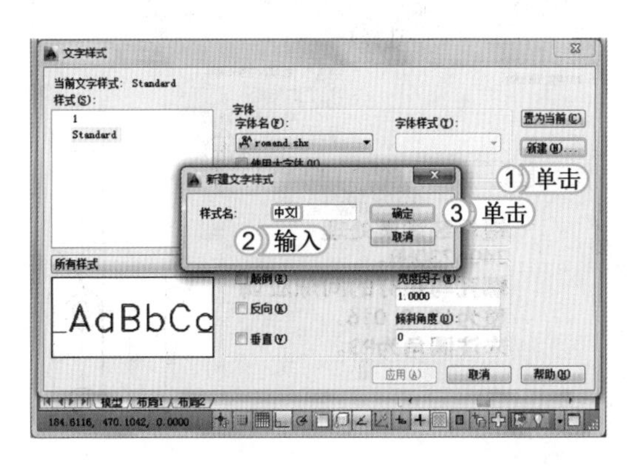

STEP 03： 重置参数

1. 返回“文字样式”对话框，在“字体名”下拉列表框中选择“黑体”选项。
2. 在“大小”栏的“高度”文本框中输入“6.0000”。
3. 在“宽度因子”文本框中输入“1.2000”。
4. 单击置为当前(C)按钮，置于当前样式。
5. 单击关闭(C)按钮，关闭“文字样式”对话框。

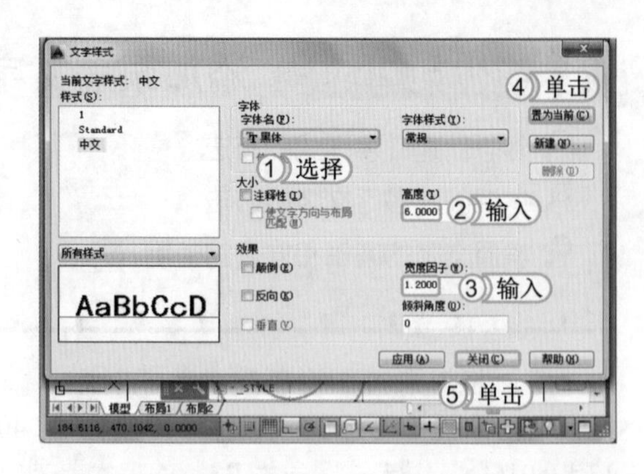

STEP 04： 指定多行文字

1. 在命令行中输入MT命令，按Enter键执行该命名。
2. 执行多行文字命令，在绘图区中指定多行文字的起点和对角点位置。

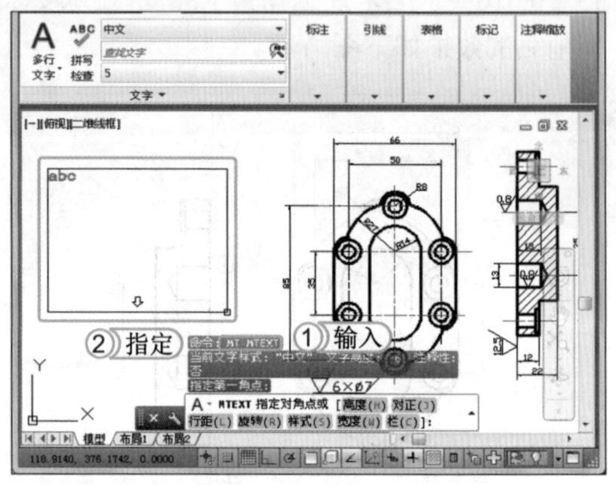

提个醒 在绘制文字文本框时，可不用画得过大，在输入文字时可通过输入组件变大，还可通过拖动滑块进行调整大小。

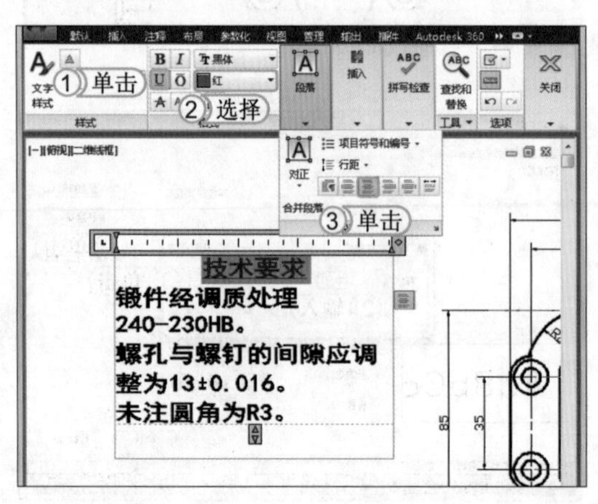

STEP 05： 编辑文字

在文本编辑框中输入多行文字内容，并选择要编辑的标题文字。

STEP 06： 设置标题样式

1. 选择【文字编辑器】/【格式】组，单击“下划线”按钮U，为选择文字添加下划线。
2. 单击“文字编辑器颜色库”右侧的下拉按钮▾，在弹出的下拉列表中选择“红”选项。
3. 选择【文字编辑器】/【段落】组，单击“居中”按钮，将选择文字居中显示。

STEP 07： 美化其他内容

1. 选择其他内容，选择【文字编辑器】/【格式】组，单击“下划线”按钮U，为选择的文字添加下划线。
2. 单击“字体”下拉按钮▾，在弹出的下拉列表中选择“华文细黑”选项。
3. 选择【文字编辑器】/【段落】组，单击“项目符号和编号”下拉按钮▾，在弹出的下拉列表中选择“以数字标记”选项，为段落添加标记符号。

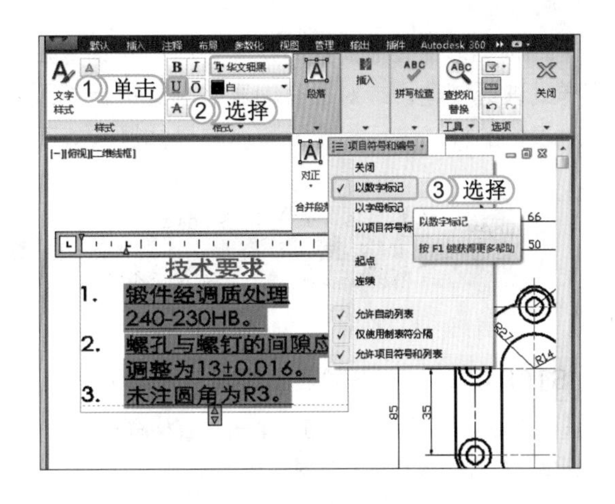

STEP 08： 查看效果

在绘图区的任意位置单击鼠标左键，结束编辑并查看完成后的效果。

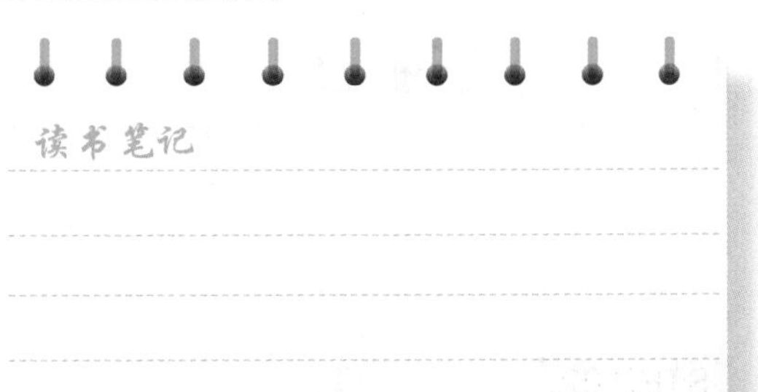

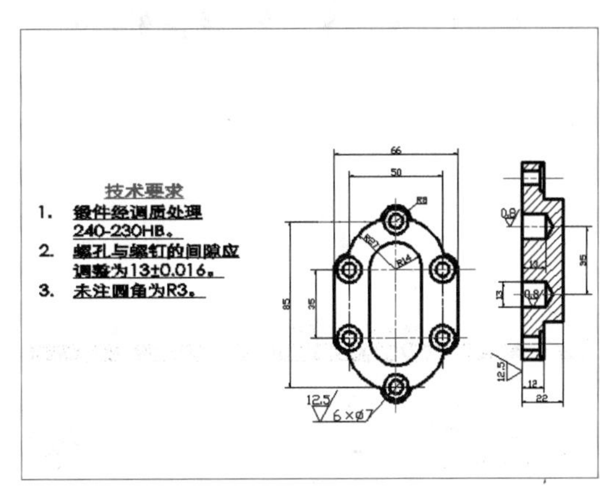

6.2 在图形中添加表格

绘制图形时，为了将所绘制图形的多种介绍、说明等信息表达清楚，除了通过文字的解说外，还可通过表格进行信息的说明，在添加时需要先设置表格样式。完成表格的绘制后，还可在其中输入文字并编辑单元格等操作。

学习1小时

- 了解表格样式的设置方法。
- 掌握表格的绘制方法。
- 掌握编辑表格内容的方法。

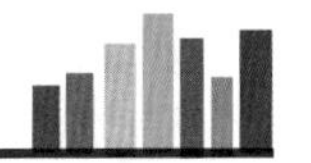

6.2.1 创建表格样式

在 AutoCAD 2014 的图形中添加表格时，可根据需要设置不同的表格样式。创建表格样式主要是在“表格样式”对话框中进行，调用表格样式命令，主要有如下几种方法。

- 命令行：在命令行中执行 TABLESTYLE（TS）命令。
- 功能区：选择【默认】/【注释】组，单击“表格样式”按钮。
- 菜单栏：在“AutoCAD 经典”工作空间中选择【格式】/【表格样式】命令。

根据以上任意一种方法，并执行该命令后，将打开“表格样式”对话框，用户可以对表格样式进行创建，或对已有的表格样式进行修改。下面将创建名为“建筑制图”的表格样式，并对表格的样式进行相应设置。其具体操作如下：

光盘文件 效果\第6章\表格.dwg
实例演示\第6章\创建表格样式

STEP 01：打开“表格样式”对话框

选择【默认】/【注释】组，单击“表格样式”按钮，打开“表格样式”对话框。

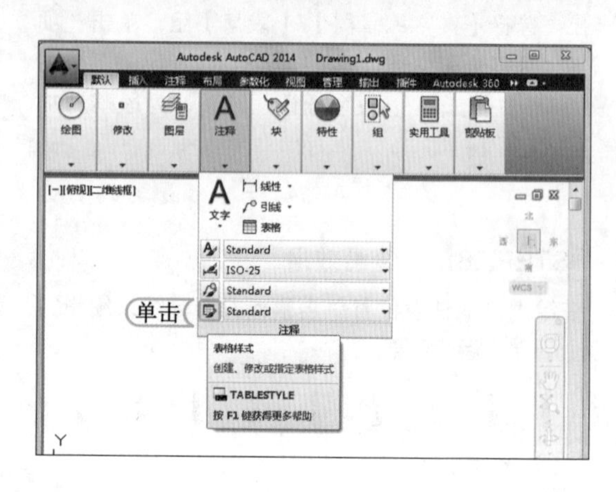

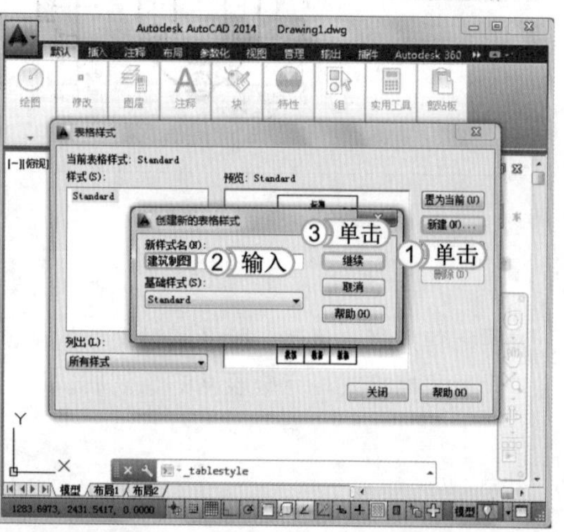
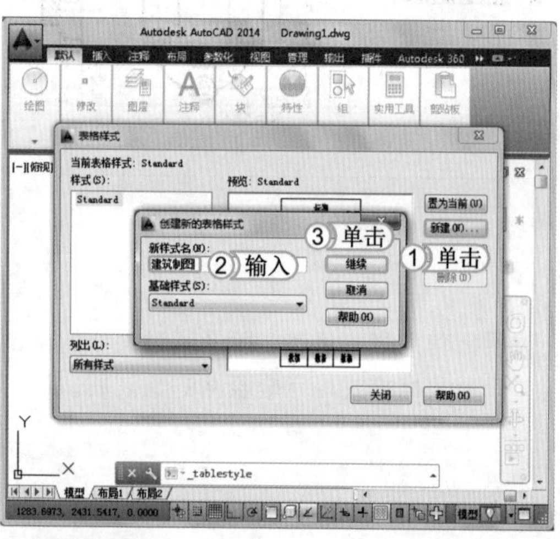

STEP 02：设置新样式名

1. 在打开的对话框中单击 新建(N)... 按钮，打开“创建新的表格样式”对话框。
2. 在“新样式名”文本框中输入名称，这里输入“建筑制图”。
3. 单击 继续 按钮。

STEP 03：设置单元格样式

1. 在“新建表格样式：建筑制图”对话框的“常规”栏的“表格方向”下拉列表框中选择“向下”选项。
2. 在“单元样式”栏中选择“常规”选项卡。
3. 在“页边距”栏中设置“水平”距离为“6”。
4. 设置“垂直”距离为“3”。

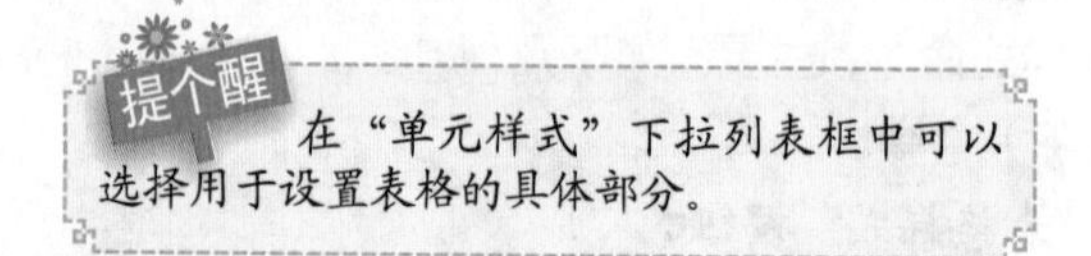

提个醒 在“单元样式”下拉列表框中可以选择用于设置表格的具体部分。

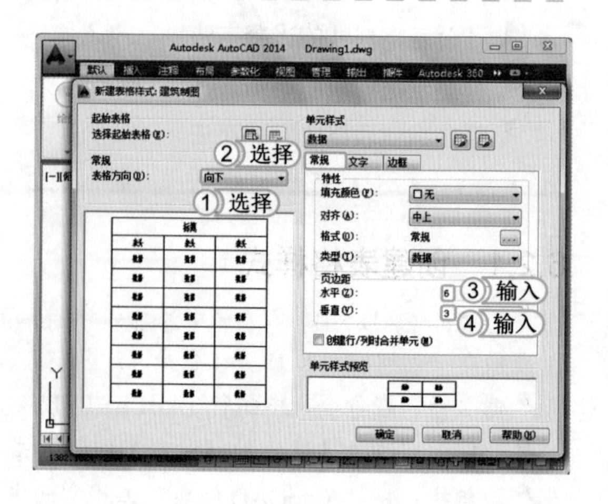

STEP 04：设置文字样式

1. 在“单元格式”栏中选择“文字”选项卡。
2. 在“文字高度”栏中设置文字高度，这里设置高度为“6”。
3. 单击“文字颜色”右侧的下拉按钮▾，在弹出的下拉列表中选择“选择颜色”选项。

> **提个醒** 在“新建表格样式：建筑制图”对话框中选中☑创建行/列时合并单元(M)复选框，在创建行或列单元格时将合并创建的单元格。

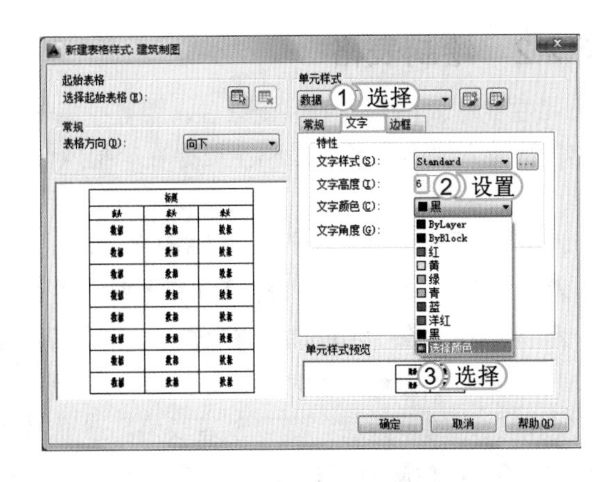

STEP 05：设置颜色

1. 打开“选择颜色”对话框，在其中选择“索引颜色”选项卡。
2. 在下方显示的颜色索引中选择颜色“207”。
3. 单击 确定 按钮。

> **提个醒** 表格样式可以在每个类型的行中指定不同的单元样式，可以使文字和网格线显示不同的对正方式和外观。

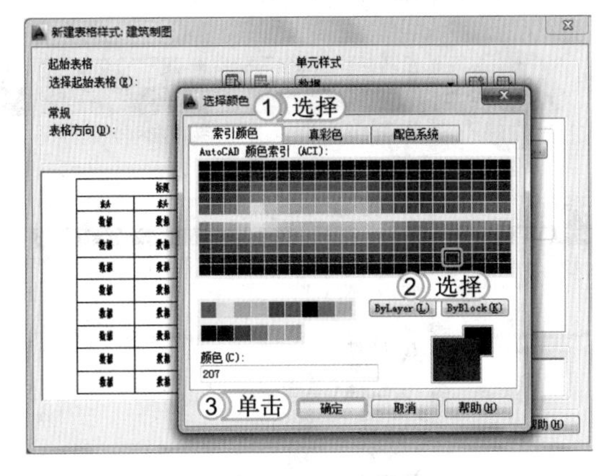

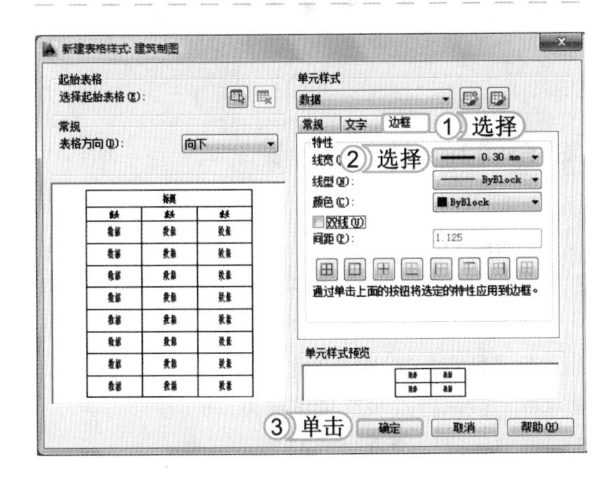

STEP 06：设置边框

1. 选择“边框”选项卡。
2. 在“特性”栏的“线宽”下拉列表框中选择“0.30mm”选项。
3. 单击 确定 按钮，返回“表格样式”对话框。

> **提个醒** 在“边框”选项卡中选中☑双线(U)复选框，可在下方的样式中选择双线样式。

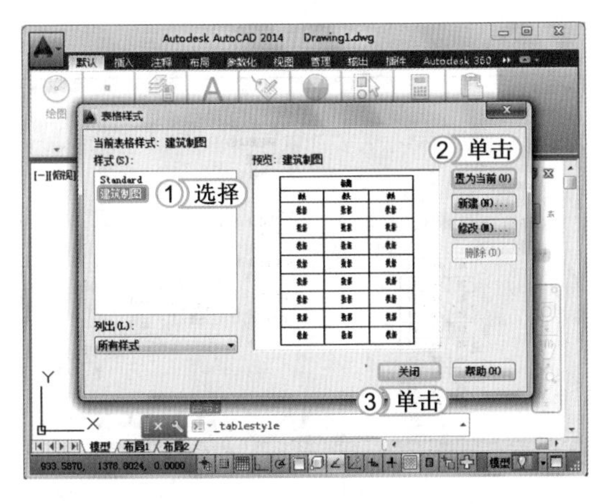

STEP 07：完成设置

1. 在“表格样式”对话框的“样式”列表框中选择“建筑制图”选项。
2. 单击 置为当前(U) 按钮，将表格样式设置为当前表格样式。
3. 单击 关闭 按钮，关闭“表格样式”对话框。

> **提个醒** 表格在建筑设计中常用于罗列灯具样式或插座样式，在绘制顶棚图时，可直接调用表格中的样式进行使用。

6.2.2 绘制表格

在完成表格样式的设置之后，即可根据表格样式来绘制表格，当插入表格后可以直接在表格里面输入文本。绘制表格主要是在“插入表格”对话框中进行，打开该对话框的方法主要有如下几种。

- 命令行：在命令行中执行TABLE（TB）命令。
- 功能区：选择【默认】/【注释】组，单击“表格”按钮。
- 菜单栏：在“AutoCAD经典”工作空间中选择【绘图】/【表格】命令。

根据以上任意一种方法，并执行该命令后，将打开“插入表格”对话框，在该表格中设置好创建表格的参数后，即可创建表格。下面将插入一个列数为“8”，列宽为“60”，数据行数为“6”，行高为“2”，并设置第一行单元样式为“数据”的表格。其具体操作如下：

光盘文件
效果\第6章\绘制表格.dwg
实例演示\第6章\绘制表格

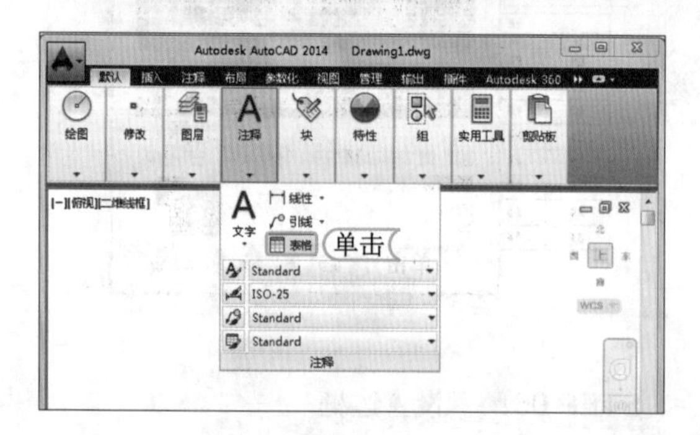

STEP 01：打开“插入表格”对话框

启动AutoCAD 2014，选择【默认】/【注释】组，单击“表格”按钮，打开“插入表格”对话框。

提个醒 绘制表格时，如果已经有一个或多个表格样式，可以在“表格样式”栏中选择表格样式来创建表格。

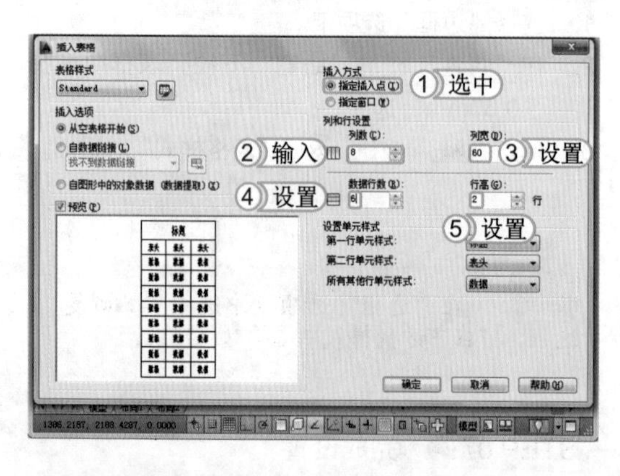

STEP 02：行列的设置

1. 在打开对话框中的“插入方式”栏中选中 指定插入点(I) 单选按钮。
2. 在“列和行设置”栏中的“列数”文本框中输入“8”。
3. 在“列宽”文本框中设置列宽为“60”。
4. 将“数据行数”选项设置为“6”。
5. 将“行高”设置为“2”。

STEP 03：设置样式

1. 在“设置单元样式”栏中将“第一行单元样式”设置为“数据”。
2. 将“第二行单元样式”也设置为“数据”。
3. 将“所有其他行单元样式”设置为“数据”。
4. 单击 确定 按钮，关闭“插入表格”对话框。

提个醒 选中 预览(P) 复选框，可查看设置的效果；取消选中 预览(P) 复选框，可将预览栏隐藏。

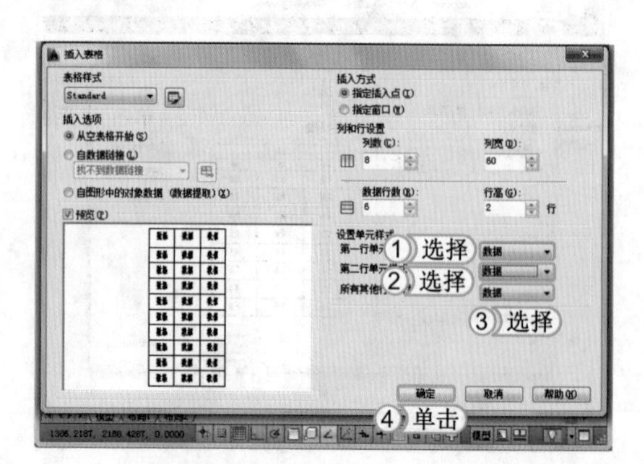

STEP 04： 查看效果

在命令行中提示“指定插入点：”后，在绘图区中拾取一点，指定表格的插入位置，并在插入的表格外单击鼠标左键，完成表格的绘制，当需要输入文字时，单击对应的表格，直接在其中进行文字的输入即可。

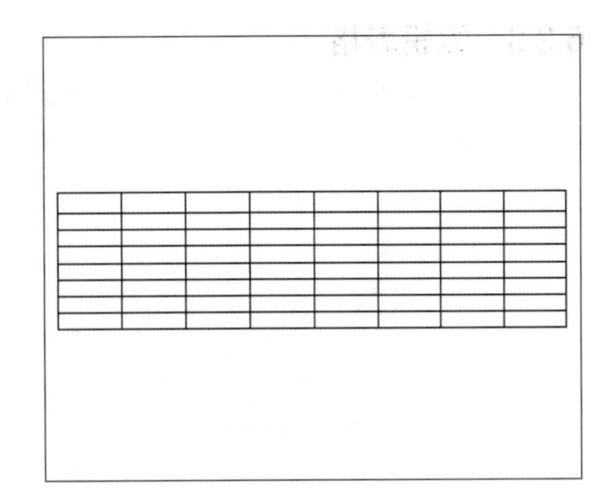

提个醒 在“插入方式”栏中选中 ◉指定窗口(W) 单选按钮后，列与行设置的两个参数中只能指定一个，而另一个将由窗口大小自动等分指定。

使用绘制表格命令创建表格时，“插入表格”对话框中各选项功能如下。

- 表格样式：该下拉列表框用于选择表格样式。单击该下拉列表框右边的“启动‘表格样式’对话框”按钮，将打开“表格样式”对话框，用户可以创建和修改表格样式。
- ◉从空表格开始(S) 单选按钮：选中该单选按钮，在创建表格时，将创建一个空白表格，然后用户可以手动输入表格数据。
- ◉自数据链接(L) 单选按钮：选中该单选按钮，将选择以外部电子表格中的数据来创建表格。
- ◉自图形中的对象数据（数据提取）(X) 单选按钮：选中该单选按钮后，将根据当前图形文件中的文字数据来创建表格。
- ☑预览(P) 复选框：选中该复选框，预览窗口可以显示当前表格样式的样例。
- ◉指定插入点(I) 单选按钮：选中该单选按钮，在绘图区中只需要指定表格的插入点即可创建表格。
- ◉指定窗口(W) 单选按钮：选中该单选按钮，在插入表格时，将根据表格起点和端点的方法指定表格的大小和位置。
- 列数：该数值框用于设置表格的列数。
- 列宽：该数值框用于设置插入表格每一列的宽度值，当表格的插入方式为“指定窗口”方式时，“列”和“列宽”只有一个选项可用。
- 数据行数：该数值框用于设置插入表格时总共的数据行。
- 行高：该数值框用于设置插入表格每一行的高度值，当表格的插入方式为“指定窗口”方式时，“数据行数”和“行高”只有一个选项可用。
- 第一行单元样式：该下拉列表框用于设置表格中第一行的单元样式。默认情况下，使用标题单元样式，也可以根据需要进行更改。
- 第二行单元样式：该下拉列表框用于设置表格中第二行的单元样式。默认情况下，使用表头单元样式，也可以根据需要进行更改。
- 所有其他行单元样式：该下拉列表框用于设置表格中所有其他行的单元样式。默认情况下，使用数据单元样式。

经验一箩筐——在表格中改变单元格大小

当完成表格的插入后，在表格中选择某一个单元格，单击后将出现夹点，通过移动夹点可改变单元格大小。

6.2.3 编辑表格

在完成表格的绘制，并在表格中输入文字内容后，若发现表格文字输入错误或表格中的内容不符合要求时，可对表格进行编辑操作。编辑表格内容主要分为编辑表格文字和编辑表格单元格，下面将依次进行介绍。

1. 编辑表格文字

编辑表格文字，即是对表格中的文字内容进行更改，编辑它需要在表格的文字呈编辑状态下进行，进入表格文字编辑状态的方法主要有如下两种。

- 命令行：在命令行中执行 TABLEDIT 命令。
- 双击：双击要进行编辑的表格文字。

下面将使用编辑表格文字内容命令，将“家居常用目录”表格中的“标题栏”修改为“蓝光别墅目录表”，“建筑常用图纸”修改为“装饰设计常用图纸”。其具体操作如下：

光盘文件
素材 \ 第 6 章 \ 家居常用目录 .dwg
效果 \ 第 6 章 \ 家居常用目录 .dwg
实例演示 \ 第 6 章 \ 编辑表格文字

STEP 01：修改“标题栏”文本

打开“家居常用目录.dwg”文件。双击“标题栏”单元格，进入文字编辑状态。删除“标题栏”文本并在其中输入“蓝光别墅目录表”文本，按 Enter 键完成编辑操作。

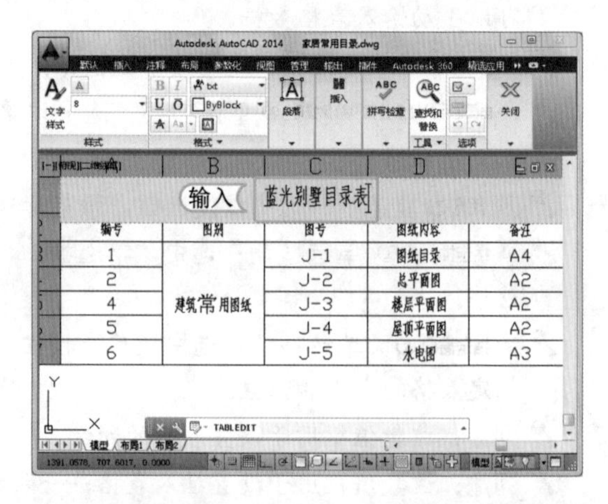

提个醒：双击后表格周围将以灰色显示行号和列标，用户还可根据行号和列标确定表格的位置。

STEP 02：修改“图别”文本

1. 利用方向键将鼠标光标移动到“建筑常用图纸”单元格上方。单击鼠标右键，在弹出的快捷菜单中选择“编辑文字”命令。
2. 此时单元格呈可编辑状态，在其中输入“装饰设计常用图纸”文本，按两次 Esc 键，退出编辑状态。

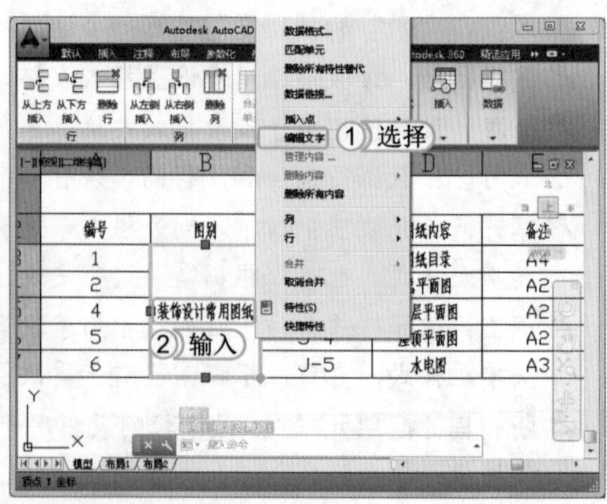

提个醒：单击鼠标右键，在弹出的快捷菜单中选择“删除所有内容”命令，将删除单元格中的所有内容。

STEP 03：使用F2键编辑文本

1. 利用方向键将鼠标光标移动到“4”单元格上方。按 F2 键，也可让该单元格呈编辑状态，在文本框中输入“3”。
2. 根据以上方法，将下方序号依次进行排序，并查看完成后的效果。

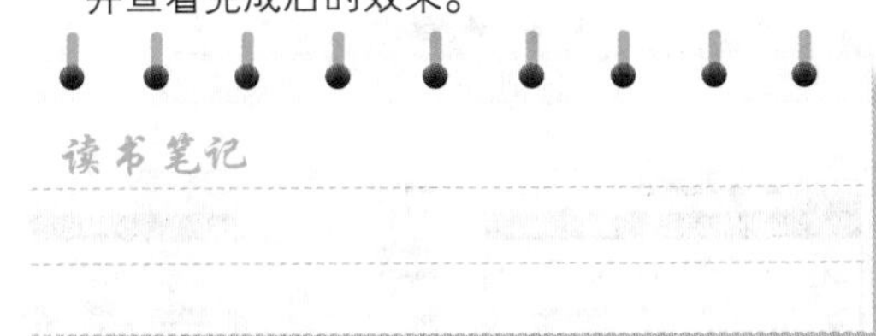

2. 编辑表格单元格

编辑表格单元格，其操作主要是在“表格单元”选项卡中进行的，选择表格的任意单元格，将出现如下图所示的“表格单元”选项卡，单击相应的按钮，即可对表格进行相应的操作。

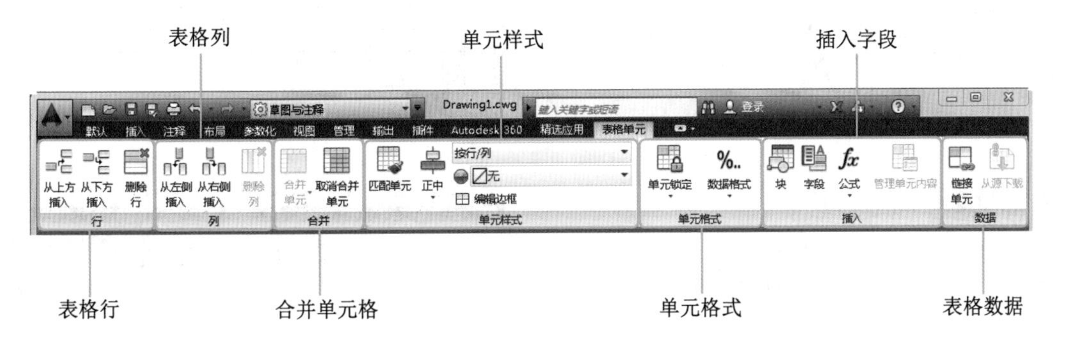

其各选项功能区的作用介绍如下。

- 表格行：在“行”组中，可以对单元格的行进行对应的操作，如单击“从上方插入”按钮，即可在选择的表格上方插入一行单元格；如单击“从下方插入”按钮，即可在所选择的单元格的下方插入一行单元格；单击“删除行”按钮，即可将所选择单元格所在的行全部删除。
- 表格列：在“列”组中，可对所选择的单元格的列进行对应操作。如单击“从左侧插入”按钮，即可在所选择的单元格左侧插入一列单元格；单击“从右侧插入”按钮，可在选择的单元格右侧插入一列单元格。
- 合并单元格：在“合并”组中，可以将多个单元格合并为一个单元格，也可将已经合并的单元格进行拆分操作。合并单元格的方法为：选择多个连续单元格，并单击“合并单元”按钮，在弹出的下拉列表中选择一种合并方式即可；拆分单元格的方法为：在选择合并的单元格后，单击“取消合并单元”按钮，即可拆分合并的单元格。
- 单元样式：在该组中，主要可以设置表格文字的对齐方式、单元格的颜色以及表格的边框样式等。单击各个按钮或在下拉列表框选择相应参数即可。
- 单元格式：在该组中，可以确定是否将选择的单元格进行锁定或设置单元格的数据类型。
- 插入字段：在该组中，主要包括图块、字段、公式和管理单元内容等按钮，在其中利用公式可以进行求和、均值、计数、单元或方程式等操作。

- 表格数据：在该组中，可以设置表格数据，如将Excel中的数据与表格中的数据进行链接等操作。

下面将在"标题表格.dwg"图形文件中使用编辑表格和编辑文字的方法绘制并填写标题栏。其具体操作如下：

光盘文件
素材\第6章\标题表格.dwg
效果\第6章\标题表格.dwg
实例演示\第6章\编辑表格

STEP 01：修改"标题栏"文本

1. 打开"标题表格.dwg"文件，使用鼠标选择A1:C2单元格区域。单击鼠标右键，在弹出的快捷菜单中选择"合并"命令。
2. 在弹出的子菜单中选择"全部"命令。

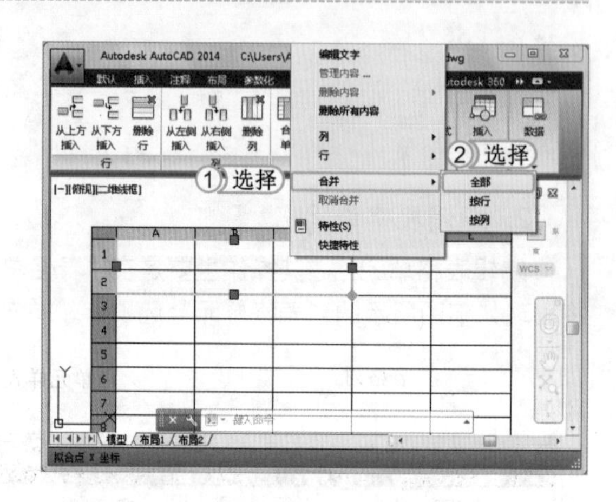

提个醒
在选择单元格时，需在要选择的单元格中间进行拖动选择，若只是单击某一个单元格，将只能选择单个单元格。

STEP 02：插入列

将鼠标移动至E列上方，选择中间位置处，单击鼠标右键，在弹出的快捷菜单中选择"在右侧插入列"命令。

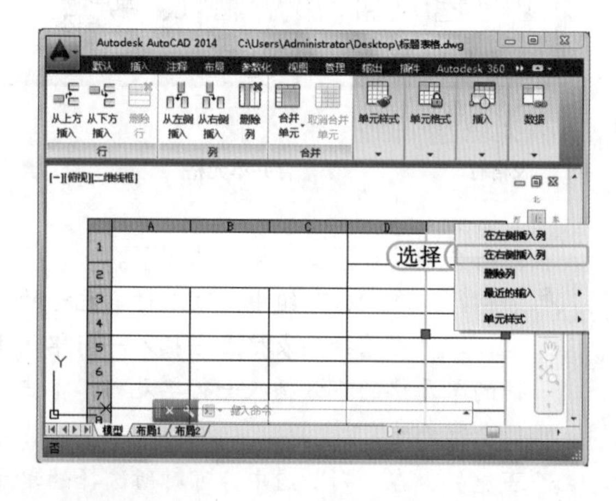

提个醒
在插入列中，除了可在列上方进行插入外，还可选择单个单元格，并在"列"组上单击"从左侧插入"按钮，也可插入该列。

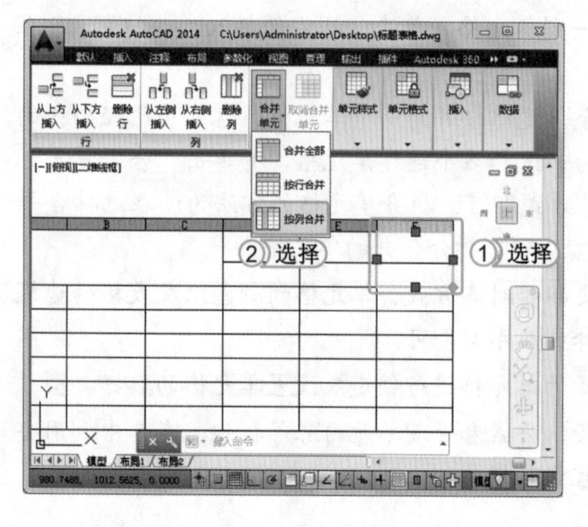

STEP 03：按列合并单元格

1. 使用鼠标选择E1:E2单元格区域。
2. 选择【表格单元】/【合并】命令，单击"合并单元"按钮，在弹出的下拉列表中选择"按列合并"选项。

提个醒
在AutoCAD中，表格的基本操作与在Excel表格中的操作基本类似，在使用AutoCAD操作时，只需使用与Excel的相同方法进行操作即可。

STEP 04：合并全部单元格

1. 使用鼠标选择 D4:F5 单元格区域。
2. 选择【表格单元】/【合并】命令，单击“合并单元”按钮▦，在弹出的下拉列表中选择“合并全部”选项。

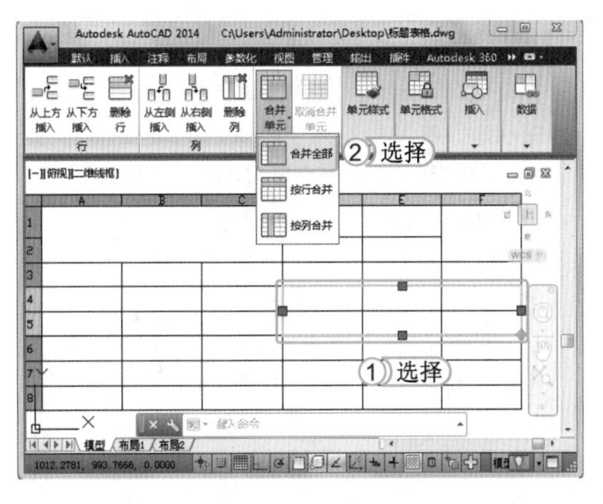

STEP 05：删除行

1. 使用鼠标选择 A6:F8 单元格区域。
2. 选择【表格单元】/【行】命令，单击“删除行”按钮▤。

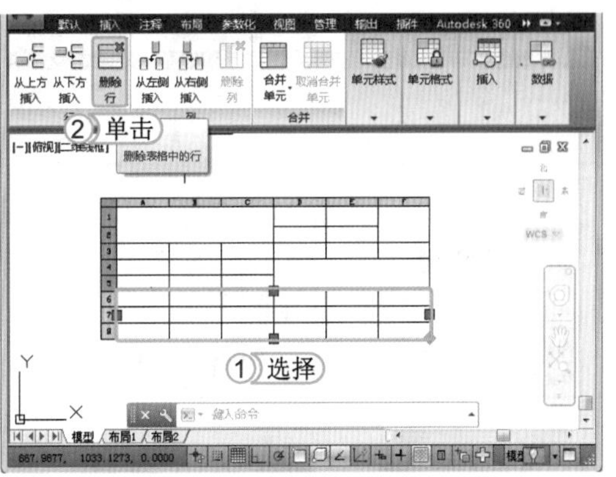

提个醒 在表格中若需要删除单一列时，还可在“列”组中单击“删除列”按钮▥，将选择的单元格所在列全部进行删除。

STEP 06：调整单元格大小

选择 A4 单元格，当其呈夹点显示时，单击右侧中间夹点，当其呈红色显示时，使用鼠标向右进行拖动，当拖动到适当位置后，释放鼠标即可。

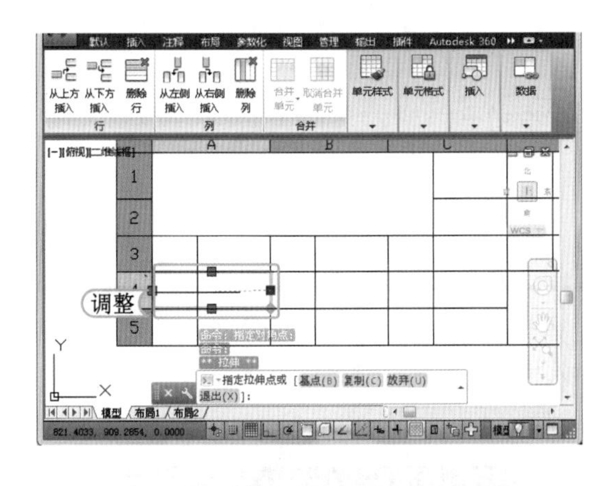

提个醒 若需对单列或多列进行缩放，可选择需要缩放的列，单击中间夹点，直接拖动可进行整体大小的调整。

STEP 07：继续调整单元格大小

选择 D1 单元格，当其呈夹点显示时，单击右侧中间夹点，当其呈红色显示时，使用鼠标向右进行拖动，当拖动到与 A4 单元格相应的位置后，释放鼠标即可完成大小的调整。

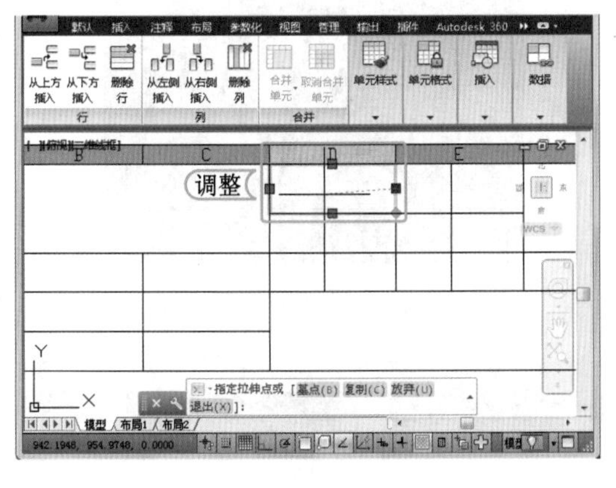

提个醒 若需调整行宽，可选择需要调整的单元格，使其呈夹点显示，单击上方夹点向上下进行拖动，至适当的位置处释放鼠标即可。

STEP 08：设置字体

1. 选择 A1 单元格，双击该单元格，使其呈可编辑状态，在其中输入“阀体”。
2. 在“样式”组的“文字高度”文本框中输入“15”，按 Enter 键，指定文字的高度。
3. 在“格式”组的“字体”下拉列表框中选择“隶书”选项。
4. 在“段落”组中单击“对正”按钮，在弹出的下拉列表中选择“正中 MC”选项。

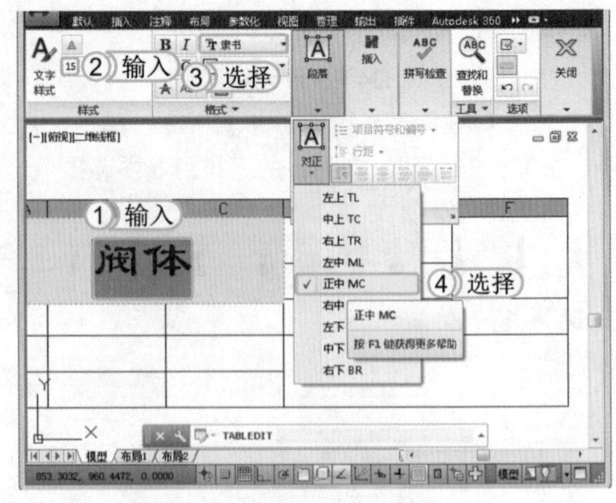

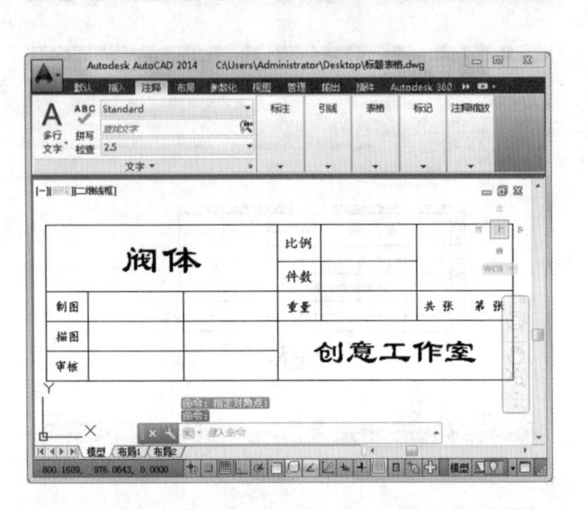

STEP 09：输入其他文字

根据以上设置方法，输入其他文字，并设置“文字高度”为“5”，“字体”为“楷体”。查看设置完成后的效果。

上机 1 小时 制作工程常用标题栏

- 熟悉创建表格的方法。
- 灵活运用夹点编辑表格。

下面将绘制工程制图中常见的标题栏表格，主要包括通过表格功能绘制表格，并对表格单元格进行合并操作，更改文字的对齐方式，以及输入相关文字等，编辑前后效果如下图所示。

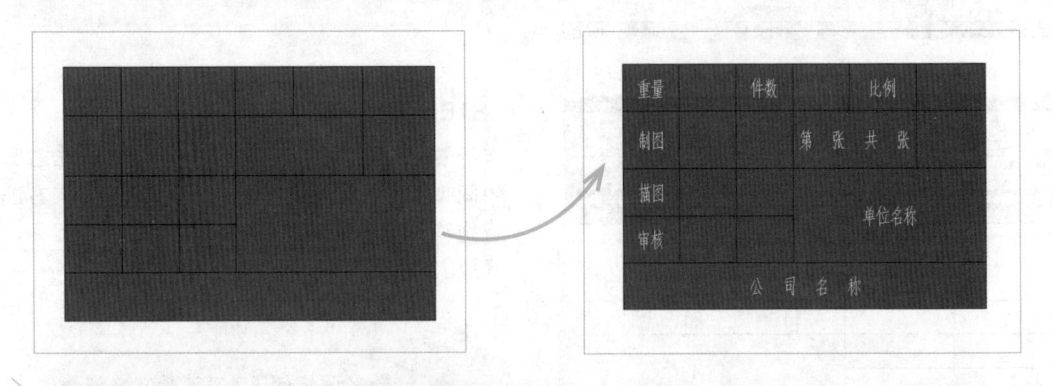

光盘文件

效果 \ 第 6 章 \ 工程常用标题栏 .dwg

实例演示 \ 第 6 章 \ 制作工程常用标题栏

STEP 01：创建表格样式

1. 启动 AutoCAD 2014，选择【注释】/【表格】组，单击“表格样式”按钮，打开“表格样式”对话框。
2. 单击新建(N)...按钮，打开“创建新的表格样式”对话框。

> **提个醒**
> 在“表格样式”对话框中单击修改(M)...按钮，可以对所选择的表格样式进行修改。

STEP 02：设置新样式名

1. 在“新样式名”文本框中输入名称，这里输入“工程常用标题栏”。
2. 单击继续按钮。

> **提个醒**
> 若是第一次进行设置操作，对设置的方法不太了解，可单击帮助(H)按钮，打开帮助对话框，在其中查看相应的帮助操作。

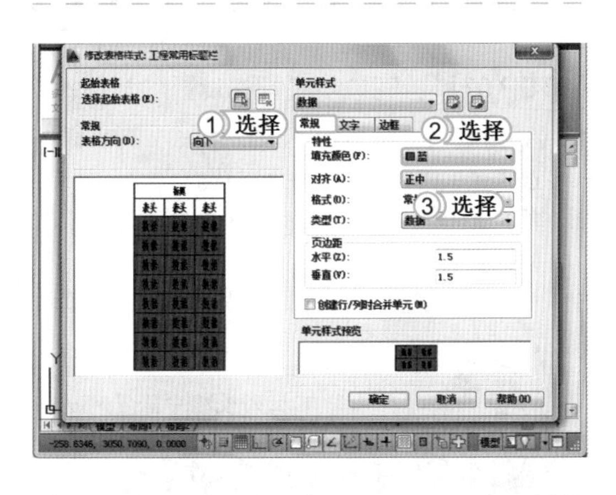

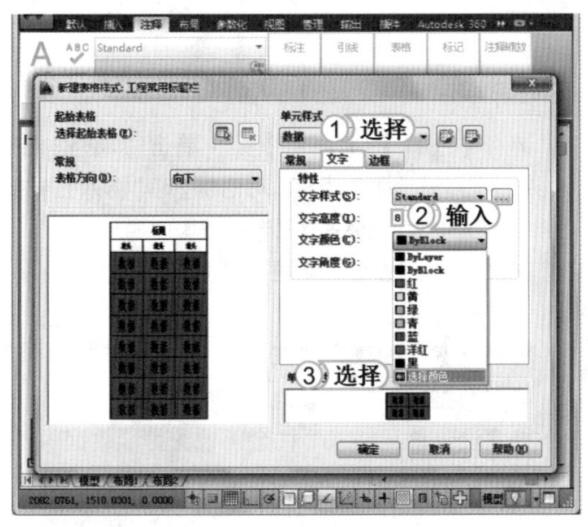

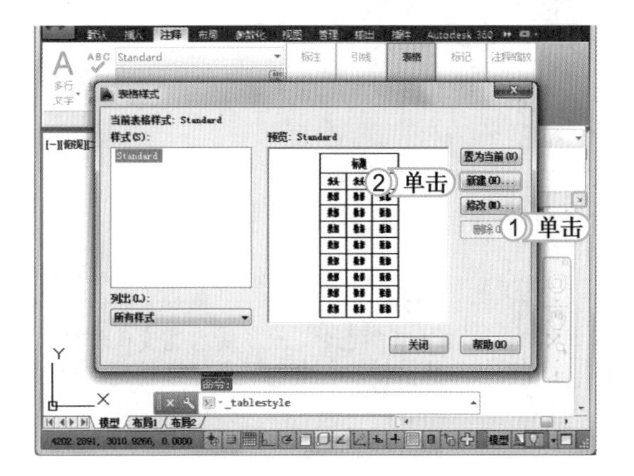

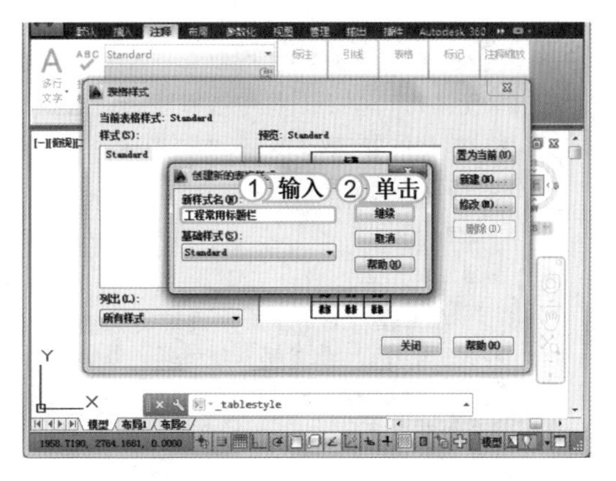

STEP 03：设置常规选项

1. 打开“新建表格样式：工程常用标题栏”对话框，在“单元样式”栏中选择“常规”选项卡。
2. 在“特性”栏的“填充颜色”下拉列表框中选择“蓝”选项。
3. 在“对齐”下拉列表框中选择“正中”选项。

> **提个醒**
> 在“填充颜色”下拉列表框中选择“选择颜色”选项，打开“选择颜色”对话框，在其中可设置更多的填充颜色。

STEP 04：设置文字高度

1. 在“单元样式”栏中选择“文字”选项卡。
2. 在“特性”栏的“文字高度”文本框中输入“8”，指定表格数据的文字高度。
3. 在“文字颜色”下拉列表框中选择“选择颜色”选项。

STEP 05： 选择颜色

1. 打开“选择颜色”对话框，选择“真彩色”选项卡。
2. 在“亮度”文本框中输入“100”。
3. 单击确定按钮。

提个醒 在选择颜色时，除了输入亮度值外，还可通过滑块选择，或输入颜色值进行颜色的设置。

STEP 06： 设置表头字体样式

1. 在“单元样式”下拉列表框中选择“表头”选项。
2. 在“特性”栏的“文字高度”文本框中输入“8”，指定表格表头的文字高度。
3. 单击确定按钮。

提个醒 在工程制图中，为方便读图及查询相关信息，图纸中一般会配置标题栏，其位置一般位于图纸的右下角，看图方向一般应与标题栏的方向一致。

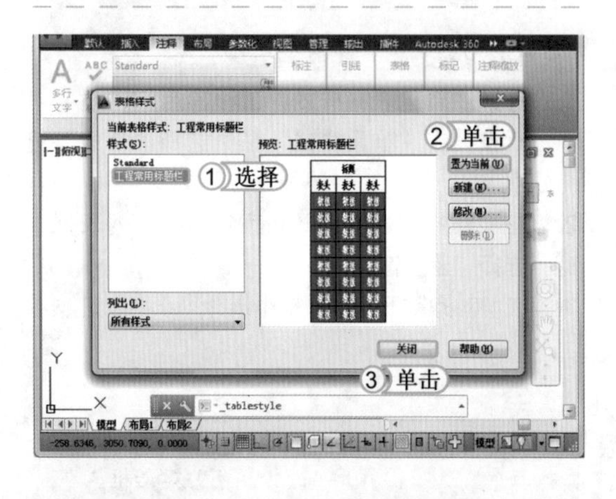

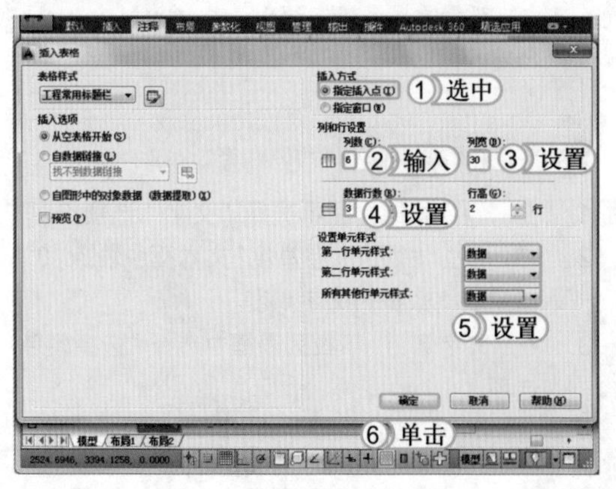

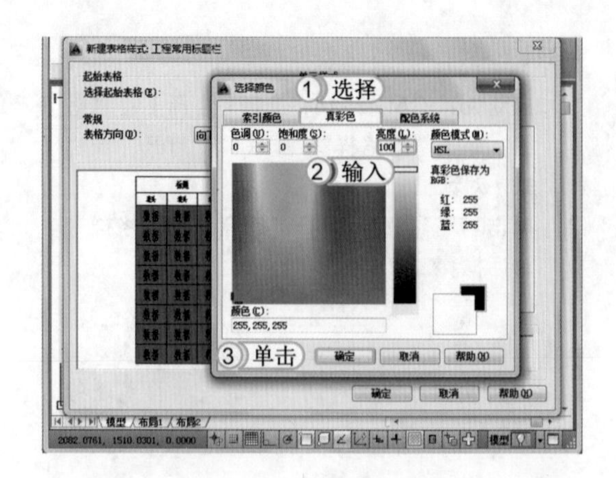

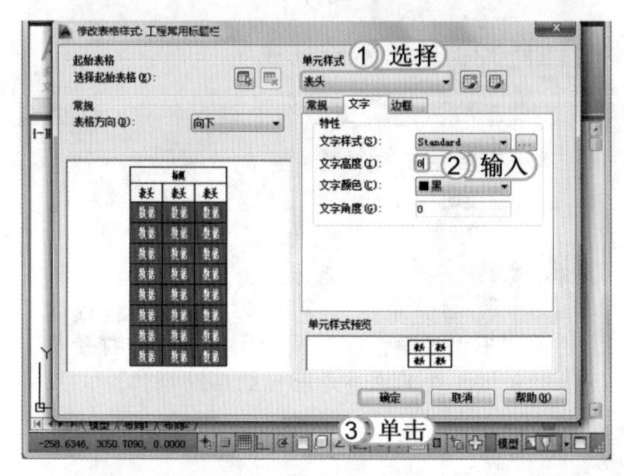

STEP 07： 完成表格样式设置

1. 在“表格样式”对话框的“样式”列表框中选择“工程常用标题栏”选项。
2. 单击置为当前(U)按钮，将表格样式设置为当前表格样式。
3. 单击关闭按钮，关闭“表格样式”对话框。

提个醒 在“列出”下拉列表框中除了可选择“所有样式”选项外，还可选择“正在使用样式”选项对正在应用的样式进行预览。

STEP 08： 插入的表格

1. 选择【注释】/【表格】组，单击“表格”按钮，打开“插入表格”对话框，在“插入方式”栏中选中指定插入点(I)单选按钮。
2. 在“列和行设置”栏的“列数”文本框中输入“6”。
3. 将“列宽”设置为“30”。
4. 将“数据行数”设置为“3”。
5. 将“设置单元样式”栏全部设置为“数据”。
6. 单击确定按钮，关闭“插入表格”对话框。

STEP 09：确定表格点

在命令行中提示“指定插入点：”后在绘图区中拾取一点，指定表格的插入位置，并在表格外单击鼠标左键，取消表格的选择。

提个醒 在表格中，可以将包含大量数据的表格打断成主要和次要的表格片段；使用表格底部的表格打断夹点，可以创建不同的表格部分。

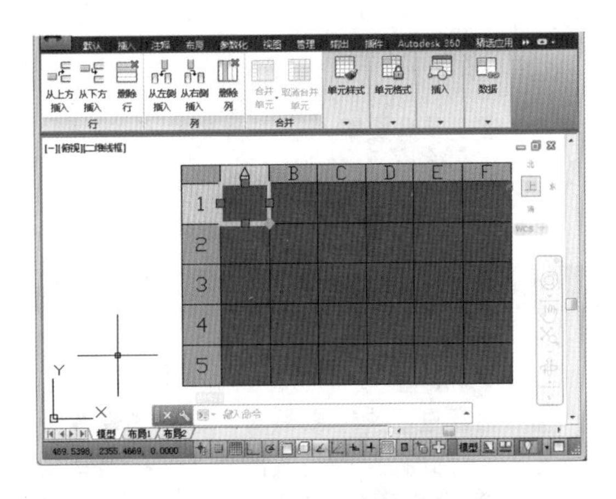

STEP 10：合并单元格

1. 选择表格的 A5:F5 单元格区域。
2. 选择【表格单元】/【合并】组，单击“合并单元”按钮。
3. 在弹出的列表中选择“合并全部”选项。

提个醒 默认情况下，选定表格的某个单元格若进行文字内容的编辑时，在表格的前端和顶端将显示字母和行号，通过系统变量 TABLEINDICATOR 可控制此显示。

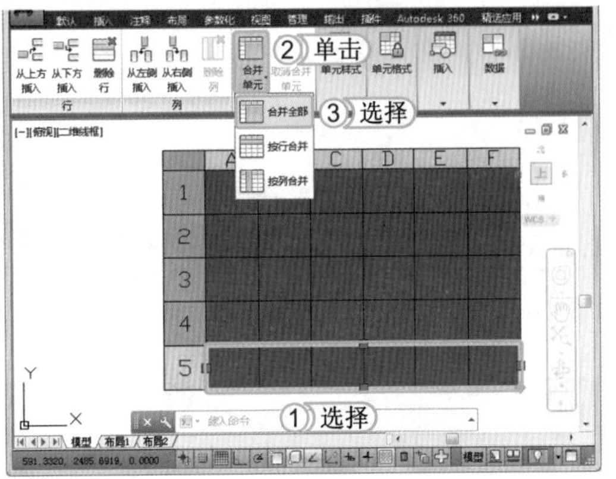

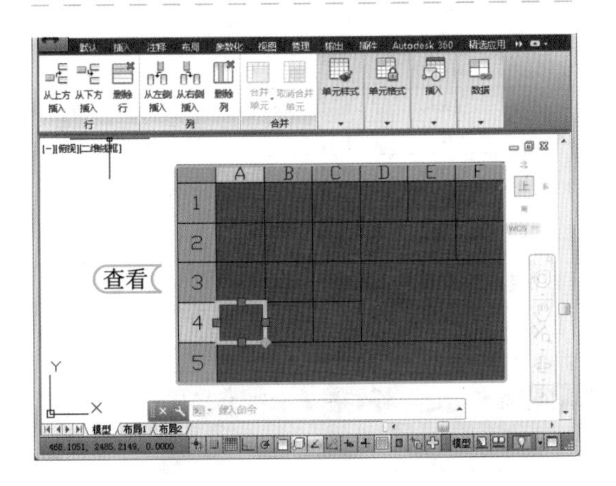

STEP 11：合并其他单元格

分别将 D2:E2 单元格区域和 D3:F4 的单元格区域进行合并操作，并查看合并后的效果。

提个醒 进行表格样式设置时，如果文字样式的文字高度为 0，在“表格样式”中可以设置文字高度；如果文字样式中文字高度设置为具体的高度，则表格样式中的文字高度将不能进行更改。

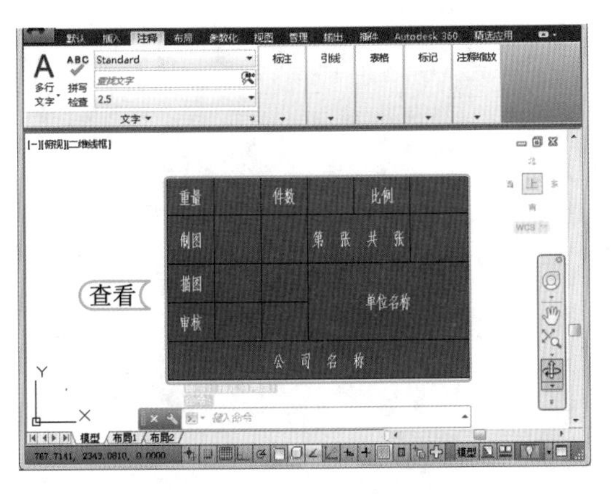

STEP 12：输入文字

双击表格单元格，输入相应的文字内容，选择输入的文字内容，选择【文字编辑器】/【样式】组，在“文字高度”文本框中输入“10”，并按 Enter 键更改文字高度。根据以上方法输入其他文字并进行设置，查看完成后的效果。

提个醒 对表格进行编辑操作时，通过方向键可在单元格之间进行切换。

6.3 练习1小时

本章主要介绍输入、编辑文本和在图形中添加表格的方法，用户要想在日常工作中熟练使用它们，还需再进行巩固练习。下面以标注技术要求和绘制组装图说明书表格为例，进一步巩固这些知识的使用方法。

1. 标注技术要求

本次练习将对图形进行技术要求的文字书写，进行文字书写时，首先创建并设置文字样式，再利用多行文字命令书写技术要求，最后对多行文字的对齐方式和段落缩进及项目编号进行设置，最终效果如右图所示。

标注技术要求

一、一般技术要求

1. 零件加工表面上，不应有划痕、擦伤等损伤零件表面的缺陷。
2. 未注形状公差应符合GB01804-2000的要求。
3. 去除毛刺飞边。

二、公差要求

1. 未注形状公差应符合GB01804-2000的要求。
2. 未注长度尺寸允许偏差%p0.5mm。
3. 铸件公差带对称于毛坯铸件基本尺寸配置。

光盘文件

效果\第6章\标注技术要求.dwg

实例演示\第6章\标注技术要求

2. 绘制组装图说明书表格

本次练习将绘制组装图说明书表格，在绘制表格时，首先需设置表格样式，再插入空表格，并调整列宽。在设置表格样式时，应注意宽度和颜色的调整，完成后输入文字和数据，最终效果如右图所示。

8	定距环	1	Q235A	
7	大齿轮	1	40	
6	键16*70	1	Q275	GB 1095-79
5	端盖	1	HT200	
4	轴承	1		30208
3	轴	2组	45	
2	调整垫片	1	08F	
1	减速器箱体	1	HT200	
序号	名称	数量	材料	备注

光盘文件

效果\第6章\组装图说明书表格.dwg

实例演示\第6章\绘制组装图说明书表格

读书笔记

第7章 标注图形尺寸

学习 3小时

绘制好图形后，除了通过文字来说明信息外，往往还需要将图形的真实大小标注出来，以便准确、清楚地反映对象的大小和对象之间的关系，使施工人员能准确地查看并进行施工。在AutoCAD 2014中，需要用户先熟悉尺寸标注的样式，并掌握其编辑方法，以使制作出的效果图更加标准，减少施工中发生错误的概率。

- 尺寸标注样式
- 标注图形尺寸
- 编辑尺寸标注

上机 5小时

7.1 尺寸标注样式

在 AutoCAD 2014 中绘制的图形只能反映该图形的形状和结构，而文字标注主要是用于标注图形的表示文字，其真实大小必须通过尺寸标注来完成，这样才能准确、清楚地反映对象的大小和对象之间的关系，施工人员也才能准确地进行施工。下面将介绍尺寸标注的组成，以及创建、修改和删除标注样式的方法。

学习 1 小时

- 了解尺寸标注的组成部分。
- 熟悉尺寸标注样式的设置。
- 掌握修改和删除标注样式的方法。

7.1.1 尺寸标注的组成

尺寸标注是绘制图形时的一个重要组成部分，一个完整的尺寸标注主要由尺寸界线、尺寸线、标注文本、箭头和圆心标记以及一些相关的符号组成。通常 AutoCAD 将构成一个尺寸的尺寸界线、尺寸线、标注文本、箭头和圆心标记以块的形式放在图形文件内，因此可以把一个尺寸看成一个对象，如下图所示。

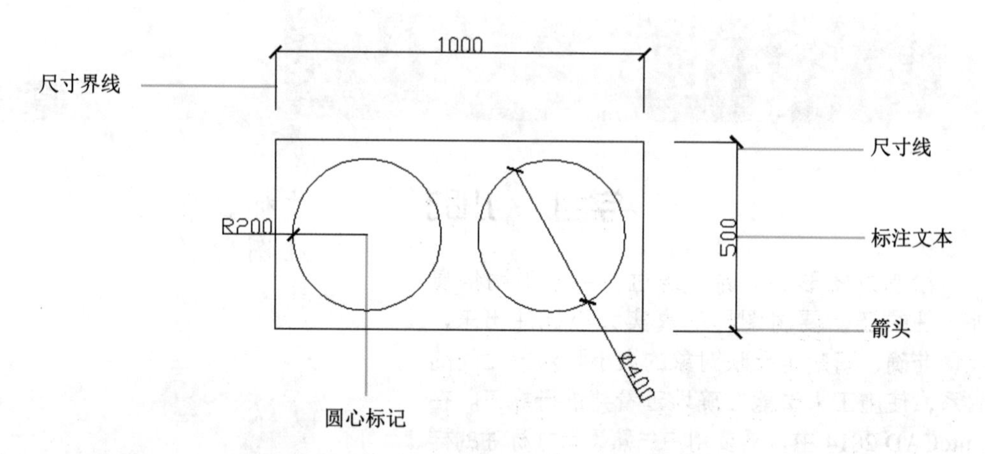

尺寸标注中各组成部分的作用及其含义如下。

- 尺寸界线：也称为投影线，用于标注尺寸的界限，主要由图样中的轮廓线、轴线和对称中心线引出，它的端点与所标注的对象接近但并未连接到对象上。
- 尺寸线：通常与所标注对象平行，它存在于两尺寸界线之间，用于指示标注的方向和范围。尺寸线通常为直线，但在角度标注时，尺寸线则为一段圆弧。
- 标注文本：通常位于尺寸线上方或中断处，用以表示所选标注对象的具体尺寸大小。在进行尺寸标注时，AutoCAD 2014 会自动生成所标注对象的尺寸数值，用户也可对标注文本进行修改。
- 箭头：在尺寸线两端，用以表明尺寸线的起始位置，用户可为标注箭头指定不同的尺寸大小和样式。
- 圆心标记：标记圆或圆弧的中心点位置。

7.1.2 创建标注样式

使用尺寸标注命令对图形进行尺寸标注时，首先应创建尺寸标注样式，并对标注样式进行设置，然后才能对图形进行尺寸标注，在打开的“标注样式管理器”对话框中可以创建及设置尺寸标注样式。调用标注样式命令，主要有如下几种方法。

- 命令行：在命令行中执行 DIMSTYLE（D）命令。
- 功能区：选择【默认】/【注释】组，单击“ISO-25”按钮。
- 菜单栏：在“AutoCAD 经典”工作空间中选择【标注】/【标注样式】命令。

通过以上任意一种方法并执行标注样式命令后，将打开“标注样式管理器”对话框，在该对话框中即可对标注样式进行创建等操作。下面将创建名为“建筑标注”的标注样式，并在该标注样式的基础上创建名为“半径标注”的子样式。其具体操作如下：

光盘文件
素材 \ 第 7 章 \ 直角三角形 .dwg
效果 \ 第 7 章 \ 直角三角形 .dwg
实例演示 \ 第 7 章 \ 创建标注样式

STEP 01：标注样式管理器

打开“直角三角形 .dwg”图形文件，选择【默认】/【注释】组，单击“ISO-25”按钮，打开“标注样式管理器”对话框。

> **提个醒**
> 尺寸标注的 5 种组成中，尺寸界线又称为延伸线。在标注线性尺寸时，必不可少的元素主要有尺寸界线、尺寸线、标注文本和箭头。标注的尺寸必须严格按照相关规定进行。

STEP 02：新建样式

1. 单击 新建(N)... 按钮，打开“创建新标注样式”对话框。
2. 在“新样式名”文本框中输入“建筑标注”。
3. 单击 继续 按钮。

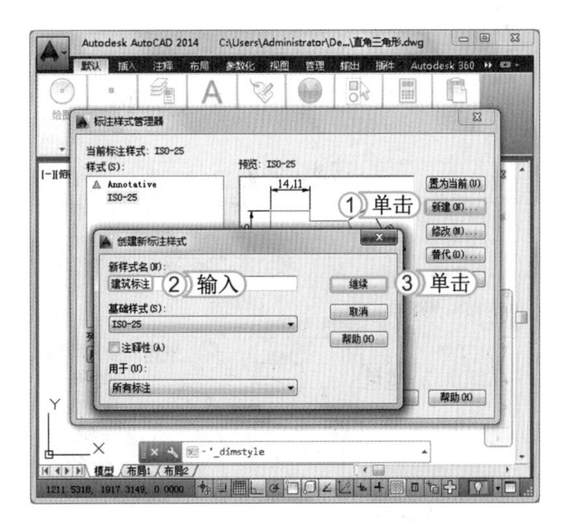

> **提个醒**
> 在尺寸标注中，除了可设置基本标注外，还可在基本标注的下方设置子标注。设置子标注主要是为了在设置标注过程中，以设置好的标注为基础创建新的特性，当需要该标注时，只需单击 置为当前(U) 按钮，即可对其进行运用。

> **提个醒**
> 对机械或建筑图形进行尺寸标注时，应根据机械制图或建筑制图的标注规范，分别创建符号标注机械图形与建筑图形的标注样式。

STEP 03： 更改参数

打开“新建标注样式：建筑标注”对话框，在该对话框中对数据进行相应的设置（设置方法将在 7.1.3 节中进行具体介绍），单击确定按钮。

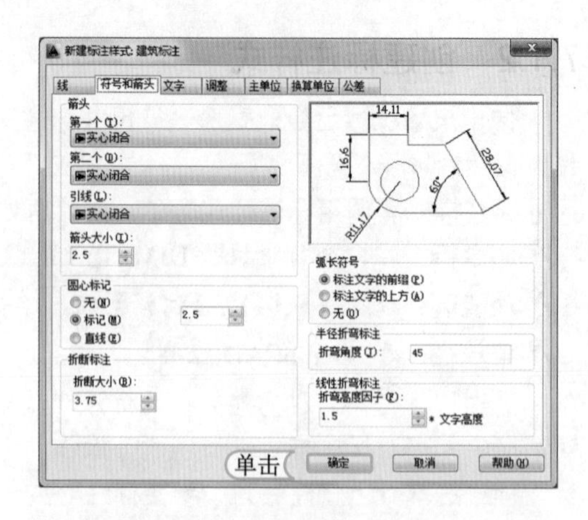

提个醒

在打开的“新建标注样式：建筑标注”对话框中还包含“线”、“符号和箭头”及“文字”等选项卡，每个选项卡设置的位置不同，而且设置的方法也不相同，其具体方法将在 7.1.3 节进行具体介绍。

STEP 04： 创建子标注样式

1. 返回“标注样式管理器”对话框，单击新建(N)...按钮，打开“创建新标注样式”对话框。
2. 在“用于”下拉列表框中选择“半径标注”选项。
3. 单击继续按钮。

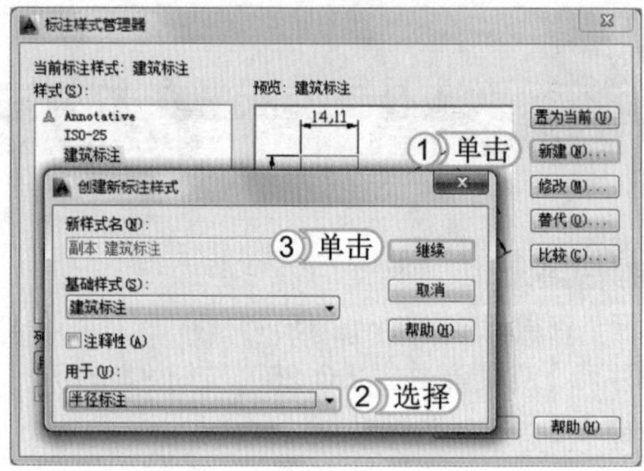

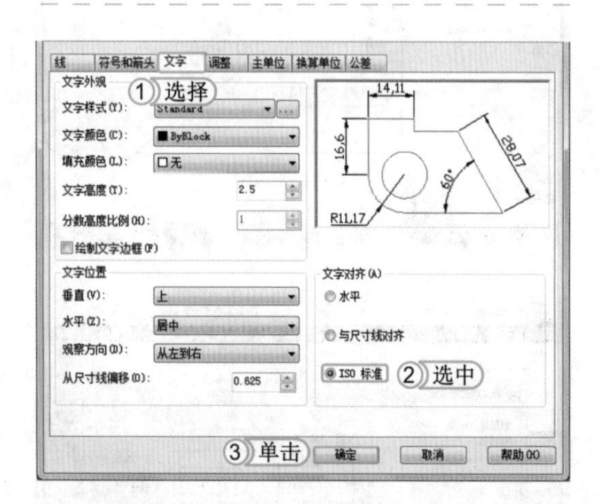

STEP 05： 文字设置

1. 打开“新建标注样式：建筑标注：半径”对话框，选择“文字”选项卡。
2. 在“文字对齐”栏中选中 ISO 标准单选按钮。
3. 单击确定按钮，返回“标注样式管理器”对话框。

提个醒

文字对齐方式主要包括 3 种，分别是水平、与尺寸线对齐和 ISO 标准，只需选中对应的单选按钮即可进行设置。

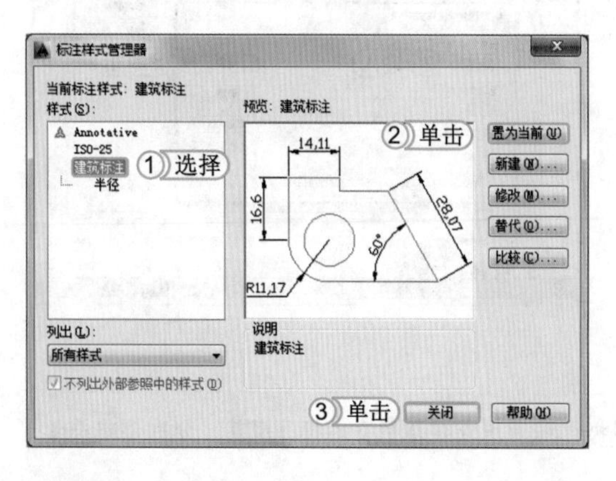

STEP 06： 完成设置

1. 在“样式”列表框中选择“建筑标注”选项。
2. 单击置为当前(U)按钮，将其设置为当前标注样式。
3. 单击关闭按钮，关闭“标注样式管理器”对话框。

提个醒

若设置完成后，需要对其设置进行修改，还可单击修改(M)...按钮，也可打开“新建标注样式：建筑标注：半径”对话框，在其中进行修改即可。

7.1.3 修改标注样式

当认识了标注样式的创建方法后，可进一步了解修改标注样式的方法，标注样式可以在创建的时候进行设置，也可以在“标注样式管理器”对话框的“样式”列表框中选择已有的标注样式后，单击修改(M)...按钮，对标注样式进行设置，主要设置内容包括线条、符号和箭头与文字等。

1. 设置标注线条

尺寸标注的线条主要是指尺寸线和尺寸界线，其调整方法为：在“标注样式管理器”对话框中选择要进行修改的标注样式，然后单击修改(M)...按钮，在打开的“修改标注样式”对话框中选择“线”选项卡，便可对尺寸线和尺寸界线进行设置。

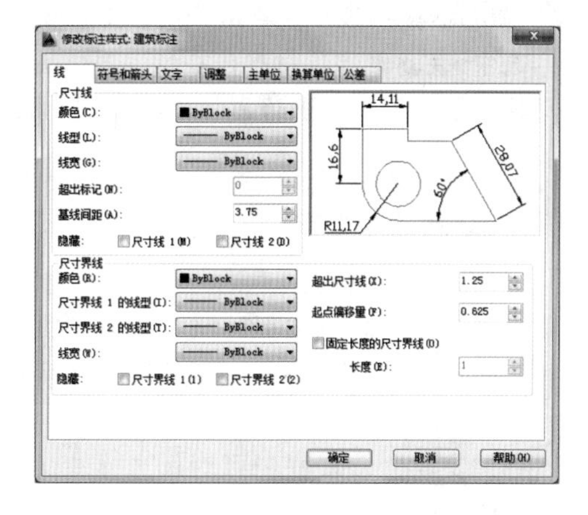

在“修改标注样式”对话框的“线”选项卡中，各选项含义介绍如下。

- 颜色：在该下拉列表框中可选择尺寸线的颜色，一般为默认设置，还可选择“选择颜色”选项，在打开的“选择颜色”对话框中进行更多的设置。
- 线型：在该下拉列表框中可设置标注尺寸线的线型，还可选择“其他”选项，打开“选择线型”对话框，在其中可加载其他样式的线型。
- 线宽：在该下拉列表框中可选择尺寸线的线宽。
- 超出标记：主要用于设置尺寸线和超出尺寸界线的长度。当箭头样式为“建筑标注”、“倾斜”和“无”时，则该选项可用。
- 基线间距：该选项用于基线标注，主要用于设置尺寸线之间的距离。
- 隐藏：主要用于控制尺寸线的可见性。若选中☑尺寸线 1(M)或☑尺寸线 2(D)中的某个复选框，将隐藏选中的尺寸线；若同时选中两个复选框，则可在标注时不显示尺寸线。
- 超出尺寸线：该选项主要用于设置尺寸界线超出尺寸线的距离。
- 起点偏移量：主要用于设置尺寸界线与标注对象之间的距离。
- 固定长度的尺寸界线：该选项可将标注尺寸的尺寸界线都设置成一样长，尺寸界线的长度还可在“长度”文本框中指定。

2. 设置符号和箭头

设置符号和箭头的方法与设置标注线条的方法类似，在“修改标注样式”对话框的“符号和箭头”选项卡中，即可设置标注尺寸中箭头样式、箭头大小、圆心标记以及弧长符号等。“符号和箭头”选项卡中各选项含义介绍如下。

- 第一个/第二个：主要用于设置尺寸标注中第一个标注箭头与第二个标注箭头的外观样式，在建筑绘图时，通常将标注箭头设置为“建筑标记”或“倾斜”样式，而在机械绘图时，通常使用“实心闭合”样式。
- 引线：用于设定快速引线标注时的箭头类型。
- 箭头大小：该数值框用于设置尺寸标注中箭头的大小。
- 圆心标记：该栏主要用于设置是否显示圆心标记，以及设置圆心标记的类型及大小。当选中◉无(N)单选按钮后，在标注圆弧类图形时，可取消圆心标记功能；当选中◉标记(M)单选按钮后，则标注出的圆心标记为+；当选中◉直线(E)单选按钮后，则标注出的圆心标记为中心线。

3. 设置标注文字

在“修改标注样式”对话框中选择“文字”选项卡可对尺寸标注中标注文本的参数进行设置，如设置尺寸标注的文字外观、文字位置和文字对齐等。

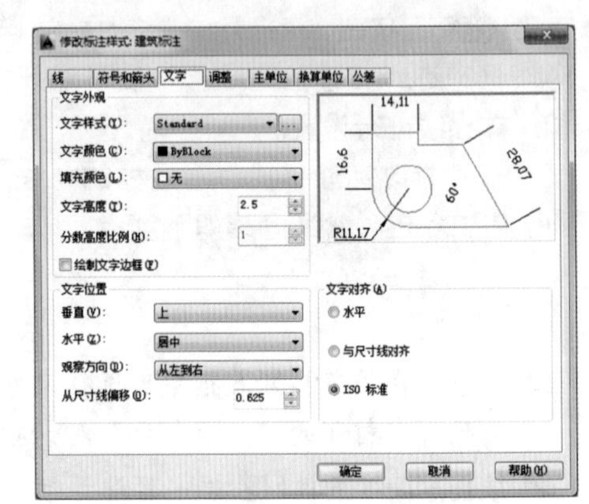

在“文字外观”栏中可对尺寸标注文本的外观样式进行设置，如文字样式、文字颜色、填充颜色和文字高度等，其设置方法分别如下。

- 文字样式：在该下拉列表框中显示了默认文字样式，标注文本将按照设定的文字样式参数进行显示。
- 文字颜色：在该下拉列表框中显示了常用的文字颜色，当需要设置时，只需要选择该颜色选项即可。
- 填充颜色：在该下拉列表框中可选择文字的背景颜色，其设置方法与设置文字颜色的方法相同。
- 文字高度：主要用于设置标注文字的高度。如果在文字样式中设置了文字高度，则该数值框中的值将无效。
- 分数高度比例：主要用于设定分数形式字符与其他字符的比例。只有在“主单位”选项卡中选择“分数”作为“单位格式”时，此选项才可用。
- ☑绘制文字边框(F)复选框：选中该复选框后，在进行尺寸标注时，标注的文字内容将添加上边框。

在“文字位置”栏中可对尺寸标注的标注文字所在位置进行设置，各栏的含义分别如下。

- 垂直：主要用于控制标注文字在尺寸线的垂直对齐位置。
- 水平：主要用于控制标注文字在尺寸线方向上相对于尺寸界线的水平位置。
- 观察方向：主要用于控制标注文字的观察方向。
- 从尺寸线偏移：该选项主要用于指定尺寸线到标注文字间的距离。

在“文字对齐”栏中可对尺寸标注中标注文字的对齐方式进行设置，其中各对齐方式的含义分别如下。

- ◉水平 单选按钮：主要用于将所有标注文字水平放置。
- ◉与尺寸线对齐 单选按钮：主要用于将所有标注文字与尺寸线对齐，其中文字倾斜度与尺寸线倾斜度相同。

◉ISO 标准单选按钮：当标注文字在尺寸界线内部时，文字与尺寸线平行；当标注文字在尺寸线外部时，文字水平排列。

7.1.4 删除标注样式

在“标注样式管理器”对话框中不仅可创建不同的标注样式，也可以对多余的标注样式进行删除，从而利于管理标注样式。

下面将删除“平行四边形 .dwg”图形文件中的“机械标注”标注样式。其具体操作如下：

光盘文件
素材 \ 第 7 章 \ 平行四边形 .dwg
效果 \ 第 7 章 \ 平行四边形 .dwg
实例演示 \ 第 7 章 \ 删除标注样式

STEP 01：设置当前标注样式

1. 打开“平行四边形 .dwg”图形文件，在命令行中输入 DIMSTYLE 命令，按 Enter 键，执行该命令。
2. 打开“标注样式管理器”对话框，在“样式”列表框中选择“建筑标注”标注样式。
3. 单击置为当前按钮，将其设置为当前标注样式。

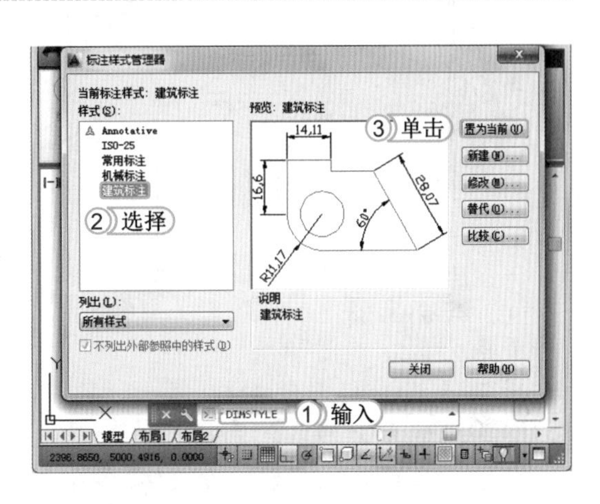

提个醒 在“标注样式管理器”对话框中，需要将不被删除的标注样式置为当前所使用的标注样式后，才能删除需要删除的标注样式。

STEP 02：删除标注

1. 在“样式”列表框的“机械标注”标注样式上单击鼠标右键，在弹出的快捷菜单中选择“删除”命令。
2. 打开“标注样式 - 删除标注样式”对话框，单击是(Y)按钮，确定对标注样式进行删除。

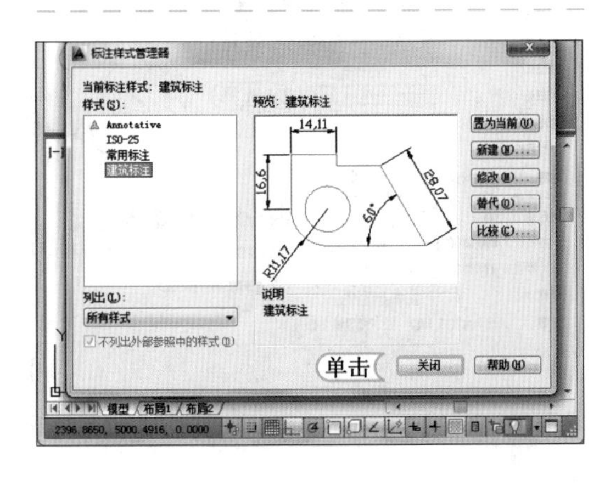

STEP 03：完成删除

返回“标注样式管理器”对话框，单击关闭按钮，完成删除标注样式的操作。

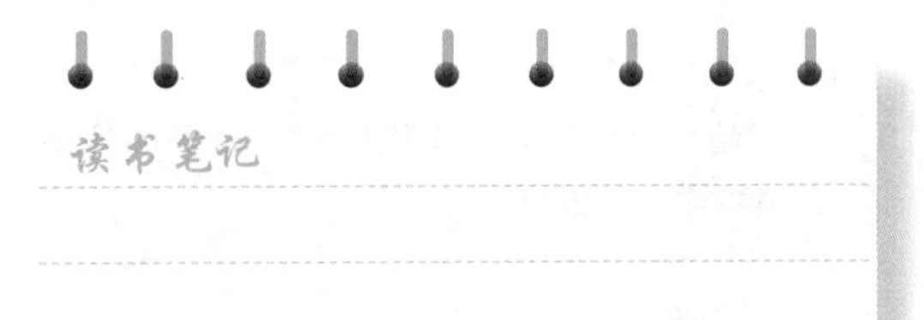

上机 1 小时 修改平面图尺寸

- 巩固创建与修改标注样式的方法。
- 进一步学习删除标注的方法。

光盘文件
素材 \ 第 7 章 \ 平面图尺寸 .dwg
效果 \ 第 7 章 \ 平面图尺寸 .dwg
实例演示 \ 第 7 章 \ 修改平面图尺寸

下面将在"平面图尺寸 .dwg"图形文件中对尺寸样式进行修改，并删除多余的标注样式。其最终效果如下图所示。

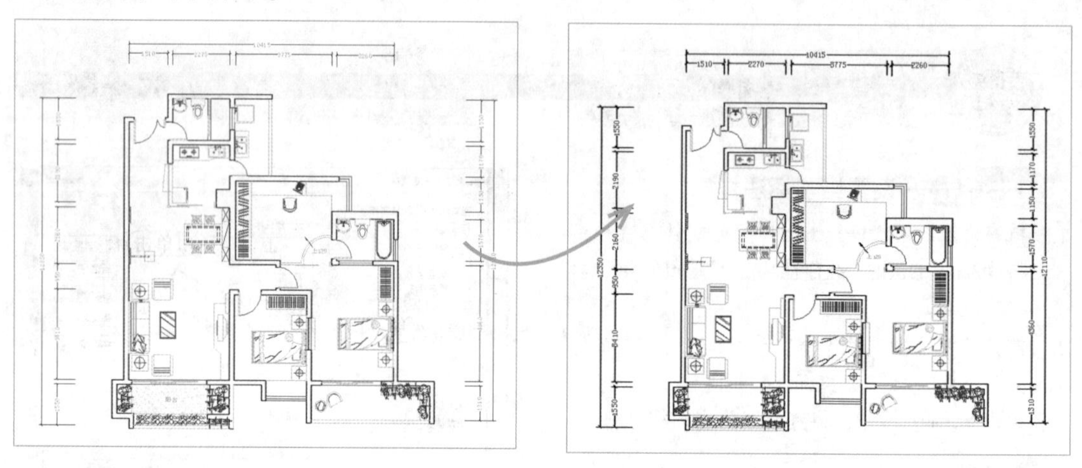

STEP 01：标注样式管理器

1. 打开"平面图尺寸 .dwg"图形文件，在命令行中输入 D 命令，按 Enter 键，执行该命令。
2. 打开"标注样式管理器"对话框，在"样式"列表框中选择"建筑标记"标注样式。
3. 单击 置为当前(U) 按钮，将其设置为当前标注样式。

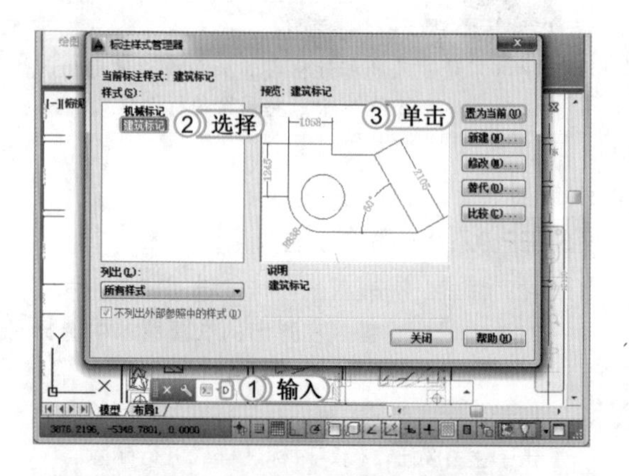

提个醒 单击 替代(O)... 按钮，可替代当前设置的样式。

STEP 02：修改标注样式

1. 单击 修改(M)... 按钮，打开"修改标注样式：建筑标记"对话框，选择"线"选项卡。
2. 在"尺寸线"栏的"颜色"下拉列表框中选择"黑"选项。
3. 在"线宽"下拉列表框中选择"0.20mm"选项。
4. 在"尺寸界线"栏的"颜色"下拉列表框中选择"黑"选项。
5. 在"超出尺寸线"文本框中输入设置的超出尺寸线数值"200"。

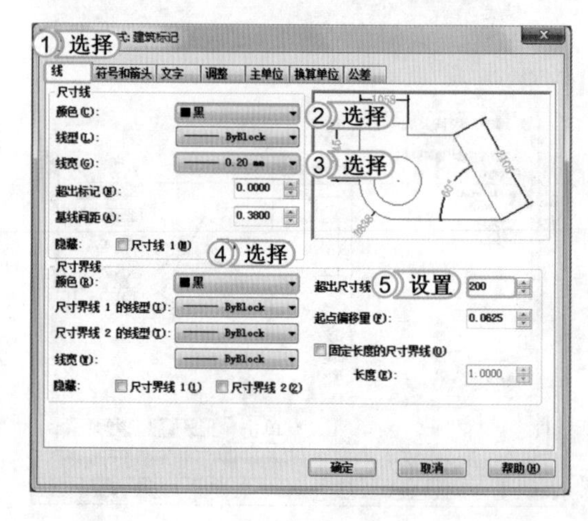

STEP 03： 修改符号和箭头

1. 选择“符号和箭头”选项卡。
2. 将“箭头大小”设置为“120.0000”。
3. 在“弧长符号”栏中选中 ◉标注文字的上方(A) 单选按钮。
4. 在“半径折弯标注”栏的“折弯角度”文本框中输入弯度值“60”。
5. 在“线性折弯标注”栏的“折弯高度因子”文本框中输入折弯标注高度“3.0000”。

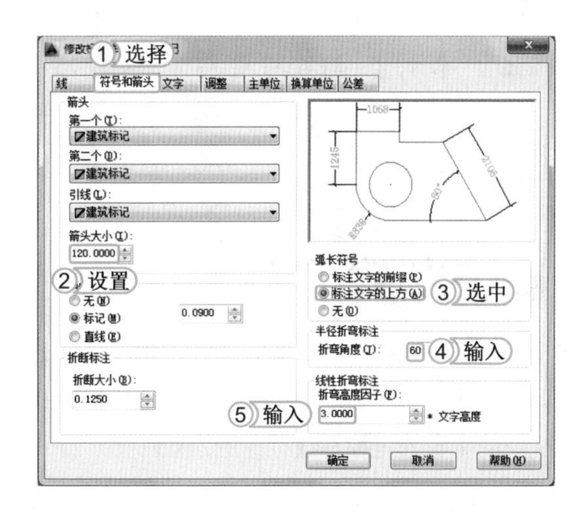

STEP 04： 修改文字样式

1. 选择“文字”选项卡。
2. 在“文字外观”栏的“文字颜色”下拉列表框中选择“红”选项。
3. 在“文字高度”文本框中输入新设置的文字高度“300.0000”。
4. 在“文字对齐”栏中选中 ◉水平 单选按钮。
5. 单击 确定 按钮。

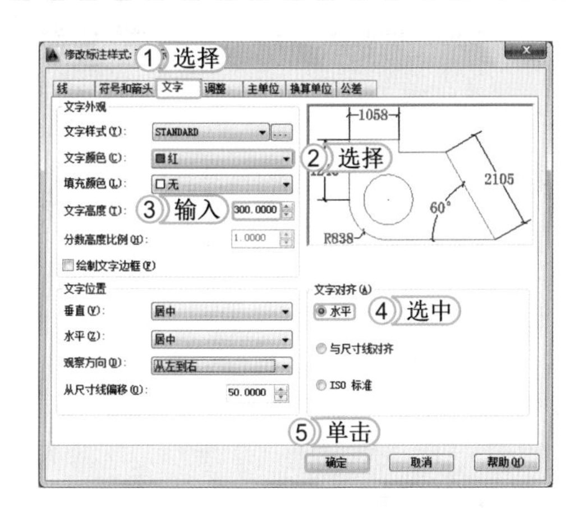

STEP 05： 修改文字样式

1. 返回“标注样式管理器”对话框，单击 置为当前(U) 按钮，将其设置为当前文字样式。
2. 在“样式”列表框中的“机械标记”标注样式上单击鼠标右键，在弹出的快捷菜单中选择“删除”命令。
3. 打开“标注样式-删除标注样式”对话框，单击 是(Y) 按钮，确定对标注样式进行删除处理。

STEP 06： 查看删除后的效果

返回“标注样式管理器”对话框，单击 关闭 按钮，完成删除标注样式的操作，返回页面并查看设置后的效果。

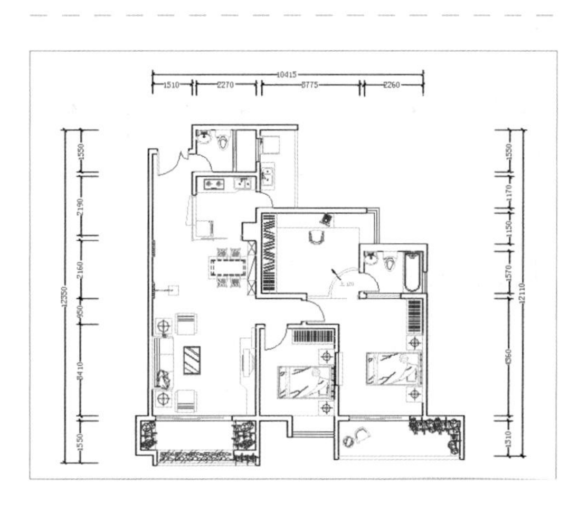

读书笔记

7.2 标注图形尺寸

对尺寸标注样式进行设置后，便可以利用 AutoCAD 2014 的尺寸标注命令对图形进行标注，如对图形进行线性、对齐、角度、直径、半径、弧长和折弯半径标注等。下面将分别对其进行介绍。

学习 1 小时

- 了解线性标注、对齐标注、角度标注、直径标注和半径标注的方法。
- 熟悉弧长标注、折弯半径标注和连续标注的方法。
- 掌握公差和基线标注的方法。

7.2.1 线性标注

线性标注是最常用的标注方式之一，主要用于创建水平或垂直方向上的尺寸标注。调用“线性”命令的方法主要有如下几种。

- 命令行：在命令行中执行 DIMLINEAR（DIMLIN）命令。
- 功能区：选择【默认】/【注释】组，单击“线性”按钮。
- 菜单栏：在“AutoCAD 经典”工作空间中选择【标注】/【线性】命令。

根据以上任意一种方法，并执行该命令后，将提示指定标注的第一条和第二条延伸线原点，然后再指定尺寸线的位置，即可标注线性尺寸标注。

下面将在“床立面图 .dwg”图形文件中，对水平直线的长度与高度进行线性尺寸标注。其具体操作如下：

光盘文件
素材 \ 第 7 章 \ 床立面图 . dwg
效果 \ 第 7 章 \ 床立面图 . dwg
实例演示 \ 第 7 章 \ 线性标注

STEP 01：指定尺寸的第一个点

打开“床立面图 .dwg”图形文件。在状态栏的“对象捕捉”按钮上单击鼠标右键，在弹出的快捷菜单中选择“端点”命令，启用“端点”对象捕捉功能。

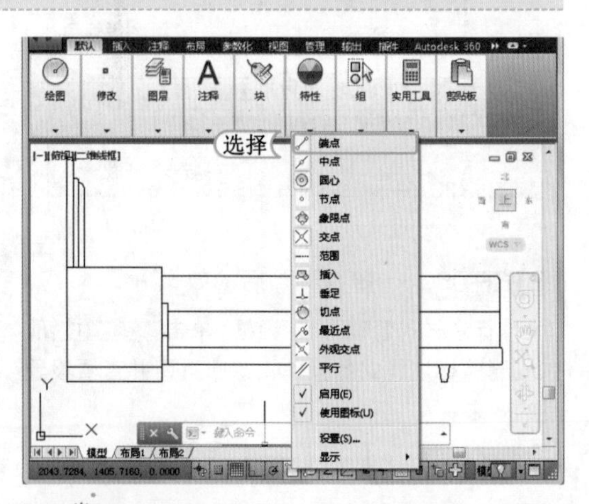

提个醒

使用线性标注命令对图形进行尺寸标注时，可以选择“文字”或“多行文字”选项，输入标注的文字内容，还可以设置文字角度或尺寸线的角度等。

STEP 02：设置线性标注

1. 在命令行中输入 DIMLIN 命令，按 Enter 键，执行该命令。
2. 选择图形上方实线的端点为第一个点。
3. 选择图形上方实线的另一个端点为第二个点。

提个醒 在设置线性标注时，应先调整标注样式，而调整的样式主要是根据标注图形的大小而决定的。

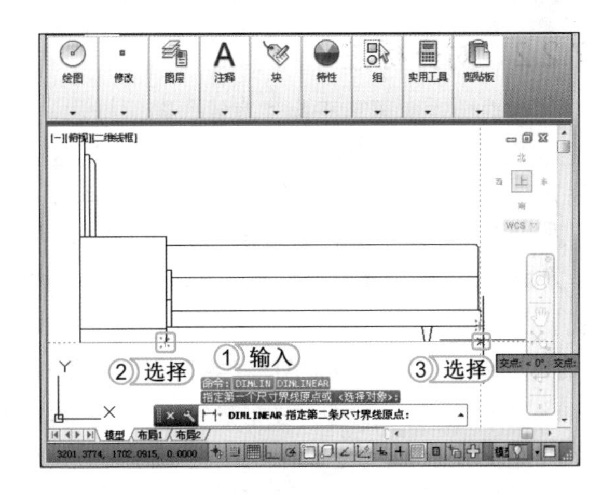

STEP 03：确定尺寸位置

在绘图区中需要确定尺寸的位置处单击鼠标，确定尺寸的位置，并查看标注后的效果。

提个醒 在设置线性标注时，还可设置多行文字、文字、角度、水平、垂直和旋转角度，只需选择对应的选项，或在命令行中输入对应的命令即可。

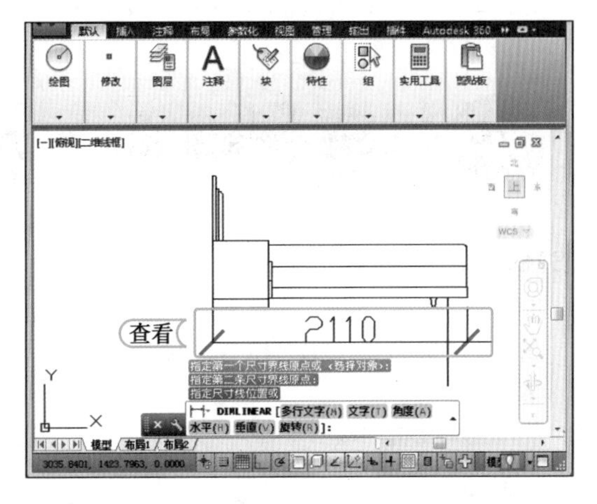

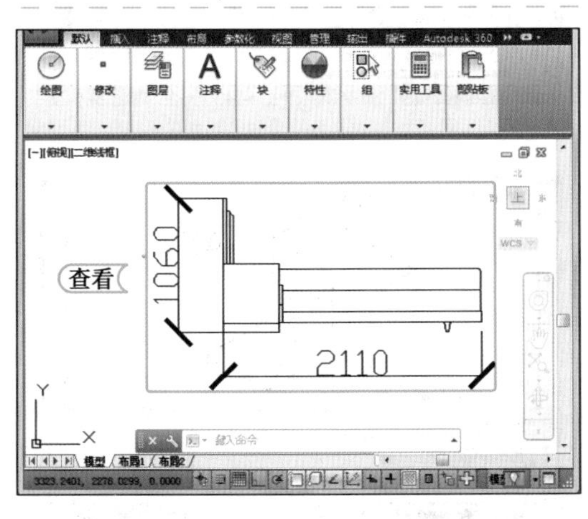

STEP 04：标注其他尺寸

再次按 Enter 键，捕捉对应床高的两点，并对其进行尺寸标注，再查看标注后的效果。

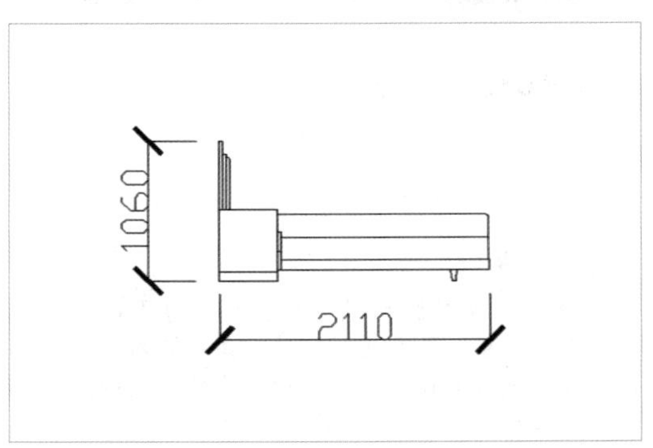

STEP 05：查看完成后的效果

选择标注，在命令行中输入移动命令“M”，按 Enter 键执行拖动命令。将标注向下拖动，当拖动到适当位置后，释放鼠标即可。拖动其他标注，并查看拖动后的效果。

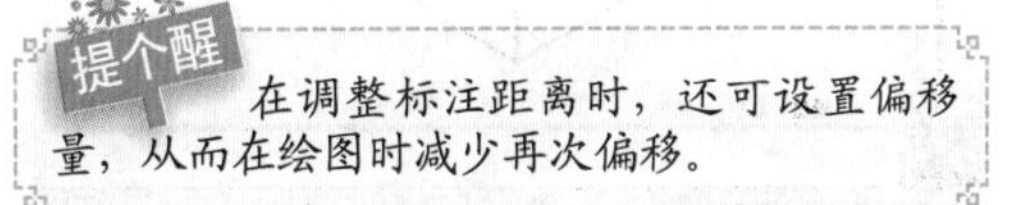

提个醒 在调整标注距离时，还可设置偏移量，从而在绘图时减少再次偏移。

7.2.2 对齐标注

线性标注主要用于标注直线，若需标注一些具有角度的尺寸，如标注轴测图，可使用线性标注，再选择“旋转”选项来实现，但是这样会比较麻烦。这时就可使用对齐标注来快速地进行标注，调用“对齐”命令的方法主要有如下几种。

- 命令行：在命令行中执行 DIMALIGNED 命令。
- 功能区：选择【默认】/【注释】组，单击“线性”下拉按钮，在弹出的下拉列表中选择“对齐”选项。
- 菜单栏：在“AutoCAD 经典”工作空间中选择【标注】/【对齐】命令。

使用“对齐”命令对图形进行标注时，其方法与线性标注相似，对齐标注的尺寸线平行于尺寸界线原点的连线。

下面将使用在命令行中输入命令的方法，调用“对齐”命令，为“轴测图”图形标注尺寸，其具体操作如下：

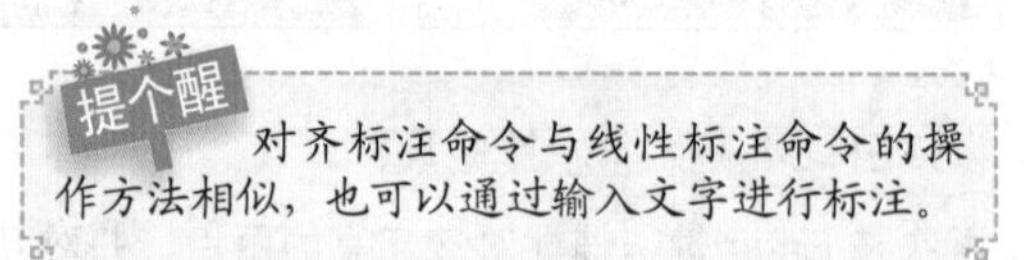

STEP 01：指定尺寸的第一个点

1. 打开“轴测图 .dwg”图形文件。在命令行中输入“DIMALIGNED”命令，按 Enter 键，执行该命令。
2. 选择图形上方的端点为第一个点。

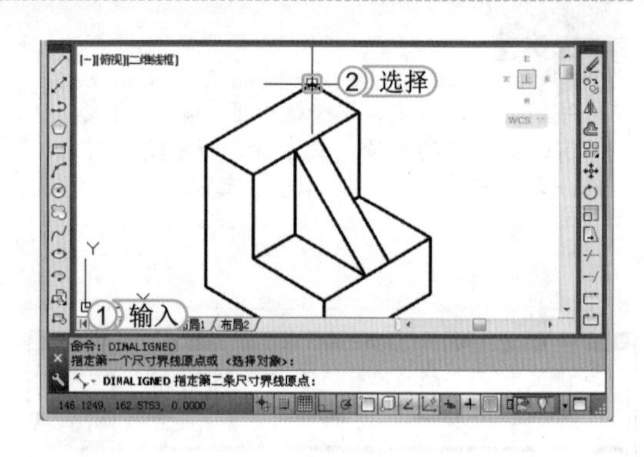

提个醒 对齐标注命令与线性标注命令的操作方法相似，也可以通过输入文字进行标注。

STEP 02：确定尺寸位置

1. 选择图形上方的另一个端点为第二个点，单击鼠标左键。
2. 将鼠标向右进行移动，当移动到适当位置后，单击鼠标左键，确定尺寸位置。

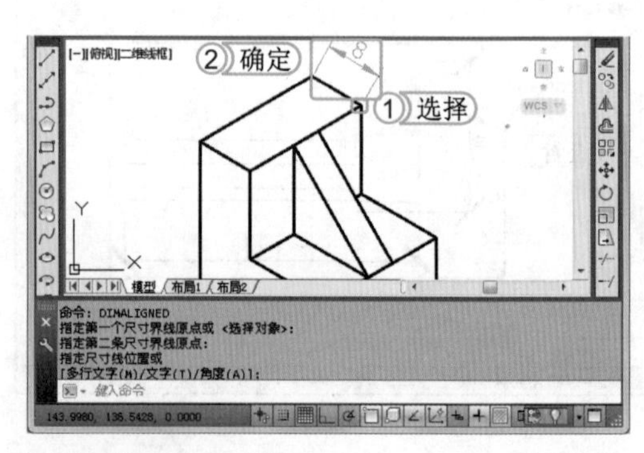

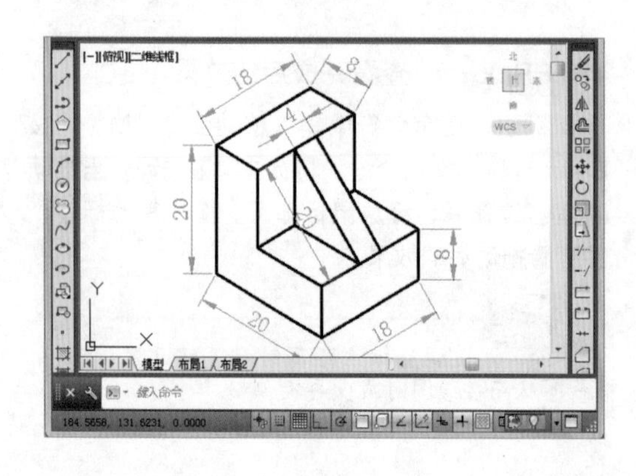

STEP 03：标注其余尺寸

使用相同的方法，利用对齐标注命令标注图形中其余的尺寸，完成标注。

提个醒 在对图形进行标注时，为了让尺寸更便于观察，可改变其角度。其方法为：在指定尺寸线位置输入 A，选择“角度”选项，然后输入角度值或用鼠标指定角度。

7.2.3 角度标注

图形绘制完成后，对于带有角度的图形对象，可利用角度标注将角度值显示在图形中，调用“角度”命令的方法主要有如下几种。

- 命令行：在命令行中执行 DIMANGULAR（DIMANG）命令。
- 功能区：选择【默认】/【注释】组，单击“线性”下拉按钮▾，在弹出的下拉列表中选择“角度”选项。
- 菜单栏：在“AutoCAD 经典”工作空间中选择【标注】/【角度】命令。

下面将使用在命令行中输入命令的方法，调用“角度”命令，标注出“三角形.dwg”图形中的角度尺寸。其具体操作如下：

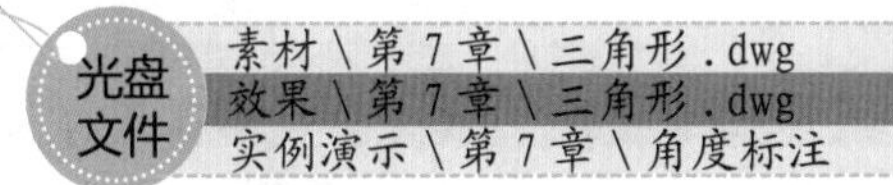

素材\第7章\三角形.dwg
效果\第7章\三角形.dwg
实例演示\第7章\角度标注

STEP 01：选择标注对象

1. 打开“三角形.dwg”图形文件。在命令行中输入 DIMANGULAR 命令，按 Enter 键，执行该命令。
2. 选择图形上方的圆弧为角度标注对象。

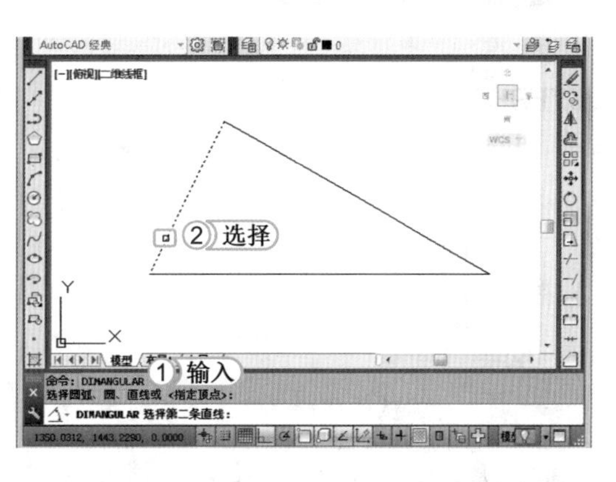

提个醒 在标注对象角度的过程中，除了以选择构成角度的直线的方式来创建角度标注外，还可通过以指定角的顶点以及角的端点的方式来进行标注。

STEP 02：确定标注位置

在图形中选择第二条直线，单击鼠标左键，向上移动鼠标，在合适位置处单击鼠标确定角度尺寸位置。

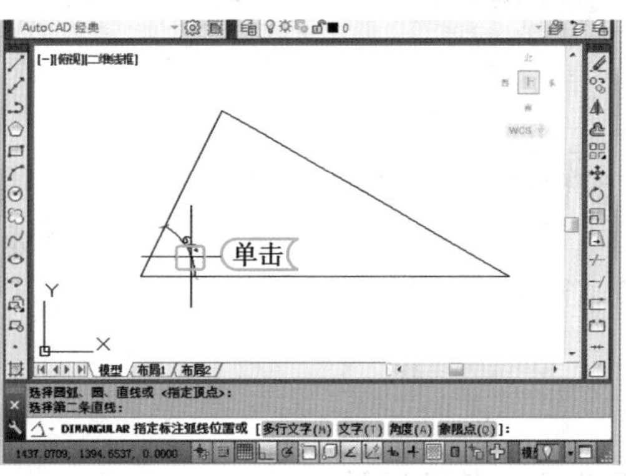

提个醒 在选择第二条直线时，应注意选择的线段要与第一条线段相邻，而且存在夹点。

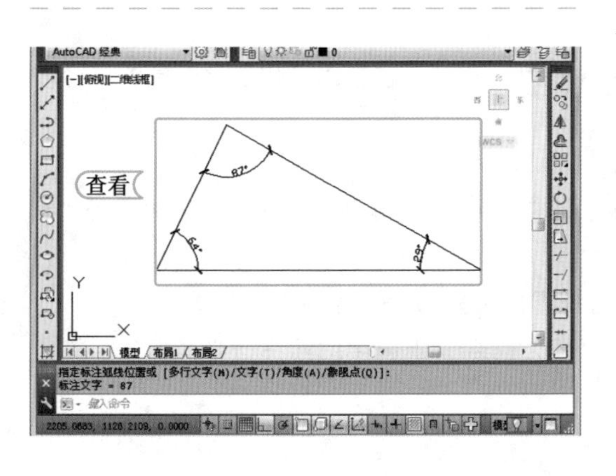

STEP 03：标注其余尺寸

使用相同的方法，利用角度标注命令标注图形中其余角度的尺寸，完成标注并查看完成后的效果。

提个醒 在标注角度尺寸时，也可标注 180° 以上的角度，而具体角度可根据选择线的顺序进行标注。

7.2.4 直径标注

直径标注与前面讲的标注命令不同，它主要用于标注圆的直径尺寸。标注图形时，首先应选择要标注的图形对象，再指定直径标注的尺寸线位置。调用“直径”命令主要有如下几种方法。

- 命令行：在命令行中执行 DIMDIAMETER（DIMDIA）命令。
- 功能区：选择【默认】/【注释】组，单击“线性”下拉按钮，在弹出的下拉列表中选择“直径”选项。
- 菜单栏：在“AutoCAD 经典”工作空间中选择【标注】/【直径】命令。

下面将在“螺母 .dwg”图形文件中利用“直径”命令，为螺母中的圆进行直线标注。其具体操作如下：

光盘文件
素材 \ 第 7 章 \ 螺母 . dwg
效果 \ 第 7 章 \ 螺母 . dwg
实例演示 \ 第 7 章 \ 直径标注

STEP 01：选择标注对象

1. 打开“螺母 .dwg”图形文件，在命令行中输入 DIMDIA 命令，按 Enter 键，执行该命令。
2. 在绘图区中，在需要标注的圆对象上单击鼠标左键。

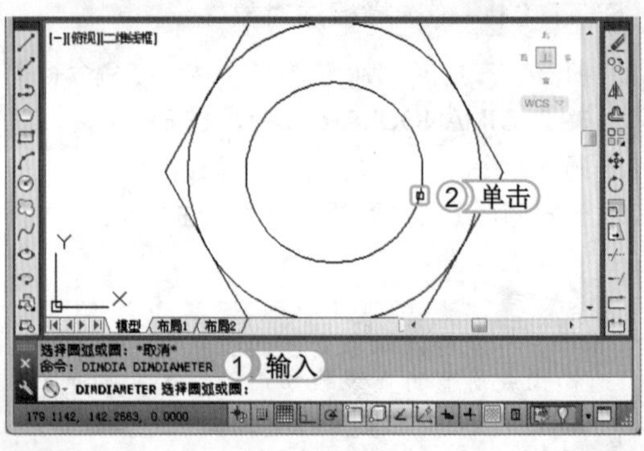

提个醒
对圆弧进行标注时，半径或直径标注不需要直接沿圆弧进行放置。如果标注位于圆弧末尾之后，则将沿着需标注圆弧的路径绘制延伸线。

STEP 02：选择标注位置

通过移动鼠标确定标注的位置，单击鼠标左键确认直径标注的位置，并查看完成后的效果。

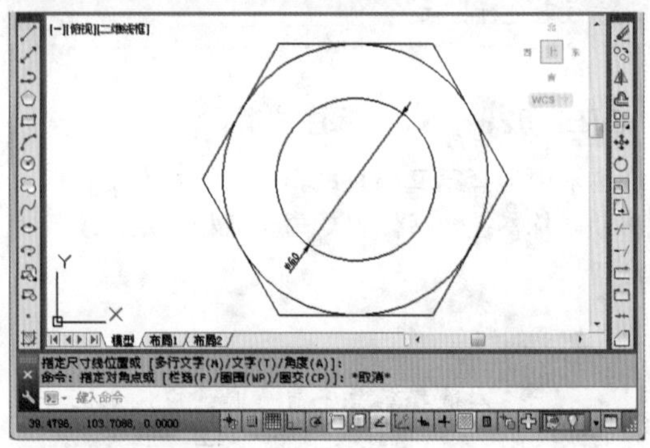

7.2.5 半径标注

“半径”命令主要用于标注圆弧的半径尺寸，也可以将“半径”命令用于标注圆的半径。调用“半径”命令主要有如下几种方法。

- 命令行：在命令行中执行 DIMRADIUS（DIMRAD）命令。
- 功能区：选择【默认】/【注释】组，单击“线性”下拉按钮，在弹出的下拉列表中选择“半径”选项。
- 菜单栏：在“AutoCAD 经典”工作空间中选择【标注】/【半径】命令。

下面在“螺母 1.dwg”图形文件中，利用半径标注命令为螺母中的圆进行半径标注。其具体操作如下：

光盘文件
素材 \ 第 7 章 \ 螺母 1.dwg
效果 \ 第 7 章 \ 螺母 1.dwg
实例演示 \ 第 7 章 \ 半径标注

STEP 01：选择标注对象

1. 打开“螺母 1.dwg”图形文件，在命令行中输入 DIMRADIUS 命令，按 Enter 键，执行该命令。
2. 在绘图区中选择需要标注的圆对象，单击鼠标左键。

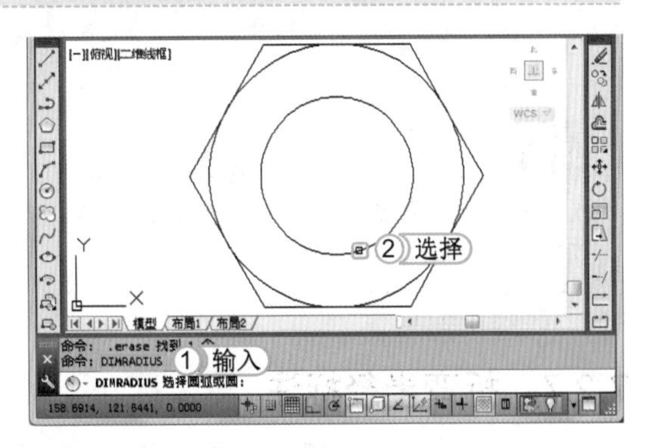

提个醒 在为圆进行直径与半径的标注时，其使用方法基本相同，唯一的区别是：选择图形后，直径标注的数字前具有直径标注的符号 ∅，而半径的符号为 R。

STEP 02：选择标注位置

通过移动鼠标确定标注的位置，单击鼠标左键，确认半径标注的位置，查看完成后的效果。

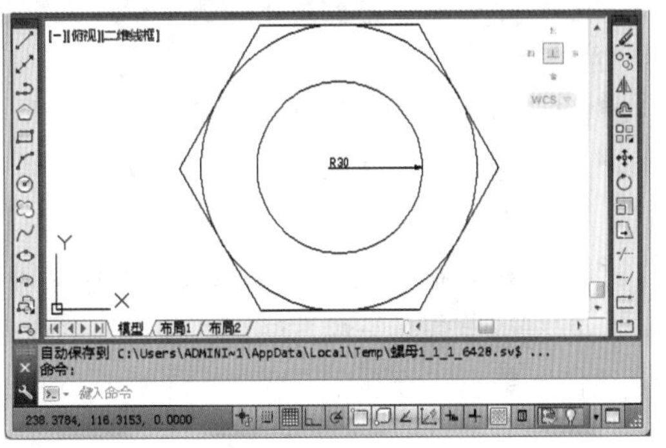

7.2.6 弧长标注

弧长标注与其他标注不同，它针对的图形对象只能是圆弧或多段线上的圆弧，其中标注的尺寸是指线段的曲线长度而不是直线长度。调用“弧长”命令主要有如下几种方法。

- 命令行：在命令行中执行 DIMARC 命令。
- 功能区：选择【默认】/【注释】组，单击“线性”下拉按钮 ·，在弹出的下拉列表中选择“弧长”选项。
- 菜单栏：在“AutoCAD 经典”工作空间中选择【标注】/【弧长】命令。

下面将使用在命令行中输入命令的方法，调用“弧长”命令，标注出“单人沙发立面图”图形中沙发座的弧长尺寸。其具体操作如下：

光盘文件
素材 \ 第 7 章 \ 单人沙发立面图 .dwg
效果 \ 第 7 章 \ 单人沙发立面图 .dwg
实例演示 \ 第 7 章 \ 弧长标注

STEP 01：选择标注对象

1. 打开“单人沙发立面图 .dwg”图形文件，在命令行中输入 DIMARC 命令，按 Enter 键，执行该命令。
2. 选择图形中沙发座上的圆弧为弧长标注对象。

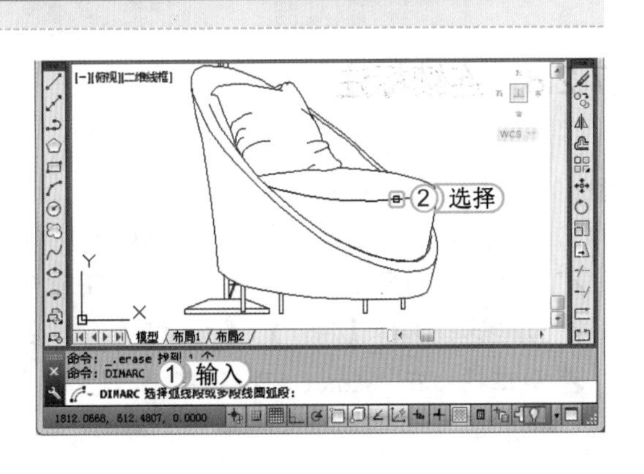

STEP 02: 确定标注位置

将鼠标向上移动，在合适位置处单击鼠标确定角度标注尺寸位置，并查看标注效果。

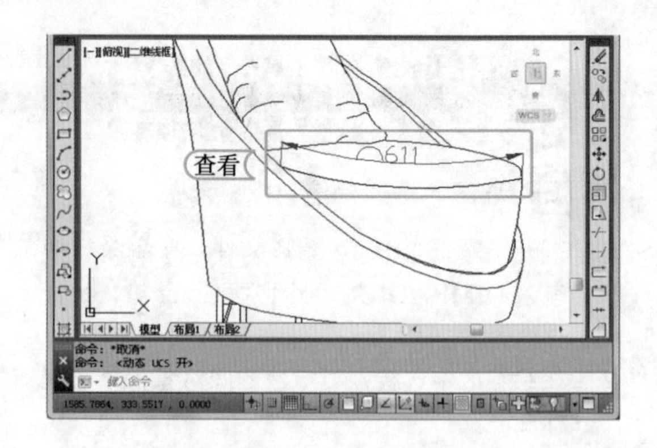

提个醒 弧长标注的尺寸延伸线可以是正交或径向，但只有当圆弧的包含角度小于90°时才显示正交尺寸延伸线。

7.2.7 折弯半径标注

折弯半径命令主要用于圆弧半径过大、圆心无法在当前布局中进行显示的圆弧。调用折弯半径命令主要有如下几种方法。

- 命令行：在命令行中执行 DIMJOGGED 命令。
- 功能区：选择【默认】/【注释】组，单击“线性”下拉按钮▾，在弹出的下拉列表中选择“折弯”选项。
- 菜单栏：在“AutoCAD 经典”工作空间中选择【标注】/【折弯】命令。

根据以上任意一种方法，并执行该命令后，系统将提示选择要标注的图形对象，在绘图区合适位置单击，分别指定折弯标注的中心位置、尺寸线位置和折弯位置即可。

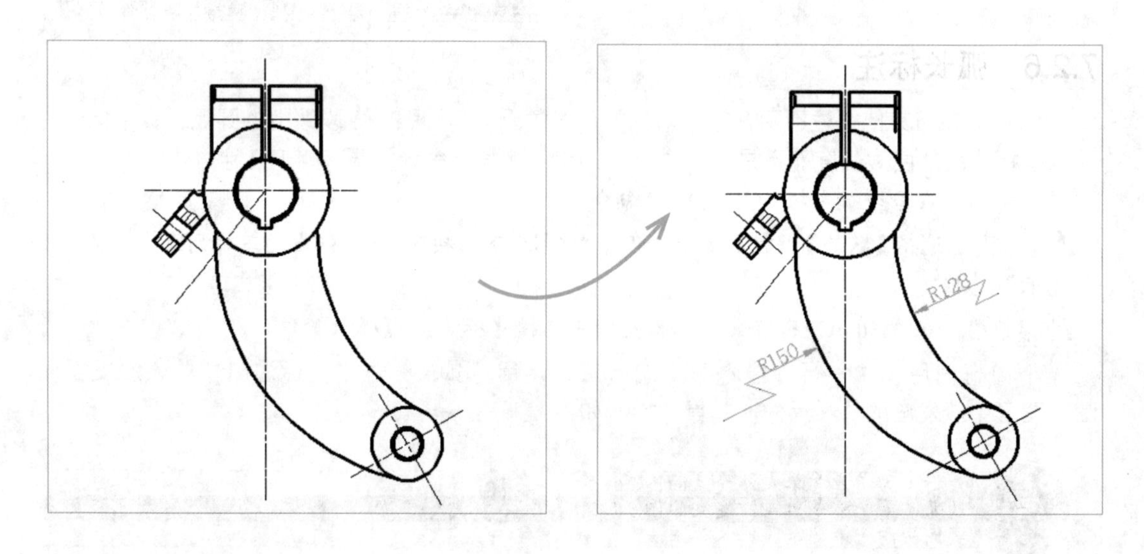

7.2.8 连续标注

“连续”命令主要用于标注同一方向上的连续性尺寸或角度尺寸，在使用“连续”命令对图形进行标注时，首先应对图形进行线性、对齐或角度等标注，然后才能创建与其相邻对象的尺寸标注。调用“连续”命令主要有如下几种方法。

- 命令行：在命令行中执行 DIMCONT 命令。
- 功能区：选择【注释】/【标注】组，单击“连续”按钮。
- 菜单栏：在“AutoCAD 经典”工作空间中选择【标注】/【连续】命令。

下面将使用在命令行中输入命令的方法，执行“连续”命令，在“托架.dwg”图形文件中对图形进行连续尺寸标注。其具体操作如下：

光盘文件

素材\第7章\托架.dwg
效果\第7章\托架.dwg
实例演示\第7章\连续标注

STEP 01： 标注线性尺寸

1. 打开“托架.dwg”图形文件，在命令行中输入DIMLIN命令，按Enter键，执行标注命令。
2. 选择图形上方端点作为第一个点。
3. 选择图形上方的另一个端点作为第二个点，单击鼠标左键确定。

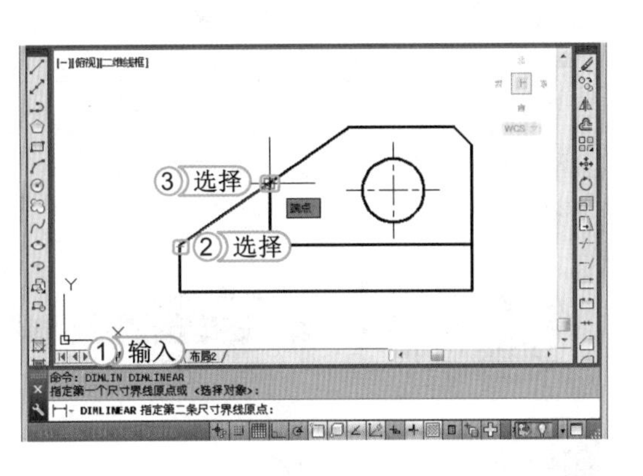

STEP 02： 确定尺寸位置

将鼠标向上移动，当移动到适当位置后，单击鼠标左键，确定尺寸位置。

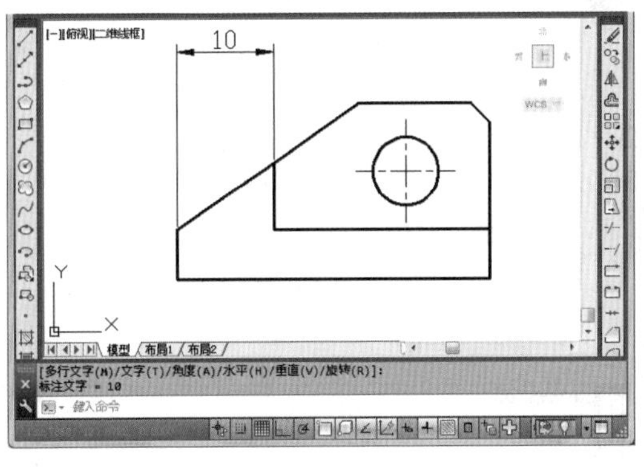

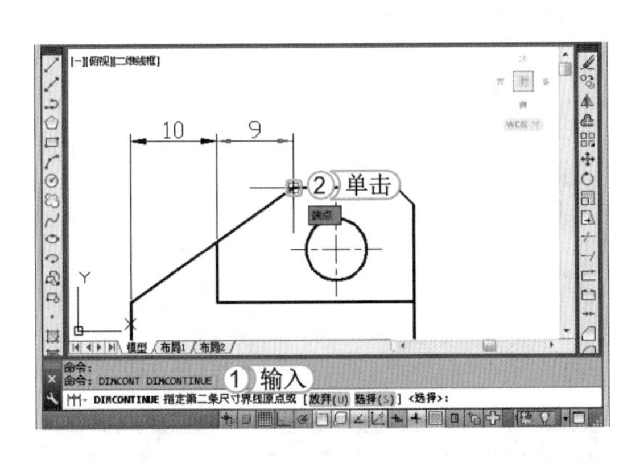

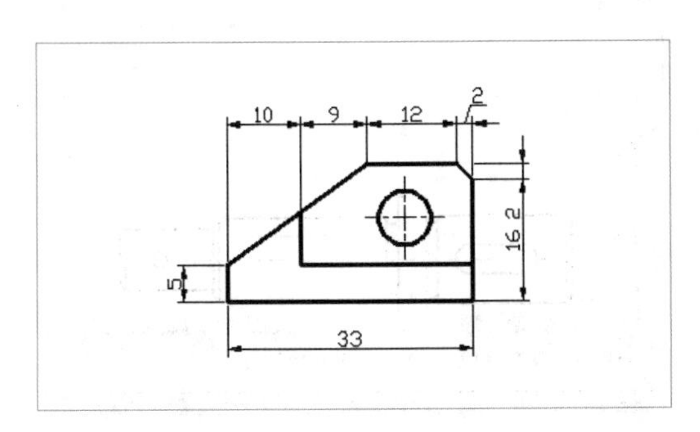

STEP 03： 连续标注

1. 在命令行中输入DIMCONT命令，按Enter键，执行连续标注命令。
2. 单击右边托架的端点，按Esc键，退出命令。

提个醒

连续标注主要用于过大的图形，当只执行单个标注时，可直接通过标注命令进行标注操作。

STEP 04： 完成设置

根据以上方法，先使用标注命令标注其他线段，再使用连续标注命令标注其他尺寸，并查看完成后的效果。

7.2.9 基线标注

“基线”命令与连续标注类似，它可从同一基线处标注多个尺寸，“基线”命令也需要以已有的尺寸标注为基准，调用基线标注命令的方法主要有如下几种。

- 命令行：在命令行中执行DIMBASELINE命令。
- 功能区：选择【注释】/【标注】组，单击“连续”按钮右侧的下拉按钮，在弹出的下拉列表中选择“基线”选项。
- 菜单栏：在“AutoCAD经典”工作空间中选择【标注】/【基线】命令。

根据以上任意一种方法，并执行该命令后，依次单击对应的端点，即可进行基线标注。下面将使用在命令行中输入命令的方法，利用“线性”命令和“基线”命令标注出“轴承.dwg”图形中的尺寸。其具体操作如下：

光盘文件
素材\第7章\轴承.dwg
效果\第7章\轴承.dwg
实例演示\第7章\基线标注

STEP 01：标注线性尺寸

1. 打开“轴承.dwg”图形文件，在命令行中输入DAL命令，按Enter键，执行标注命令。
2. 选择图形上方端点作为第一个点。
3. 选择图形上方的另一个端点作为第二个点，单击鼠标左键确定。

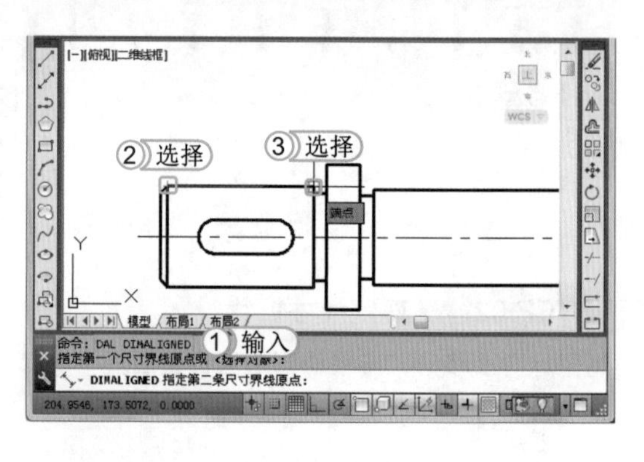

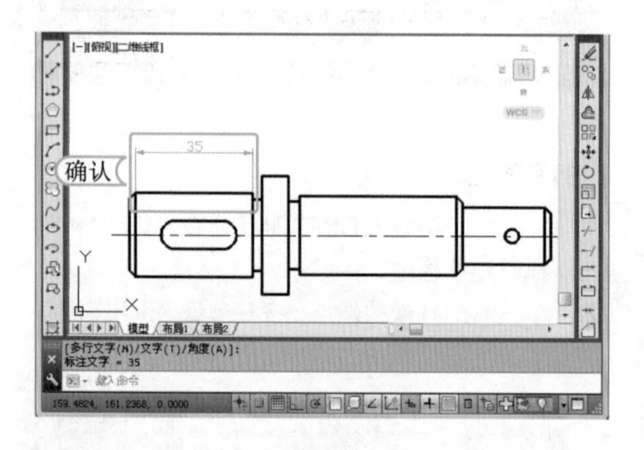

STEP 02：完成尺寸标注

将鼠标向上移动到适当位置，单击鼠标左键确定尺寸位置。

> 提个醒
> 标注连续尺寸时，系统会自动以最后标注的尺寸为基准，如果当前任务中没有创建任何标注，系统将提示用户选择基准。

STEP 03：基线标注

在命令行中输入DIMBASELINE命令，按Enter键，执行基线标注命令。依次单击需要标注尺寸的端点，并查看完成后的效果。

> 提个醒
> 基线标注和连续标注都可以对线性、对齐和角度标注进行基线和连续标注，而且都是在已经创建的标注上进行基线和连续标注的。

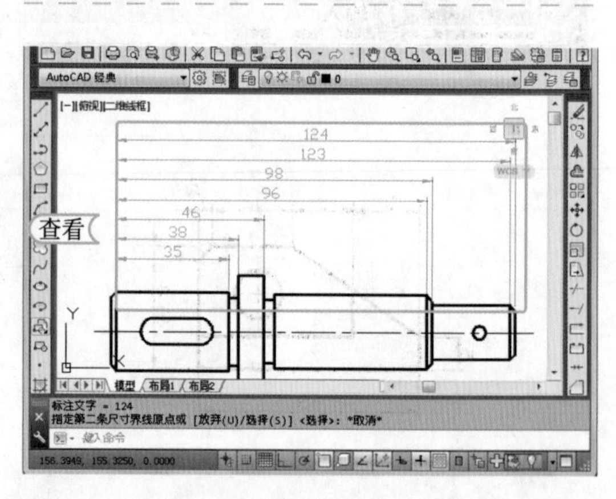

7.2.10 多重引线标注

"多重引线"命令常用于对图形中某特定的对象进行说明，从而使图形表达更清楚。调用"多重引线"命令的方法主要有如下几种。

- 命令行：在命令行中执行 MLEADER 命令。
- 功能区：选择【注释】/【引线】组，单击"多重引线"按钮。
- 菜单栏：在"AutoCAD 经典"工作空间中选择【标注】/【多重引线】命令。

根据以上任意一种方法，并执行该命令后，将提示指定多重引线箭头位置和基线位置，在使用多重引线标注命令对图形进行标注说明的过程中，其文字信息并非系统产生的尺寸信息，而是由用户指定标注的文字信息。

下面将使用在命令行中输入命令的方法，修改默认"Standard"多重引线样式中的箭头符号为该"点"符号，将引线、文字颜色改为"红"色，然后利用多线引线标注命令为"轴承"装配图标注序号。其具体操作如下：

光盘文件

素材 \ 第 7 章 \ 轴承 1.dwg
效果 \ 第 7 章 \ 轴承 1.dwg
实例演示 \ 第 7 章 \ 多重引线标注

STEP 01：修改多重引线样式

1. 打开"轴承 1.dwg"文件，并在命令行中输入 MLEADERSTYLE 命令，按 Enter 键，打开"多重引线样式管理器"对话框。
2. 单击 修改(M)... 按钮，打开"修改多重引线样式：Standard"对话框。

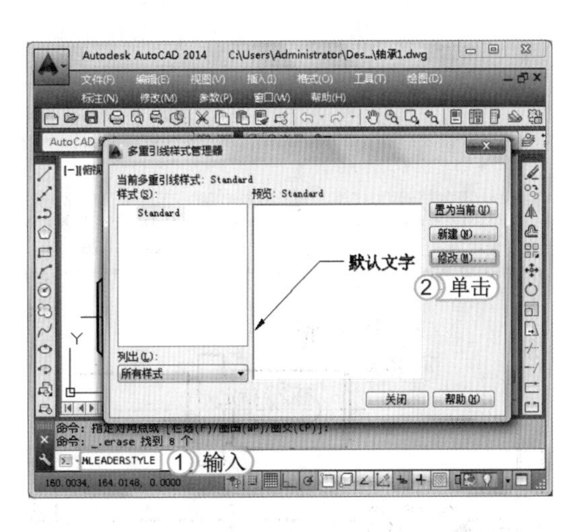

> **提个醒**
> 用户在进行多重引线标注前，也可以创建一个新多重引线样式，其方法与创建新标注样式的方法类似。

STEP 02：修改引线格式

1. 在"修改多重引线样式：Standard"对话框的"常规"栏的"颜色"下拉列表框中选择"红"选项。
2. 在"箭头"栏的"符号"下拉列表框中选择"点"选项。
3. 在"大小"文本框中输入新设置的大小值"3"。

> **提个醒**
> 创建引线时，用户需创建两个独立的对象，即引线标注的引线，以及与该引线关联的文字、块或公差标注等信息。

STEP 03： 修改文字颜色

1. 选择“内容”选项卡。
2. 在“文字选项”栏的“文字样式”下拉列表框中选择“工程字体（直）”选项。
3. 在“文字颜色”下拉列表框中选择“红”选项。
4. 在“文字高度”文本框中输入“5”。
5. 单击 确定 按钮，完成修改。

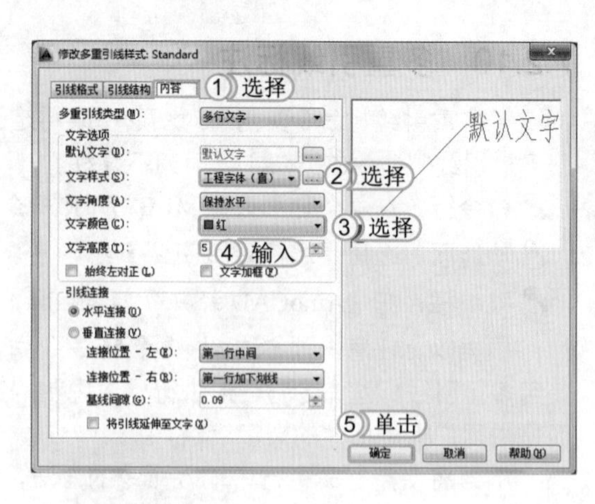

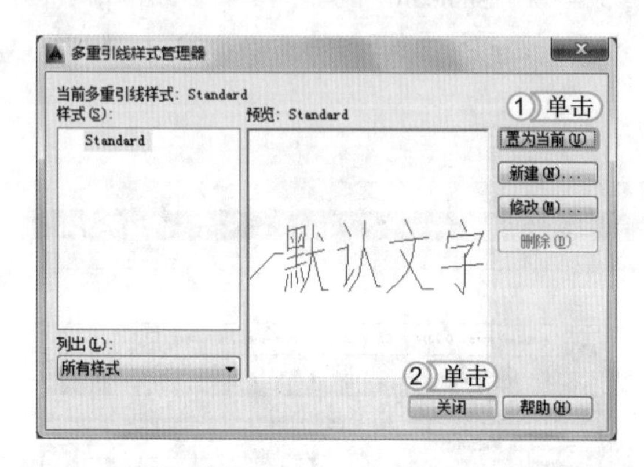

STEP 04： 完成设置

1. 返回“多重引线样式管理器”对话框，单击 置为当前(U) 按钮，将其设置为当前样式。
2. 单击 关闭 按钮，关闭“多重引线样式管理器”对话框。

> **提个醒** 如果多重引线的样式为注释性样式，则无论文字样式或公差是否设置为注释性，其关联的文字或公差均为注释性。

STEP 05： 指定引线箭头位置

1. 在命令行中输入 MLEADER 命令，按 Enter 键执行该命令。
2. 在图形的轴承中单击鼠标，指定引线箭头位置。
3. 在绘图区合适的位置处单击鼠标，指定引线箭头位置。
4. 在弹出的文本框输入窗口中输入序号“1”，在绘图区的其余位置单击，完成标注。

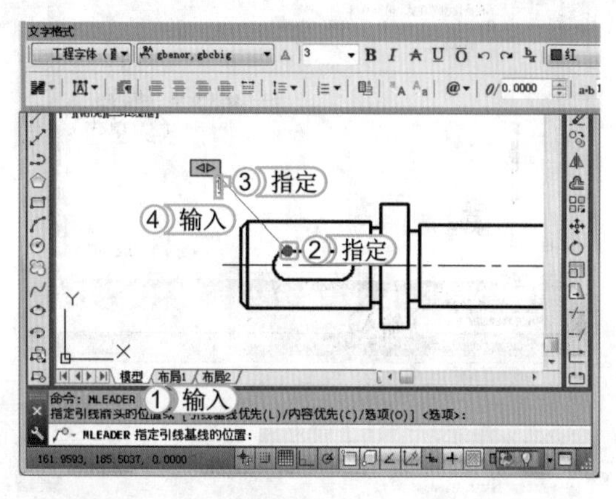

STEP 06： 标注其余的序号

使用相同的方法为“轴承”图形中其余的轴承进行序号标注。

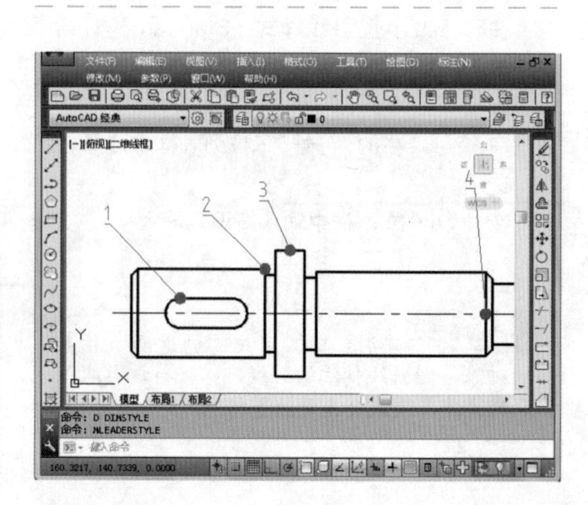

7.2.11 公差标注

公差标注与其他标注不同，从零件的使用功能看，要求零件的几何量在某一范围内变动，这个允许变动的范围就是公差。在机械制造中，公差的目的在于确定产品的几何参数，使其在一定范围内变动，以便达到互换或配合的要求。常用的公差标注包括尺寸公差和形位公差两种，下面将分别介绍。

1. 尺寸公差

尺寸公差是指允许零件尺寸的变动量，尺寸公差可以保证零件的通用性，也是生产加工和装配零件必须具备的要求，标注尺寸公差前需要设置参数。其方法为：打开“标注样式管理器”对话框，在其中单击修改(M)...按钮，在打开对话框的“公差”选项卡中进行设置，设置完成后通过置为当前标注命令进行标注。

下面将在“机件.dwg”图形文件中修改默认“机械制图”标注样式中的“公差格式”参数，设置“方式”为“极限偏差”，“精度”为“0.00”，“上偏差”为“0.03”，“下偏差”为“0.1”，“高度比例”为“1”，然后对“机件”图形进行尺寸公差标注。其具体操作如下：

光盘文件
素材\第7章\机件.dwg
效果\第7章\机件.dwg
实例演示\第7章\尺寸公差

STEP 01: 打开修改标注样式对话框

1. 打开“机件.dwg”文件，在命令行中输入DIMSTYLE命令，按Enter键打开“标注样式管理器”对话框。
2. 单击修改(M)...按钮，打开“修改标注样式：机械制图”对话框。

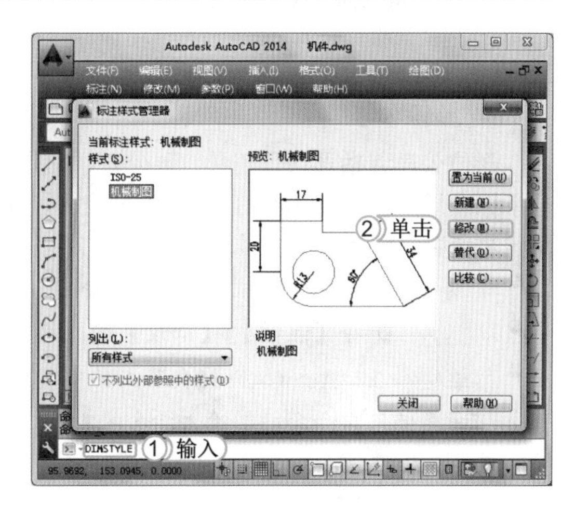

提个醒 尺寸公差指定标注可以变动的范围，通过尺寸公差，可以指定生产中的公差，以便控制部件所需的精度等级。

STEP 02: 选择方式

1. 在打开的对话框中选择“公差”选项卡。
2. 在“公差格式”栏的“方式”下拉列表框中选择“极限偏差”选项。
3. 在“精度”下拉列表框中选择“0.00”选项。
4. 在“上偏差”文本框中输入偏差值“0.03”。
5. 在“下偏差”文本框中输入偏差值“0.1”。
6. 在“高度比例”文本框中输入偏差值“1”。
7. 在“垂直位置”下拉列表框中选择“中”选项。
8. 单击确定按钮。

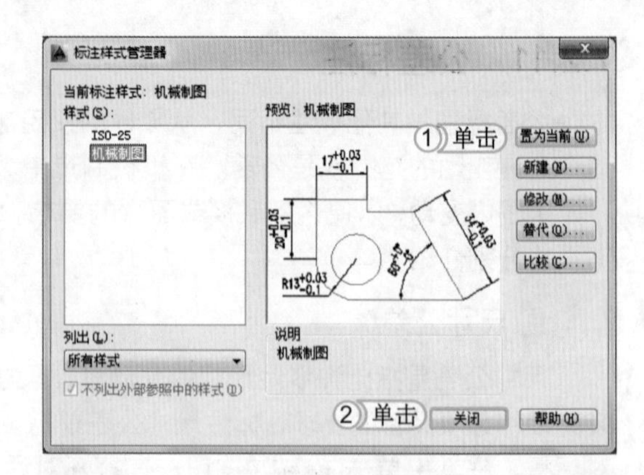

STEP 03： 完成设置

1. 返回“标注样式管理器”对话框，单击置为当前(U)按钮，将其设置为当前样式。
2. 单击关闭按钮，关闭“标注样式管理器”对话框。

提个醒 公差不能为零，只能为正值，公差的计算公式为：公差 = 最大极限尺寸 - 最小极限尺寸 = 上偏差 - 下偏差。

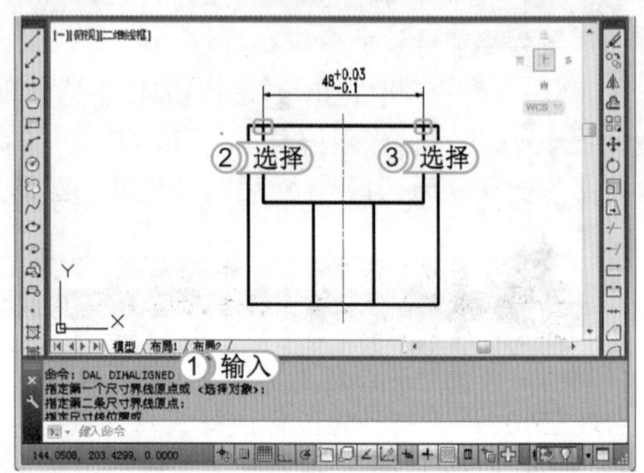

STEP 04： 标注尺寸

1. 在命令行中输入 DAL 命令，按 Enter 键执行该命令。
2. 选择图形左方端点作为第一个点。
3. 选择图形右方的另一个端点作为第二个点，单击鼠标左键确定，将鼠标向上移动到适当位置后单击鼠标左键，确定尺寸位置，查看完成后的效果。

2. 形位公差

形位公差包括形状公差和位置公差，它是指导生产、检验产品和控制质量的技术依据，由国家标准规定。在 AutoCAD 中标注形位公差主要在“形位公差”对话框中进行，调用形位公差标注命令主要有如下几种方法。

- 命令行：在命令行中执行 TOLERANCE 命令。
- 功能区：选择【注释】/【标注】组，单击“公差”按钮。
- 菜单栏：在“AutoCAD 经典”工作空间中选择【标注】/【公差】命令。

下面将使用在命令行中输入命令的方法，为“螺栓”图形标注圆柱度形位公差，其圆柱度的公差数值为“Ø0.05”。其具体操作如下：

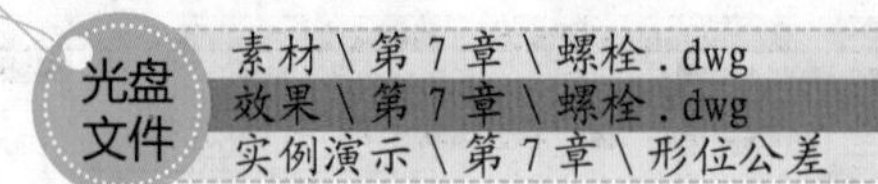

光盘文件
素材 \ 第 7 章 \ 螺栓 .dwg
效果 \ 第 7 章 \ 螺栓 .dwg
实例演示 \ 第 7 章 \ 形位公差

STEP 01： 打开“形位公差”对话框

打开“螺栓 .dwg”文件，在命令行中输入 TOLERANCE 命令，按 Enter 键，打开“形位公差”对话框。

提个醒 打开“形位公差”对话框，单击符号栏中的图标框，可在打开的“特征符号”对话框中选择所需的形位公差符号。

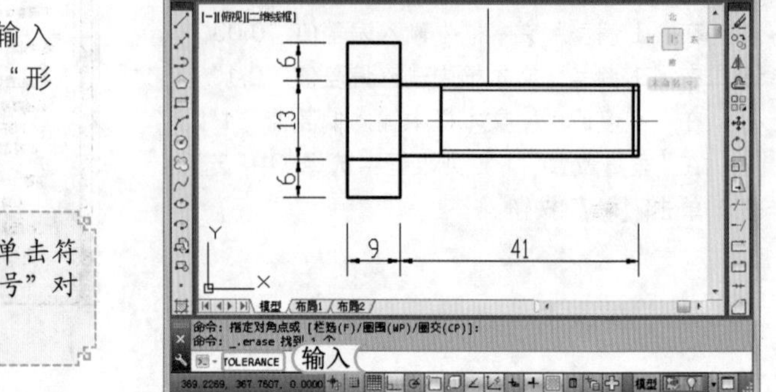

STEP 02： 选择形位公差符号

1. 单击该对话框中“符号”选项下的黑色框，打开“特征符号”对话框。在该对话框中单击“⌭”符号，返回“形位公差”对话框。
2. 单击“公差 1”选项下的黑色框，出现直径符号 Ø。
3. 在文本框中输入“0.05”。
4. 单击按钮，关闭“形位公差”对话框。

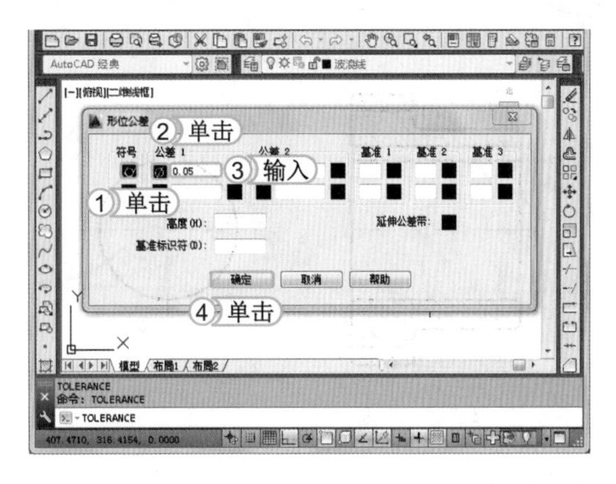

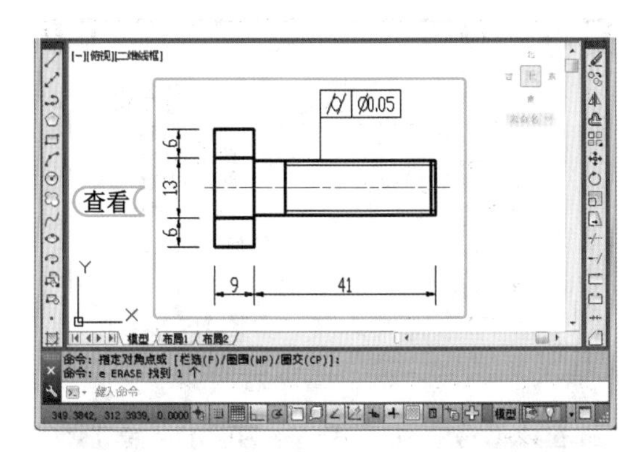

STEP 03： 指定形位公差位置

在绘图区中捕捉螺柱上方指引线的端点，单击鼠标左键指定形位公差位置，查看完成后的效果。

提个醒

“形位公差”对话框中的“基准 1”、“基准 2”和“基准 3”栏主要用于设置表达基准的相关参数。

经验一箩筐——绘制公差指引线

标注出完整的形位公差，还必须包含指引线。在标注时可以先通过多段线命令将指引线绘制出来，再标注出形位公差。也可以通过在命令行中输入 QLEADER，一次性将其标注出来。其方法为：在执行 QLEADER 命令后输入“S”，选择“设置”选项，打开“引线设置”对话框，在该对话框的“注释类型”栏中选中◉公差(T)单选按钮，单击 确定 按钮后将自动打开“形位公差”对话框。

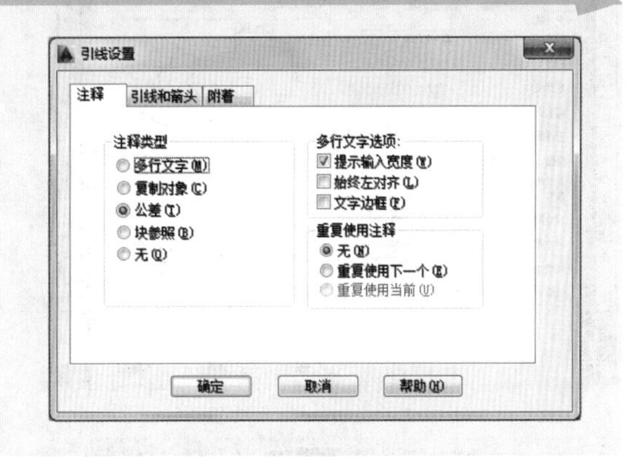

上机 1 小时 标注齿轮轴套

- 掌握标注复杂尺寸的方法。
- 掌握编辑尺寸标注样式的各种方法。
- 熟练使用各个标注命令标注图形尺寸。

光盘文件
素材 \ 第 7 章 \ 齿轮轴套 .dwg
效果 \ 第 7 章 \ 齿轮轴套 .dwg
实例演示 \ 第 7 章 \ 标注齿轮轴套

下面将综合利用本节所学的尺寸标注、基线尺寸标注、半径尺寸标注、引线标注、角度尺寸标注和直径尺寸标注功能标注齿轮轴套尺寸，最终效果如下图所示。

STEP 01： 创建标注样式

1. 打开“齿轮轴套.dwg”图形文件，在“AutoCAD经典”工作空间的命令行中输入D命令，按Enter键执行该命令。
2. 打开“标注样式管理器”对话框，单击 新建(N)... 按钮。
3. 打开“创建新标注样式”对话框，在“新样式名”文本框中输入名称“机械标注”。
4. 单击 继续 按钮。

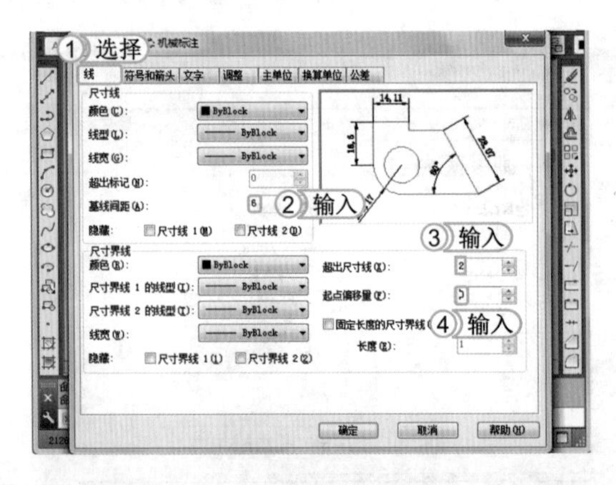

STEP 02： 设置线样式

1. 打开“新建标注样式：机械标注”对话框，在其中选择“线”选项卡。
2. 在“尺寸线”栏的“基线间距”文本框中输入间距值“6”。
3. 在“超出尺寸线”文本框中输入“2”。
4. 在“起点偏移量”文本框中设置起点偏移量的值为“0”。

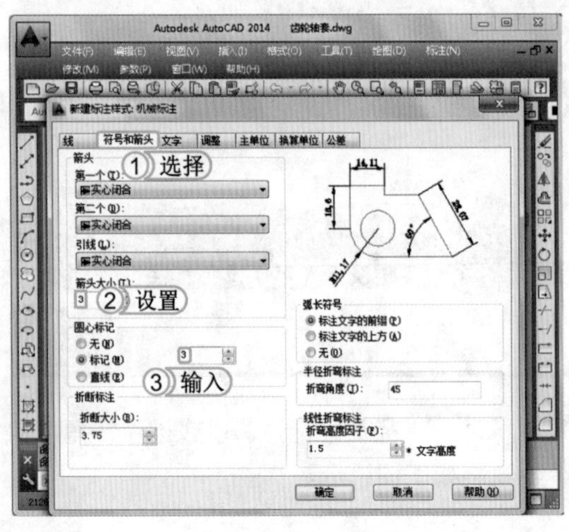

STEP 03： 设置符号和箭头

1. 选择“符号和箭头”选项卡。
2. 在“箭头”栏的“箭头大小”文本框中设置箭头大小为“3”。
3. 在“圆心标记”栏中选中 标记(M) 单选按钮，并在其后的文本框中输入标记值“3”。

STEP 04：设置文字

1. 选择“文字”选项卡。
2. 在“文字外观”栏的“文字样式”下拉列表框中选择 SZ 选项。
3. 在“文字高度”文本框中输入文字高度值“4”。
4. 在“文字位置”栏的“从尺寸线偏移”文本框中输入偏移值“2”。
5. 在“文字对齐”栏中选中 ◉与尺寸线对齐 单选按钮。
6. 单击 确定 按钮。

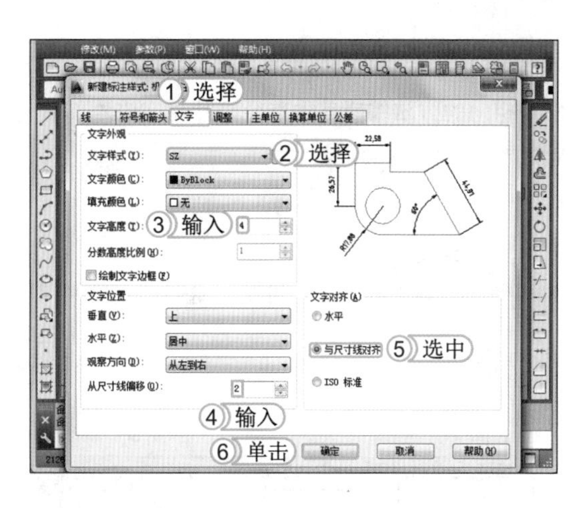

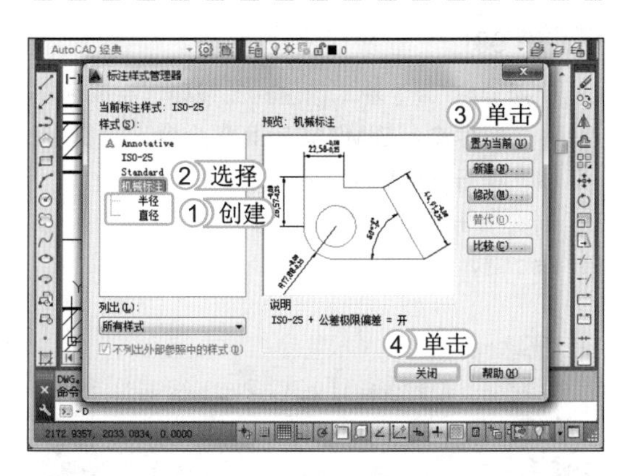

STEP 05：添加子标注样式

1. 返回“标注样式管理器”对话框，使用创建子标注样式的方法创建“直径”和“半径”的子标注样式。
2. 完成后在“样式”列表框中选择“机械标注”选项。
3. 单击 置为当前(U) 按钮。
4. 最后单击 关闭 按钮返回绘图区。

提个醒 对线段进行基本标注，是基线标注和连续标注的基础，在下面的步骤中，将不再介绍基本标注的使用方法。

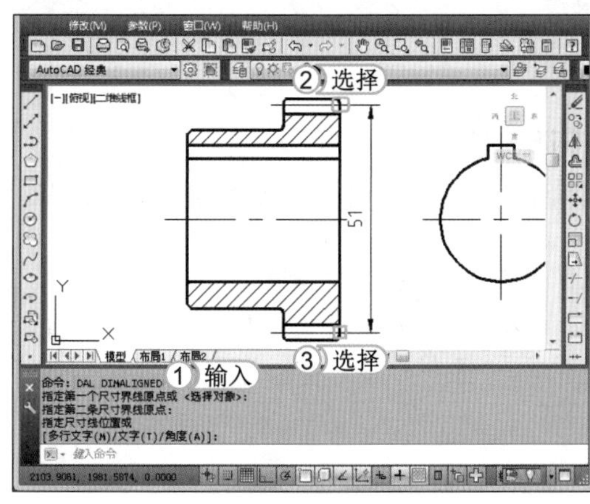

STEP 06：标注线段

1. 在命令行中输入 DAL 命令，按 Enter 键，执行标注命令。
2. 选择图形上方端点作为第一个点。
3. 选择图形下方的另一个端点作为第二个点，单击鼠标左键确定，将鼠标向右进行移动，当移动到适当位置后，单击鼠标左键确定尺寸位置。

STEP 07：插入直径符号

1. 双击标注文字，打开“文字格式”对话框，在其中单击“符号”按钮@。
2. 在弹出的下拉列表中选择“直径”选项，在文字左侧将添加直径符号。
3. 单击 确定 按钮，完成编辑。

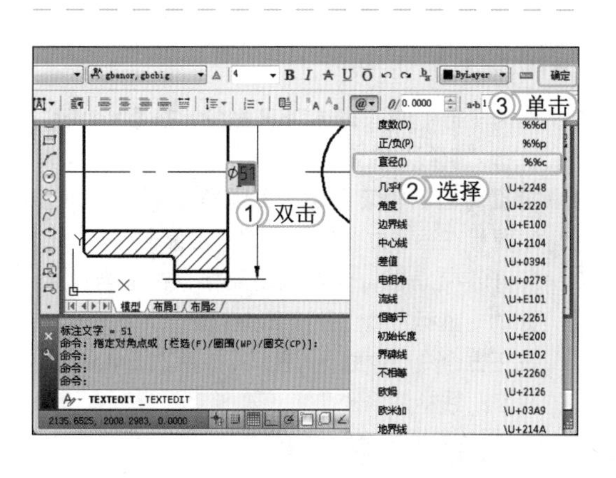

提个醒 若需要插入其他符号，可直接选择相应的选项。此外，还可选择“其他”选项，应用更多的符号。

STEP 08：标注其他直径

使用相同的方法编辑其他直径，并在其中添加直径符号。查看完成后的效果。

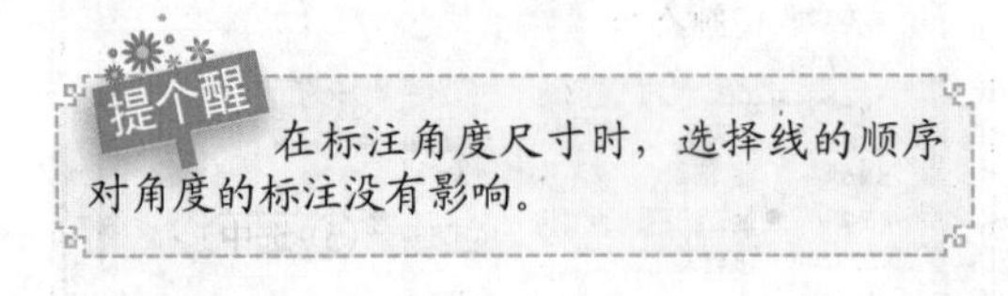

提个醒

在标注角度尺寸时，选择线的顺序对角度的标注没有影响。

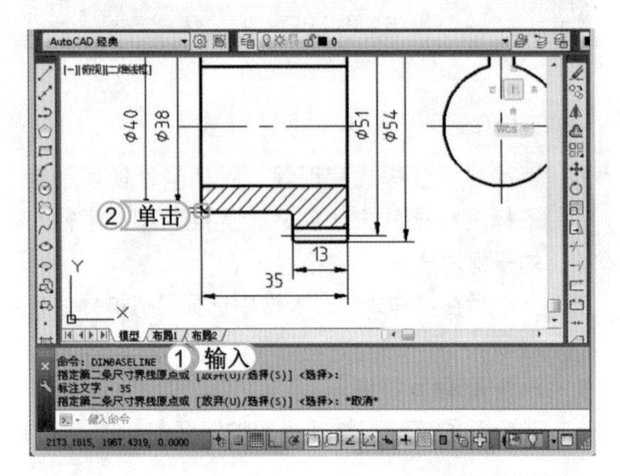

STEP 11：引线标注

1. 在命令行中输入 LEADER 命令，按 Enter 键，执行“引线”命令。
2. 捕捉离齿轮轴套主视图上圆角最近的点，拖动鼠标在适当位置处单击，确定第一点。
3. 打开正交功能，向右拖动鼠标，在适当位置处单击鼠标左键，并按 Enter 键。
4. 在下方命令行中输入“R1”，按两次 Enter 键，确定引线标注。

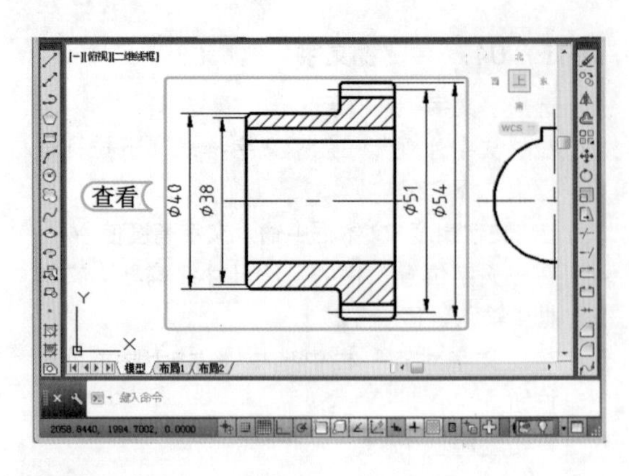

STEP 09：基线标注

1. 使用 DAL 命令基本标注其他线段，完成后在命令行中输入 DIMBASELINE 命令，按 Enter 键，执行基线标注命令。
2. 依次单击需要标注尺寸的端点，完成后，按 Esc 键，退出基线标注。

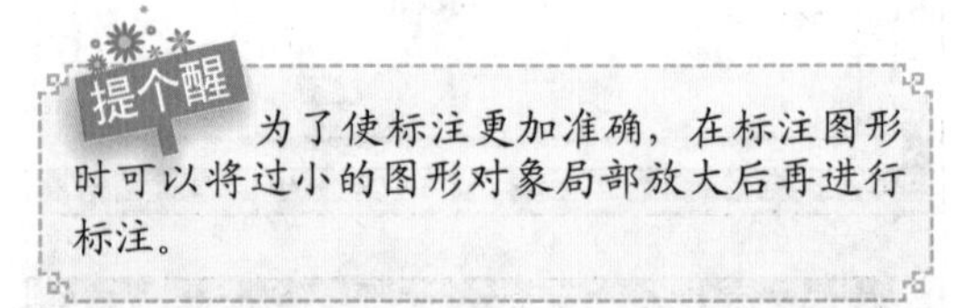

提个醒

为了使标注更加准确，在标注图形时可以将过小的图形对象局部放大后再进行标注。

STEP 10：半径标注

1. 在命令行中输入 DIMRAD 命令，按 Enter 键，执行半径标注命令。
2. 选择需要标注半径的圆弧，单击鼠标左键。
3. 向左拖动鼠标，确定尺寸线位置，并查看完成后的效果。

STEP 12：连接引线

1. 按 Enter 键捕捉离齿轮轴套主视图上部右端圆角最近的一点。
2. 通过对象捕捉功能，捕捉上一个引线端点，拖动鼠标至适当位置后单击鼠标左键。
3. 捕捉上一个引线端点，将其连接，完成后按 Esc 键。

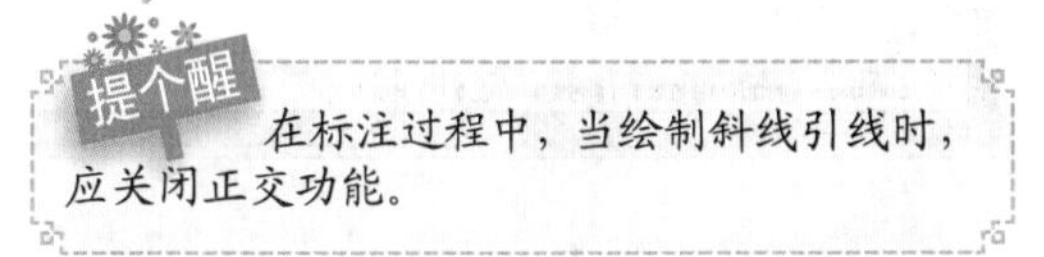

在标注过程中，当绘制斜线引线时，应关闭正交功能。

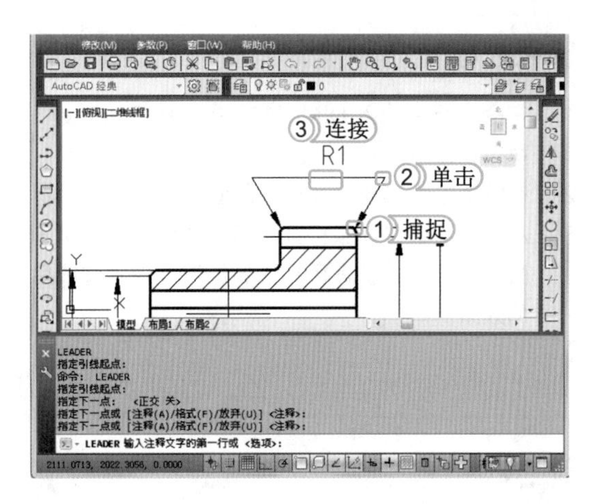

STEP 13：设置角度约束

1. 在命令行中输入 QLEADER 命令，按 Enter 键，执行“引用”命令。
2. 在下方命令行中选择“设置”选项，或输入“S”，打开“引线设置”对话框。
3. 在其中选择“引线和箭头”选项卡。
4. 在“角度约束”栏的“第二段”下拉列表框中选择“45°”选项。

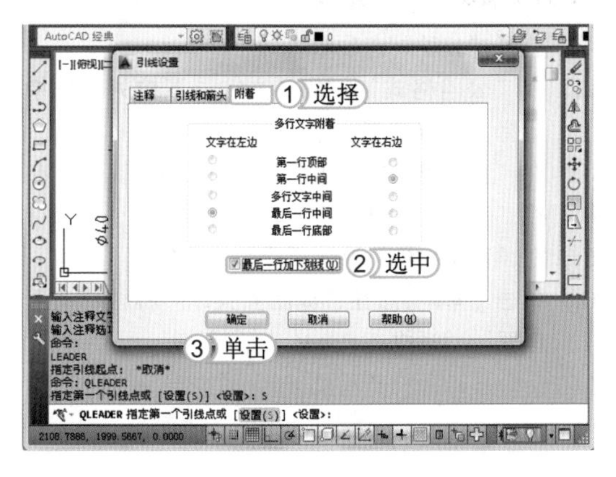

STEP 14：设置附着

1. 选择“附着”选项卡。
2. 在下方选中 最后一行加下划线(U) 复选框。
3. 单击 确定 按钮。

STEP 15：捕捉端点

1. 捕捉齿轮轴套主视图中上端倒角的端点并单击鼠标左键。
2. 拖动鼠标，在适当的位置单击鼠标左键，捕捉其角点。
3. 再次拖动鼠标，在适当位置处单击鼠标左键，并按 Enter 键。
4. 在其下方命令行中输入多行文字“1×45%%d”，按两次 Enter 键确定输入。

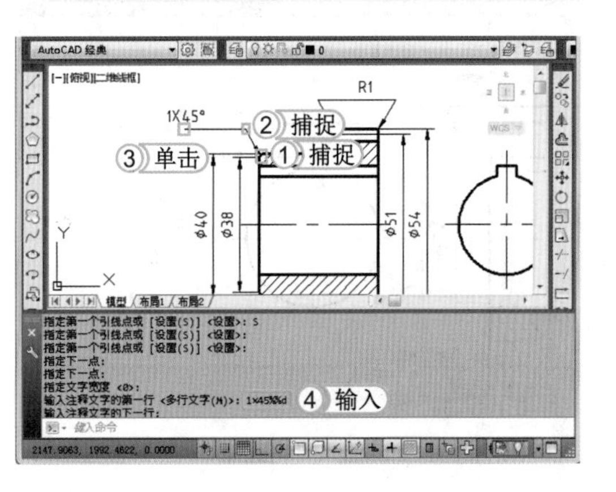

STEP 16： 绘制直径

1. 在命令行中输入 DIMDIA 命令，按 Enter 键，执行该命令。
2. 在绘图区中选择需要标注的圆对象，单击鼠标左键。通过移动鼠标选择标注的位置，并单击鼠标左键，确认直径标注的位置。查看完成后的效果。

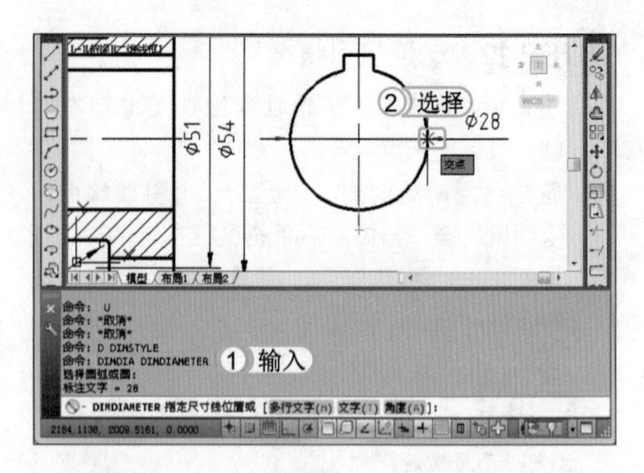

STEP 17： 修改标注样式

1. 在命令行中输入 D 命令，按 Enter 键，打开“标注样式管理器”对话框。
2. 单击 修改(M)... 按钮，打开“修改标注样式：机械标注”对话框。

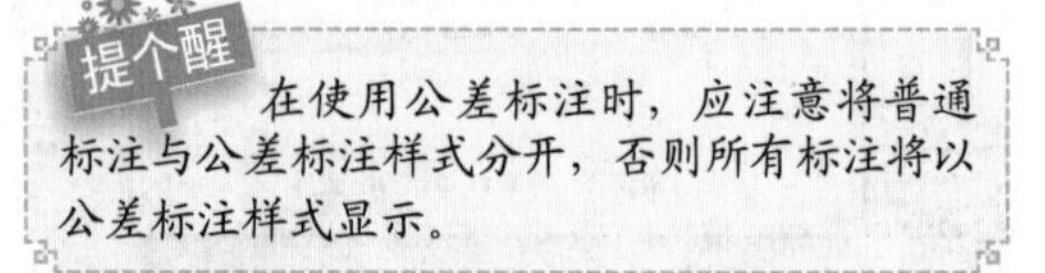
提个醒　在使用公差标注时，应注意将普通标注与公差标注样式分开，否则所有标注将以公差标注样式显示。

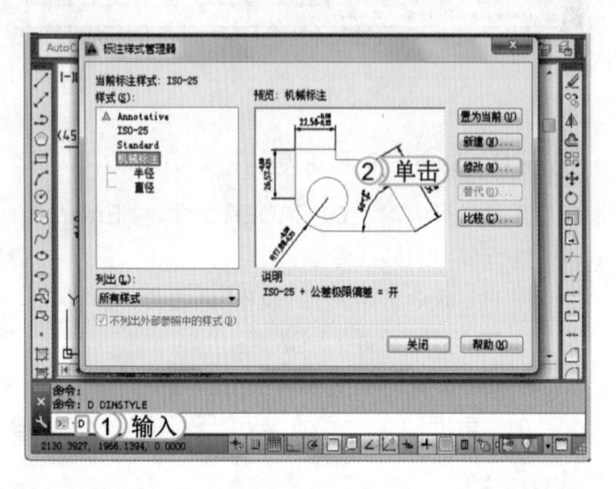

STEP 18： 设置公差

1. 选择“公差”选项卡。
2. 在“公差格式”栏的“方式”下拉列表框中选择“极限偏差”选项。
3. 在“上偏差”文本框中输入“-0.08”。
4. 在“下偏差”文本框中输入“0.25”。
5. 在“高度比例”文本框中输入“0.7”。
6. 单击 确定 按钮，返回并关闭“标注样式管理器”对话框。

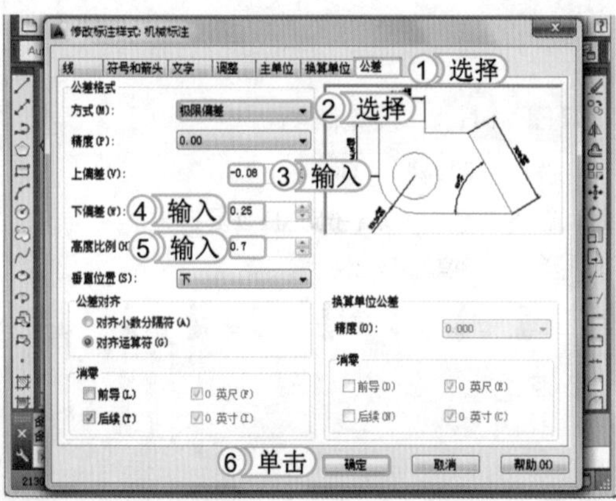

STEP 19： 绘制公差

1. 在命令行中输入 DAL 命令，按 Enter 键，执行该命令。
2. 选择图形左方端点作为第一个点。
3. 选择图形右方的另一个端点作为第二个点，将鼠标向上移动，当移动到适当位置后，单击鼠标左键，确定尺寸位置。
4. 根据以上方法绘制其他公差，并查看其效果。

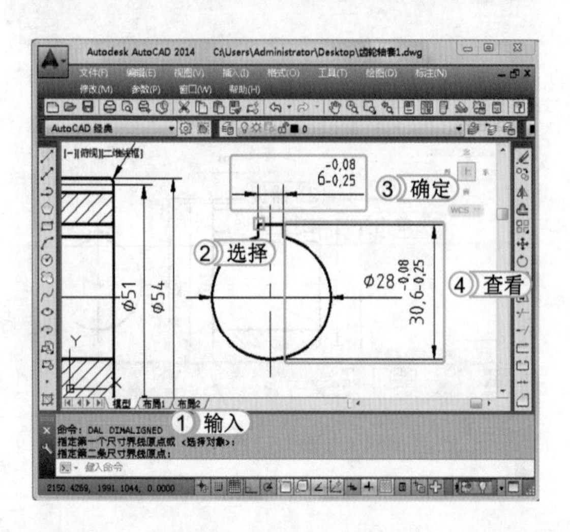

7.3 编辑尺寸标注

当标注图形尺寸后，如未能达到预期的效果，还可对尺寸标注进行编辑操作，如编辑尺寸标注属性、修改尺寸标注文字的内容、编辑标注文字的位置、调整标注间距、更新标注和关联标注等，下面将分别对其进行介绍。

学习 1 小时

- 了解编辑尺寸的方法。
- 熟悉编辑标注文字的方法。
- 掌握调整标注间距的方法。

7.3.1 编辑尺寸标注属性

编辑尺寸标注的属性主要是在“特性”选项面板中进行，打开该面板可通过在尺寸标注中单击鼠标右键，在弹出的快捷菜单中选择“特性”命令或直接双击尺寸标注即可。在其中除了可设置颜色外，还可使用其他文字替换标注文本。

下面将通过双击尺寸打开“特性”选项面板，然后更改“活动钳身.dwg”图形文件中的标注特性，最后在相应的文字左侧添加直径标注“Ø”。其具体操作如下：

光盘文件
素材\第7章\活动钳身.dwg
效果\第7章\活动钳身.dwg
实例演示\第7章\编辑尺寸标注属性

STEP 01：打开“特性”选项面板

1. 打开“活动钳身.dwg”图形文件，在绘图区中选择所有的尺寸标注。
2. 单击鼠标右键，在弹出的快捷菜单中选择“特性”命令，打开“特性”选项面板。

STEP 02：修改常规属性

1. 在“常规”栏的“颜色”下拉列表框中选择“红”选项。
2. 在“直线和箭头”栏的“箭头1”下拉列表框中选择“建筑标记”选项。
3. 在“箭头2”下拉列表框中选择“建筑标记”选项。
4. 在“箭头大小”文本框中输入新设置的箭头大小值“4”。

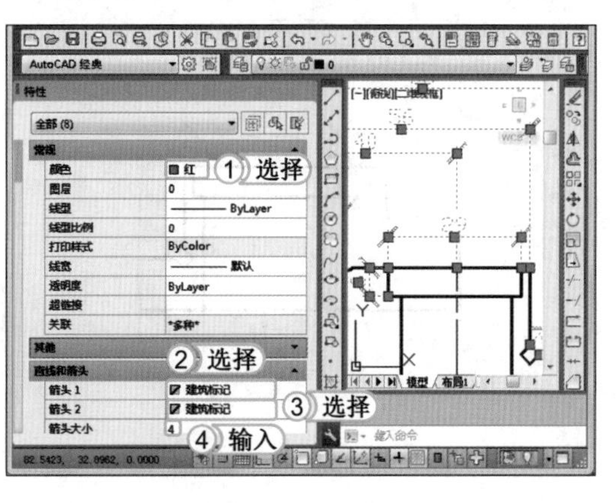

STEP 03： 修改文字属性

1. 在“字体”栏的“文字颜色”下拉列表框中选择“蓝”选项。
2. 在“文字高度”文本框中输入新的高度值“3”。
3. 在“文字偏移”文本框中输入新的偏移值“1”。

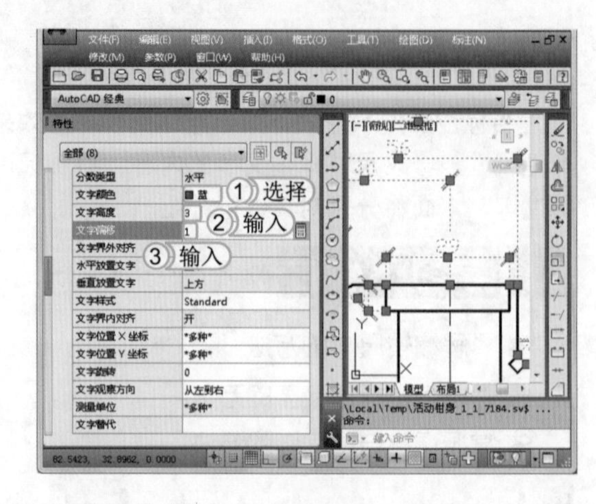

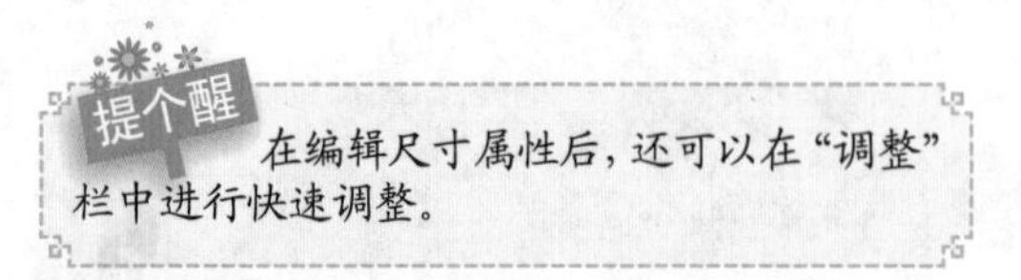

在编辑尺寸属性后，还可以在“调整”栏中进行快速调整。

STEP 04： 旋转文字

1. 取消选择的尺寸标注，再选择带有“65”的尺寸标注。
2. 在“文字”栏的“文字偏移”文本框中输入新的偏移值“3”。
3. 在“文字旋转”文本框中输入新的旋转值“30”。

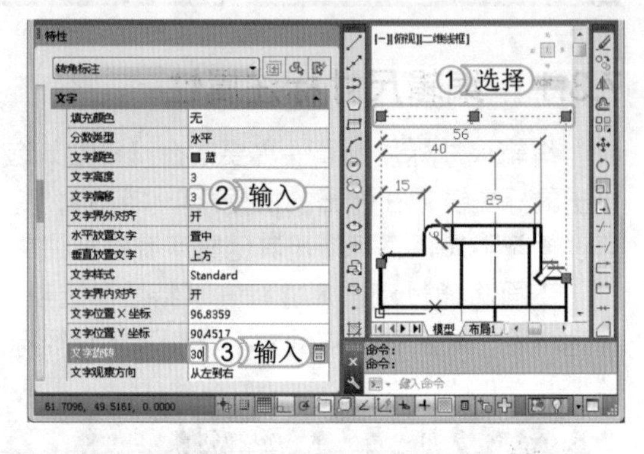

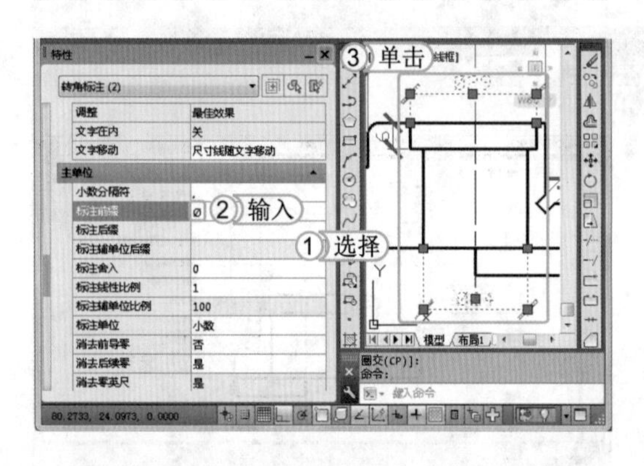

STEP 05： 修改主单位属性

1. 取消选择的尺寸标注，再选择带有“29”和“24”的尺寸标注。
2. 根据以上设置方法，在“主单位”栏的“标注前缀”文本框中输入直径符号“Ø”。
3. 单击“关闭”按钮，关闭选项面板。

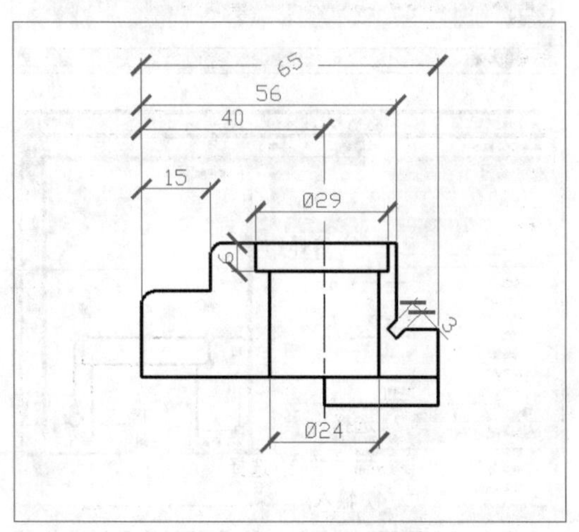

STEP 06： 查看完成后的效果

返回绘图区，按Esc键，可看到设置的区域已经改变。

提个醒

在“标注前缀”文本框中输入符号，可在标注前方添加符号；在“标注后缀”文本框中输入符号，可在标注后方添加符号。

7.3.2 编辑标注文字

编辑尺寸标注文字主要包括对标注文字进行倾斜、文字角度、左对正、居中对正和右对正等操作。编辑尺寸标注文字的位置可以通过执行文字角度命令，选择相应的选项或选择【注释】/【标注】组，单击相应按钮来进行设置，下面将依次进行介绍。

- 倾斜：将标注文字进行倾斜操作可以通过在命令行中输入 DIMEDIT 命令，再在命令行中输入“O”，选择“倾斜”选项，或选择【注释】/【标注】组，单击“倾斜”按钮，或选择【标注】/【倾斜】命令后选择需要编辑的尺寸标注对象，并输入倾斜的度数，按 Enter 键执行该命令。

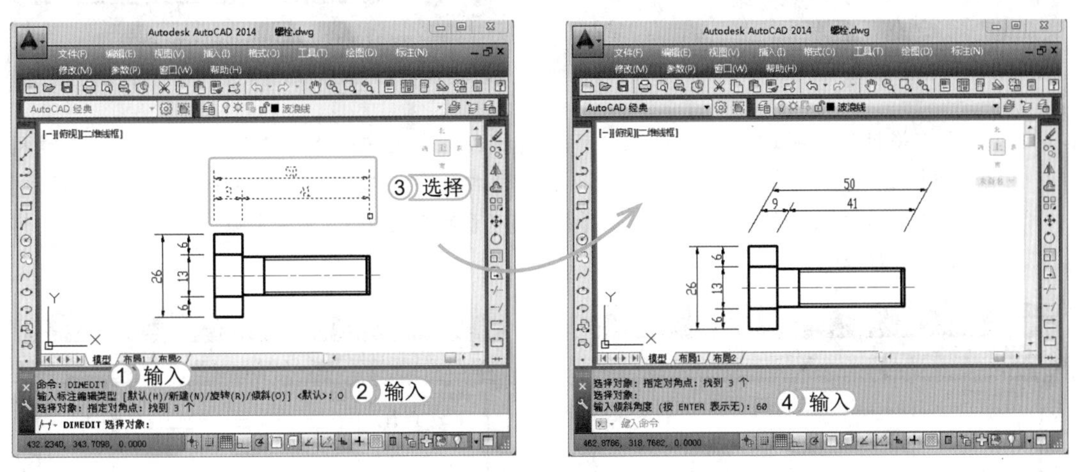

- 文字角度：将标注文字进行角度操作可以通过在命令行中输入 DIMTEDIT 命令，再在命令行中输入“A”，选择“角度”选项，或选择【注释】/【标注】组，单击“文字角度”按钮，或选择【标注】/【对齐文字】/【文字角度】命令后选择需要编辑的尺寸标注对象，并输入角度的度数，按 Enter 键执行该命令。

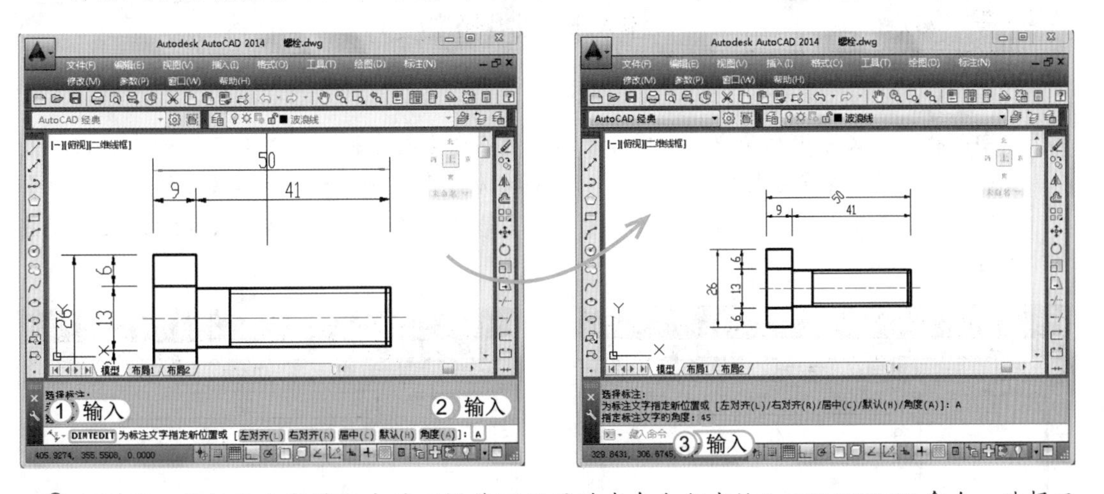

- 左对正：将标注文字进行左对正操作可以通过在命令行中输入 DIMTEDIT 命令。选择尺寸标注对象后，在命令行中输入“L”，选择“左对齐”选项，或先选择【注释】/【标注】组，单击“左对正”按钮，或选择【标注】/【对齐文字】/【左】命令后选择需要编辑的尺寸标注对象。

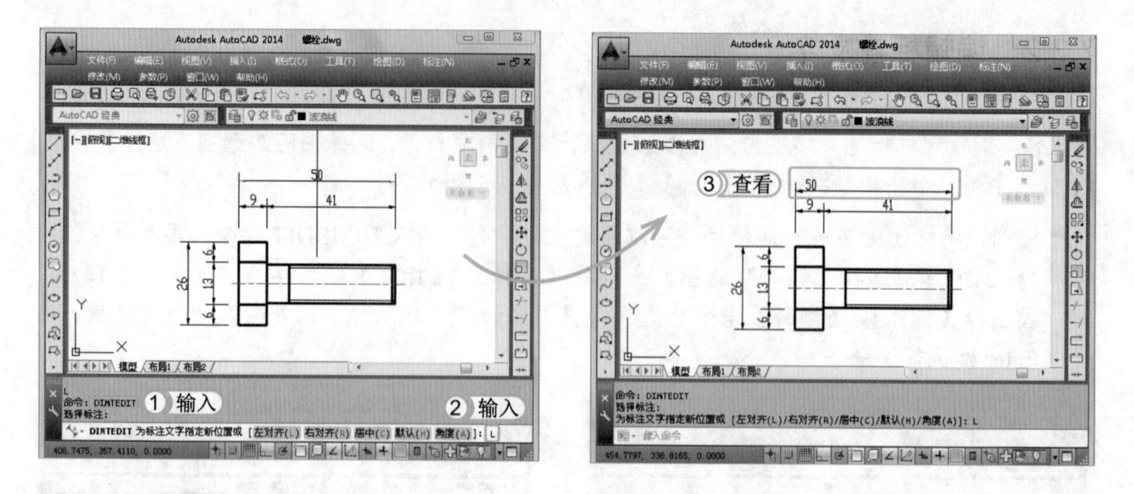

右对正：将标注文字进行右对正操作可以通过在命令行中输入DIMTEDIT命令。选择尺寸标注对象后，在命令行中输入“R”，选择“右对齐”选项，或先选择【注释】/【标注】组，单击“右对正”按钮，或选择【标注】/【对齐文字】/【右】命令后选择需要编辑的尺寸标注对象。

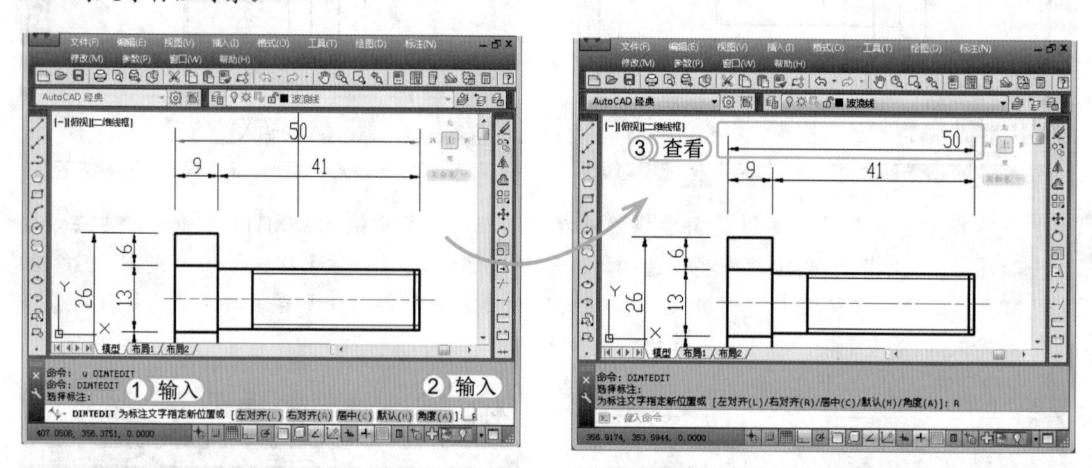

居中：将标注文字进行居中对正操作可以通过在命令行中输入DIMTEDIT命令。选择尺寸标注对象后，在命令行中输入“C”，选择“居中”选项，或先选择【注释】/【标注】组，单击“居中对正”按钮，或选择【标注】/【对齐文字】/【居中】命令后选择需要编辑的尺寸标注对象。

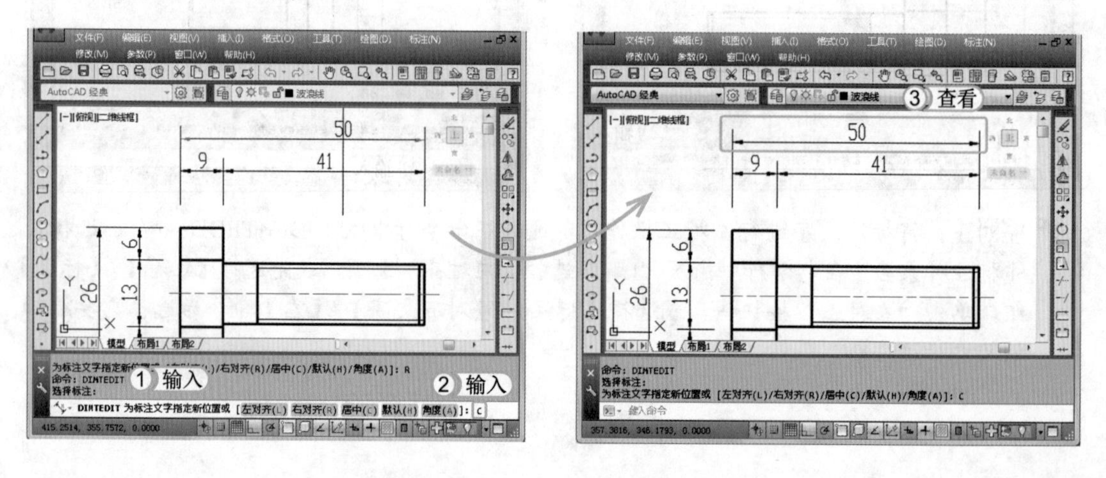

7.3.3 编辑尺寸标注间距

在标注完尺寸后，如果标注的尺寸线之间的距离不相等，可使用调整间距命令将平行尺寸线之间的距离设置为相等，以便更好地观看图形，调用标注间距命令的方法主要有如下几种。

- 命令行：在命令行中执行 DIMSPACE 命令。
- 功能区：选择【注释】/【标注】组，单击“调整间距”按钮。
- 菜单栏：在“AutoCAD 经典”工作空间中选择【标注】/【标注间距】命令。

下面将在“齿轮轴 1.dwg”图形文件中编辑尺寸标注间距。其具体操作如下：

光盘文件
素材 \ 第 7 章 \ 齿轮轴 1. dwg
效果 \ 第 7 章 \ 齿轮轴 1. dwg
实例演示 \ 第 7 章 \ 编辑尺寸标注间距

STEP 01：选择基准标注

1. 打开“齿轮轴 1.dwg”图形文件，在命令行中输入 DIMSPACE 命令，按 Enter 键，执行该命令。
2. 选择值为“17”的尺寸标注为基准标注。

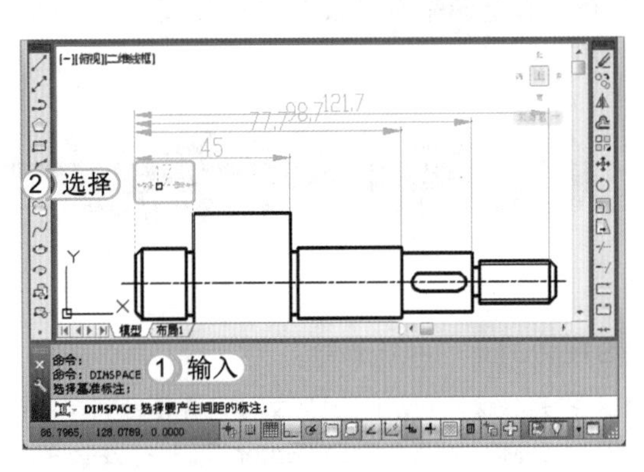

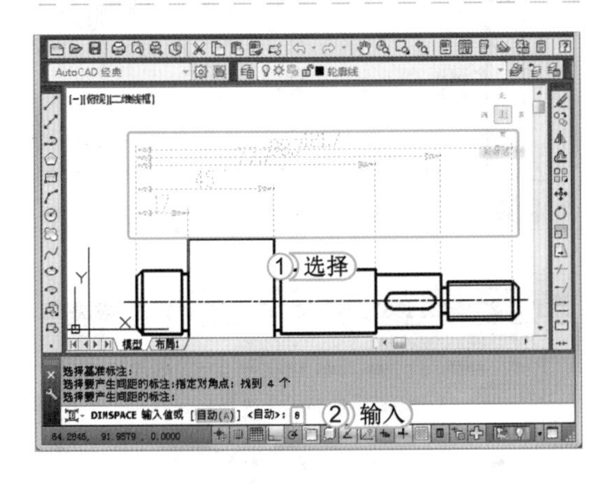

STEP 02：输入间距值

1. 选择其余的 4 个尺寸标注为要产生间距的标注，并按 Enter 键确认。
2. 在命令行中输入尺寸线之间的间距值“8”。

提个醒
使用夹点编辑功能一样能达到调整尺寸标注间距的效果，但其效率低于使用调整间距命令。

STEP 03：完成编辑

输入完成后按 Enter 键确认，系统将会根据指定的基准尺寸和距离值调整尺寸标注的间距。

提个醒
使用调整间距命令调整尺寸标注间距，当需要输入间距值时，也可以输入“A”选择“自动”选项，让系统在选定的基准标注基础上自动计算出间距值大小。系统自动计算出来的间距值一般是标注文字高度的两倍。如果在命令行中输入间距值为“0”，则选定的线性标注或角度标注的标注尺寸线末端将会对齐。

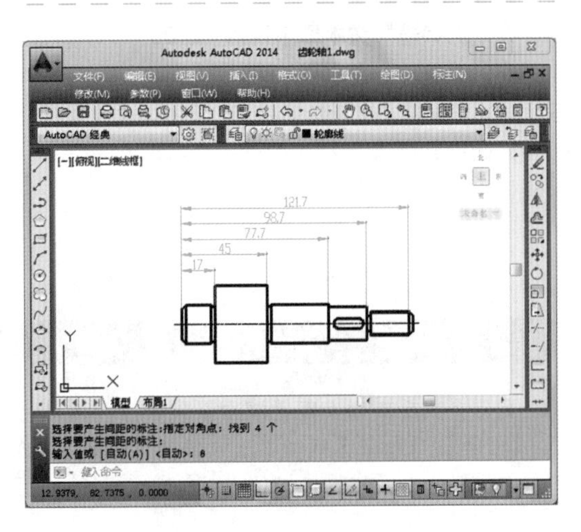

7.3.4 替代标注样式和更新标注

在标注图形的尺寸过程中，如果某个尺寸标注不符合图形的要求，可先采用替代标注样式的方式修改尺寸标注的相关变量，再通过更新标注命令使要修改的尺寸标注按所设置的尺寸样式进行更新。

替代标注样式与新建标注样式的方法相同，只需要在“标注样式管理器”对话框中单击替代(O)...按钮，在打开的“替代当前样式”对话框中进行相应参数的设置即可，调用更新命令的方法主要有如下两种。

- 功能区：选择【注释】/【标注】组，单击“更新”按钮。
- 菜单栏：在“AutoCAD 经典”工作空间中选择【标注】/【更新】命令。

下面将使用替换标注样式的方法将“阀盖.dwg”图形文件中的直径尺寸标注增加尺寸公差值，其上偏差为“0.05”，下偏差为“-0.05”，最后使用更新命令将其显示在图形中。其具体操作如下：

光盘文件
素材 \ 第 7 章 \ 阀盖 . dwg
效果 \ 第 7 章 \ 阀盖 . dwg
实例演示 \ 第 7 章 \ 替代标注样式和更新标注

STEP 01：执行命令

1. 打开“阀盖.dwg”图形文件，在命令行中输入DIMSTYLE命令，按Enter键，执行该命令。
2. 在打开的“标注样式管理器”对话框中单击替代(O)...按钮，即可打开“替代当前样式”对话框。

STEP 02：设置参数

1. 在打开的对话框中选择“公差”选项卡。
2. 在“公差格式”栏的“方式”下拉列表框中选择“极限偏差”选项。
3. 在“上偏差”文本框中输入“0.05”。
4. 在“下偏差”文本框中输入“-0.05”。
5. 单击确定按钮，然后关闭“标注样式管理器”对话框。

经验一箩筐——清除替代

更新完成后，如果需要清除替代标注样式，可以在命令行中输入DIMOVERRIDE命令，或选择【注释】/【标注】组，单击“替换”按钮，或选择【标注】/【替代】命令，执行“替代”命令，然后在命令行中输入“C”，选择“清除替代”选项，选择需要清除替代的尺寸标注对象即可。

STEP 03： 更新标注

1. 选择【注释】/【标注】组，单击“更新”按钮。
2. 选择需要更新的尺寸标注，按 Enter 键确认更新，系统自动更新选择的尺寸标注，最后查看编辑后的效果。

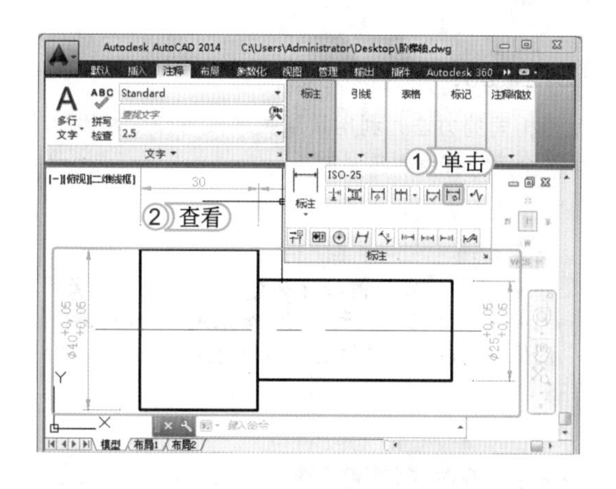

提个醒 更新对象只有在选择尺寸标注后，按 Enter 键才能执行更新命令。

7.3.5 重新关联标注

重新关联标注与替换标注样式不同，它主要用于将尺寸标注与图形对象进行链接，在对图形对象进行编辑并影响到图形的形状大小后，标注的尺寸也会跟随图形变动，而调用重新关联标注命令的方法主要有如下几种。

- 命令行：在命令行中执行 DIMREASSOCIATE 命令。
- 功能区：选择【注释】/【标注】组，单击按钮。
- 菜单栏：在“AutoCAD 经典”工作空间中选择【标注】/【重新关联标注】命令。

下面将使用在命令行中输入命令的方法，将“V 型块 .dwg”图形文件中的全部尺寸标注与图形中的相应对象重新关联。其具体操作如下：

光盘文件
素材 \ 第 7 章 \V 型块 .dwg
效果 \ 第 7 章 \V 型块 .dwg
实例演示 \ 第 7 章 \ 重新关联标注

STEP 01： 选择关联对象

1. 打开“V 型块 .dwg”图形文件，在命令行中输入 DIMREASSOCIATE 命令，按 Enter 键，执行该命令。
2. 选择尺寸值为“10”的尺寸标注为要重新关联的标注对象，并按 Enter 键确认。

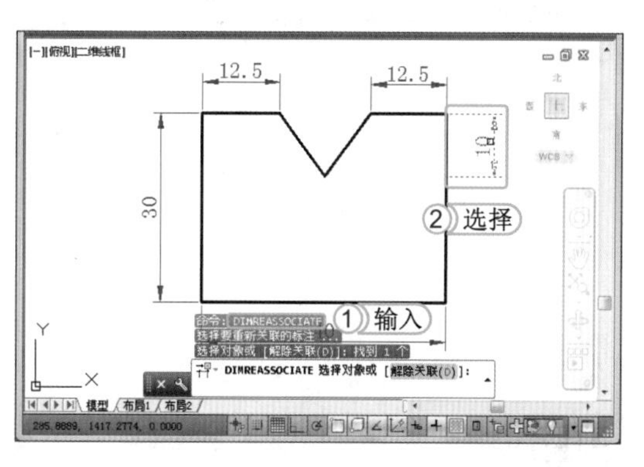

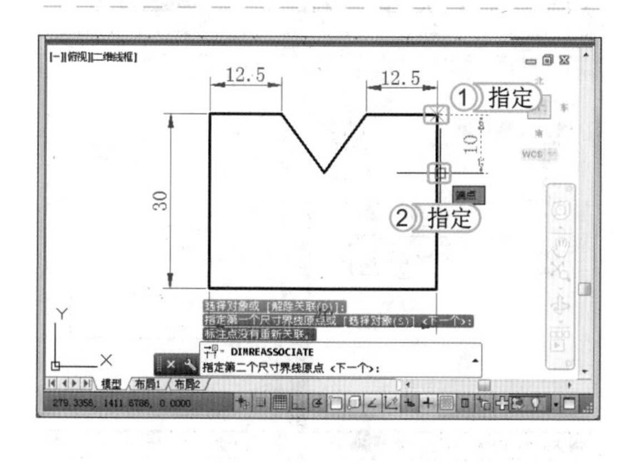

STEP 02： 指定尺寸延伸线原点

1. 根据绘图区中的提示，用鼠标单击第一个延伸线原点。
2. 指定第二个延伸线原点。

提个醒 在使用重新关联标注命令时，可以同时选取多个尺寸标注进行操作，系统会显示出适于选定标注的关联点的提示。

STEP 03： 完成关联

使用相同的方法，利用重新关联尺寸命令将图形中其余尺寸标注进行关联。

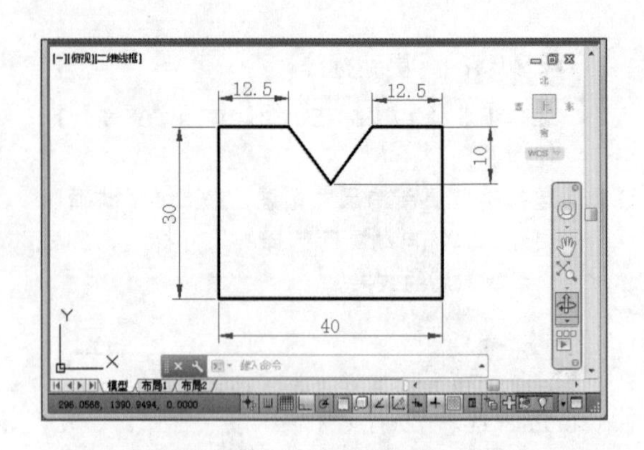

提个醒 如果当前标注的定义点与几何对象无关联，标记将显示为X；如果定义点与几何图像相关联，标记将显示为框内的X。

上机1小时 ▶ 编辑泵轴标注

- 进一步掌握编辑标注和文字的方法。
- 进一步熟悉尺寸标注间距的编辑方法。
- 掌握文字编辑的常用方法。

光盘文件

素材\第7章\泵轴.dwg
效果\第7章\泵轴.dwg
实例演示\第7章\编辑泵轴标注

下面将在“泵轴.dwg”图形文件中使用选项面板编辑尺寸标注，再使用调整间距命令调整尺寸的距离，并更改文字和添加“Ø”符号，最终效果如下图所示。

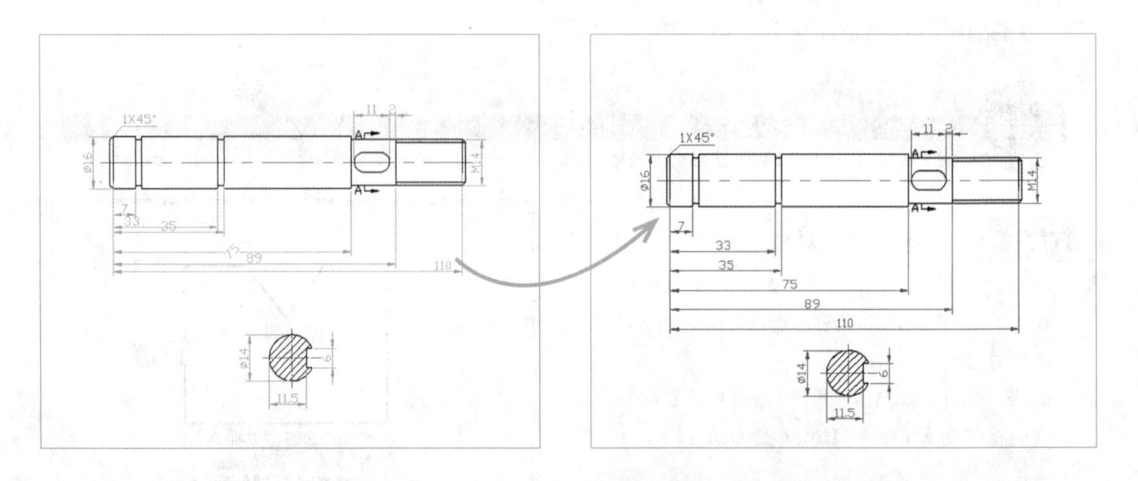

STEP 01： 打开“特性”选项面板

1. 打开“泵轴.dwg”图形文件，在绘图区中选择所有的尺寸标注。
2. 单击鼠标右键，在弹出的快捷菜单中选择“特性”命令，打开“特性”选项面板。在“常规”栏的“颜色”下拉列表框中选择“红”选项。
3. 在“图层”下拉列表框中选择“实体层”选项。
4. 在“线型比例”文本框中输入“3”。
5. 在“线宽”下拉列表框中选择“0.25mm”选项。
6. 单击“关闭”按钮。

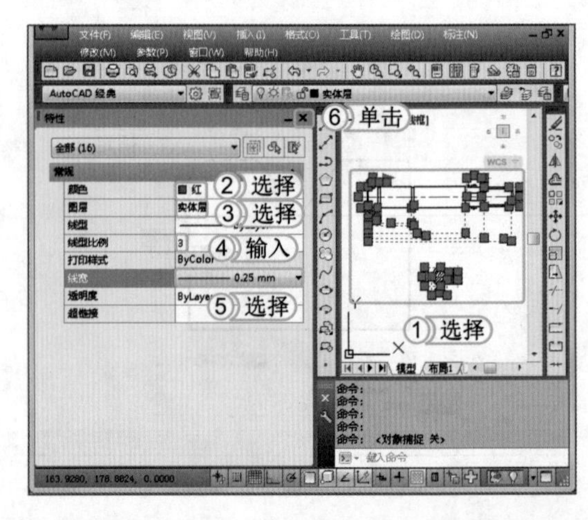

STEP 02: 设置间距值

1. 在命令行中输入 DIMSPACE 命令，按 Enter 键，执行该命令。
2. 选择值为“7”的尺寸标注，再选择其余的 5 个尺寸标注为要设置间距的标注，并按 Enter 键确认。
3. 在命令行中输入尺寸线之间的间距值为“6”，按 Enter 键。

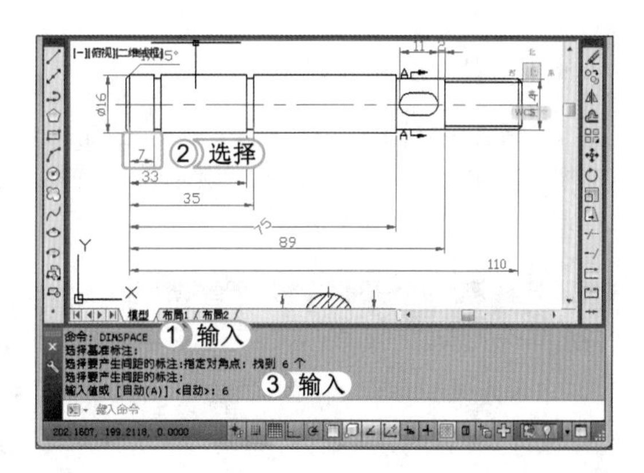

STEP 03: 调整文字角度

1. 在命令行中输入 DIMTEDIT 命令，按 Enter 键，执行该命令。
2. 选择值为“75”的尺寸标注。
3. 在命令行中输入“H”，或选择“默认”选项，按 Enter 键，执行该命令。查看完成角度调整后的效果。

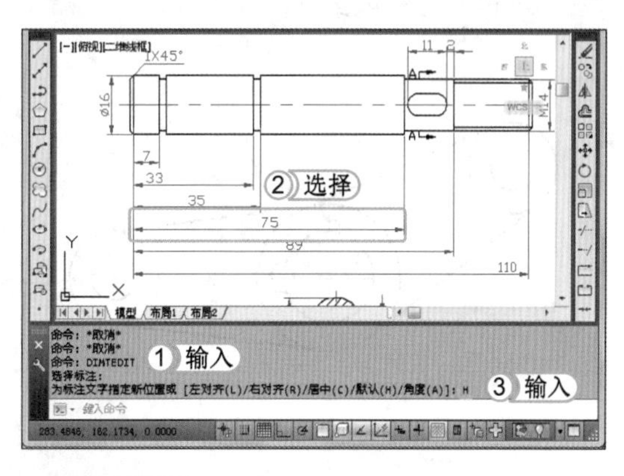

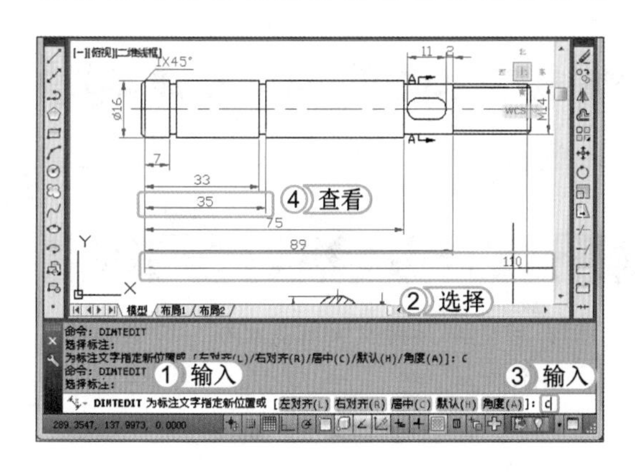

STEP 04: 编辑标注文字

1. 在命令行中输入 DIMTEDIT 命令，按 Enter 键，执行该命令。
2. 选择值为“110”的尺寸标注。
3. 在命令行中输入“C”，或选择“居中”选项，按 Enter 键，执行该命令。将所选尺寸标注居中对齐。
4. 根据以上方法，将值为“33”的尺寸标注居中对齐，并查看对齐后的效果。

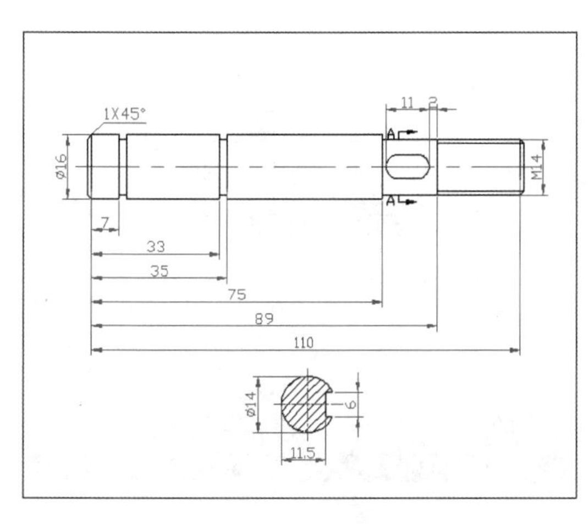

STEP 05: 查看完成后的效果

调整完成后，返回绘图区，可查看最后的效果。

读书笔记

7.4 练习2小时

本章主要介绍尺寸标注样式、标注图形尺寸和编辑尺寸标注的方法，用户要想在日常工作中熟练使用它们，还需进行巩固练习。下面以完善曲柄尺寸的编辑和标注齿轮轴为例，进一步巩固这些知识的使用方法。

1. 练习1小时：完善曲柄尺寸的标注

本次练习将在图形中完善尺寸的编辑，在图形中编辑尺寸时，首先需设置文字样式和标注样式，并利用“线性”命令标注尺寸，再通过“直径”命令标注直径，最后标注角度尺寸，在标注时应注意替换的应用，最终效果如下图所示。

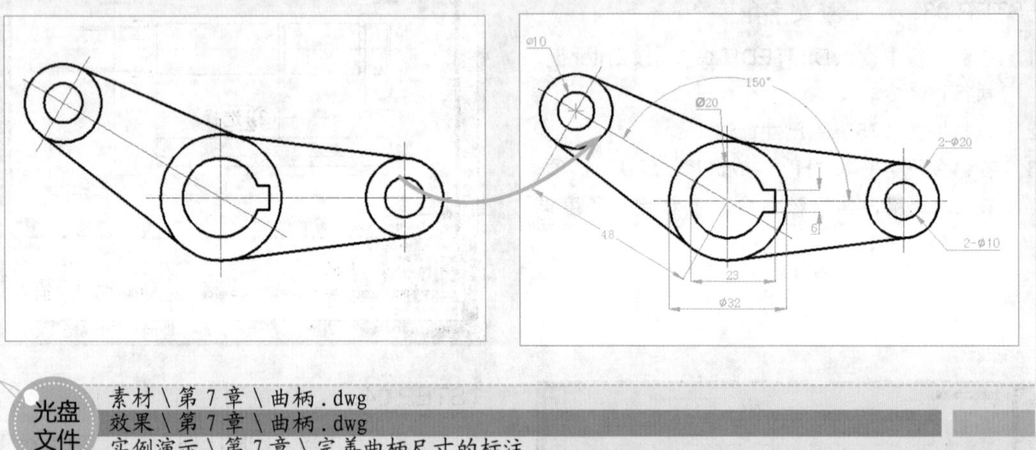

光盘文件
素材 \ 第 7 章 \ 曲柄 .dwg
效果 \ 第 7 章 \ 曲柄 .dwg
实例演示 \ 第 7 章 \ 完善曲柄尺寸的标注

2. 练习1小时：标注齿轮轴

本次练习将为齿轮轴添加标注，在添加标注时，首先需设置文字样式和标注样式，并标注尺寸，然后再标注形位公差，最终效果如下图所示。

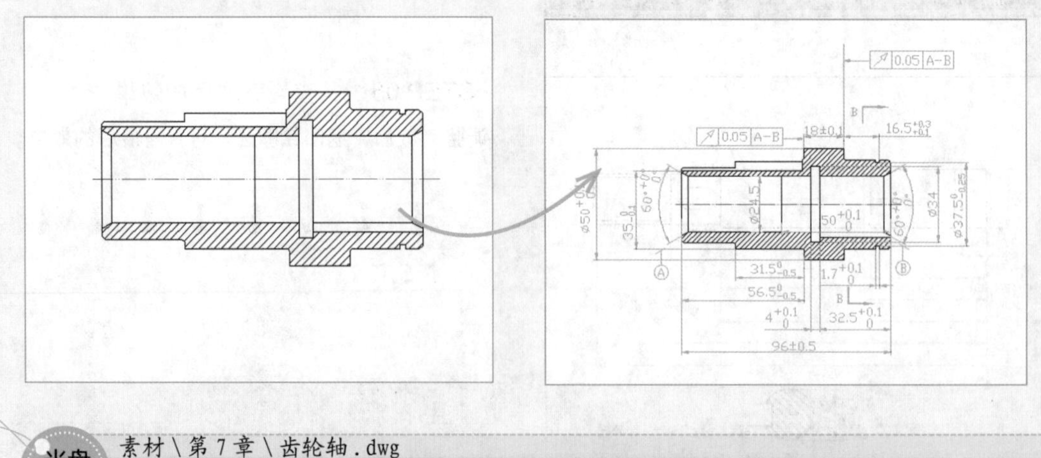

光盘文件
素材 \ 第 7 章 \ 齿轮轴 .dwg
效果 \ 第 7 章 \ 齿轮轴 .dwg
实例演示 \ 第 7 章 \ 标注齿轮轴

第8章 绘制三维图形

学习 3小时

在 AutoCAD 2014 中不仅可以绘制二维的平面图形，根据需要，用户还可以绘制三维图形，并对其进行编辑。要想熟练使用 AutoCAD 2014 中的三维绘图功能，需要用户先掌握三维图形中的三维视图和三维坐标等基础知识，然后再熟悉并绘制各种三维模型。

- 三维图形基础
- 绘制三维实体模型
- 完善三维模型的绘制

上机 4小时

8.1 三维图形基础

在 AutoCAD 中，平面类图形统称为二维图形，它是 AutoCAD 的基础绘制图。当学习了该类图形的绘制后，即可进行三维模型的绘制。在绘制时，首先应掌握三维绘图的基础知识，如绘制三维模型经常使用的三维视图和三维坐标系等，然后才能快速并准确地完成三维模型的绘制。

学习 1 小时

- 熟悉设置三维视图的方法。
- 熟悉各类视觉样式与创建三维实体的命令。

8.1.1 设置三维视图

在 AutoCAD 2014 中绘制三维模型时，首先应将工作空间切换为三维绘图的工作空间，其主要包括“三维建模”和“三维基础”两个工作空间。其切换方法为：在状态栏中单击 草图与注释 按钮，在弹出的下拉列表中选择“三维建模”选项，即可将其切换到“三维建模”工作空间。

绘制三维模型时，可根据情况的需要选择相应的观察点，并从模型的不同角度来观看。在 AutoCAD 2014 中提供了 6 个正交视图（俯视图、仰视图、左视图、右视图、前视图和后视图）和 4 个等轴测视图（西南、西北、东南和东北等轴测视图）。下面将依次介绍更改三维视图的方法。

- **通过菜单命令或面板更改视图**：在“AutoCAD 经典”工作空间中选择【视图】/【三维视图】命令，在弹出的下拉列表中选择相应的视图选项即可，或在“三维建模”空间中选择【视图】/【视图】组，单击相应的按钮，切换到相应的视图。

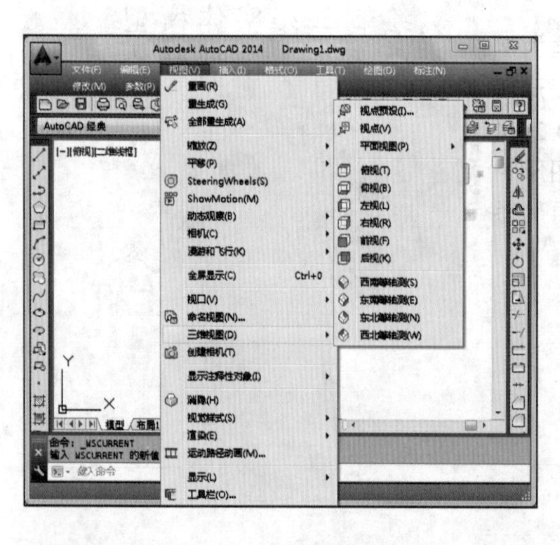

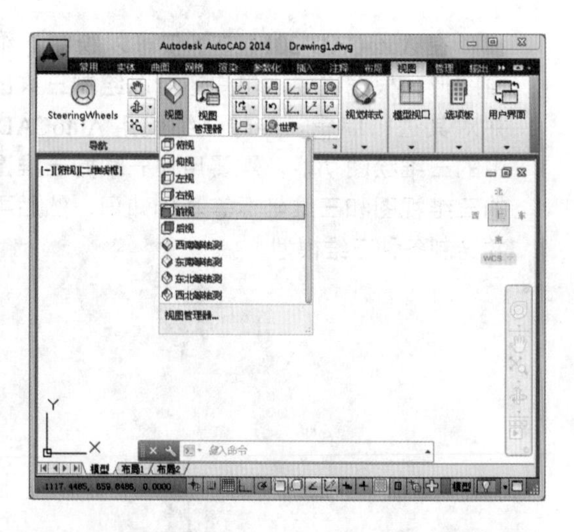

- **通过视图管理器更改视图**：在“AutoCAD 经典”工作空间中选择【视图】/【命名视图】命令，或在命令行中执行 VIEW（V）命令，打开“视图管理器”对话框，在“查看”列表框中展开“预设视图”项，然后选择相应的视图，单击 置为当前(C) 按钮，再单击 确定 按钮，将其切换到不同的视图。

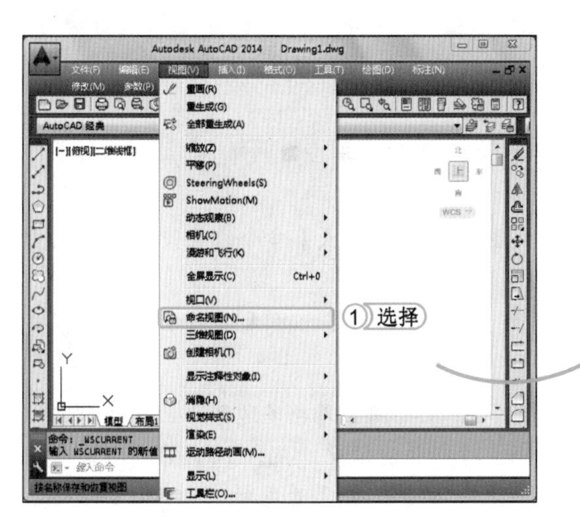

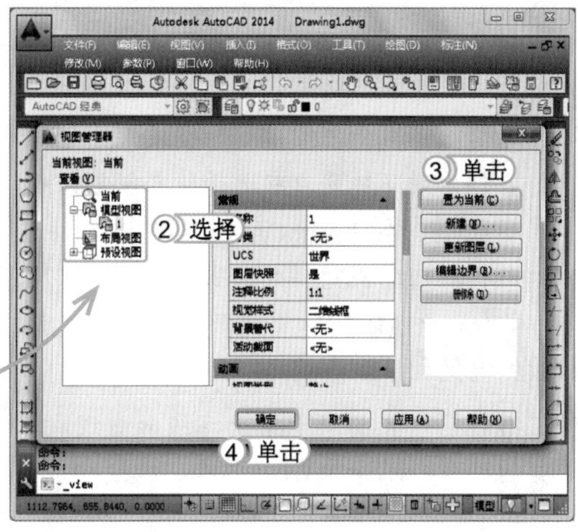

8.1.2 三维坐标系

在绘制三维模型之前，除了需设置三维视图外，还必须先创建三维坐标系，它主要用于创建和观察三维图形。世界坐标系是三维坐标系的默认坐标系，世界坐标系的特点是坐标原点和方向都是固定不变的，但是在实际绘图过程中使用世界坐标系不是很方便，需要用户自定义坐标系，调用创建自定义坐标系命令的主要方法有如下几种。

- 命令行：在命令行中执行UCS命令。
- 功能区：在“三维建模”空间中选择【视图】/【坐标】组，单击“UCS”按钮。
- 菜单栏：在“AutoCAD 经典”工作空间中选择【工具】/【新建UCS（W）】命令，然后在弹出的子列表中选择“原点（N）”选项。

根据以上任意一种方法，并执行该命令后，只需要指定UCS的原点或选择命令行中任一选项即可创建用户坐标系。系统默认的方式是通过指定新原点的方法来定义新的UCS坐标系，该方式将保持原来的X、Y和Z轴方向不变，相当于移动坐标系。如果是输入角度，则可对坐标系进行旋转或恢复到世界坐标系等操作。

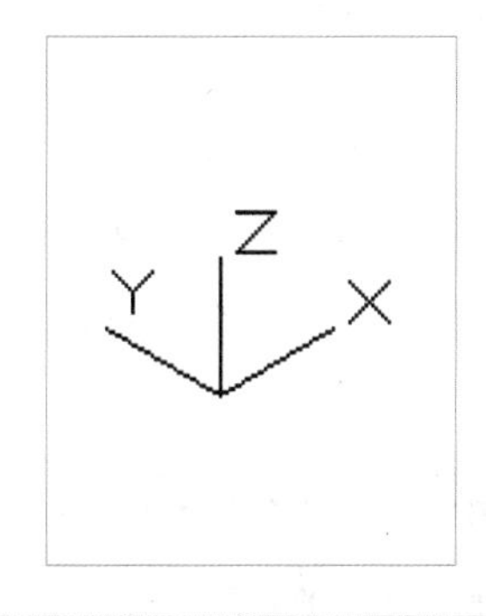

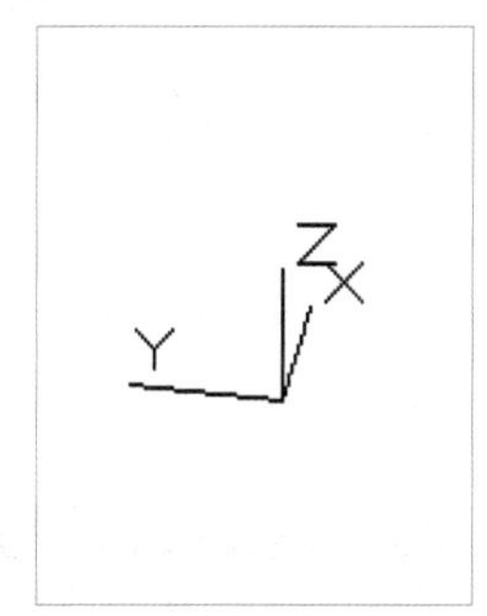

经验一箩筐——笛卡尔坐标系

在AutoCAD中，系统默认使用笛卡尔坐标系来确定物体。在进入AutoCAD绘图区时，系统会自动进入笛卡尔坐标系（世界坐标系WCS）第一象限，AutoCAD就是采用这个坐标系来确定图形的矢量。在三维笛卡尔坐标系中，使用三个坐标值（X,Y,Z）来指定点的位置，其中X、Y和Z分别表示该点在三维坐标系中X轴、Y轴和Z轴上的坐标值。

8.1.3 视觉样式

根据几何模型的构造方法可将三维模型分为线框模型、表面模型和实体模型3类。在绘制三维模型时，默认状态下是以线框方式进行显示的，更改三维模型的视觉样式不仅可以改善显示效果，而且还可以获得更直观的视觉效果。更改三维模型视觉样式的方法主要有如下两种。

- 功能区：在“三维建模”空间中选择【常用】/【视图】组，单击二维线框按钮，在弹出的下拉列表中选择所需视觉样式。
- 菜单栏：在“AutoCAD 经典”空间中选择【视图】/【视觉样式】命令，在弹出的列表中选择相应的视觉样式选项。

在 AutoCAD 2014 中常见的视觉样式有二维线框、概念、线框、隐藏和真实等，各种视觉样式的含义和显示效果分别如下。

- 二维线框：主要用于显示直线和曲线表示边界的对象。光栅和 OLE 对象、线型和线宽均可见。

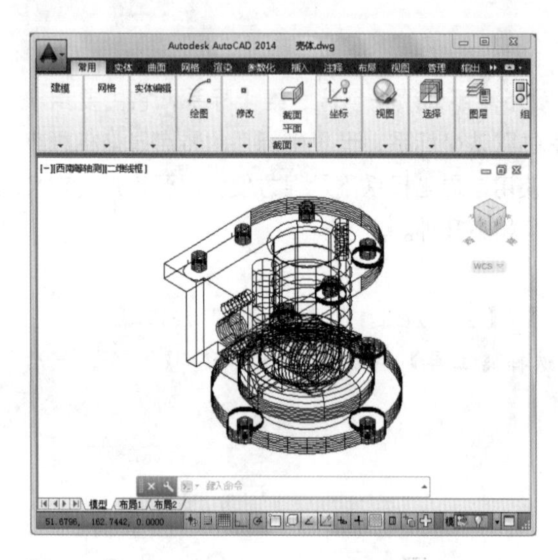

- 概念：主要用于着色多边形平面间的对象，并使对象的边缘平滑化。如下图所示为在绘图区中显示一个已着色的三维 UCS 坐标系图标。

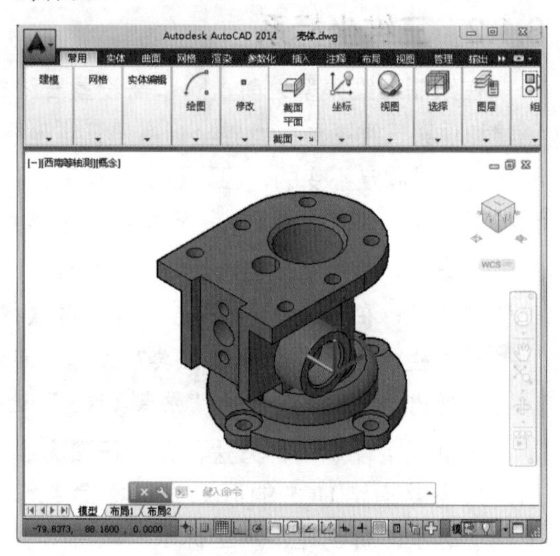

- 线框：主要用于显示直线和曲线表示边界的对象。它与二维线框的区别在于用已着色的三维 UCS 坐标系图标显示。

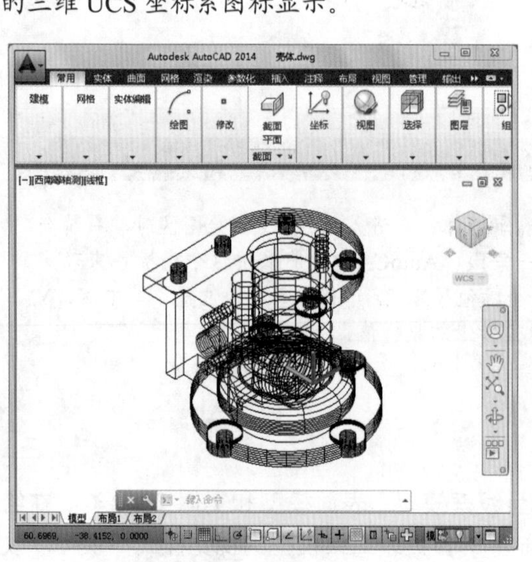

- 消隐：主要用于显示三维线框表示的对象，并隐藏模型内部及背面等无法从当前视点直接看见的线条。

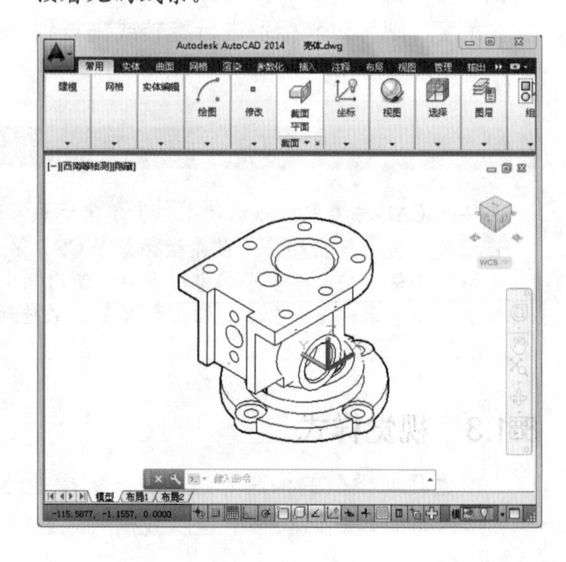

真实：主要用于着色多边形平面间的对象，并使对象的边缘平滑化，且将显示已附着到对象的材质。

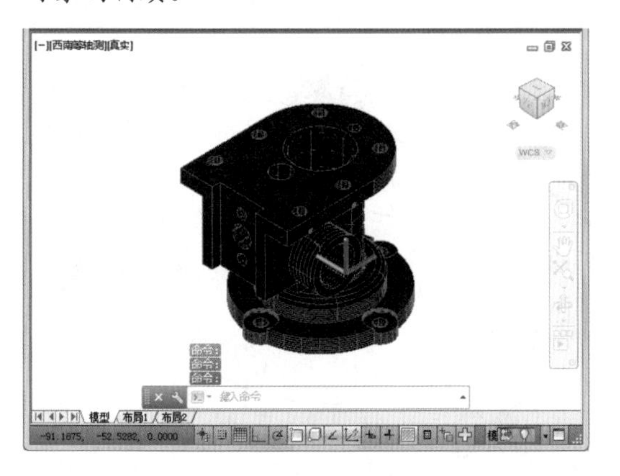

灰度：主要用于着色多边形平面间的对象，而且也将对象的边缘平滑化，并且通过 3D 渲染效果显示已附着到对象的材质。

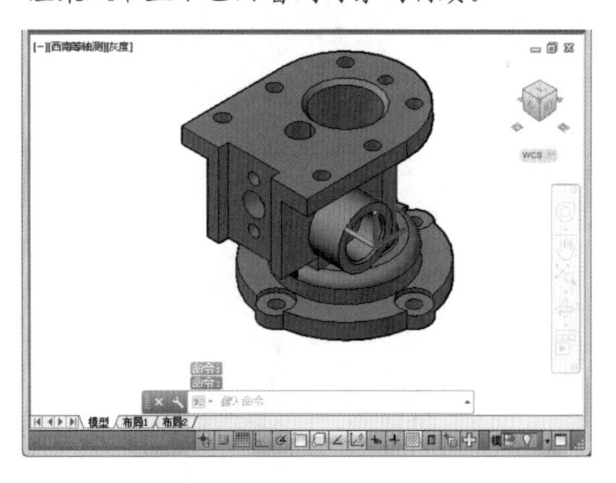

着色：主要用于着色多边形平面间的对象，并使对象的边缘平滑化，而且着色的对象外观较平滑和真实。

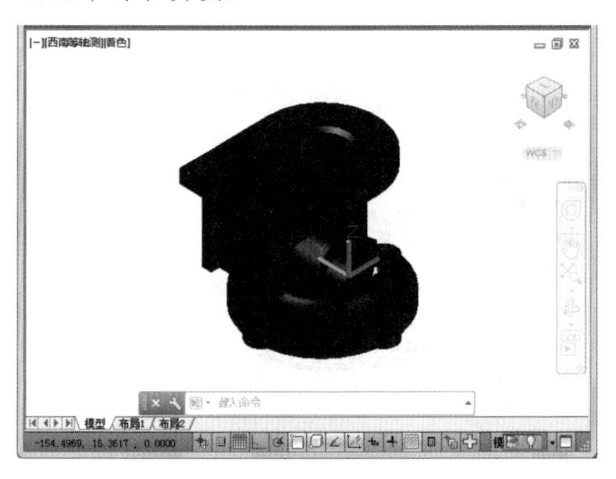

勾画：主要用于将“隐藏”选项中的线条以铅笔的绘制效果显示，而且显示的效果立体感更强和真实。

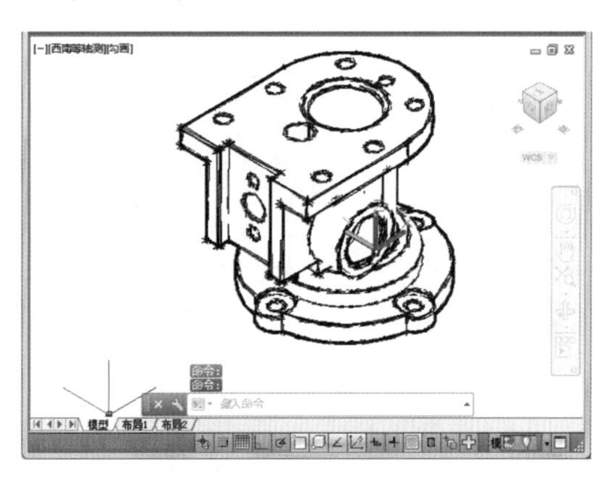

8.1.4 布尔运算

创建复杂实体的方法有多种，但通过布尔运算可以创建出不易绘制的三维实体。布尔运算包括并集运算、差集运算和交集运算，其中各布尔运算含义如下。

并集：并集运算命令可对所选择的两个或两个以上的面域和实体进行求并运算，从而生成一个新的整体。其操作方法为：在“三维建模”工作空间中选择【常用】/【实体编辑】组，单击“并集”按钮，然后选择要进行并集运算的实体模型。

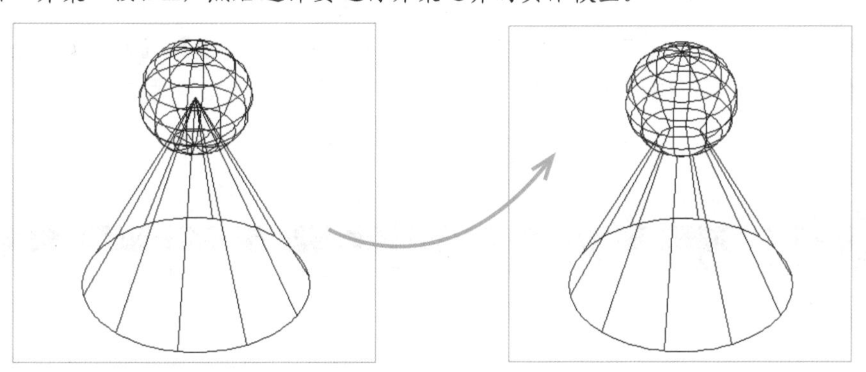

- 差集：差集是指从所选的实体组或面域组中删除一个或多个实体或面域，从而生成一个新的实体或面域。在“实体编辑”组中单击“差集”按钮，即可执行“差集”命令。

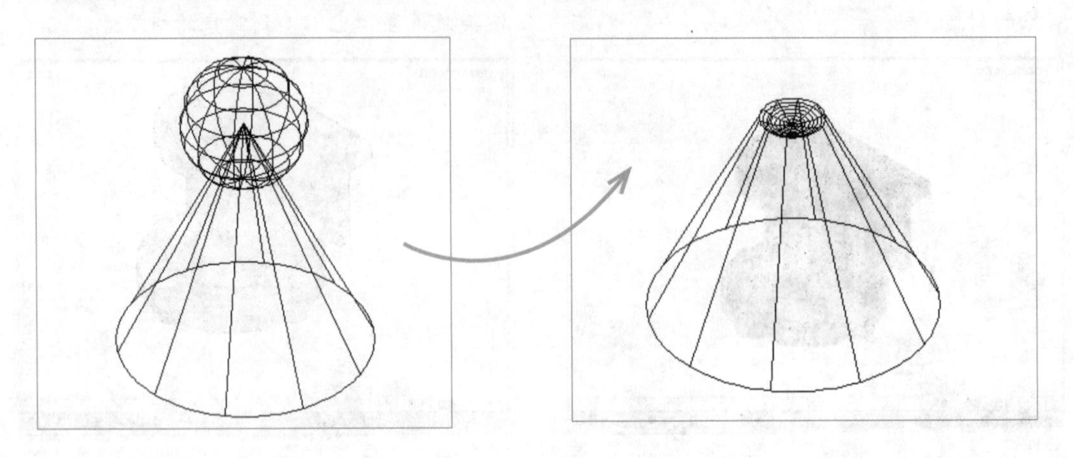

- 交集：交集运算用于将多个面域或实体之间的公共部分生成形体。单击“实体编辑”组中的“交集”按钮，即可执行“交集”命令。

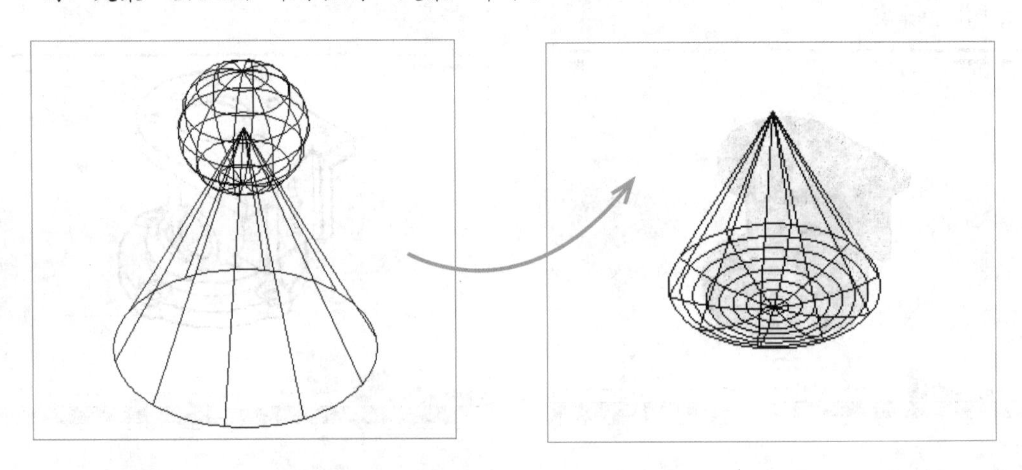

8.1.5 “拉伸”命令创建三维实体

当认识了三维视图的基本知识后，即可通过拉伸命令创建三维实体图形，其创建方法可通过将已有的二维平面对象沿指定的高度或路径拉伸为三维实体，如拉伸楼梯栏杆、管道和异形装饰物等。调用拉伸命令的方法主要有如下几种。

- 命令行：在命令行中执行 EXTRUDE 命令。
- 功能区：在“三维建模”空间中选择【常用】/【建模】组，单击“拉伸”按钮。
- 菜单栏：在“AutoCAD 经典”工作空间中选择【绘图】/【建模】/【拉伸】命令。

下面将使用在命令行中执行命令的方式，绘制出一个高为“200”的实体模型。其具体操作如下：

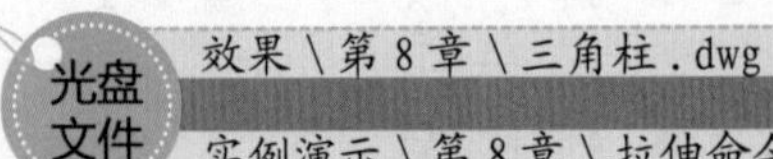

效果 \ 第 8 章 \ 三角柱 .dwg

实例演示 \ 第 8 章 \ 拉伸命令创建三维实体

STEP 01： 绘制三角形

1. 在命令行中输入POLYGON命令，按Enter键，执行该命令。
2. 设置侧面数和边数为“3”，按Enter键，执行该命令。
3. 以内接于圆的方式绘制一个三角形，并设置半径为“200”。
4. 查看完成后的效果。

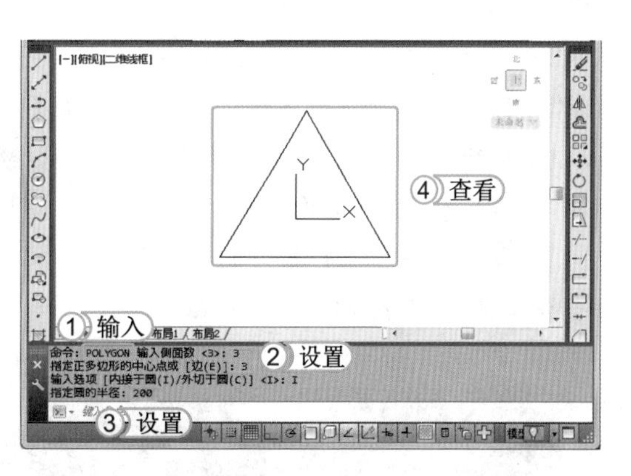

STEP 02： 选择对象

1. 在命令行中输入EXTRUDE命令，按Enter键，执行该命令。
2. 单击三角形，选择为拉伸对象，并按Enter键确认选择。

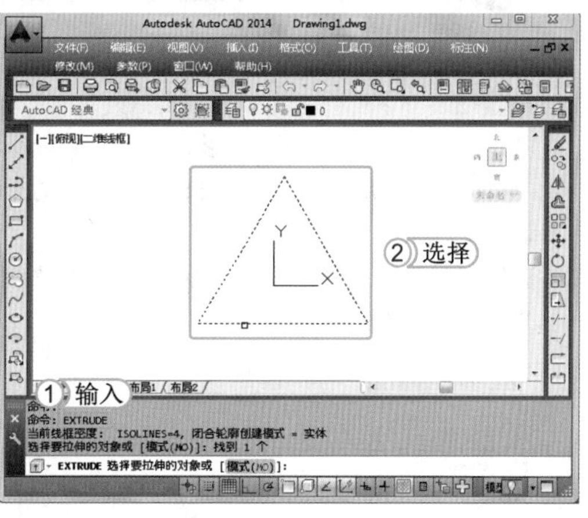

提个醒 选择【视图】/【视觉样式】命令，在弹出的子列表中选择“视觉样式管理器”选项，在打开的“视觉样式管理器”选项面板中可以对视觉样式进行管理。

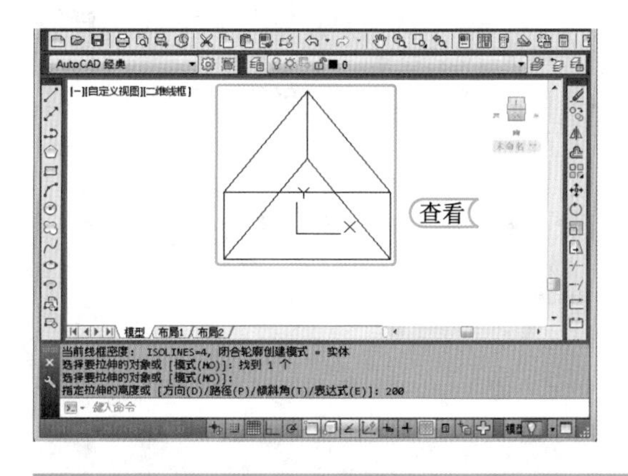

STEP 03： 拉伸三角形

输入拉伸高度值为“200”，按Enter键确认，完成拉伸。然后通过鼠标单击“三维导航”工具栏中的不同方向按钮，查看拉伸后的效果。

提个醒 在将二维图形拉伸为三维实体模型时，若输入的拉伸高度值为正，则拉伸的对象沿Z轴的正向拉伸；若输入值为负，则拉伸的对象将沿Z轴的负向拉伸。

经验一箩筐——拉伸对象的选择

在使用“拉伸”命令绘制三维实体模型时，只能对矩形、圆形、正多边形和使用“多段线”命令绘制的封闭式图形等二维对象进行拉伸操作，而对于由单独的线条连接成的封闭图形不能直接进行拉伸，只能在创建面域后才能进行拉伸操作。

8.1.6 “旋转”命令创建三维实体

“旋转”命令与“拉伸”命令一样，都可在二维平面对象中进行三维的设置，只需将已有的二维平面对象沿指定的轴进行旋转生成三维实体模型，但是“旋转”命令主要用于绘制回转类模型。调用“旋转”命令的方法主要有如下几种。

命令行：在命令行中执行 REVOLVE（REV）命令。

功能区：在“三维建模”空间中选择【常用】/【建模】组，单击“拉伸”按钮下方的下拉按钮，在弹出的下拉列表中选择“旋转”选项。

菜单栏：在“AutoCAD 经典”工作空间中选择【绘图】/【建模】/【旋转】命令。

下面将使用以上任意一种方法打开“二维线条.dwg”图形文件，旋转出一个柱型零件实体模型。其具体操作如下：

STEP 01：选择对象

1. 打开“二维线条.dwg”图形文件，在命令行中输入 REVOLVE 命令，按 Enter 键，执行该命令。
2. 选择直线旁边的所有图形对象为旋转对象，并按 Enter 键确认。

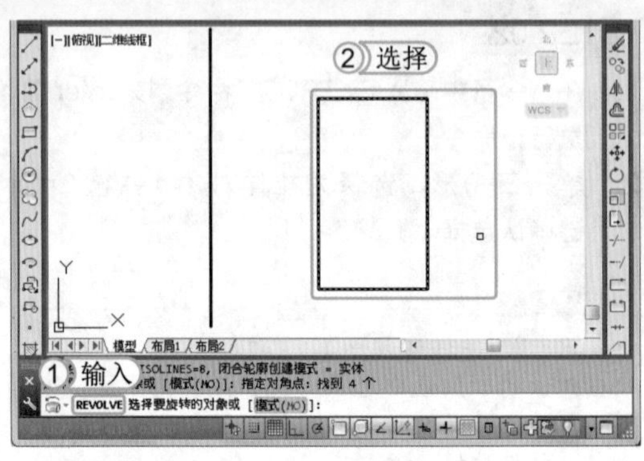

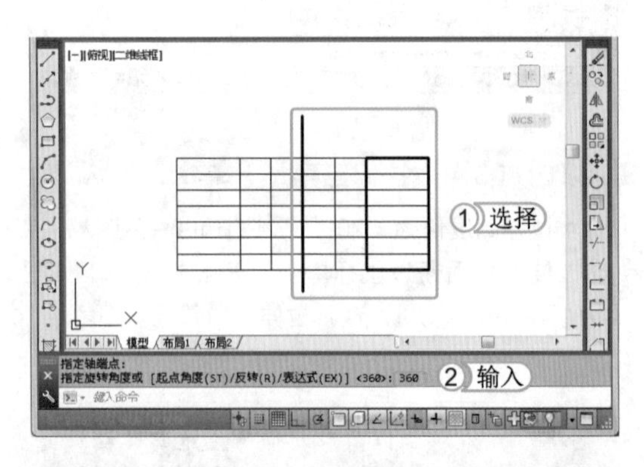

STEP 02：旋转对象

1. 依次选择竖直直线的两个端点，并按 Enter 键确定旋转轴线。
2. 输入旋转角度值为“360”，按 Enter 键确定旋转。

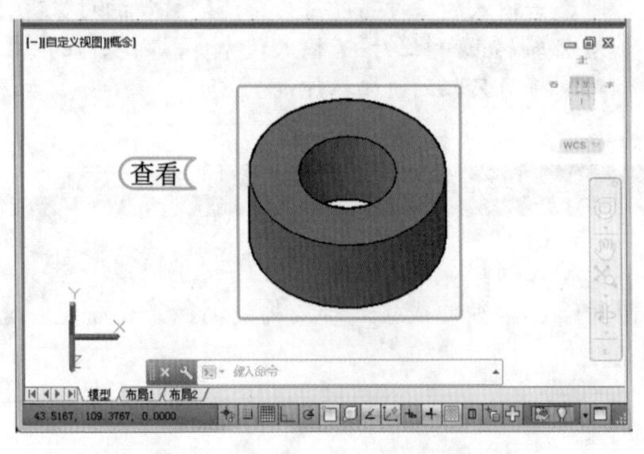

STEP 03：完成设置

删除多余的线条，并用鼠标单击“三维导航”工具栏中的不同方向按钮，查看旋转后的效果，完成后对其进行着色操作。

8.1.7 “扫掠”命令创建三维实体

“扫掠”命令可以通过沿开放或闭合的二维或三维路径，扫掠开放或闭合的平面曲线来创建新实体或曲面。调用“扫掠”命令的方法主要有如下几种。

命令行：在命令行中执行 SWEEP 命令。

功能区：在“三维建模”空间中选择【常用】/【建模】组，单击“拉伸”按钮下方的下拉按钮，在弹出的下拉列表中选择“扫掠”选项。

菜单栏：在“AutoCAD 经典”工作空间中选择【绘图】/【建模】/【扫掠】命令。

下面将在打开的“螺旋线.dwg”图形文件中扫掠出一个弹簧实体模型，其具体操作如下：

光盘文件
素材\第 8 章\螺旋线.dwg
效果\第 8 章\弹簧模型.dwg
实例演示\第 8 章\扫掠命令创建三维实体

STEP 01：选择扫掠对象

1. 打开“螺旋线.dwg”图形文件，在“三维建模”空间中选择【常用】/【建模】组，单击“拉伸”按钮下方的下拉按钮，在弹出的下拉列表中选择“扫掠”选项。
2. 在编辑区中选择圆为扫掠对象，并按Enter键。

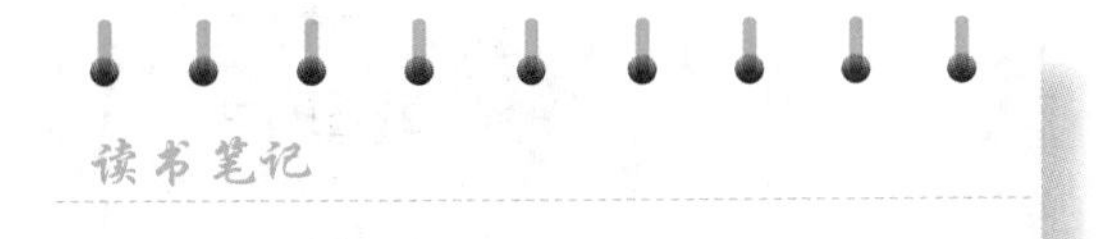

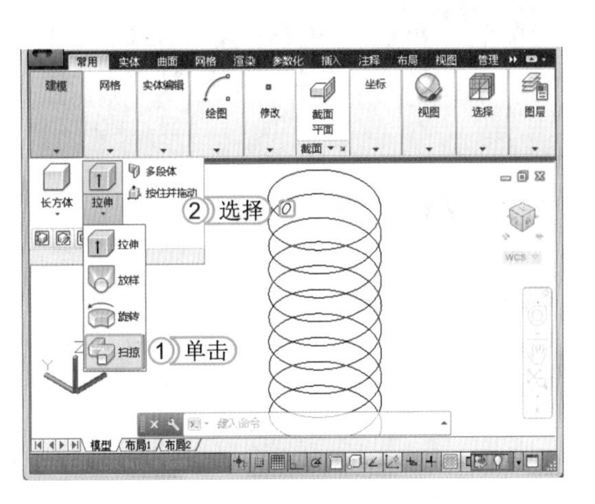

STEP 02：扫掠对象

选择螺旋线为扫掠路径，按Enter键，完成扫掠，并查看扫掠后的效果。

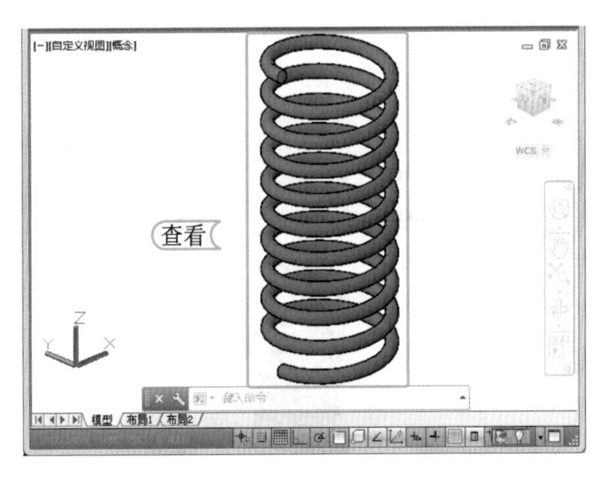

提个醒

“扫掠”命令用于沿指定路径将指定的扫掠对象生成三维实体或曲面。如果扫掠对象为封闭线条，则扫掠出来的是实体；如果不是封闭图形，扫掠后将变为三维曲面。

8.1.8 “放样”命令创建三维实体

放样是指按指定的导向线生成实体图形，使实体的某几个截面形状刚好是指定的平面图形的形状，或将两个或更多横截面轮廓进行放样，而且在创建三维曲面时，截面也决定曲面的形状，调用“放样”命令的方法主要有如下几种。

命令行：在命令行中执行 LOFT 命令。

功能区：在“三维建模”空间中选择【常用】/【建模】组，单击“拉伸”按钮下方的下拉按钮，在弹出的下拉列表中选择“放样”选项。

菜单栏：在“AutoCAD 经典”工作空间中选择【绘图】/【建模】/【放样】命令。

下面将在“椭圆线.dwg”图形文件中绘制出一个杯子实体模型。其具体操作如下：

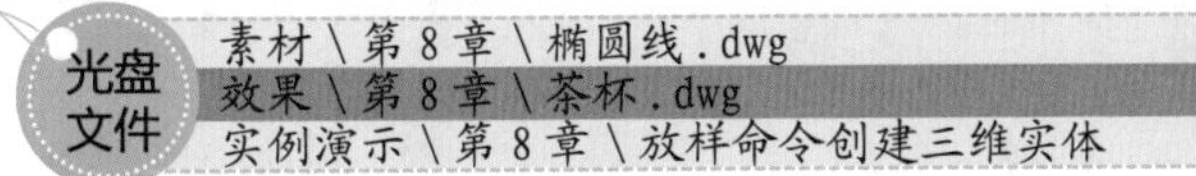
光盘文件
素材\第 8 章\椭圆线.dwg
效果\第 8 章\茶杯.dwg
实例演示\第 8 章\放样命令创建三维实体

STEP 01： 选择要放样的对象

1. 打开“椭圆线.dwg”图形文件，在命令行中输入LOFT命令，按Enter键。
2. 在绘图区中从下至上依次选择每个图形对象，并按Enter键确认选择的放样对象。

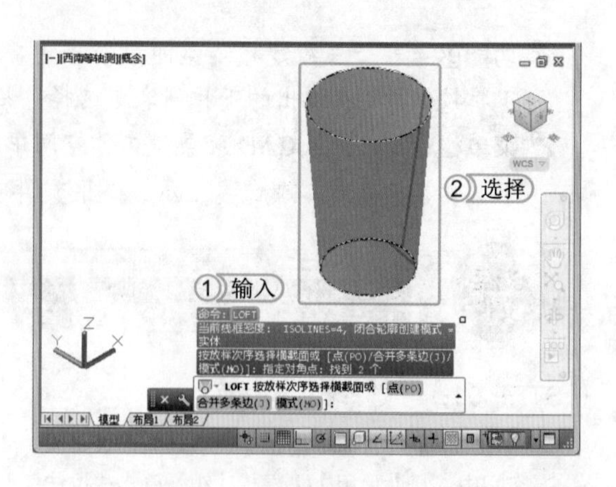

提个醒 在选择放样对象时，除了采用单击选择对象外，还可通过框选的方法快速实现选择需要放样的对象。

STEP 02： 放样对象

1. 在命令行中输入S命令，选择“设置”选项。按Enter键执行该命令，打开“放样设置”对话框。在该对话框中选中 法线指向(N): 单选按钮。
2. 在下方的下拉列表框中选择“所有横截面”选项。
3. 单击 确定 按钮。

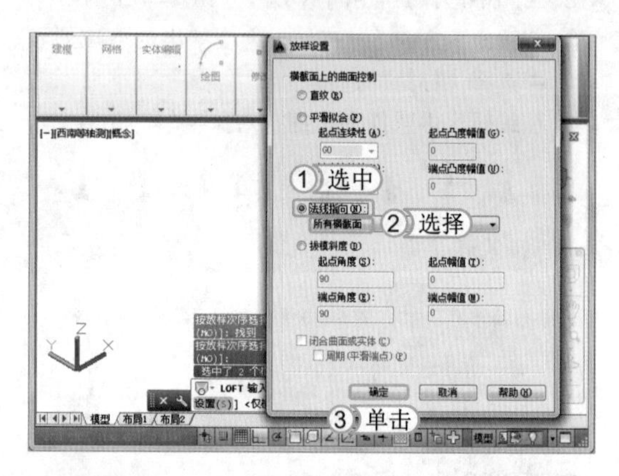

STEP 03： 完成放样

返回绘图区，完成放样。其最终效果如左图所示。

8.1.9 “拖曳”命令创建三维实体

拖曳实际上是指一种三维实体对象的夹点编辑，并通过拖动三维实体上的夹点来改变三维实体的形状，使其更加美观。调用“拖曳”命令的方法主要有如下两种。

- 命令行：在命令行中执行PRESSPULL命令。
- 功能区：在“三维建模”空间中选择【常用】/【建模】组，单击“按住并拖动”按钮。

根据以上任意一种方法执行该命令后，选择有限的区域，并按住鼠标左键进行拖动，该相应的区域即可进行拉伸变形，如下图所示。

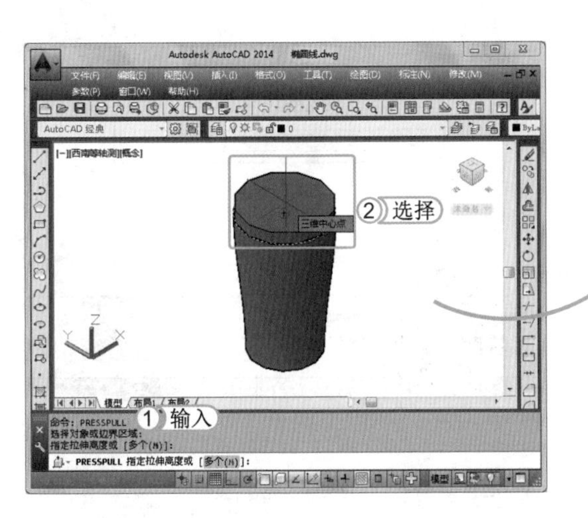

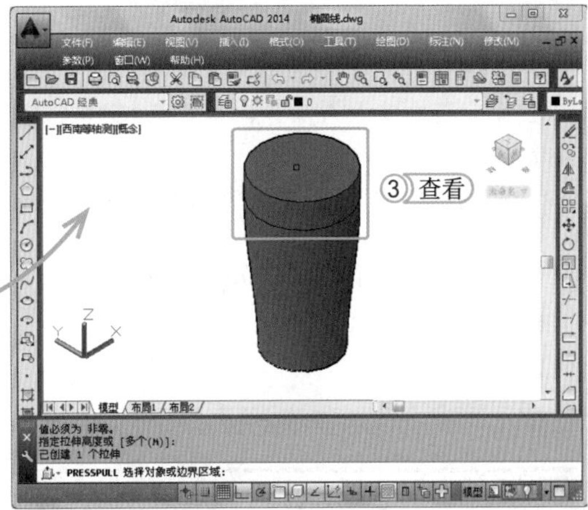

上机 1 小时 绘制门锁

光盘文件
效果 \ 第 8 章 \ 门锁 .dwg
实例演示 \ 第 8 章 \ 绘制门锁

- 灵活运用绘制三维图形的基本方法。
- 进一步掌握“拉伸”命令与“扫掠”命令的方法。

下面将使用绘制平面图形的基本方法完成门锁图形的基本绘制，再使用扫掠图形和的差集的预算方法完成门锁的绘制，编辑前后的效果如下图所示。

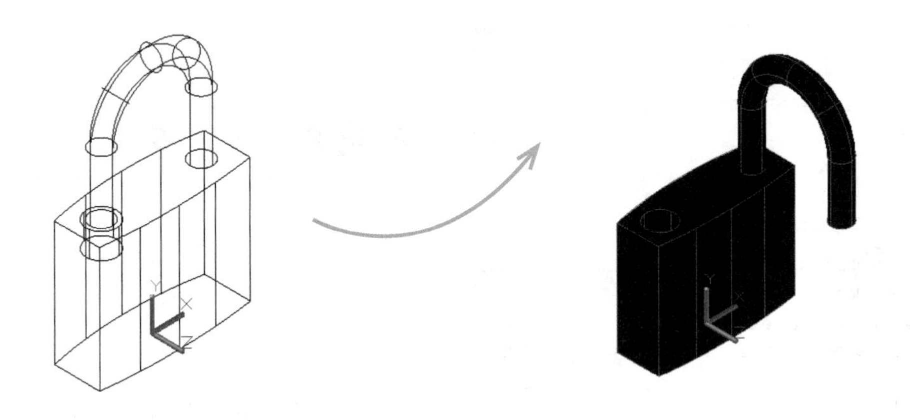

STEP 01: 绘制矩形

启动 AutoCAD 2014 并切换为“AutoCAD 经典”工作空间，单击“绘图”工具栏中的“矩形”按钮，绘制宽为“200”，高为“60”的矩形，并查看绘制后的效果。

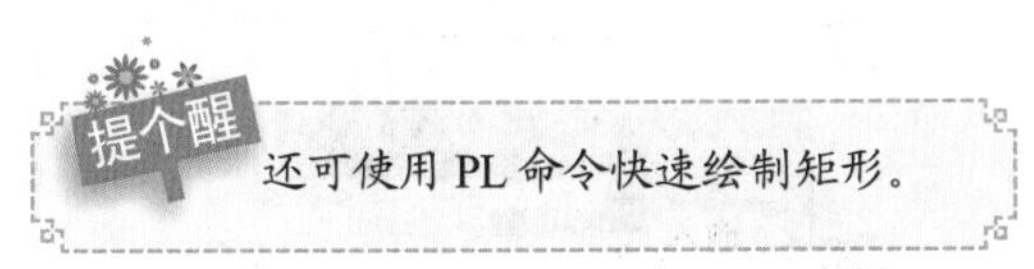

还可使用 PL 命令快速绘制矩形。

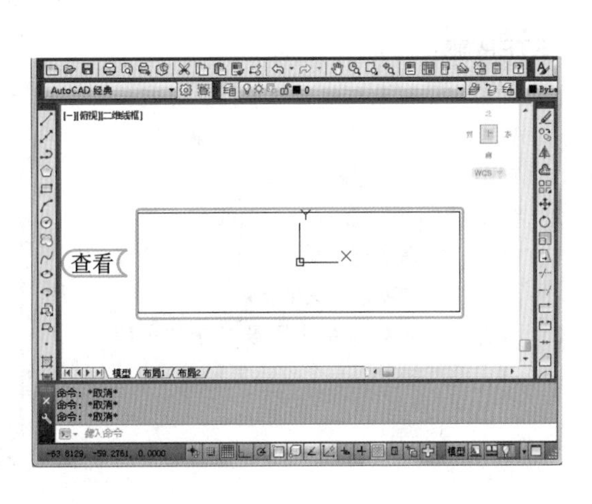

STEP 02：绘制圆弧

1. 在命令行中输入 A 命令，按 Enter 键执行该命令。
2. 分别捕捉四边形上方对应的两个端点，按 Enter 键执行该命令。
3. 在下方命令行中设置半径圆弧为值“340”，按 Enter 键执行该命令。

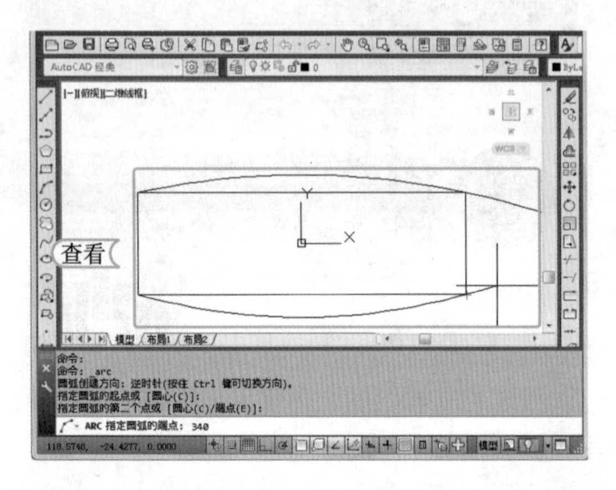

STEP 03：绘制其他圆弧

使用相同的方法绘制其他圆弧，并查看绘制完成后的效果。

STEP 04：修剪对象

1. 在命令行中输入 TR 命令，按两次 Enter 键执行该命令。
2. 分别单击需要修剪的图形对象，完成图形的修剪，并查看修剪后的效果。

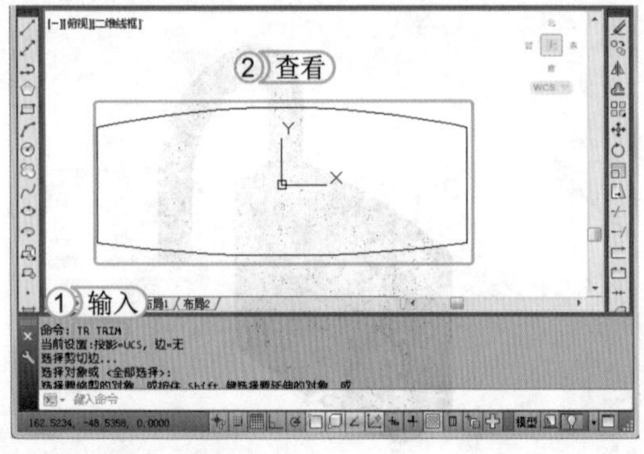

STEP 05：编辑多段线

1. 切换到“草图与注释”空间，在其中选择【默认】/【修改】组，单击“编辑多段线”按钮。
2. 选择需编辑的多段线，按 Enter 键，并在下方命令行中输入“J”，或选择“合并”选项，按 Enter 键。
3. 在绘图区中依次单击需要编辑的多段线，使其线段以一个整体显示。

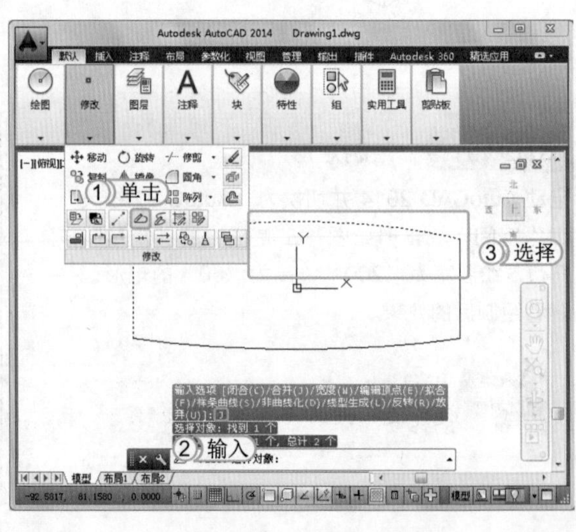

STEP 06：选择“东南等轴测”选项

1. 选择【视图】/【视图】组，单击“视图”按钮◈。
2. 在弹出的下拉列表中选择“东南等轴测”选项。

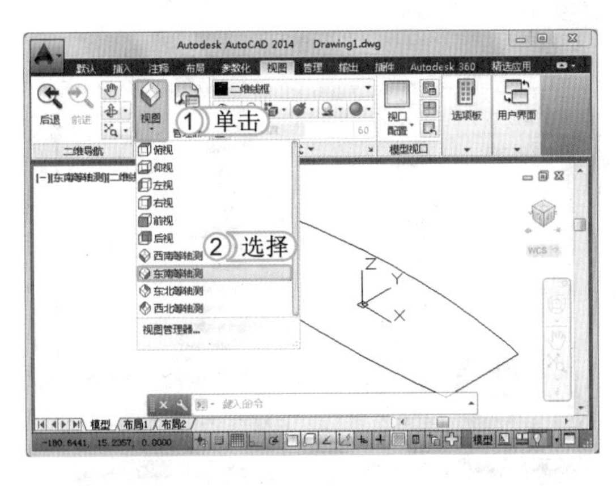

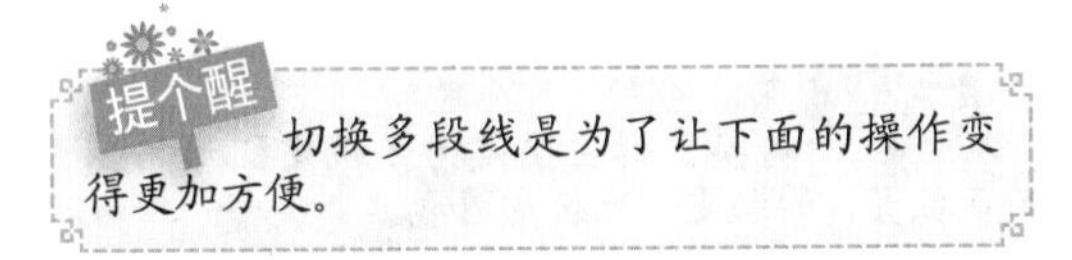

STEP 07：拉伸对象

1. 切换到“三维建模”工作空间，选择【常用】/【建模】组，单击“拉伸”按钮。
2. 选择已创建的域面，按Enter键，并在下方命令行中输入拉伸高度“160”。

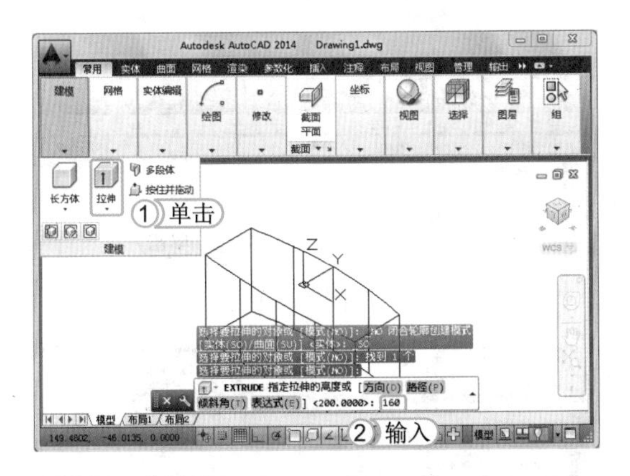

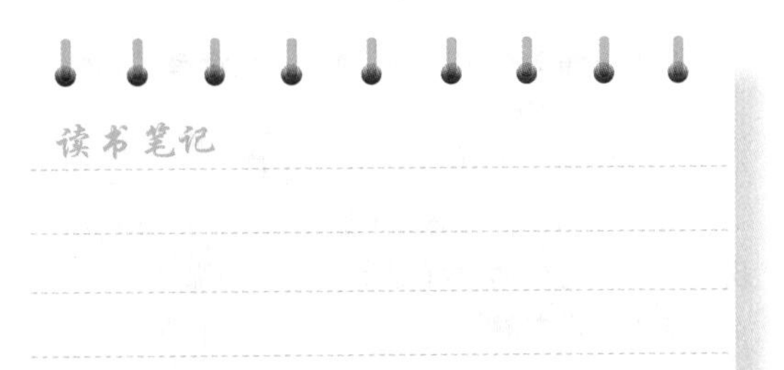

STEP 08：切换视图

1. 在命令行中输入UCS命令，按Enter键执行命令。
2. 将坐标原点移动到拉伸后的顶点，并切换为“AutoCAD 经典”工作空间，选择【视图】/【三维视图】命令，在右侧的子菜单中选择【平面视图】/【当前】命令。

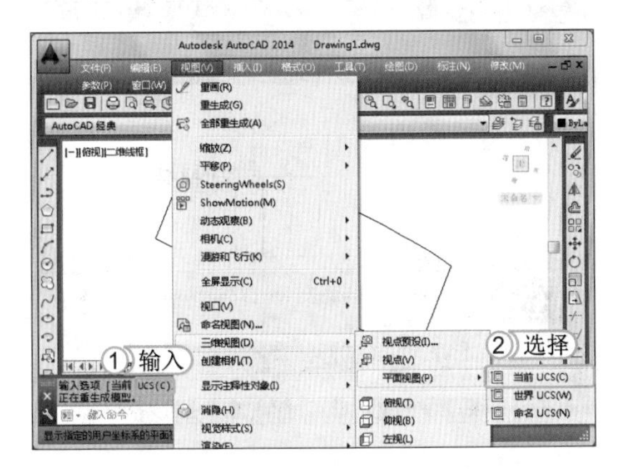

STEP 09：绘制圆

1. 单击“绘图”工具栏中的“圆”按钮⊙，并将鼠标移动至所需绘制图形的适当位置。单击鼠标左键，并在命令行中输入圆的半径值“15”。
2. 在命令行中输入CO命令，按Enter键，将鼠标移动至所画图形中心位置，按住鼠标左键，将其移动至图形右侧的适当位置后，释放鼠标完成圆的绘制。

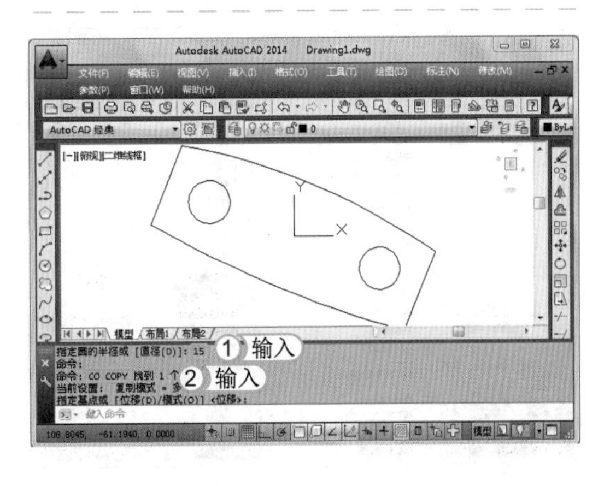

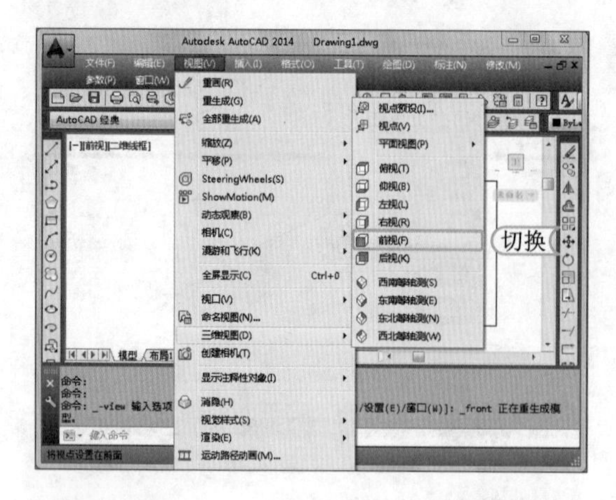

STEP 11：绘制多段线

1. 在命令行中输入 PL 命令，按 Enter 键，执行该命令。
2. 指定起点线长度为“@80<90”，按 Enter 键，执行该命令。
3. 在下方命令行中输入“A”，或选择“圆弧”选项，按 Enter 键。
4. 再次选择“圆弧”选项，并输入指定包含角为“-180”，按 Enter 键。
5. 在绘图区中通过捕捉命令确定圆弧的下一点。单击鼠标左键。

STEP 12：完成多线绘制

1. 捕捉下一点后，在下方命令行中输入“L”，或选择“直径”选项，按 Enter 键执行该命令。
2. 捕捉图中圆心位置，单击鼠标左键，确定直线上的端点。按 Esc 键，退出多线的绘制。

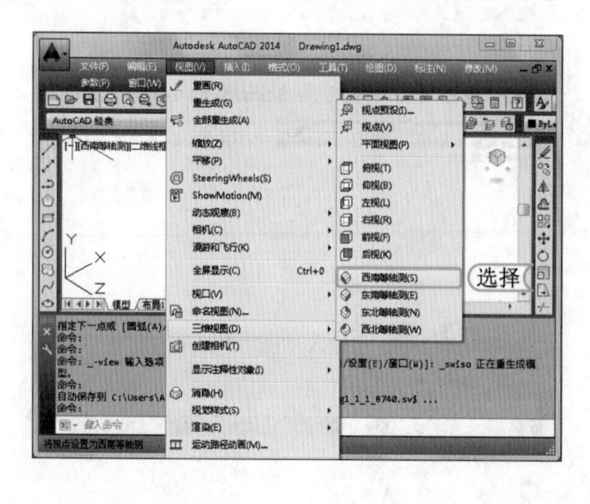

STEP 10：切换视图

选择【视图】/【三维视图】命令，在子菜单中选择“前视”命令，将其切换为前视图。在命令行中输入 UCS 命令，按 Enter 键，将坐标原点移动到上方顶点。

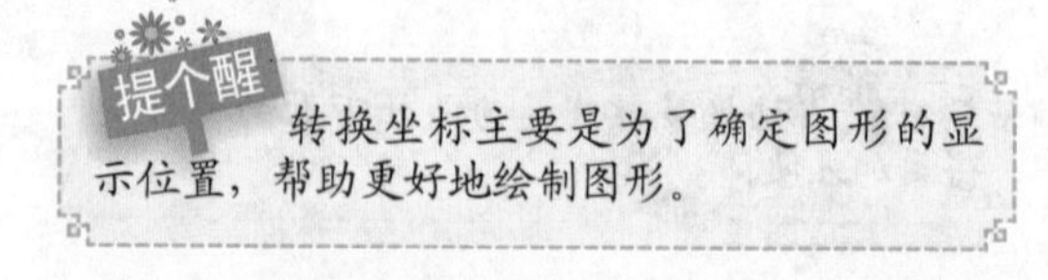
提个醒

转换坐标主要是为了确定图形的显示位置，帮助更好地绘制图形。

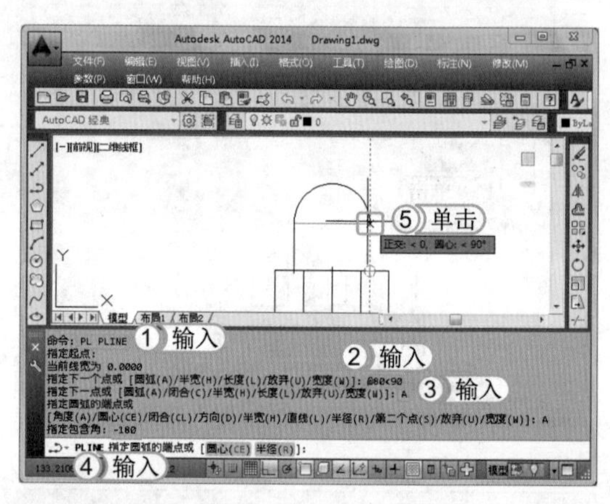

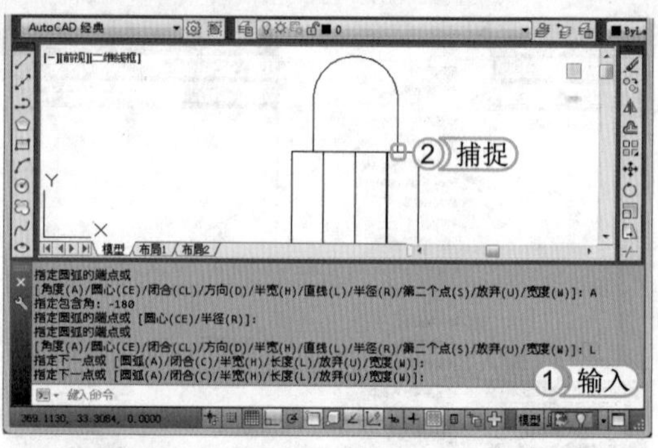

STEP 13：再次切换视图

完成设置后，选择【视图】/【三维视图】命令，在子菜单中选择“西南等轴测”命令，将其切换为西南等轴测视图。

STEP 14: 扫掠应用

1. 在命令行中输入 SWEEP 命令，按 Enter 键执行该命令。
2. 在编辑区中选择圆对象为扫掠对象，并按 Enter 键。
3. 选择螺旋线为扫掠路径，按 Enter 键，完成扫掠，并查看扫掠后的效果。

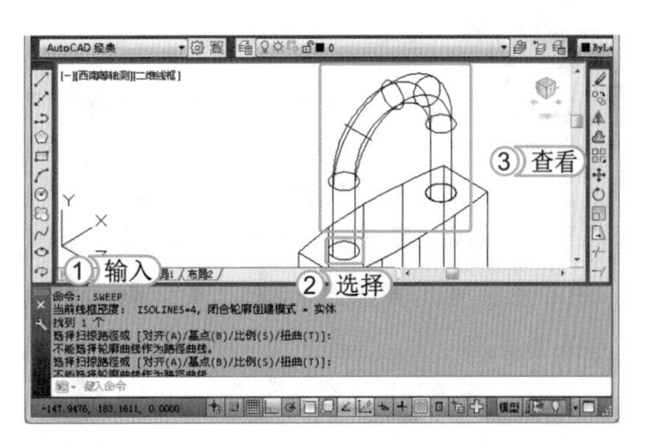

STEP 15: 绘制圆柱体

1. 切换为“三维建模”工作空间，选择【实体】/【图元】组，单击“圆柱体”按钮。
2. 捕捉圆心的中点，并单击鼠标左键，确定绘制圆柱的中心点。
3. 设置圆柱体的半径为“20”，按 Enter 键，执行该命令。
4. 拖动鼠标向下进行移动，当移动到适当位置后，再次单击鼠标左键，即可完成圆柱体的绘制，并查看完成后的效果。

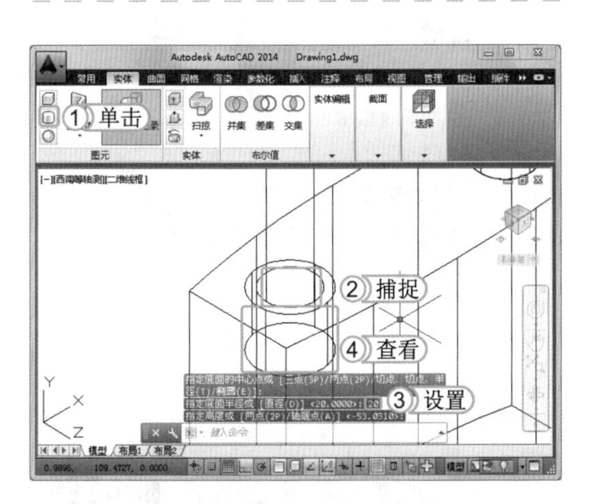

STEP 16: 旋转对象

1. 选择【常用】/【修改】组，单击“三维旋转”按钮。
2. 在绘图区中选择旋转对象，这里选择右侧锁柄，按 Enter 键。
3. 指定右边圆的圆心，并指定右边圆的中心垂线，输入角度值“90”，按 Enter 键，执行该命令，然后查看完成后的效果。

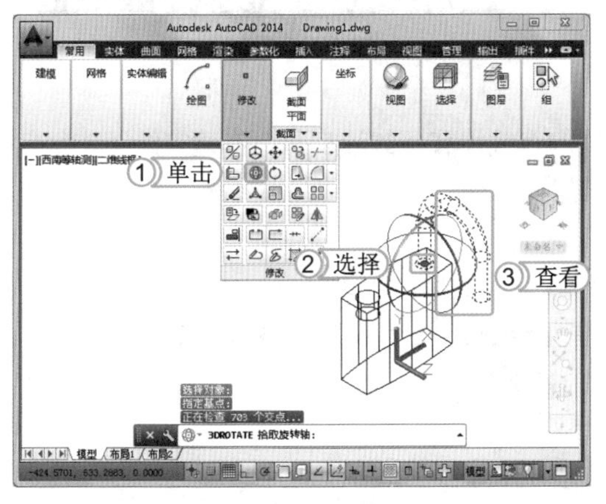

STEP 17: 差集命令

1. 选择【实体】/【布尔值】组，单击“差集”按钮。
2. 依次选择需要差集的对象，对其进行差集处理，并查看差集后的效果。

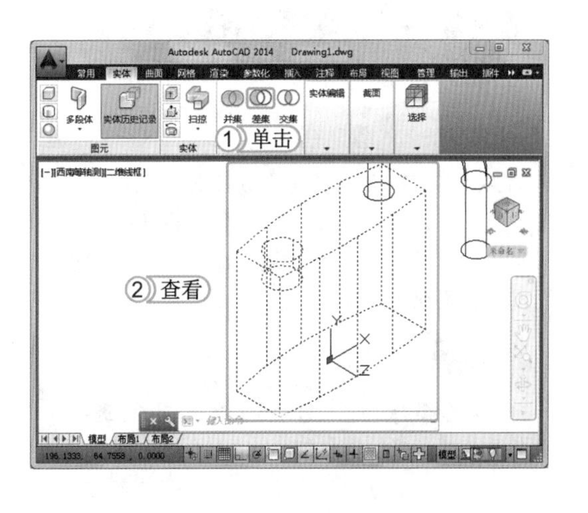

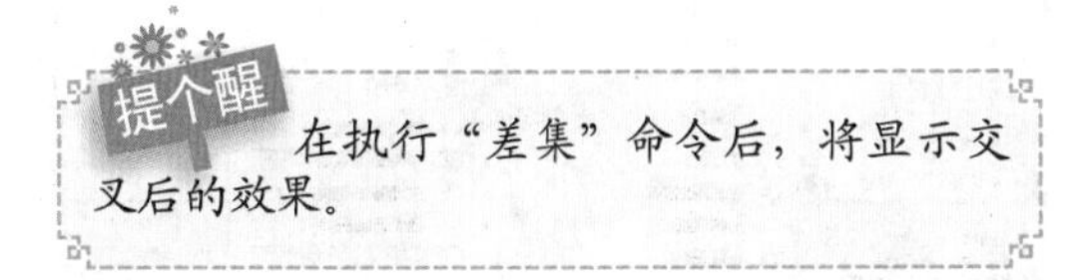

在执行“差集”命令后，将显示交叉后的效果。

STEP 18：查看效果

1. 选择【视图】/【视觉样式】组，单击“视觉样式”下拉按钮▾。
2. 在弹出的下拉列表中选择“真实”选项。
3. 返回绘图区，查看添加视觉样式后的效果。

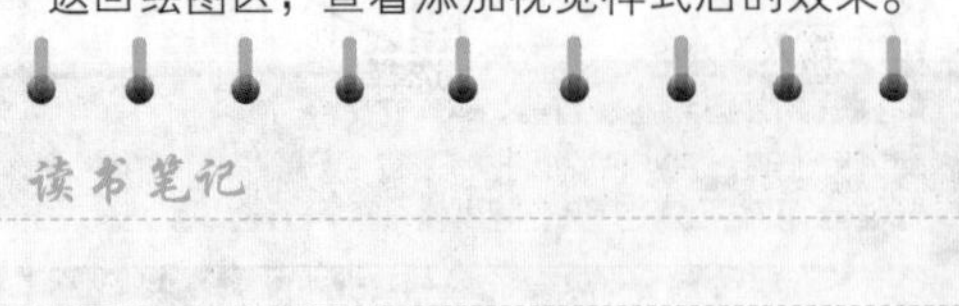

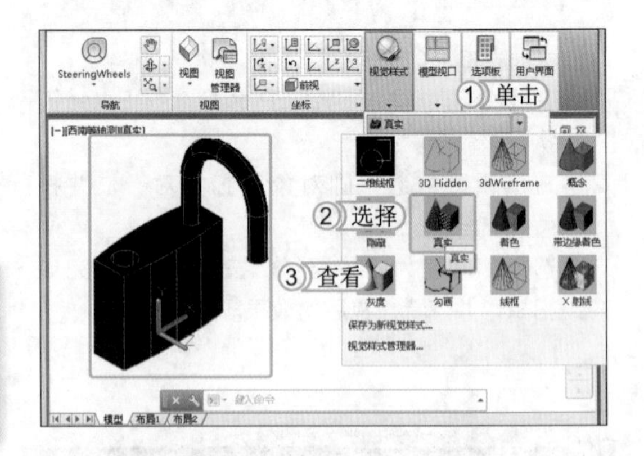

8.2 绘制三维实体模型

当认识了三维绘图的基础后，即可使用相应的方法绘制三维实体模型，在AutoCAD 2014中提供了长方体、球体、圆柱体和圆锥体等基本几何实体的命令，通过这些命令可绘制出简单的三维实体模型。

学习1小时

- 了解楔体和圆环体的绘制。
- 熟悉绘制三维实体模型的技巧。
- 掌握绘制多段体、螺旋体、长方体、球体、圆柱体和圆锥体的方法。

8.2.1 绘制多段体

“多段体”命令可以创建具有固定高度和宽度的直线段和曲线段实体，在建筑绘图中经常用来绘制墙体。调用“多段体”命令的方法主要有如下几种。

- 命令行：在命令行中执行POLYSOLID命令。
- 功能区：在“三维建模”空间中选择【常用】/【建模】组，单击“多段体”按钮。
- 菜单栏：在“AutoCAD经典”工作空间中选择【绘图】/【建模】/【多段体】命令。

下面将绘制高度为“2700”，宽度为“240”，长度分别为“3300”、“3600”、“3300”和“2700”的房间墙体。其具体操作如下：

光盘文件
效果\第8章\墙体.dwg
实例演示\第8章\绘制多段体

STEP 01：切换视图

启动AutoCAD 2014并将其切换为“三维建模”工作空间，选择【视图】/【三维视图】命令，在子菜单中选择“西南等轴测”命令，将其切换为西南等轴测视图。

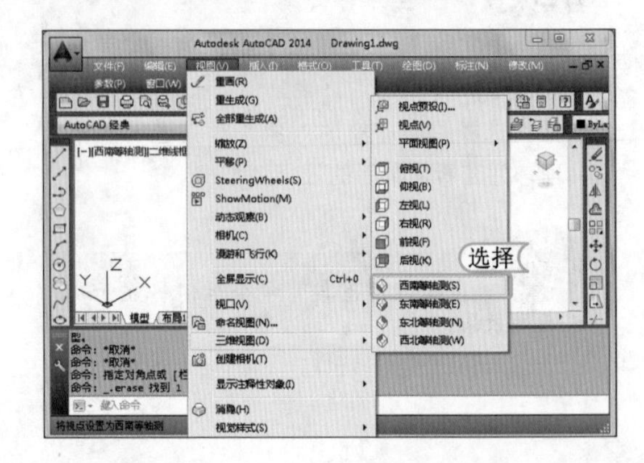

提个醒

在使用“多段体”命令绘制图形时，可以在命令行中输入O命令，选择“对象”选项，然后选择需要的图形对象将其转换为对象。

STEP 02：设置高度值

1. 在命令行中输入 POLYSOLID 命令，按 Enter 键，执行该命令。
2. 在命令行中输入“H”，选择“高度”选项，按 Enter 键，执行该命令。
3. 输入高度值“2700”。
4. 在命令行中输入“W”，选择“宽度”选项，按 Enter 键，执行该命令。

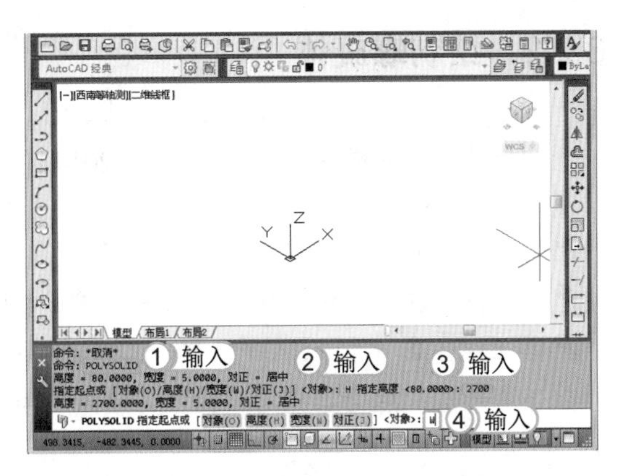

STEP 03：设置宽度值

1. 在命令行中输入宽度值“240”，按 Enter 键，执行该命令。
2. 在绘图区中指定一点作为起点，并指定下点的值为“3300”，按 Enter 键。
3. 拖动鼠标向左进行移动，并输入指定下一点的值为“3600”，按 Enter 键。

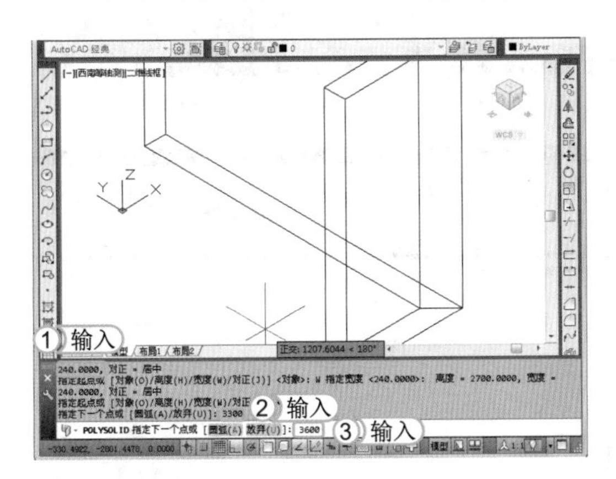

提个醒

拉伸多段线与多段体的不同之处在于，拉伸多段线在拉伸时会丢失所有宽度特性，而多段体会保留其直线段的宽度。

STEP 04：设置其他点值

1. 继续向左进行拖动，并在下方命令行中指定下一点值为“3300”，按 Enter 键。
2. 根据以上方法，确定下一点值为“2700”，按 Enter 键。

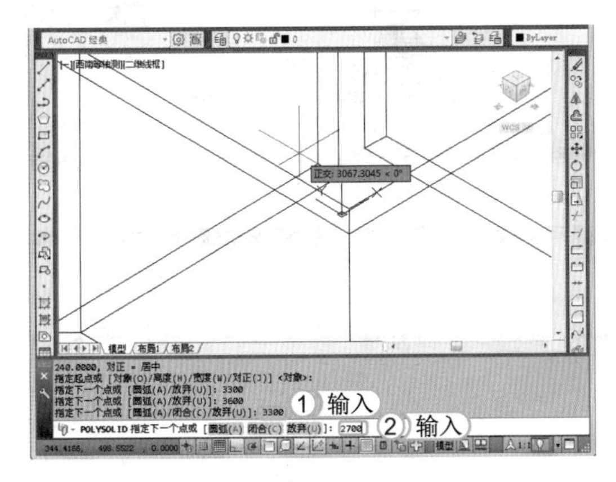

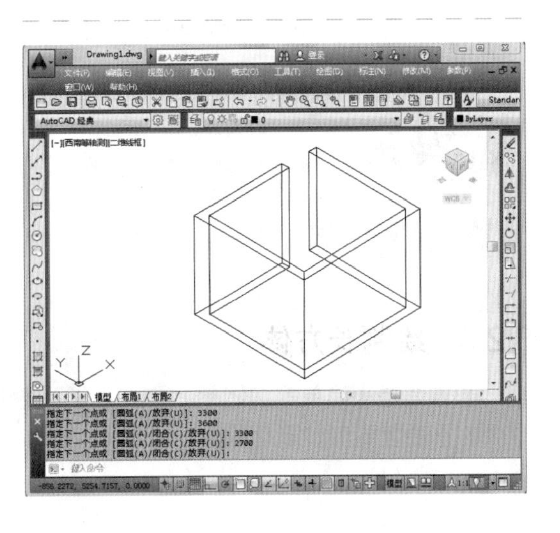

STEP 05：完成绘制

当指定点完成后，按 Enter 键，即可完成绘制，查看完成后的效果。

8.2.2 绘制螺旋体

螺旋体是一种相对特殊的基本三维实体，在日常生活中如果没有专门的绘制工具，要绘制一个螺旋体是很困难的。在 AutoCAD 2014 中提供了一个螺旋绘制功能，能快速完成螺旋体的绘制。调用“螺旋”命令的方法主要有如下几种。

- 命令行：在命令行中执行 HELIX 命令。
- 功能区：在“三维建模”空间中选择【常用】/【绘图】组，单击“螺旋”按钮。
- 菜单栏：在“AutoCAD 经典”工作空间中选择【绘图】/【螺旋】命令。

下面将绘制底面半径为“30”，顶面半径为“20”的螺旋体。其具体操作如下：

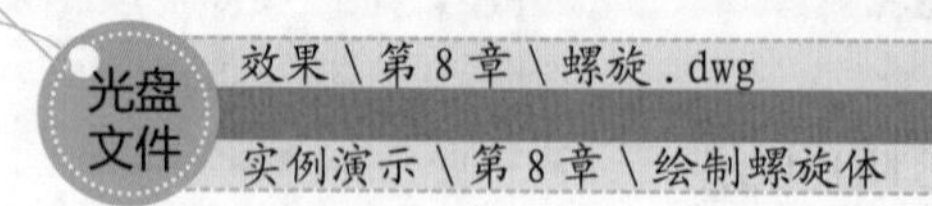

光盘文件

效果 \ 第 8 章 \ 螺旋 .dwg

实例演示 \ 第 8 章 \ 绘制螺旋体

STEP 01： 绘制螺旋底部

1. 在命令行中输入HELIX命令，按Enter键，执行该命令。
2. 在绘图区中指定一点，作为指定底面的中心点。
3. 在命令行中输入底面半径为“30”，按Enter键，执行该命令。

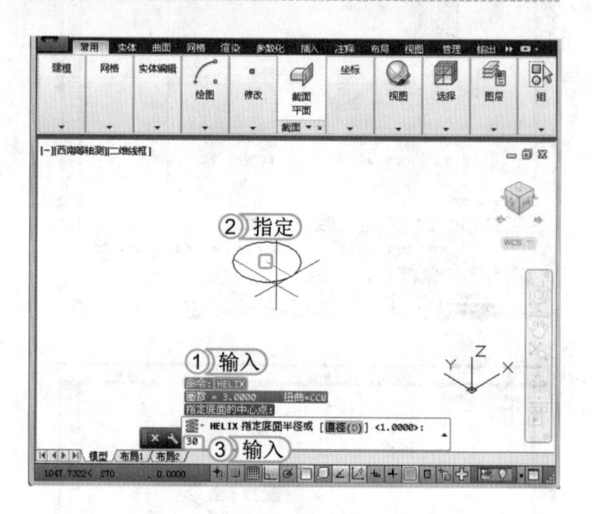

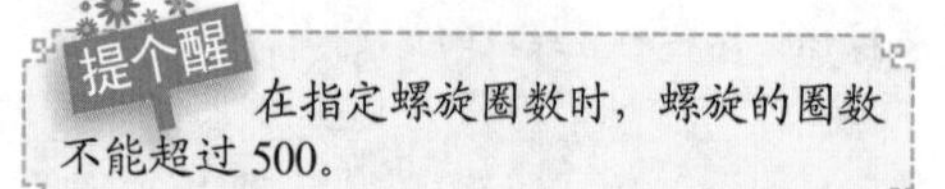

提个醒 在指定螺旋圈数时，螺旋的圈数不能超过 500。

STEP 02： 绘制顶面半径

1. 在命令行中输入顶面半径值为“20”，按Enter键，执行该命令。
2. 在命令行中输入“T”，或选择“圈数”选项，按Enter键，执行该命令。
3. 输入圈数值为“10”，按Enter键完成螺旋的绘制。

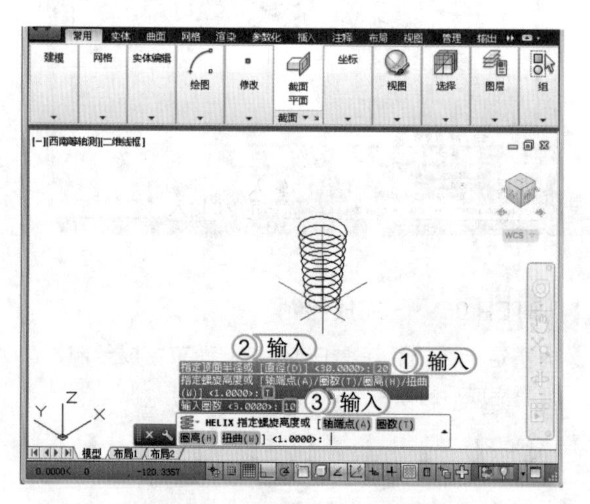

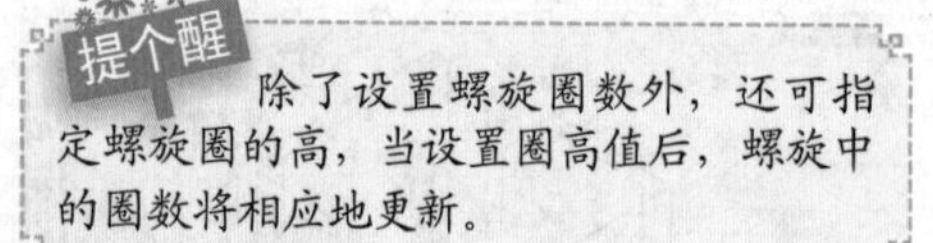

提个醒 除了设置螺旋圈数外，还可指定螺旋圈的高，当设置圈高值后，螺旋中的圈数将相应地更新。

8.2.3 绘制长方体

长方体是最简单的实体单元，该命令主要用于创建实心的长方体或立方体。调用“长方体”命令的方法主要有如下几种。

- 命令行：在命令行中执行 BOX 命令。
- 功能区：在“三维建模”空间中选择【常用】/【建模】组，单击“长方体”按钮。
- 菜单栏：在“AutoCAD 经典”工作空间中选择【绘图】/【建模】/【长方体】命令。

下面将以点（0,0,0）为起点，绘制一个长度为“300”，宽度为“400”，高度为“500”的长方体。其具体操作如下：

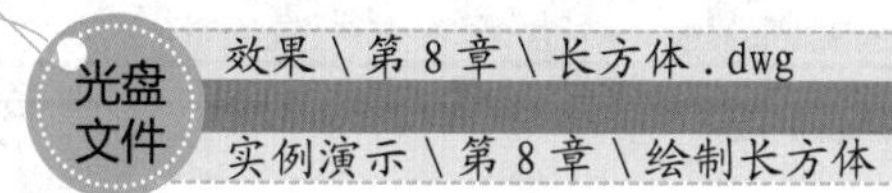

STEP 01：绘制长方体

1. 启动 AutoCAD 2014 并切换到“AutoCAD 经典”工作空间中，在命令行中输入 BOX 命令，按 Enter 键，执行该命令。
2. 在命令行中，输入第一个角点坐标为“0,0,0”按 Enter 键，执行该命令。
3. 在命令行中输入“L”，或选择“长度”选项，按 Enter 键，执行该命令。

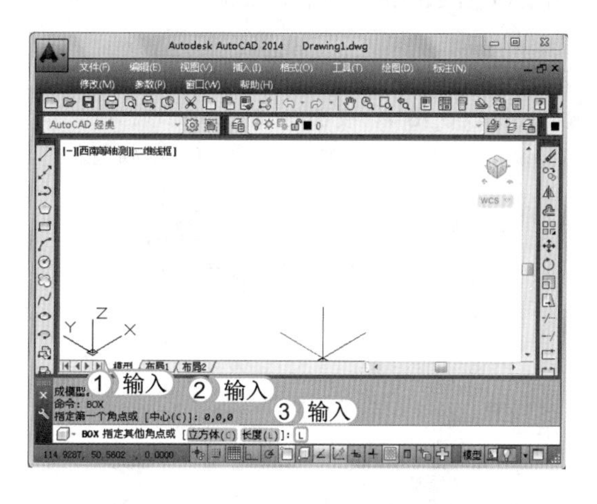

> **提个醒** 在创建长方体时，若选择“立方体”或“长度”选项，则还可在单击指定长度时，指定长方体在 XY 平面中的旋转角度，并且还可使用中心点创建长方体。

STEP 02：完成绘制

1. 在命令行中输入长度值为“300”，按 Enter 键，执行该命令。
2. 输入宽度值为“400”，按 Enter 键，执行该命令。
3. 输入高度值为“500”，按 Enter 键，执行该命令。
4. 在绘图区中查看完成后的效果。

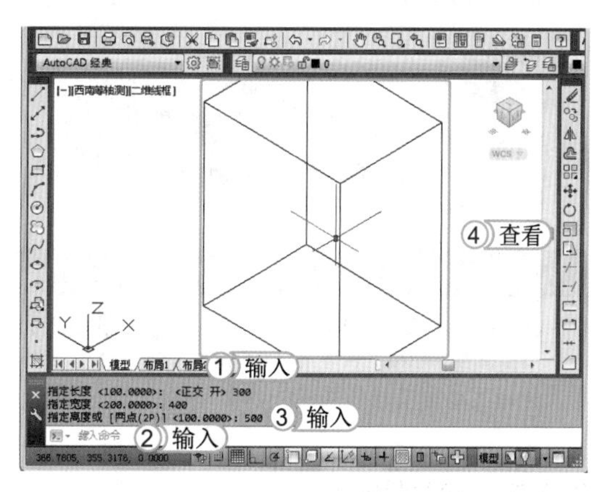

> **提个醒** 在出现指定旋转角度的提示信息时，用户还可输入需要进行旋转的角度，如 180°，系统将会以指定的角度进行旋转。

8.2.4 绘制圆柱体

圆柱体也是一种简单的实体单元，常用于绘制房屋的基柱、机械绘图中的螺孔和轴孔等实体。调用“圆柱体”命令的方法主要有如下几种。

- 命令行：在命令行中执行 CYLINDER 命令。
- 功能区：在“三维建模”空间中选择【常用】/【建模】组，单击“长方体”按钮下方的下拉按钮，在弹出的下拉列表中选择“圆柱体”选项。
- 菜单栏：在“AutoCAD 经典”工作空间中选择【绘图】/【建模】/【圆柱体】命令。

下面将以点（34,60,15）为起点，绘制出一个半径为“100”，高为“350”的圆柱体实体。其具体操作如下：

光盘文件
效果 \ 第 8 章 \ 圆柱体 .dwg
实例演示 \ 第 8 章 \ 绘制圆柱体

STEP 01： 设置圆柱体直径

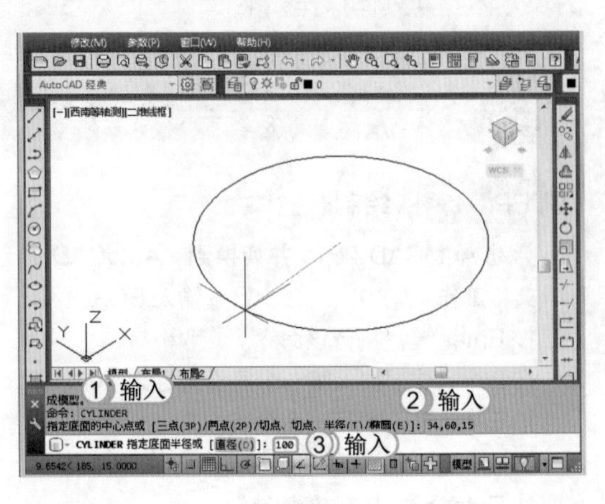

1. 启动 AutoCAD 2014 软件，在命令行中输入 CYLINDER 命令，按 Enter 键，执行该命令。
2. 在命令行中输入第一个角点坐标为“34,60,15”，按 Enter 键，执行该命令。
3. 输入半径值为“100”，按 Enter 键确认。

提个醒
在绘制圆柱体时，可先切换为适当的视图，再进行图形的绘制，使其更便于绘制与查看。

STEP 02： 完成绘制

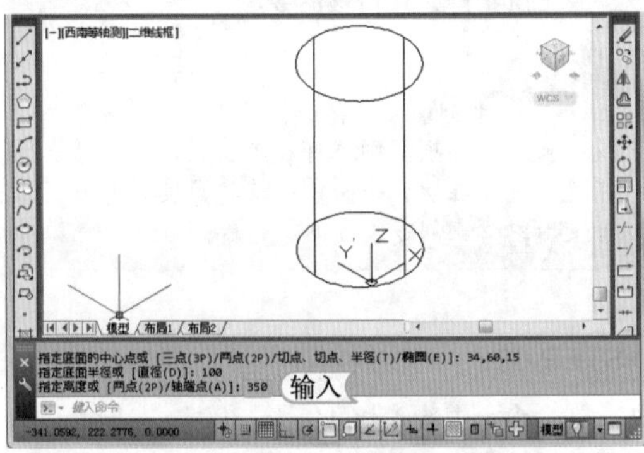

鼠标向上移动，输入圆柱体高度值为“350”，完成绘制。

提个醒
在使用“圆柱体”命令绘制图形时，除了可以绘制圆柱体外，在命令行中输入“E”，选择“椭圆”选项还可以绘制椭圆柱。

经验一箩筐——“圆柱体”命令行各选项的含义

三点(3P)：表示通过指定三个点来定义圆柱体的底面周长和底面；两点(2P)：表示通过指定两个点来定义圆柱体的底面周长和底面；切点、切点、半径(T)：表示通过定义具有指定半径，且与两个对象相切来确定圆柱体底面；椭圆（E）：表示通过指定圆柱体的底面为椭圆形状来确定椭圆柱。

8.2.5 绘制楔体

楔体也属于一种简单的实体单元，它实际上是一个三角形的实体模型；其常用于绘制木栓、机械绘图中的缺口。调用“楔体”命令的方法主要有如下几种。

- 命令行：在命令行中执行 WEDGE 命令。
- 功能区：在“三维建模”空间中选择【常用】/【建模】组，单击“长方体”按钮下方的下拉按钮，在弹出的下拉列表中选择“楔体”选项。
- 菜单栏：在“AutoCAD 经典”工作空间中选择【绘图】/【建模】/【楔体】命令。

下面将以点“30,20,10”为起点，绘制一个长度为“40”，宽度为“30”，高度为“20”的楔体。其具体操作如下：

光盘文件
效果 \ 第 8 章 \ 楔体 .dwg
实例演示 \ 第 8 章 \ 绘制楔体

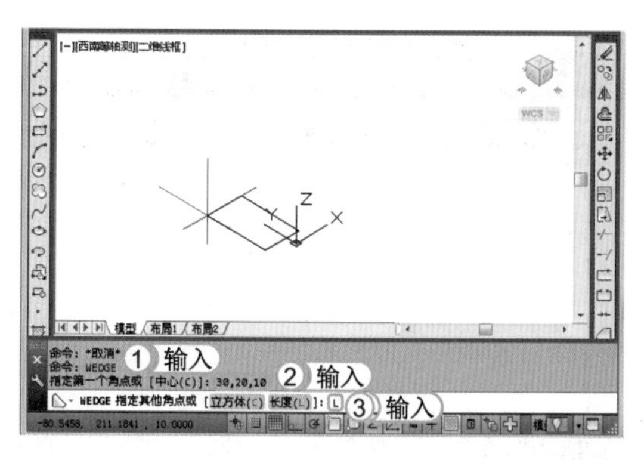

STEP 01： 设置楔体

1. 在命令行中输入 WEDGE 命令，按 Enter 键，执行该命令。
2. 在命令行中输入第一个角点坐标为“30,20,10”，按 Enter 键，执行该命令。
3. 在命令行中输入“L”，或是选择“长度”选项，按 Enter 键。

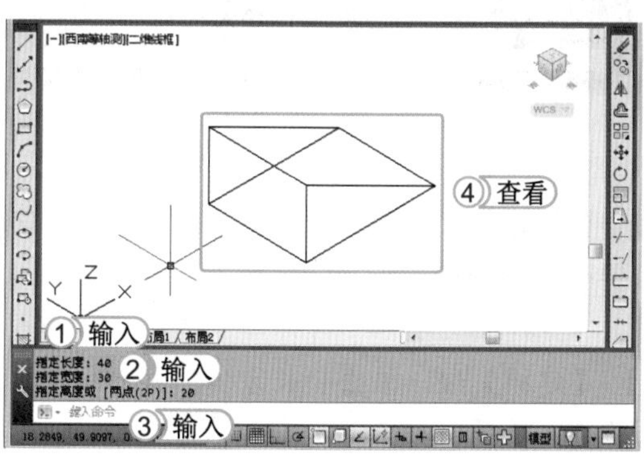

STEP 02： 完成绘制

1. 在命令行中输入指定长度值为“40”，按 Enter 键，执行该命令。
2. 输入指定宽度值为“30”，按 Enter 键，执行该命令。
3. 输入指定高度值为“20”，按 Enter 键，执行该命令。
4. 在绘图区中查看完成后的效果。

8.2.6 绘制棱锥体

棱锥体也属于一种简单的实体单元，它与楔体一样是一个三角形的实体模型，调用“棱锥体”命令的方法主要有如下几种。

- 命令行：在命令行中执行 PYRAMID 命令。
- 功能区：在“三维建模”空间中选择【常用】/【建模】组，单击“棱锥体”按钮。
- 菜单栏：在“AutoCAD 经典”工作空间中选择【绘图】/【建模】/【棱锥体】命令。

下面将通过以上任意一种方法绘制棱锥体。其具体操作如下：

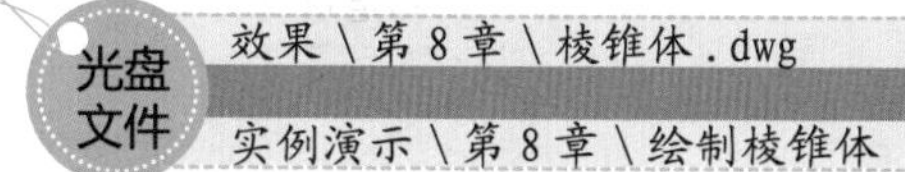

STEP 01： 设置棱锥体

1. 启动 AutoCAD 2014 软件，在命令行中输入 PYRAMID 命令，按 Enter 键，执行该命令。
2. 在命令行中输入“E”，选择“边”选项，按 Enter 键，执行该命令。
3. 在绘图区中指定第一个端点和第二个端点，完成棱锥体底部的设置。

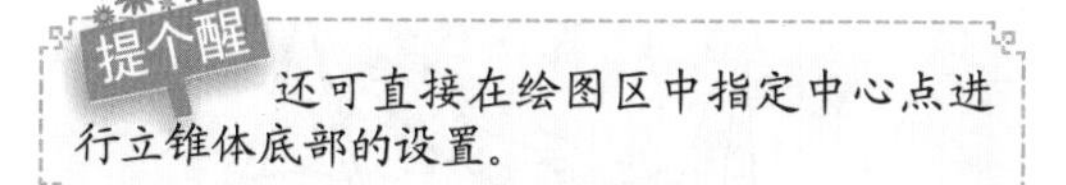

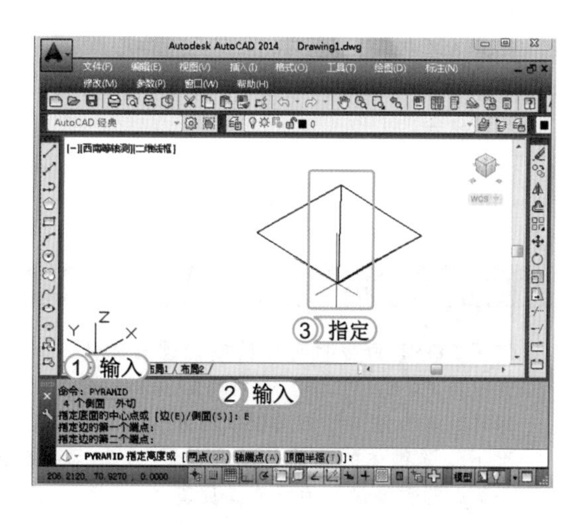

STEP 02： 完成绘制

1. 在命令行中输入“A”，选择“轴端点”选项，按 Enter 键执行该命令。
2. 拖动鼠标，向右进行移动，当移动到适当位置后，单击鼠标左键，完成棱锥体的绘制。

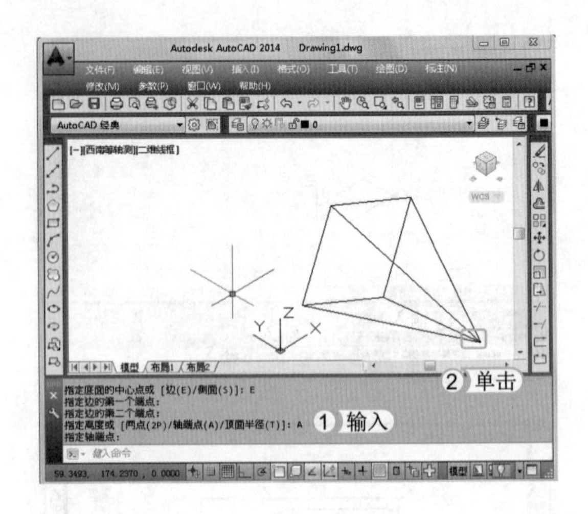

提个醒 轴端点指通过轴端点的方式指定棱锥体的高度和倾向，指定点为棱锥顶点。由于顶点与底面中心点连线为棱锥高度，垂直于底面，所以底面随指定的轴端点位置而不停变动。

8.2.7 绘制圆锥体

圆锥体也属于一种简单的实体单元，常用于绘制锥形零件和带锥形的装饰品，在绘制建筑模型时也经常用到。调用“圆锥体”命令的方法主要有如下几种。

- 命令行：在命令行中执行 CONE 命令。
- 功能区：在“三维建模”空间中选择【常用】/【建模】组，单击“长方体”按钮下方的下拉按钮，在弹出的下拉列表中选择“圆锥体”选项。
- 菜单栏：在“AutoCAD 经典”工作空间中选择【绘图】/【建模】/【圆锥体】命令。

绘制圆锥体的方法与绘制圆柱体相似，需要先指定底面中心点，并确定底面半径及高度，而且使用“圆锥体”命令还可以绘制上下半径不相同的圆锥台。

下面将利用“圆锥体”命令绘制出底面半径为“70”，顶面半径为“20”，高度为“60”的圆锥台实体。其具体操作如下：

光盘文件
效果 \ 第 8 章 \ 圆锥体 . dwg
实例演示 \ 第 8 章 \ 绘制圆锥体

STEP 01： 设置棱锥体

1. 在命令行中输入 CONE 命令，按 Enter 键，执行该命令。
2. 在绘图区中单击鼠标左键指定底面中心点。
3. 输入底面半径值为“70”，按 Enter 键，执行该命令。

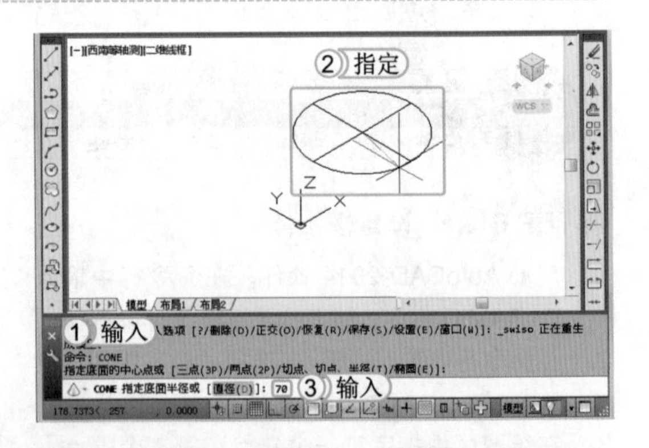

经验一箩筐——绘制椭圆圆锥体

使用 CONE 命令也可以绘制椭圆圆锥体，只需要在执行 CONE 后，输入“E”，选择“椭圆”选项即可。其方法与绘制圆锥体的方法相同。在默认情况下，圆锥体的底面位于当前 UCS 坐标系的 XY 平面，圆锥高度可为正值或负值，且平行于 Z 轴。

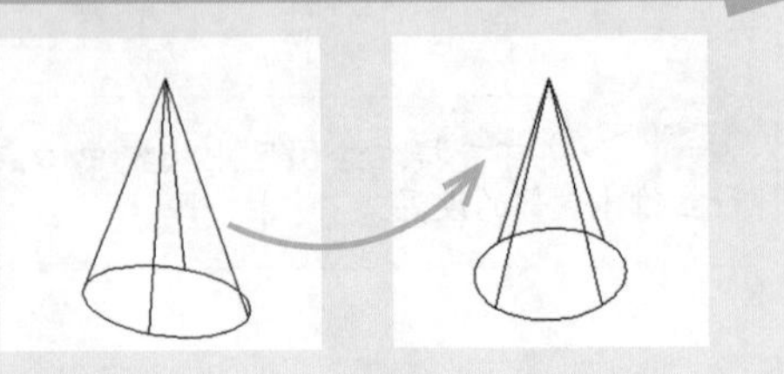

STEP 02： 完成绘制

1. 在命令行中输入“T”，选择“顶面半径”选项，按 Enter 键。
2. 输入顶面半径值为“20”，按 Enter 键，执行该命令。
3. 输入高度值为“60”，按Enter键，执行该命令，完成绘制。

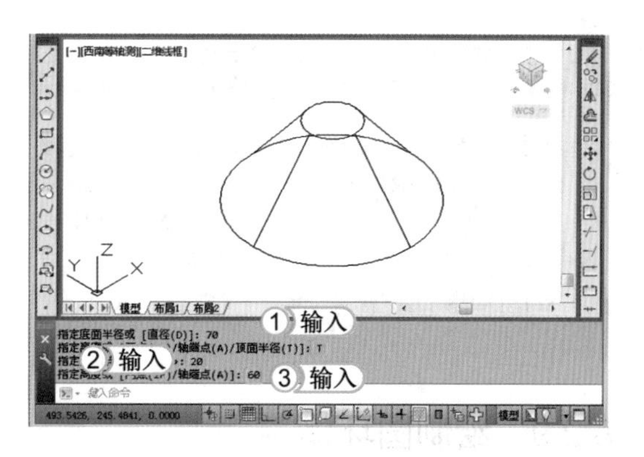

8.2.8 绘制球体

球体也属于一种简单的实体单元，其在机械制图中常用于绘制轴承的钢珠。在建筑制图中也常用于门的球形把手、球体建筑和装饰物等模型，调用“球体”命令的方法主要有如下几种。

- 命令行：在命令行中执行 SPHERE 命令。
- 功能区：在“三维建模”空间中选择【常用】/【建模】组，单击“长方体”按钮下方的下拉按钮，在弹出的下拉列表中选择“球体”选项。
- 菜单栏：在“AutoCAD 经典”工作空间中选择【绘图】/【建模】/【球体】命令。

下面将使用以上方法绘制出半径为“100”的球体。其具体操作如下：

光盘文件 效果 \ 第 8 章 \ 球体 .dwg
实例演示 \ 第 8 章 \ 绘制球体

STEP 01： 指定球体中心点

1. 启动 AutoCAD 2014 软件，在命令行中输入 SPHERE 命令，按 Enter 键，执行该命令。
2. 在绘图区中单击鼠标左键指定球体中心点。
3. 输入球体半径值为“100”，按 Enter 键执行该命令。

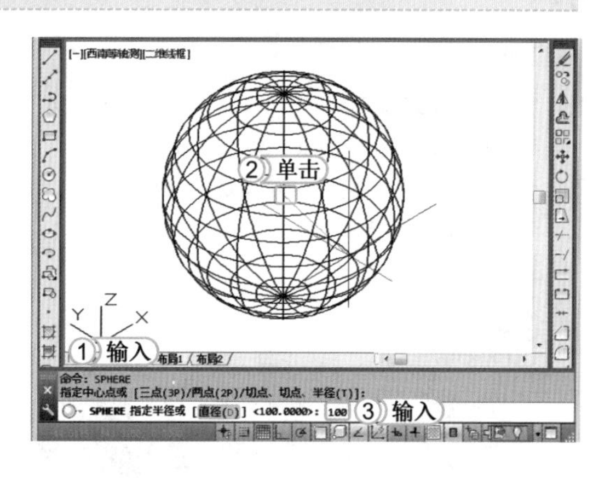

STEP 02： 查看完成后的效果

返回绘图区中查看完成后的球体效果。

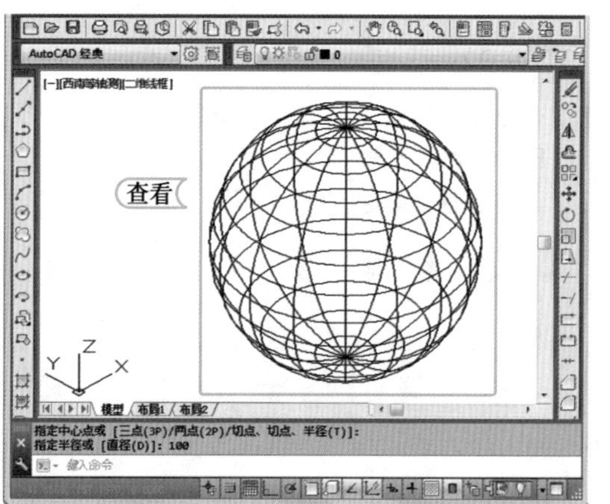

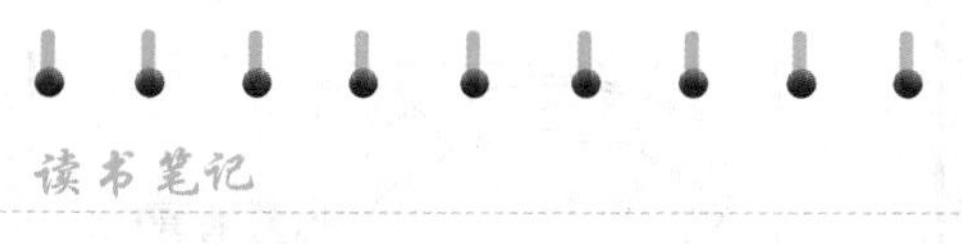

读书笔记

经验一箩筐——设置线条密度

由于受系统变量 ISOLINES 值的影响，通过执行 SPHERE 命令绘制出的实体看起来并不光滑。可以通过设置球体线条的密度值来控制当前球体的光滑度。在命令行中执行 ISOLINES 命令就可以控制当前密度。

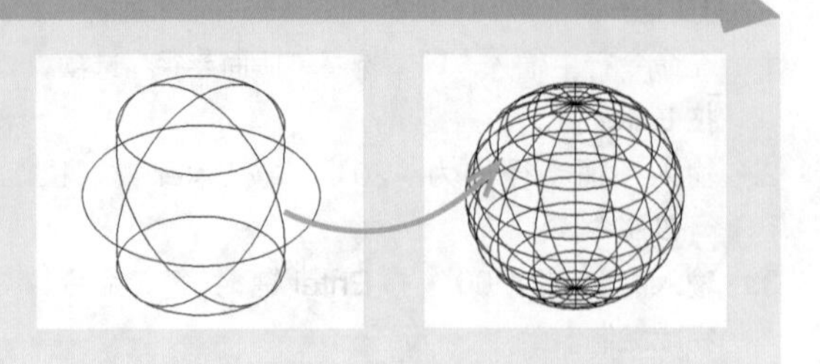

8.2.9 绘制圆环体

圆环体也属于一种简单的实体单元，常用于绘制铁环、钢管和环形装饰品等模型。圆环的大小被称为圆管，调用“圆环体”命令的方法主要有如下几种。

- 命令行：在命令行中执行 TORUS（TOR）命令。
- 功能区：在“三维建模”空间中选择【常用】/【建模】组，单击“长方体”按钮下方的下拉按钮，在弹出的下拉列表中选择“圆环体”选项。
- 菜单栏：在“AutoCAD 经典”工作空间中选择【绘图】/【建模】/【圆环体】命令。

下面将使用以上方法，利用“圆环体”命令绘制半径为“100”，圆管半径为“20”的圆环体。其具体操作如下：

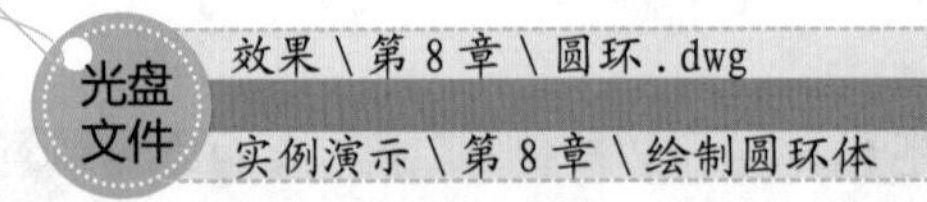

效果 \ 第 8 章 \ 圆环 .dwg

实例演示 \ 第 8 章 \ 绘制圆环体

STEP 01：确定圆环大小

1. 启动 AutoCAD 2014 软件，在命令行中输入 TORUS 命令，按 Enter 键，执行该命令。
2. 在绘图区中单击鼠标左键指定中心点。
3. 输入半径值为“100”，按 Enter 键，执行该命令。

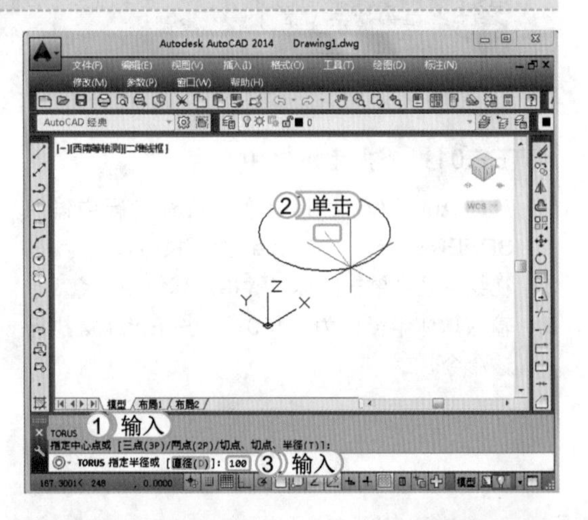

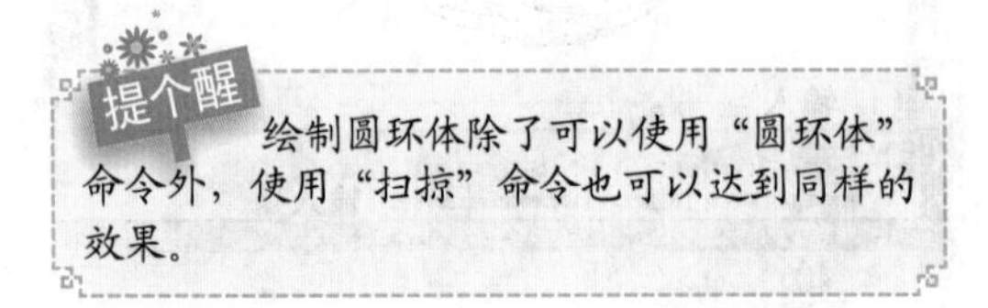

提个醒

绘制圆环体除了可以使用“圆环体”命令外，使用“扫掠”命令也可以达到同样的效果。

STEP 02：完成绘制

1. 在命令行中输入圆管半径值为“20”，并按 Enter 键执行该命令。
2. 返回绘图区查看绘制后的圆环效果。

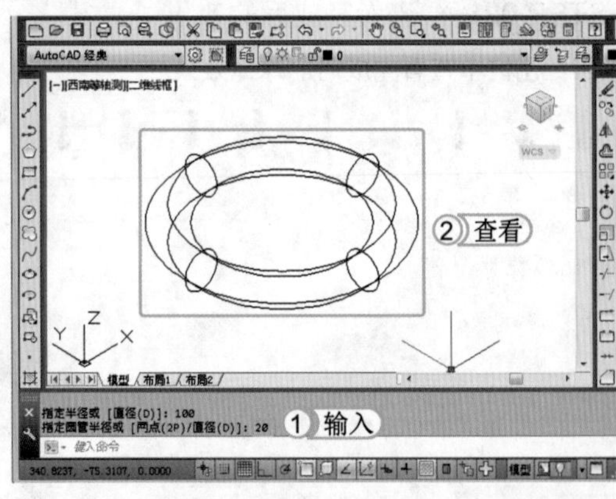

经验一箩筐——圆环半径与圆管半径的设置

圆环体半径是指从圆环中心到圆环最外边的距离，圆管半径是指从圆管的中心到其最外边的距离。在设置圆环半径和圆管半径时，一定要保证圆管半径的值必须小于圆环半径值的50%，否则将会因为数据无效而无法创建出圆环体。

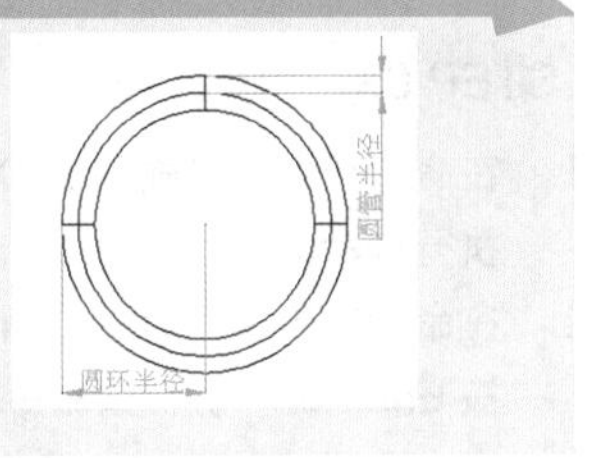

上机1小时 绘制叉拨架

光盘文件
效果\第8章\叉拨架.dwg
实例演示\第8章\绘制叉拨架

- 掌握长方体和圆柱体等的使用方法。
- 灵活构思绘制图形的基本方法。

本例首先将绘制长方体，从而完成架体的绘制，然后在架体的不同位置绘制圆柱体，最后使用差集完成孔的应用。编辑前后的效果如下图所示。

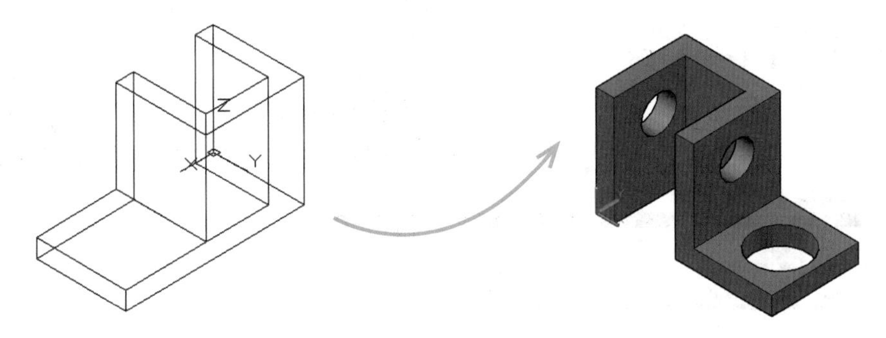

STEP 01：绘制架体

1. 启动 AutoCAD 2014，切换为“AutoCAD 经典”工作空间。在命令行中输入 BOX 命令，按 Enter 键，执行该命令。
2. 在命令行中输入第一个角点坐标为“0.5, 2.5,0”，按 Enter 键，执行该命令。
3. 在命令行中，输入第二个角点坐标为“0,0,3”，按 Enter 键，执行该命令。

①输入 ②输入 ③输入

STEP 02：切换为东北等轴测视图

选择【视图】/【三维视图】命令，在弹出的子菜单中选择“东北等轴测”命令，将其切换为东北等轴测视图。

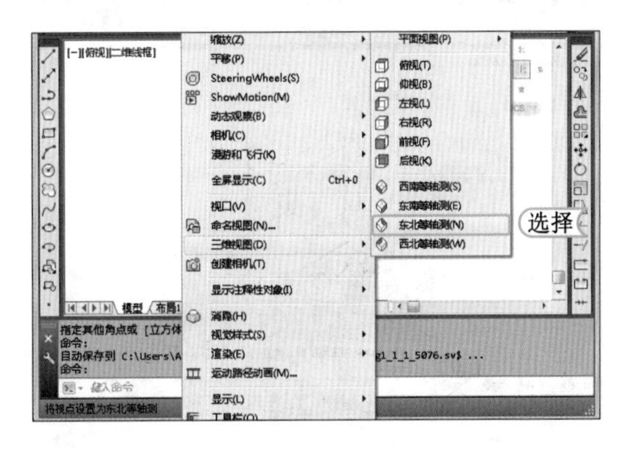

提个醒 东北等轴测视图主要用于更好地查看绘制后的效果，当绘制完成后，将以立面的方式显示。

STEP 03: 绘制架体

1. 在命令行中再次输入BOX命令，按Enter键，执行该命令。
2. 在命令行中输入第一个角点坐标为“0,2.5,0”按Enter键，执行该命令。
3. 在命令行中输入第二个角点坐标为“@2.72,-0.5,3”，按Enter键，执行该命令。

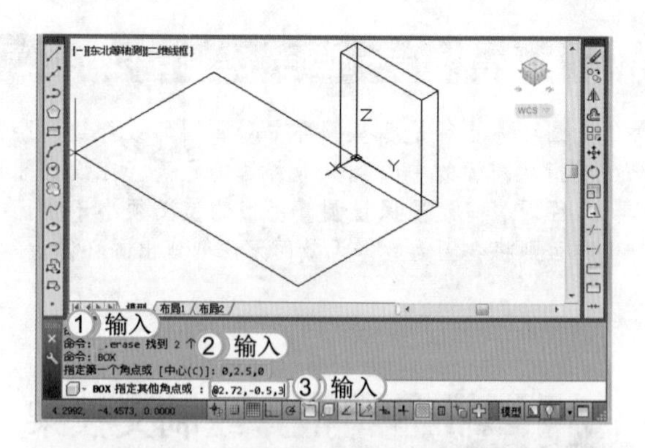

STEP 04: 绘制其他架体

根据以上绘制长方体的方法，分别在“2.72,2.5,0”、“@-0.5,-2.5,3”、“2.22,0,0”和“@2.75,2.5,0,5”坐标点上绘制出其他部分的长方体，查看完成后的效果。

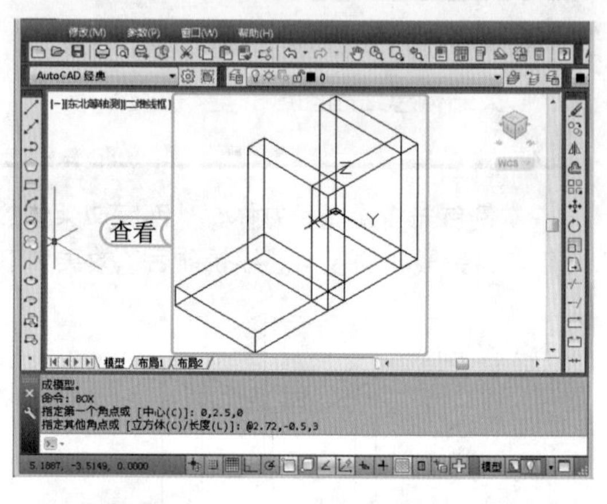

提个醒 在绘制时，若是绘制的架体过大，可通过选择【视图】/【缩放】/【全部】命令，对全部图形进行缩放。

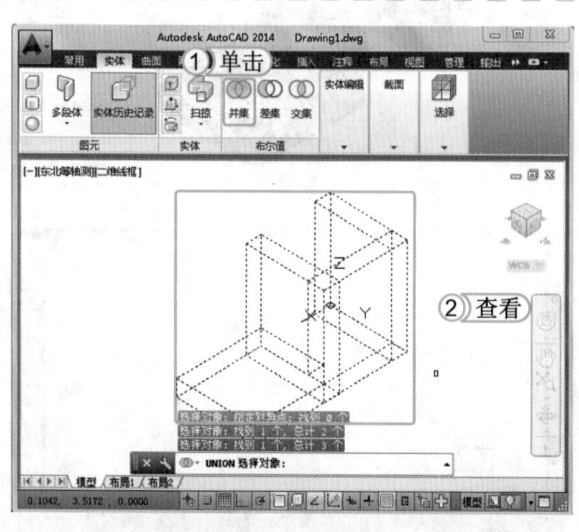

STEP 05: 并集处理

1. 将其切换为“三维建模”工作空间，选择【实体】/【布尔值】组，单击“并集”按钮。
2. 依次选择需要并集的对象，对其进行并集处理，查看并集后的效果。

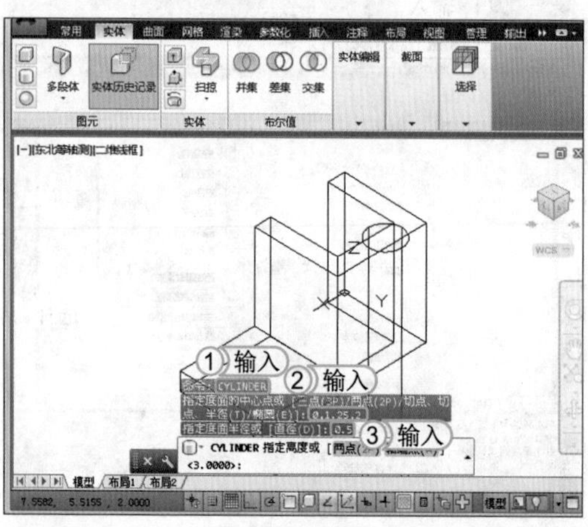

STEP 06: 绘制横向孔

1. 在命令行中输入CYLINDER命令，按Enter键，执行该命令。
2. 在命令行中输入第一个角点坐标为“0,1.25,2”，按Enter键，执行该命令。
3. 输入半径值为“0.5”，按Enter键，执行该命令。

STEP 07： 完成横向的绘制

1. 在命令行中输入“A”，选择“轴端点”选项，按 Enter 键。
2. 输入第二个角点坐标为“0.5,1.25,2”，按 Enter 键，执行该命令。

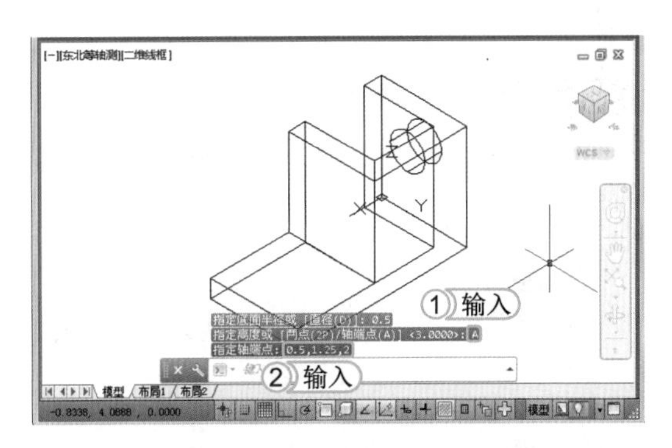

STEP 08： 其他横向绘制

根据以上绘制圆柱的方法，分别输入第一个角点坐标为“2.22,1.25,2”，设置半径为“0.5”，指定另一个角点坐标为“2.72,1.25,2”，查看完成后的效果。

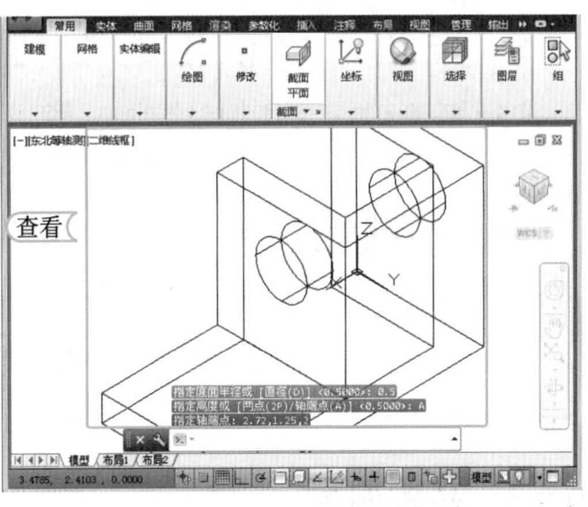

提个醒 在绘制相同圆柱时，还可通过输入 COPY 命令，对其进行复制操作，以提高绘图效率。

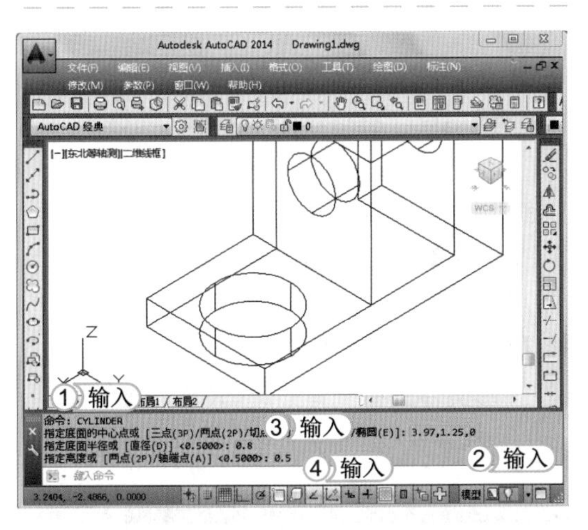

STEP 09： 绘制竖向孔

1. 切换为“AutoCAD 经典”工作空间，在命令行中输入 CYLINDER 命令，按 Enter 键，执行该命令。
2. 在命令行中输入第一个角点坐标为“3.97,1.25,0”，按 Enter 键，执行该命令。
3. 输入半径值为“0.8”，按Enter键，执行该命令。
4. 输入高度值为“0.5”，按Enter键，执行该命令。

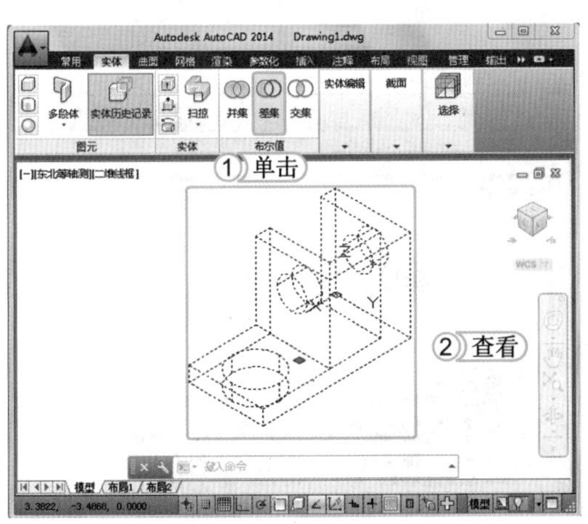

STEP 10： 差集处理

1. 将其切换为“三维建模”工作空间，选择【实体】/【布尔值】组，单击“差集”按钮。
2. 依次选择需要差集的对象，对其进行差集处理，并查看差集后的效果。

提个醒 可进行路径扫掠的对象有直线、圆、圆弧、椭圆、椭圆弧、二维样条曲线、三维多段线、二维多段线、螺旋及实体和曲面的边等。

STEP 11： 查看完成后的效果

切换为东北等轴测视图，并以“灰度”作为显示添加颜色。

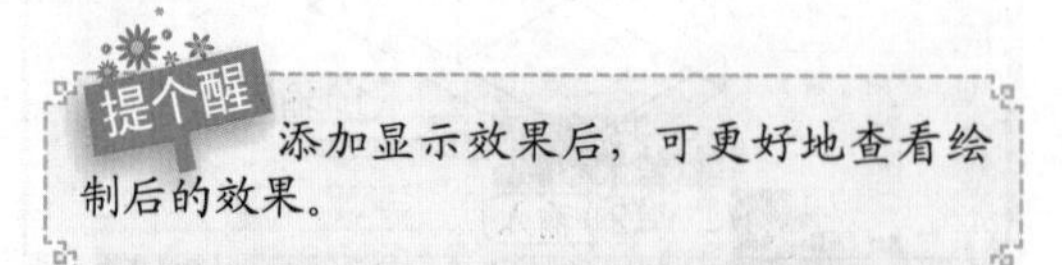

提个醒 添加显示效果后，可更好地查看绘制后的效果。

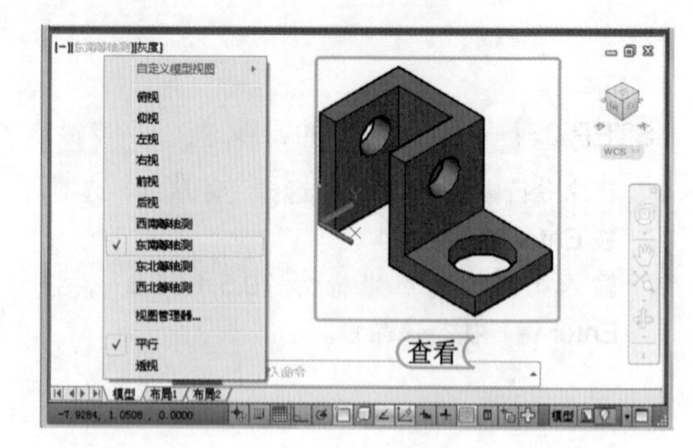

8.3 完善三维模型的绘制

当了解了三维实体模型的绘制方法后，还可使用“倒角”、“圆角”和“网格”等命令完善三维模型的绘制，下面将分别对其进行介绍。

学习 1 小时

- 了解倒角的使用方法。
- 熟悉“圆角”命令的使用方法。
- 掌握平面曲面、三维面和网格的使用方法。

8.3.1 绘制倒角

在三维模型中，绘制的“倒角”命令与二维绘制中的“倒角”命令相同，但是在执行时却略有差别。在三维模型中“倒角”命令常用于调整模型的角度、机械绘图中的螺孔实体等。调用“倒角”命令的方法主要有如下几种。

- 命令行：在命令行中执行 CHAMFER（CHA）命令。
- 功能区：在“三维建模”空间中选择【常用】/【修改】组，单击“圆角”按钮下方的下拉按钮，在弹出的下拉列表中选择“倒角”选项。
- 菜单栏：在“AutoCAD 经典”工作空间中选择【修改】/【倒角】命令。

下面将使用以上方法，利用命令对“四边形.dwg”图形文件进行倒角处理。其具体操作如下:

光盘文件
素材 \ 第 8 章 \ 四边形 . dwg
效果 \ 第 8 章 \ 倒角四边形 . dwg
实例演示 \ 第 8 章 \ 绘制倒角

STEP 01： 倒角

1. 打开“四边形.dwg”图形文件，切换为“AutoCAD 经典”工作空间，在命令行中输入CHAMFER命令，按Enter键，执行该命令。
2. 在绘图区中选择需倒角的面。
3. 在命令行中输入“OK”，选择“当前”选项，按Enter键，执行该命令。
4. 在命令行中输入倒角值为“40”，按Enter键，确认倒角距离。

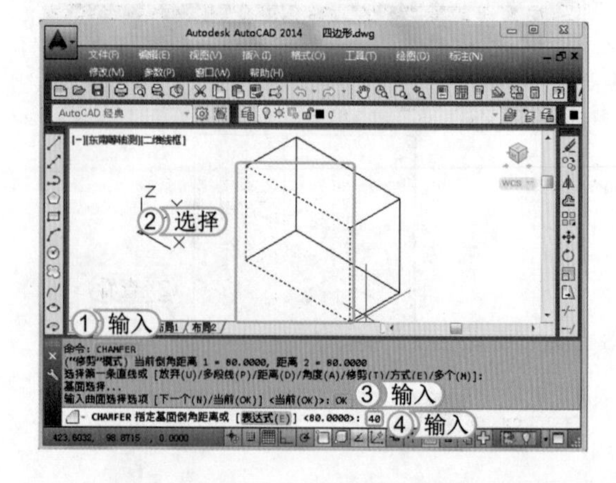

STEP 02: 选择倒角边

按 Enter 键，默认其倒角值。在绘图区中分别选择需要倒角的两条对应的边，按 Enter 键。

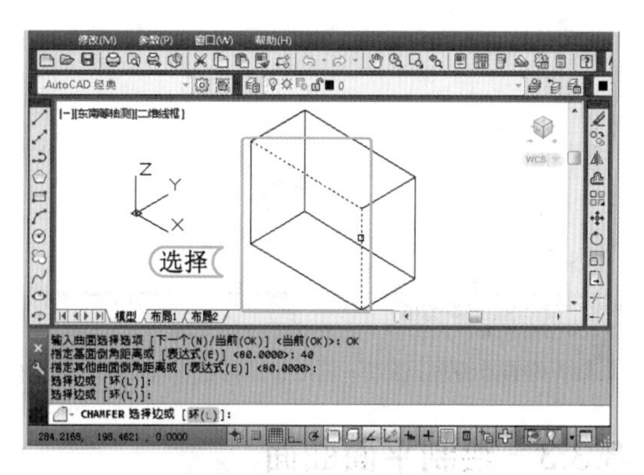

"选择边"主要用于确定需要进行倒角的边，此项为系统的默认选项。当选择基面的某一边后，将确定倒角方向。

STEP 03: 查看倒角效果

返回绘图区，可查看到图形已进行倒角。

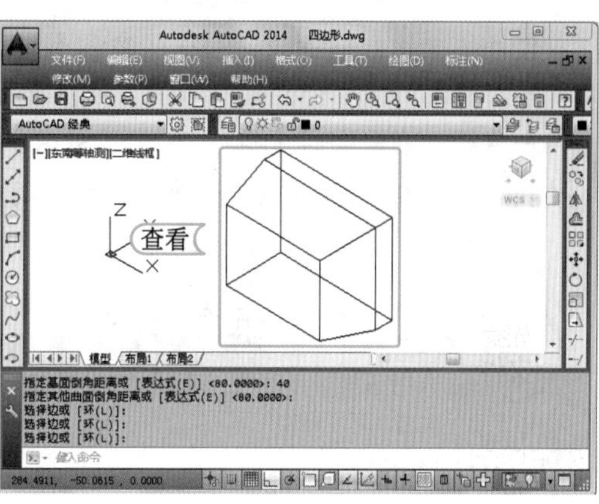

读书笔记

8.3.2 绘制圆角

在三维模型中，绘制的"圆角"命令与二维绘制中的"圆角"命令相同，但是在执行时却略有差别，调用"倒角"命令的方法主要有如下几种。

- 命令行：在命令行中执行 FILLET（F）命令。
- 功能区：在"三维建模"空间中选择【常用】/【修改】组，单击"圆角"按钮□。
- 菜单栏：在"AutoCAD 经典"工作空间中选择【修改】/【圆角】命令。

下面将使用以上方法，利用命令对"三维图形 .dwg"图形文件进行圆角处理，其具体操作如下：

光盘文件
素材 \ 第 8 章 \ 三维图形 .dwg
效果 \ 第 8 章 \ 三维图形 .dwg
实例演示 \ 第 8 章 \ 绘制圆角

STEP 01: "圆角"命令

1. 打开"三维图形 .dwg"图形文件，切换为"AutoCAD 经典"工作空间，在命令行中输入 FILLET 命令，按 Enter 键，执行该命令。
2. 在绘图区中选择需进行圆角处理的线。
3. 在命令行中输入圆角的半径值"30"，按 Enter 键，执行该命令。

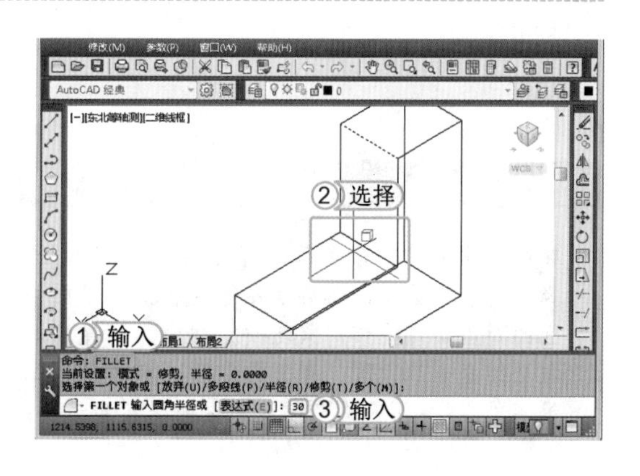

STEP 02：查看圆角后的效果

在绘图区中选择第二条需进行圆角处理的线，按Enter键，完成圆角的操作。

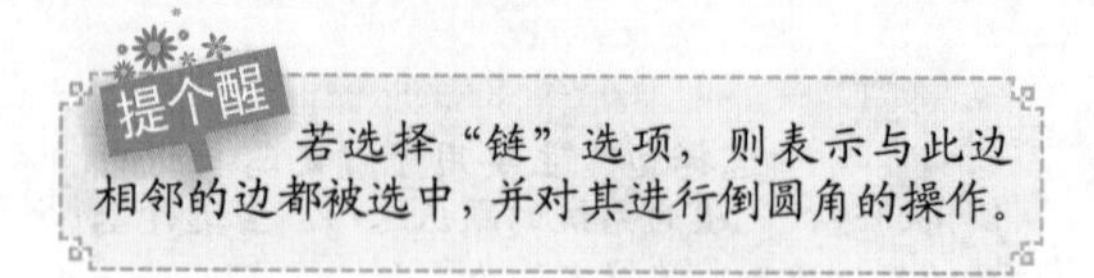

提个醒

若选择“链”选项，则表示与此边相邻的边都被选中，并对其进行倒圆角的操作。

8.3.3 绘制平面曲面

使用平面曲面命令与“圆角”命令不同，是用于创建一个平面曲面，或将已有的对象转换为平面对象，调用平面曲面命令的方法主要有如下两种。

- 命令行：在命令行中执行 PLANESURF 命令。
- 菜单栏：在“AutoCAD 经典”工作空间中选择【绘图】/【建模】/【曲面】/【平面】命令。

下面将使用平面曲面命令绘制出平面对角线长度为“100”的平面曲面。其具体操作如下：

光盘文件

效果\第 8 章\平面曲面 .dwg

实例演示\第 8 章\绘制平面曲面

STEP 01：指定第一个角点

1. 启动 AutoCAD 2014 软件，在命令行中输入 PLANESURF 命令，按 Enter 键，执行该命令。
2. 在绘图区中任意位置处单击鼠标，指定第一个角点。

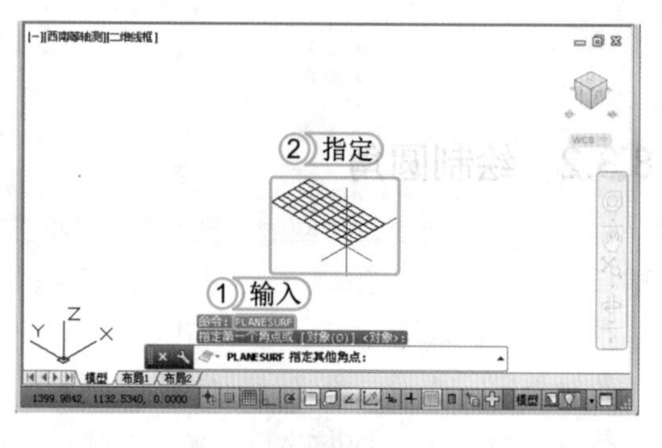

提个醒

在执行平面曲面命令时，不能输入绘制曲面的长度和宽度值，将对象转换为平面曲面时，选择的对象必须是由一条或几条曲线连接成的封闭对象。

STEP 02：完成绘制

在命令行中输入“100”，按 Enter 键，执行该命令，完成绘制。

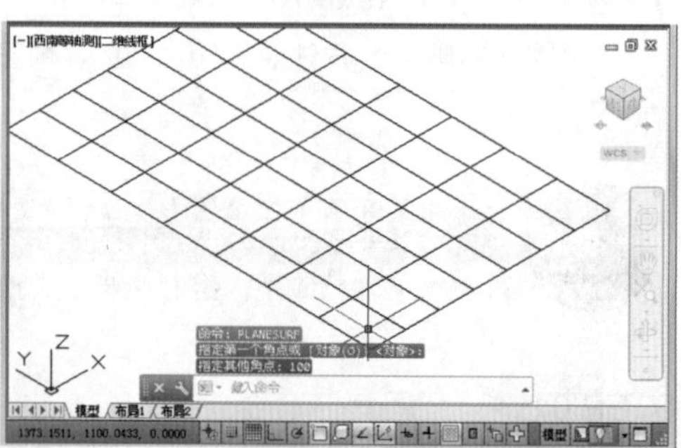

经验一箩筐——将对象转换为曲面

在执行平面曲面命令后，直接输入“O”，选择“对象”选项，然后选择需要转换为平面曲面的对象即可将该对象转换为曲面。选择的对象必须是直线、圆、圆弧、椭圆、椭圆弧、二维多段线、平面三维多段线和平面样条曲线等。

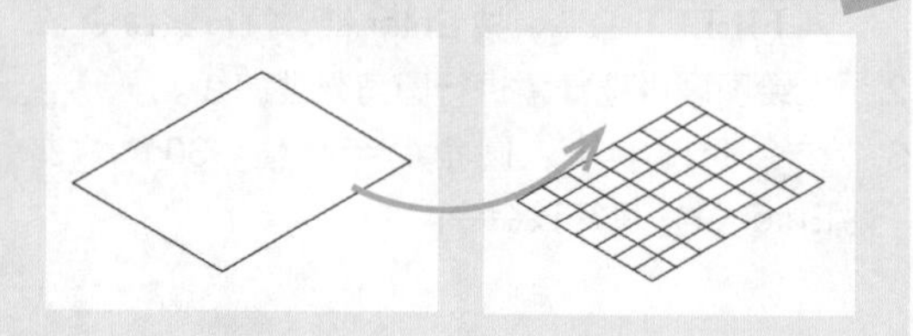

8.3.4 绘制三维面

三维面没有厚度，也没有质量属性，属于三维空间的表面。使用“三维面”命令创建每个面的各顶点都可不在一个水平上，但构成各个面的顶点最多不能超过 4 个。调用“三维面”命令的方法主要有如下两种。

- 命令行：在命令行中执行 3DFACE 命令。
- 菜单栏：在“AutoCAD 经典”工作空间中选择【绘图】/【建模】/【网格】/【三维面】命令。

常用的绘制三维面的方法为：根据以上任意一种方法，并执行该命令后，在绘图区中单击鼠标指定第一点。依次在绘图区中指定三维面的第二点、第三点和第四点的位置，并按 Esc 键退出命令并完成创建。

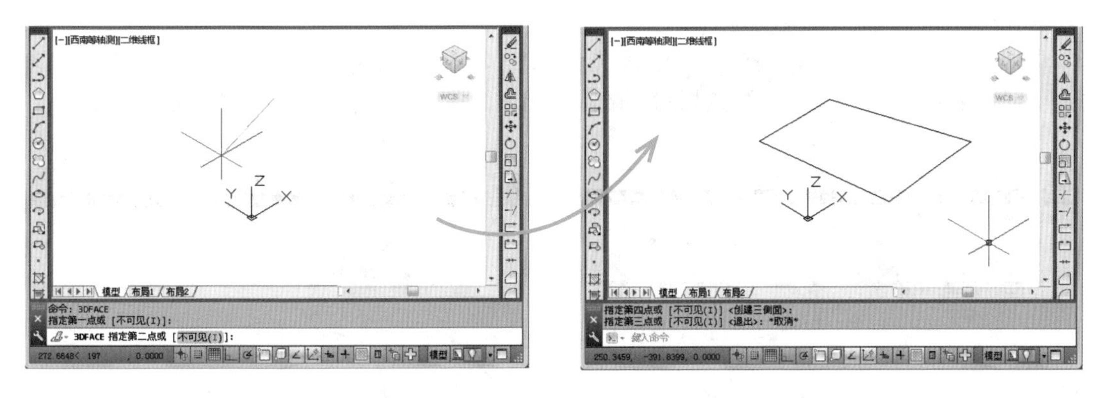

8.3.5 绘制旋转网格

“旋转网格”命令可以将曲线或轮廓对象绕指定的旋转轴旋转指定的角度，旋转轴可以是直线，也可以是开放的二维或三维多段线，“旋转网格”命令创建出的实体是网格曲面。调用“旋转网格”命令的方法主要有如下几种。

- 命令行：在命令行中执行 REVSURF 命令。
- 功能区：在“三维建模”空间中选择【网格】/【图元】组，单击“建模，网格，旋转曲面”按钮。
- 菜单栏：在“AutoCAD 经典”工作空间中选择【绘图】/【建模】/【网格】/【旋转网格】命令。

常用的绘制旋转网格的方法为：根据以上任意一种方法，并执行该命令后，在绘图区中选择要旋转的对象，在命令行中输入起始角度和包含度即可。

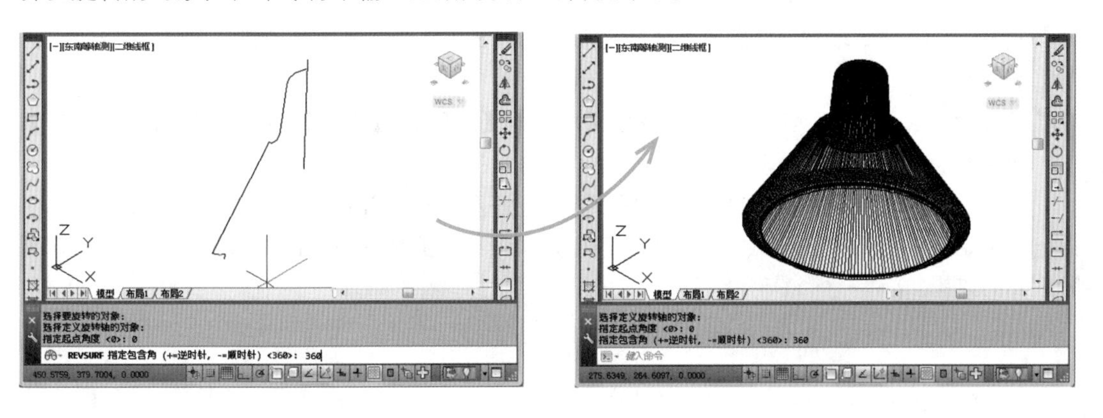

8.3.6 绘制平移网格

“平移网格”命令与“旋转网格”命令不同，可以将路径曲线沿矢量方向进行平移，从而绘制出平移网格，其方法与扫掠类似。平移网格一般可用于直线、圆、圆弧、椭圆、椭圆弧、二维多段线、三维多段线和样条曲线等。调用“平移网格”命令的方法主要有如下几种。

- 命令行：在命令行中执行 TABSURF 命令。
- 功能区：在“三维建模”空间中选择【网格】/【图元】组，单击“建模，网格，平移曲面”按钮。
- 菜单栏：在“AutoCAD 经典”工作空间中选择【绘图】/【建模】/【网格】/【平移网格】命令。

常用的绘制平移网格的方法为：根据以上任意一种方法，并执行该命令后，在绘图区中选择需要的线段作为轮廓对象，再选择对应的线段为方向矢量对象。完成后按 Esc 键退出命令。

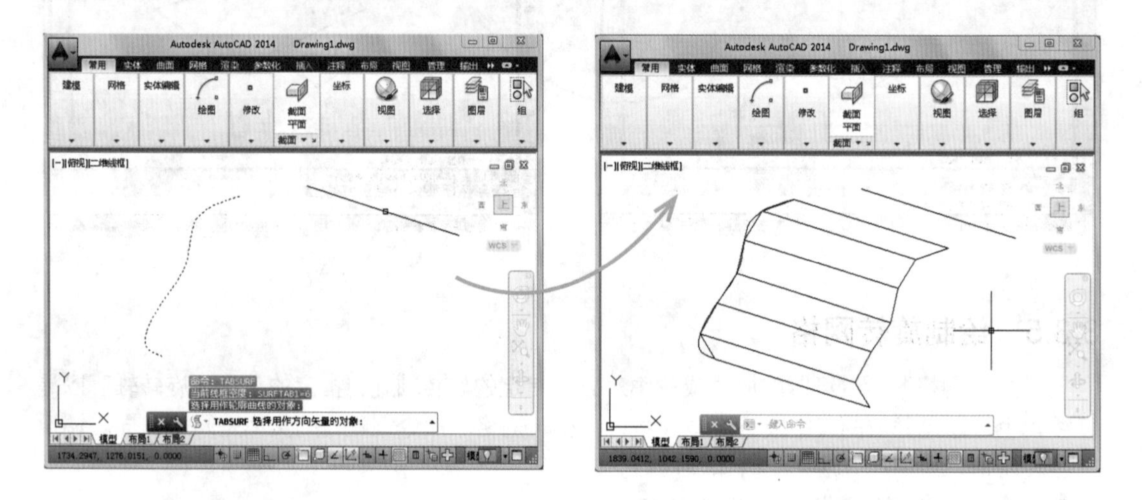

8.3.7 绘制直纹网格

“直纹网格”命令与“平移网格”命令不同，该命令可以将两条曲线用直线连接起来，从而绘制出直纹网格。直纹网格的边界对象可以是直线、圆、圆弧、椭圆、椭圆弧、二维多段线、三维多段线和样条曲线中的任意两个对象，在选择对象时，如果有一条边界是闭合的，那么另一条边界也必须是闭合的。调用“直纹网格”命令的方法主要有如下几种。

- 命令行：在命令行中执行 RULESURF 命令。
- 功能区：在“三维建模”空间中选择【网格】/【图元】组，单击“建模，网格，直纹曲面”按钮。
- 菜单栏：在“AutoCAD 经典”工作空间中选择【绘图】/【建模】/【网格】/【直纹网格】命令。

常用的绘制直纹网格的方法为：根据以上任意一种方法，并执行该命令后，在绘图区选择第一条自定义曲线，再在绘图区选择第二条自定义曲线，完成后按 Esc 键退出命令，最后查看完成后的效果。

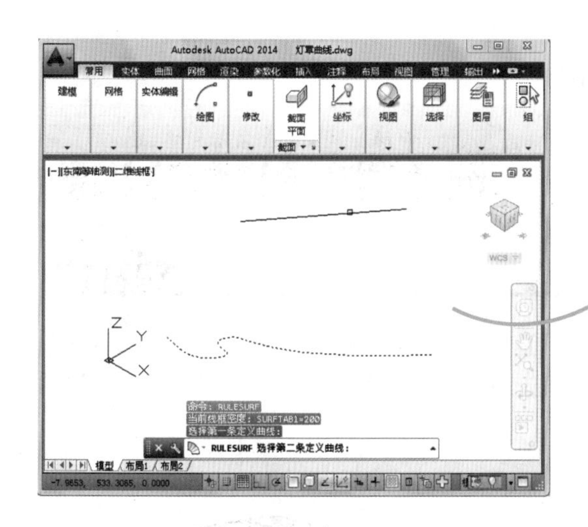

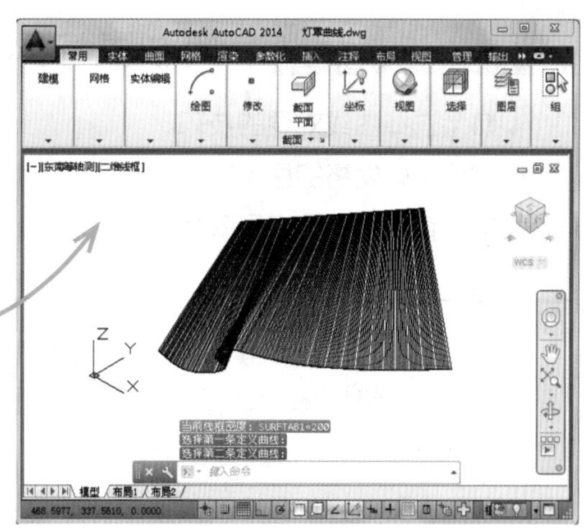

8.3.8 绘制边界网格

“边界网格”命令与其他网格命令不同，该命令主要是通过选择形成闭合路径的4条曲线来创建一个三维网格，选择的4条曲线可以是任意的二维或三维曲线。调用边界网格命令的方法主要有如下几种。

- 命令行：在命令行中执行EDGESURF命令。
- 功能区：在“三维建模”空间中选择【网格】/【图元】组，单击“建模，网格，边界曲面”按钮。
- 菜单栏：在“AutoCAD经典”工作空间中选择【绘图】/【建模】/【网格】/【边界网格】命令。

常用的绘制边界网格的方法为：根据以上任意一种方法，并执行该命令后，依次选择图形中的两条弧线为曲面边界的第一个对象和第二个对象。然后选择图形中的另外两条多段线为曲面边界的第三个对象和第四个对象，系统将自动生成边界网格。

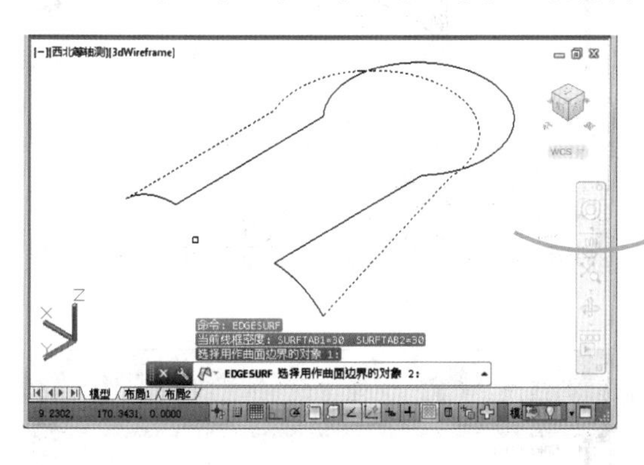

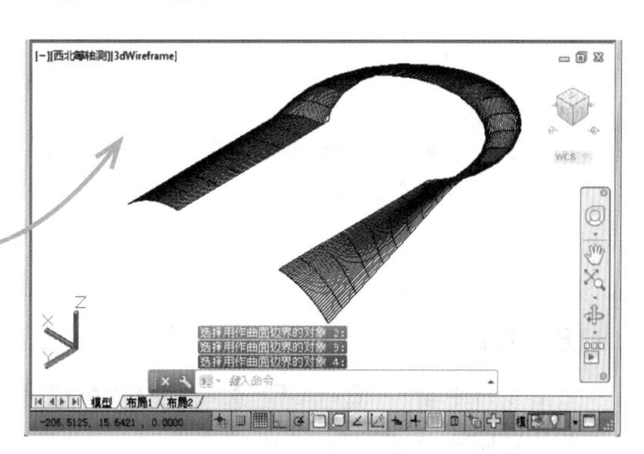

经验一箩筐——SURFTAB变量

SURFTAB变量主要是控制N方向的网格密度，其值越大，分段数越多，网格越光滑。其变量值是指在M方向的网格密度，值越大，分段数越多，网格越光滑，但对已经绘制好的网格进行设置不会发生变化，需要重新创建网格。

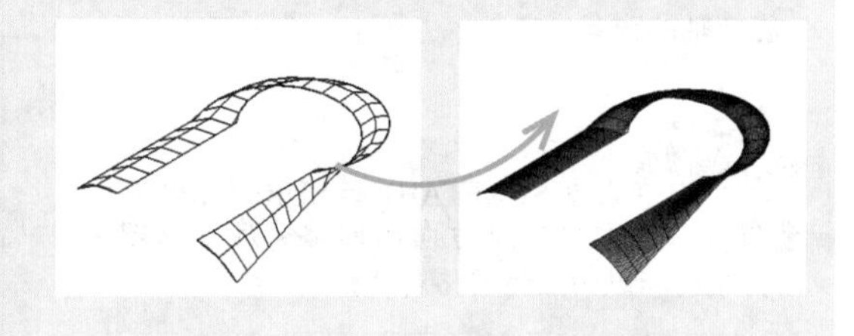

上机 1 小时 ▶ 绘制鼠标网格

- 熟悉选择曲线对象的技巧。
- 掌握旋转网格的绘制方法。
- 掌握直纹网格和边界网格的绘制方法。

光盘文件
素材 \ 第 8 章 \ 鼠标网格 . dwg
效果 \ 第 8 章 \ 鼠标网格 . dwg
实例演示 \ 第 8 章 \ 绘制鼠标网格

下面将使用“旋转网格”、“边界网格”和“直纹网格”命令连接“鼠标网格.dwg”图形文件中的曲线，使其形成曲线网格。在绘制网格前先将变量值设置为“60”，编辑前后的效果如下图所示。

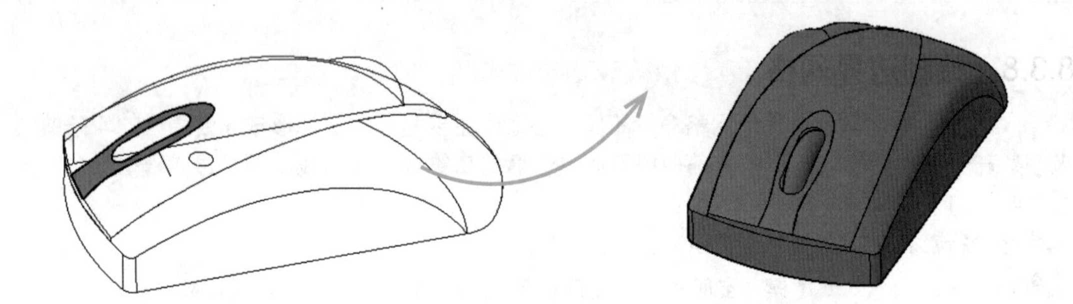

STEP 01：设置变量值

1. 打开“鼠标网格 .dwg”图形文件，并将其切换为“AutoCAD 经典”工作空间，在命令行中输入 SURFTAB1 命令，按 Enter 键，执行该命令。
2. 在命令行中设置其变量值为“60”，按 Enter 键。
3. 在命令行中输入 SURFTAB2 命令，按 Enter 键，并设置其变量值也为“60”。

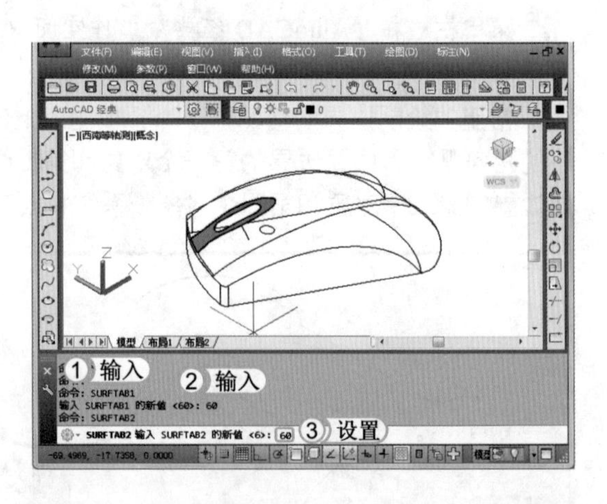

STEP 02：选择旋转网格的对象

1. 在命令行中输入REVSURF命令，按Enter键，执行该命令。
2. 选择图形中的椭圆为要旋转的对象。
3. 选择图形中椭圆对象旁边的直线对象为定义旋转轴的对象。

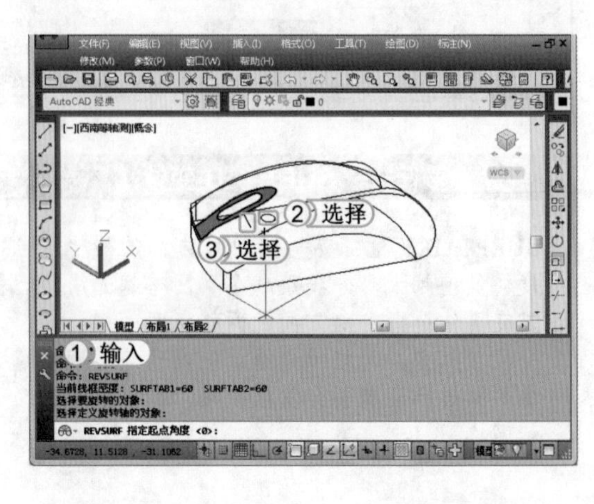

提个醒

在设置 SURFTAB1 和 SURFTAB2 变量值时，M 方向和 N 方向的网格密度可以理解为横向和纵向上的网格密度。

STEP 03：设置旋转网格参数

1. 在命令行中输入起始角度为“0”，按 Enter 键，执行该命令。
2. 在命令行中输入包含角度为“360”，按 Enter 键。
3. 设置视觉样式为“概念”，并查看完成后的效果。

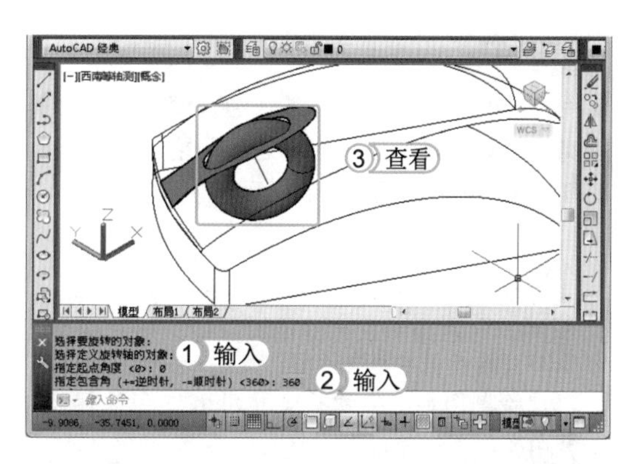

STEP 04：选择边界网格对象

1. 在命令行中输入 EDGESURF 命令，按 Enter 键，执行该命令。
2. 依次选择图形中的两条弧线为曲面边界的第一个对象和第二个对象。
3. 选择图形中的另外两条曲线为边界网格的第三个对象和第四个对象，系统将自动生成边界网格，查看完成后的效果。

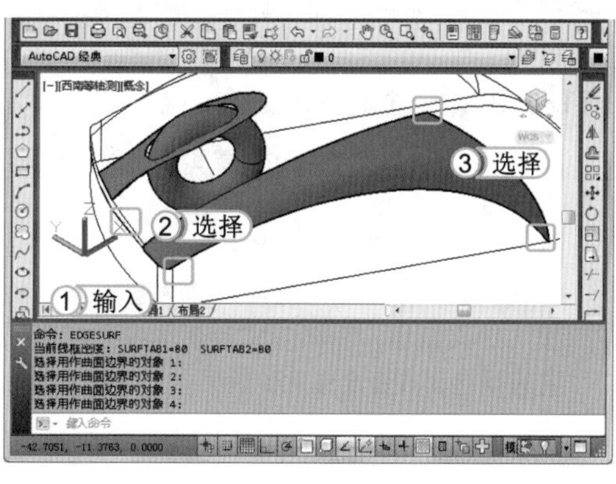

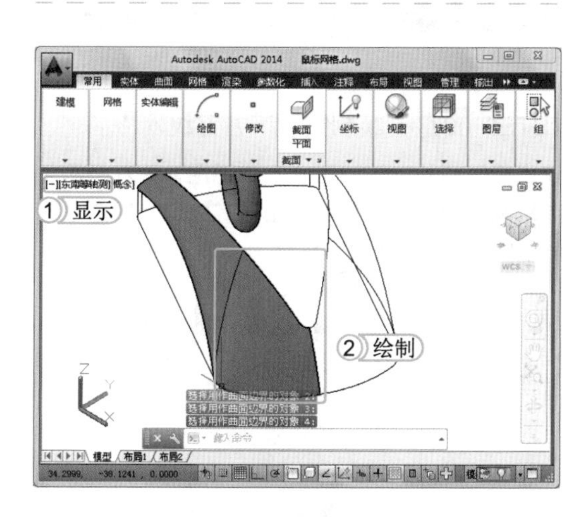

STEP 05：左部边界网格的绘制

1. 更改三维视图模式，使其呈东南等轴测视图显示。
2. 使用 EDGESURF 命令，根据鼠标图形中左边的四条曲线绘制出另一边界网格，完成对图形左边边界网格的绘制。

提个醒 由于素材文件中的曲线数量多，还有一些曲线重叠在一起，所以在选择曲线时，可以将鼠标放在要选择的曲线上，慢慢移动鼠标寻找需要的曲线，当显示高亮的曲线为要选择的曲线时单击鼠标即可。

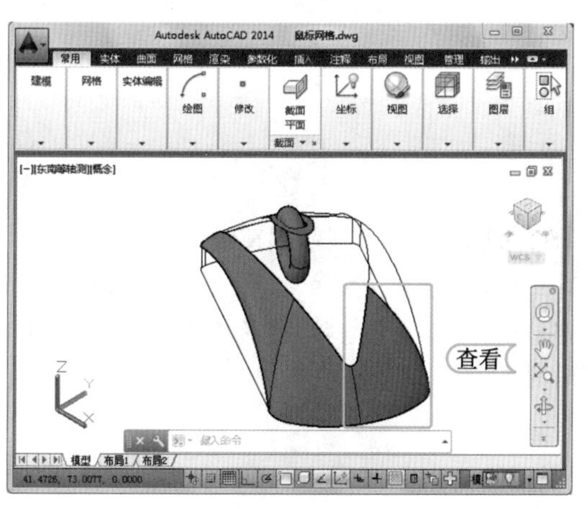

STEP 06：绘制右边尾部边界网格

使用相同的方法，绘制出右边鼠标尾部的边界网格，并查看完成后的效果。

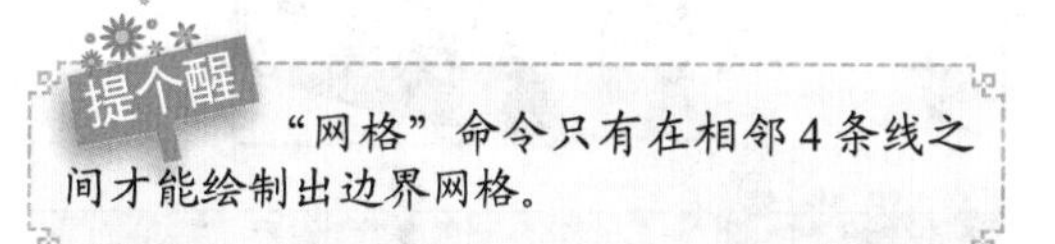
提个醒 “网格”命令只有在相邻 4 条线之间才能绘制出边界网格。

STEP 07：绘制右边前部边界网格

使用相同的方法，更改三维视图，使其呈东北等轴测视图显示，然后利用“边界网格”命令绘制出鼠标图形中的最后一个边界网格。

> **提个醒** 在绘制三维模型时，通常通过菜单命令或在面板中更改视图，让图形有序地旋转以便绘制图形，尽量不使用Shift键和鼠标旋转图形。

STEP 08：生成底部直纹网格

1. 选择【网格】/【图元】组，单击“建模，网格，直纹曲面”按钮。
2. 选择先前绘制的边界网格底边为第一条定义曲线。选择鼠标图形底部的边为直纹网格的第二定义曲线，选择完毕后系统将自动生成直纹网格，查看完成后的效果。

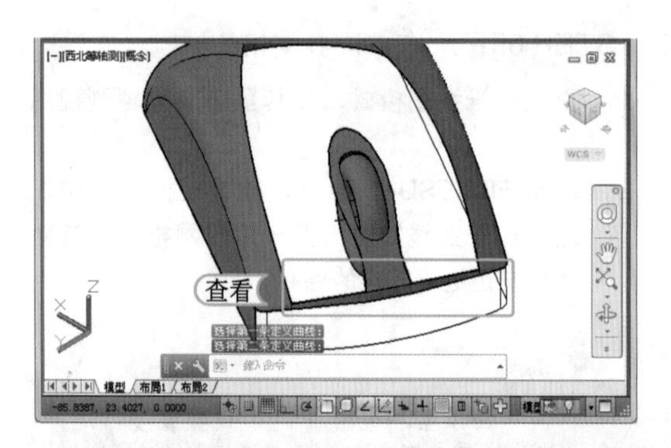

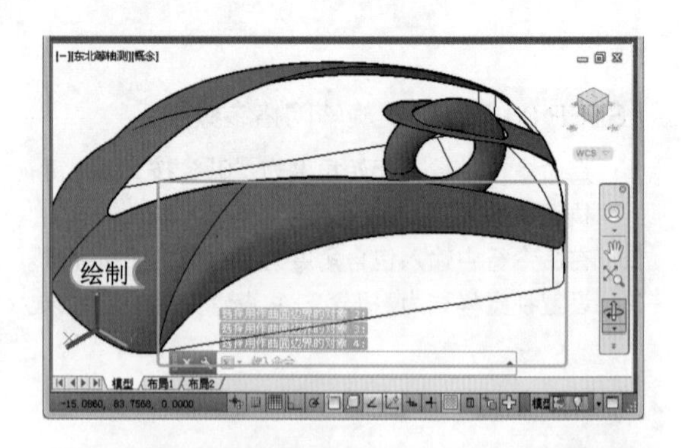

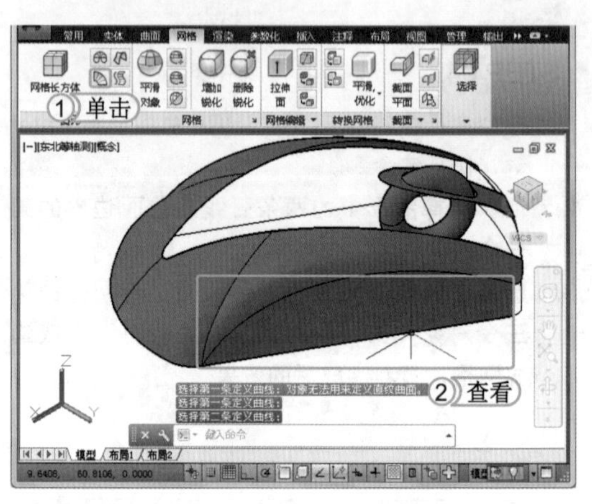

STEP 09：绘制按键下方直纹网格

使用相同的的方法，更改三维视图，使其呈西北等轴测视图显示，然后利用“直纹网格”命令绘制出鼠标按键下方的网格。

STEP 10：绘制前端直纹网格

使用相同的方法，利用直纹网格命令，将鼠标图形前端的两条曲线连接成直纹网格，并查看完成后的效果。

STEP 11： 绘制左侧面直纹网格

使用相同的方法，更改三维视图，使其呈西南等轴测视图显示，然后利用“直纹网格”命令绘制出左侧面直纹网格。

提个醒 在图形底部选择4条曲线边界时，若不好选择，还可对其进行旋转，再分别进行选择。

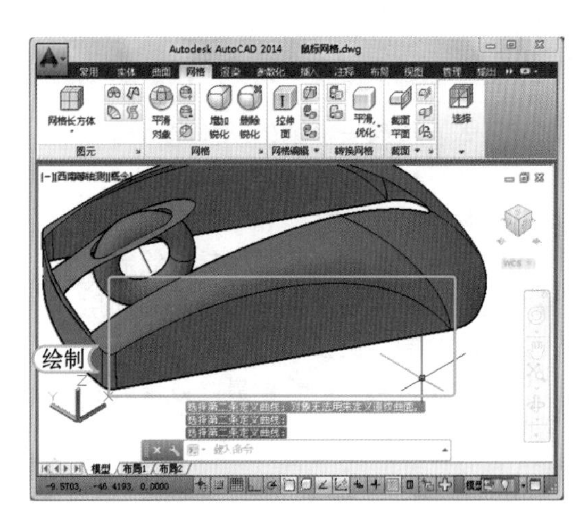

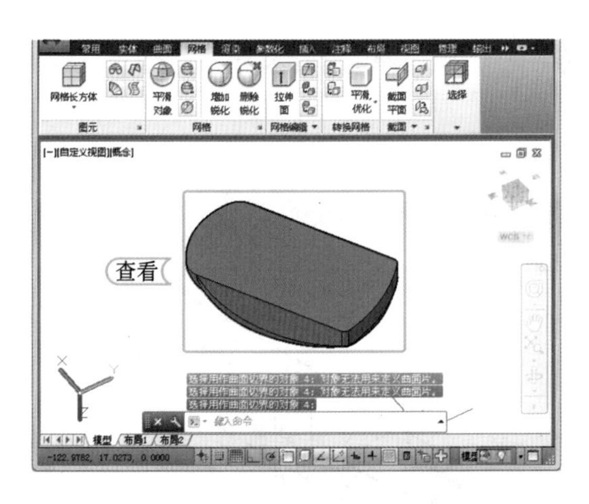

STEP 12： 绘制底面边界网格

将图形旋转至底部，并使用“边界网格”命令，选择鼠标图形底部的4条曲线为边界对象，绘制出底面边界网格，完成鼠标底面网格的绘制。

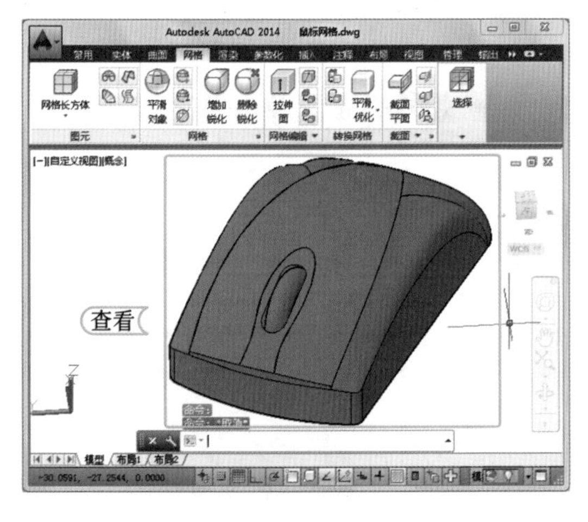

STEP 13： 绘制顶面边界网格

将图形旋转至顶部，并使用“边界网格”命令，选择鼠标图形底部的4条曲线为边界对象，绘制出顶部边界网格，完成鼠标顶面网格的绘制，并查看完成后的效果。

提个醒 在用户坐标系中创建的三维实体是一个整体，可对这些图形进行整体编辑。

8.4 练习1小时

本章主要介绍三维绘图基础、绘制三维实体模型和完善三维模型的绘制的方法，用户要想在日常工作中熟练使用它们，还需再进行巩固练习。下面以绘制轴承座和接口为例，进一步巩固这些知识的使用方法。

1. 绘制轴承座

本次练习绘制的轴承座是机械设计中常用的零件之一，其绘制方法为：首先利用“长方体”和“圆角”命令绘制底座，其他利用坐标转换绘制上方圆柱体，再绘制连接部分，并利用先前的绘制平面图形结合拉伸的一般绘制方法，绘制筋板，最终效果如右图所示。

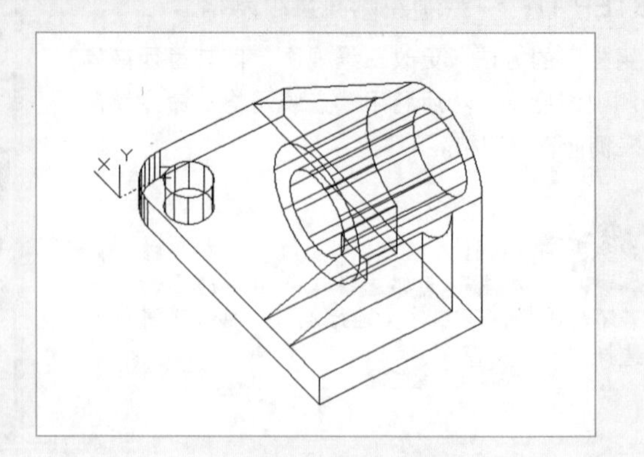

光盘文件

效果\第 8 章\轴承座.dwg

实例演示\第 8 章\绘制轴承座

2. 绘制接口

本次练习主要使用基本的三维建模和“拉伸”命令以及布尔运算命令，再结合“长方体”命令的运用，使其绘制更加方便和美观，最终效果如右图所示。

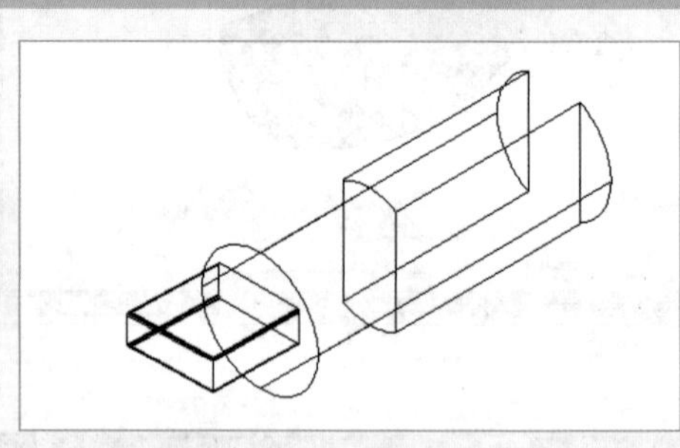

光盘文件

效果\第 8 章\接口.dwg

实例演示\第 8 章\绘制接口

读书笔记

第9章 编辑三维模型

学习 2小时

了解了三维模型并绘制出需要的三维图形后，还可以根据实际需要对三维对象进行编辑，通过移动、旋转和排列等操作使三维图形的效果发生变化；也可以对三维实体对象进行如模型实体的剖切、抽壳和分解等操作。最后还可对三维实体进行渲染，使图形效果更为逼真。

- 编辑三维对象
- 编辑三维实体对象

上机 3小时

9.1 编辑三维对象

当用户学会了绘制三维模型后，即可对绘制的三维模型进行编辑。通过使用三维编辑命令可以快速、准确地完成图形的绘制，其中主要包括三维移动、三维旋转、三维对齐、三维镜像和三维阵列等命令。对图形进行三维编辑时，还应注意用户坐标系的设置等相关操作，下面将分别进行介绍。

学习1小时

- 熟悉“三维移动”、“三维旋转”和“三维对齐”命令的使用方法。
- 熟悉“三维镜像”命令的使用方法。
- 掌握三维矩形阵列和三维环形阵列的使用方法。

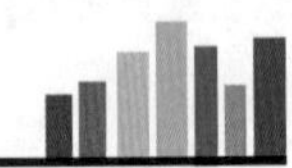

9.1.1 移动三维对象

编辑三维对象与编辑二维对象一样，也可对三维模型进行移动操作，从而调整模型在三维空间中的位置。但是移动三维模型和移动二维对象所在的工作空间是不一样的，使用的命令也不一样。移动三维模型使用的是“三维移动”命令，调用该命令的方法主要有如下几种。

- 命令行：在命令行中执行3DMOVE命令。
- 功能区：在“三维建模”工作空间中选择【常用】/【修改】组，单击“三维移动”按钮。
- 工具栏：在“AutoCAD经典”工作空间中选择【修改】/【三维操作】/【三维移动】命令。

下面将使用“三维移动”命令，将圆石桌的桌面模型进行移动，其移动的基点为桌面的底面圆心，移动的第二点为石桌圆柱体的顶面圆心。其具体操作如下：

光盘文件
素材\第9章\圆石桌.dwg
效果\第9章\圆石桌.dwg
实例演示\第9章\移动三维对象

STEP 01: 选择移动对象

1. 打开“圆石桌.dwg”图形文件，在“三维建模”工作空间中选择【常用】/【修改】组，单击“三维移动”按钮。
2. 选择石桌桌面模型为三维移动对象，按Enter键，执行该命令。

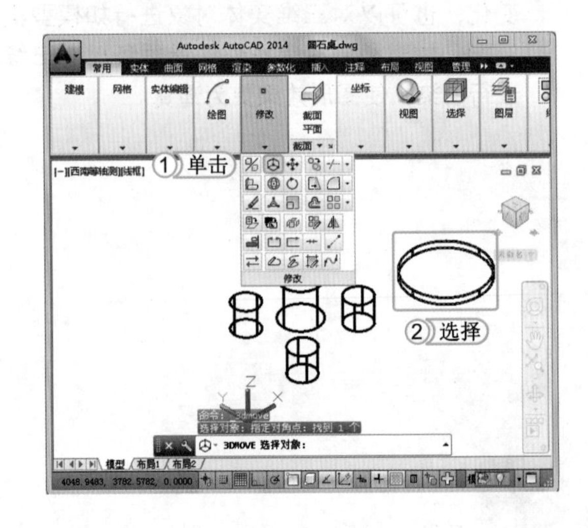

提个醒

在执行“三维移动”命令选择对象时，可以同时选择多个图形对象进行移动操作。在移动对象时，可以选择基点进行移动，也可以通过输入值来移动。

STEP 02: 选择基点

捕捉对象圆桌的圆心，单击鼠标确定移动模型的基点，在捕捉时，应注意与圆桌对齐。

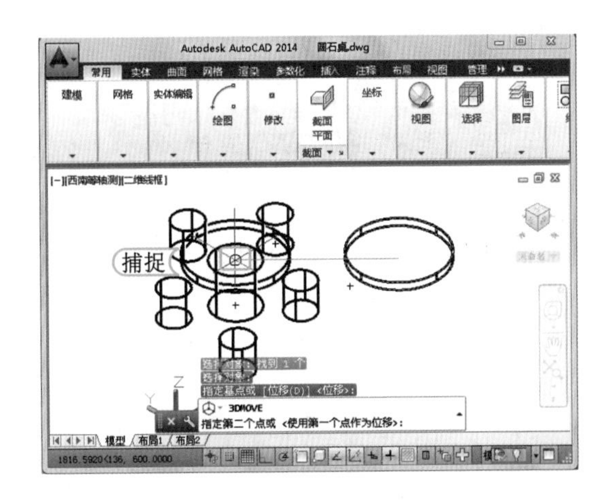

提个醒 在执行“三维移动”命令时，若是圆形桌面，可打开对象捕捉的中心捕捉功能，再根据中心捕捉圆心，将对其进行对齐。

STEP 03: 完成移动

捕捉另一个零件的圆心，单击鼠标指定移动三维模型的第二个点，完成移动，并查看移动后的效果。

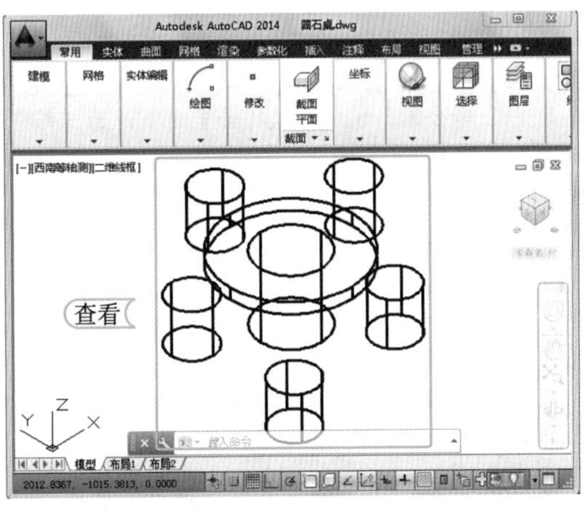

经验一箩筐——通过移动小控件移动对象

在选择要移动的三维对象时，按Enter键确定执行命令后，选中的对象上将显示出一个小控件⊥。通过单击小控件上的轴，可以将移动约束到该轴上；单击轴之间的区域，可以将移动约束到该平面上，避免移动对象时无法准确移动对象。

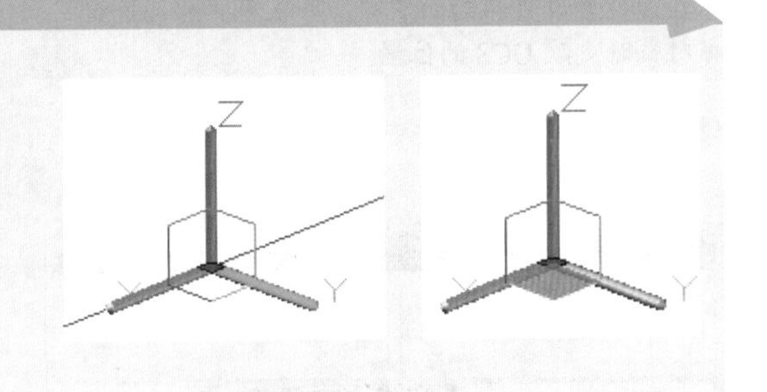

9.1.2 旋转三维模型

“三维旋转”命令可以快速地旋转三维对象，从而改变模型在空间的摆放角度，使其更加美观。使用“三维旋转”命令旋转模型时主要以自由旋转以及绕坐标轴旋转的方式进行旋转。调用“三维旋转”命令的方法主要有如下几种。

- 命令行：在命令行中执行3DROTATE命令。
- 功能区：在“三维建模”工作空间中选择【常用】/【修改】组，并单击“三维旋转”按钮⊕。
- 工具栏：在“AutoCAD经典”工作空间中选择【修改】/【三维操作】/【三维旋转】命令。

下面将“圆口杯.dwg”图形文件中的模型进行旋转操作，使其绕Z轴旋转90°，并查看旋转后的效果。其具体操作如下：

光盘文件
素材 \ 第 9 章 \ 圆口杯 .dwg
效果 \ 第 9 章 \ 圆口杯 .dwg
实例演示 \ 第 9 章 \ 旋转三维模型

STEP 01： 选择三维旋转对象

1. 打开“圆口杯.dwg”图形文件，在“三维建模”工作空间中选择【常用】/【修改】组，单击“三维旋转”按钮。
2. 选择圆口杯为旋转对象，按 Enter 键，执行该命令。

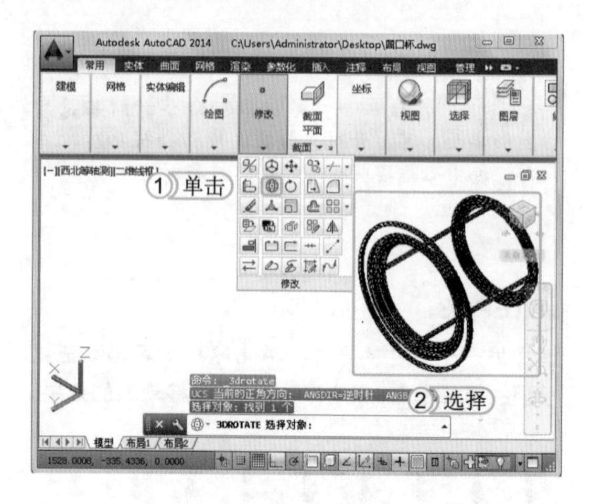

提个醒
在二维线框视觉样式中执行“三维旋转”命令时，视觉样式将会暂时更改为三维线框视觉样式。

STEP 02： 选择 Z 轴轨迹

移动鼠标至 Z 轴轨迹上，等待轴轨迹变为黄色时，单击鼠标选择该轴轨迹。

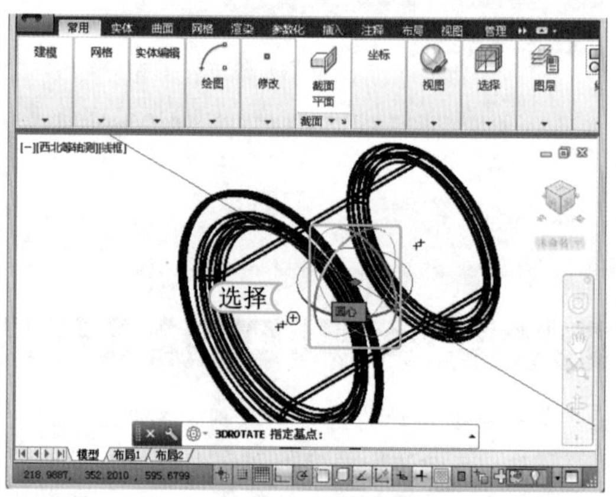

提个醒
要移动三维对象和子对象，需单击小控件并将其拖动到三维空间中的任意位置。在该位置设置移动的基点，并在用户移动选定对象时更改 UCS 的位置。

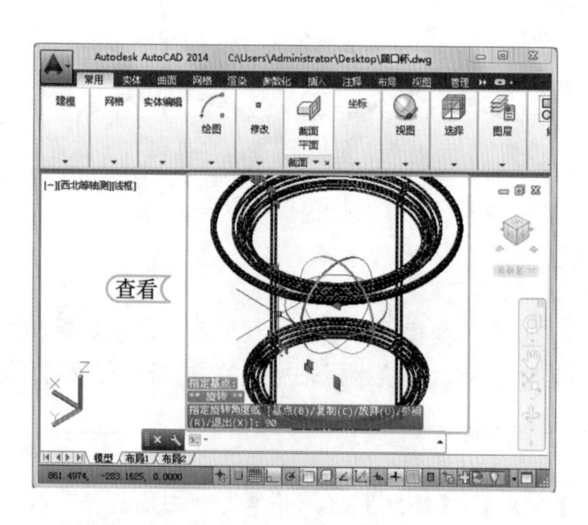

STEP 03： 完成绕 Z 轴旋转

将鼠标向下移动，在命令行中输入旋转角度为“90”，按 Enter 键执行该命令，完成模型绕 Z 轴的旋转操作，并查看效果。

提个醒
在对三维模型进行旋转操作时，当三维模型旋转到用户需要的角度后，按 Enter 键即可将三维模型确定在需要的角度上，且系统将重新生成模型。

9.1.3 对齐三维模型

“三维对齐”命令可以将同一空间的两个对象按照指定的方式进行对齐操作，“三维对齐”命令集合了三维移动和三维旋转的功能，但是不能完全替代“三维移动”和“三维旋转”

命令对图形对象进行移动或旋转操作。调用“三维对齐”命令的方法主要有如下几种。

- 命令行：在命令行中执行 3DALIGN 命令。
- 功能区：在“三维建模”工作空间中选择【常用】/【修改】组，单击“三维对齐”按钮。
- 工具栏：在“AutoCAD 经典”工作空间中选择【修改】/【三维操作】/【三维对齐】命令。

下面将在“三维积木.dwg”图形文件中将棱锥体模型与长方体进行三维对齐操作。其具体操作如下：

光盘文件
素材\第 9 章\三维积木.dwg
效果\第 9 章\三维积木.dwg
实例演示\第 9 章\对齐三维模型

STEP 01：选择三维对齐对象

1. 打开“三维积木.dwg”图形文件。在“三维建模”工作空间中选择【常用】/【修改】组，单击“三维对齐”按钮。
2. 选择棱锥体模型为对齐旋转对象，并按 Enter 键执行该命令。

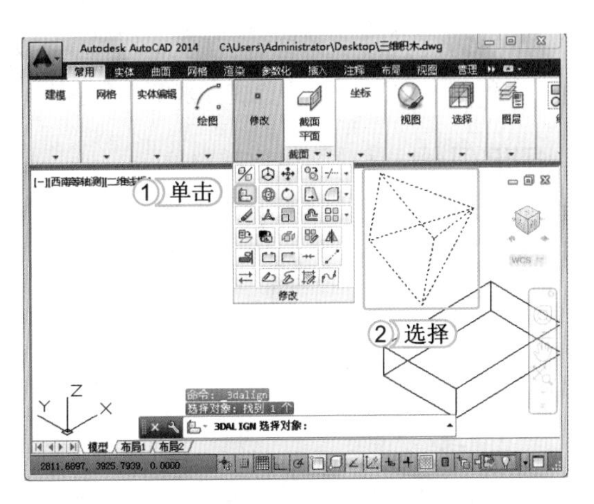

提个醒

在执行“三维对齐”命令时，如果指定一对点后按 Enter 键结束操作，可将两个对象对齐到指定的点；指定两对点后，按 Enter 键结束操作，可将两个对象对齐到某条边。

STEP 02：指定对象基点和目标点

1. 选择棱锥体右上角的一点，作为对齐的第一个基点。
2. 单击鼠标左键，指定第二个点，确定选择对象的新 X 轴方向。
3. 单击鼠标左键，指定第三个点，确定选择对象的新 Y 轴方向。

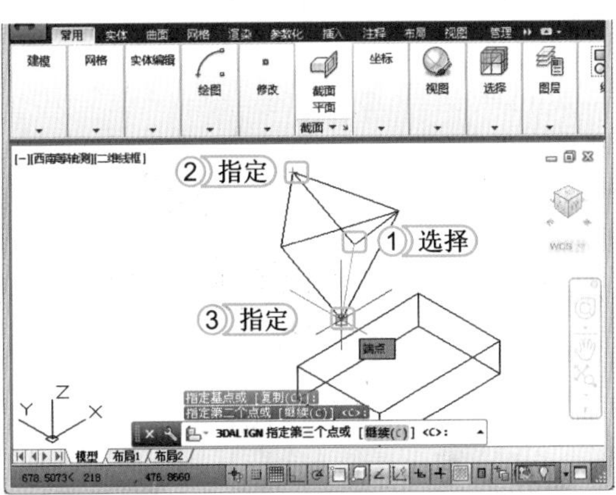

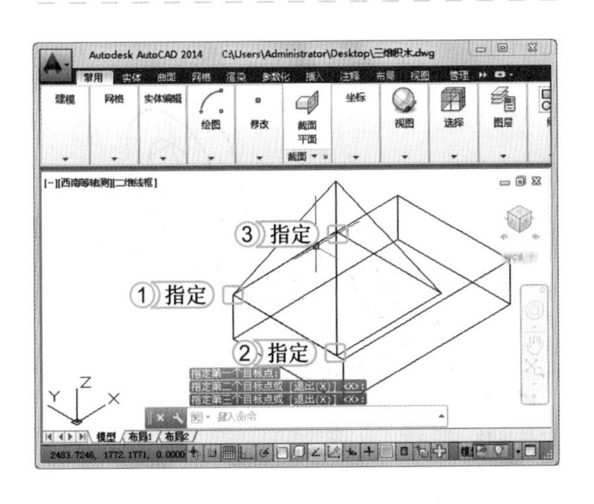

STEP 03：指定目标对象的点

1. 在长方形中，指定目标对象的第一个点。
2. 指定目标对象的第二个点。
3. 指定目标对象的第三个点，并查看对齐对象后的效果。

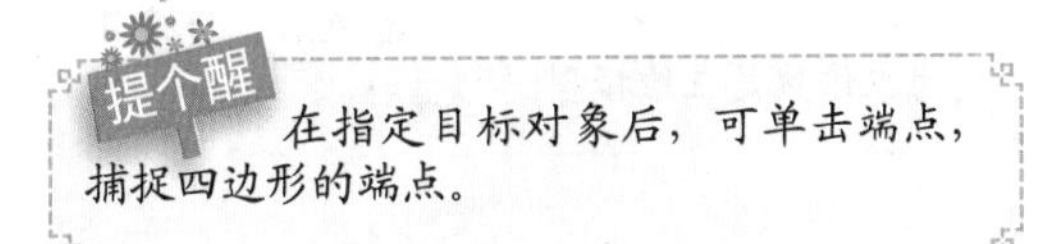

提个醒

在指定目标对象后，可单击端点，捕捉四边形的端点。

9.1.4 镜像三维模型

镜像三维模型的方法与镜像二维平面图形的方法类似，只是该命令是通过指定一个平面，将三维模型根据此平面进行对称复制。调用“三维镜像”命令的方法主要有如下几种。

- 命令行：在命令行中执行 MIRROR3D 命令。
- 功能区：在“三维建模”工作空间中选择【常用】/【修改】组，单击“三维镜像”按钮%。
- 工具栏：在“AutoCAD 经典”工作空间中选择【修改】/【三维操作】/【三维镜像】命令。

下面在“蝶形螺母.dwg”图形文件中将“蝶形耳”图形镜像到模型的另一边，从而完善图形。其具体操作如下：

光盘文件
素材\第 9 章\蝶形螺母.dwg
效果\第 9 章\蝶形螺母.dwg
实例演示\第 9 章\镜像三维模型

STEP 01：选择三维镜像对象

1. 打开“蝶形螺母.dwg”图形文件。在“三维建模”工作空间中选择【常用】/【修改】组，单击“三维镜像”按钮%。
2. 选择图形中的“蝶形耳”为镜像对象，并按 Enter 键，执行该命令。

提个醒

在使用“三维镜像”命令时，平面对象所在的平面与当前 UCS 坐标系的 XY、YZ 或 XZ 平面都可以作为镜像平面的对象。

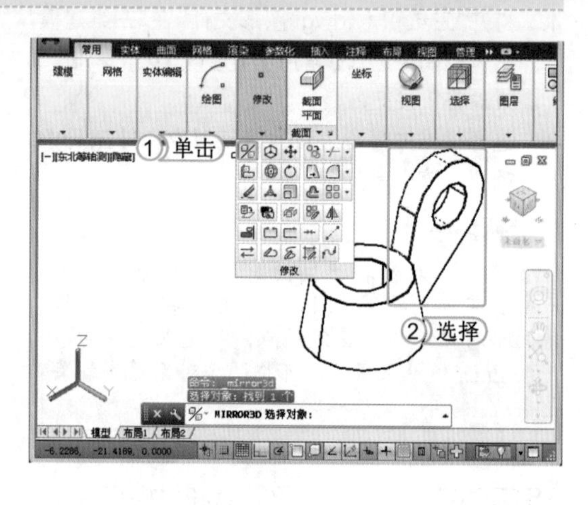

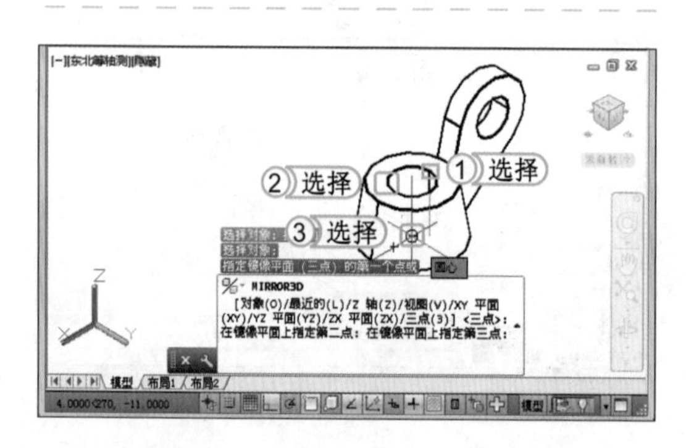

STEP 02：指定镜像平面的三点

1. 选择螺母顶面的点为平面上的第一个点。
2. 选择螺母顶面的另一对称点为平面上的第二个点。
3. 选择螺母底面的圆心为平面上的第三个点。

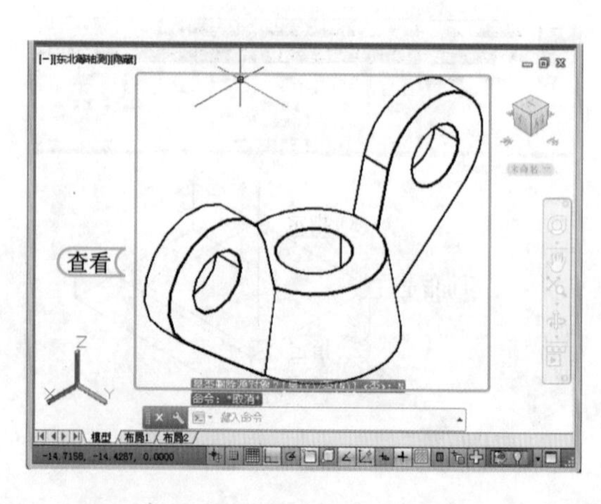

STEP 03：完成镜像操作

在命令行中输入“N”，选择“否”选项，完成三维镜像操作并查看效果。

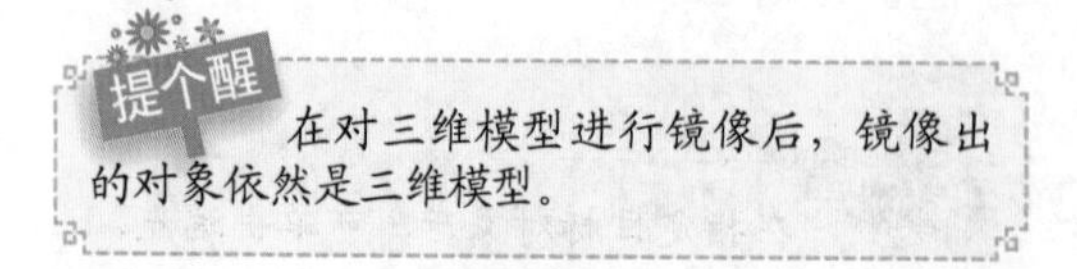

提个醒

在对三维模型进行镜像后，镜像出的对象依然是三维模型。

9.1.5 阵列三维模型

“三维阵列”命令与“二维阵列”命令相似，都可对图形对象进行矩形阵列和环形阵列等复制操作。使用“三维阵列”命令对图形对象进行阵列时，可在三维空间中快速创建指定对象的多个模型对象，并使该模型对象按指定的形式进行排列，常用于大量通用性模型的复制。调用“三维阵列”命令的方法主要有如下几种。

- 命令行：在命令行中执行 3DARRAY 命令。
- 功能区：在“三维建模”工作空间中选择【常用】/【修改】组，单击“三维镜像”按钮。
- 工具栏：在“AutoCAD 经典”工作空间中选择【修改】/【三维操作】/【三维阵列】命令。

“三维阵列”命令也主要分为矩形阵列和环形阵列，下面将依次进行讲解。

1. 三维矩形阵列

根据以上任意一种方法，执行“三维阵列”命令后，选择需要进行阵列的图形对象，并在命令行中输入“R”，选择“矩形”选项，即可对对象进行三维矩形阵列操作。

下面在“底板.dwg”图形文件中将圆柱体进行矩形阵列，快速创建出对象的多个模型副本，绘制出底板模型。其具体操作如下：

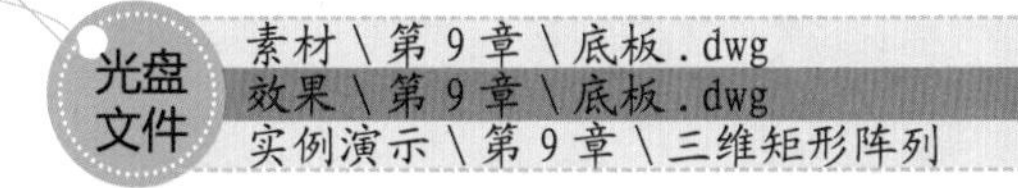

STEP 01：选择圆柱体为阵列对象

1. 打开“底板.dwg”图形文件，切换为“AutoCAD经典”工作空间，在命令行中输入 3DARRAY 命令，按 Enter 键，执行该命令。
2. 选择圆柱体为阵列对象，并按 Enter 键执行该命令。

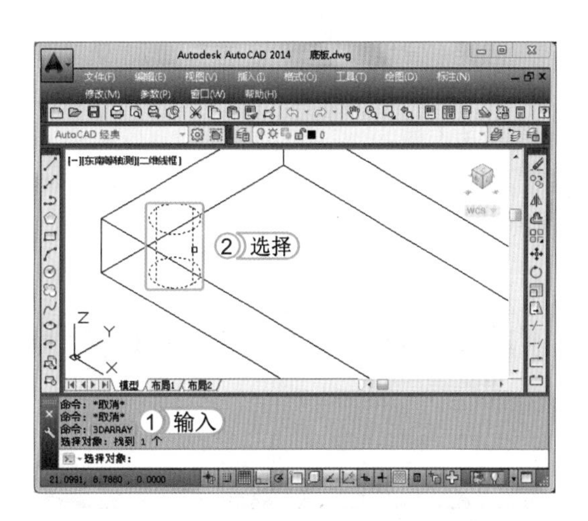

提个醒：在进行矩形阵列时，如果设置层高值为大于 1 的整数，则用户在设置参数时还需要设置层间距。

STEP 02：设置矩形阵列参数

1. 在命令行中输入“R”选择“矩形”选项，按 Enter 键，执行该命令。
2. 在命令行中输入行数为“2”，按 Enter 键，执行该命令。
3. 在命令行中输入列数为“4”，按 Enter 键。
4. 在命令行中输入层数为“1”，按 Enter 键，执行该命令。

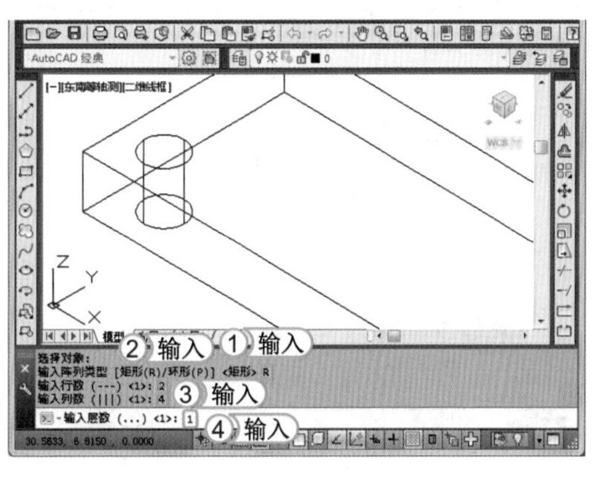

STEP 03: 完成矩形阵列

1. 在命令行中输入行间距值为“6”，按Enter键，执行该命令。
2. 在命令行中输入列间距值为“6”，按Enter键，执行该命令，完成矩形阵列操作。

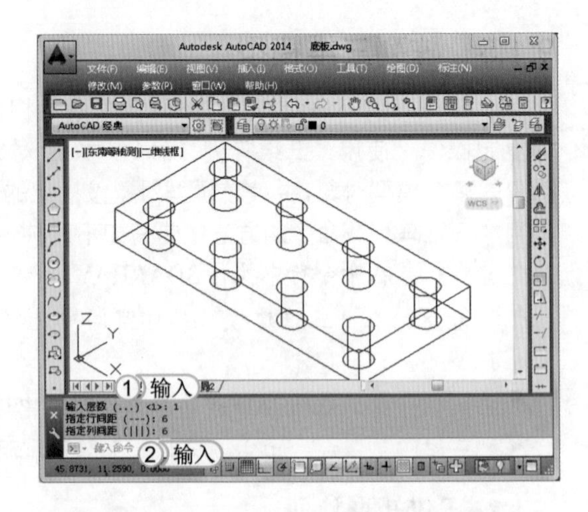

提个醒

在阵列三维模型时，同样可以使用“二维阵列”命令ARRAY对三维实体进行阵列。其方法与阵列二维图形相同。

经验一箩筐——矩形阵列参数的输入

在设置矩形阵列参数时，“行”代表X轴方向，“列”代表Y轴方向，“层”代表Z轴方向，若输入的行、列和层的数值为正值，对象将沿X、Y、Z轴的正方向进行阵列；输入的为负值，对象将沿X、Y、Z轴的负方向进行阵列。因此，在输入参数时应该看清楚坐标系的位置，判断正负方向后再输入参数值。

2. 三维环形阵列

使用“三维阵列”命令的“环形”选项阵列图形时，需指定阵列的角度及设置的旋转参数。在阵列命令的操作过程中，若指定的角度或旋转的数目不同，当进行阵列复制后，得到的效果也会有所不同。

下面使用“环形”功能，将“垫片.dwg”图形文件中的模型进行三维环形阵列复制。其具体操作如下：

光盘文件

素材\第9章\垫片.dwg

效果\第9章\垫片.dwg

实例演示\第9章\三维环形阵列

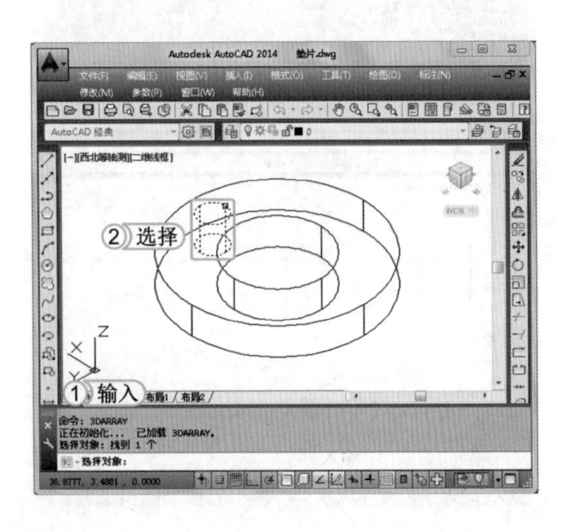

STEP 01: 选择圆柱体

1. 打开“垫片.dwg”图形文件，切换为“AutoCAD经典”工作空间，在命令行中输入3DARRAY命令，按Enter键，执行该命令。
2. 选择圆柱为阵列对象，并按Enter键执行该命令。

提个醒

使用“三维阵列”命令的“环形”功能阵列复制图形时，在指定阵列中心点后，可以在任意位置指定旋转轴的第二点，两点之间的连线即为旋转轴。

STEP 02： 设置环形阵列参数

1. 在命令行中输入“P”，选择“环形”选项，按 Enter 键，执行该命令。
2. 在命令行中输入阵列的项目数目为“7”，按 Enter 键。
3. 在命令行中输入填充的角度为“360”，按 Enter 键。
4. 在命令行中输入“Y”选择“是”选项，确定阵列对象。

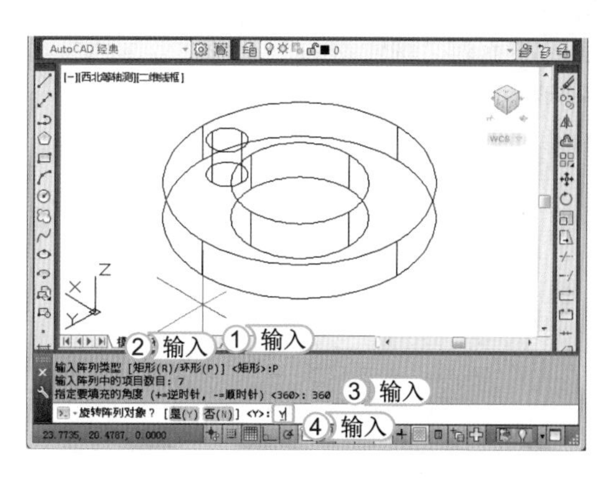

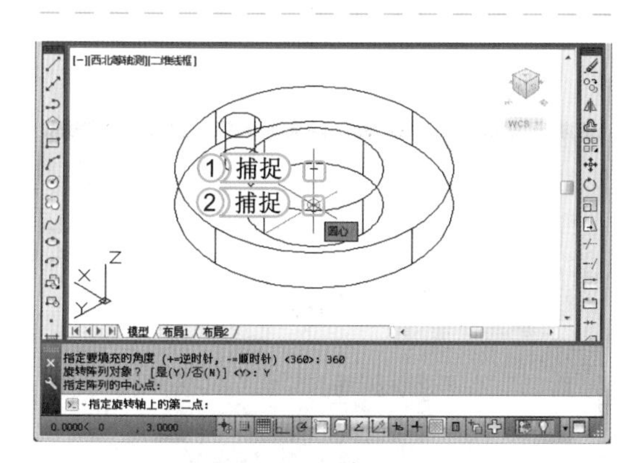

STEP 03： 完成环形阵列

1. 捕捉指定阵列的中心点，这里指定垫片顶面的圆心。
2. 捕捉垫片底面的圆心为阵列旋转轴的第二点。

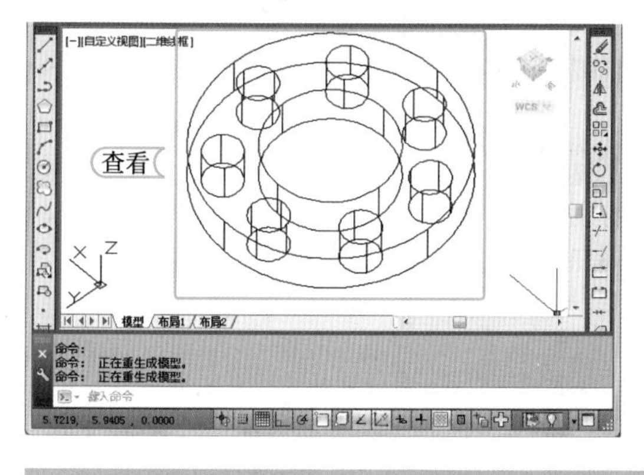

STEP 04： 完成阵列

完成绘制后，再自定义视图模式查看效果。

经验一箩筐——调整版面

在 AutoCAD 中，还可使用放样功能对包含两条或两条以上横截面曲线的一组曲线进行放样，创建三维实体或曲面。其中横截面可以是开放的，也可以是闭合的。需要注意的是，放样必须指定至少两个横截面。

上机 1 小时 绘制玻璃茶几

- 熟悉放样三维实体的使用方法。
- 进一步掌握三维阵列的使用方法。
- 巩固长方体的绘制方法。

光盘文件
素材 \ 第 9 章 \ 圆圈 .dwg
效果 \ 第 9 章 \ 玻璃茶几 .dwg
实例演示 \ 第 9 章 \ 绘制玻璃茶几

下面对“圆圈.dwg”图形文件中的二维图形进行放样处理，完成茶几桌腿模型的绘制，再利用三维编辑命令中的“三维阵列”命令，完成其余桌腿的绘制，并为餐桌模型绘制桌面等操作，最终效果如下图所示。

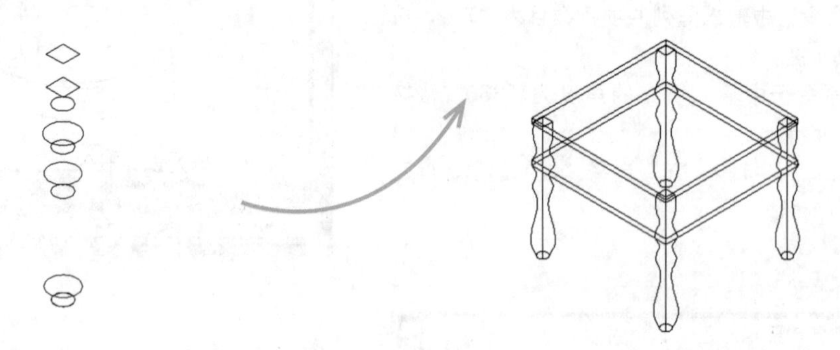

STEP 01：放样图形

1. 打开“圆圈.dwg”图形文件。切换为“三维建模”工作空间，选择【常用】/【建模】组，单击“放样”按钮，执行放样命令。
2. 选择右侧底部的第一个四边形，再单击下方的四边形，可查看到两个四边形已经进行连接。

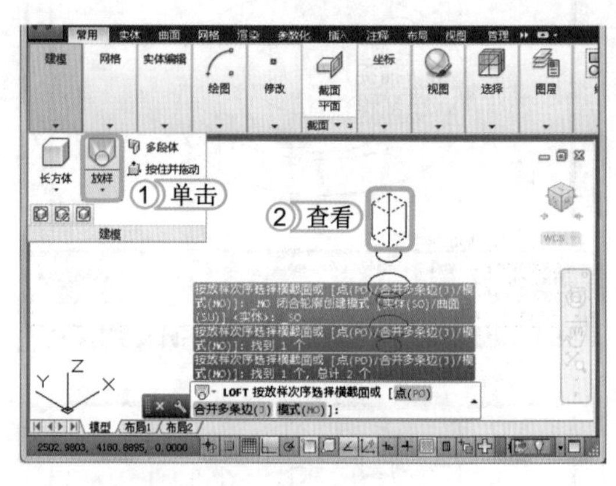

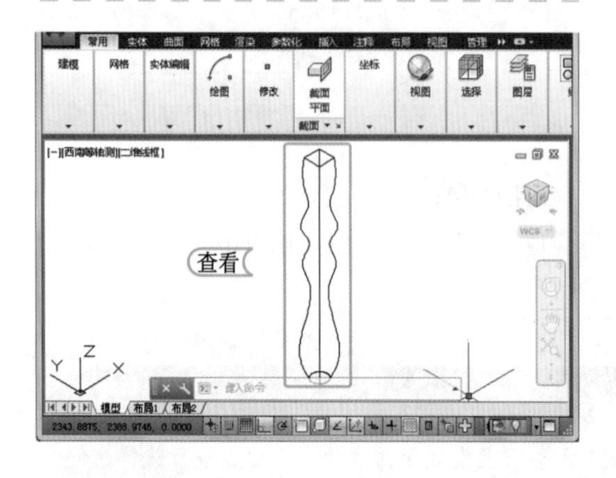

STEP 02：放样其他图形

分别选择其他图形，对其进行放样，注意选择的顺序分别是由下至上，查看完成后的效果。

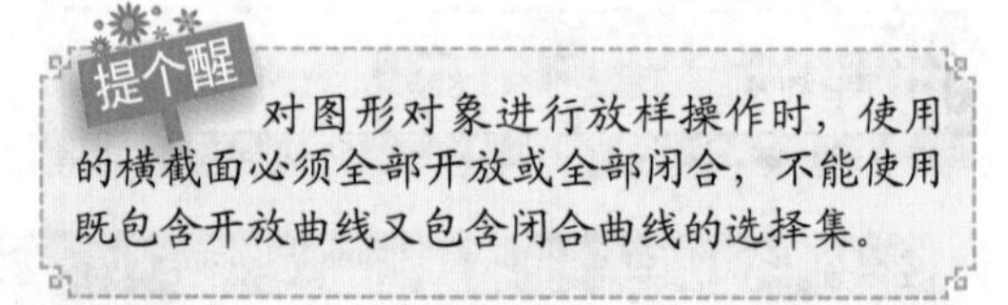

对图形对象进行放样操作时，使用的横截面必须全部开放或全部闭合，不能使用既包含开放曲线又包含闭合曲线的选择集。

STEP 03：三维阵列

1. 切换为“AutoCAD 经典”工作空间，在命令行中输入 3DARRAY 命令，按 Enter 键，执行该命令。
2. 选择放样后的图形为阵列对象，并按 Enter 键执行该命令。

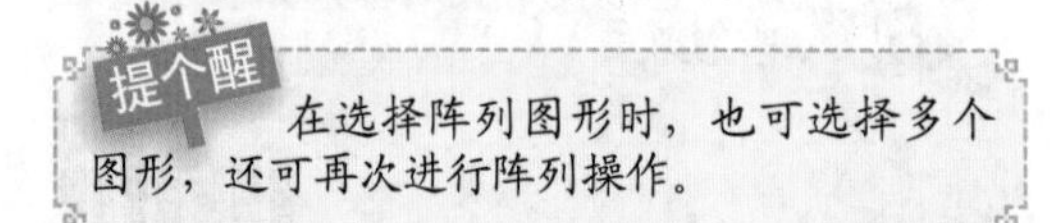

在选择阵列图形时，也可选择多个图形，还可再次进行阵列操作。

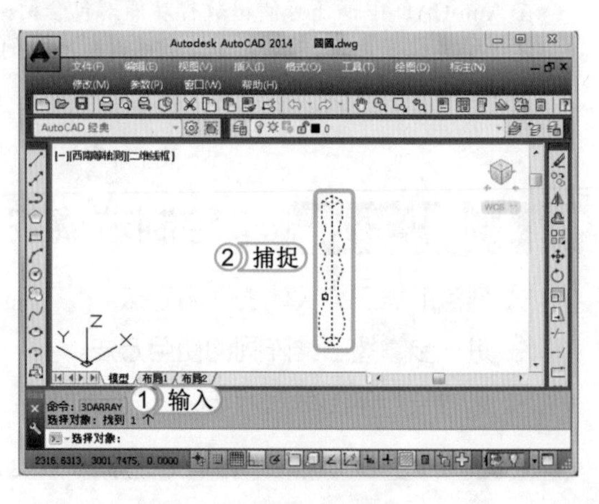

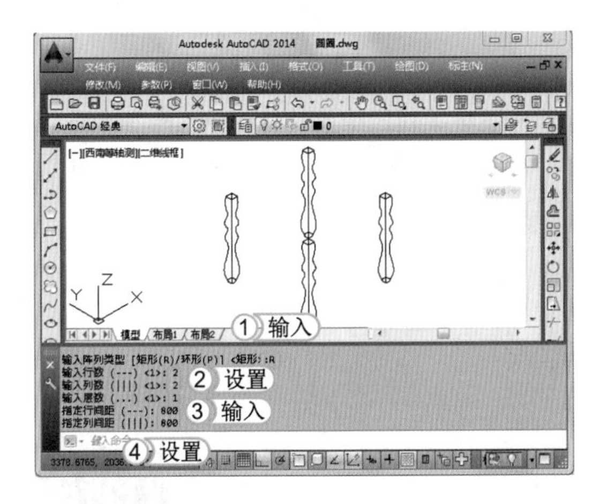

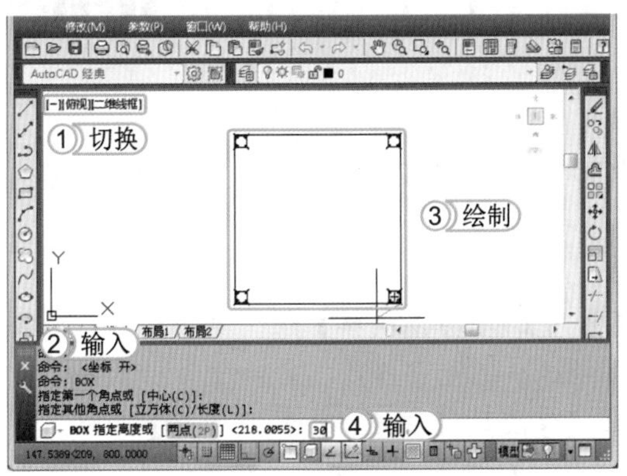

STEP 04：设置矩形阵列参数

1. 在命令行中输入“R”，选择“矩形”选项，按Enter键，执行该命令。
2. 在命令行中设置行数与列数为“2”，按Enter键。
3. 在命令行中输入层数为“1”，按Enter键，执行该命令。
4. 在命令行中设置行间距值和列间距值为“800”，按Enter键，执行该命令。完成矩形阵列操作。

STEP 05：绘制长方体

1. 将视图切换为俯视图。
2. 在命令行中输入BOX命令，按Enter键，执行该命令。
3. 在绘图区中绘制圆柱的4个点，使其呈长方体显示。
4. 在下方命令行中输入桌面高度为“30”，按Enter键，执行该命令。

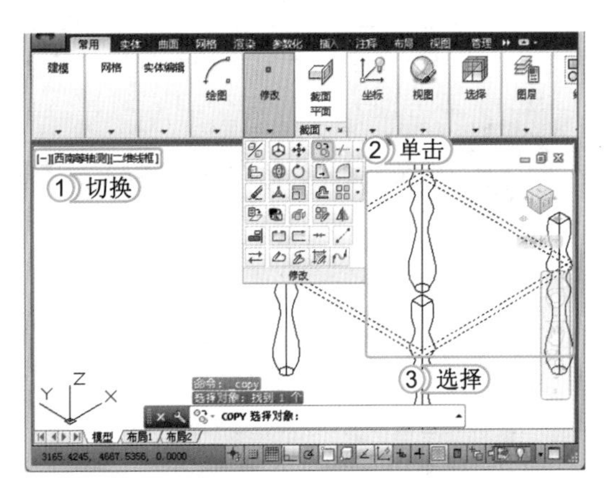

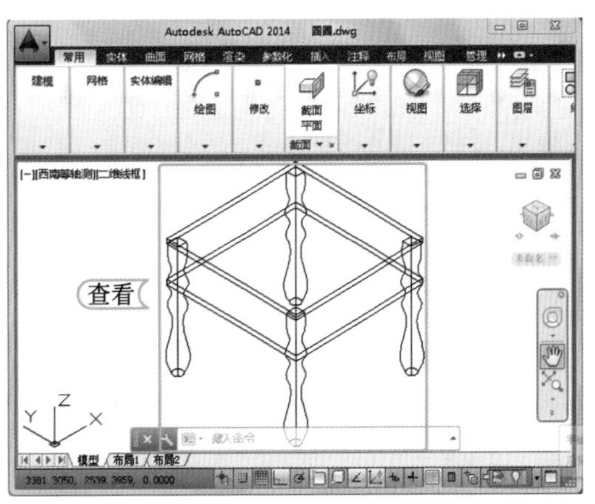

STEP 06：复制命令

1. 将视图切换为西南等轴测视图。
2. 切换为“三维建模”工作空间，选择【常用】/【修改】组，单击“复制”按钮。
3. 选择四边形为复制对象，并按Enter键执行该命令。

> **提个醒** 在三维建模中将其切换为俯视图后，捕捉需要的绘制点，可在此基础上，根据点的距离绘制相同的平面，而且绘制的图形自动与绘制的点对齐，这样可加快绘制的速度。

STEP 07：复制桌面

捕捉四边形右侧中的一点，向上进行拖动，捕捉桌脚上对应的一点，使其相连，查看完成后的效果。

> **提个醒** 复制桌面，主要是为了使绘制的图形具有美观度和功能性。

9.2 编辑三维实体对象

在绘制三维实体的过程中，除了编辑三维对象外，还可编辑三维的实体对象，单独对三维实体进行编辑，如对模型进行剖切实体、抽壳实体、分解实体和编辑三维实体面，此外，还可渲染三维实体。

学习 1 小时

- 熟悉剖切实体、抽壳实体和分解实体的方法。
- 掌握编辑三维实体边面的方法。
- 掌握渲染三维实体的操作方法。

9.2.1 剖切实体

使用剖切实体命令可将一个三维实体对象剖切为多个三维实体对象，以方便查看实体构造。调用“剖切”命令的方法主要有如下几种。

- 命令行：在命令行中执行 SLICE 命令。
- 功能区：在“三维建模”工作空间中选择【常用】/【实体编辑】组，单击“剖切”按钮。
- 工具栏：在“AutoCAD 经典”工作空间中选择【修改】/【三维操作】/【剖切】命令。

下面将在“三通管.dwg”图形文件进行剖切操作，使用 3 点定义剖切面的方式，将模型剖切为两个部分，并进行三维移动操作，便于查看模型的内部结构。其具体操作如下：

光盘文件
素材\第 9 章\三通管.dwg
效果\第 9 章\三通管.dwg
实例演示\第 9 章\剖切实体

STEP 01：执行命令

1. 打开“三通管.dwg”图形文件，并在命令行中输入SLICE 命令，按Enter键，执行该命令。
2. 选择三通管实体对象为剖切对象，按Enter键，执行该命令。

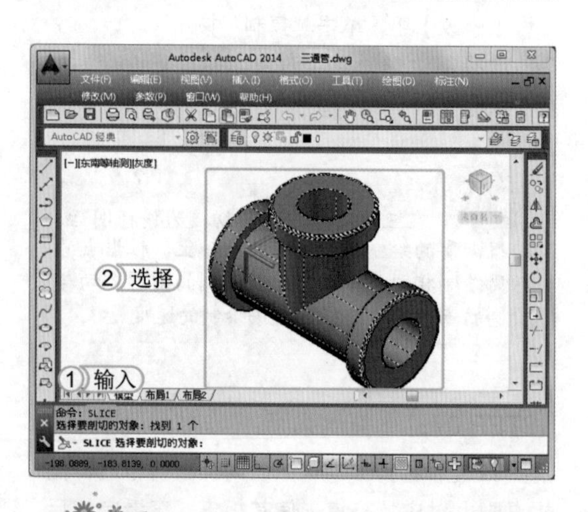

提个醒

在选择剖切平面时的选项与执行“三维镜像”命令时的选项含义相同，不同的是这些选项是用于定义剖切面的位置。

STEP 02： 定义剖面图

1. 在命令行中输入“3”，选择“三点”选项，按 Enter 键，执行该命令。
2. 然后依次选择三通管模型上的 3 个圆心为剖切面上的 3 个点。

提个醒 在选择三个圆形时，应打开中心捕捉功能，直接对三通管的中心位置进行捕捉，完成剖切面的定义。

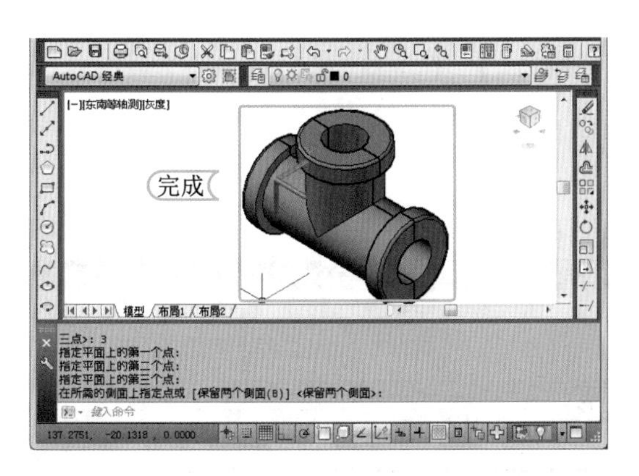

STEP 03： 剖切实体

直接按 Enter 键确认选择“保留两个侧面”选项，完成剖切实体操作。

提个醒 使用“剖切”命令剖切三维实体或曲面时，可以通过多种方法定义剖切平面。例如，可以指定三个点、一条轴、一个曲面或一个平面对象以用作剖切平面。

STEP 04： 查看内部结构

1. 在命令行中输入 3DMOVE 命令，按 Enter 键，执行该命令。
2. 选择需要移动的图形对象，按 Enter 键，执行该命令后，将剖切的一部分实体向左移动。设置移动距离为“100”，并查看移动后的三通管内部结构。

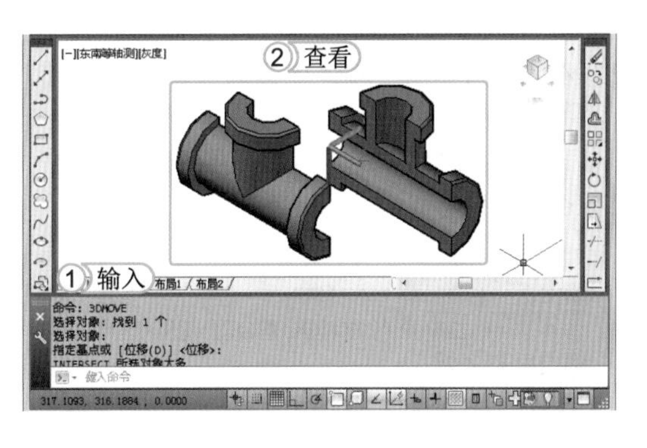

在执行剖切命令的过程中，各选项的含义如下。

- 平面对象（O）：主要将剖切面与圆、椭圆、圆弧、椭圆弧、二维样条曲线或二维多段线对齐进行剖切。
- 曲面（S）：主要将剖切面与曲面对齐进行剖切。
- Z 轴（Z）：主要通过平面上指定的一点或在 Z 轴上指定的一点来确定剖切平面，并对其进行剖切。
- 视图（V）：主要将剖切面与当前的视图平面对齐进行剖切，同样指定一点可确定剖切平面的位置。
- XY 平面（XY）：主要将剖切面与当前 UCS 的 XY 平面对齐进行剖切，指定一点可确定剖切面的位置。
- YZ 平面（YZ）：主要将剖切面与当前 UCS 的 YZ 平面对齐进行剖切。

- ZX 平面（ZX）：主要将剖切面与当前 UCS 的 ZX 平面对齐进行剖切，也可指定一点确定剖切面的位置。
- 三点（3）：主要用三点确定剖切面来进行剖切。

9.2.2 抽壳实体

“抽壳”命令可以在三维实体对象中创建具有指定厚度的壁，而且抽壳对象只能是实体，在抽壳时只需在选择抽壳对象后，再选择需要抽壳的面，最后输入壁厚即可。调用“抽壳”命令的方法主要有如下几种。

- 命令行：在命令行中执行 SOLIDEDIT 命令。
- 功能区：在“三维建模”工作空间中选择【实体】/【实体编辑】组，单击“分割”按钮下方的下拉按钮，在弹出的下拉列表中选择“抽壳”选项。
- 工具栏：在“AutoCAD 经典”工作空间中选择【修改】/【实体编辑】/【抽壳】命令。

下面主要使用“球体”、“矩形”、“剖切”和“抽壳”等命令绘制“石桌 .dwg”图形文件。其具体操作如下：

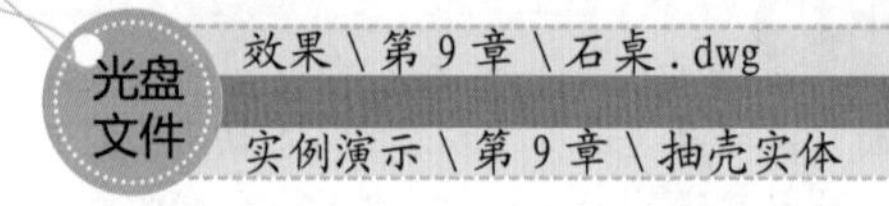
光盘文件
效果 \ 第 9 章 \ 石桌 . dwg
实例演示 \ 第 9 章 \ 抽壳实体

STEP 01：创建球体

1. 启动 AutoCAD 2014，在命令行中输入 SPHERE 命令，按 Enter 键，执行该命令。
2. 在下方命名行中输入坐标值为“0,0,0”，按 Enter 键。
3. 设置半径值为“50”，按 Enter 键，执行该命令。

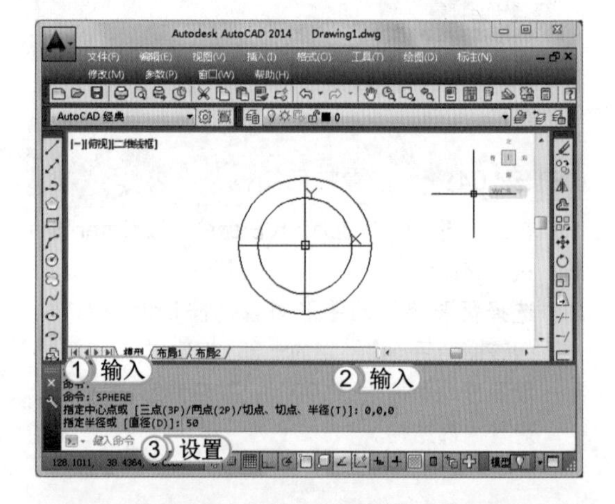

提个醒
在命令行中输入 ISOLINES 命令，可调整线框密度。

STEP 02：绘制矩形

1. 将其切换为西南等轴测视图。
2. 单击“绘图”工具栏中的“矩形”按钮。
3. 输入四边形的第一个角点的坐标值“-60,-60,40”，按 Enter 键，执行该命令。
4. 输入四边形的第二个角点的坐标值“@120,120”，按 Enter 键，执行该命令，并查看完成的矩形效果。
5. 根据以上方法，以“-60,-60,40”和“@120,120”为角点值绘制另一个矩形。

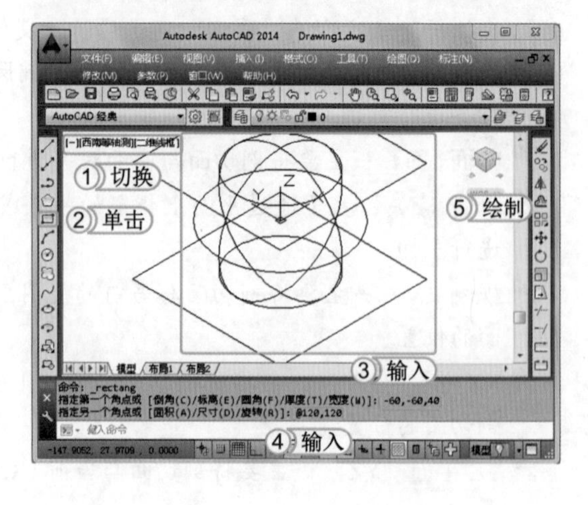

STEP 03： 剖切桌面

1. 在命令行中输入 SLICE 命令，按 Enter 键，执行该命令。
2. 选择球体作为剖切的对象，按 Enter 键，执行该命令。
3. 在下方命令行中输入“O”选择“平面对象”选项，按 Enter 键，执行该命令。选择四边形作为指定的平面对象，在四边形中确定捕捉的两点，并查看剖切后的效果。

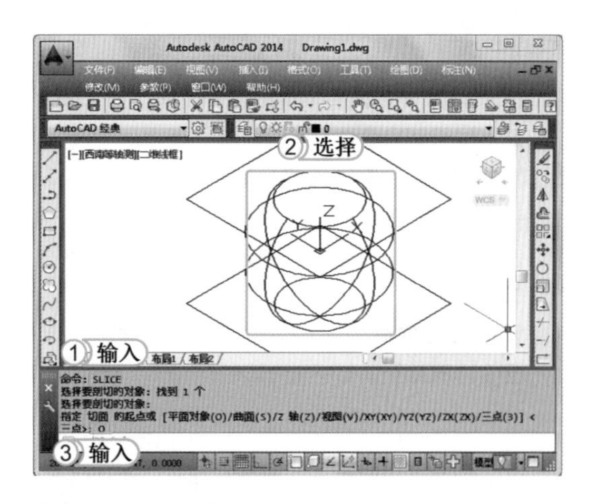

STEP 04： 剖切第二点

根据以上方法剖切第二点，并查看完成剖切后的效果。

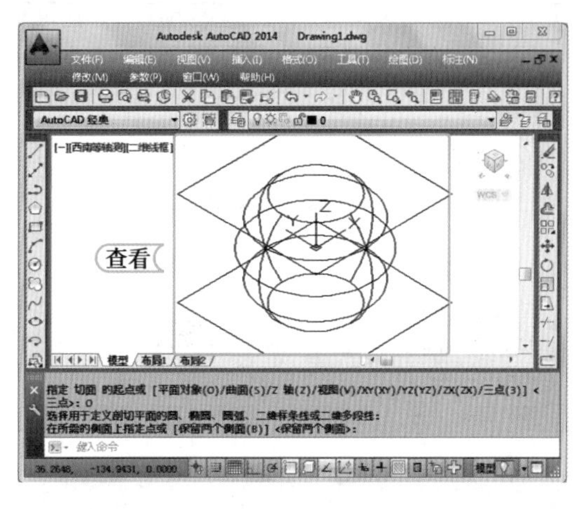

> **提个醒** 通过在命令行中输入命令的方式执行“抽壳”命令时，需要在命令行中输入“B”和“S”，依次选择“体”和“抽壳”选项，才能选择抽壳对象，而通过工具组的方式执行该命令后可以直接选择抽壳对象。

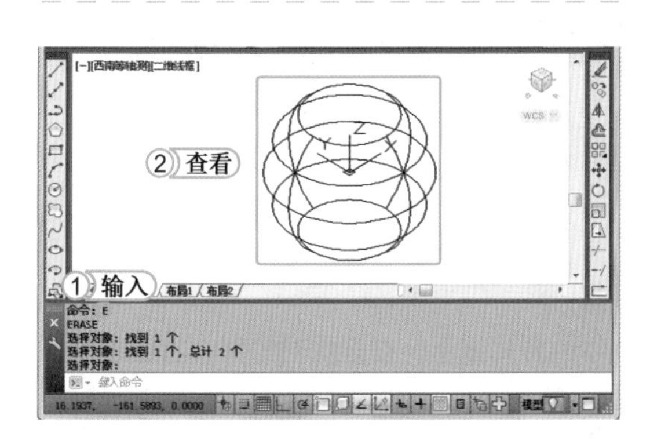

STEP 05： 删除矩形

1. 在命令行中输入 E 命令，按 Enter 键，执行该命令。
2. 选择需要删除的两个矩形，按 Enter 键，执行该命令，可查看到矩形已经删除。

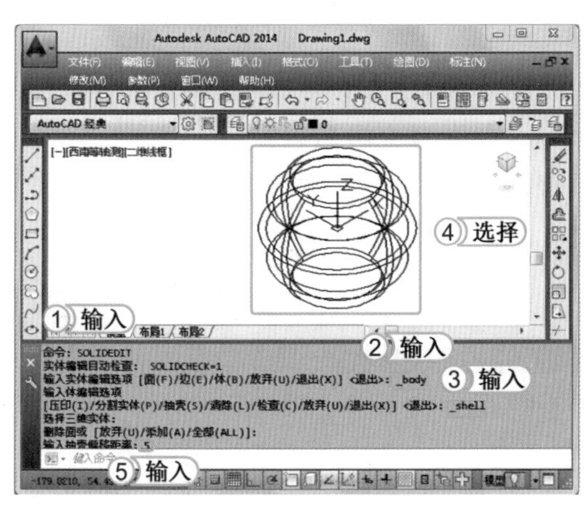

STEP 06： “抽壳”命令

1. 在命令行中输入 SOLIDEDIT 命令，按 Enter 键，执行该命令。
2. 在下方命令行中输入实体编辑命令“_body”，按 Enter 键，执行该命令。
3. 在命令行中输入“_shell”，按 Enter 键，执行该命令。
4. 选择球体作为抽壳的对象，按 Enter 键，执行该命令。
5. 输入偏移距离“5”，按 Enter 键。完成后按 Esc 键，退出抽壳操作。

STEP 07： 创建圆柱体

1. 在命令行中输入 CYLINDER 命令，按 Enter 键，执行该命令。
2. 输入需要绘制圆柱体的坐标，这里输入“0,0,40”（为底面圆心），按 Enter 键，执行该命令。
3. 设置半径为“65”，按 Enter 键，完成半径的设置。
4. 设置圆柱的高为“10”，按 Enter 键，完成圆柱体的绘制。

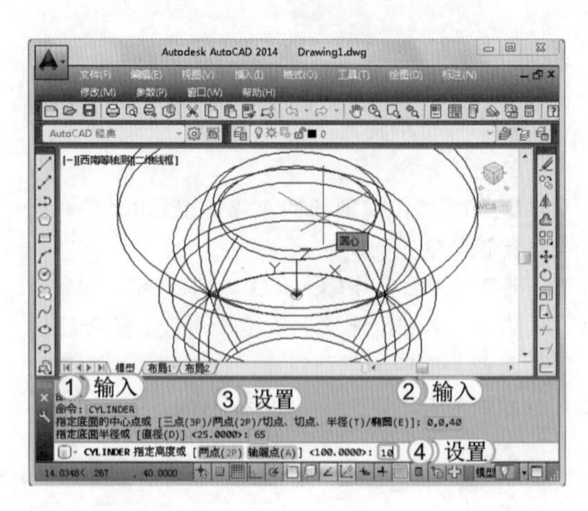

STEP 08： 圆角的设置

1. 在命令行中输入 FILLET 命令，按 Enter 键，执行该命令。
2. 在下方命令行中输入“R”，选择“半径”选项，按 Enter 键，执行该命令。
3. 输入圆角的半径值“2”，按 Enter 键。
4. 在绘图区选择需要倒角的弧度，并切换到“真实”视觉样式查看完成圆角后的效果。

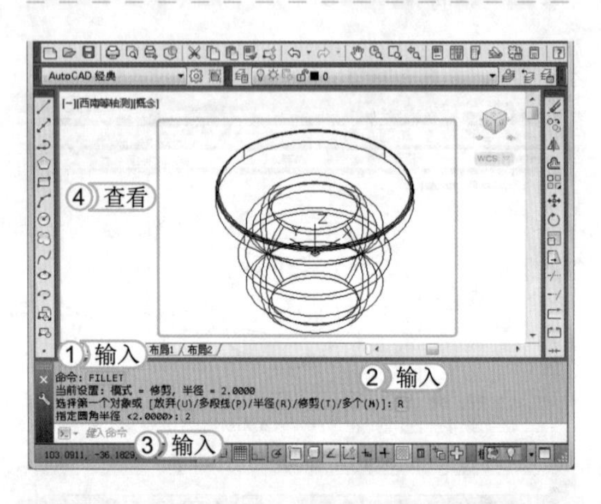

经验一箩筐——创建新面

使用“抽壳”命令，可以将三维实体转换为中心薄壁或壳体。将实体对象转换为壳体时，可以通过将现有面朝其原始位置的内部或外部偏移来创建新面。

9.2.3 分解实体

在 AutoCAD 2014 中创建的实体模型都是以整体的方式显示，在选择对象时，将会选择该对象上的所有面。如果要对创建实体的某一面进行编辑操作，可先进行实体分解，再选择需要编辑的某一部分。调用该命令的方法主要有如下几种。

- 命令行：在命令行中执行 EXPLODE（X）命令。
- 功能区：在“三维建模”工作空间中选择【常用】/【修改】组，单击“分解”按钮。
- 工具栏：在“AutoCAD 经典”工作空间中选择【编辑】/【分解】命令。

下面对“转向盘.dwg”图形文件进行分解操作，分解后对“方向盘”部分进行三维移动操作，使其与盘身相离。其具体操作如下：

光盘文件

素材\第 9 章\转向盘.dwg
效果\第 9 章\转向盘.dwg
实例演示\第 9 章\分解实体

STEP 01：执行命令

1. 打开“转向盘.dwg”图形文件，在命令行中输入 EXPLODE 命令，按 Enter 键，执行该命令。
2. 选择转向盘图形为分解对象，按 Enter 键分解操作实体。

提个醒

在分解实体后，如果要对其整体进行移动、复制或旋转等操作，需要先将对象的整体全部选择后，再进行操作。

STEP 02：分解实体

1. 在命令行中输入 3DMOVE 命令，按 Enter 键，执行“三维移动”命令。
2. 选择需要移动的图形对象，按 Enter 键，执行该命令后，将分解的一部分实体沿 Y 轴移动，移动距离为“-400”，查看分解后的效果。

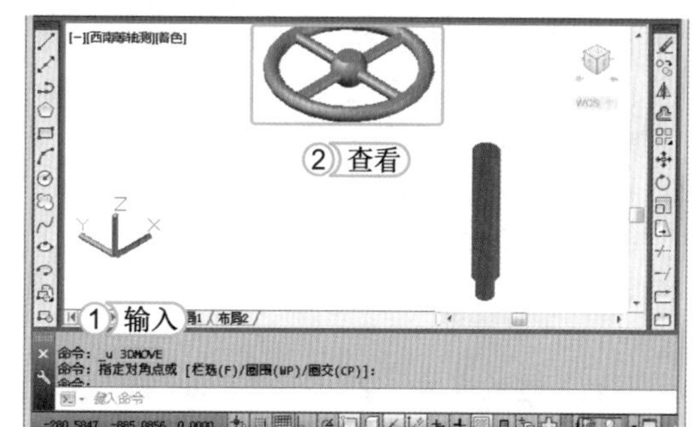

经验一箩筐——快速绘制曲面对象

在使用“分解”命令对实体对象进行分解操作后，实体对象会被分解为多个部分，实体就变成了由多个曲面组成的对象。在绘制一些曲面对象时，可以通过先绘制实体对象，在对实体进行分解后，删除多余的曲面即可。运用这种方法绘制的曲面不仅效率快，而且减少了系统对曲面的计算量。

9.2.4 编辑三维实体面

三维实体面是指对单个三维实体本身的某些部分或某些面进行编辑，从而改变三维实体造型。常见的编辑三维实体面有拉伸、移动、旋转、偏移、倾斜、删除、复制、颜色、材质、放弃和退出等，调用该命令的方法主要有如下几种。

- 命令行：在命令行中执行 SOLIDEDIT 命令。
- 功能区：在“三维建模”工作空间中选择【常用】/【实体编辑】组，单击“拉伸面”按钮右侧的下拉按钮，在弹出的下拉列表中选择对应的选项即可。
- 工具栏：在“AutoCAD 经典”工作空间中选择【修改】/【实体编辑】命令，在弹出的下拉列表中选择对应的选项即可。

下面将使用编辑三维实体面的方法绘制“镶块.dwg”图形文件，并在其中使用拉伸面和删除面等绘制该图形。其具体操作如下：

光盘文件

效果 \ 第 9 章 \ 镶块 .dwg

实例演示 \ 第 9 章 \ 编辑三维实体面

STEP 01：绘制长方体

1. 启动 AutoCAD 2014，将视图切换为西南等轴测视图。
2. 在命令行中输入 BOX 命令，按 Enter 键，执行该命令。
3. 设置长方体的角点为“0,0,0”，按 Enter 键，执行该命令。
4. 在命令行中输入“L”，选择“长度”选项，按 Enter 键。
5. 指定长度、宽度和高度分别为“50”、“100”和“20”，按 Enter 键。

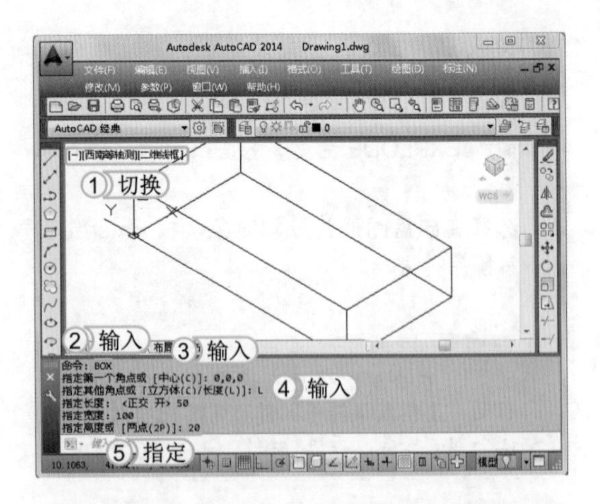

STEP 02：绘制圆柱体

1. 在命令行中输入 CYLINDER 命令，按 Enter 键，执行该命令。
2. 指定长方体右侧面上的中点为圆心，按 Enter 键执行该命令。
3. 设置半径为“50”，按 Enter 键，完成半径的设置。
4. 设置圆柱的高为“-20”，按 Enter 键，完成圆柱体的绘制。

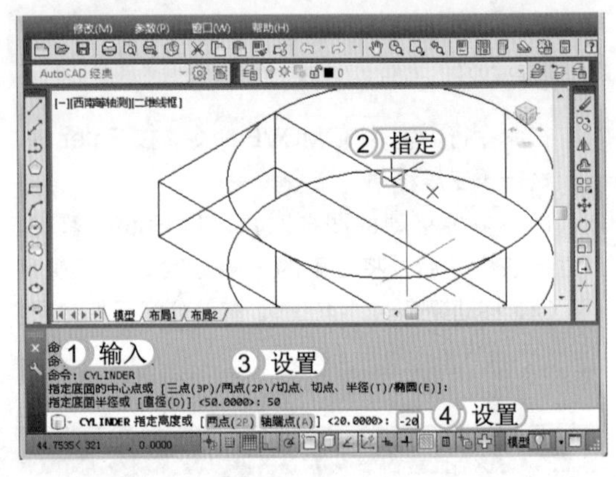

STEP 03：并集处理

1. 在命令行中输入 UNION 命令，按 Enter 键，执行该命令。
2. 依次选择长方体和圆柱体，按 Enter 键，执行该命令，并查看并集处理后的效果。

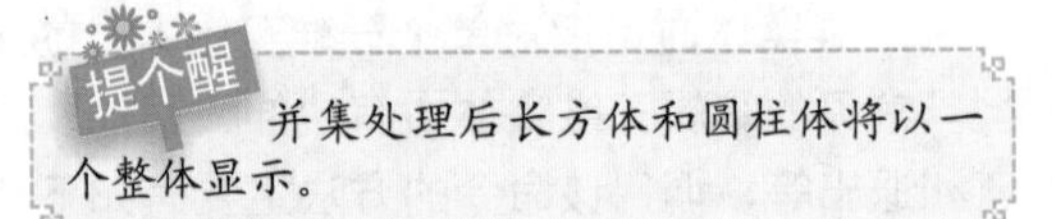

并集处理后长方体和圆柱体将以一个整体显示。

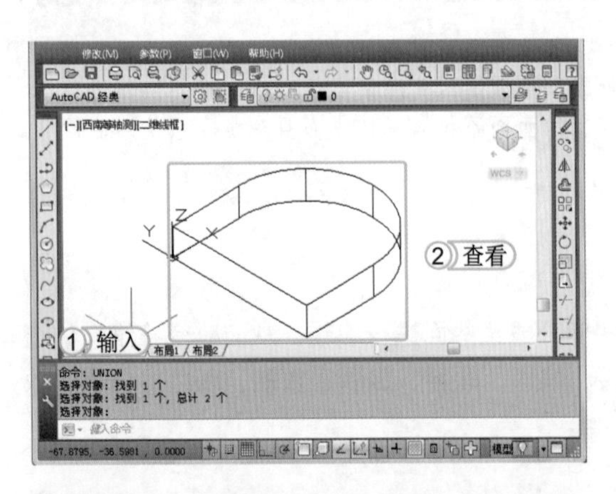

STEP 04：“剖切”命令

1. 在命令行中输入 SLICE 命令，按 Enter 键，执行该命令。
2. 选择绘图区中的图形作为剖切的对象，按 Enter 键，执行该命令。
3. 在命令行中输入“ZX”，选择“ZX”选项，按 Enter 键，执行该命令。
4. 在命令行指定平面上的一点为“0,-90,0”，按 Enter 键，再次输入第二点为“0,-10,0”，按 Enter 键，查看完成后的效果。

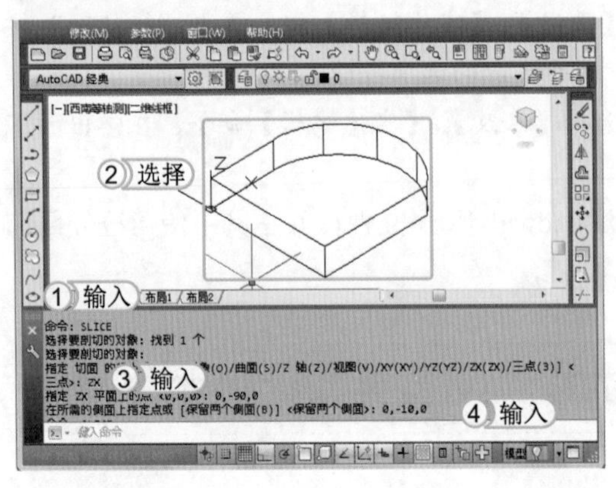

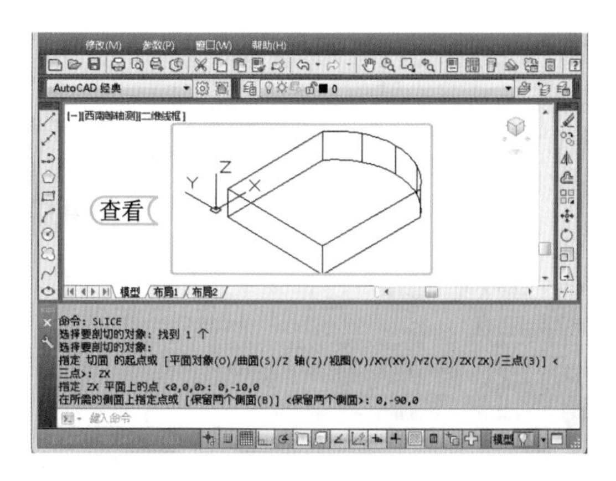

STEP 05: 剖切另一边

根据以上方法，指定平面上的一点为“0,-10,0”，指定第二点为“0,-90,0”按 Enter 键，查看完成后的效果。

提个醒

剖切图形时可分别进行，当完成一个剖切后再次输入命令，再根据以上步骤进行下一步的剖切。

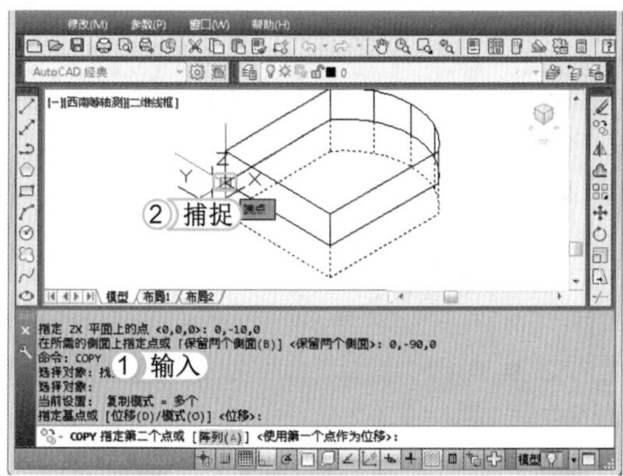

STEP 06: 复制对象

1. 在命令行中输入 COPY 命令，按 Enter 键，执行该命令。
2. 选择需要复制的对象，按 Enter 键，执行该命令，捕捉左侧图形的角点，向上进行移动，捕捉上方一点，并查看复制后的效果。

提个醒

在使用“复制”命令时，应采用角点捕捉的方法捕捉对应的点，才能使其对齐捕捉。

STEP 07: “拉伸”命令

1. 在命令行中输入 SOLIDEDIT 命令，按 Enter 键，执行该命令。在命令行中输入“F”选择“面”选项，按 Enter 键。
2. 在命令行中输入“E”，选择“拉伸”选项，按 Enter 键。
3. 选择要拉伸的面，这里选择右上方的面，按 Enter 键。
4. 在命令行中输入“-10”，按两次 Enter 键，完成拉伸操作。

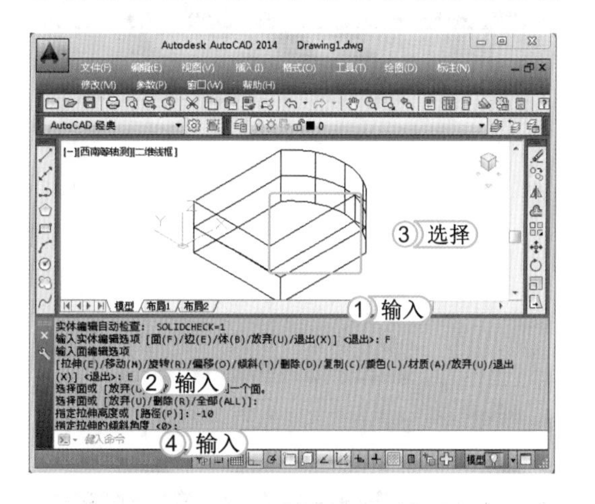

STEP 08: 查看拉伸后的效果

根据以上方法，选择右侧面，并对其向右进行拉伸。设置拉伸距离为“-10”，并查看拉伸完成后的效果。

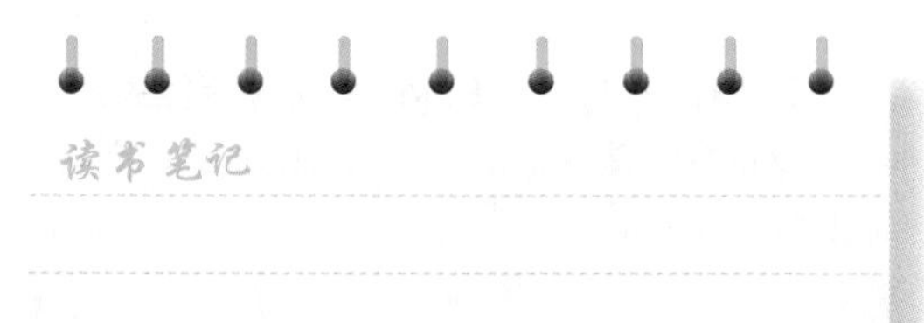

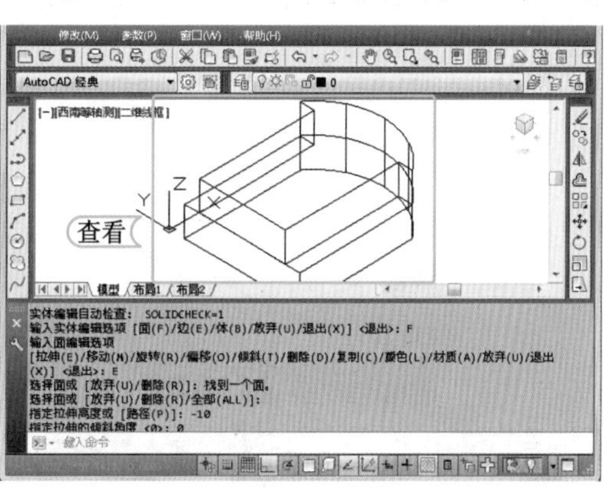

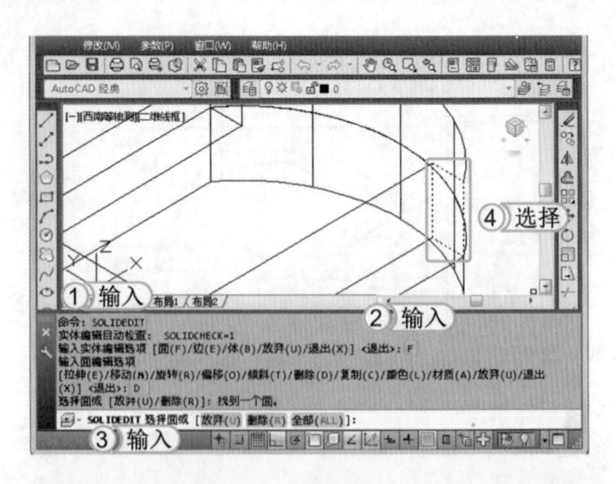

STEP 09： 删除面

1. 在命令行中输入 SOLIDEDIT 命令，按 Enter 键，执行该命令。
2. 在命令行中输入“F”，选择“面”选项，按 Enter 键。
3. 在命令行中输入“D”，选择“拉伸”选项，按 Enter 键。
4. 选择要删除的面，这里选择右上方面，按 Enter 键。

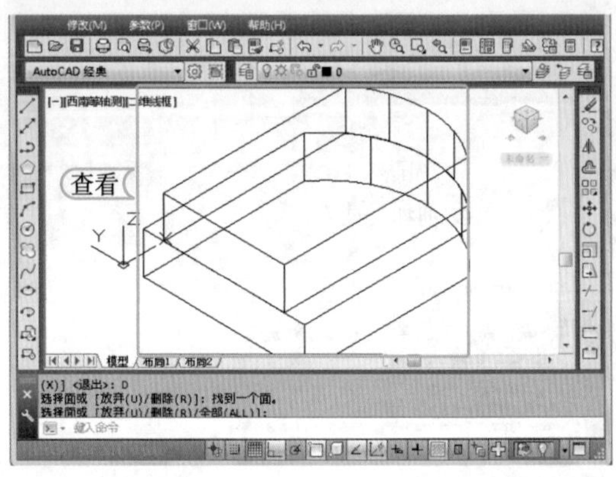

STEP 10： 删除其他面

根据以上方法，选择右侧面，对其进行面的删除，并查看删除完成后的效果。

提个醒 如果删除的面不在一个整体中，而是单独存在的，将不可对其进行删除。

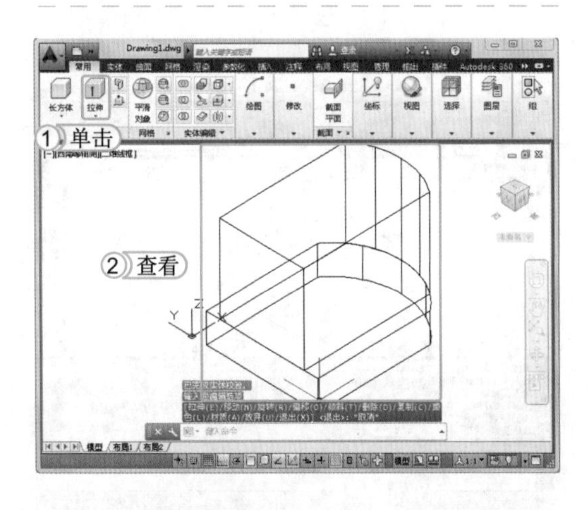

STEP 11： 拉伸面

1. 切换为“三维建模”工作空间，选择【常用】/【实体编辑】组，单击“拉伸”按钮。
2. 选择需要拉伸的顶面，按 Enter 键，并输入拉伸的高度值“40”，按 Enter 键，完成拉伸操作，查看拉伸后的效果。

提个醒 执行拉伸面命令时，若对需要的编辑面选择错误，可及时执行U命令取消选择后，再重新选择正确的面。

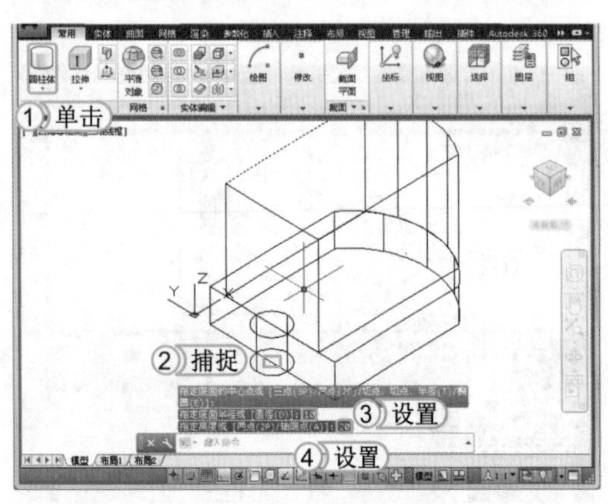

STEP 12： 绘制圆柱体

1. 选择【常用】/【建模】组，单击“圆柱体”按钮。
2. 捕捉实体底面左边中点为圆心，按 Enter 键。
3. 设置半径为“10”，按Enter键，完成半径的设置。
4. 设置圆柱的高为“20”，按 Enter 键，完成圆柱体的绘制。

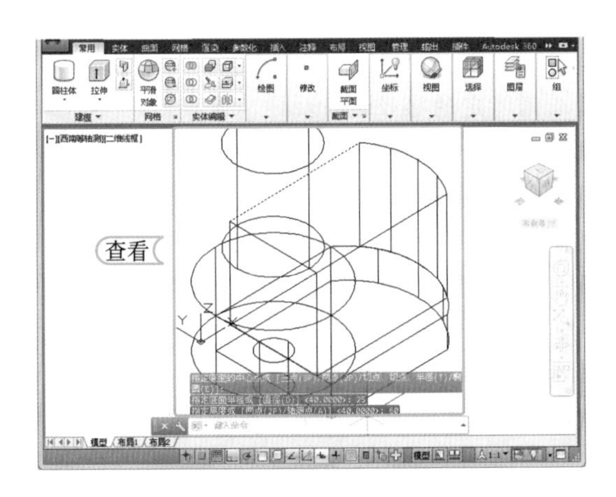

STEP 13： 绘制另一个圆柱

根据以上方法，以实体顶面左边中心点为圆心，创建半径为“40”，高为“40”的圆柱体。再绘制半径为“25”，高为“60”的圆柱体，并查看完成后的效果。

提个醒 在捕捉中心点时，应先打开中心捕捉工具，再进行捕捉。

STEP 14： 差集的运用

1. 选择【常用】/【实体编辑】组，单击“实体，差集”按钮。
2. 选择需要差集的对象，按 Enter 键。再次选择圆柱体，使其以差集显示，并查看显示后的效果。

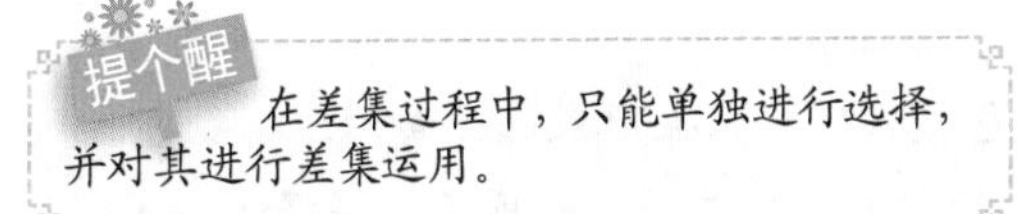

提个醒 在差集过程中，只能单独进行选择，并对其进行差集运用。

STEP 15： 绘制圆柱体

根据以上绘制圆柱体的方法，绘制半径为“5”，高为“100”的圆柱体。将其移动到适当位置，并查看完成后的效果。

提个醒 在绘制圆孔时，可先设置坐标原点，再根据设置的原点绘制圆柱，这样可帮助绘制时更好地捕捉图形对象的点。

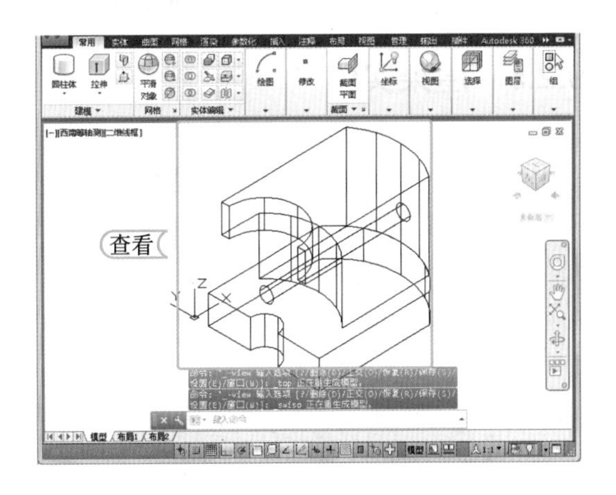

STEP 16： 查看完成后的效果

使用“差集”命令绘制圆孔，再设置视觉样式为“灰度”，查看完成后的效果。

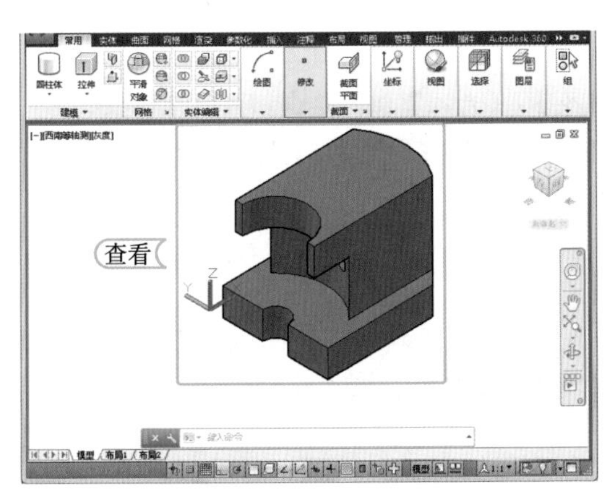

读书笔记

命令行中各主要选项的含义分别如下。

- 拉伸：当选择三维实体面后，即可按指定高度或沿指定的路径进行拉伸，或单击“实体编辑”组中的“拉伸面”按钮对三维实体进行拉伸。
- 倾斜：当选择三维实体面后，按指定角度进行倾斜，倾斜方向由选择基点和第二点（沿选定矢量）的顺序决定，或单击“实体编辑”组中的“倾斜面”按钮，指定倾斜方向。
- 移动：当选择三维实体面后，即可按指定的方向和距离进行移动，或单击“实体编辑”组中的“移动面”按钮，同样可按指定方向和距离进行移动。
- 复制：当选择三维实体面后，如果需要选择多个面进行复制，则会创建出实体。复制时需指定选择面的基点与另一点来确定创建的面域或实体的位置，或单击“实体编辑”组中的“复制面”按钮进行复制。
- 偏移：当选择三维实体面后，即可按指定的距离或通过指定的点均匀地偏移，或单击“实体编辑”组中的“偏移面”按钮进行偏移。
- 删除：当选择三维实体面后，即可选择需要删除的三维实体面，或单击“实体编辑”组中的“删除面”按钮将其删除。
- 旋转：当选择三维实体面后，即可按指定的角度围绕某条轴进行特定弧度的旋转，或单击“实体编辑”组中的“旋转面”按钮进行旋转。
- 颜色：当选择三维实体面后，选择该选项，打开“选择颜色”对话框，在其中选择所需的颜色即可改变被选择的三维实体组成面的颜色；或单击“实体编辑”组中的“着色面”按钮，改变三维实体组成的颜色，但在线框着色模式下，只显示被选择面的边框颜色。
- 材质：主要用于改变被选择的三维实体组成面的材质。当选择该选项后，将提示输入材质名称。给三维实体的不同面指定不同的材质，以便渲染出不同的效果。

9.2.5 渲染实体

渲染是对三维图形对象加上颜色和材质的因素，它的作用与编辑实体面中的材质不同。渲染实体主要是通过光源、材质和贴图等因素的使用，从而更真实地表示图形的外观与纹理。渲染是输出图形的关键步骤，是决定图形显示效果的主要部分，因此在设计中非常重要。下面将介绍渲染实体的基本方法。

1. 设置光源

光源是照亮模型的基础，在渲染过程中若设置了光源，可使渲染的模型更具有立体感。光源效果主要由强度和颜色两个因素构成。光源主要分为点光源、聚光灯和平行光几大类，但它不是固定的，还可通过相应的方法对光源进行创建，调用“光源”命令的方法主要有如下几种。

- 命令行：在命令行中执行 LIGHT 命令。
- 功能区：在“三维建模”工作空间中选择【渲染】/【光源】组，单击相应的光源按钮。
- 工具栏：在“AutoCAD 经典”工作空间中选择【视图】/【渲染】/【光源】命令，在弹出的列表中选择相应的选项。

根据以上方法执行相应的命令后，命令行会出现不同的提示，然后即可对光源进行不同的操作，下面将分别进行介绍。

- 点光源：在创建点光源时，指定光源位置后，就可指定光源名称、设置光源的强度与亮度、打开和关闭光源、设置光源投影、控制光线的增加与衰减和控制光源颜色等。完成后选择

【视图】/【渲染】命令，即可对其进行渲染。

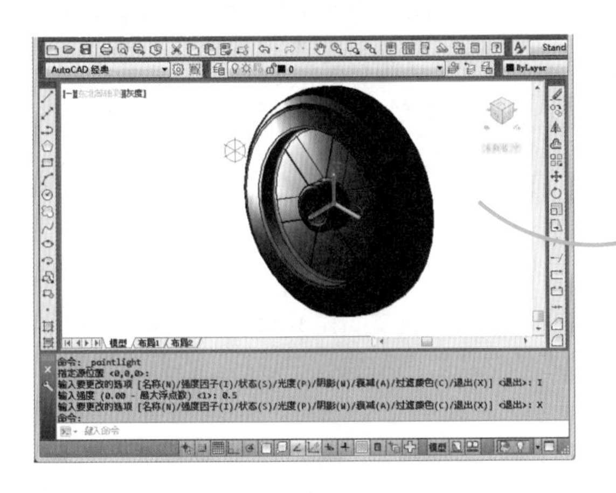

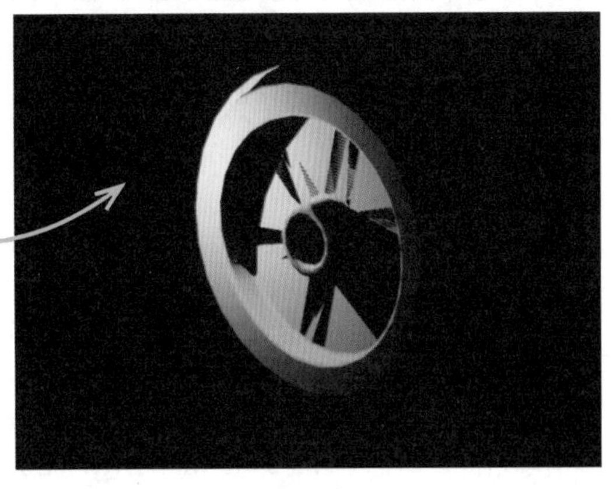

聚光灯：在创建聚光灯光源时，指定目标位置后，就可定义光源名称、设置光源的强度与亮度、打开和关闭光源、设置光源投影、最亮光锥的角度及定义光锥的角度等，完成后选择【视图】/【渲染】命令，即可对其进行渲染。

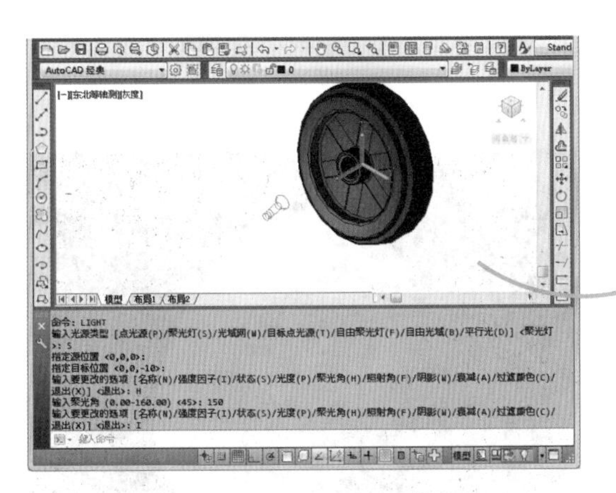

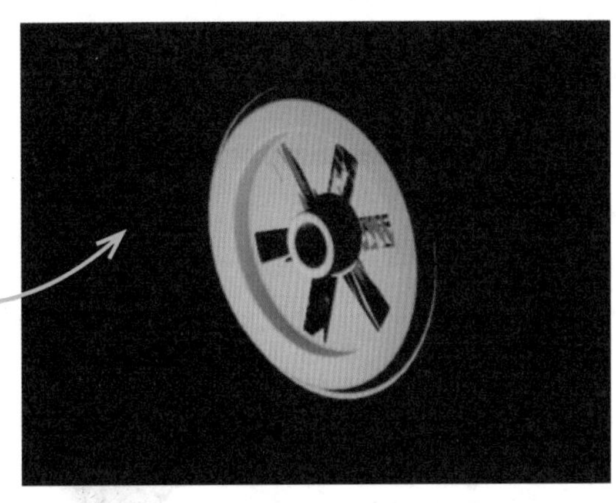

平行光：在创建平行光光源时，指定矢量方向后，就可指定光源名称、设置光源的强度与亮度、打开和关闭光源、设置光源投影、控制光线的增加与衰减和控制光源颜色等。完成后选择【视图】/【渲染】命令，即可对其进行渲染。

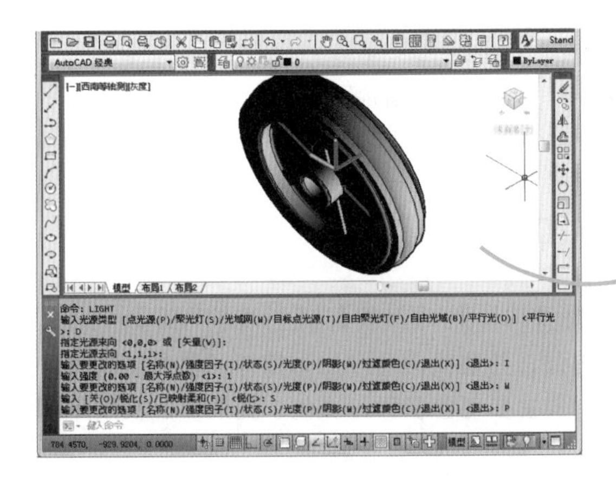

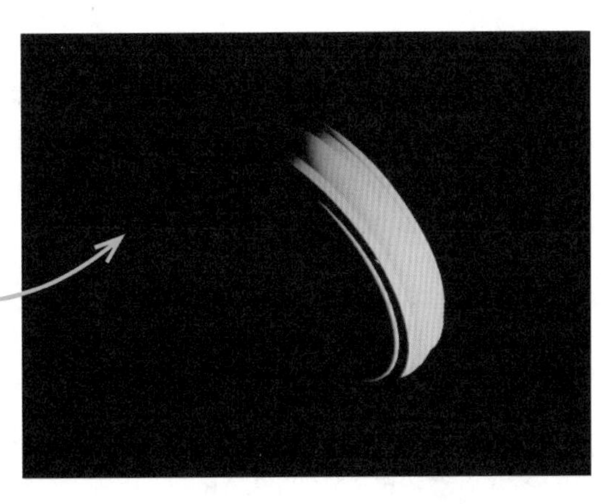

经验一箩筐——关闭默认光源

在创建光源时，当选择创建光源的种类后，系统会打开“光源 - 视口光源模式”提示对话框，提示用户保持打开或关闭默认光源。用户可以根据具体要求进行选择，但一般情况下选择“关闭默认光源”选项。

2. 附着材质

当认识了光源的使用方法后，还可以设置光源的物体附着材质，附着材质主要是对物体表面添加材质，增强物体的真实感。附着材质主要是在“材质”选项面板中进行，打开该选项面板的方法主要有如下几种。

- 命令行：在命令行中执行 MATBROWSEROPEN 命令。
- 功能区：在“三维建模”工作空间中选择【渲染】/【材质】组，单击“材质浏览器”按钮。
- 工具栏：在“AutoCAD 经典”工作空间中选择【视图】/【渲染】/【材质浏览器】命令。

常用附着材质的方法为：根据以上任意一种方法，并执行该命令后，打开“材质浏览器”选项面板，选择需要的材质类型，并直接拖动到需附着的图形对象上，将其转换为“真实”视觉样式，并查看附着材质后的效果。

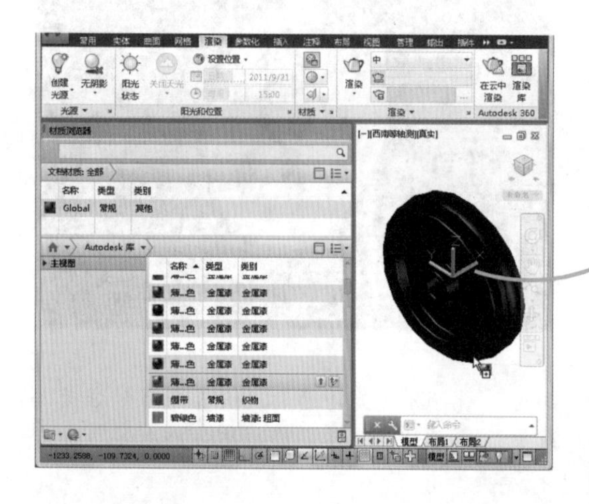

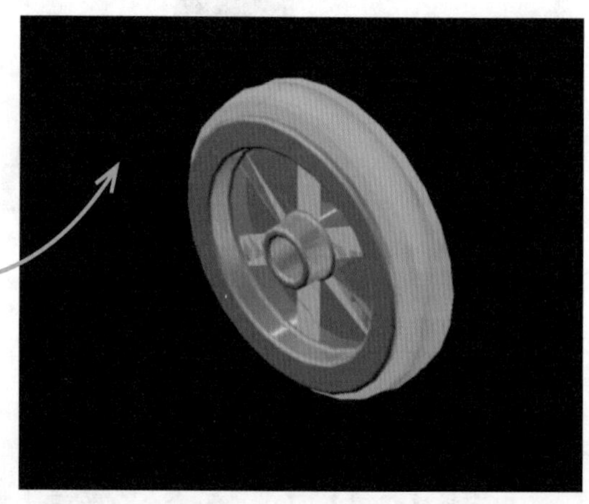

3. 设置材质

附着材质是设置材质的基础，当完成附着材质后，可对附着的材质进行设置，使材质不再单一。设置材质主要是在“材质编辑器”选项面板中进行，打开该选项板的方法主要有如下几种。

- 命令行：在命令行中执行 MATEDITOROPEN 命令。
- 功能区：在“三维建模”工作空间中选择【渲染】/【材质】组，单击“材质编辑器”按钮。
- 工具栏：在“AutoCAD 经典”工作空间中选择【视图】/【渲染】/【材质编辑器】命令。

常用设置材质的方法为：根据以上任意一种方法，并执行该命令后，打开“材质编辑器”选项面板，在其中对附着的材质进行编辑。编辑材质主要包含名称、颜色、光泽度、反射率和透明度等，编辑的图形将随着设置而改变。

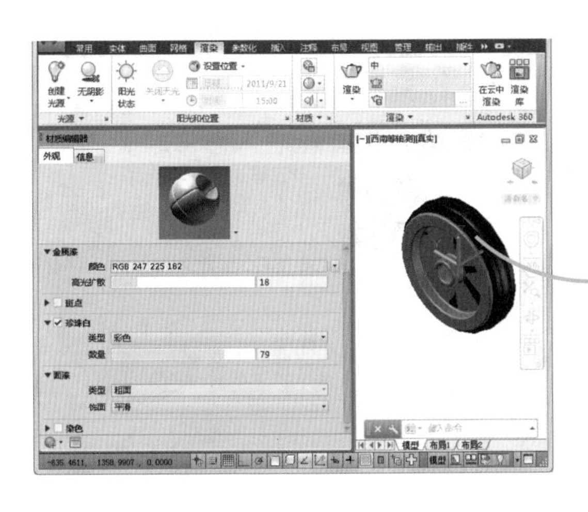

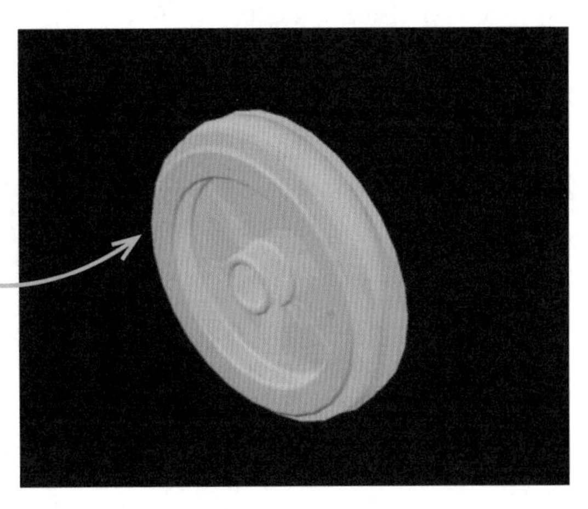

4. 贴图的使用

贴图与材质类似，都是对图形添加效果。但贴图相当于将一张图片贴到实体的表面，从而在渲染时产生实体的某种真实效果。贴图也是在“材质编辑器”选项面板中进行操作。

下面将以漫射贴图的方式为“桌子 .dwg”图形文件中的实体模型贴上“大理石”图片。其具体操作如下：

光盘文件
素材 \ 第 9 章 \ 桌子 . dwg、大理石 . jpg
效果 \ 第 9 章 \ 桌子 . dwg
实例演示 \ 第 9 章 \ 贴图的使用

STEP 01：材质编辑器

1. 打开“桌子 .dwg”图形文件，选择【渲染】/【材质】组，单击“材质编辑器”按钮，打开“材质编辑器”选项面板。
2. 在“常规”栏中选择“图像”文本框。

提个醒
如果材质编辑器中已经存在材质，可在其中单击鼠标右键，在弹出的快捷菜单中选择“删除图像”命令，删除材质。

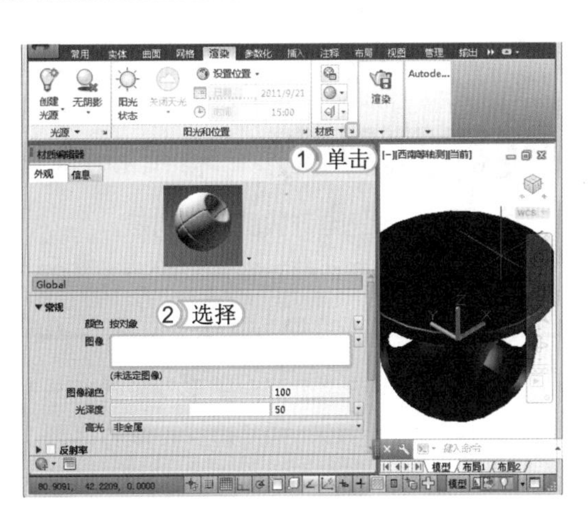

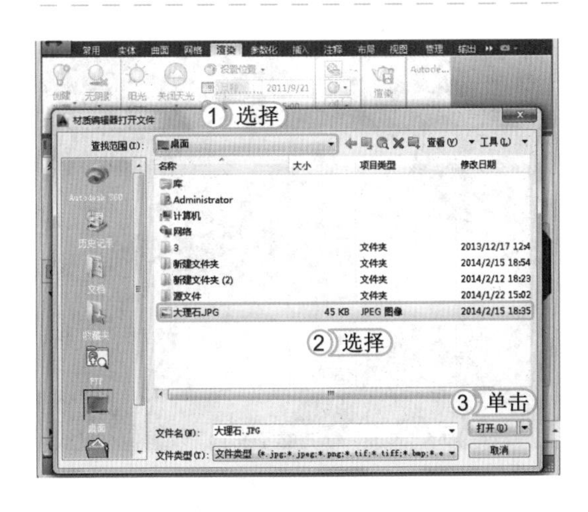

STEP 02：选择贴图文件

1. 打开“材质编辑器打开文件”对话框，在查找范围列表框中选择贴图位置。
2. 在下方列表框中选择“大理石 .jpg”选项。
3. 单击 打开(O) 按钮，打开图形文件。

提个醒
在添加贴图时，可以根据实体的外形，在“材质”选项面板中选择相应的几何样例，在设置时可通过材质球查看到更真实的效果。

STEP 03：设置光泽度

1. 返回“材质编辑器”选项面板，在“光泽度”栏中设置光泽度为“30”。
2. 单击“关闭”按钮，关闭“材质编辑器”选项面板。

提个醒 在贴图时，还可选择【渲染】/【材质】组，单击“材质贴图”按钮右侧的下拉按钮，在弹出的列表中选择需要的贴图样式对贴图进行相对的调整。

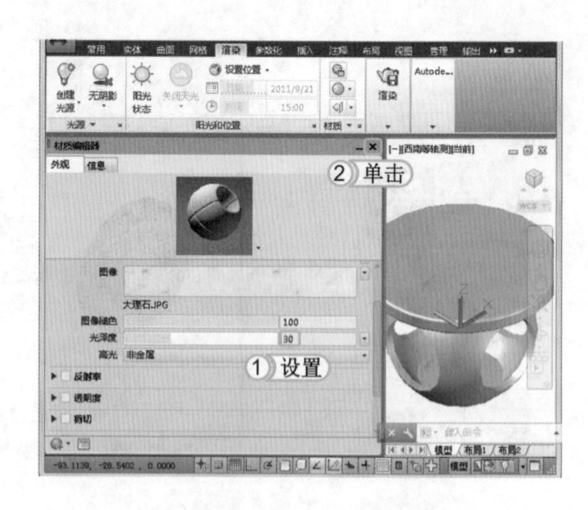

STEP 04：查看效果

返回绘图区，可查看完成贴图后的效果。

读书笔记

上机 1 小时 编辑轴承支座

- 掌握编辑三维对象的基本方法。
- 熟悉渲染实体并对其进行材质添加的方法。

光盘文件
素材 \ 第 9 章 \ 轴承支座 .dwg
效果 \ 第 9 章 \ 轴承支座 .dwg
实例演示 \ 第 9 章 \ 编辑轴承支座

下面将使用布尔运算对图形对象进行求交、求和和求差操作，为图形绘制图孔特征，孔的半径大小分别为“10”和“15”，最后再为“轴承支座”图形添加材质，并对其进行渲染。最终效果如下图所示。

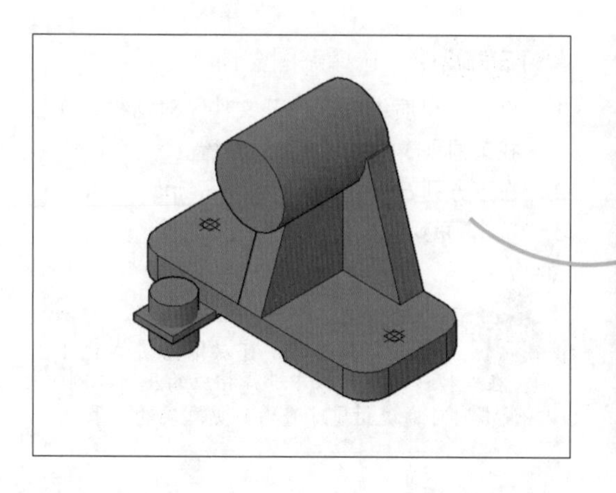

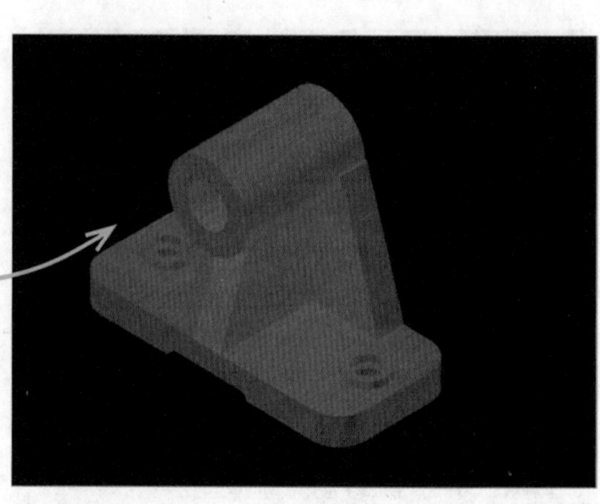

STEP 01：交集运算

1. 打开“轴承支座.dwg”图形文件，选择【常用】/【实体编辑】组，单击“交集”按钮，执行“交集”命令。
2. 选择轴承支座旁边的长方体，按 Enter 键，再选择圆柱体为交集运算对象，按 Enter 键执行该选择，完成交集运算，并查看交集后的效果。

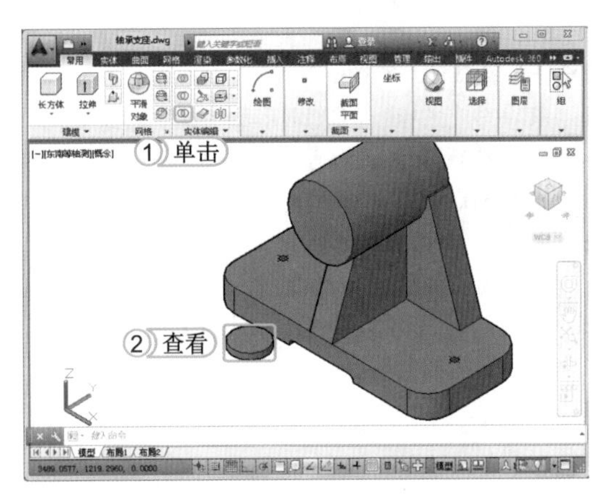

STEP 02：移动并复制对象

1. 在命令行中输入 3DMOVE 命令，按 Enter 键，执行该命令。
2. 选择交集运算的圆柱体底面的圆心为移动基点，按 Enter 键。

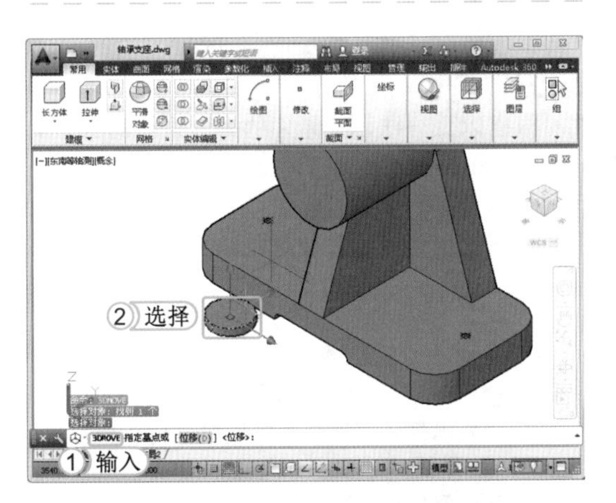

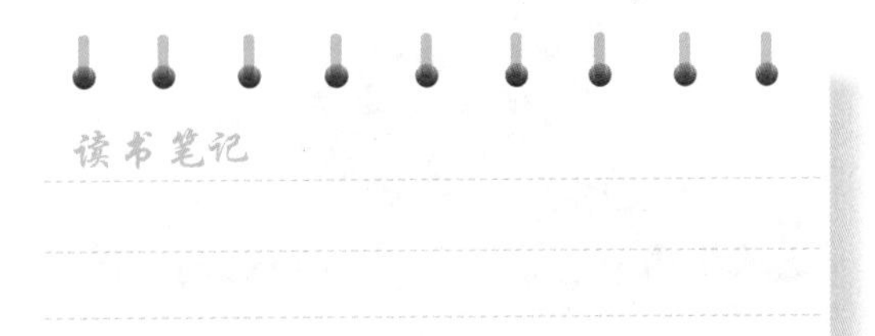

STEP 03：完成移动

1. 根据坐标轴的指定方向，移动至轴承支座底板的点上，并查看完成移动后的效果。
2. 在命令行中输入 COPY 命令，按 Enter 键，执行该命令，然后选择需要移动的圆柱体。
3. 将圆柱体复制到图形的另一边，并查看复制后的效果。

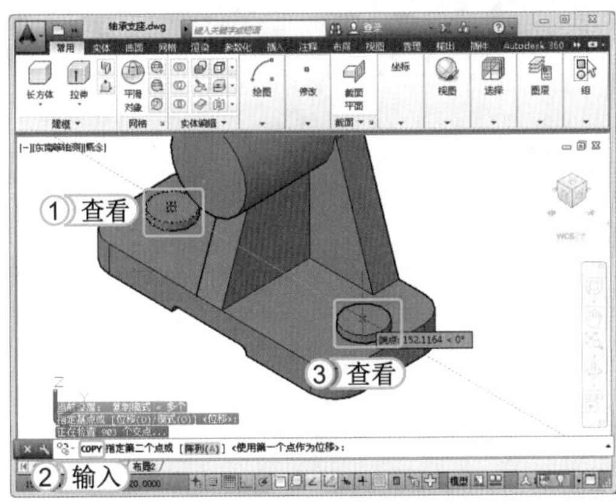

STEP 04：并集运算

1. 选择【常用】/【实体编辑】组，单击“并集”按钮，执行“并集”命令。
2. 选择所有的图形对象为并集运算对象，将所有的图形合并为一个整体，并查看合并后的效果。

提个醒 布尔运算中的求交运算多用于通过求实体相交的公共部分，高效地创建出复杂的模型。

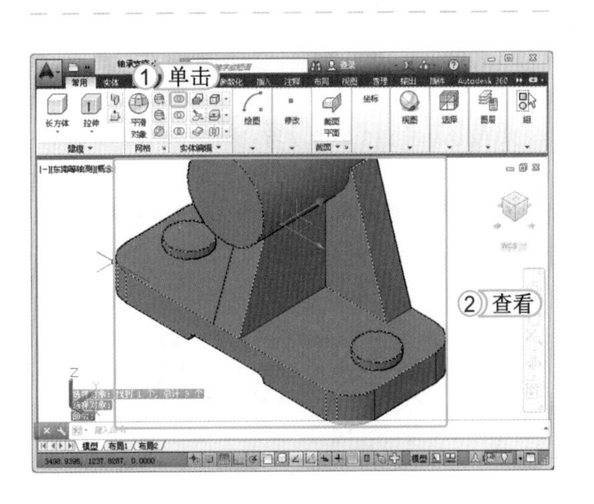

STEP 05: 绘制圆柱体

1. 在命令行中输入 CYLINDER 命令，按 Enter 键，执行该命令。捕捉零件底板上的圆心为圆柱圆点，按 Enter 键。
2. 设置半径为“10”，按 Enter 键，完成半径的设置。
3. 设置圆柱的高为“-30”，按 Enter 键，完成圆柱体的绘制。

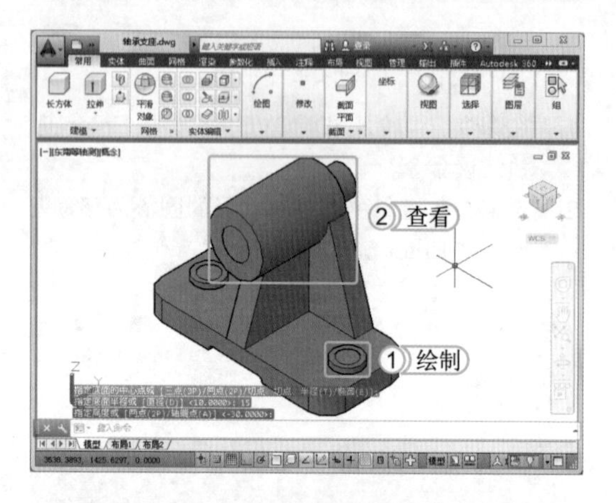

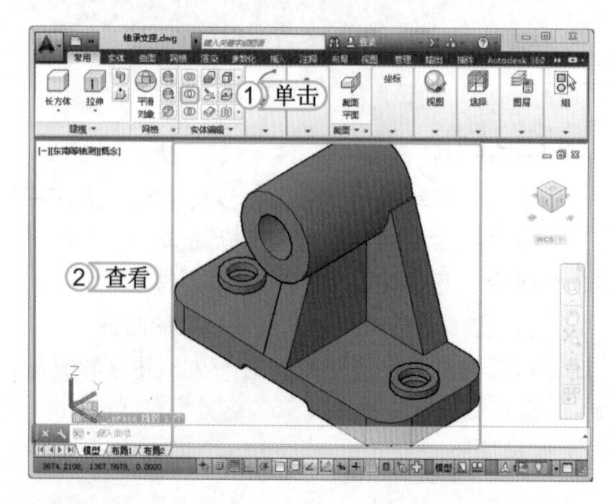

STEP 08: 设置材质

1. 选择【渲染】/【材质】组，单击“材质编辑器”按钮。
2. 打开“材质编辑器”选项面板，在其中单击“打开 / 关闭材质浏览器”按钮。

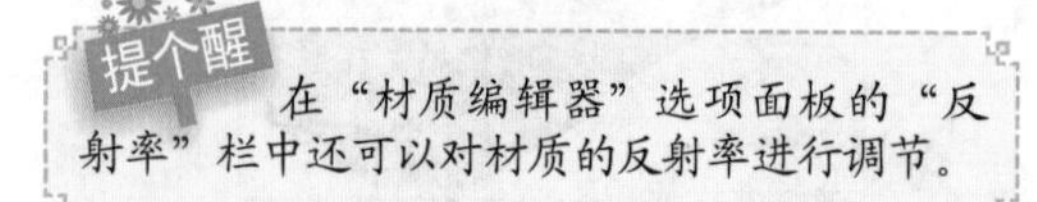

提个醒 在“材质编辑器”选项面板的“反射率”栏中还可以对材质的反射率进行调节。

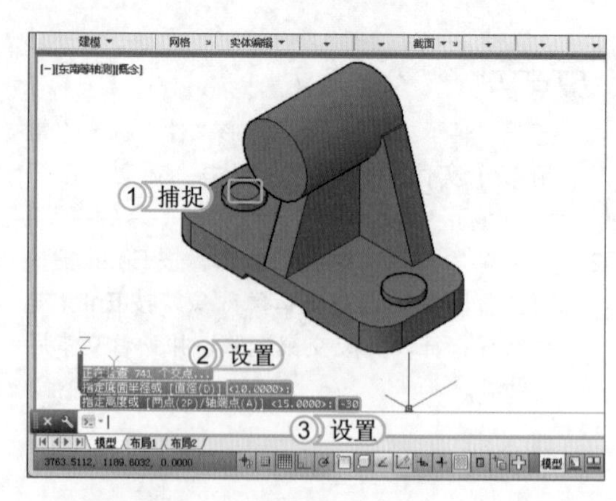

STEP 06: 绘制其他圆柱

1. 根据以上方法，在零件的另一边绘制出一个半径相等的圆柱体。
2. 再根据以上方法，在零件上方绘制出一个半径为“15”的圆柱体贯穿整个零件，查看绘制完成后的效果。

提个醒 除了 AutoCAD 能进行三维绘制外，其余功能比较强大且使用范围较广的 3D 设计软件主要还有：CATIA、Cimatron、Master CAM、UGS NX、SolidWorks、Pro/ENGINEER 和 SolidEdge 等。

STEP 07: 差集运算

1. 选择【常用】/【实体编辑】组，单击“差集”按钮，执行“差集”命令。
2. 选择轴承支座图形为要减去的实体，绘制的三个圆柱体为要减去的实体，创建出孔特征，并查看差集后的效果。

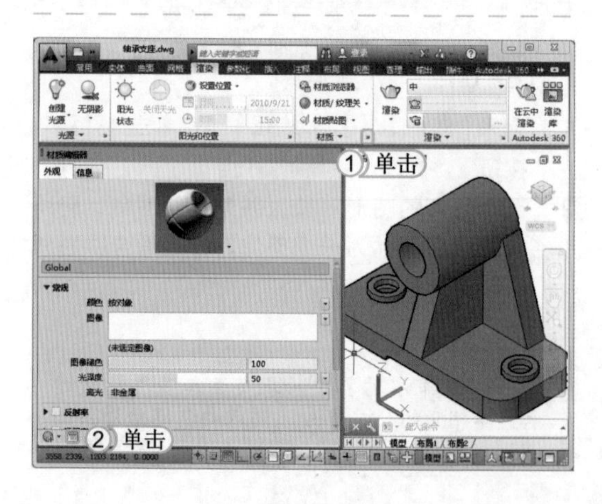

STEP 09: 添加材质

1. 关闭“材质编辑器”选项面板，并在打开的“材质浏览器”选项面板中选择“铜-缎光拉丝”为材质类型。
2. 直接将其拖动到需附着的图形对象中，将其转换为“真实”视觉样式，并查看附着材质后的效果。

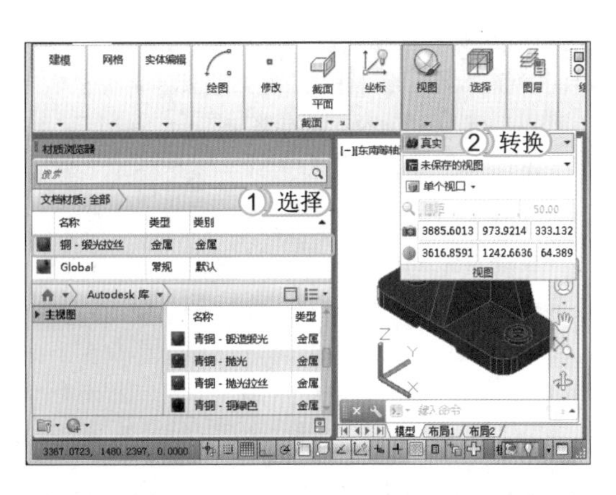

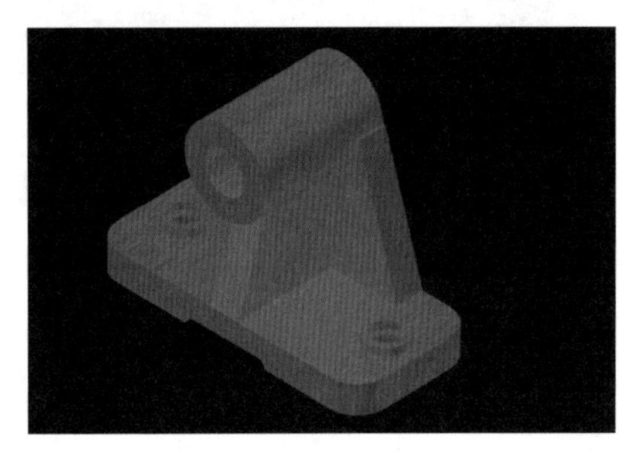

STEP 10: 查看渲染效果

选择【渲染】/【渲染】组，单击“渲染”按钮渲染图形，并查看完成渲染后的效果。

9.3 练习1小时

本章主要介绍编辑三维对象和编辑三维实体对象的绘制方法，用户要想在日常工作中熟练使用它们，还需进行巩固练习。下面以绘制固定板和绘制六角螺母为例，进一步巩固这些知识的使用方法。

1. 绘制固定板

本次练习绘制的固定板是建筑中常用的零件之一，其绘制方法为：首先利用“长方体”、“抽壳”和“剖切”命令创建固定板的外形，再利用“圆柱体”、“三维阵列”和“差集”命令创建固定板上的孔，并对其添加材质，最终效果如下图所示。

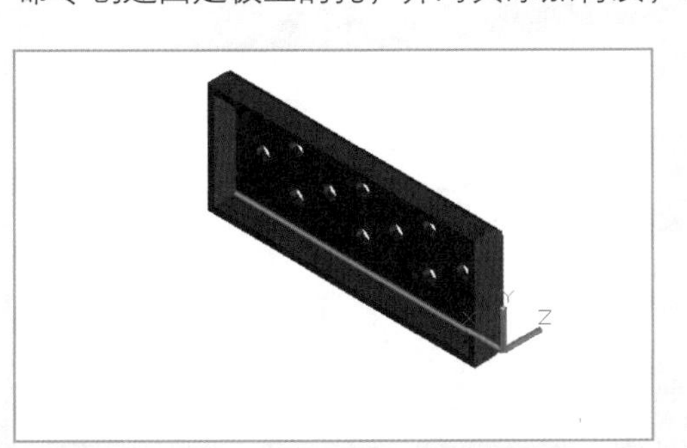

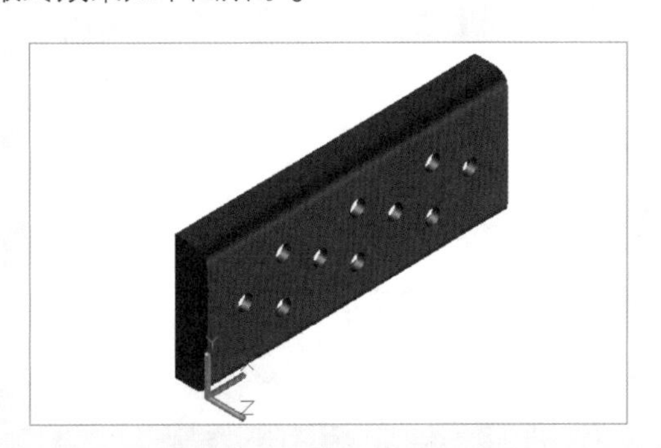

光盘文件

效果\第9章\固定板.dwg

实例演示\第9章\绘制固定板

2. 绘制六角螺母

本次练习绘制的六角螺母是日常生活中常用的零件之一，在绘制时，首先创建圆锥，再进行剖切处理，绘制螺纹，完成六角螺母的绘制，最后添加材质，再进行材质的渲染，最终效果如右图所示。

光盘文件

效果 \ 第 9 章 \ 六角螺母 .dwg

实例演示 \ 第 9 章 \ 绘制六角螺母

读书笔记

第10章 图形的输出

学习 2 小时

完成图形的绘制后，用户还应在 AutoCAD 中查看图形的打印效果，并对打印参数进行设置，以方便查看图形中是否存在需要修改的部分。当确认无误后，就可以把图形打印出来。用户也可以利用 AutoCAD 提供的数据交换功能完成数据的对接与信息的沟通。

- 打印图形
- AutoCAD 的数据交换功能

上机 3 小时

10.1 打印图形

利用 AutoCAD 创建了图形对象后，还应进行制图的最后一个环节，即打印图形。在打印图形前需要对打印参数进行设置，当设置完成后，还应对设置的打印参数进行保存，以便在下次打印时，可直接对其进行调用。完成打印设置后还可对其进行打印预览，下面对打印图形的知识进行讲解。

学习 1 小时

- 掌握设置打印参数与预览打印的方法。
- 熟悉保存打印设置的方法。
- 掌握调用打印设置的方法。

10.1.1 设置打印参数

图形绘制完成后可根据需要对图形进行打印输出，在打印图形前，还需对打印参数进行设置，如选择打印设备、设定打印样式、选择图纸和设置打印方向等。执行“打印”命令的主要方法有如下几种。

- 命令行：在命令行中执行 PLOT 命令。
- 功能区：单击“应用程序”按钮，在弹出的菜单中选择【打印】/【打印】命令。
- 标题栏：单击标题栏中的“打印”按钮。
- 工具栏：在“AutoCAD 经典”工作空间中选择【文件】/【打印】命令。
- 快捷键：按 Ctrl+P 组合键。

根据以上任意一种方法，并执行该命令后，将打开“打印 - 模型”对话框。打印参数的设置基本上都在该对话框中进行，如指定打印设备、打印样式表、图纸尺寸、打印区域、打印偏移、打印比例、图形方向和设置打印着色的三维模型等，下面将依次进行介绍。

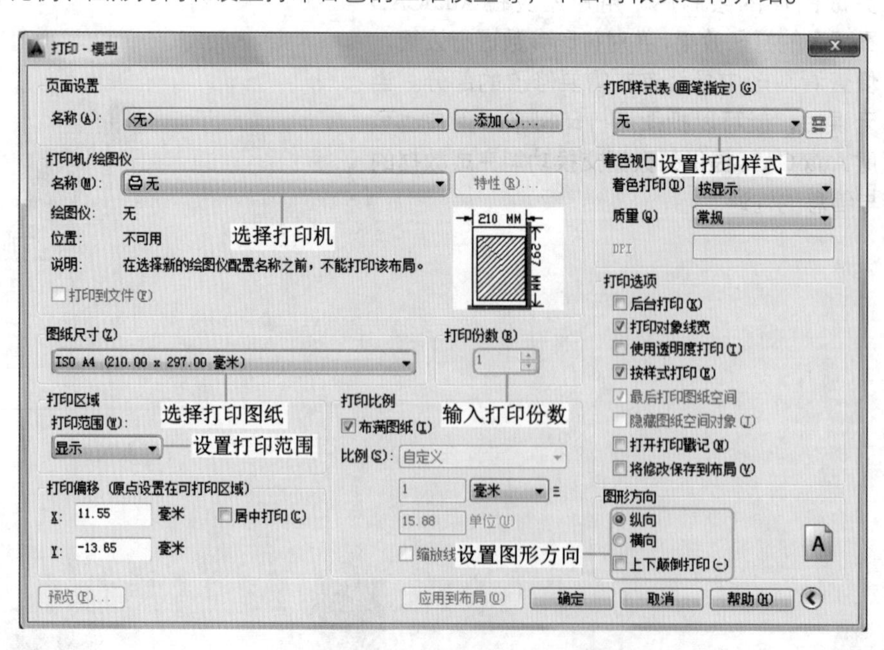

1. 选择打印设备

要将绘制完成的图形通过打印机打印到图纸上，首先应该确认在计算机中已经安装了打印机，然后打开“打印 - 模型”对话框，在“打印机 / 绘图仪”栏中的“名称”下拉列表框中选择打印设备。

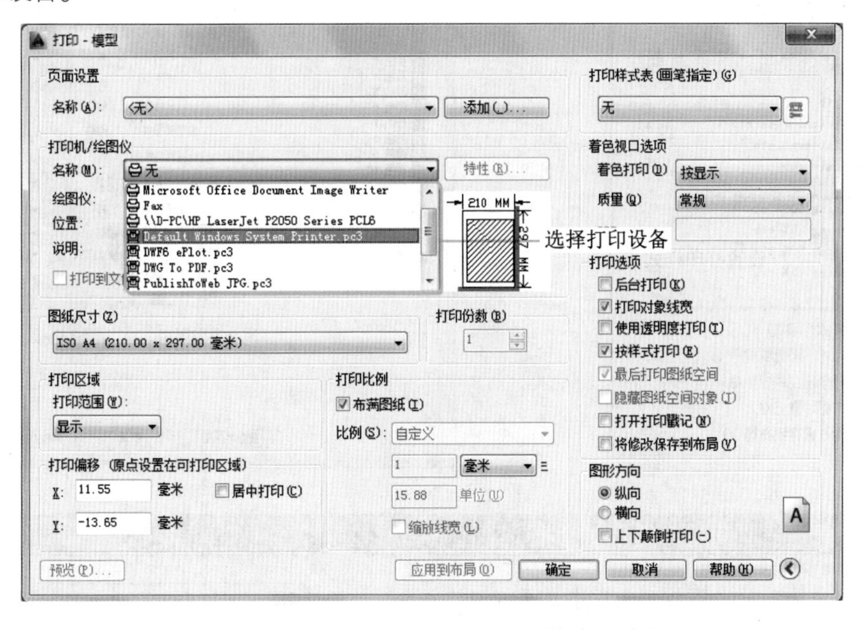

经验一箩筐——绘图仪参数的设置

选择打印设备后，单击“打印机 / 绘图仪”栏右侧的 特性(R)... 按钮，可在打开的“绘图仪配置编辑器”对话框中对打印机的配置参数进行设置，该对话框主要包括“常规”、“端口”和“设备和文档设置”3个选项卡，默认状态下显示的是“设备和文档设置”选项卡。其中，“常规”选项卡显示的是有关绘图仪的信息；“端口”选项卡表示更改配置的打印机与用户计算机或网络系统之间的通信设置，而且可指定通过端口打印、打印到文件或使用后台打印，而在“设备和文档设置”选项卡中可以设置和修改打印机的配置参数。当选择的打印机不同时，其设置的参数项也不完全相同。在设置完成后，单击 确定 按钮即可。

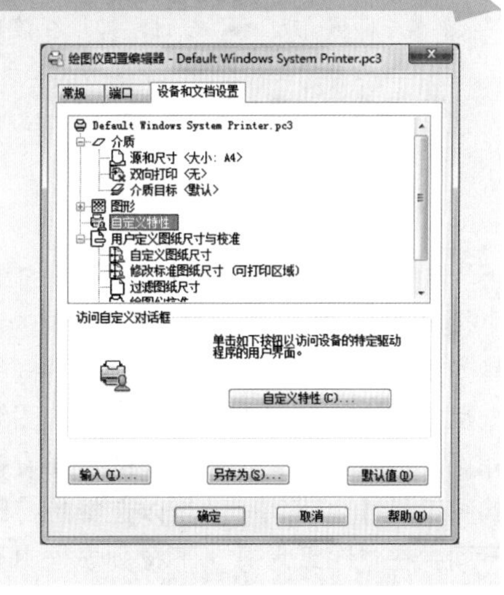

2. 指定打印样式

选择打印机后，即可设置打印样式，该样式主要用于修改图形的外观。在选择某个打印样式后，图形中的每个对象或图层都具有该打印样式的属性，修改打印样式可以改变对象输出的颜色、线型或线宽等特性。

其设置方法为：打开“打印 - 模型”对话框，在“打印样式表”栏中的下拉列表框中选择要使用的打印样式，即可指定打印样式。

在“打印样式表”栏中单击“编辑”按钮，即可打开“打印样式表编辑器”对话框，从中可以查看或修改当前指定的打印样式，修改完成后，单击确定按钮，即可完成设置。

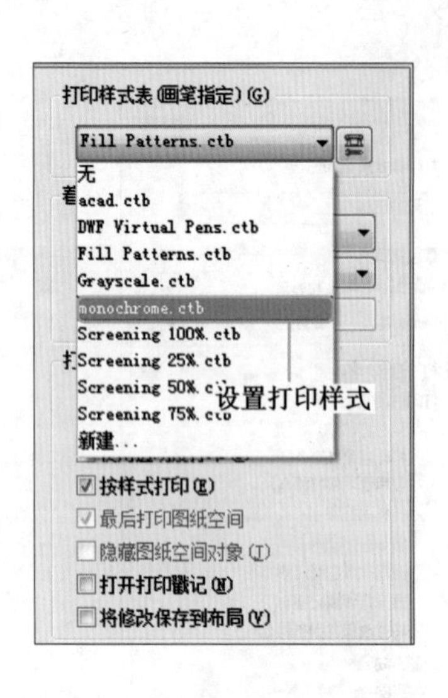

经验一箩筐——“问题”提示对话框

在“打印样式表”栏的下拉列表框中选择打印样式后，将自动打开“问题”提示对话框，并提示用户“是否将此打印样式表指定给所有布局”，用户也可根据打印要求单击是(Y)或否(N)按钮。如果在该默认的下拉列表框中没有符合要求的打印样式，用户还可以选择其中的“新建”选项，创建一个新的打印样式。

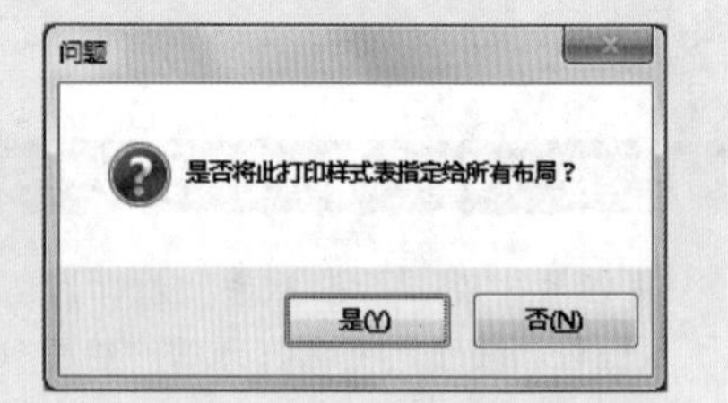

3. 选择图纸尺寸

图纸尺寸是指用于打印图形的纸张大小，通过该设置可避免打印时不必要的浪费。其方法为：在“打印 - 模型”对话框的“图纸尺寸”下拉列表框中选择需要的图纸类型即可。需要注意的是：不同的打印设备支持的图纸尺寸也不相同。所以选择的打印设备不同，在“图纸尺寸”下拉列表框中可选择的选项也不相同，常用的建筑图纸一般都采用 A3 和 A4 标准纸型。

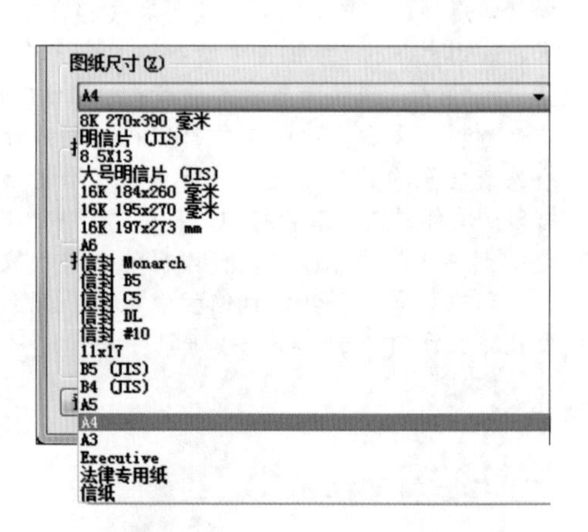

4. 设置打印区域

打印图形时，除了选择图纸尺寸外，还必须设置图形的打印区域，从而更准确地打印需要的图形，其设置方法为：在“打印 -

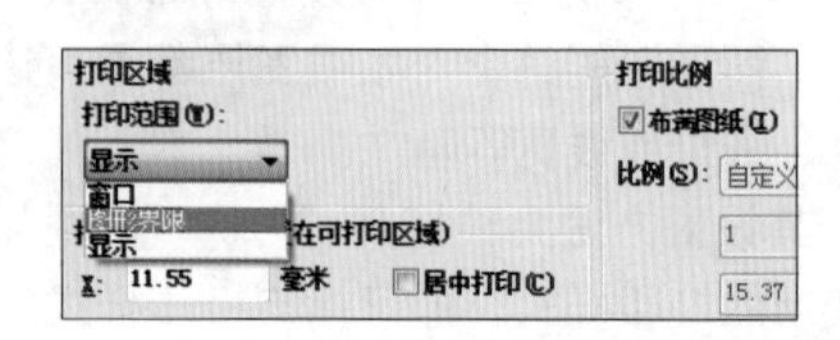

模型”对话框中的“打印区域”栏的“打印范围”下拉列表框中选择打印区域的类型即可，其下拉列表框中各选项的功能如下。

- 窗口：选择该选项后，将返回绘图区，并在绘图区中通过绘制矩形框选择需打印的图形区域，按 Enter 键返回“打印 - 模型”对话框，同时右侧出现 窗口(O)< 按钮，单击该按钮可以返回绘图区重新选择打印区域。
- 图形界限：选择该选项后，打印时只会打印绘制的图形界限内的所有对象。
- 显示：选择该选项后，将显示打印模型空间的当前视口中的视图或布局空间中当前图纸空间视图的对象。

5. 设置打印偏移

“打印偏移”栏主要用于对打印的图纸位置进行设置。其中“打印偏移”栏包含相对于 X 轴和 Y 轴方向的位置调整，还可将图形进行居中打印。该栏中各选项的功能如下。

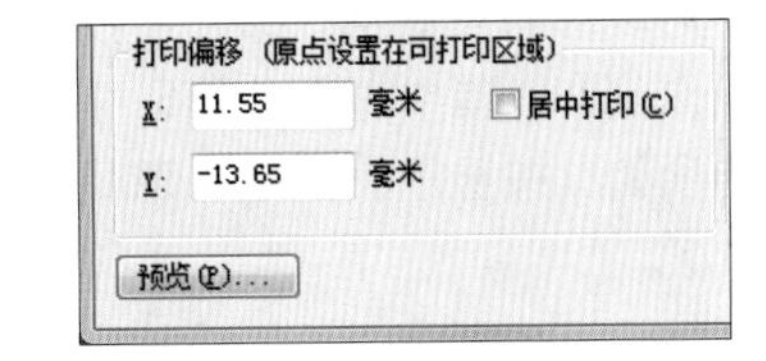

- X：指定打印原点在 X 轴方向的偏移量。
- Y：指定打印原点在 Y 轴方向的偏移量。
- 居中打印(C) 复选框：选中该复选框后将图形打印到图纸的正中间，系统自动计算出 X 和 Y 偏移值。

6. 设置打印比例

“打印比例”栏中可设置图形的打印比例，设置打印比例主要是为了控制图形单位与打印单位之间的相对尺寸。打印比例的设置主要是在“比例”下拉列表框中进行选择，其中默认缩放比例为1:1，如果是在“布局”选项卡中进行打印，则可以进行“缩放线宽”操作。“打印比例”栏中各选项含义如下。

- 布满图纸(I) 复选框：选中该复选框，可缩放打印图形以布满所选图纸尺寸，并在“比例”下拉列表框、“毫米”和“单位”前的文本框中显示自定义的缩放比例因子。
- 比例：主要用于自定义打印的比例。
- 毫米：主要用于指定与单位数等价的英寸数、毫米数或像素数。该选项主要根据当前所选图纸尺寸而决定单位的类型。
- 单位：主要用于指定与英寸数、毫米数或像素数等价的单位数。
- 缩放线宽：主要用于与打印比例成正比缩放线宽。这时可指定打印对象的线宽并按该尺寸打印而不考虑打印比例。

7. 设置图形打印方向

打印方向与打印偏移不同，它是指图形在图纸上打印时的方向，如横向和纵向等。其方法为：在“图形方向”栏中选中对应的单选按钮即可设置图形的打印方向，该栏中各选项的功能如下。

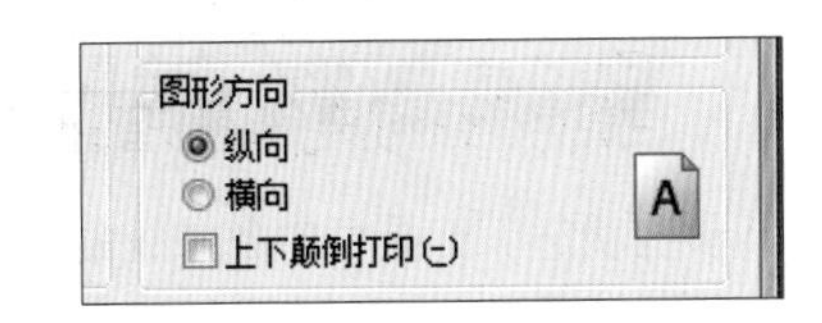

- 纵向 单选按钮：选中该单选按钮，即可将图纸的短边作为图形页面的顶部进行打印。
- 横向 单选按钮：选中该单选按钮，即可将图纸的长边作为图形页面的顶部进行打印。
- 上下颠倒打印(-) 复选框：选中该复选框，即可将图形在图纸上倒置进行打印，相当于将图形旋转 180° 后进行打印。

8. 打印着色的三维模型

如果需要将着色后的三维模型打印到纸张上，还需在“打印-模型”对话框的“着色视口选项”栏中进行设置。如果只是在“布局”选项卡中进行打印，则该栏的“着色打印”下拉列表框将处于不可操作状态。其中“着色打印”下拉列表框中常用选项如“按显示、线框、隐藏和渲染”含义分别如下。

- “按显示”选项：选择该选项后，可按对象在屏幕上显示的效果进行打印。
- “线框”选项：选择该选项后，可用线框方式打印对象，此时将不考虑它在屏幕上的显示方式。
- “隐藏”选项：选择该选项后，打印对象时将消除隐藏线，此时将不考虑它在屏幕上的显示方式。
- “渲染”选项：选择该选项后，按渲染后的效果打印对象，此时将不考虑它在屏幕上的显示方式。

9. 打印预览

将其他参数设置完成后，再将图形发送到打印机或绘图仪前，应先进行打印预览，而打印预览显示的图形与打印输出时的图形效果相同。其方法只需在“打印-模型”对话框中单击 预览(P)... 按钮，即可预览打印效果。

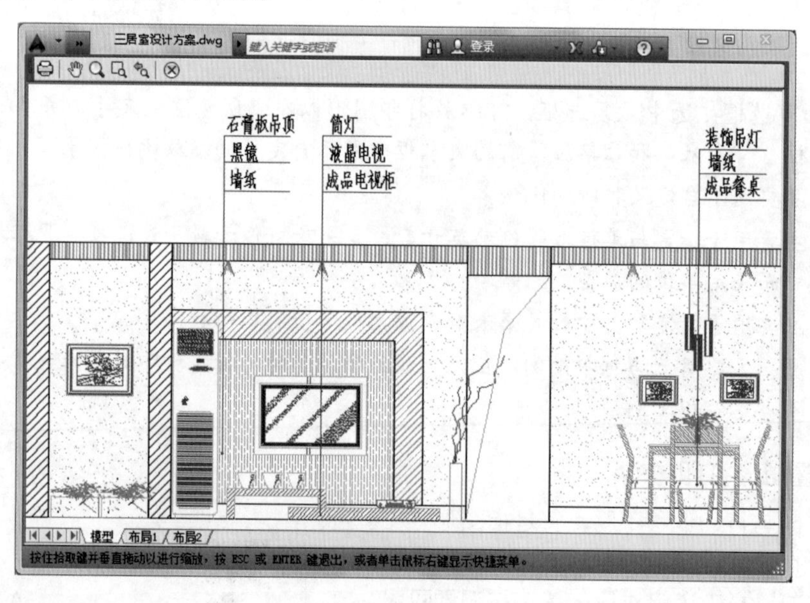

打印预览状态下工具栏中各按钮的功能如下。

- “打印”按钮：单击该按钮可直接打印图形文件。

- “平移”按钮：该按钮所对应的功能与视图缩放中的平移操作相同，用于移动浏览图形的查看位置。
- “缩放”按钮：单击该按钮后，鼠标光标将呈形状显示，按住鼠标左键向下拖动鼠标，图形文件视图窗口变小；向上拖动鼠标，图形文件视图窗口变大。
- “窗口缩放”按钮：单击该按钮后，鼠标光标将呈形状显示，框选文件图形的某部分，框选的图形将显示在整个预览视图中。
- “缩放为原窗口”按钮：单击该按钮可还原窗口的显示样式。
- “关闭”按钮：单击该按钮可退出打印预览窗口。

10.1.2 保存打印设置

当设置好打印机参数后，还可对设置的参数进行保存，若使用相同的打印参数打印多个图形文件，可直接调用保存的打印设置进行图形打印操作，保存打印设置主要是在“页面设置管理器”对话框中进行，打开该对话框的方法主要有如下几种。

- 命令行：在命令行中执行 PAGESETUP 命令。
- 工具栏：在“AutoCAD 经典”工作空间中选择【文件】/【页面设置管理器】命令。
- 功能区：单击“应用程序”按钮，在弹出的菜单中选择【打印】/【页面设置】命令。

下面将新建一个名为“建筑制图”的打印设置，并选择“Fax”打印机选项，设置打印样式表为“acad.ctb”，选择图纸为“A4”，设置打印比例为“1:1”，最后保存新建并设置好参数的打印设置。其具体操作如下：

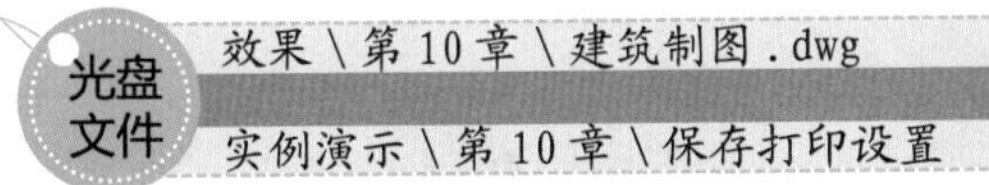

STEP 01： 新建页面设置

1. 启动 AutoCAD 2014 软件，在命令行中输入 PAGESETUP 命令，按 Enter 键，执行该命令，并打开“页面设置管理器”对话框。
2. 单击 新建(N)... 按钮，打开“新建页面设置”对话框。

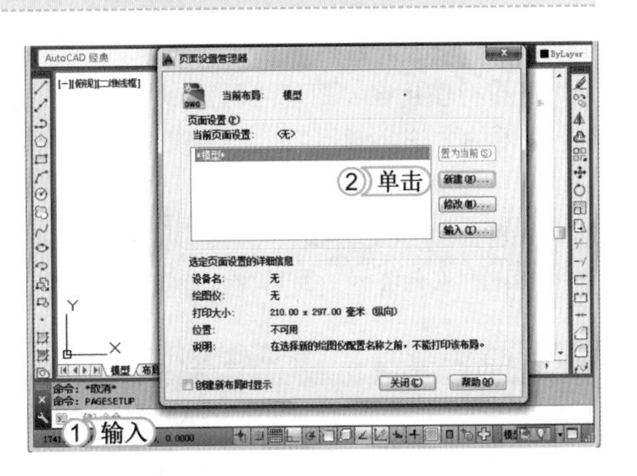

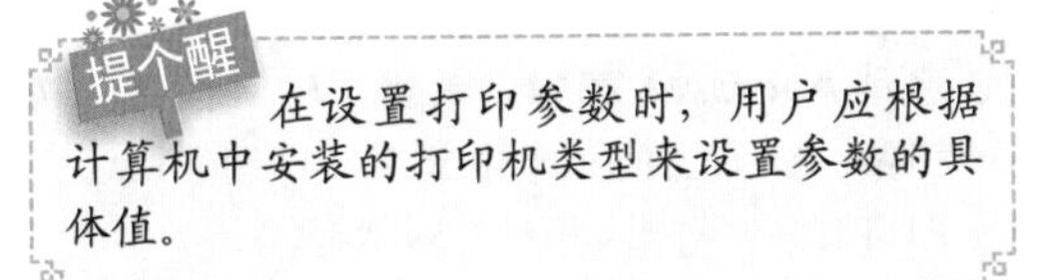

STEP 02： 输入页面设置名称

1. 在该对话框中的“新页面设置名”文本框中输入名称为“建筑制图”。
2. 单击 确定(O) 按钮，打开“页面设置 - 模型”对话框。

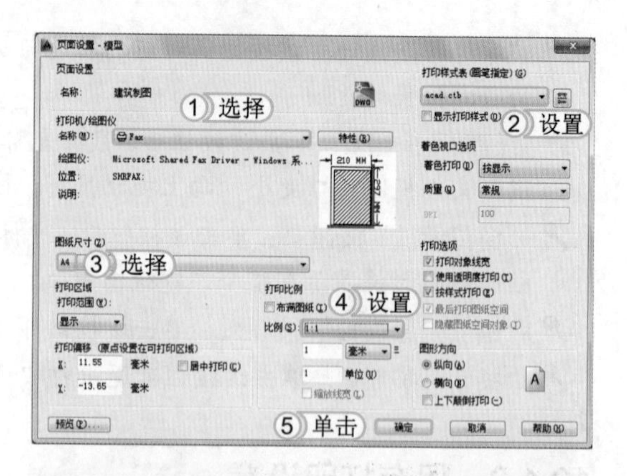

STEP 03：设置打印参数

1. 在打开对话框的“打印机/绘图仪”栏的“名称”下拉列表框中选择“Fax”打印机选项。
2. 设置打印样式为“acad.ctb”。
3. 选择图纸为“A4”。
4. 取消选中 布满图纸(I) 复选框，并设置打印比例为“1:1”。
5. 单击 确定 按钮，返回“页面设置管理器”对话框。

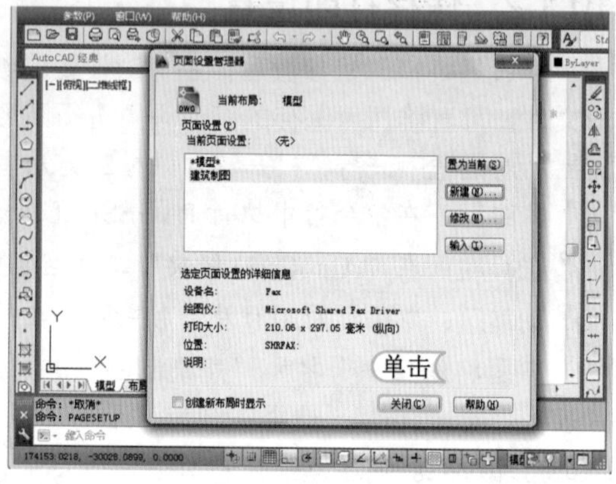

STEP 04：保存打印设置

单击该对话框中的 关闭(C) 按钮，返回绘图区中，并执行保存操作，将页面设置与图形文件一同保存到计算机中。

> **提个醒**
> “页面设置-模型”对话框中参数设置与“打印-模型”对话框中的参数设置方法相同，不过在“页面设置-模型”对话框中的隐藏参数是自动展开的。

10.1.3 调用打印设置

当对打印参数进行保存后，在其他图形文件中要打印类似的图形对象时，即可调用该打印参数，从而免去设置打印参数的操作。

下面将使用在“打印-模型”对话框的“页面设置”栏的“名称”下拉列表框中选择“输入”选项的方法，调用名为“建筑制图”的打印设置。其具体操作如下：

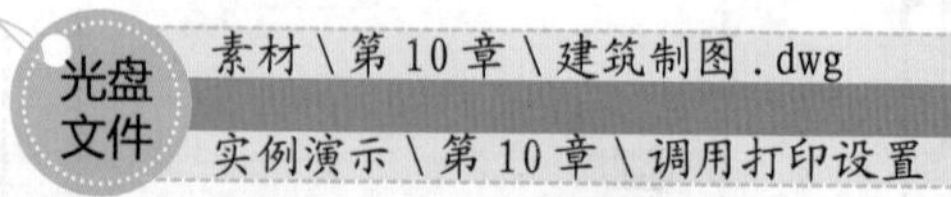

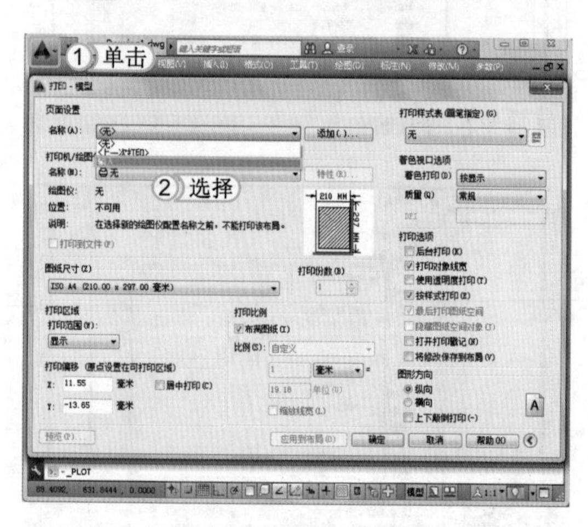

STEP 01：新建页面设置

1. 启动AutoCAD 2014，单击“应用程序”按钮，在弹出的菜单中选择“打印”命令，即可打开“打印-模型”对话框。
2. 在该对话框的“页面设置”栏的“名称”下拉列表框中选择“输入”选项。

> **提个醒**
> 单击“打印-模型”对话框中的 按钮，可以打开“打印样式表”、“着色视口选项”、“打印选项”和“图形方向”4栏参数。默认状态下，在该对话框中不会显示这些参数。

STEP 02：选择打印参数图形文件

1. 打开“从文件选择页面设置”对话框，在“查找范围”下拉列表框中找到保存打印参数的图形文件位置，并选择该图形文件。
2. 单击打开(O)按钮。

> 提个醒
> 在 AutoCAD 2014 中，空间分为模型空间和图纸空间，即绘图区下面的布局选项卡。在不同的空间中进行打印的方法有细微的不同，而大部分参数的设置是相同的。

STEP 03：选择页面设置名称

1. 打开“输入页面设置”对话框，在“页面设置”列表框中选择“建筑制图”的页面设置名称。
2. 单击确定(O)按钮。

> 提个醒
> 如果在不同空间中进行打印，都需要单独对其参数进行设置，这样就显得比较麻烦。因此，在设置打印参数时，用户可以在“打印 - 模型”对话框中单击应用到布局(U)按钮，直接将打印设置应用到布局中，即图纸空间中。

STEP 04：完成操作

1. 返回“打印 - 模型”对话框中，在“页面设置”栏的“名称”下拉列表框中选择“建筑制图”打印设置。
2. 单击确定按钮。

> 提个醒
> 打印样式是一种可选方法，用于控制每个对象或图层的打印方式。将打印样式指定给对象或图层会在打印时替代打印设置的特性。

上机 1 小时 打印并预览图形

- 掌握打印设置的方法。
- 熟悉打印参数的设置方法。
- 掌握预览打印设置的方法。

光盘文件
素材 \ 第 10 章 \ 平面布置图 .dwg
效果 \ 第 10 章 \ 平面布置图 .dwg
实例演示 \ 第 10 章 \ 打印并预览图形

下面将新建一个名为“建筑平面图打印”的打印设置，并选择计算机中已经安装好的打印机，选择图纸为“A4”，“打印区域”为“窗口”，“打印偏移”为“居中打印”，将“平面布置图.dwg”图形文件作为打印对象，在设置好打印参数后进行打印预览，在确认无误的情况下进行打印，打印预览的效果如下图所示。

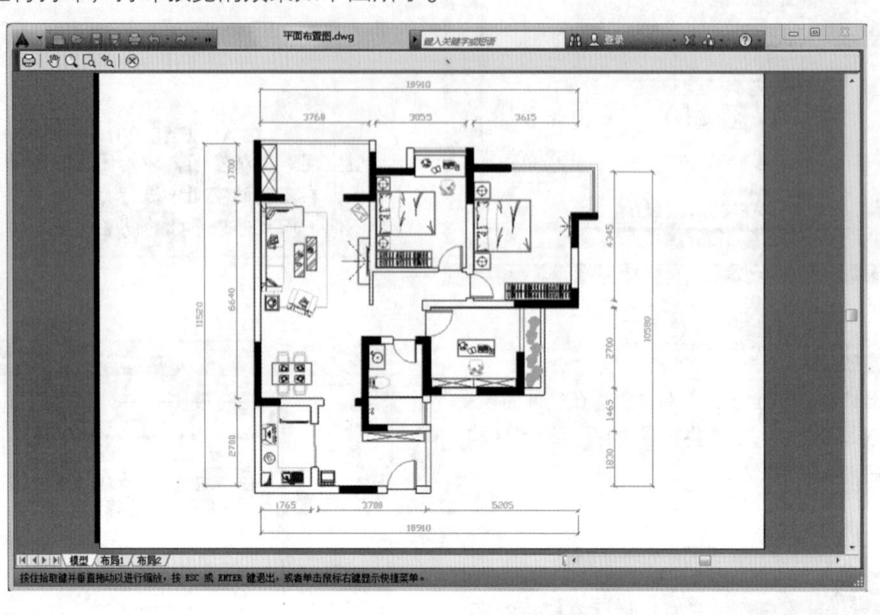

STEP 01：新建页面设置

1. 打开“平面布置图.dwg”图形文件，在命令行中输入 PAGESETUP 命令，按 Enter 键，执行该命令，并打开“页面设置管理器”对话框。
2. 单击[新建(N)...]按钮，打开“新建页面设置”对话框。

STEP 02：输入页面设置名称

1. 在打开对话框的“新页面设置名”文本框中输入名称为“建筑平面图打印”。
2. 单击[确定]按钮，完成名称的设置。

STEP 03： 指定打印窗口

打开“页面设置 - 模型”对话框，在“打印区域”栏中选择“打印范围”为“窗口”，返回绘图区中，框选绘图区中的俯视图图形对象。

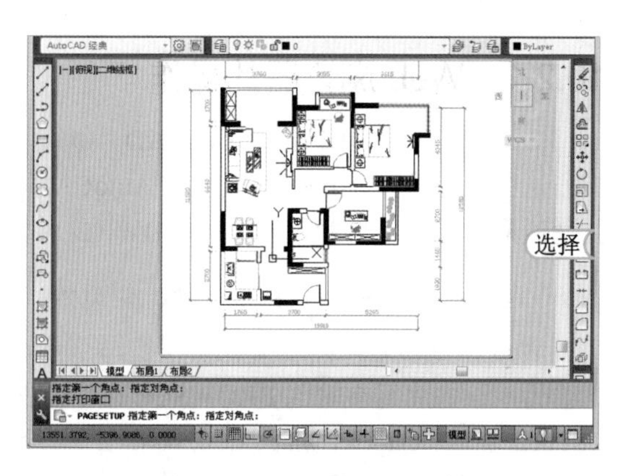

提个醒 在“新建页面设置”对话框的“基础样式”列表框中选择“上一次打印”选项，将会指定新建的页面设置使用上一次打印中指定的参数设置。

STEP 04： 设置打印参数

1. 返回“页面设置 - 模型”对话框，在“打印机/绘图仪”栏中选择打印机，这里选择“Fax”打印机选项。
2. 在“图纸尺寸”栏中设置图形尺寸为“A4”。
3. 在“打印偏移”栏中选中 居中打印(C) 复选框。
4. 在“着色打印”栏中选择“着色”选项。
5. 在“图形方向”栏选中 横向(N) 单选按钮。

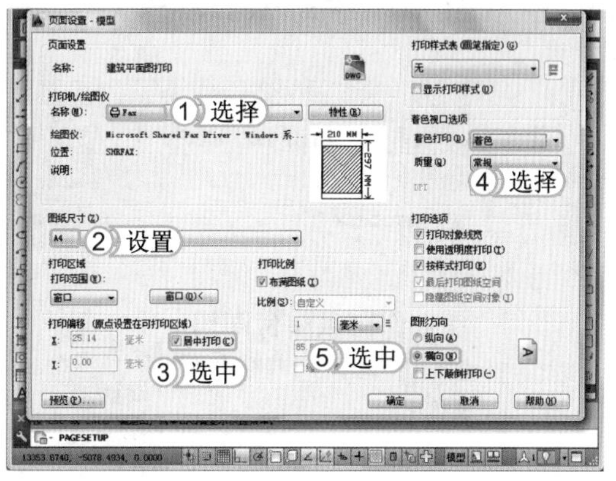

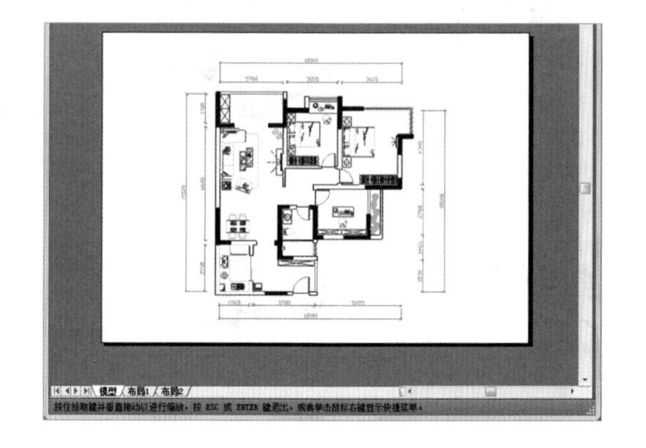

STEP 05： 预览图形效果并保存设置

在“页面设置 - 模型”对话框中单击 预览(P)... 按钮，打开打印预览视图，在该视图中查看预览后的效果。退出打印预览窗口，单击 确定 按钮和 ☒ 按钮，保存页面设置。

提个醒 通过打印样式，可以设置指定颜色图形对象的图形特性，如将颜色 1“红色”的特性指定为其他颜色。

10.2 AutoCAD 的数据交换功能

随着社会的不断发展，AutoCAD 软件的功能也变得日益强大。由于不同软件对应的平台不同，因此对应的功能侧重点也不相同，且每种软件都有对应的不足之处，这时，可通过借鉴其他软件的相应功能来完成数据的交换。AutoCAD 中为用户提供了强大的数据交换功能，从而增加数据的对接与信息的沟通。

学习 1 小时

- 了解 Web 浏览器在 AutoCAD 中对应的操作。
- 熟悉其他格式文件的转换方法。
- 熟悉电子传递和图形发布的方法。

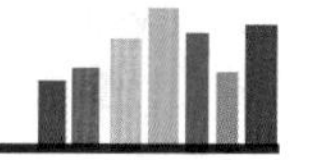

10.2.1 Web 浏览器的操作

Web 浏览器的操作与在 AutoCAD 中浏览图形的方式不同，它主要用于网页中的图形浏览。该方法主要是通过 Autodesk 公司在 AutoCAD 软件中加入的 WHIP! 插件，加速网络程序驱动，并通过网络的使用，阅读 DWG 和 DWF 文件。

1. 在 AutoCAD 中启动 Web 浏览器

Web 浏览器可以对图形进行执行与查看，但还必须通过对应的方法启动 Web 浏览器。其方法为：在命令行中输入 BROWSER 命令，按 Enter 键，在下方命令行中将显示系统提示的默认 URL 地址“http:www.autodesk.com.cn”，用户可按 Enter 键接收默认的输入，或输入新的地址。在 AutoCAD 中启动 Web 浏览器后，将自动转到指定地址，并对其进行打开与查看。

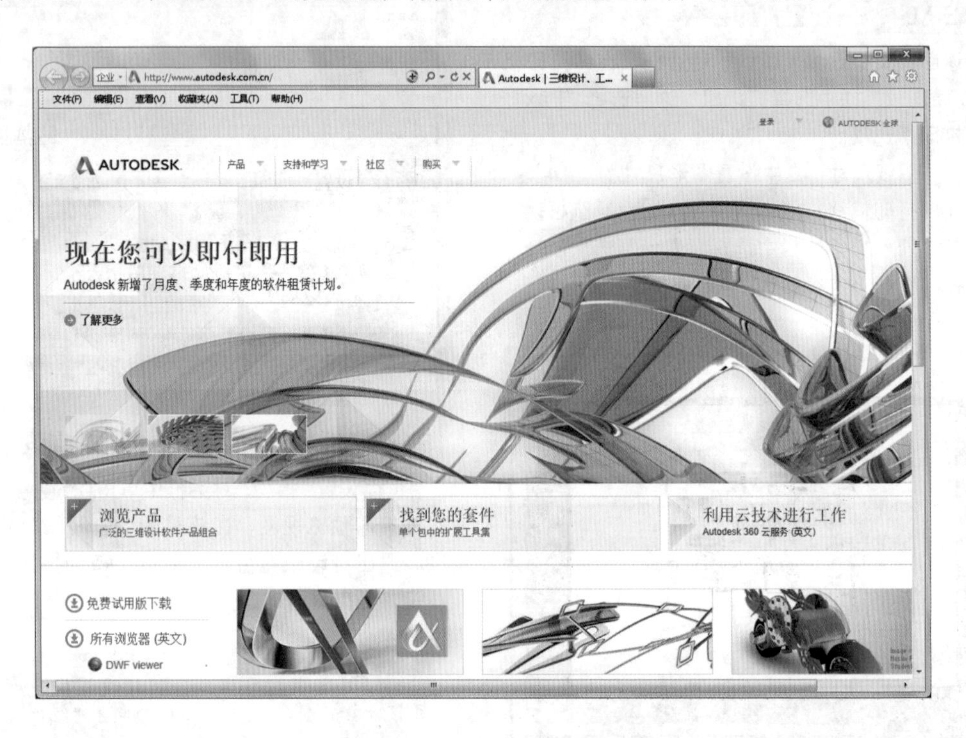

2. 打开 Web 文件

在 AutoCAD 中，除了上文所讲解的方法打开 Web 浏览器外，还有很多命令可与 Web 浏览器交换信息，如 OPEN、APPLOAD、EXPORT 和 XREF 等。

如在命令行中输入“OPEN”命令，打开“选择文件”对话框，在左侧列表中选择“Buzzsaw”或“FTP”选项，其中“Buzzsaw”选项表示建筑设计或建筑行业提供的企业操作平台；而“FTP”选项表示用户收藏的 FTP 站点。此外，还可在“选择文件”对话框中通过选择“工具”下拉列表框中的“添加 / 修改 FTP 位置”选项，为“FTP”选项添加或修改位置，当选择好位置后，即可通过网络打开对应的图形文件。

经验一箩筐——搜索 Web

通过 FTP 链接网络数据还必须打开 FTP 服务器。用户还可通过在“选择文件”对话框中单击“搜索 Web”按钮，打开“浏览 Web - 打开”对话框，然后在该对话框中输入网址即可对该网址进行查看。

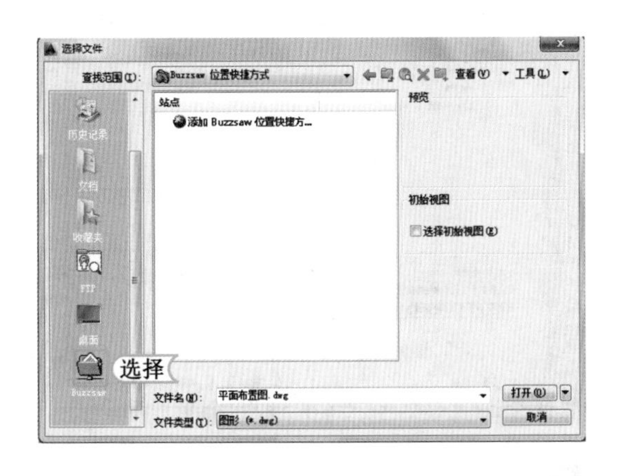

10.2.2 图形的传递与发布

当认识了 Web 浏览器的操作方法后，即可讲解图形的传递与发布方法。传递与发布都属于 AutoCAD 图形的相关网络传递与输出方式。下面将讲解电子传递、图形发布和网上发布的方法。

1. 电子传递

若需要将图形文件发送给他人，使用普通的传送会出现缺少关联文件的情况，使接收者无法使用原来的图形。此时可将需传送的文件在 Internet 上发布或作为电子邮件附件发送给他人，从而指定生成一个新的报告文件。调用创建电子传递的方法有如下两种。

- 命令行：在命令行中执行 ETRANSMIT 命令。
- 工具栏：在“AutoCAD 经典”工作空间中选择【文件】/【电子传递】命令。

下面将根据“电子传递”命令把“平面图 .jwg”图形文件和所有相关文件以 .exe 格式打包。其具体操作如下：

光盘文件

素材 \ 第 10 章 \ 平面图 .dwg
效果 \ 第 10 章 \ 平面图 - 平面图 .exe
实例演示 \ 第 10 章 \ 电子传递

STEP 01： 电子传递命令

打开“平面图 .dwg”图形文件，并将其切换为“AutoCAD 经典”工作空间，在其中选择【文件】/【电子传递】命令。

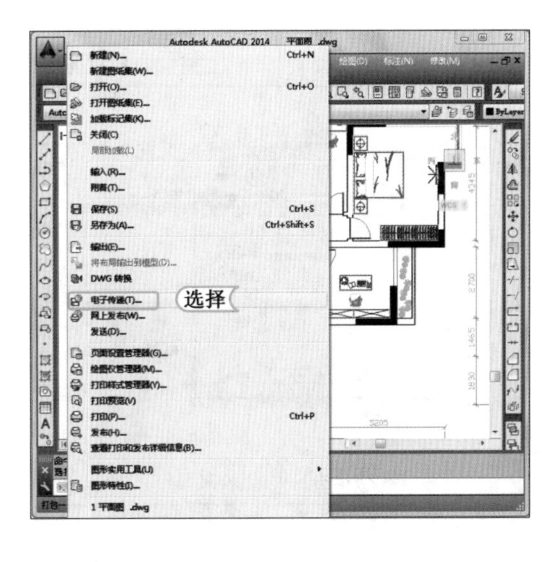

STEP 02: 传递设置

1. 打开“创建传递”对话框，在“输入要包含在此传递包中的说明”栏下的文本框中输入文字说明“本图主要表示某户型的平面图”。
2. 单击 传递设置(T)... 按钮，完成传递设置。

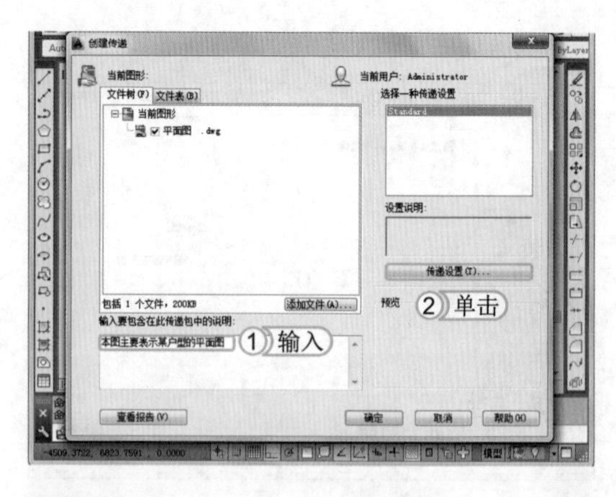

> **提个醒**
> 如需添加其他文件，还可在该对话框中单击 添加文件(A)... 按钮，在打开的“添加要传递的文件”对话框中选择需要添加的对象，单击 打开(O) 按钮，完成添加。

STEP 03: 新建传递

1. 打开“传递设置”对话框，单击 新建(N)... 按钮，打开“新传递设置”对话框。
2. 在“新传递设置名”文本框中输入“平面图”为新的名称。
3. 单击 继续 按钮，打开“修改传递设置”对话框。

STEP 04: 修改传递设置

1. 在“传递类型和位置”栏中的“传递包类型”下拉列表框中选择“自解压可执行文件（*.exe）”选项。
2. 在“文件格式”下拉列表框中选择“保留现有图形文件格式”选项。
3. 在“传递文件名”下拉列表框中选择“必要时进行替换”选项。
4. 单击 确定 按钮。

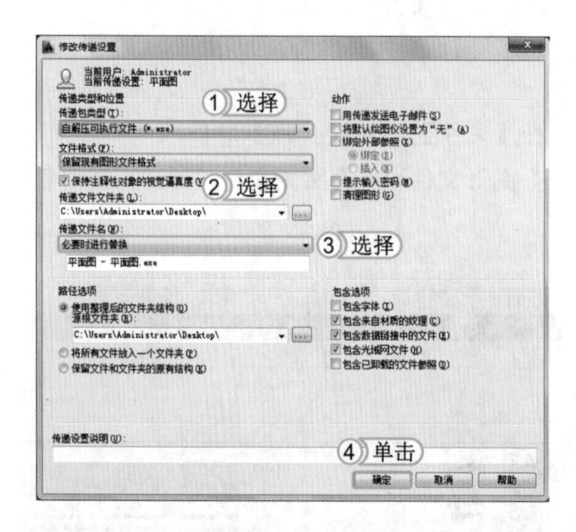

> **提个醒**
> 在“修改传递设置”对话框中除了上方所进行的修改项外，还可对动作和路径选项进行设置。

STEP 05: 关闭传递设置

1. 返回“传递设置”对话框，单击 关闭 按钮，关闭该对话框。
2. 返回“创建传递”对话框，单击 查看报告(V) 按钮，查看设置后的报告，完成查看后，单击 关闭 按钮，关闭“查看传递报告”对话框。

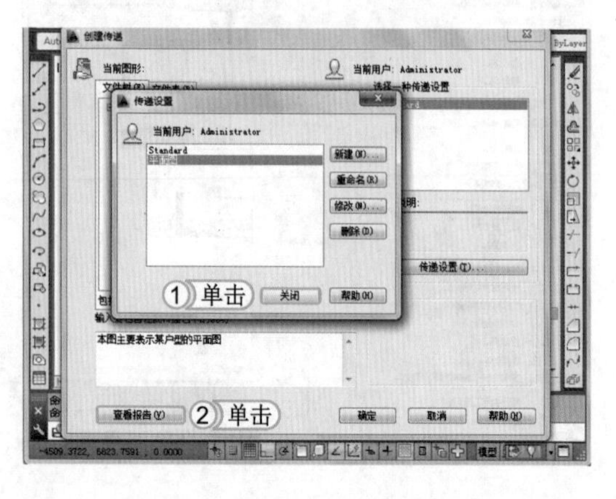

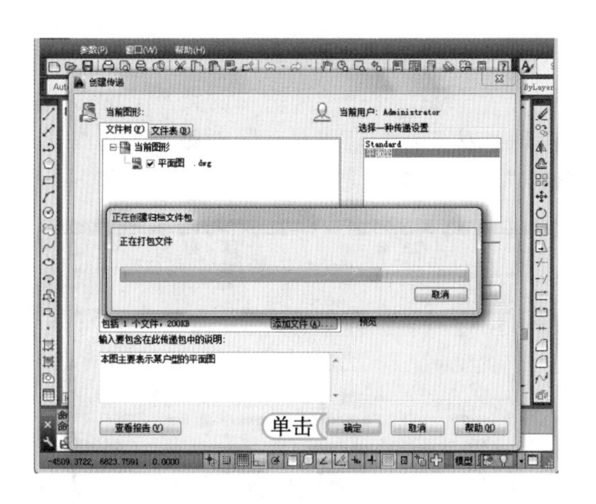

STEP 06： 完成归档

返回“创建设置”对话框，单击确定按钮，即可对文件进行归档。

2. 图形发布

图形发布与电子传送不同，图形发布主要使用 Design Publisher，通过将图形和打印图形直径合并到图纸或发布为 DWF 文件，并可将其图形发布为单个多页 DWF6 格式文件，可发布到每个布局的页面设置中指定的设备。使用 Design Publisher 可创建并分发图形，还可接收或查看打印发布的图形文件，其均是在“发布”对话框中进行的。打开该对话框的方法主要有如下几种。

- 命令行：在命令行中执行 PUBLISH 命令。
- 功能区：单击“应用程序”按钮，在弹出的下拉菜单中选择“发布”命令。
- 工具栏：在“AutoCAD 经典”工作空间中选择【文件】/【发布】命令。

根据以上任意一种方法，并执行该命令后，将打开“发布”对话框，在其中可执行“添加图纸”、“加载图纸列表”、“保存图纸列表”、“删除图纸”和“上移图纸”等操作，还可选择“页面设置中指定的绘图仪”或“DWF”选项将图纸发布到相应的位置，还可单击发布选项(O)...按钮，打开“发布选项”对话框，在该对话框中对发布选项进行相应的设置。

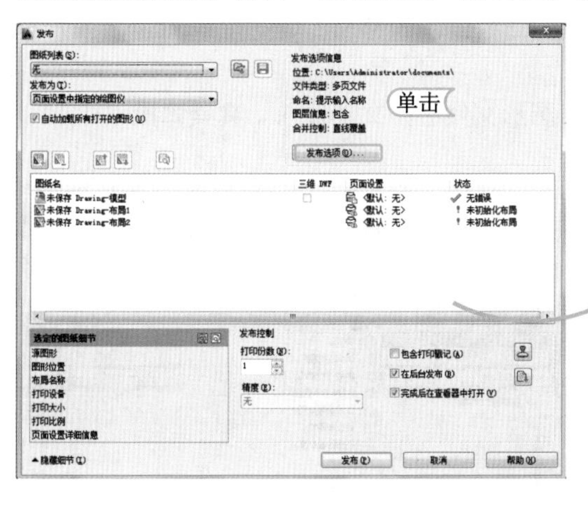

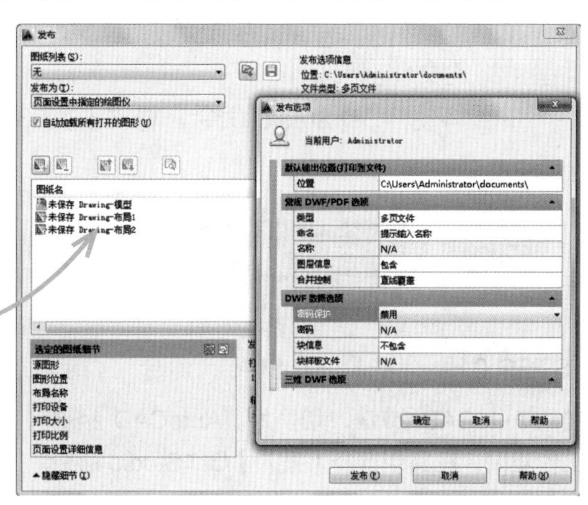

3. 网上发布

网上发布主要是在网上发布向导对话框对创建包含 AutoCAD 图形的 DWF、JPEG 和 PNG 图像的格式化网页提供简化后的界面。DWF 格式表示不会压缩图形文件大小；JPEG 格式表示数据以显著减小压缩文件大小；而 PNG 格式表示在不丢失原始数据的情况下减小文件大小。打开“网上发布”对话框的方法主要有如下两种。

- 命令行：在命令行中执行 PUBLISHTOWEB 命令。

工具栏：在“AutoCAD 经典”工作空间中选择【文件】/【网上发布】命令。

根据以上任意一种方法，并执行该命令，将打开“网上发布 - 开始”对话框，依次单击 下一步(N) > 按钮，并对其进行相应设置，当打开“网上发布 - 预览并发布”对话框后，单击 预览(P) 按钮，可进行预览设置，最后单击 立即发布(N) 按钮进行发布。

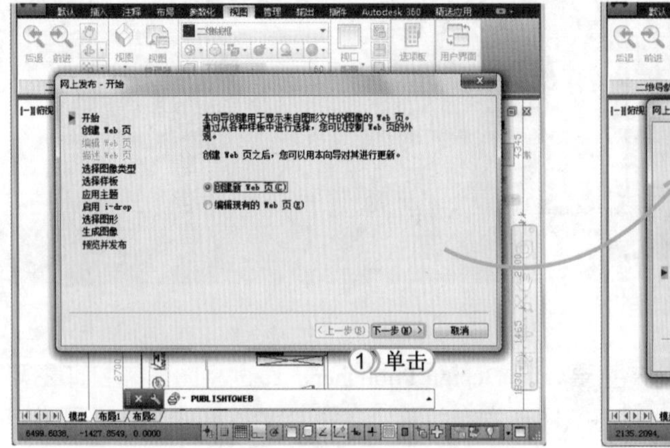

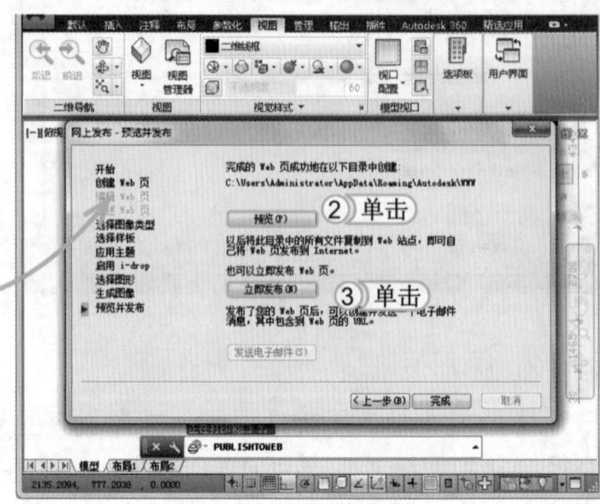

10.2.3 输入/输出不同格式文件

AutoCAD 图形文件的保存格式主要是 DWG，但此格式不能用于其他软件或应用程序，若要在其他应用程序中使用 AutoCAD 图形，必须将其转换为特定的图形格式，再进行程序的使用。

AutoCAD 不仅可转换为图形格式以供其他应用程序使用，还可使用其他软件生成 AutoCAD 图形文件。AutoCAD 中能输入的文件类型包括 DXF、DXB、ACIS、3D Studio、WMF 和 PostScript 等。

1. 输入不同格式文件

AutoCAD 可以输入的格式文件包括 DXF 对应的图形交换格式、DXB 对应的二进制图形交换、ACIS 对应的实体造型系统、3D Studio 对应的三维实体和 WMF 对应的 Windows 图元等类型的格式文件。

下面将使用 3D Studio 命令，将“沙发 .3DS”图形文件进行文件输入。其具体操作如下：

光盘文件
素材 \ 第 10 章 \ 沙发 . 3DS
效果 \ 第 10 章 \ 沙发 . dwg
实例演示 \ 第 10 章 \ 输入不同格式文件

STEP 01：选择 3D Studio 命令

启动 AutoCAD 2014，切换为“AutoCAD 经典”工作空间，在其中选择【插入】/3D Studio 命令，打开“3D Studio 文件输入”对话框。

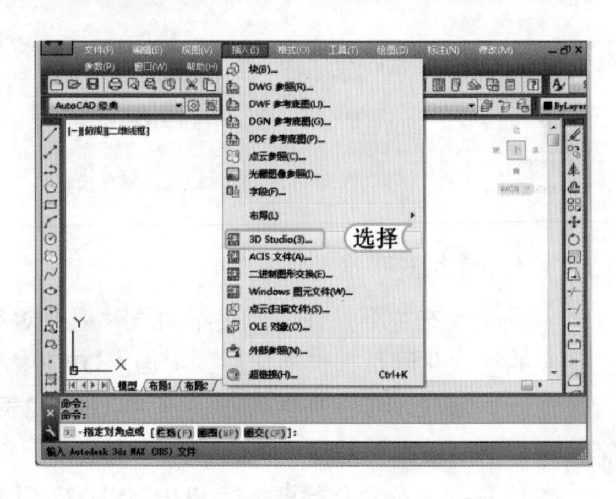

提个醒
打开“3D Studio 文件输入”对话框除了可使用 3D Studio 命令外，还可在命令行中输入 3DSIN 命令，按 Enter 键来进行打开。

STEP 02： 打开图形文件

1. 在打开对话框的“查找范围”下拉列表框中选择文件的保存位置。
2. 在下方列表框中选择打开的文件“沙发.3DS”选项。
3. 单击 打开(O) 按钮。

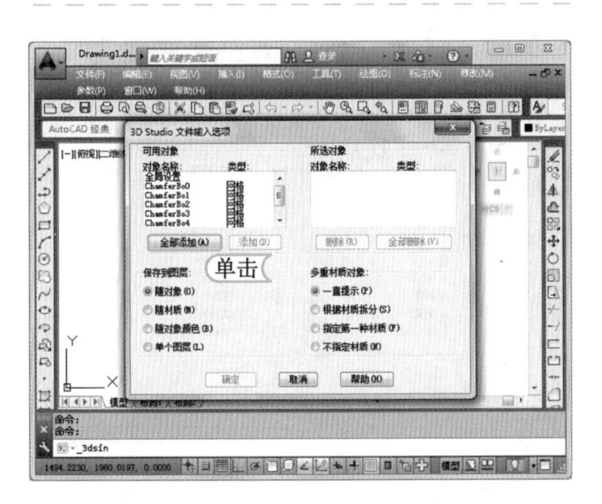

STEP 03： 3D Studio 文件输入选项

打开“3D Studio 文件输入选项”对话框，在“可用对象”栏中单击 全部添加(A) 按钮，将文件全部进行添加。

提个醒

如果有任何 3DS MAX 对象的名称与 AutoCAD 图形中已存在的名称相冲突，则将为 3DS MAX 名称指定一个序号以解决冲突。

STEP 04： 查看效果

单击 确定 按钮，将图形导入 AutoCAD 2014，并查看完成后的效果。

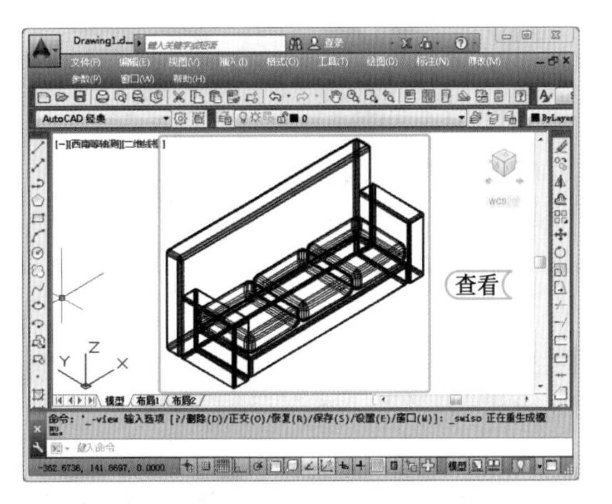

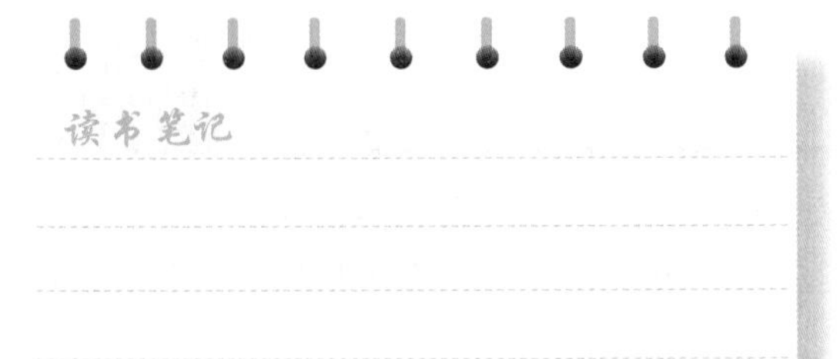

2. 输出不同格式文件

AutoCAD 中除了可以输入不同格式文件外，还可输出不同格式的文件，如输出 DXF 类的图形交换格式文件、PostScript 类的 EPS 文件、实体造型系统类的 ACIS 文件以及 Windows 图元类的 WMF 类文件、位图类 BMP 文件、平版印刷类 STL 文件和属性数据提取类 DXX 文件等。输出其他格式文件都是通过在命令行中输入“EXPORT”命令来进行的。

下面通过输出命令将“组合沙发.dwg”图形文件输出为 ACIS 格式。其具体操作如下：

光盘文件

素材 \ 第 10 章 \ 组合沙发 .dwg

实例演示 \ 第 10 章 \ 输出不同格式文件

STEP 01：输入命令

在命令行中输入 EXPORT 命令，按 Enter 键，执行该命令。

STEP 02：输出数据

1. 打开“输出数据”对话框，在“保存于”下拉列表框中选择文件的保存位置。
2. 在“文件类型”下拉列表框中选择“ACIS”选项。
3. 单击 保存(S) 按钮。

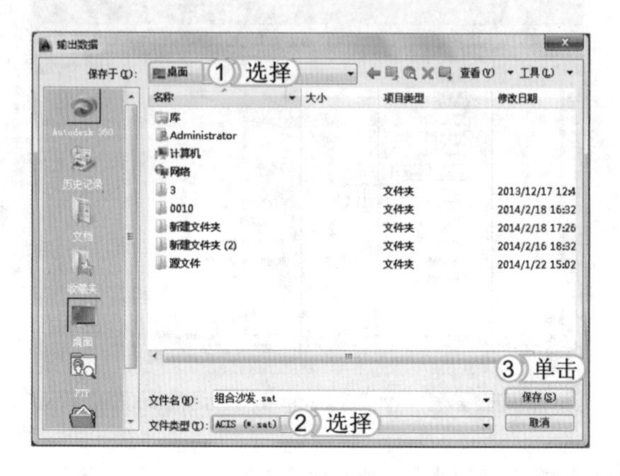

> **提个醒**
> 若只需输出位图文件，还可通过在命令行中输入 BMPOUT 命令，按 Enter 键，打开“输出数据”对话框，再单击 保存(S) 按钮直接进行保存。

上机 1 小时 将 DWG 图形转换为 BMP 图形

- 熟悉附着图像的方法。
- 掌握输出不同格式的方法。

下面先通过将“原始平面图 .dwg”文件转换为位图图形，从而转换为图片形式，然后调整色彩度，再通过插入光栅文件，选择文件类型并插入图像文件，完成从 DWG 图形到 BMP 图形的转换。最终效果如下图所示。

光盘文件
素材 \ 第 10 章 \ 原始平面图 .dwg、住房外部景观 .jpg
效果 \ 第 10 章 \ 原始平面图 .bmp、原始平面图 .dwg
实例演示 \ 第 10 章 \ 将 DWG 图形转化为 BMP 图形

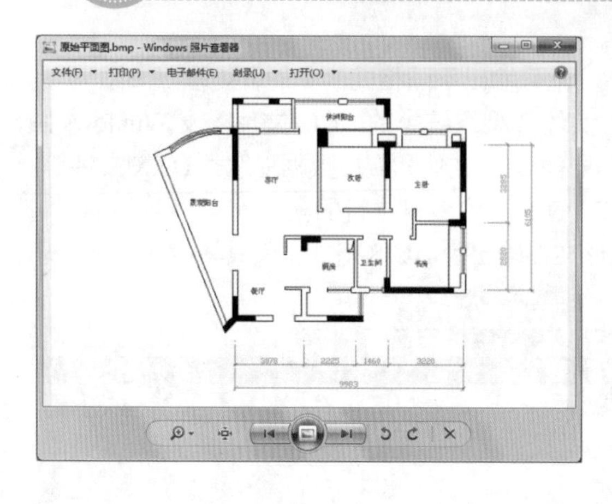

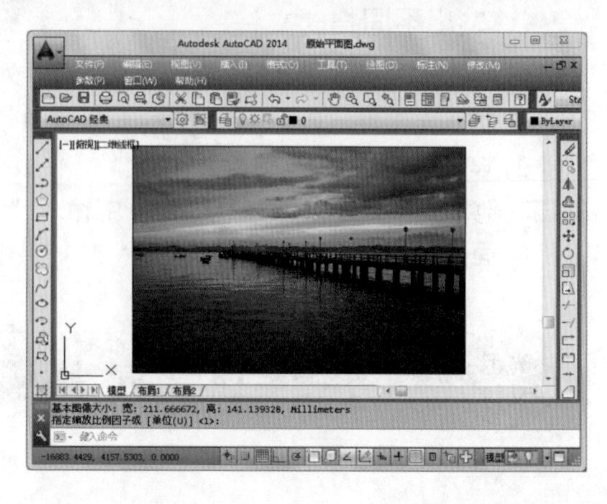

STEP 01: 转换图形

1. 打开“原始平面图 .dwg”图形文件，切换为“AutoCAD 经典”工作空间，在其中选择【文件】/【输出】命令，打开“输出数据”对话框。在“保存于”下拉列表框中选择文件保存位置。
2. 在“文件类型”下拉列表框中选择“位图(*.bmp)”选项。
3. 单击 保存(S) 按钮。

STEP 02: 插入光栅文件

1. 选择【插入】/【光栅文件】命令，打开“选择参照文件”对话框，在“查找范围”下拉列表框中选择文件保存位置。
2. 在中间列表框中选择“住房外部景观 .jpg”选项。
3. 单击 打开(O) 按钮。

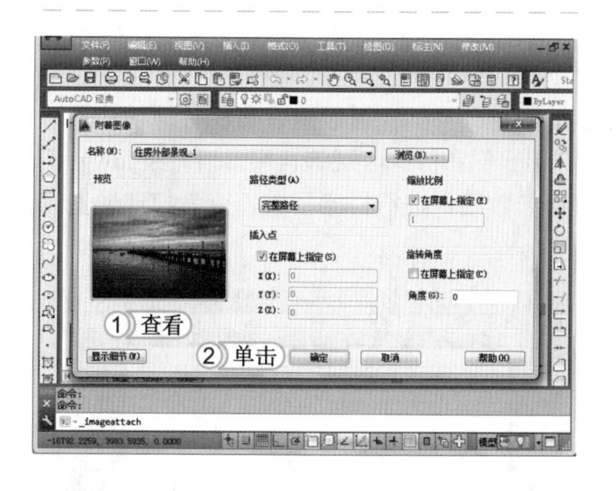

STEP 03: 插入文件

1. 打开“附着图像”对话框，在“预览”栏中查看插入后的效果。
2. 单击 确定 按钮。

提个醒 在打开的“附着图像”对话框中还可调整路径的类型、插入点和图形的旋转角度，还可显示插入的细节。

STEP 04: 查看插入后的效果

使用鼠标在绘图区中直接指定文件的插入点，并查看插入后的效果。

提个醒 当插入的图形过大或过小时，可通过缩放命令对图形进行缩放处理，完成大小的调整。

10.3 练习 1 小时

本章主要介绍了打印图形和 AutoCAD 数据交换功能的使用方法，用户要想在日常工作中熟练地使用它们，还需进行巩固练习。下面以将齿轮图形输出成 BMP 文件和打印并预览齿轮泵图形为例，进一步巩固这些知识的使用方法。

1. 将齿轮图形输出成 BMP 文件

本次练习将根据输出 / 输入不同格式文件的方法，通过输出命令打开“输出数据”对话框，在打开的对话框中选择文件的格式为 BMP，并对其进行保存操作，最终效果如右图所示。

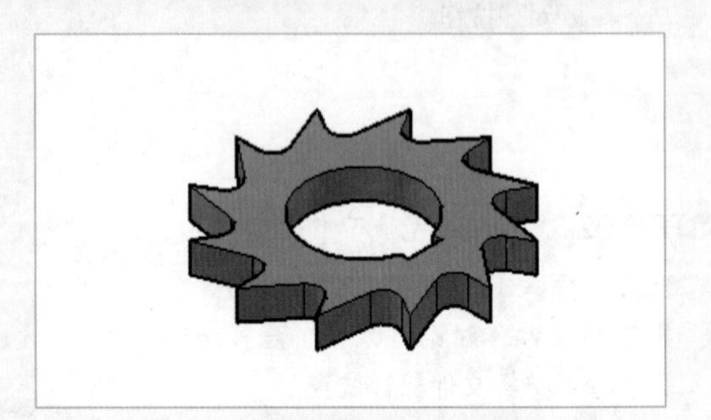

光盘文件
素材 \ 第 10 章 \ 齿轮 . dwg
效果 \ 第 10 章 \ 齿轮 . bmp
实例演示 \ 第 10 章 \ 将齿轮图形输出成 BMP 文件

2. 打印并预览齿轮泵图形

本次练习将新建并使用一个名为“机械装配图打印”的页面设置，选择计算机中已经安装好的打印机，选择图纸为“A4”，设置打印比例和打印区域等，将“齿轮泵 .dwg”图形文件中的图形作为打印对象，在设置好打印参数后再进行打印预览，查看打印预览的效果，最终效果如下图所示。

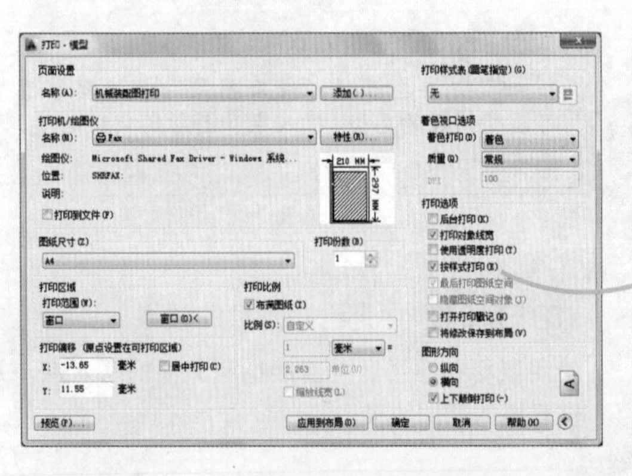

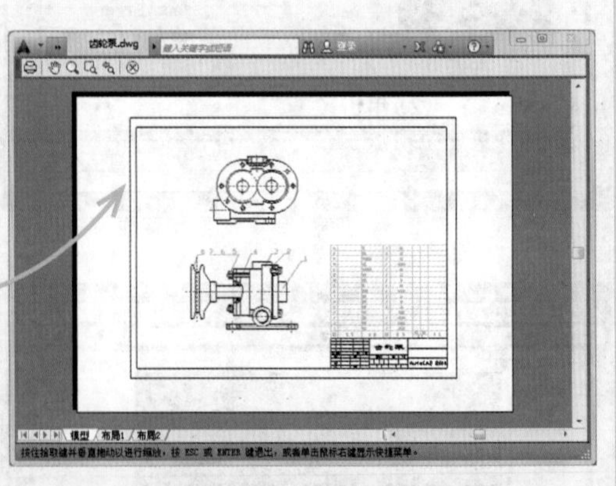

光盘文件
素材 \ 第 10 章 \ 齿轮泵 . dwg
效果 \ 第 10 章 \ 齿轮泵 . dwg
实例演示 \ 第 10 章 \ 打印并预览齿轮泵图形

第11章 综合实例演练

上机 4 小时

- 制作泵体零件图
- 绘制三居室设计方案

通过前面知识的学习，用户已经对 AutoCAD 2014 的基本使用方法、绘制和编辑图形、绘制和编辑三维模型以及打印图形的方法有了一定的掌握。但要将其运用到实际工作中，还需要多加练习以加强实际的操作能力。本章将通过两个实例进一步巩固前面所学知识。

11.1 上机 1 小时：制作泵体零件图

零件图是用来表示零件的结构形状、大小及技术要求的图样，是直接指导制造和检验零件的重要技术文件。本例需要制作的泵体零件属于箱体类零件中的一种，是组成机器及部件的主要零件，它主要由轴孔、空腔、螺孔、凸台、肋和沉孔等结构组成。下面将分别介绍其绘制方法。

11.1.1 实例目标

通过本例的制作，将全面巩固AutoCAD 2014的使用方法，主要包括软件的启动与退出、文件的保存与图层的新建、视图的切换、绘制图形的命令与运用和编辑命令的使用知识，最终效果如下图所示。

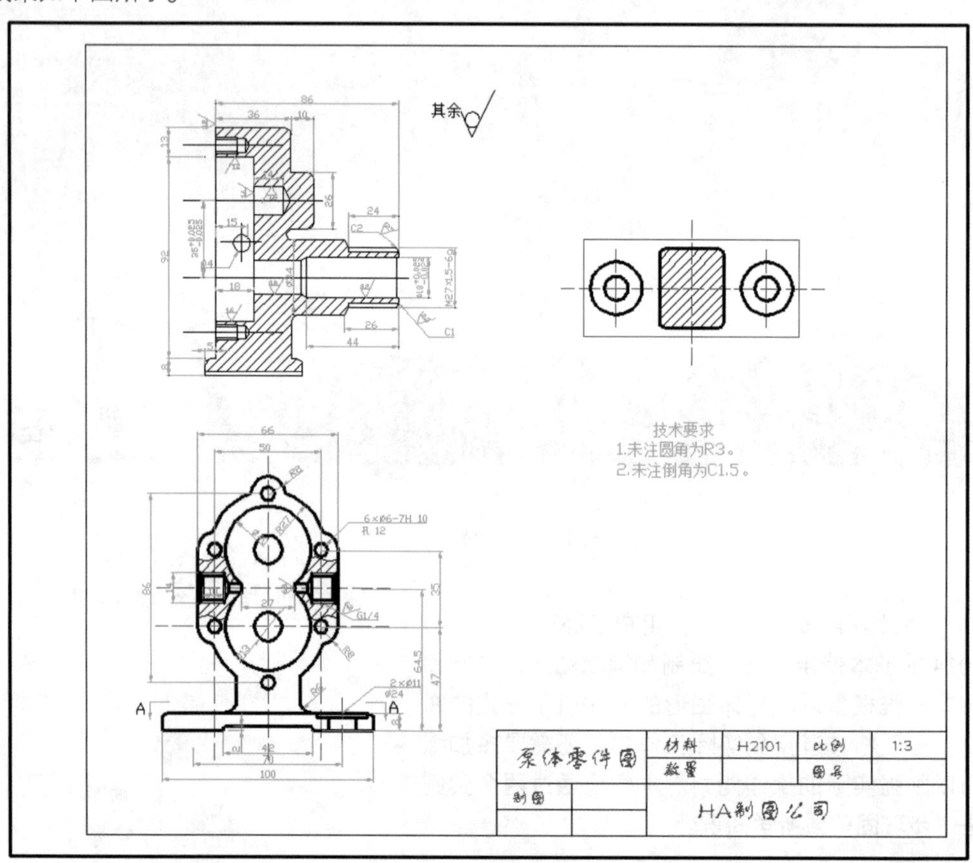

11.1.2 制作思路

本例机械零件图的绘制主要由三部分组成，第一部分是绘图前的准备，如设置图形界限和调整图层的显示等，相当于手绘中纸与笔的准备；第二部分是对图形的绘制与标注等操作；第三部分是框架的绘制与保存文档。在绘制本例时最常用的命令主要包括LINE、MOVE、XLINE、TRIM、ERASE、MIRROR和EXTEND等。

11.1.3 制作过程

下面详细讲解“泵体零件图 .dwg”图形文件的制作过程。

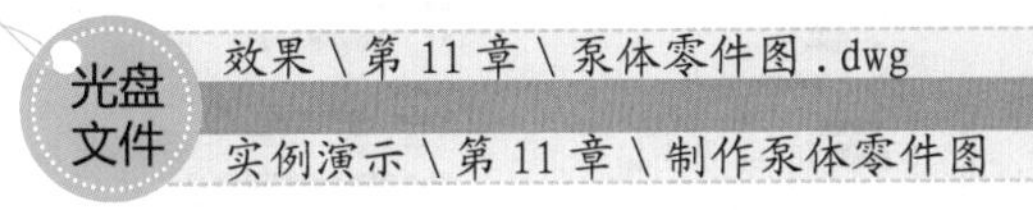

1. 绘图前的设置

绘图前的设置主要包括选项的设置、图形界限的设置和对应的图层调整，下面将分别进行讲解。其具体操作如下：

STEP 01： 选项命令

启动 AutoCAD 2014 软件，打开 AutoCAD 界面。在绘图区中单击鼠标右键，在弹出的快捷菜单中选择“选项”命令，打开“选项”对话框。

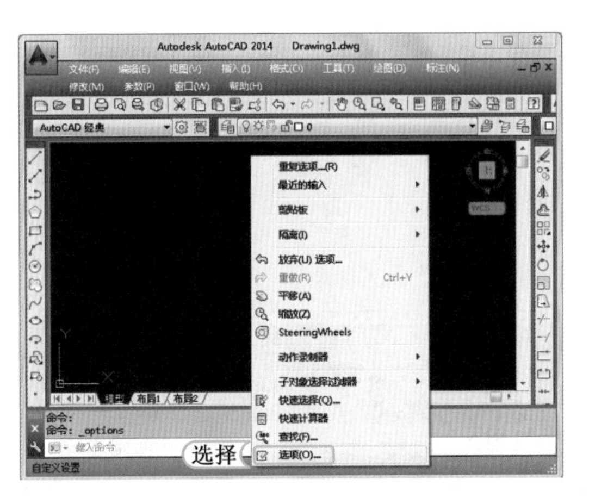

提个醒 若前面已绘制过 CAD 图形，则下次再绘制图形时，将自动保存上次设置进行绘图。

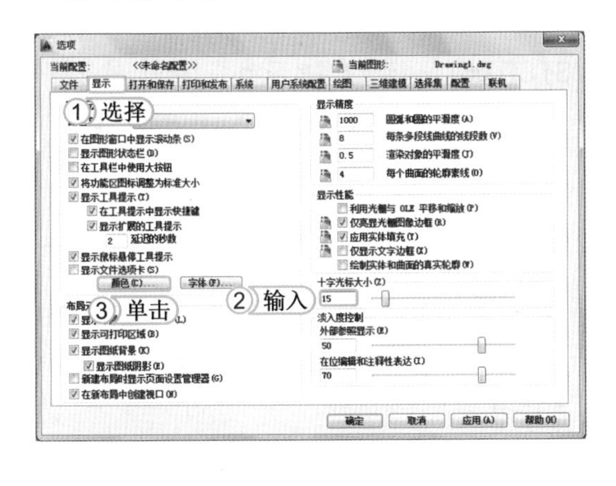

STEP 02： 选项的设置

1. 在打开的对话框中选择“显示”选项卡。
2. 在“十字光标大小”栏下方的文本框中输入“15”。
3. 单击 颜色(C)... 按钮，打开“图形窗口颜色”对话框。

STEP 03： 设置统一背景

1. 在打开对话框的“界面元素”列表框中选择“统一背景”选项。
2. 在“颜色”下拉列表框中选择“白”选项。
3. 单击 应用并关闭(A) 按钮，关闭该对话框。

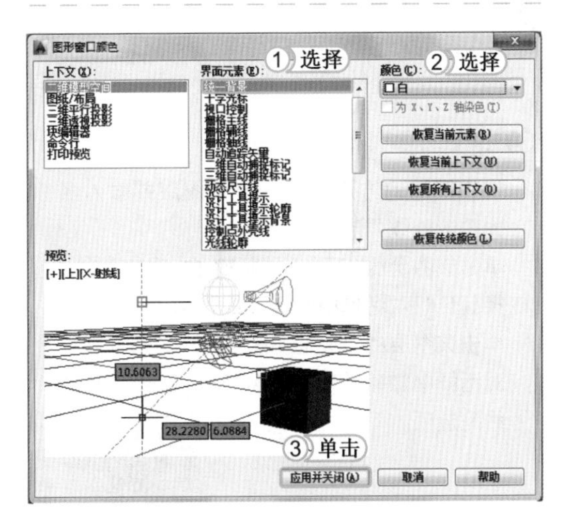

提个醒 在选择一组视图时，应首先确定主视图，主视图是零件图中最重要的视图，选择主视图的关键在于，应该将零件如何放置以及从哪个方向进行投射。

STEP 04：设置打开与保存

1. 返回"选项"对话框，选择"打开和保存"选项卡。
2. 在"文件安全措施"栏中选中☑自动保存(U)复选框。
3. 在"保存间隔分钟数"前的文本框中输入"15"。
4. 单击 确定 按钮，完成设置。

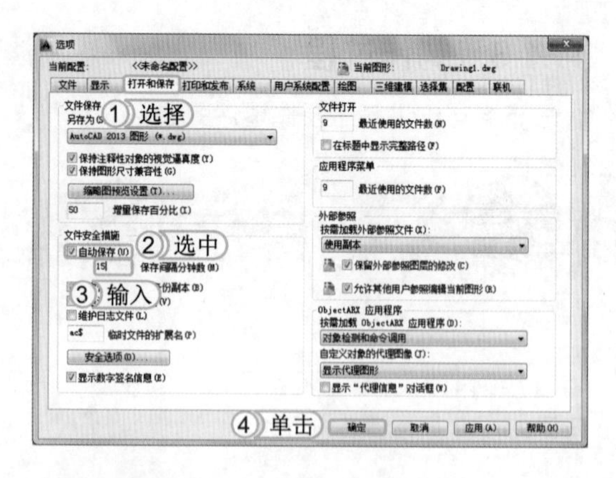

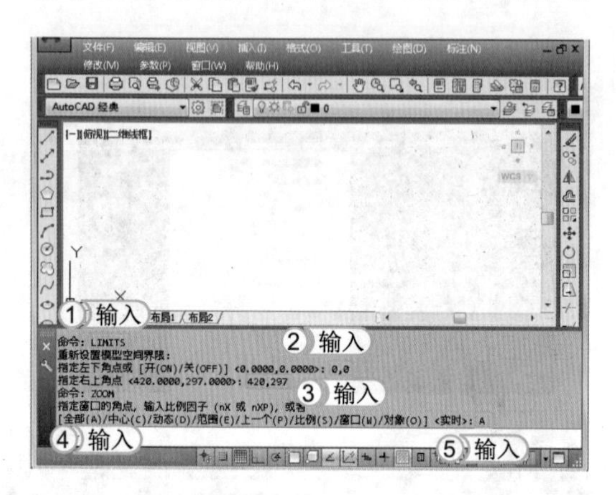

STEP 05：执行命令

1. 在命令行中输入 LIMITS 命令，按 Enter 键执行该命令。
2. 在下方命令行中输入新设置模型空间界限的左下角点坐标为"0,0"，按 Enter 键。
3. 在命令行中输入"420,297"，指定右上角点坐标，并按 Enter 键，执行该命令。
4. 在命令行中输入 ZOOM 命令，按 Enter 键。
5. 在命令行中输入"A"，选择"全部"选项，让当前窗口显示全部的图形。

STEP 06：新建"轮廓线"图层

1. 在命令行中输入 Layer 命令，按 Enter 键，打开"图层特性管理器"选项板。单击"新建图层"按钮，创建一个新图层。
2. 在该图层的"名称"栏中输入图层名称为"轮廓线"。
3. 单击该图层对应的"线宽"图标"默认"，打开"线宽"对话框，在其中选择"0.30mm"选项。
4. 单击 确定 按钮，完成线宽的设置。

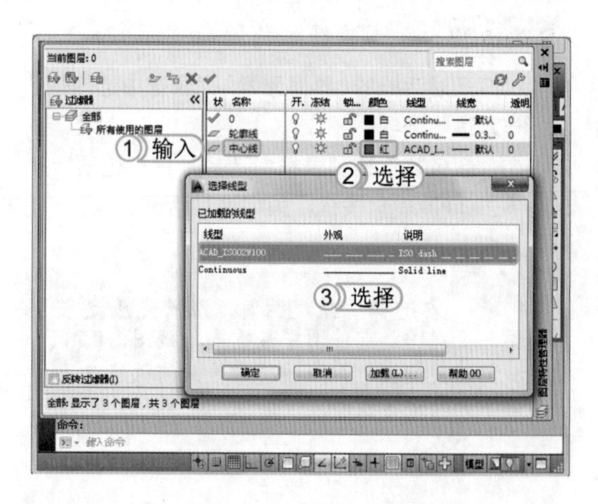

STEP 07：新建"中心线"图层

1. 使用相同的方法创建另一个图层并输入名称为"中心线"。
2. 单击该图层的"颜色"图标■ 白，在打开的"选择颜色"对话框中选择"红"选项。
3. 单击该图层的"线型"图标，在"选择线型"对话框中加载并选择"ACAD_ISO02W100"线型选项。

STEP 08： 创建其余图层

使用相同的方法创建“点划线”、“填充”和“文字标注”图层，并设置“文字标注”图层的颜色为蓝色，其余参数设置保持不变。

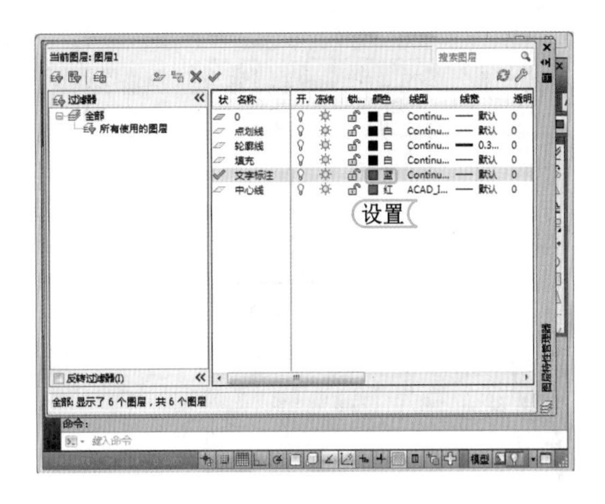

提个醒

图层除了第一次设置外，当需要添加新的图层时，只需根据以上方法，再次打开“图层特性管理器”选项面板，在其中进行添加即可。

2. 绘制主视图

当完成绘图前的设置后，即可进行图形绘制。绘制机械零件图应该先绘制出各视图的主要轮廓线，再根据轮廓线编辑对应的图形。绘制各视图的主要轮廓线首先需要绘制出主视图的主要轮廓线。其具体操作如下：

STEP 01： 绘制中心线

1. 在“图层控制”下拉列表框中选择“中心线”图层。
2. 在命令行中输入 XLINE 命令，按 Enter 键执行该命令。
3. 在下方命令行中输入绘制的坐标值“80,182”，确定第一点坐标，然后绘制出一条水平中心线。完成后按 Esc 键，完成中心线的绘制。

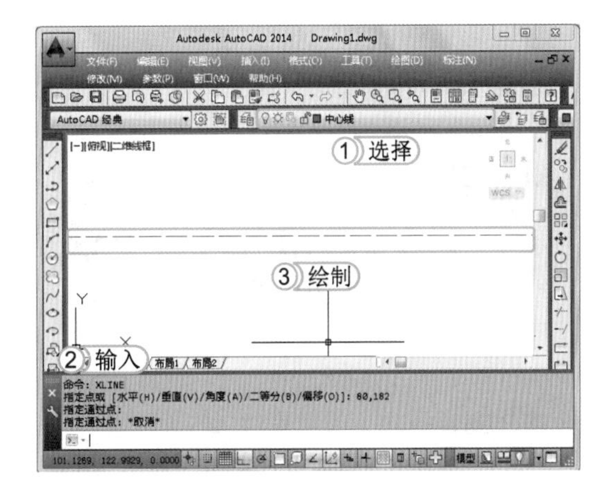

STEP 02： 偏移图形

1. 在命令行中输入 OFFSET 命令，按两次 Enter 键执行该命令。
2. 选择绘制的中心线，将其向上偏移，偏移距离为“35”。
3. 查看偏移完成后的效果，再按 Esc 键，完成偏移。

提个醒

零件图形都有自身的规律，如在绘制轴套类零件时，大部分的图形都是对称图形，因此只需先绘制出一半图形，然后使用“镜像”命令进行镜像，即可完成整个图形绘制。

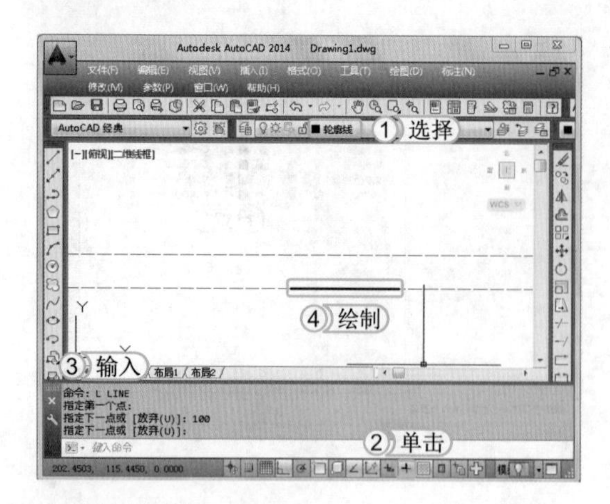

STEP 03： 绘制直线

1. 在“图层控制”下拉列表框中选择“轮廓线”图层。
2. 在状态栏中单击“显示/隐藏”按钮，打开线宽显示功能。
3. 在命令行中输入 L 命令，按 Enter 键执行“直线”命令。
4. 在中心线上绘制一条长为 100 的水平直线。

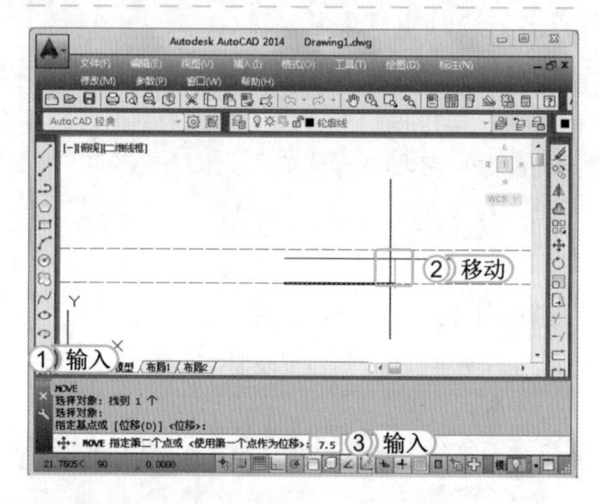

STEP 04： 移动线段

1. 在命令行中输入 MOVE 命令，按 Enter 键执行“移动”命令。
2. 选择先前绘制的直线，按 Enter 键，向上进行移动。
3. 在下方命令行中输入移动值“7.5”，按 Enter 键，移动线段。

提个醒 绘制零件图时，零件一般在轴上的轴向是固定的，而且常用轴肩、套筒、螺母或轴端挡圈等形式对其进行固定。

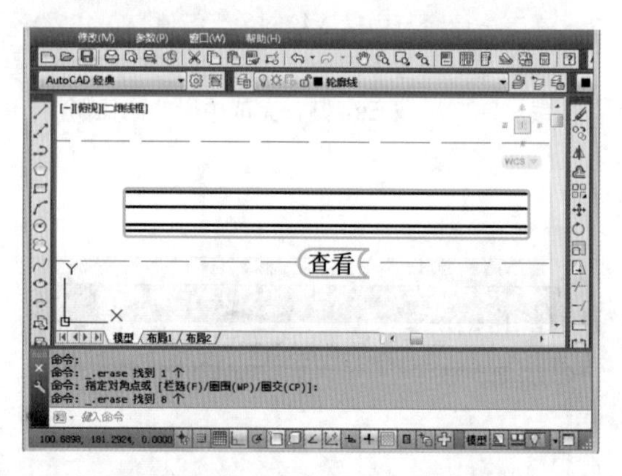

STEP 05： 向上偏移直线

使用相同的方法，再次使用 OFFSET 命令，将绘制的直线向上偏移，其偏移距离分别为“1.5”、“4.5”和“3.5”，查看偏移完成后的效果。

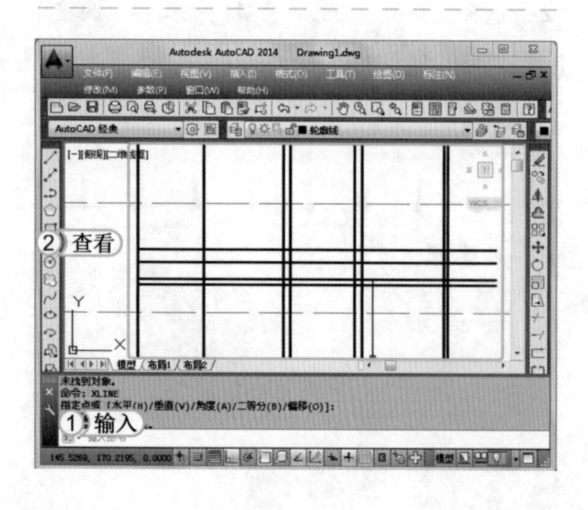

STEP 06： 绘制并偏移竖直构造线

1. 在命令行中输入 XLINE 命令，按 Enter 键，分别单击偏移的水平直线左端，绘制一条竖直构造线。
2. 在命令行中输入“O”命令，将绘制的竖直构造线向右偏移，偏移距离分别为“18”、“22.5”、“2”、“18”、“2”、“23”和“1”，查看完成后的效果。

STEP 07： 修剪删除直线

在命令行中输入 TRIM 命令，按两次 Enter 键执行“修剪”命令。选择所有的竖直和水平直线为修剪对象，修剪绘制的图形，并输入 E 命令，按 Enter 键删除多余的线段，查看修剪完成后的效果。

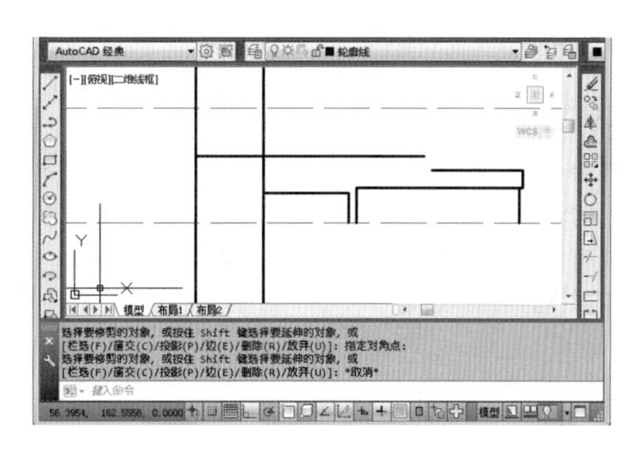

STEP 08： 镜像图形对象

1. 在命令行中输入 LINE 命令，按 Enter 键绘制两条直线，将图形中的两个空缺部分连接起来。
2. 在命令行中输入 MIRROR 命令，按 Enter 键，选择剪切后的图形，按 Enter 键，并以中心线作为镜像的轴，查看镜像后的效果。

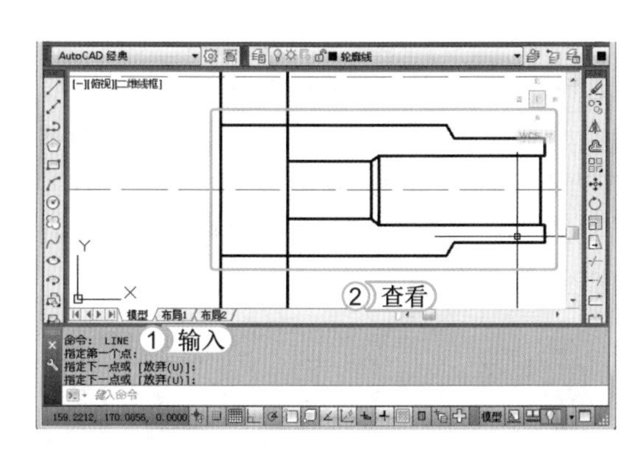

STEP 09： 向上偏移直线

使用相同的方法，在命令行中输入 OFFSET 命令，按 Enter 键执行该命令，将图形对象中最上方的直线向上偏移，偏移距离分别为“5”、“6.5”、“13”、“4.5”、“7”和“3”，查看偏移完成后的效果。

> **提个醒** 本例中的偏移主要是在前一个对象中执行操作。

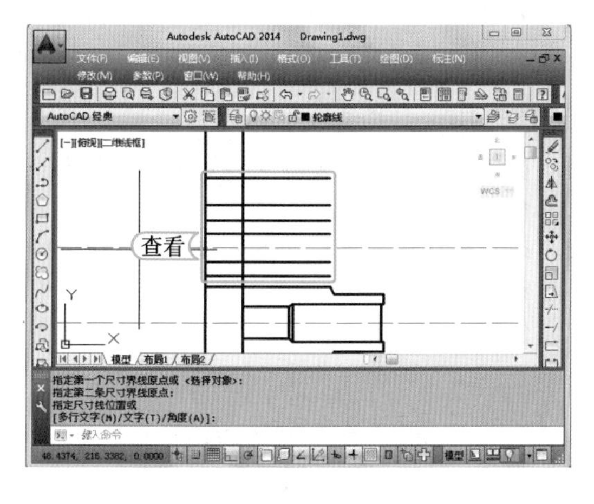

STEP 10： 偏移竖直线

使用相同的方法，将最左边的竖直构造线向右偏移，偏移距离分别为“32”、“3.5”、“0.5”、“2.5”和“7.5”，查看偏移后的效果。

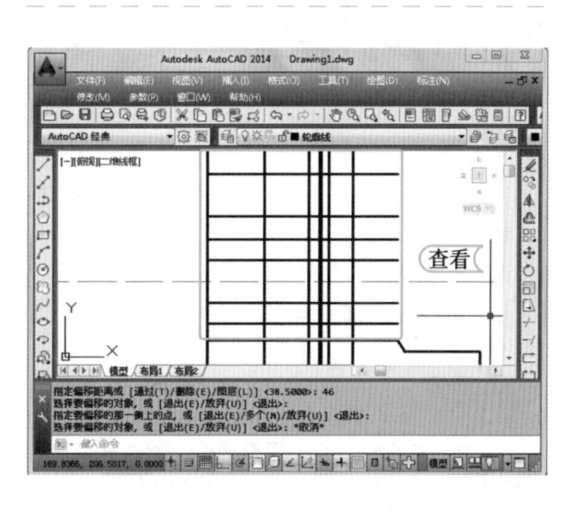

> **提个醒** 绘制零件图的过程中，有一些常用的表现手法，如在手工绘制厚度小于 2mm 的薄片形零件时，常用涂黑的方法进行代替。

STEP 11： 修剪删除图形对象

在命令行中输入LINE命令，绘制出盲孔的前面部分。再通过输入TRIM和ERASE命令，选择所有图形对象为修剪对象，并删除多余的线段，查看修剪后的效果。

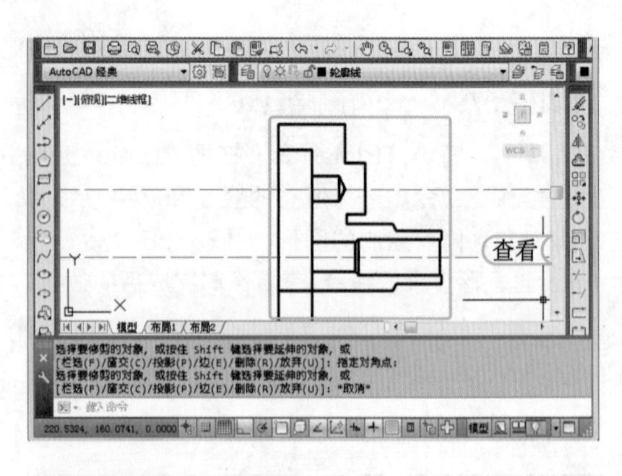

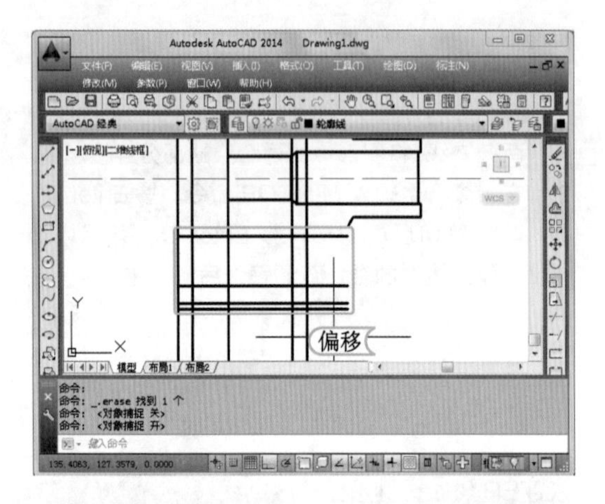

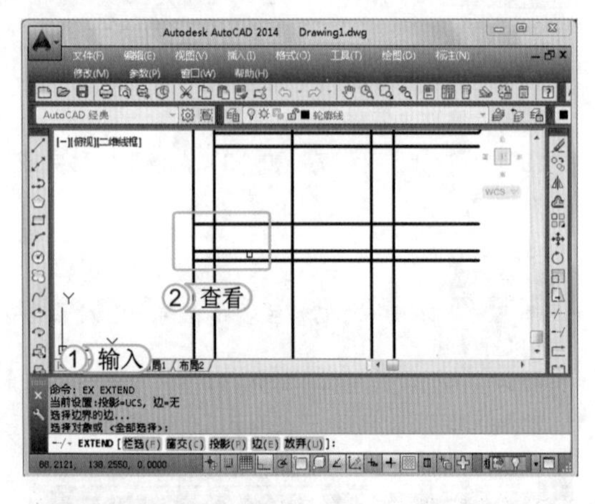

STEP 12： 偏移直线

使用相同的方法，在命令行中输入O命令，将最下边的横线向下偏移，偏移距离分别为“3”、“17”、“6”和“2”，将最左端的竖直线分别向左偏移5，向右偏移36和5。

> **提个醒** 在机械行业中，标准件的使用范围非常广，如螺钉。另外，标准件一般都有几个标准的尺寸，用于不同的使用场合。

STEP 13： “延伸”命令

1. 在命令行中输入EX命令，按Enter键执行该命令。
2. 在绘图区中，选择最下方的3条直线，将其延伸至最左边的轮廓线，并查看延伸后的效果。

> **提个醒** 在绘制装配图时，对零件的序号进行标注，其引线的样式可以在“多重引线样式管理器”对话框中进行修改。

STEP 14： 剪切图形

1. 在命令行中输入TR命令，按Enter键执行该命令。
2. 选择所有图形对象为修剪对象，修剪图形后，按Delete键，删除多余的线段。

> **提个醒** 将定义的标准件插入到图形中后，如不能满足当前所绘制图形的需要，还可使用编辑命令对其进行编辑，如移动和旋转等。

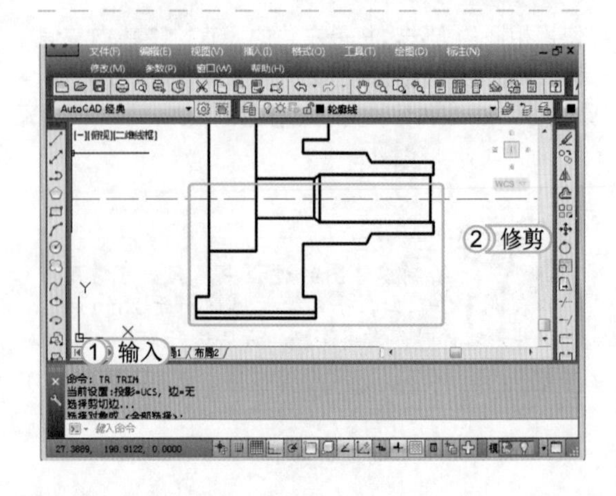

STEP 15: 绘制圆

1. 在命令行中输入 CIRCLE 命令，按 Enter 键执行该命令。
2. 在中心线的中心位置处单击鼠标左键，按 Enter 键，执行该命令。
3. 在下方命令行中输入直径值“4”，按 Enter 键，完成绘制。

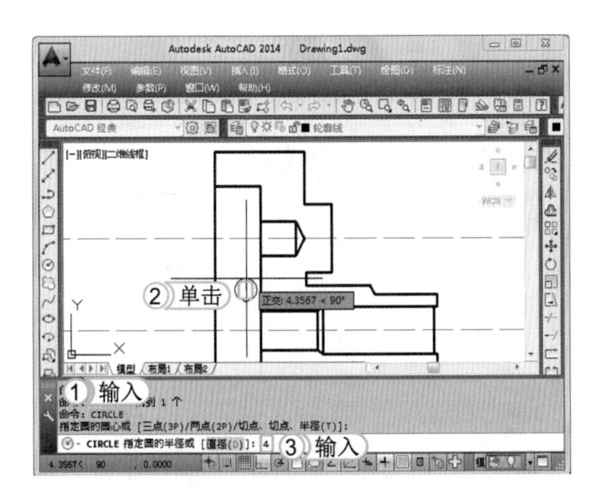

提个醒 在各种类型的零件图绘制中，叉架类零件图形的绘制比盘类和轴类图形要复杂，因此在绘制时，要了解各个需要绘制的视图和视图中对象的结构。

STEP 16: 绘制长方形

1. 在命令行中输入 L 命令，按 Enter 键，执行该命令。
2. 在图纸的空白区域单击鼠标左键，按 Enter 键，执行该命令。设置长与宽分别为“10”和“7”，按 Enter 键，完成长方形的绘制。

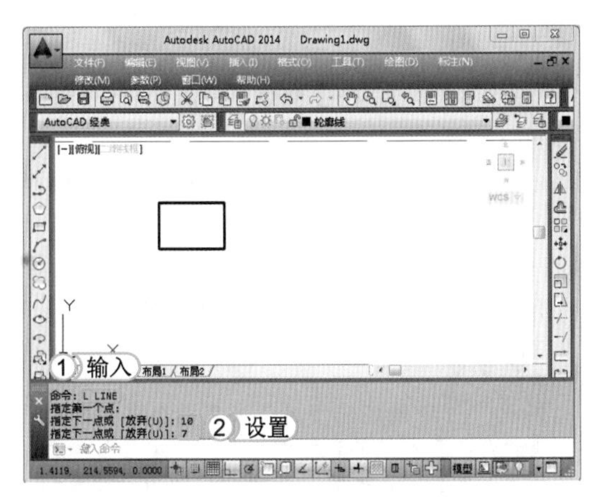

STEP 17: 绘制内螺纹孔

1. 在命令行中输入 O 命令，按 Enter 键执行该命令。
2. 选择长方形右边的竖线，向右进行偏移，偏移距离为“4”和“2”。使用相同的方法，将横线向下进行偏移，偏移距离为“0.5”和“1”。
3. 使用“直线”命令，连接对应两点，并对其进行修改，查看修改后的效果。

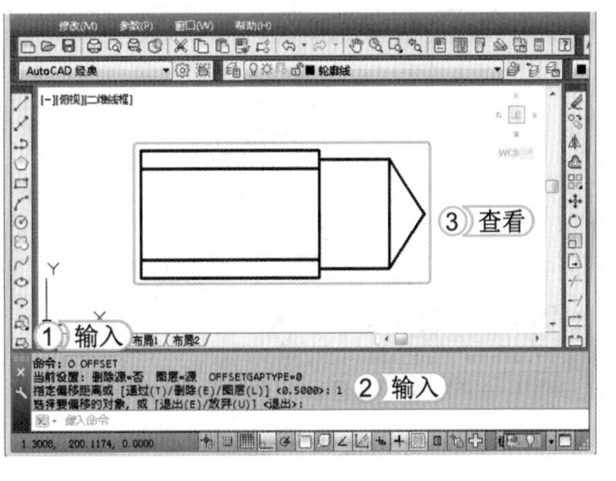

STEP 18: 修改线型

1. 选择中间两条横线。
2. 单击鼠标右键，在弹出的快捷菜单中选择“特性”命令，打开“特性”对话框。

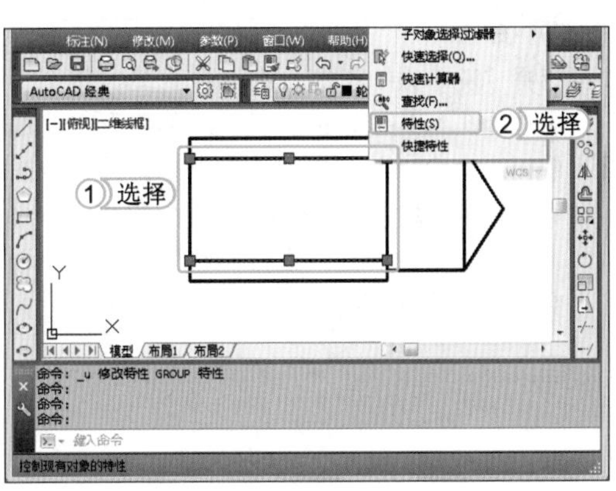

提个醒 绘制对称图形时，对剖切面进行图案填充并进行镜像复制后，应将剖切面的图形再次进行编辑，让图案的方向及间距一致，以表示为同一个零件。

STEP 19：调整线宽

1. 在打开对话框的“常规”栏的“线宽”下拉列表框中选择“0.20mm”选项。
2. 单击“关闭”按钮×，关闭该对话框。

> **提个醒**
> 除了在“特性”对话框中对线宽进行设置外，用户也可根据操作习惯在功能区中的“线宽控制”栏的下拉列表框中进行选择。

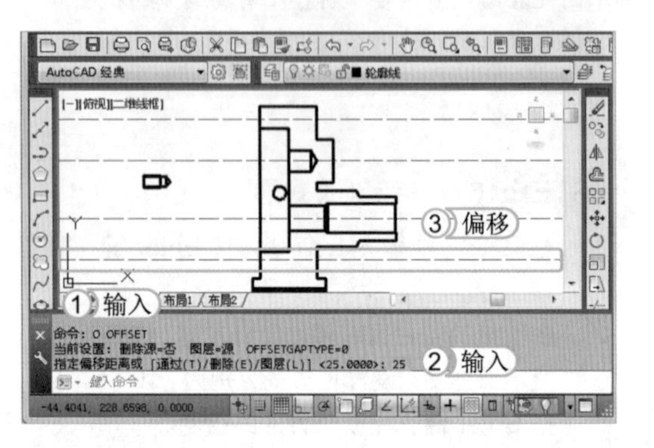

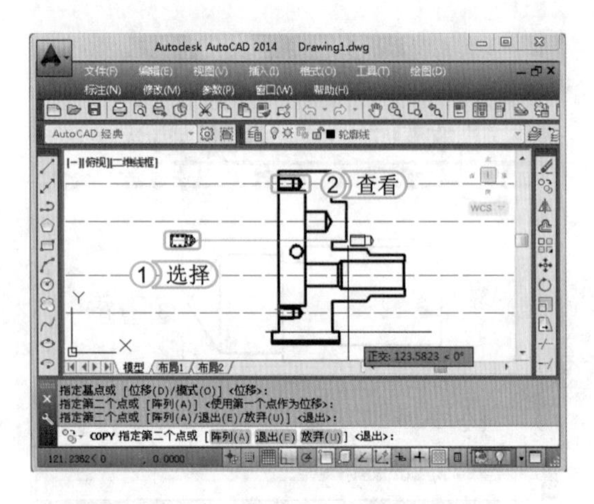

STEP 22：向内偏移直线

1. 选择“轮廓线”图层，使用 O 命令，将图形右边的孔上下的直线向内偏移，偏移距离为2。
2. 使用 L 命令将其连接起来，更改偏移和绘制的直线线宽均为“0.20mm”。使用相同的方法将下方对应的直线进行偏移与修改，查看完成绘制后的效果。

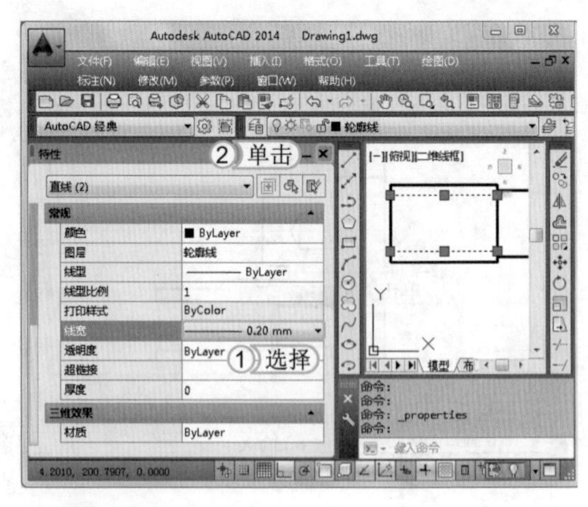

STEP 20：复制中心线

1. 在命令行中输入 O 命令，按两次 Enter 键，执行该命令。
2. 选择上方中心线，按 Enter 键，并输入偏移距离“25”。
3. 根据以上方法，将下方中心线进行偏移，偏移距离也为“25”，查看完成后的效果。

> **提个醒**
> 绘制装配图时，如果两个零件的材质一样，在零件的剖切面进行图案填充时，若两个剖面相邻，可将其中一个剖面的方向填充为相反方向的剖面线。

STEP 21：复制内螺纹孔

1. 选择绘制的内螺纹孔，在命令行中输入 CO 命令，按 Enter 键，执行该命令。
2. 捕捉偏移后中心线的中心点，查看完成复制后的效果。

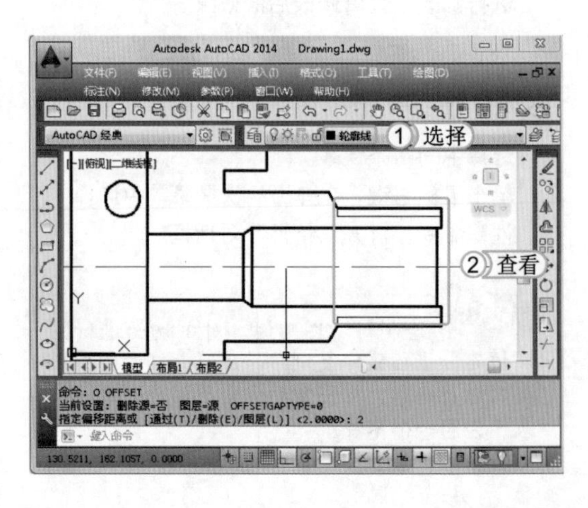

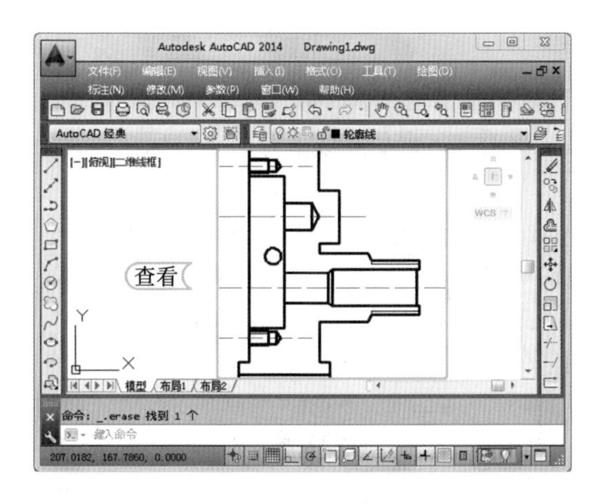

STEP 23：完成主视图的绘制

在绘图区中删除多余的线段和图形，并对中心线进行修改，查看完成删除与修剪后的效果。

> **提个醒**
> 修剪中心线时，还可通过“偏移”命令偏移一定的距离，再通过“修剪”命令进行修剪，以使中心线的距离相等。

STEP 24：倒角处理

1. 在命令行中输入F命令，按Enter键，执行该命令。
2. 在下方命令行中输入“R”，或选择“半径”选项，按Enter键。
3. 输入设置的半径值“3”，按Enter键。
4. 根据以上方法，倒角处理其他点，并查看倒角后的效果。

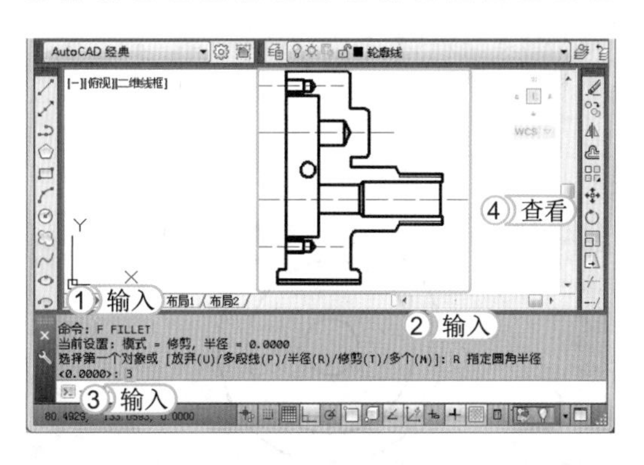

STEP 25：绘制圆弧

1. 在命令行中输入ARC命令，按Enter键，执行该命令。
2. 分别单击凹陷处端点，绘制对应的圆弧，查看绘制完成后的效果。

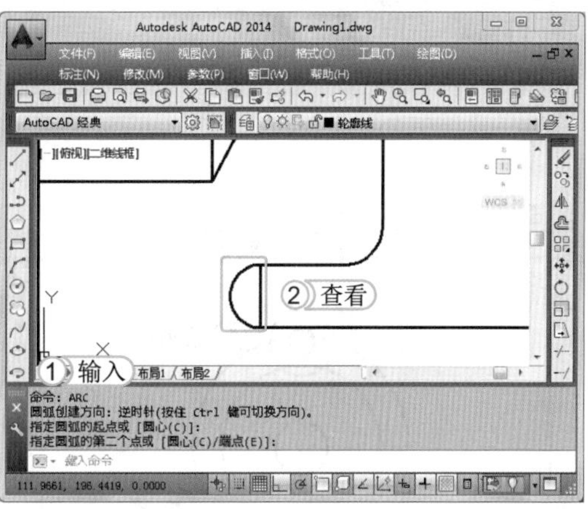

> **提个醒**
> 在装配图中选择某个零件图形时，为了更方便地选择所需的对象，在选择前可将其他零件图层关闭或冻结。

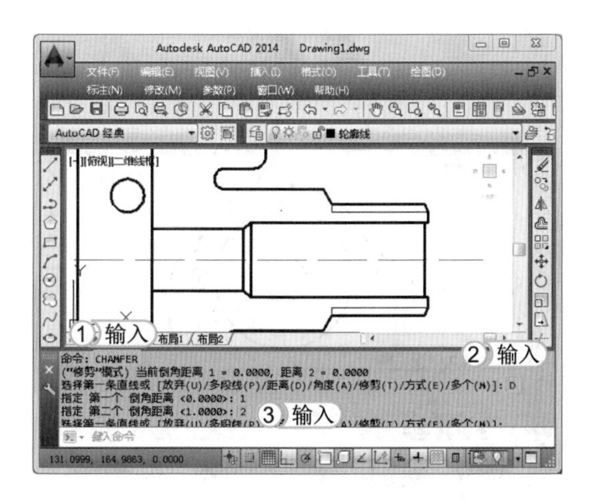

STEP 26：外部倒角

1. 在命令行中输入CHAMFER命令，按Enter键，执行该命令。
2. 在命令行中输入“D”，选择“距离”选项，按Enter键，输入第一倒角距离为“1”，按Enter键。
3. 输入第二倒角距离为“2”，按Enter键。为主视图中最大的孔前端进行倒角。删除多余线段，并查看完成后的效果。

3. 绘制其余视图

绘制好主视图后，可以根据主视图的大小和位置来确定其余两个视图的大小和位置，其中俯视图应与主视图竖直对齐，剖视图应与主视图水平对齐。最后完成所有尺寸的标注并添加文字说明。其具体操作如下：

STEP 01：绘制并偏移点划线

1. 选择“中心线”图层。
2. 在命令行中输入 XLINE 命令，按 Enter 键，在主视图下方和上方分别绘制出一条竖直中心线。
3. 在命令行中输入 O 命令，将绘制的中心线分别向左右偏移，偏移距离为“25”，查看偏移后的效果。

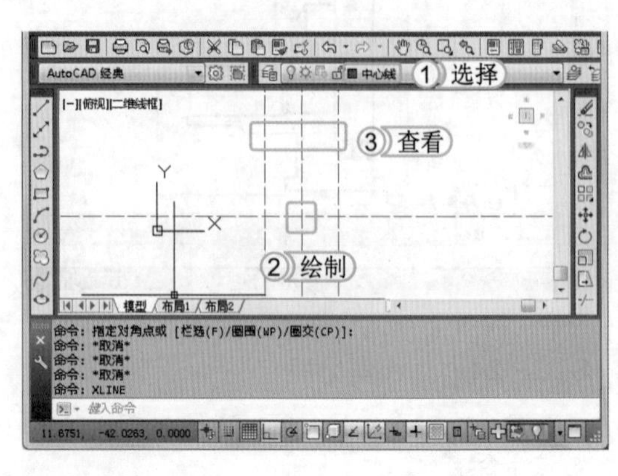

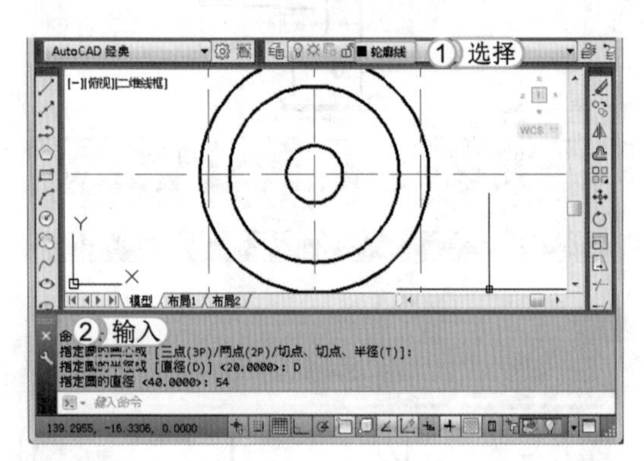

STEP 02：绘制圆

1. 选择“轮廓线”图层。
2. 在命令行中输入 CIRCLE 命令，按 Enter 键，以中间的中心点与最上方的中心线的交点为圆心，绘制 3 个圆，直径分别为“13”、“40”和“54”。

STEP 03：绘制螺纹孔

1. 使用相同的方法，在俯视图中上方同一中点上绘制两个圆，直径分别为“6”和“16”。
2. 再次使用 OFFSET 命令，向上进行偏移，偏移距离为“0.5”。

STEP 04：复制圆并修剪图形

完成后通过“修剪”命令修剪多余线段，并更改圆弧的线宽为“0.20mm”，再使用 COPY 命令对其进行复制，将绘制的 2 个圆和圆弧复制到中心线交点处，再使用 TR 命令对图形进行修剪，查看完成后的效果。

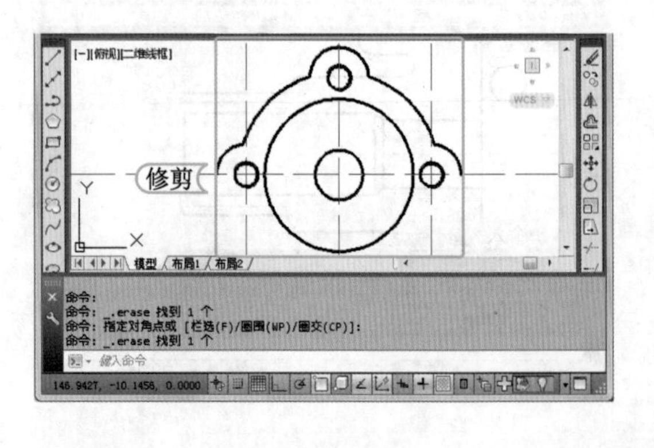

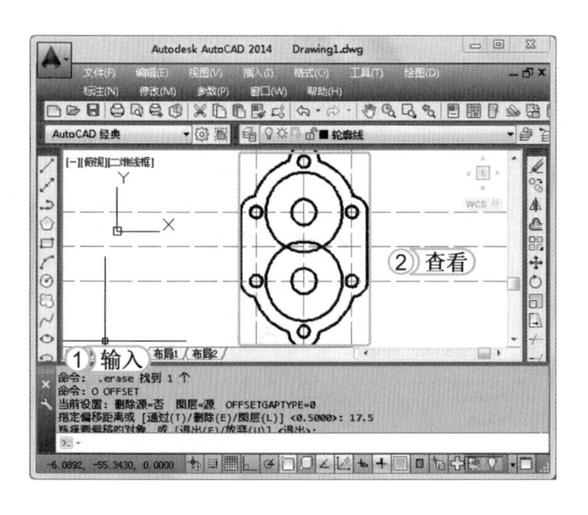

STEP 05： 镜像对象

1. 在命令行中输入 O 命令，按 Enter 键，将最上方的中心线向下偏移，偏移距离为“17.5”。
2. 输入 MIRROR 命令，将修剪好的图形对象向下镜像，并通过“直线”命令连接图形两侧的弧线，查看完成后的效果。

> 提个醒 在执行“镜像”命令时，可通过移动鼠标调整镜像位置。

STEP 06： 绘制局部剖面部分

在命令行中输入 L 命令，按 Enter 键，绘制长为“14”和宽为“11.5”的四边形。再使用 O 命令，将长的一边与宽两边向内进行偏移，其偏移距离为“1.5”。将右侧一边作为偏移边，向右进行偏移，其距离为“2”和“6”。将“宽”向下进行偏移，偏移距离为“5”，并使用“直线”命令连接对应线条，再使用“修剪”命令剪切图形，查看完成后的效果。

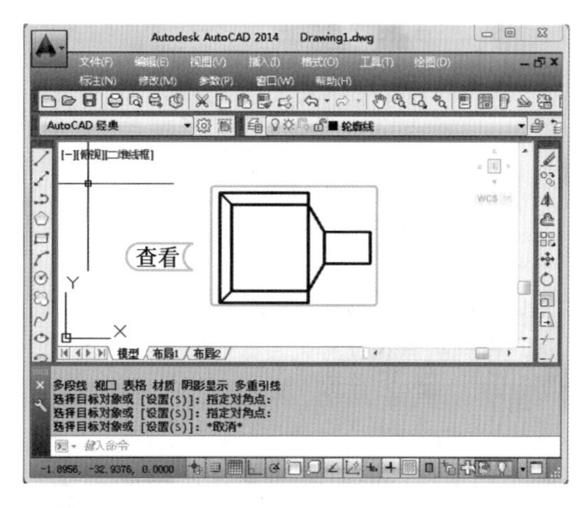

STEP 07： 移动图形

1. 在命令行中输入 M 命令，按 Enter 键执行“移动”命令。
2. 选择需要移动的图形，捕捉图形中的一点，移动图形到左视图左边的局部。修改绘制上下两条线段的线宽为“0.20mm”，查看移动后的效果。

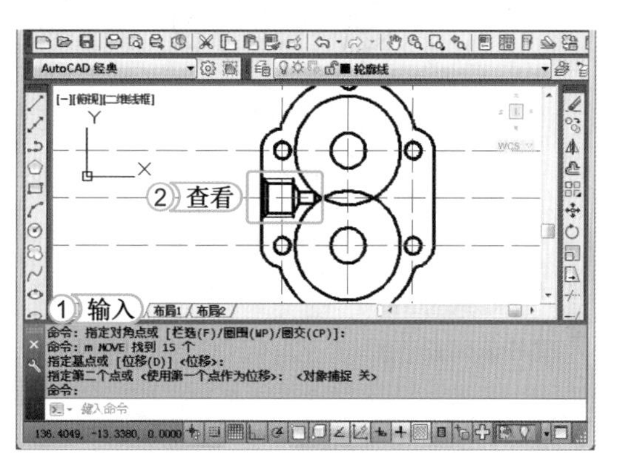

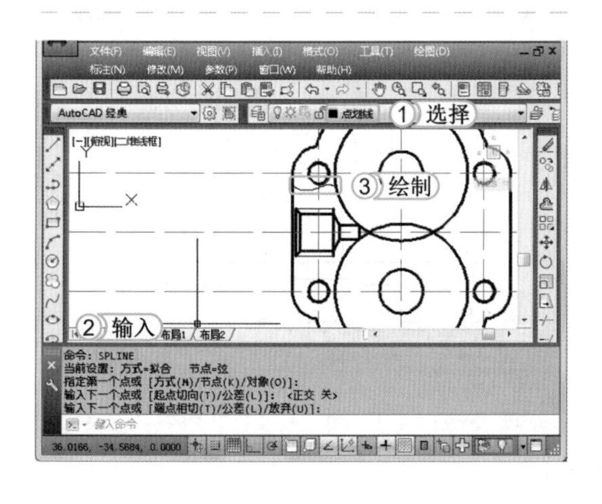

STEP 08： 绘制剖面线

1. 切换为“点划线”图层。
2. 在命令行中输入 SPLINE 命令，按 Enter 键执行命令。
3. 在对应的位置处，绘制出俯视图左边的剖面线。

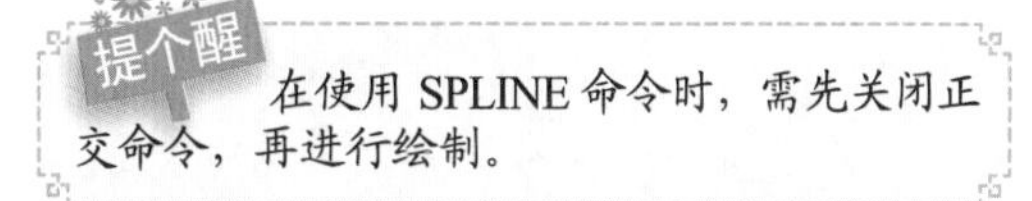

> 提个醒 在使用 SPLINE 命令时，需先关闭正交命令，再进行绘制。

STEP 09：镜像局部剖面部分

再次使用 MIRROR 命令，将局部剖面部分和剖面线镜像到左视图右边，查看完成后的效果。

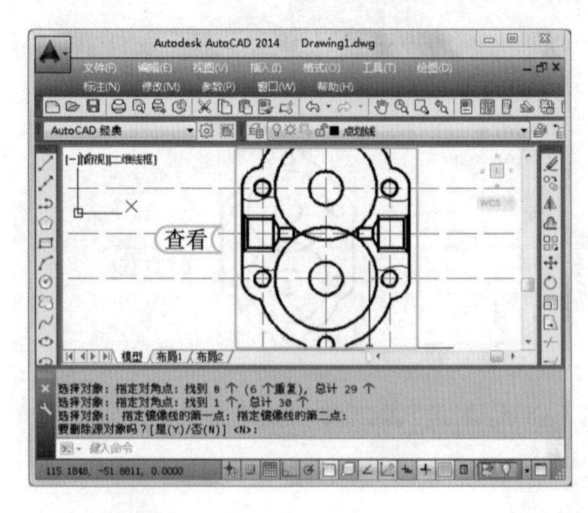

> **提个醒**
> 绘制箱体类零件时，一般情况下，都以箱体的侧面作为零件的主视图，再以顶面作为俯视图，并对零件进行剖切。

STEP 10：绘制底座线条

1. 选择“轮廓线”图层。
2. 在命令行中输入 L 命令，按 Enter 键执行“直线”命令。
3. 捕捉下方圆心的中点，向右进行移动，绘制长为“50”的直线。
4. 在命令行中输入 O 命令，向下进行偏移，偏移距离分别为“14”、“6”和“2”，查看绘制的效果。

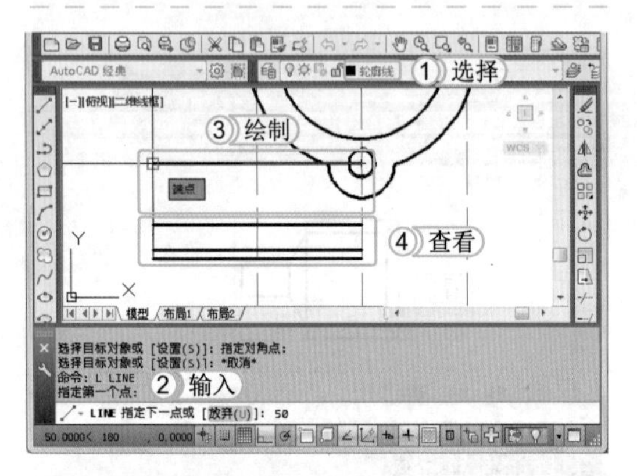

STEP 11：编辑底座线条

1. 使用相同的方法捕捉下方圆点，向下进行移动，绘制长为“22”的线段。
2. 在命令行中输入“O”命令，向右、左进行偏移，偏移距离分别为“15”、“6”和“29”。并通过“修剪”命令修剪图形，查看编辑后的效果。

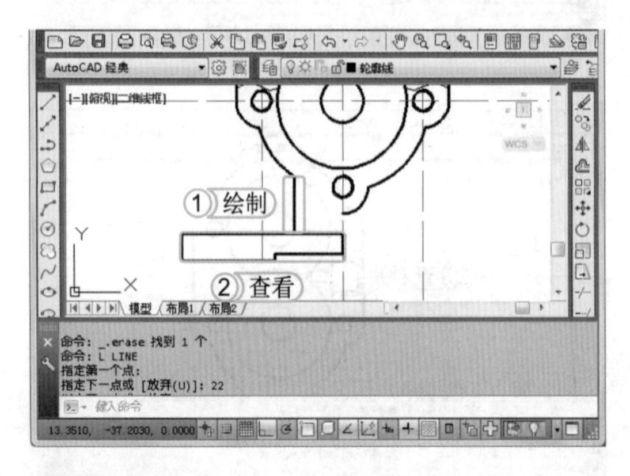

STEP 12：完成底座的绘制

再次使用 MIRROR 命令，将绘制的底座左边部分镜像到俯视图的右边，并对其进行修剪，查看完成后的效果。

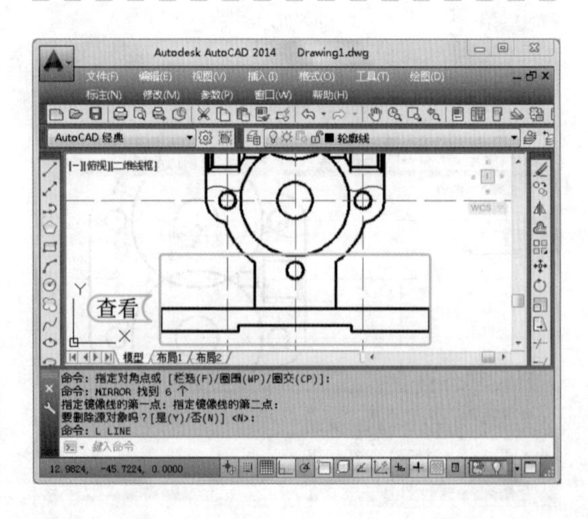

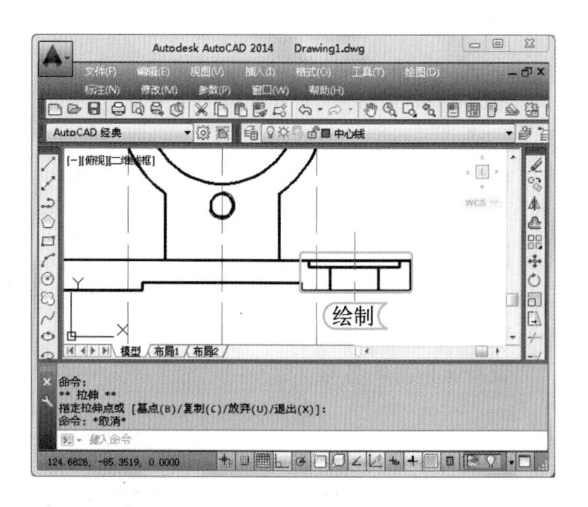

STEP 13： 绘制底座上的孔

根据以上方法，并使用 LINE、OFFSET 和 TRIM 等命令，绘制出底座右边的孔，并在“中心线”图层中绘制出孔的中心线，完成俯视图的绘制。

> **提个醒**
> 轴类零件是很普遍的一类零件，轴套类零件结构形状比较简单，一般具有轴向尺寸大于径向尺寸的特点，且大多数轴类零件都有倒角、圆角、键槽、螺纹和中心孔等结构。

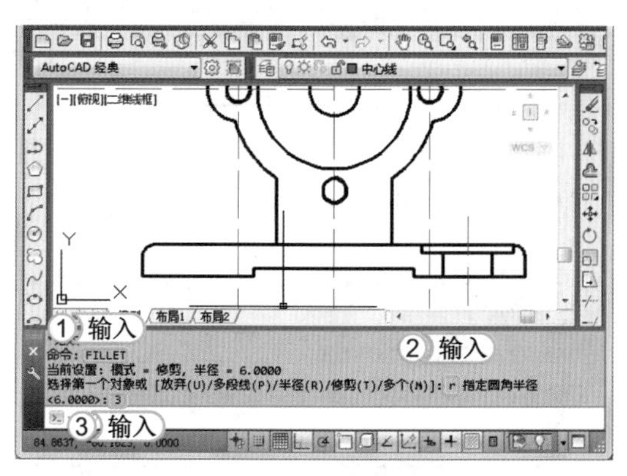

STEP 14： 倒角处理

1. 在命令行中输入 FILLET 命令，按 Enter 键，执行该命令。
2. 在下方命令行中输入“R”，选择“半径”选项，按 Enter 键。
3. 输入设置的半径值“3”，按 Enter 键，对底座相连处两端进行倒角处理。

STEP 15： 外部倒角

使用 ARC 命令绘制半径为“6”的圆弧，连接底座下方的图形，并使用 TRIM 命令修剪多余线段，查看其效果。

> **提个醒**
> 也可使用 FILLET 命令，将半径值调大，再进行倒角。

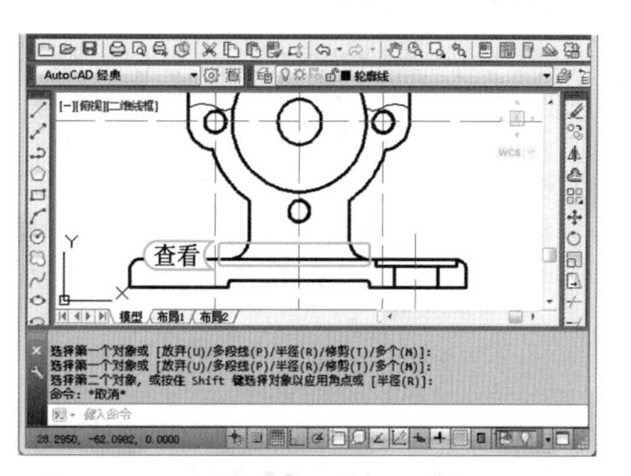

STEP 16： 查看效果

修剪多余的中心线，使其更加便于查看，并查看完成后的效果。

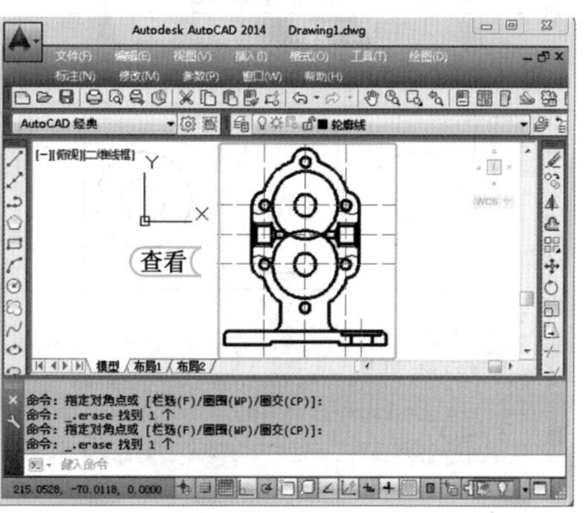

STEP 17: 绘制并偏移点划线

1. 选择“中心线”图层。
2. 在命令行中输入 XLINE 命令，按 Enter 键，在主视图右方分别绘制出一条竖直和横线为图形中心线。
3. 再次在命令行中输入 O 命令，按 Enter 键，将直线向两边偏移，偏移距离都为“35”，查看偏移后的图形。

STEP 18: 绘制剖视图

1. 通过“偏移”命令，将中心点向上和向下分别偏移“22”和“50”。再在命令行中输入 RECTANG 命令，按 Enter 键，进行四边形的绘制。
2. 捕捉中心线的交叉点，绘制四边形，查看绘制后的效果。

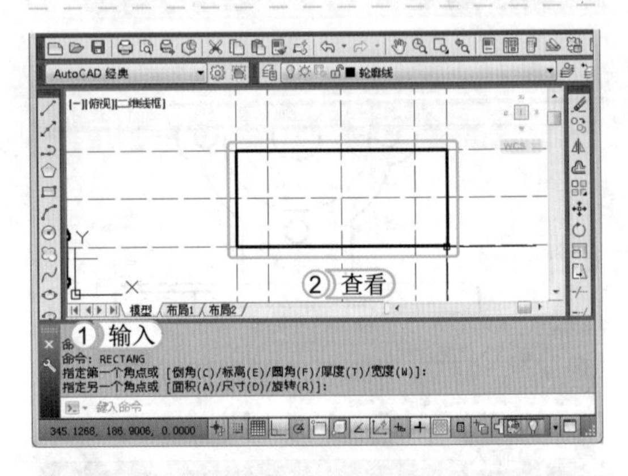

STEP 19: 绘制圆

1. 在命令行中输入 CIRCLE 命令，按 Enter 键，以中间的中心点与最上方的中心线的交点为圆心，绘制两个圆，直径分别为“11”和“24”，查看完成后的效果。
2. 再次通过 CO 命令，将绘制的圆复制到右侧图形中，对中心线进行修剪，查看完成后的效果。

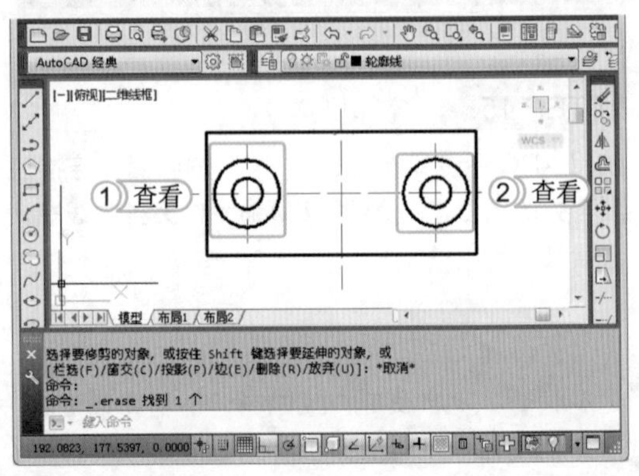

STEP 20: 绘制四边形

1. 在四边形的中心位置绘制宽为“30”，高为“36”的四边形，查看绘制后的效果。
2. 在命令行中输入 F 命令，按 Enter 键。
3. 在下方命令行中输入“R”，选择“半径”选项，按 Enter 键。
4. 输入设置的半径值“3”，按 Enter 键，对四边形进行倒角处理。

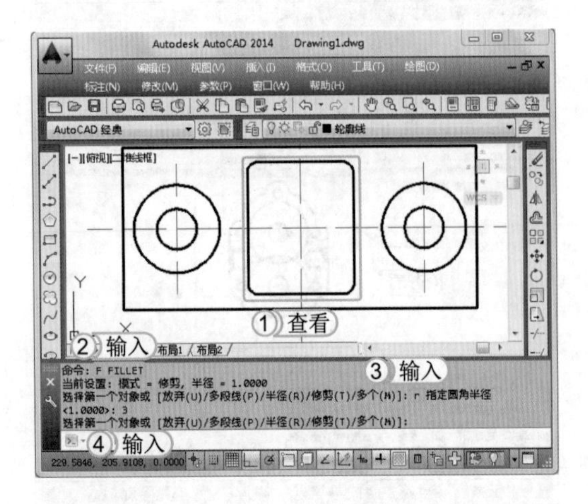

STEP 21：选择填充图案

1. 选择“填充”图层，在命令行中输入 H 命令，打开“图案填充和渐变色”对话框。
2. 在“图案填充”选项卡的“图案”下拉列表框中选择 ANSI31 选项。
3. 在“边界”栏中单击“添加：拾取点”按钮，返回绘图区中。

> 提个醒 在使用圆角命令编辑图形时，如果系统提示倒角不合理，可以在绘图区其余位置绘制一个相等半径的圆，再使用几何约束功能约束绘制的圆与圆角对象相切，最后使用“修剪”命令修剪多余的曲线，达到圆角效果。

STEP 22：填充图形

分别选择每个视图的填充区域，完成图案填充，并对视图进行调整，查看调整完成后的效果。

> 提个醒 绘制图形最常用的命令主要有 LINE、CIRCLE、TRIM、OFFSET、MIRROR、COPY 和 ERASE 等。

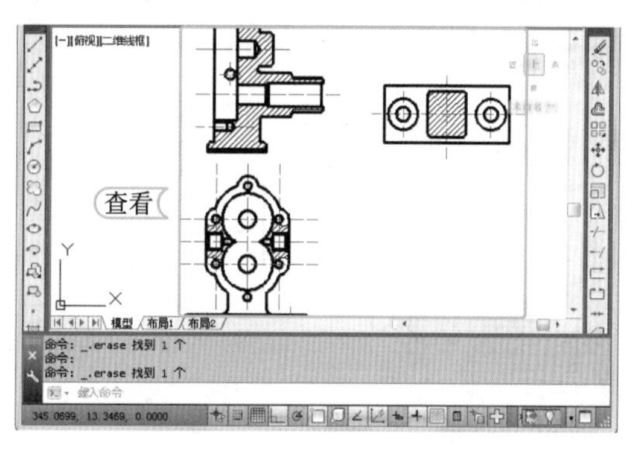

STEP 23：新建“文字标注”标注样式

1. 选择“文字标注”图层，在命令行中输入 DIMSTYLE 命令，按 Enter 键，打开“标注样式管理器”对话框。
2. 单击 新建(N)... 按钮，新建样式。
3. 打开“创建新标注样式”对话框，在“新样式名”文本框中输入“文字标注”。
4. 单击 继续 按钮，打开“新建标注样式：文字标注”对话框。

STEP 24：设置文字标注

在对话框的“文字”选项卡中设置“文字颜色”为绿色、“文字高度”，在“符号和箭头”选项卡中设置“箭头大小”为“3”。

> 提个醒 在机械制图中，常常以绿色作为标注的主要颜色，因此在设置时，尽量不要设置其他的颜色。

STEP 25：新建"尺寸公差"标注样式

使用相同的方法创建"尺寸公差"标注样式，并设置"文字高度"和"箭头大小"分别为"5"和"3.5"，"精度"为"0.000"，上下偏差均为"0.025"。

提个醒

在绘制图形时，经常会使用"偏移"命令进行绘制，但是在绘制复杂图形时，偏移的线过多不便于观察，可以在偏移出一些线段时就进行修剪和删除，修剪出图形的形状再进行绘制。

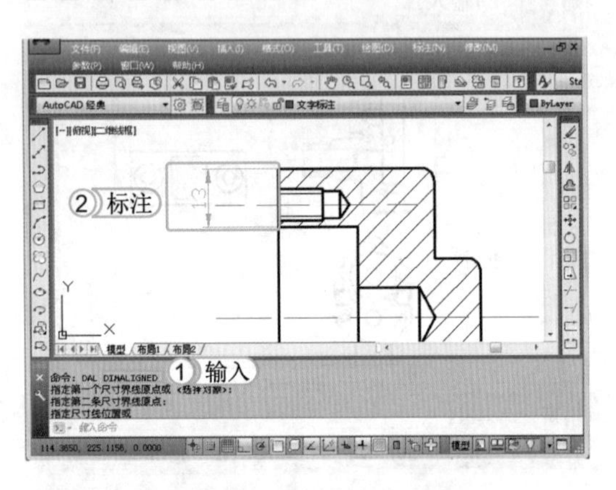

STEP 26：标注主视图线性尺寸

1. 将"尺寸标注"标注样式置为当前，并在命令行中输入 DAL 命令，按 Enter 键，执行该命令。
2. 在主视图中分别捕捉需要标注的点，拖动鼠标进行尺寸的标注。

提个醒

当尺寸标注完成后，还需要通过移动鼠标将标注的尺寸向外进行水平移动。

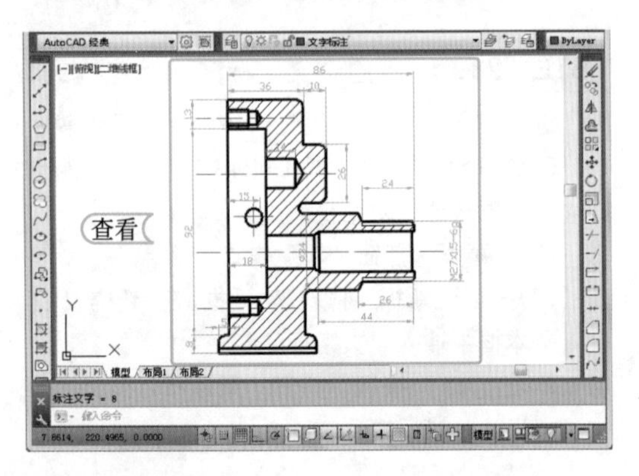

STEP 27：完成其他标注

使用相同的方法，将主视图中的其他线段进行标注，并查看完成后的效果。

提个醒

对于某些设计任务比较简单的机械设计，可以省去初步设计程序。而机械设计又可以分为新型设计、继承设计和变型设计 3 类。

STEP 28：标注主视图尺寸公差

使用相同的方法，将"尺寸公差"标注样式置为当前，并使用 DIM 命令标注出主视图的尺寸公差。

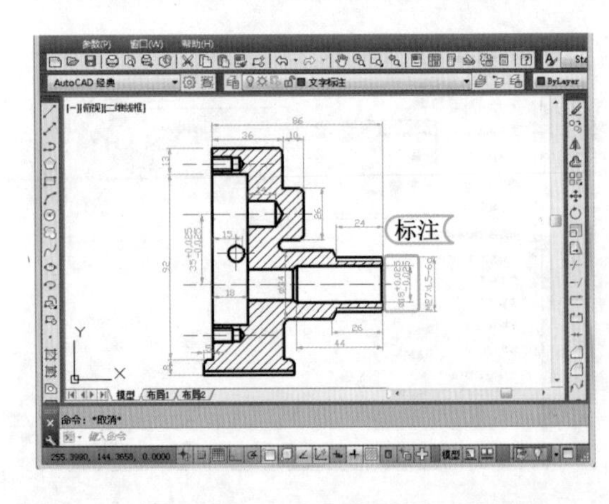

提个醒

设计零件的流程主要分为五步：制定设计任务、初步设计、技术设计、工程图设计和定型设计。

STEP 29：新建“引线标注”样式

在命令行中输入 MLEADERSTYLE 命令，新建一个名为“引线标注”的标注样式，并在其中设置“文字高度”为“3”，设置水平连接的“连接位置 - 左”为“第一行加下划线”，完成设置。

> **提个醒** 设置水平连接线为下划线后，可使引线标注更加便于查看和操作。

STEP 30：为主视图添加引线标注

使用 MLEADER 命令，在主视图中添加所有的引线标注。

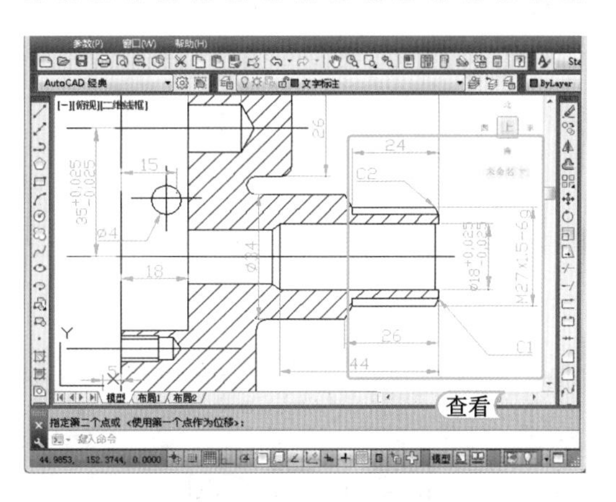

STEP 31：定义属性块

使用 LINE 命令，在绘图区中绘制一个表面粗糙度符号，并以创建内部图块的方法将其定义为属性块，属性块的文字高度为“1.8”。

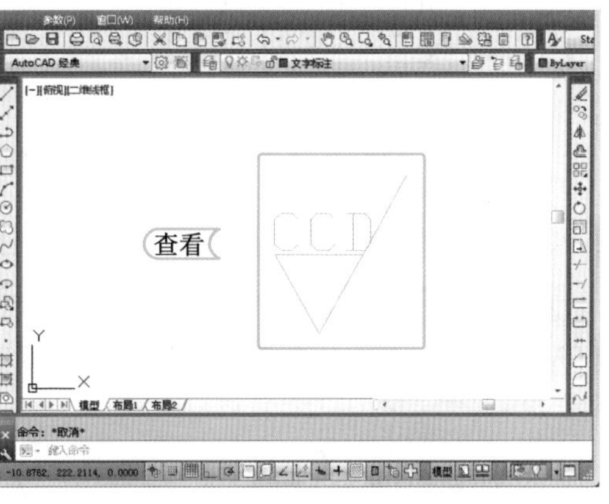

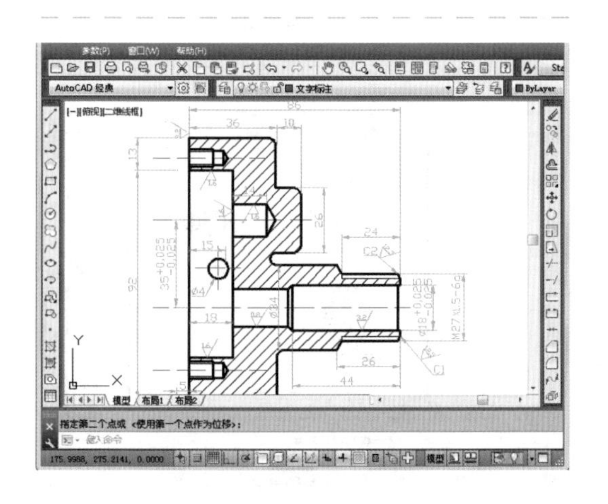

STEP 32：标注主视图表面粗糙度

在命令行中输入 INSERT 命令，在“插入”对话框中选择“ccd”属性块，并使用 ROTATE 和 MOVE 命令编辑图块的位置，在主视图中标注出所有的表面粗糙度符号。

> **提个醒** 在标注粗糙度时，可根据类型进行编辑，所有标注出的每个零件的粗糙度不同。

STEP 33: 标注俯视图尺寸

使用相同的方法，通过输入DIMLINEAR、MLEADER、QLEADER、DIMRADIUS和DIMDIAMETER命令标注出左视图中的所有尺寸，查看俯视图中的效果。

STEP 34: 修改文本标注样式

1. 在命令行中输入STYLE命令，按Enter键，打开“文本样式”对话框。修改“Standard”文本标注样式的文字高度为“5.0000”。
2. 单击 应用(A) 按钮，关闭该对话框。

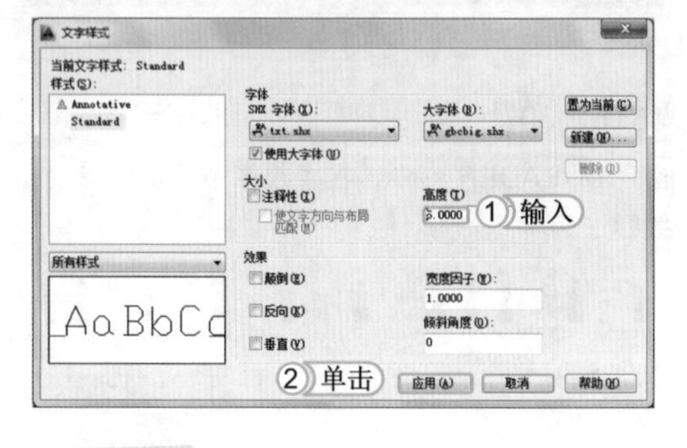

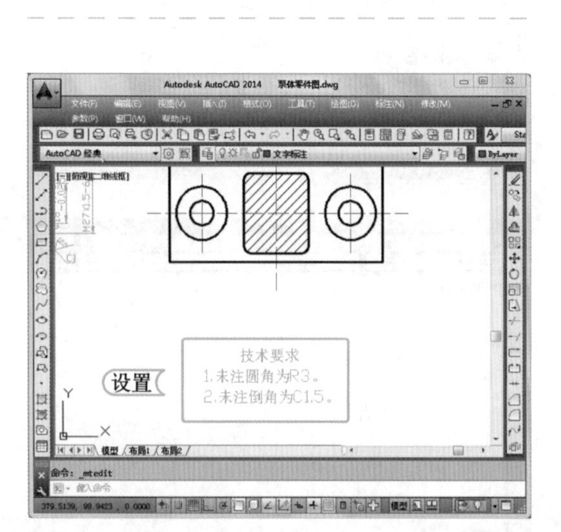

STEP 35: 为零件图添加文字标注

在命令行中输入MTEXT命令，为泵体零件图添加所有的文字标注，并更改“孔 12”和“Ø24”文字标注的“字体高度”为“3”，再设置颜色为绿色。

4. 绘制图纸边框

绘制图纸边框首先需要绘制标题栏，该栏是机械零件图的一个重要组成部分。在绘制标题栏时需要参考图纸的边界线进行绘制。其具体方法如下：

STEP 01: 绘制矩形

1. 选择“点划线”图层，使用RECTANG命令，指定矩形角点坐标为（-10,-70），绘制一个长为“450”，宽为“380”的矩形。
2. 使用EXPLODE命令，分解绘制的边界线，并使用OFFSET命令将左边的边向内偏移“35”，其余三条边向内偏移“10”，使用TRIM命令修剪多余的线段，并更改偏移线段的图层为“轮廓线”。

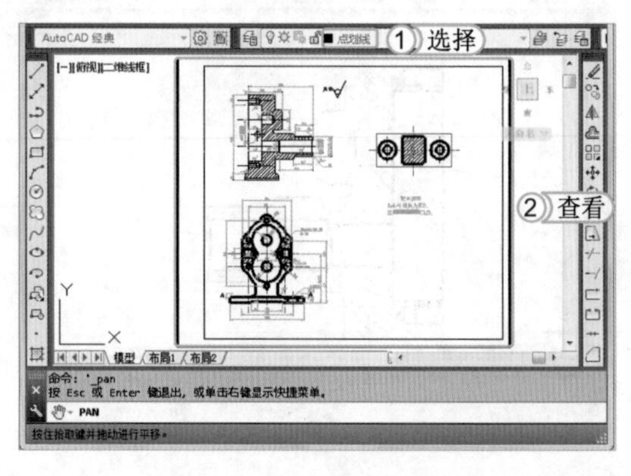

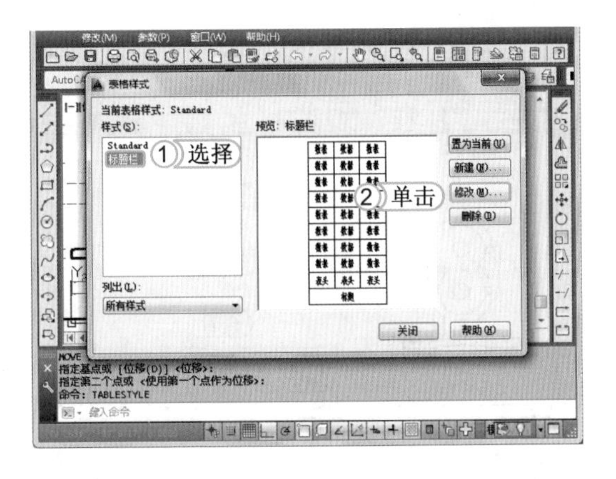

STEP 02：新建表格样式

1. 选择“文字标注”图层，在命令行中输入“TABLESTYLE”命令，按Enter键，执行该命令，打开“表格样式”对话框，在“样式”列表框中选择“标题栏”选项。
2. 单击[修改(M)...]按钮，修改数据。

提个醒 绘制好的标题栏和图纸边界线可以创建为一个外部图块，在下次使用时插入即可。

STEP 03：设置表格参数

1. 打开“修改表格样式：标题栏”对话框，设置“表格方向”为“向上”。
2. 在“页边距”栏的“水平”文本框中输入“2”。
3. 在“垂直”文本框中输入“2”。
4. 单击[确定]按钮。
5. 返回“表格样式”对话框，单击[置为当前(U)]按钮将其置于当前，并单击[关闭]按钮。

STEP 04：绘制表格

1. 在命令行中输入TABLE命令，按Enter键，执行该命令。
2. 在“列和行设置”栏中，设置“列数”为“7”，“列宽”为“35”，并设置“数据行数”为“4”，“行高”为“1”。
3. 在“设置单元样式”栏中选择单元格样式均为“数据”。
4. 单击[确定]按钮。

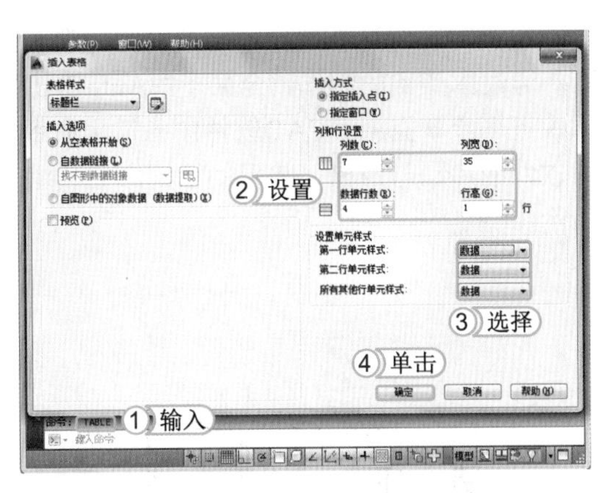

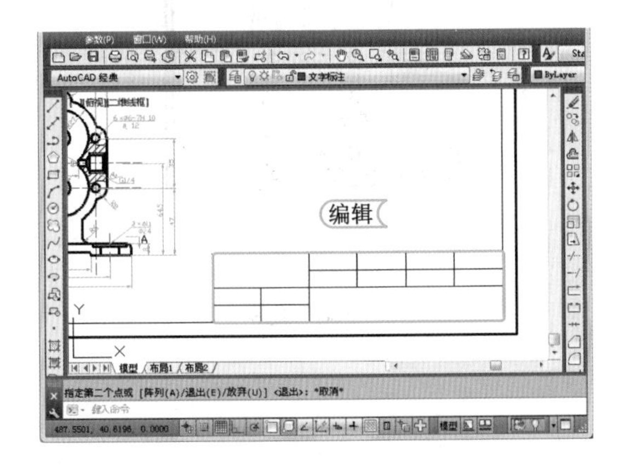

STEP 05：完成表格的绘制

在绘图区右侧，捕捉端点进行确定，查看完成后的效果。在表格中，选择需要合并的单元格，在打开的“表格”对话框中单击“合并单元”按钮，合并单元格，然后对多余单元格进行删除操作，完成表格的编辑。

提个醒 标题栏还可通过直线命令，或四边形命令进行绘制，再通过修剪命令或删除命令进行调整。

STEP 06： 完成绘制图形

在表格的各个单元格中输入文字信息，完成泵体零件图的绘制，并查看完成后的效果。

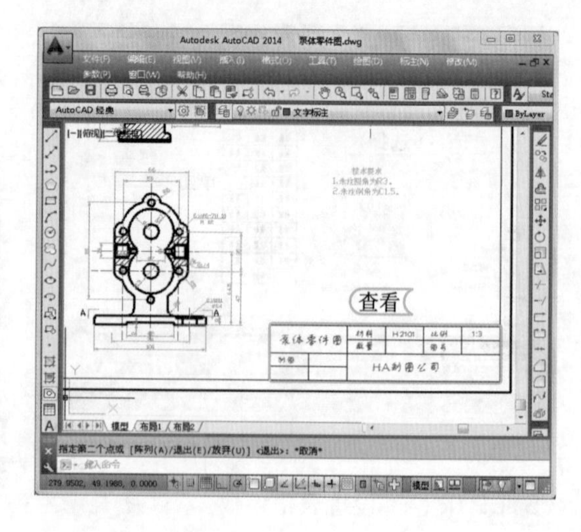

11.2 上机 1 小时：绘制三居室设计方案

使用 AutoCAD 2014 除了可绘制机械图形外，还可绘制建筑图形。在绘制建筑图形时，应对绘制建筑图形的基本方法进行了解，然后才能得到更好的绘制效果。本例所绘制的“三居室设计方案”就是建筑制图中的装饰制图，下面将介绍建筑图形绘制的相关知识，如原始平面图、平面布置图、平面铺装图和立面图等。

11.2.1 实例目标

绘制建筑图形不仅要考虑结构和外观因素，还要考虑设计相应的布局效果和美观度等因素。通过本实例的制作，全面了解AutoCAD软件在建筑领域的运用，理解建筑绘图的基本常识，进一步掌握AutoCAD软件中各常用命令的使用方法，达到熟练运用的目的。本例主要练习软件的启动与退出、常用的绘制命令和编辑命令以及图层的创建和使用，最终效果如下图所示。

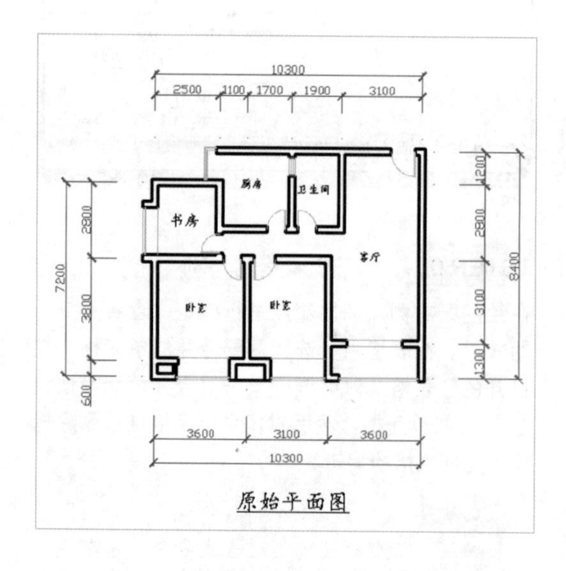

原始平面图

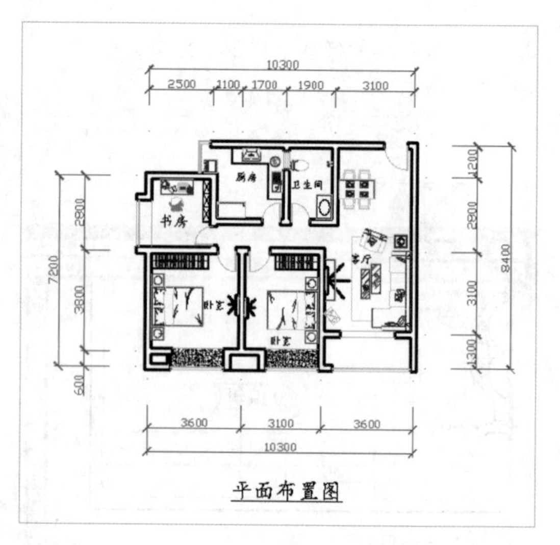

平面布置图

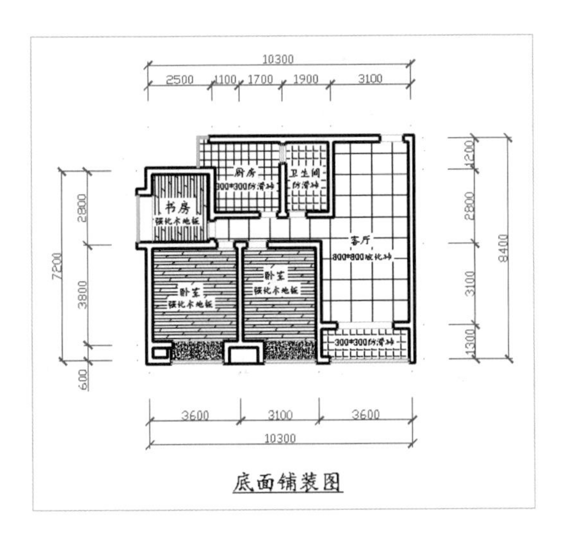

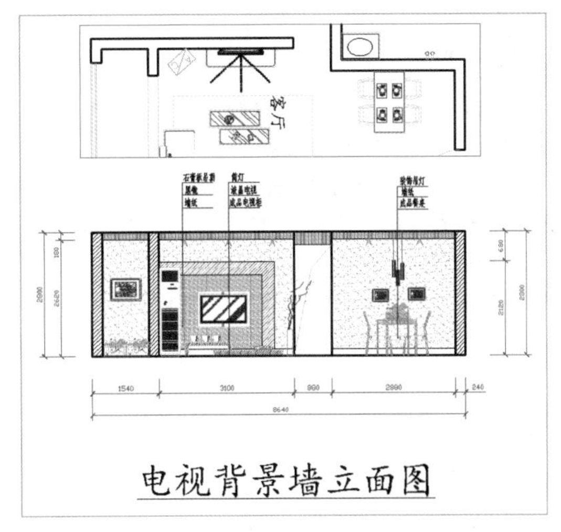

11.2.2 制作思路

使用AutoCAD软件绘制建筑图形的基本思路与绘制机械和其他图形一样，在绘制图形前需对建筑图形进行基本设置，使绘制更具有专业性，再通过各种命令绘制原始平面图，然后通过已绘制好的原始平面图，绘制平面布置图和底面铺装图，完成地面图的绘制，最后查看完成后的效果。

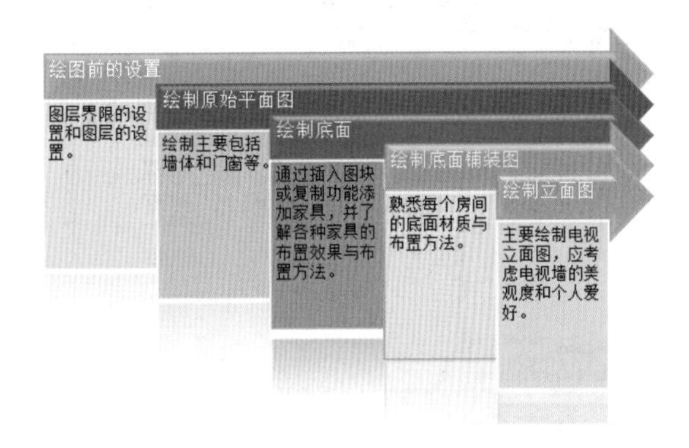

11.2.3 制作过程

下面详细讲解“三居室设计方案 .dwg”图形文件的绘制过程。

光盘文件
素材 \ 第 11 章 \CAD 图库 . dwg
效果 \ 第 11 章 \ 三居室设计方案 . dwg
实例演示 \ 第 11 章 \ 绘制三居室设计方案

1. 绘图前的设置

绘图前的设置主要包括设置图形界限和对应的图层调整，下面将分别进行讲解。其具体操作如下：

STEP 01： 设置图形界限

1. 启动 AutoCAD 2014 软件，打开 AutoCAD 界面。在命令行中输入 LIMITS 命令，设置页面界限为“420,297”。
2. 在命令行中输入 ZOOM 命令，按 Enter 键执行该命令。
3. 在命令行中输入“A”，选择“全部”选项，让当前窗口显示全部的图形。

STEP 02： 新建“墙线”图层

1. 在命令行中输入 LAYER 命令，按 Enter 键，打开“图层特性管理器”选项板。单击“新建图层”按钮，创建一个新图层。
2. 在该图层的“名称”栏中输入图层名称为“墙线”。
3. 单击该图层对应的“线宽”图标“默认”，打开“线宽”对话框，在其中选择“0.30mm”选项。
4. 单击 确定 按钮，完成线宽的设置。

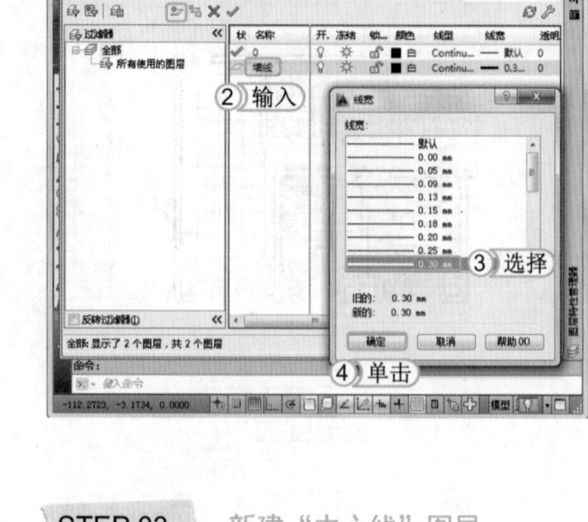

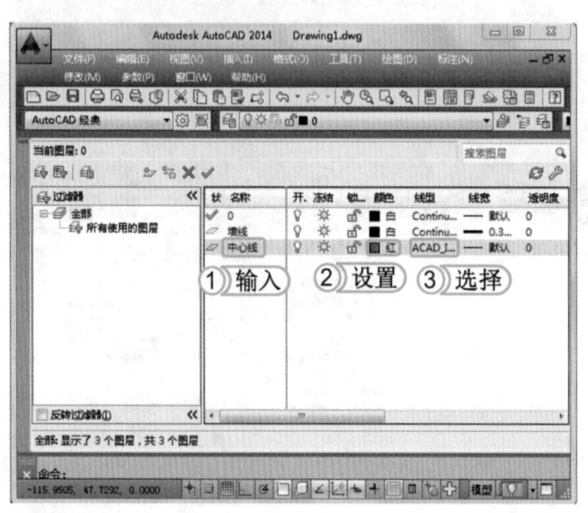

STEP 03： 新建“中心线”图层

1. 使用相同的方法创建另一个图层并输入名称为“中心线”。
2. 单击该图层的“颜色”图标■ 白，在打开的“选择颜色”对话框中选择“红”选项。
3. 单击该图层的“线型”图标，在“选择线型”对话框中加载并选择“ACAD_ISO02W100”线型。

STEP 04： 创建其余图层

使用相同的方法创建“门”、“窗”、“填充图形”、“文字标注”和“尺寸标注”图层，并设置“尺寸标注”图层的颜色为“蓝”选项，“窗”图层的颜色为“140”选项，“门”图层的颜色为“青”选项，其余参数设置保持不变。

提个醒

在绘制建筑图形时，不同的门有不同的画法，按其形式可分为平开门、上翻门、弹簧门、转门、卷帘门、推拉门和折叠门等。

2. 绘制原始平面图

原始平面图是绘图的基础，是绘制平面布置图、底面铺装图和立面图的前提。在建筑平面设计中，原始平面图一般由墙体、门、窗、尺寸标注、轴线和说明文字等辅助图素组成，下面将介绍各部分的绘制方法。其具体操作如下：

STEP 01： 绘制水平构造线

1. 在"图层"组中的"图层"下拉列表框中选择"中心线"选项。
2. 在命令行中输入 XLINE 命令，按 Enter 键，执行该命令。
3. 在绘图区的任意位置处单击鼠标左键，确定第一点坐标，然后绘制出一条水平构造线，查看绘制后的效果。

STEP 02： "偏移"命令

1. 在命令行中输入 O 命令，按两次 Enter 键，执行该命令。
2. 选择需要偏移的线段，并输入偏移值"1300"，执行"偏移"命令，向上进行偏移。
3. 使用相同的方法，将线段向上偏移"7100"的距离值，并查看偏移效果。

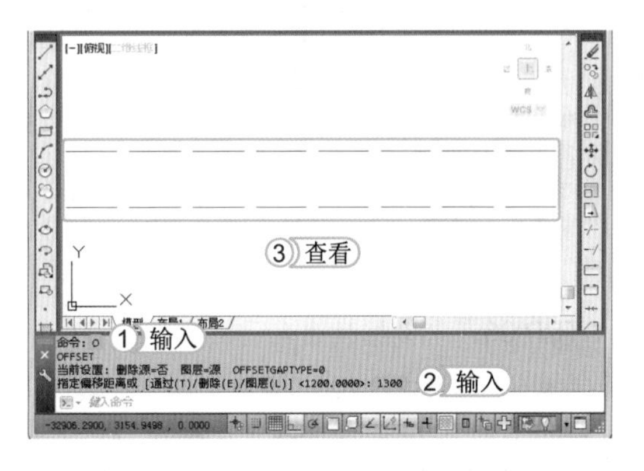

STEP 03： 偏移其他直线

选择偏移的最上方直线，根据偏移的方法，向下偏移所选直线，其偏移距离分别为"1200"、"2800"和"3800"，查看偏移后的效果。

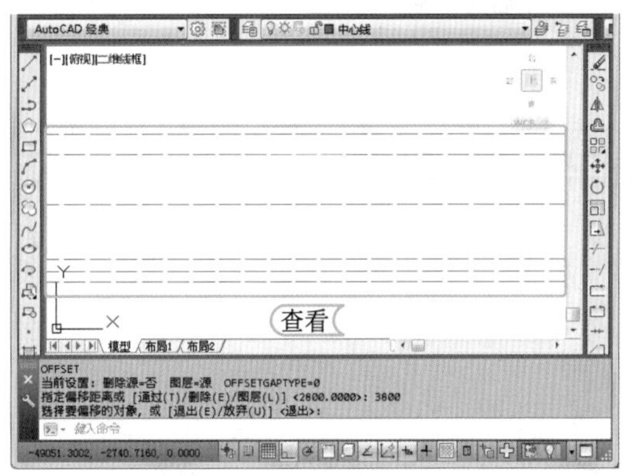

> **提个醒** 建筑设计师简称建筑师，是指单纯的建筑专业的设计师进行建筑主体设计、外墙设计、景观设计和室内设计等。

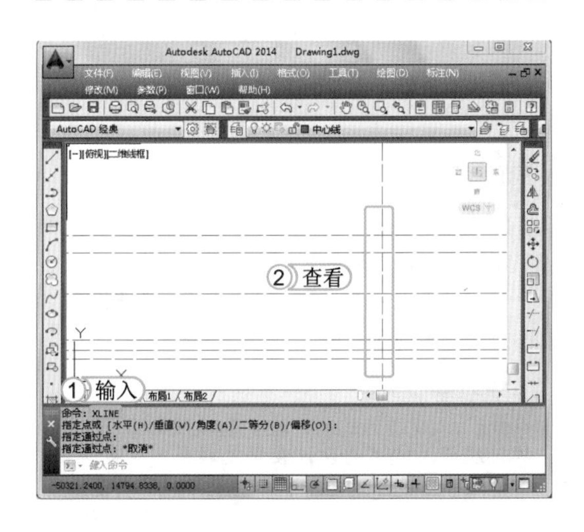

STEP 04： 绘制新的水平构造线

1. 在命令行中输入 XLINE 命令，按 Enter 键，执行该命令。
2. 在绘图区的任意位置处单击鼠标左键，确定第一点坐标，然后绘制出一条竖直构造线，查看绘制后的效果。

> **提个醒** 窗是建筑结构中的一种部件，除具有分隔、保温、隔声、防水和防火等作用外，主要的功能是采光、通风和眺望等。窗由开启部分和非开启部分组成，有平开窗、推拉窗和旋窗等几种形式。

STEP 05：偏移该构造线

1. 在命令行中输入 O 命令，按两次 Enter 键，执行该命令。选择需要偏移的竖线段，并输入偏移值“3600”，执行“偏移”命令，向左进行偏移。
2. 使用相同的方法，将线段向左偏移，偏移距离分别为“3100”和“3600”，并查看偏移效果。

提个醒

台阶是外界进入建筑物内部的主要交通要道，通常台阶的阶数不会很多，但一般不宜少于 3 个。台阶一般分为普通台阶、圆弧台阶和异形台阶 3 种。台阶的每一踏步宽度应不小于 250mm，高度在 150~200mm 之间，其长、高、宽尺寸主要由使用对象、建筑性质、人流量等因素确定。

STEP 06：偏移其他构造线

选择最右侧构造线，使用“偏移”命令向左进行偏移，偏移距离分别为“3100”、“1900”和“2800”，查看偏移后的效果。

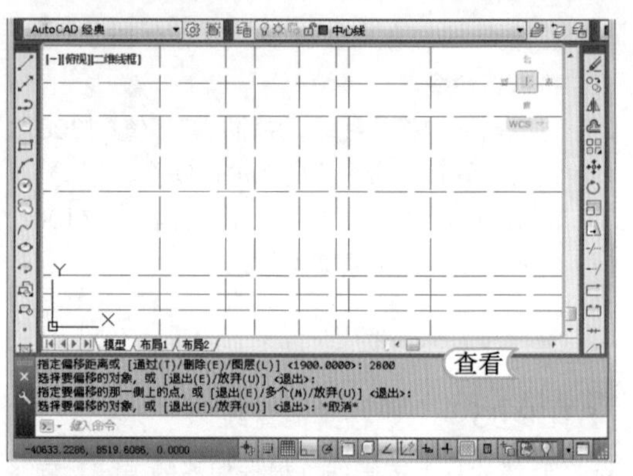

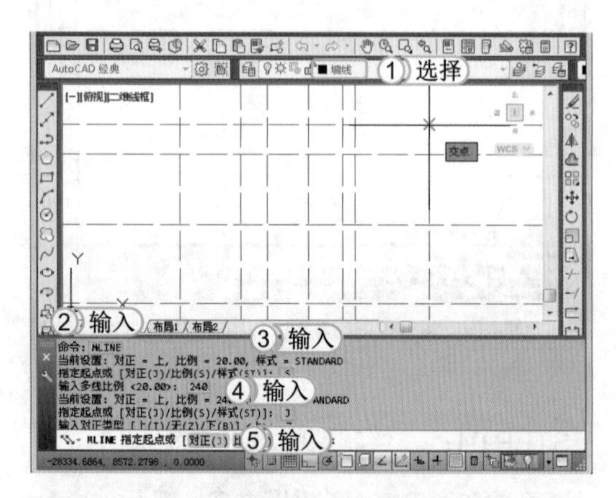

STEP 07：指定多线起点

1. 选择“墙线”图层。
2. 在命令行中输入 MLINE 命令，按 Enter 键，执行该命令。
3. 在下方命令行中输入“S”，选择“比例”选项，按 Enter 键。
4. 输入设置的比例值为“240”。
5. 在命令行中输入“J”选择“对正”选项，将其设置为“无”，并在命令行提示后捕捉左下角构造线的交点，指定多线的起点。

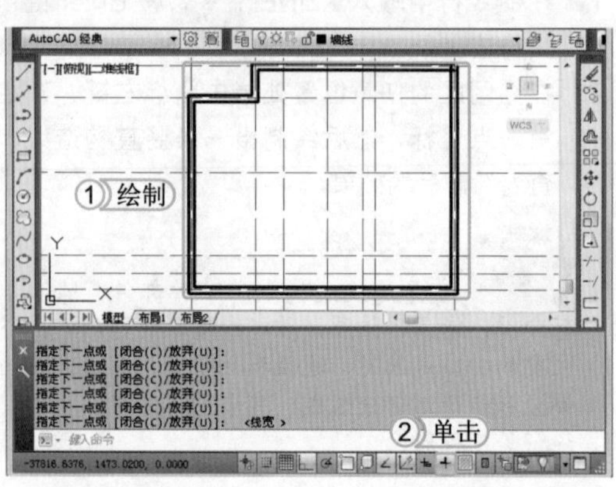

STEP 08：绘制外墙线

1. 依次在绘图区中捕捉轴线之间的交点，绘制出平面图的外墙线。
2. 单击状态栏中的“显示 / 隐藏线宽”按钮，打开线宽显示功能。

提个醒

坡道的坡长、坡宽和坡度都有一定的建筑规范。坡道的设计在满足规范规定的前提下要综合考虑建筑的功能和视觉景观的需要。

STEP 09：绘制其余墙线

使用相同的方法，绘制出平面图的其余墙线，查看绘制完成后的效果。

提个醒

阳台是楼房建筑中各层房间用于与室外接触的小平台。按阳台与外墙所在位置和结构处理的不同，分为挑阳台、凹阳台、半挑半凹阳台以及转角阳台等几种形式。由于阳台外露，为防止雨水从阳台渗入室内，设计时要求阳台标高低于室内地面20~60mm，并在阳台一侧栏杆下设排水孔。

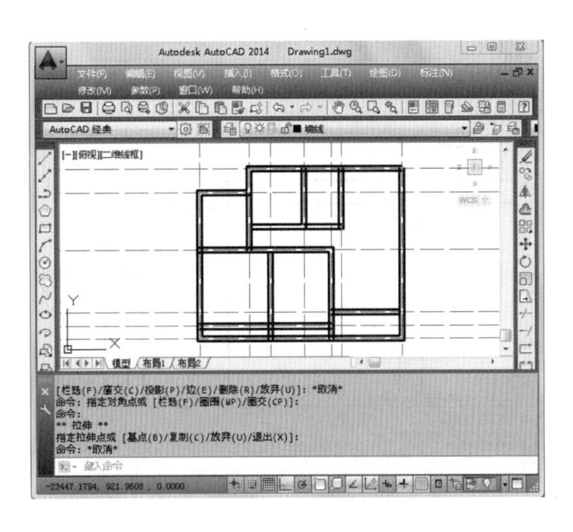

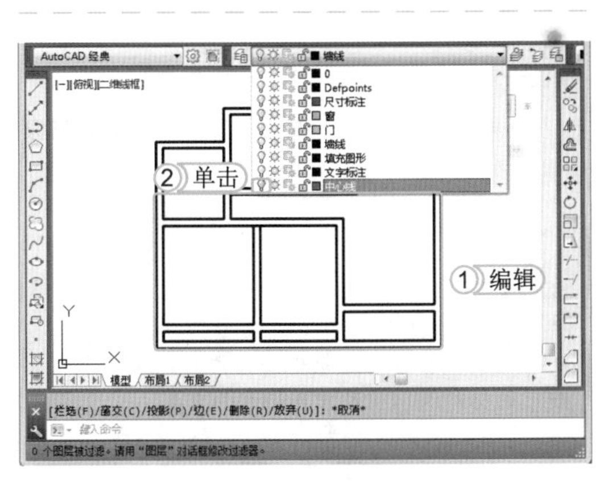

STEP 10：编辑多线

1. 在命令行中输入MLEDIT命令，在打开的"多线编辑工具"对话框中选择"十字打开"和"T形打开"工具，然后对绘制的平面图进行线段的编辑。
2. 完成后，在"图层"下拉列表框中单击"中心线"图层前的"开/关图层"按钮，关闭"中心线"图层。

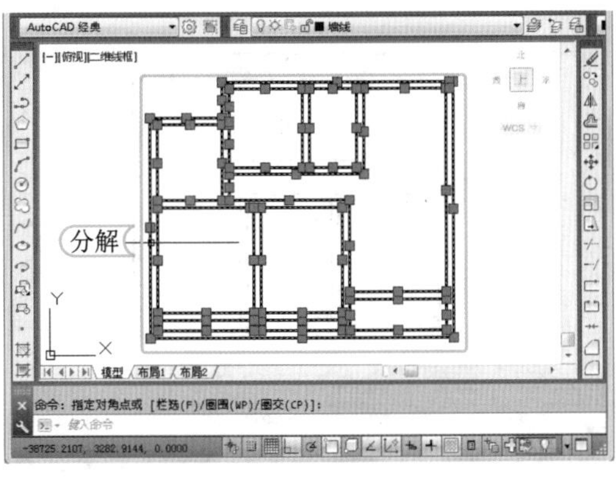

STEP 11：分解墙线

在命令行中输入EXPLODE命令，按Enter键，选择平面图，对编辑后的所有线条进行分解。

提个醒

雨篷是建筑物入口处位于外门上部用以遮挡雨水、保护外门免受雨水侵害的水平构件，多采用钢筋混凝土悬臂板，其悬挑长度一般为1~1.5m，主要根据其下的台阶或建筑布局确定。

STEP 12：偏移线段

使用OFFSET命令，将分解后的右侧垂直线向左进行偏移，偏移距离为"160"。

提个醒

散水是用于排除建筑物周围的雨水，散水与建筑物之间的宽度一般不超过800mm。散水的设计一般是在建筑的整体设计完成之后进行的。

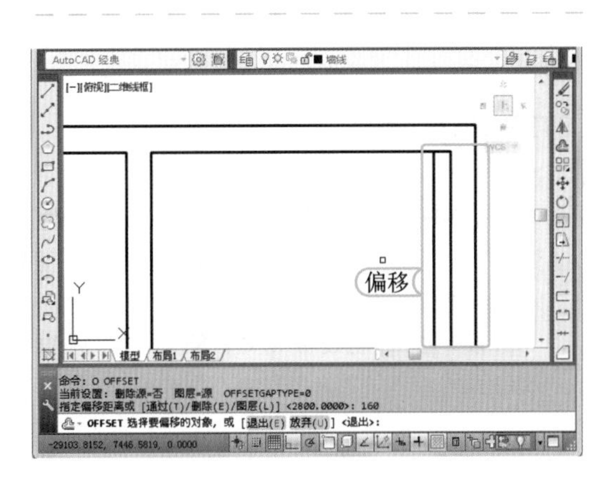

STEP 13：绘制门框线

使用 OFFSET 命令，将偏移后的线段向左进行偏移，偏移距离为“900”。完成后，再在命令行中输入 EX 命令，按 Enter 键，在绘图区中选择偏移后的线段，将其延伸，并查看延伸后的效果。

> **提个醒**　厨卫洁具的设计布置也是建筑设计中非常重要的一项内容。通常在设计厨房、卫生间之前，都将厨卫洁具定义成专门的图块。在需要对厨房、卫生间进行布局时，将图块插入到房间中即可。

STEP 14：修剪对象

完成延伸后，在命令行中输入 TRIM 命令将偏移及延伸后的线条进行修剪处理，查看修剪后的效果。

> **提个醒**　建筑立面图是根据建筑平面图素绘制而成的，在准备建筑平面图素时，建筑平面图中的标高及门窗尺寸显得尤为重要。

STEP 15：绘制其余框线

使用相同的方法，通过 OFFSET、EXTEND 和 TRIM 命令绘制出其余的门框线，并查看绘制完成后的效果。

> **提个醒**　大门常用尺寸为“900”，厨房门常用尺寸为“700”，卧室门常用尺寸为“800”，卫生间常用尺寸为“700”，而门剁线常用尺寸为“160”。

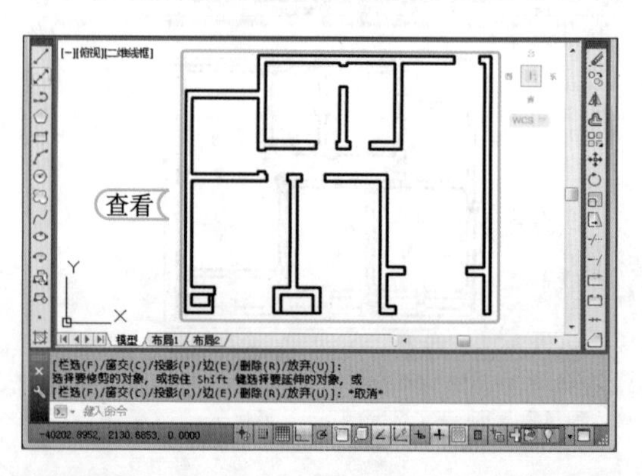

STEP 16：绘制门

1. 选择“门”图层。
2. 使用 LINE 和 ARC 命令在绘图区空白位置绘制出门的外形，其具体尺寸如右图所示。再使用 MOVE 命令将其移动至图形上方第一个门框线中点处，查看完成后的效果。

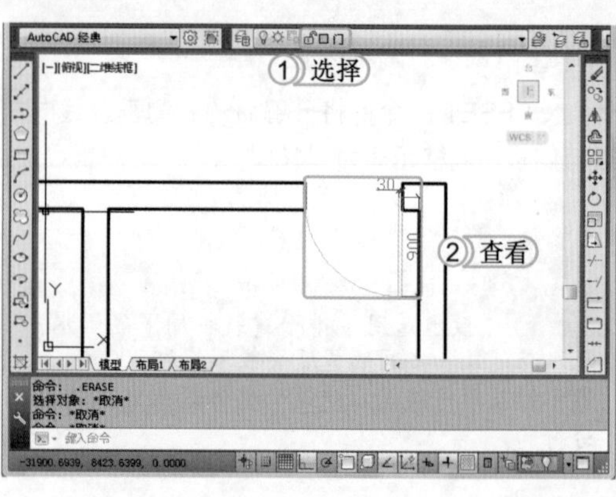

STEP 17： 绘制其余房间门图形

使用相同的方法，绘制出其余的门图形，其中小门的尺寸如右图所示。

读书笔记

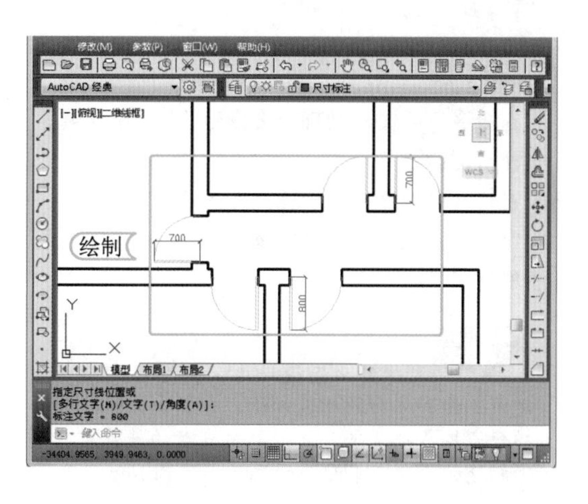

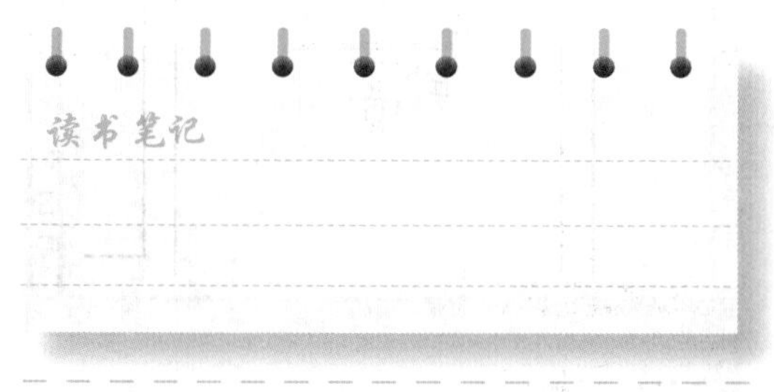

STEP 18： 绘制窗

1. 选择“窗”图层。
2. 使用 LINE 和 OFFSET 命令在窗户位置绘制窗，查看窗绘制完成后的效果，其尺寸如左图所示。

提个醒 在绘制窗户的过程中，应注意偏移的距离和颜色的调整。

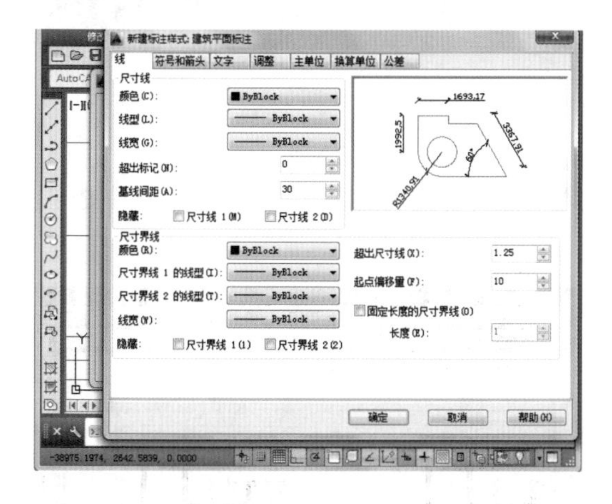

STEP 19： 新建建筑平面标注

选择“尺寸标注”图层，再通过在命令行中输入“DIMSTYLE”命令，新建一个名为“建筑平面标注”的标注样式，在“文字”选项卡中设置“文字高度”为“3”，在“符号和箭头”选项卡中设置“箭头大小”为“3”，箭头为“建筑标记”。在“线”选项卡中设置延伸线起点偏移量为“10”，在“调整”选项卡中设置全局比例为“100”，将新建的标注样式设置为当前。

STEP 20： 标注图形尺寸

在图层下拉列表框中将“中心线”图层打开，并使用DIMLINEAR命令标注出平面图的所有尺寸，标注完成后将“中心线”图层关闭，查看完成后的效果。

提个醒 在进行文字标注时，可以通过复制的方式将文字标注复制到需要标注的地方，然后双击标注对文字进行修改。

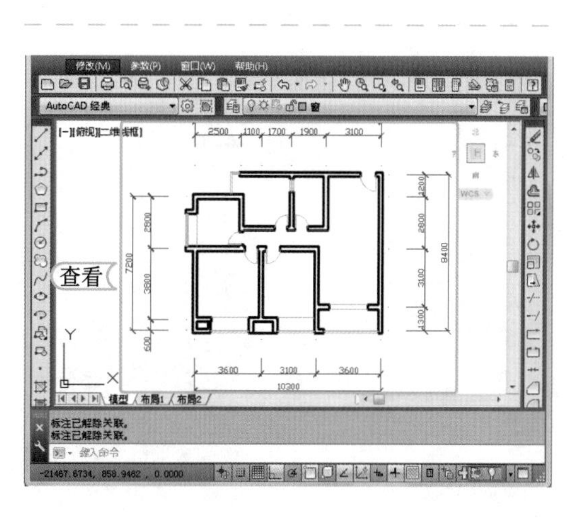

STEP 21： 标注房间名称

1. 在命令行中输入 MTEDIT 命令，按 Enter 键，执行该命令。
2. 在打开的对话框中设置字体大小为“300”，字体为“楷体”，单击确定按钮，查看完成后的效果。

提个醒 在建筑平面设计中，需要紧密联系建筑剖面和立面的相关知识，分析剖面、立面的合理性，建筑平、立、剖面三者的关系是紧密相连的。通常平面图的尺寸单位为 mm。

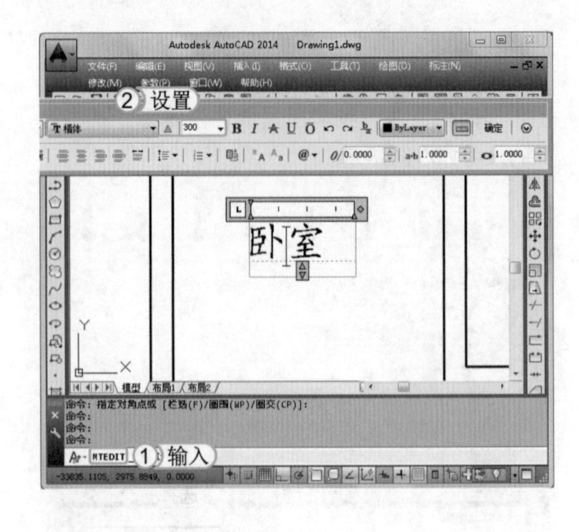

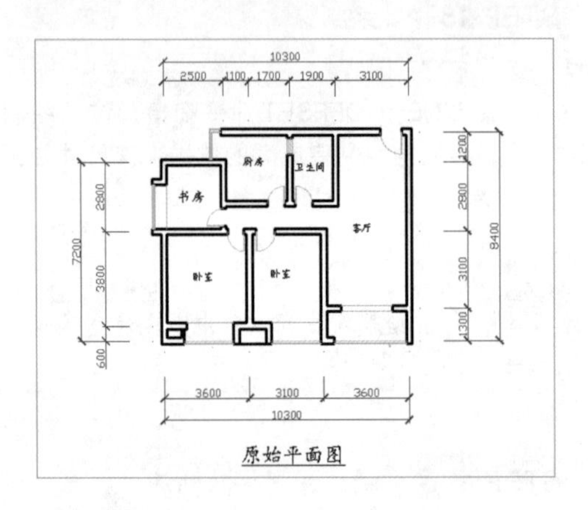

原始平面图

STEP 22： 完成原始平面图的绘制

使用相同的方法标注其他房间的名称，查看完成标注后的效果。

提个醒 绘制建筑楼梯时，根据上下楼层方式和楼层间梯段数量的不同，可以将其分为直跑梯、双跑梯、三跑梯、交叉梯和剪刀梯等。

3. 绘制平面布置图

在完成原始平面图的绘制后，可以利用图块插入功能与复制功能，为平面图添加家具图形。其具体操作如下：

STEP 01： 复制原始平面图

选择绘制的原始平面图，在命令行中输入 CO 命令，按 Enter 键执行该命令，并将其复制到该图形的右侧，查看复制后的效果。

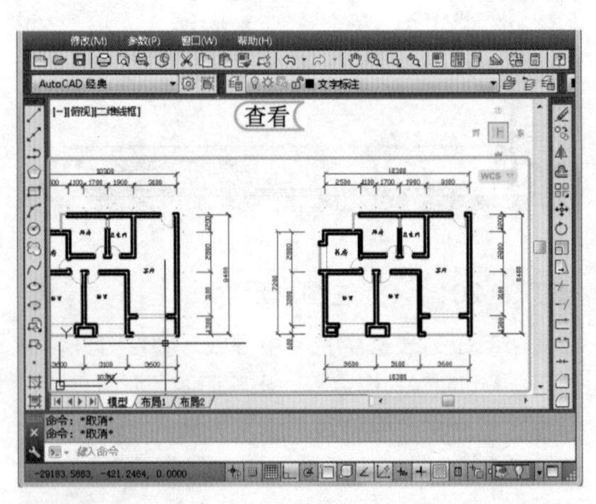

提个醒 利用对象捕捉追踪功能，可以捕捉图形对象某些特殊点延伸出来的一些特殊点，如矩形中点延伸线的交点、正多边形的中心点等。

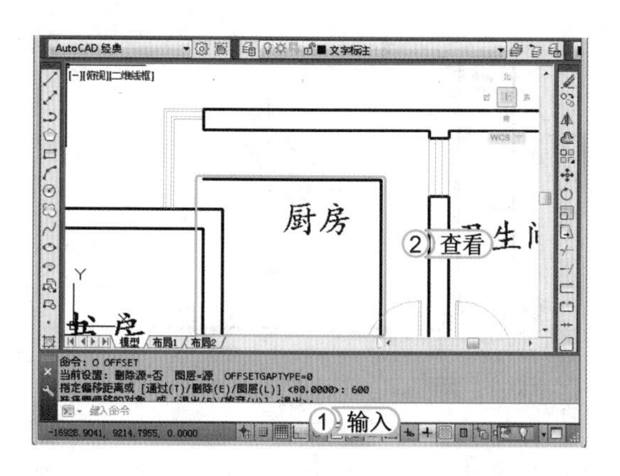

STEP 02: 绘制台面

1. 选择“文字标注”图层，并选择“厨房”部分，在命令行中输入O命令，并输入偏移值“600”。
2. 再次使用F命令，将其连接，查看完成绘制后的效果。

提个醒 在绘制该台面时，还可对接口处倒角，倒角度常为30°。

STEP 03: 完成绘制

根据“直线”命令绘制厨房台面，其尺寸如右图所示，再使用相同的方法，将所有线段向内进行偏移，偏移距离为“30”，并使用F命令将其连接，查看完成后的效果。

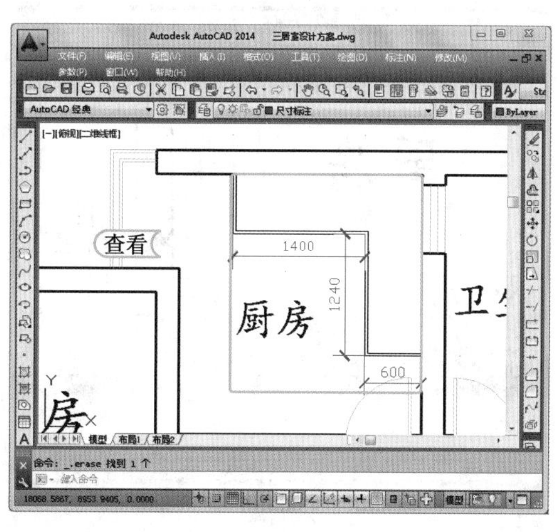

提个醒 装修图按风格进行划分，可以分为中式、欧式、韩式、美式、日式、港式、希腊、北欧、地中海、东南亚、西班牙、意大利、墨西哥、现代简约、田园时尚、温馨典雅、古典、另类、混搭和豪华装修图等。

STEP 04: 复制图形

打开“CAD图库.dwg”图形文件，选择“洗菜盆”形状图形，按Ctrl+C组合键复制该图形。切换到平面图形绘制页面，按Ctrl+V组合键粘贴该图形，并查看图形效果。

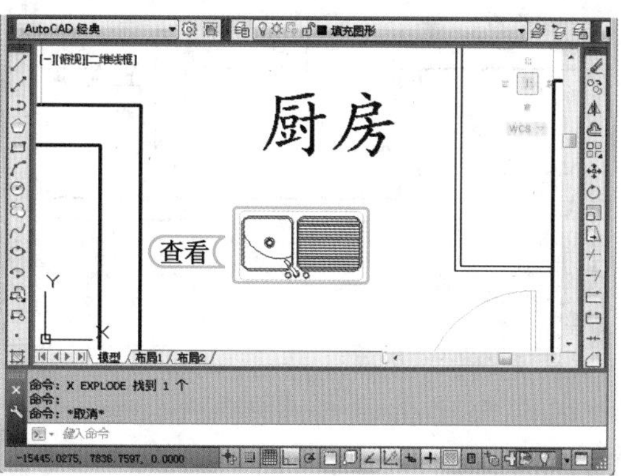

STEP 05: 定义块

1. 选择粘贴后的图形，在命令行中输入B命令，按Enter键，打开“块定义”对话框。
2. 在“名称”文本框中输入定义的名称，这里输入“洗菜盆”。
3. 单击 确定 按钮，完成块的定义。

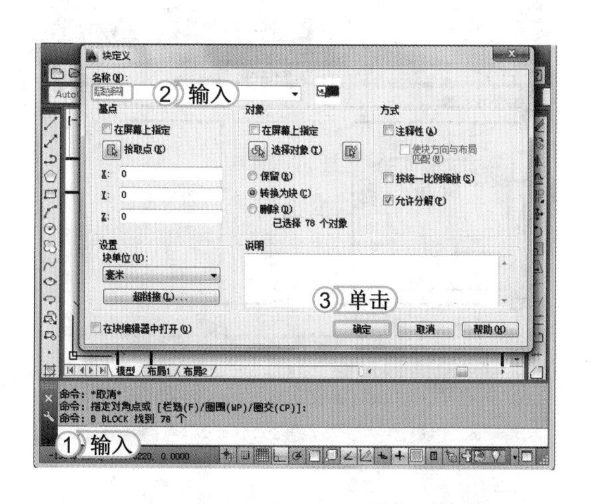

提个醒 还可通过I命令打开“插入”对话框，在其中选择需插入的图形进行插入。

STEP 06：旋转图形

1. 选择定义的块图形，在命令行中输入 rotate 命令，按 Enter 键，执行“旋转”命令。
2. 在图形中捕捉旋转点，单击鼠标左键，并输入旋转角度“90”，按 Enter 键，执行“旋转”命令，并查看旋转后的效果。

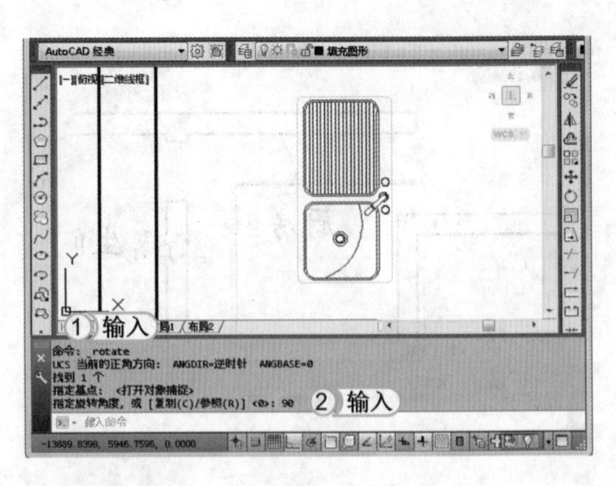

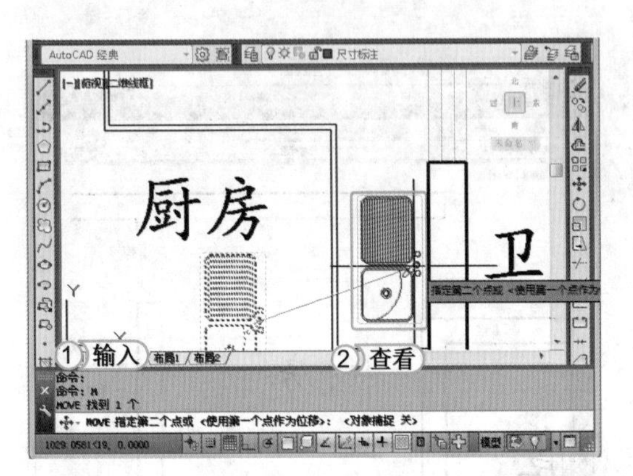

STEP 07：移动图形

1. 在命令行中输入 M 命令，按 Enter 键，执行“移动”命令。
2. 选择旋转后的图形，按 Enter 键，将其移动到台面的适当位置，并查看移动后的效果。

提个醒 装修图按功能进行划分，可以分为玄关、过道、客厅、卧室、书房、餐厅、厨房、阳台、吧台、花园、卫生间、儿童房、女孩房、男孩房、新婚房、衣帽间、休息室、地下室、洗衣间和化妆间装修图等。

STEP 08：移动其他厨房图形

使用相同的方法，将“CAD 图库 .dwg”图形文件中厨房用的图形复制到该平面图中，并对其进行块的定义，再对该块进行旋转与调整，并查看完成后的效果。

STEP 09：布置卫生间

选择“卫生间”部分，使用相同的方法，将“CAD 图库 .dwg”图形文件中卫生间用的图形复制到该平面图中，并对其进行块的定义，再对该块进行旋转与调整，并查看完成后的效果。

提个醒 装修图按构件进行划分，可以分为装隔断、吊顶、阁楼、鞋柜、门窗、窗格、窗帘、床具、墙绘、电视墙、装饰墙、照片墙、榻榻米、地面装饰、橱柜、地台、飘窗、绿植、浴缸、壁橱、沙发和壁炉装修图等。

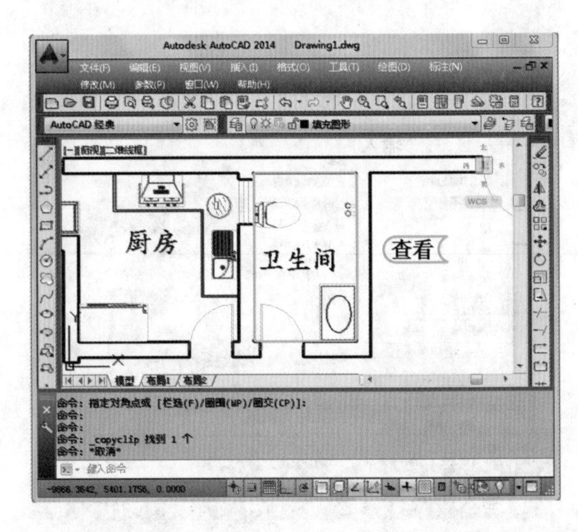

STEP 10：布置书房

选择“书房”部分，使用相同的方法，将“CAD 图库 .dwg”图形文件中书房用的图形复制到该平面图中，并对其进行块的定义，再对该块进行旋转与调整，并查看完成后的效果。

提个醒 装修图按户型进行划分，可以分为单身公寓、小户型、中户型、大户型、别墅、复式和楼中楼装修图等。

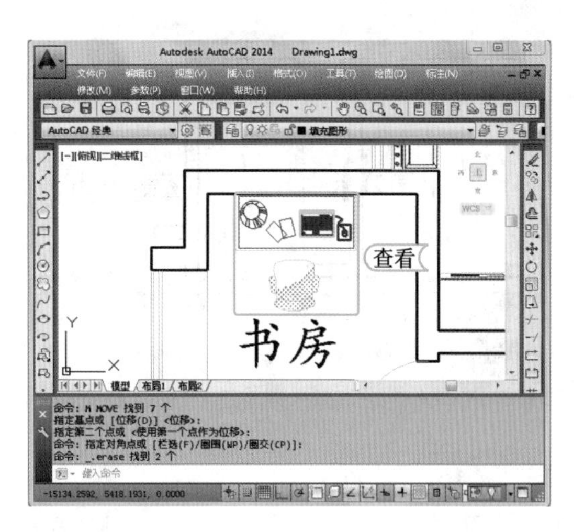

STEP 11：绘制书架

在命令行中输入 RECTANG 命令，绘制长为“1600”、宽为“300”的长方形，并使用“偏移”命令，对其进行偏移，偏移距离为“30”，再用“直线”命令进行交叉绘制，查看绘制完成后的效果。

提个醒 按装修的色调来划分，可以分为冷色（紫色、蓝色、绿色），中性色（黑色、白色、灰色）和暖色（红色、橙色、黄色），通常在一种色调中不能超过3种颜色，否则会显得杂乱。

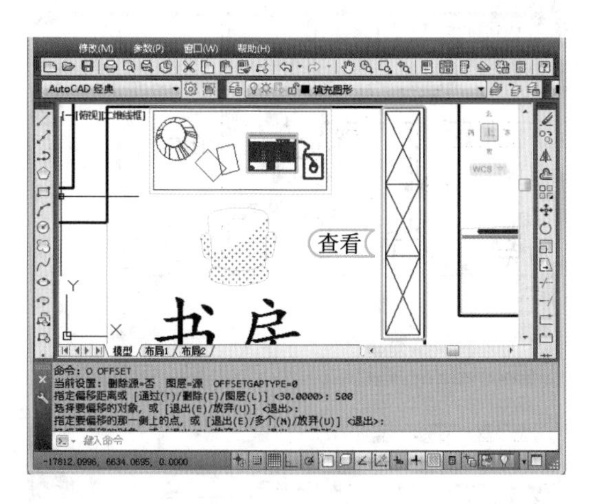

STEP 12：布置卧室

选择书房下方的“卧室”部分，使用相同的方法，将“CAD 图库 .dwg”图形文件中卧室用的图形复制到该平面图中，并对其进行块的定义，再对该块进行旋转与调整，并查看完成后的效果。

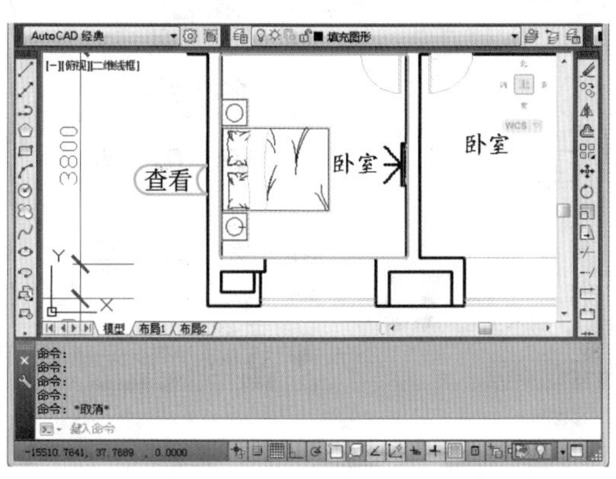

STEP 13：绘制衣柜

在命令行中输入 RECTANG 命令，绘制长为“2200”、宽为“500”的长方形，并使用“偏移”命令对其进行偏移，偏移距离为“30”，完成后将“CAD 图库 .dwg”图形文件中衣架模型进行复制，查看绘制的衣柜效果。

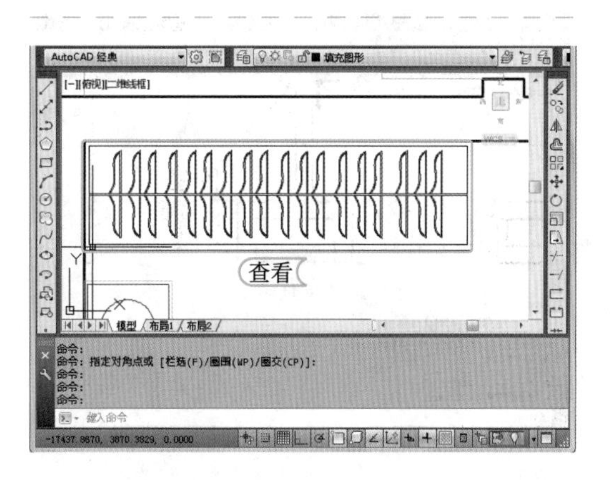

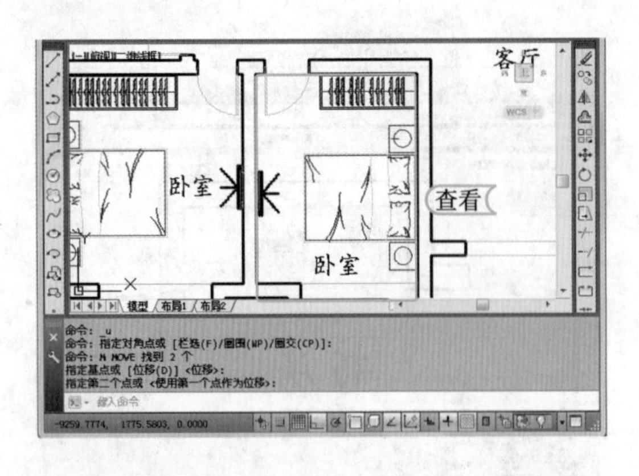

STEP 14：布置卧室

选择右侧“卧室”部分，使用相同的方法，将“CAD图库.dwg”图形文件中卧室用的图形复制到该平面图中，并对其进行块的定义，再对该块进行旋转与调整，然后使用衣柜的绘制方法，绘制衣柜，并查看完成后的效果。

STEP 15：布置客厅

选择右侧“客厅”部分，使用相同的方法，将“CAD图库.dwg”图形文件中客厅用的图形复制到该平面图中，并对其进行块的定义，再对该块进行旋转与调整，并查看完成后的效果。

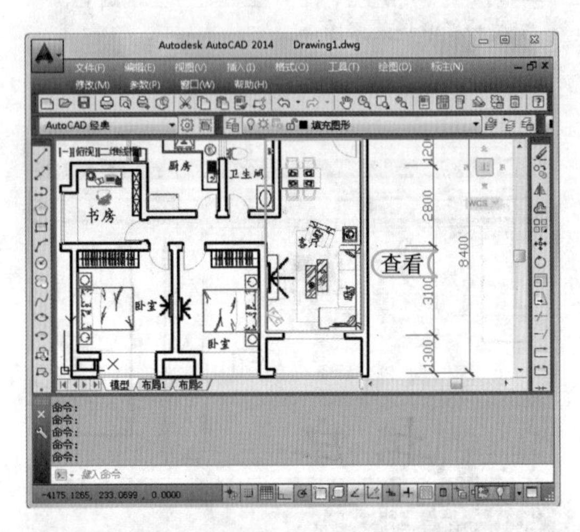

提个醒 在进行装修图绘制时，有时不会直接绘制装修后的图形，而是先绘制需要进行拆除和扩建的墙体等图形对象，以便进一步对比拆建的内容。

STEP 16：填充石材

1. 在命令行中输入H命令，按Enter键，打开“图案填充和渐变色”对话框。
2. 单击“样例”栏中的样式图标，打开“填充图案选项板”对话框，在其中选择AR-CONC选项。
3. 单击 确定 按钮。

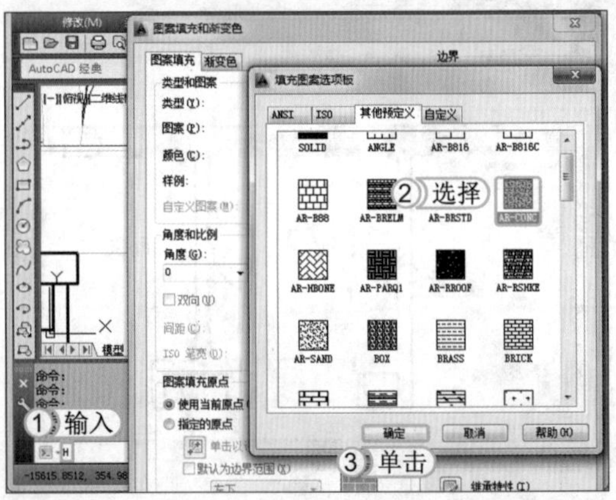

提个醒 填充石材的形状不是固定的，用户可根据自己的需要进行选择并填充。

STEP 17：填充图形

返回“图案填充和渐变色”对话框，单击“添加：拾取点”按钮，返回绘图区，选择卧室的飘窗部分并单击，查看填充图形后的效果。

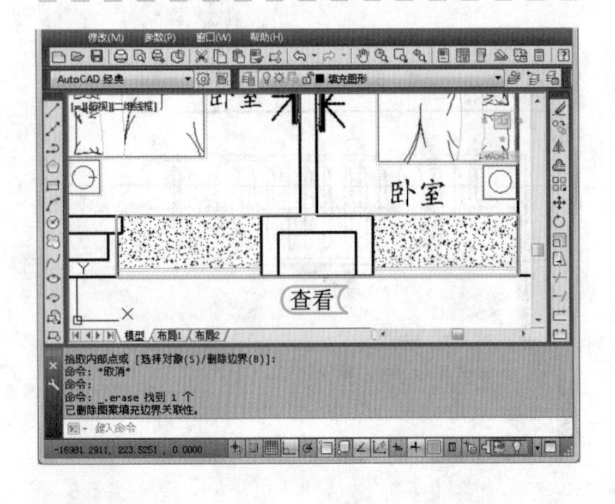

提个醒 定义图块时，一般都以标准的尺寸进行绘制，并将其定义为图块，在图形的绘制中，一般都会对图块的尺寸进行修改，可以在插入时进行更改，也可以在插入后通过“缩放”等命令进行更改。

STEP 18： 查看绘制后的效果

当完成块的插入后，缩放窗口查看绘制完成后的效果。

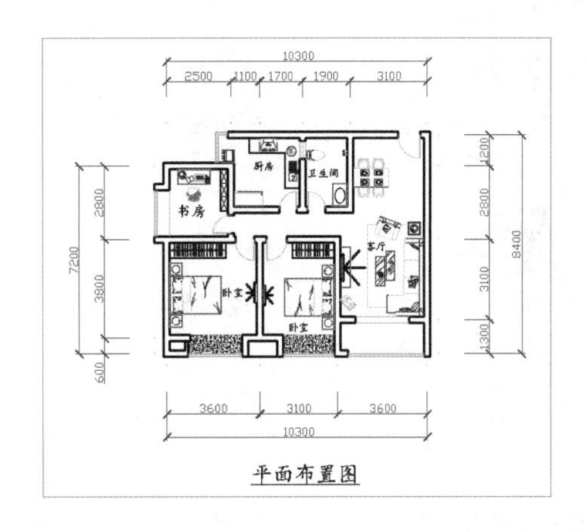

4. 绘制地面铺装图

在完成平面布置图的绘制后，可以使用填充命令为平面图添加地面的材质，其具体操作如下：

STEP 01： 再次复制原始平面图

选择绘制的原始平面图，在命令行中输入 CO 命令，按 Enter 键执行该命令，并将其复制到平面布置图的右侧，删除该图形中的门图形，然后使用“直线”命令进行封口处理，查看复制后的效果。

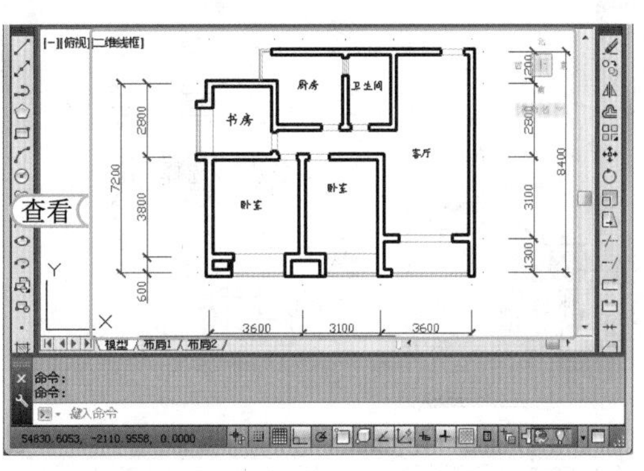

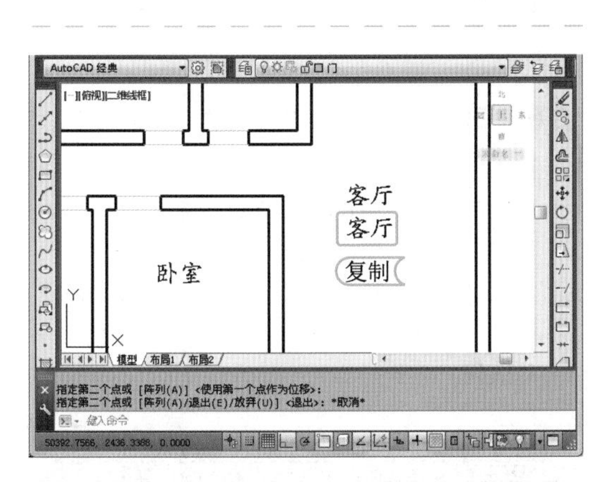

STEP 02： 复制文字

在绘图区中选择编辑后的文字，并在命令行中输入 CO 命令，对文字进行复制，并粘贴于该文字下方。

提个醒 吊顶是指房屋居住环境的顶部装修。简单地说，就是指天花板的装修，是室内装饰的重要部分之一，主要有平板吊顶、异型吊顶、局部吊顶、格栅式吊顶和藻井式吊顶五大类型。

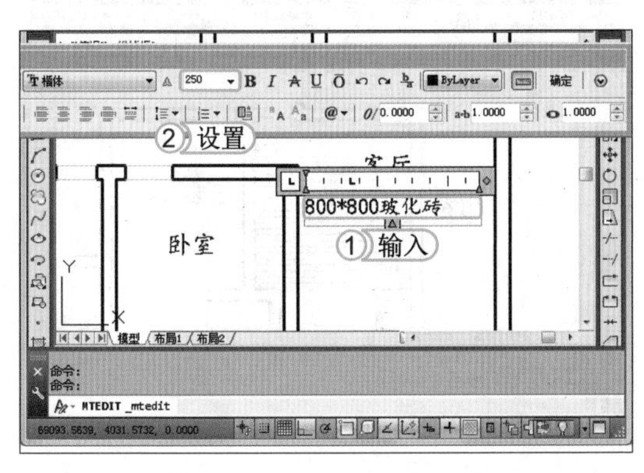

STEP 03： 修改复制后的文字

1. 双击复制后的文字，打开“文字格式”对话框，在下方文本框中输入新的文字，这里输入“800*800 玻化砖”。
2. 选择输入的文字，设置字体大小为“250”。单击 确定 按钮，完成文字的修改。

STEP 04: 复制并修改其他房间文字

使用相同的方法复制文字，并对复制后的文字进行修改，查看修改完成后的效果。

提个醒 平板吊顶一般为PVC板、石膏板、矿棉吸音板、玻璃纤维板和玻璃等材料，照明灯位于顶部平面之内或吸于顶上，通常安排在卫生间、厨房、阳台和玄关等部位。

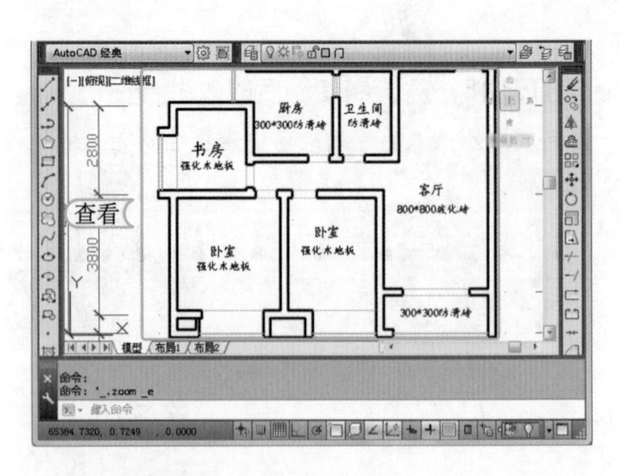

STEP 05: 选择铺装样式

1. 在命令行中输入H命令，按Enter键，打开“图案填充和渐变色”对话框。
2. 单击“样例”栏中的样式图标，打开“填充图案选项板”对话框，在其中选择DOLMIT选项。
3. 单击 确定 按钮。

提个醒 实木地板的安装有空铺法和实铺法两种。空铺法的造价较高，但脚感舒适，使用年限长，而且地面的要求不高。实铺法相对空铺法，其脚感要差些，但是造价低，铺装方便，多用于小家居装修。

STEP 06: 设置角度和比例

1. 返回“图案填充和渐变色”对话框，在“角度和比例”栏中设置“角度”值为“90”。
2. 设置“比例”值为“20”。
3. 单击“添加：拾取点”按钮，返回绘图区，选择“书房”部分并单击，查看填充图形后的效果。

STEP 07: 填充卧室材质

按Enter键，返回“图案填充和渐变色”对话框，修改“角度”值为“0”，并再次单击“添加：拾取点”按钮，返回绘图区，选择“卧室”部分，为其添加地板材质，最后查看填充图形后的效果。

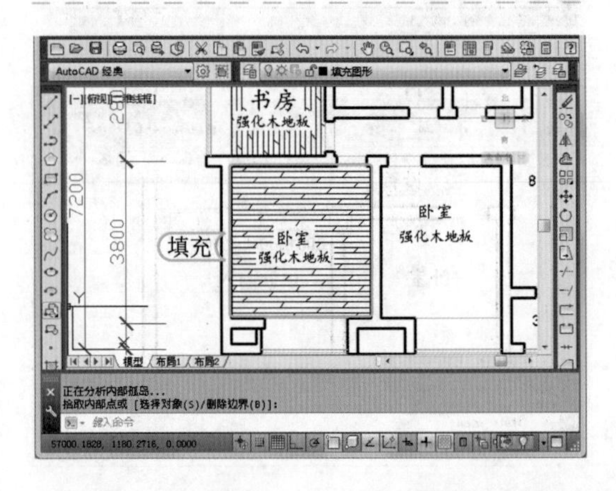

提个醒 空铺法的施工过程是先铺设龙骨架，并找平地面，再铺设一层大芯板，在大芯板上铺地板。

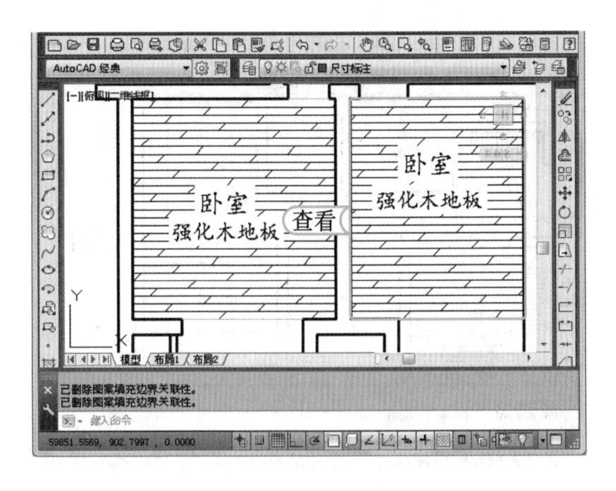

STEP 08： 填充右侧卧室材质

按 Enter 键，返回“图案填充和渐变色”对话框，再次单击“添加：拾取点”按钮，返回绘图区，选择右侧卧室，为其添加地板材质，查看填充图形后的效果。

实铺法是将地板直接铺在地面上方。施工过程简单，适合于地面情况较好、工期紧的工程。

STEP 09： 再次填充石材

1. 按Enter键，返回“图案填充和渐变色”对话框，在“图案”下拉列表框中选择AR-CONC选项。
2. 将“角度和比例”栏中的“比例”设置为“1”。
3. 单击“添加：拾取点”按钮。

提个醒

复合地板的安装为悬浮法安装，即地板悬浮于地面之上。铺装时先找平地面，然后铺一层聚乙烯泡沫垫，泡沫垫起到隔潮和找平的作用，亦可增加脚感。地板铺在泡沫垫上，起好前三排后，应等胶干后再继续铺装，固化时间约 3 小时。

STEP 10： 查看填充后的图形

返回绘图区，选择飘窗位置，为其添加石材，查看填充图形后的效果。

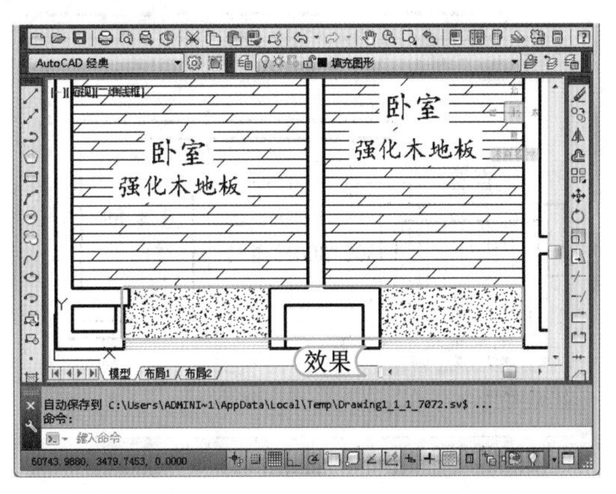

STEP 11： 添加客厅材质

1. 按Enter键，返回“图案填充和渐变色”对话框，在“类型和图案”栏中的“类型”下拉列表框中选择“用户定义”选项。
2. 选中 ☑双向(U) 复选框。
3. 在“间距”文本框中输入“800”。
4. 单击“添加：拾取点”按钮。

STEP 12：查看填充后的客厅图形

返回绘图区，选择客厅位置，为其添加地砖，查看填充图形后的效果。

STEP 13：设置图案填充

1. 按 Enter 键，再次返回“图案填充和渐变色”对话框，其他选项保持不变，在“间距”文本框中输入“300”。
2. 单击“添加：拾取点”按钮。

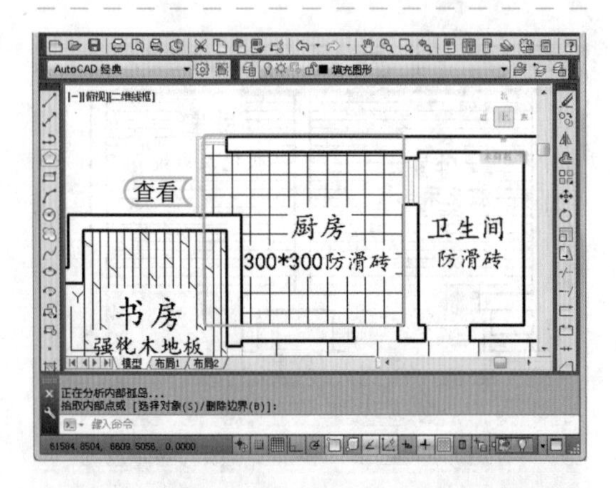

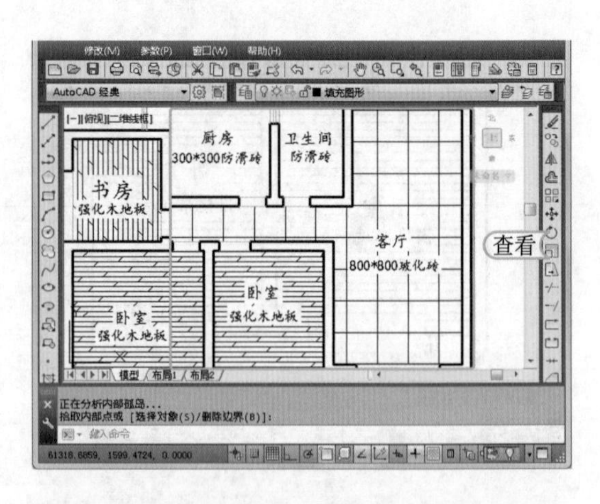

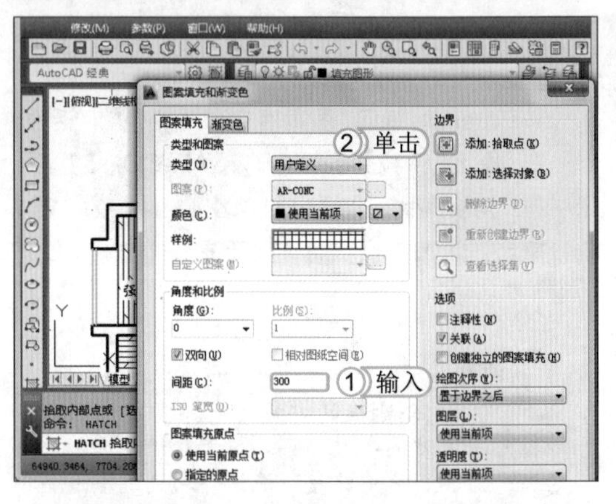

STEP 14：填充厨房材质

返回绘图区，选择“厨房”部分，为其添加地砖，查看填充图形后的效果。

提个醒 地面铺装一是要整体风格与场所环境及活动相契合，不要太突兀；二是要选用优质材料，能经得住大量的磨损，并且要具有防滑功能，环保无害。

STEP 15：设置图案填充

1. 按Enter键，返回“图案填充和渐变色”对话框，在“图案”下拉列表框中选择 ANGLE 选项。
2. 将“角度和比例”栏中的比例设置为“40”。
3. 单击“添加：拾取点”按钮。

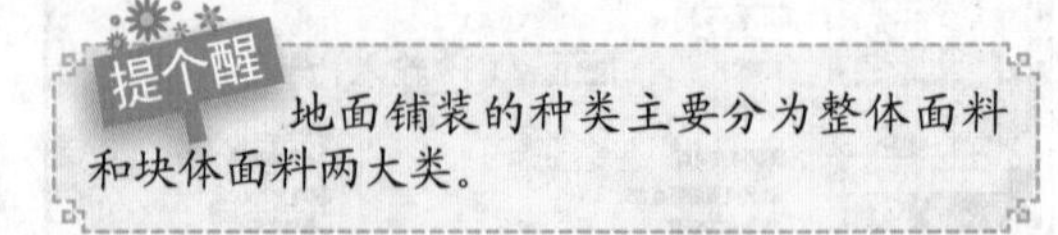

提个醒 地面铺装的种类主要分为整体面料和块体面料两大类。

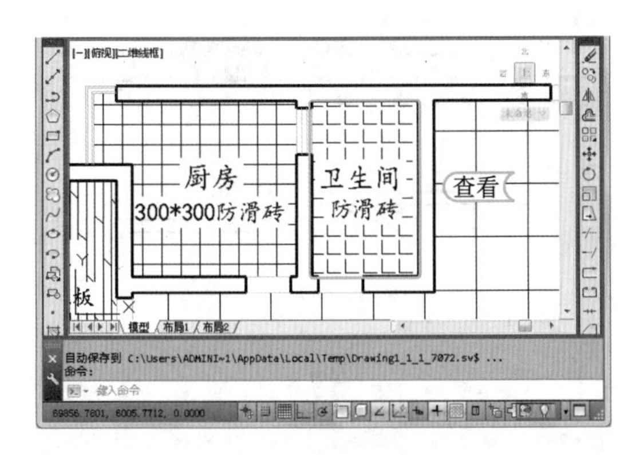

STEP 16：填充卫生间材质

返回绘图区，选择“卫生间”部分，为其添加防滑砖，查看填充图形后的效果。

提个醒 在选择卫生间填充材质时，常常需要使用具有防滑功能的材料。

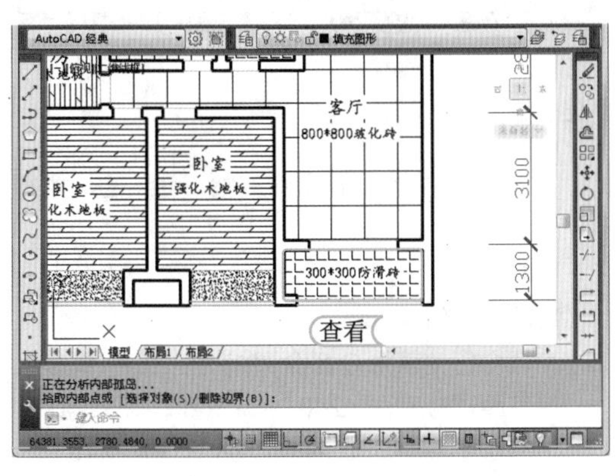

STEP 17：添加阳台材质

按两次 Enter 键，返回绘图区，单击“阳台”部分，使其填充防滑砖材质，并查看填充后的效果。

提个醒 燃气灶，是指以液化石油气、人工煤气和天然气等气体燃料进行直火加热的厨房用具。

STEP 18：查看最后的填充效果

返回绘图区，查看图案填充后的效果。

提个醒 洗手池从外观上看，主要分为矩形、圆形、三角形和椭圆形等类型，在绘制时应根据洗手池的形状来使用矩形、椭圆或圆等命令绘制洗手池轮廓，再绘制水龙头开关，最后绘制水龙头和漏水孔。

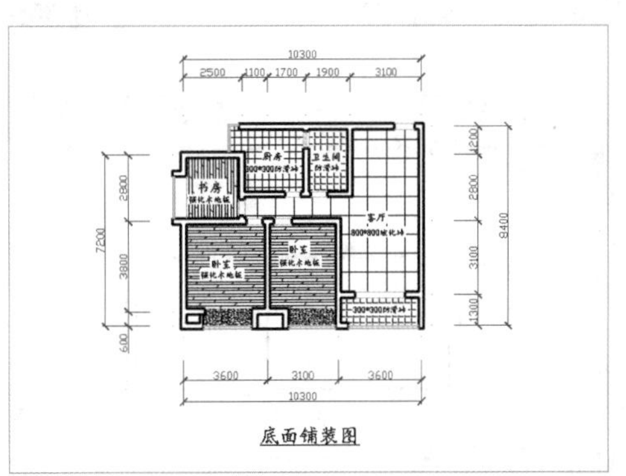

5. 绘制电视背景墙立面图

电视背景墙指放置或靠近电视的位置做的形象墙，一般是指电视的后面墙体装饰。当绘制好各种平面图后，即可对立面图进行绘制，其具体操作如下：

STEP 01：复制平面图客厅部分

在平面布置图中选择客厅部分，并通过 CO 命令进行复制，再对该图形进行旋转，使其居中显示，并查看复制后的效果。

提个醒 复制客厅部分，主要是为了让绘制的立面图对应的位置变得更加直观。

STEP 02： 框选需绘制的立面图

使用“矩形”命令 RECTANG 框选复制后的图形，并将其设置为红色，再通过“剪切”命令 TR 剪切多余线段，查看完成后的效果。

> **提个醒**
> 构造线为两端无限延伸的线条，在建筑绘图和机械制图中通常都将其作为辅助线来使用，如机械图形中绘制的中心线、建筑图形中绘制的轴线等。

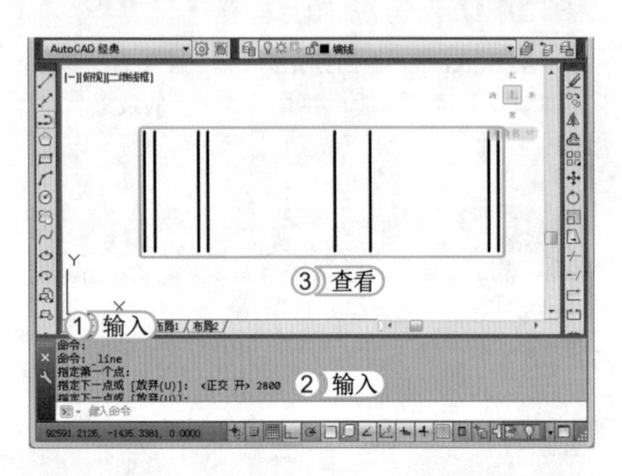

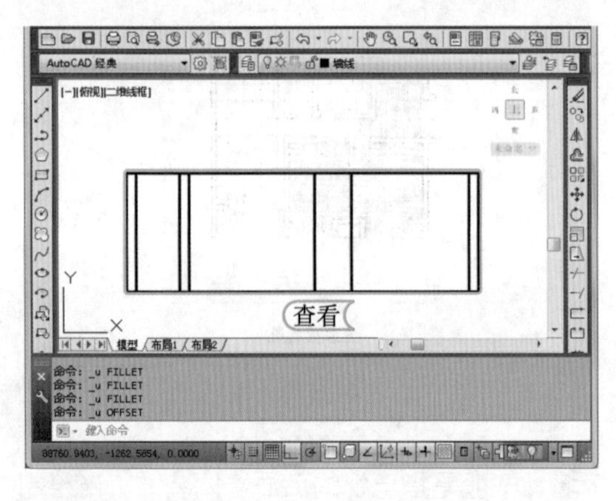

STEP 05： 填充墙体

1. 在命令行中输入 H 命令，打开“图案填充和渐变色”对话框，在“图案”下拉列表框中选择 ANSI31 选项。
2. 将“角度和比例”栏中的“比例”设置为“20”。
3. 单击“添加：拾取点”按钮。

> **提个醒**
> 在绘制立面图时，绘制的线条必须与绘制的平面图相对应，再根据平面图的数据进行立面图的绘制。

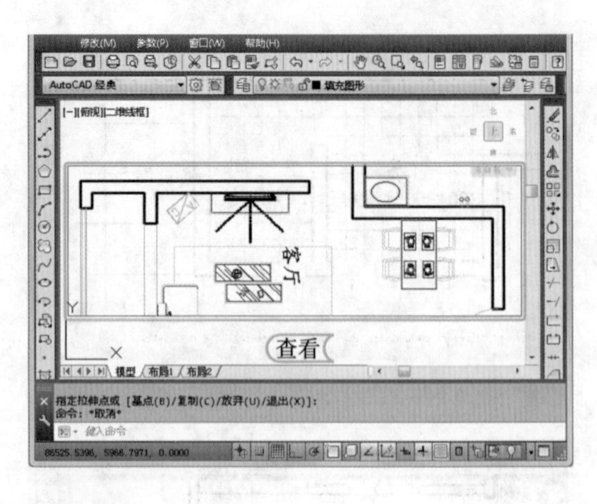

STEP 03： 绘制立面

1. 在命令行中输入 L 命令，按 Enter 键，执行直线命令。
2. 在复制后的图形下方确定第一点，并输入绘制的直线值“2800”。
3. 在命令行中输入 O 命令，依次向右进行偏移，偏移距离分别为“240”、“1060”、“240”、“3100”、“880”、“2880”和“240”，查看完成后的效果。

STEP 04： 完成立面的基本绘制

再次通过直线命令“L”对线段进行连接，查看连接后的效果。

> **提个醒**
> 将构造线进行偏移、再对其进行相应修剪操作，可以快速完成建筑图形轮廓的绘制。在建筑绘图中，“偏移”和“修剪”命令是使用非常频繁的命令。

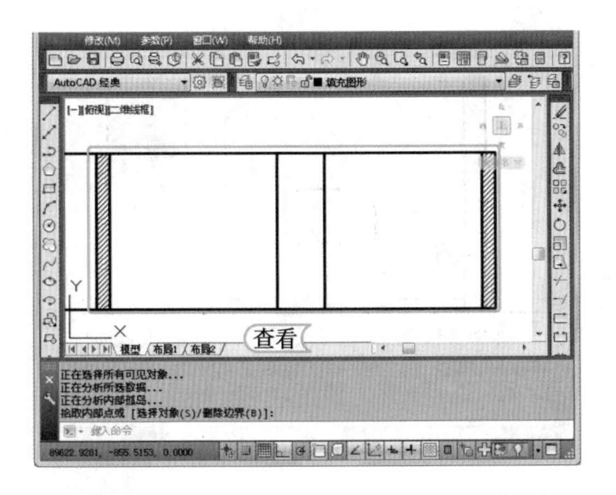

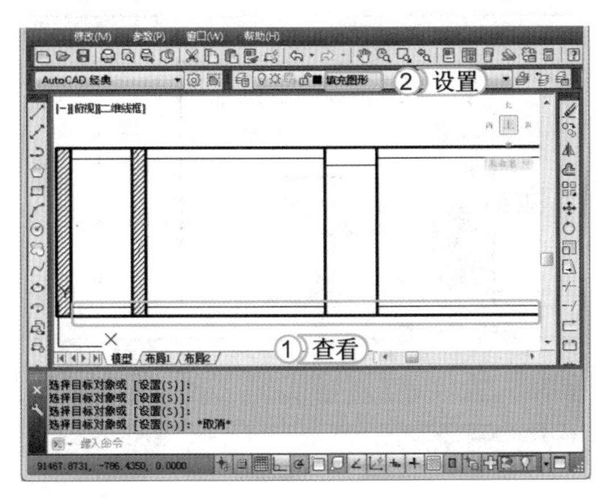

STEP 08：对电视墙造型

使用偏移的方法，将上方偏移后的线段向下进行偏移，偏移距离分别为“500”和“300”，再次使用相同的方法，选择右侧线段，向左侧进行偏移，偏移距离分别为“450”和“300”，然后对偏移后的线段进行修剪，查看完成后的效果。

提个醒 以绘制的平面图为基础，依据建筑的墙体尺寸和层高，生成墙体立面，然后以平面图为基础绘制平面图中有起伏转折的部分墙体，根据屋顶形式和墙体的高度生成屋顶立面。

STEP 09：添加电视

在打开的“CAD 图库 .dwg”图形文件中选择“电视”形状图形，按 Ctrl+C 组合键复制该图形。切换到绘制的平面图形页面，按 Ctrl+V 组合键粘贴该图形，并调整图形的位置，查看完成后的效果。

STEP 06：查看填充后的墙体效果

根据以上方法，对绘图区中墙体进行填充，查看完成填充后的效果。

STEP 07：绘制踢脚线与吊顶线

1. 在命令行中输入 O 命令，选择最下方直线，向上进行偏移，偏移距离为“150”，再对其进行修剪，查看偏移后的效果。
2. 使用“偏移”命令，选择最上方直线，向下进行偏移，偏移距离为“180”。使用相同的方法，再次选择最上方直线，向下进行偏移，偏移距离为“300”，然后修剪偏移后的直线。

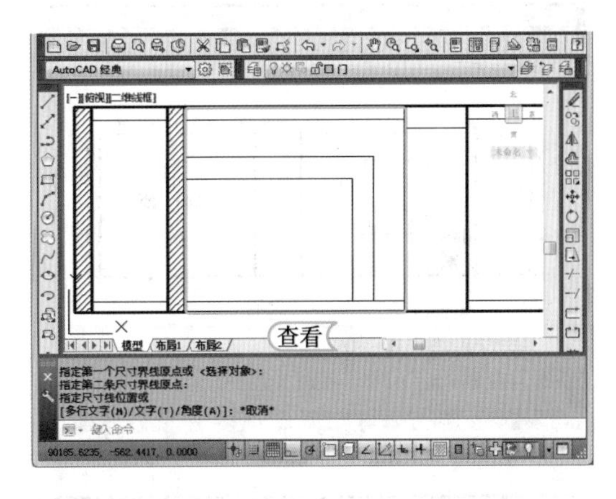

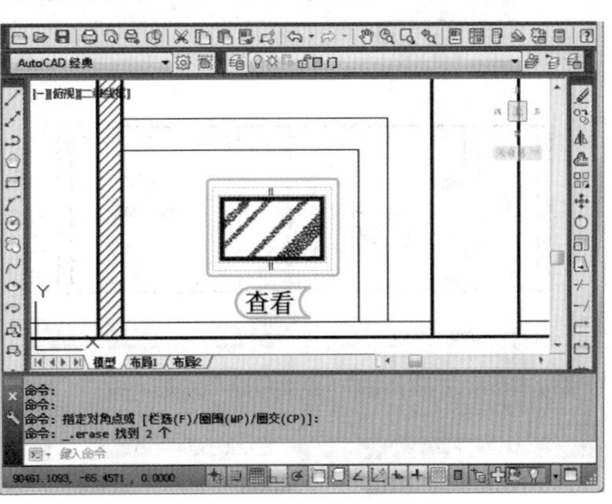

STEP 10： 添加电视柜

切换为“CAD 图库 .dwg”图形文件，在其中选择“电视柜” 形状图形，并对其进行复制，完成后调整图形位置，并查看完成后的效果。

提个醒 在方案草图设计过程中，立面门窗可能只是一些标明的位置或洞口，进入建筑初步设计阶段，绘制完成立面墙线后，就需要将它们仔细绘制出来。

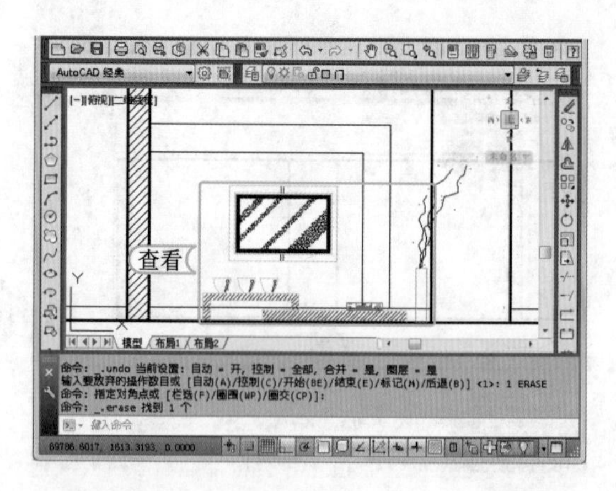

STEP 11： 添加空调

切换为“CAD 图库 .dwg”图形文件，在其中选择“空调” 形状图形，并对其进行复制，完成后调整图形位置，并查看完成后的效果。

提个醒 门的高度及门的立面形式设计是根据门平面的位置、尺寸和人流量要求而定的。

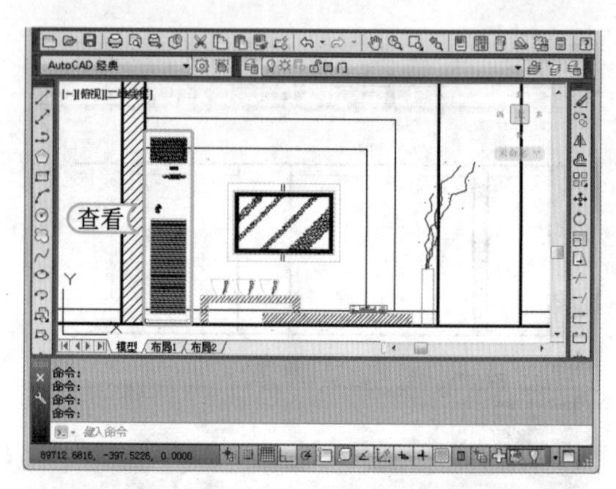

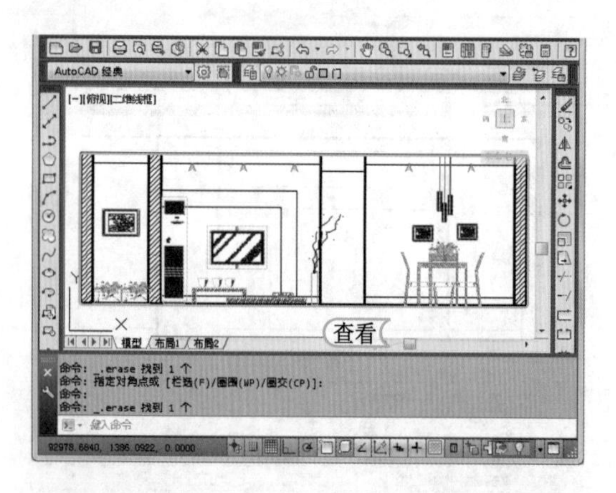

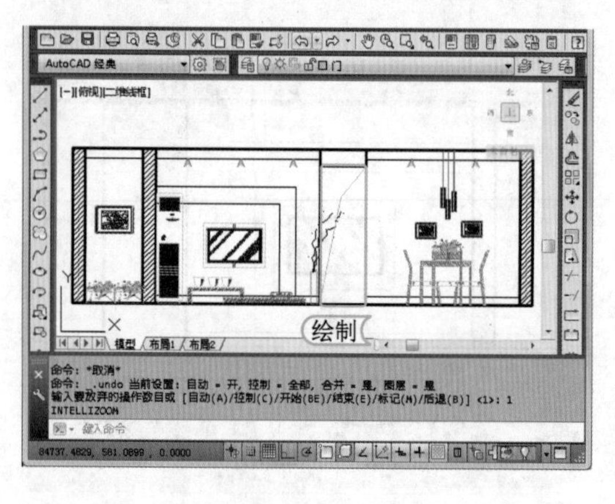

STEP 12： 完成其他图形的添加

使用相同的方法，在“CAD 图库 .dwg”图形文件中将其他需要布置的图形复制到绘制的立面图中，并查看添加完成后的效果。

提个醒 窗的大小及种类是根据窗平面的位置和尺寸、房间的采光要求、使用功能要求及建筑造型要求确定的。

STEP 13： 绘制过道镂空

关闭正交功能，并使用“直线”命令绘制镂空线条，并查看绘制完成后的效果。

提个醒 绘制好立面墙体和门窗后，则可依据台阶、雨篷、阳台、室外楼梯和花台等建筑部件的具体平面位置和高度位置绘制其立面形状。

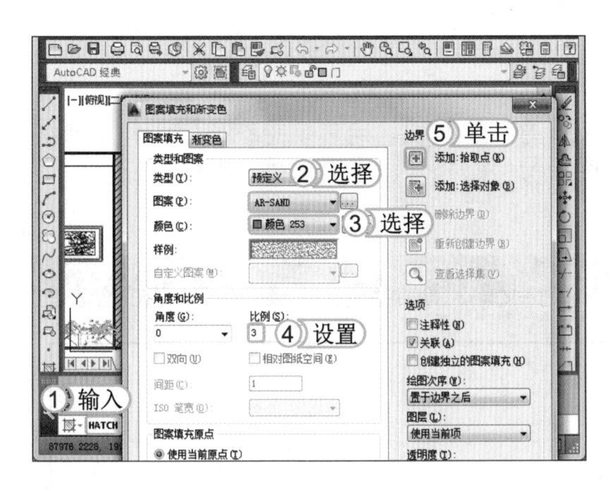

STEP 14：填充墙纸

1. 在命令行中输入 HATCH 命令，打开“图案填充和渐变色”对话框，在“图案”下拉列表框中选择 AR-SAND 选项。
2. 在“颜色”下拉列表框中设置“颜色”为“253”。
3. 将“角度和比例”栏中的“比例”设置为“3”。
4. 单击“添加：拾取点”按钮，返回绘图区拾取相应的区域或进行填充。

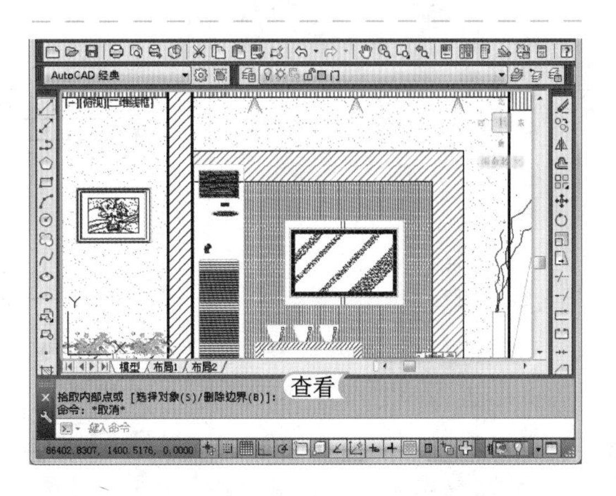

STEP 15：填充其他图形

使用相同的方法，填充其他地方的图形，并查看填充完成后的效果。

> 提个醒
> 在对房间的方位进行合理的布置时，除了需考虑房间的整洁、宽敞、通风和采光外，有时还需要考虑安全通道等问题。

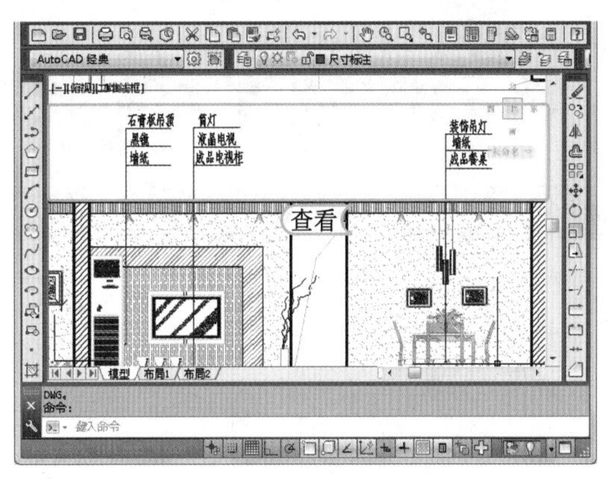

STEP 16：标注图形

在命令行中输入 DAL 命令，对绘制的立面图进行标注，再通过 MLEADER 命令对图形的材质进行文字标注，查看完成后的效果。

> 提个醒
> 沙发，也就是坐的工具，是用木材或钢材构架，内衬用棉絮及其他泡沫材料等做成的椅子。其整体比较舒适，是许多家庭必需的家具之一。

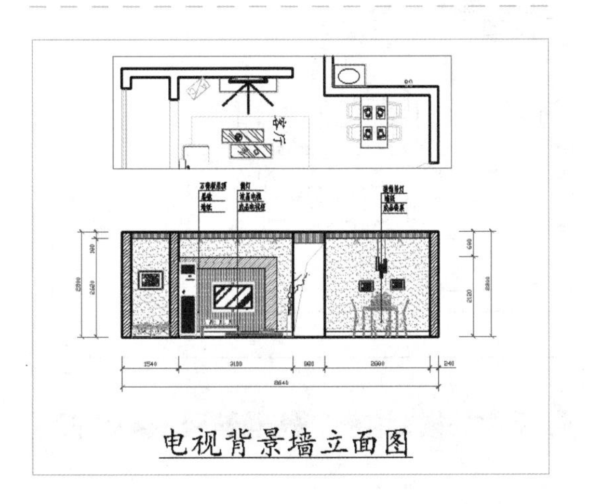

STEP 17：完成绘制

对图形进行修改与调整，并删除多余线段，完成后查看绘制的效果。

11.3 练习 2 小时

本章主要练习制作泵体零件图和绘制三居室设计方案的知识，用户要想在日常工作中熟练使用它们，还需再进行巩固练习。下面以绘制千斤顶装配图和三居室家居设计图形为例，进一步巩固这些知识的使用方法。

1. 练习 1 小时：绘制千斤顶装配图

本次练习将绘制千斤顶装配图，绘制该图形时，首先使用“构造线”等命令完成中心线的绘制，再使用“复制”命令和“直线”命令对图形进行基本的绘制，然后通过“圆角”、“圆”和“多段线”命令，进行绘制与调整，最后通过“标注”命令和“表格”命令进行尺寸标注和表格的绘制，最终效果如右图所示。

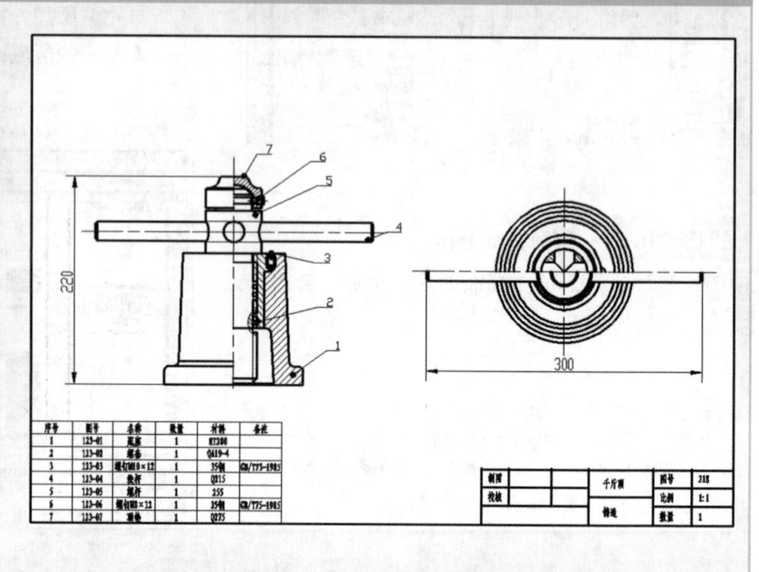

光盘文件

效果 \ 第 11 章 \ 千斤顶装配图 .dwg

实例演示 \ 第 11 章 \ 绘制千斤顶装配图

2. 练习 1 小时：绘制三居室家居设计

本次练习主要将绘制某三居室家居设计图，绘制该图形时，首先使用“构造线”等命令完成轴线的绘制，然后绘制墙线、门和窗等，再对“平面布置图库 .dwg”中的家具进行复制与应用，然后通过“标注”命令进行尺寸和文字的标注，其最终效果如右图所示。

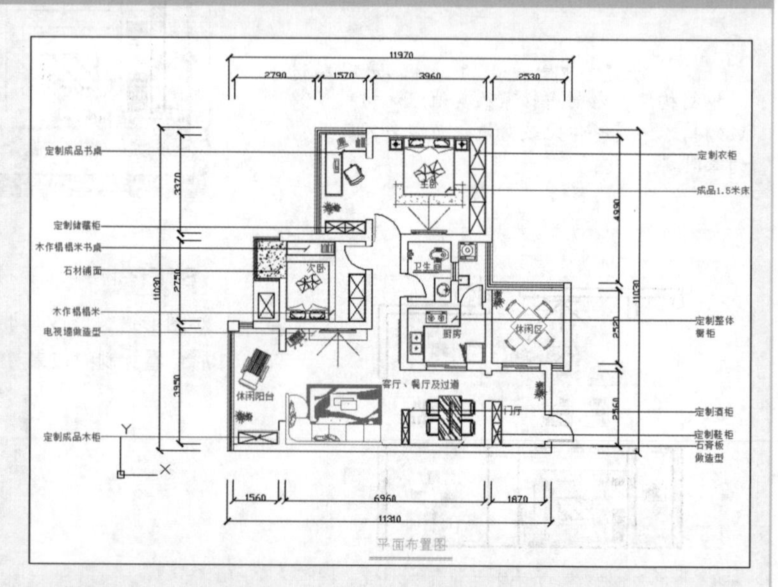

光盘文件

素材 \ 第 11 章 \ 平面布置图库 .dwg

效果 \ 第 11 章 \ 三居室家居设计 .dwg

实例演示 \ 第 11 章 \ 绘制三居室家居设计

附录A 秘技连连看

一、AutoCAD 2014 绘图基础

1. AutoCAD 中还原参数

如果 AutoCAD 中的系统变量被人无意更改或一些参数被人有意调整了，这时不需重装软件，也不需要一个一个地更改，只需要在“选项”对话框的“配置”选项卡中单击 重置(R) 按钮即可恢复。但恢复后，还需要对有些选项的一些参数进行调整，如调整十字光标的大小等。

2. 解决鼠标不支持平移操作的问题

正常情况下鼠标的滚轮可用来放大和缩小，还可用来进行平移。但有时，按住滚轮时，不是平移，而是弹出下一个菜单，这时只需在命令行中输入 mbuttonpa 命令并设置初始值为“1”即可，当再次按住并拖动按钮或滑轮时，将支持平移操作。

3. AutoCAD 右键设置技巧

在 AutoCAD 中，确定图形的绘制有两种方法：按 Enter 键和 Space 键。此外，我们可以设置用鼠标右键来代替它们。其具体操作方法为：在“选项”对话框的“用户系统配置”选项卡中选中 ☑绘图区域中使用快捷菜单(M) 复选框，并单击 自定义右键单击(I)... 按钮，在打开的对话框中选中所有的“重复上一个命令”前的单选按钮即可设置右键为确定键。

4. 图形窗口中显示滚动条

在现实生活中有许多人还用无滚轮的鼠标，那么这时可使用滚动条来完成滚轮的操作，但要使用滚动条，还需要将其显示出来。其方法为：在“选项”对话框的“显示”选项卡中选中 ☑在图形窗口中显示滚动条(S) 复选框即可。

5. 保存的格式

在“选项”对话框中选择“打开和保存”选项卡，在“另存为”下拉列表框中选择另存为的 2004 格式，就可以在所有版本的 AutoCAD 软件中打开该格式的图形文件，因为 AutoCAD 版本只向下兼容，这样用 2004 、2006 、2007、2008、2010 和 2012 版本的 AutoCAD 软件都可以打开。

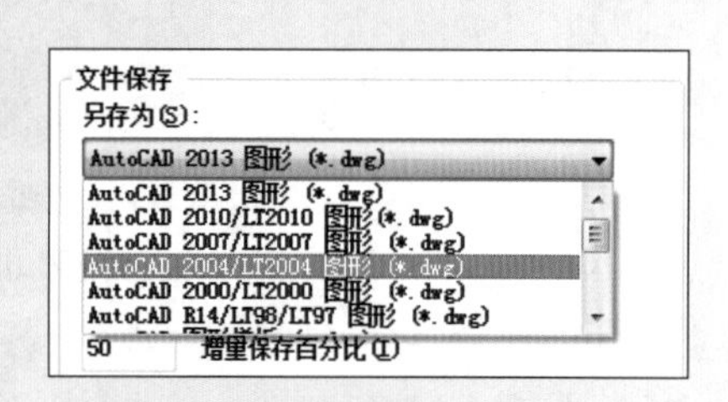

6. 在标题栏显示完整路径

在“选项”对话框中选择“打开和保存”选项卡，在“文件打开”栏中选中☑在标题中显示完整路径(F)复选框即可。

7. 了解 AutoCAD 快捷命令

用户若是对 AutoCAD 中的快捷命令不熟悉，或需要学习更多的 CAD 命令，这时可按 F1 键打开帮助窗口，在右侧“资源”栏中单击“命令”超级链接，对需要的快捷命令进行查看。

8. 隐藏坐标

在绘制图形时，有时会使用抓图软件捕捉 AutoCAD 的图形界面或进行一些类似的操作，但是操作界面的左下角会出现坐标，这可能会影响操作，此时可以执行 UCSICON 命令并调置为 OFF，即可隐藏坐标。

9. 命名技巧

对于需要命名的对象，如视图、图层、图块、线型、文字样式以及打印样式等，在进行命名时不仅要简明，而且要遵循一定的规律，以便于使用时能快速查找，从而提高绘制的工作效率。

10. AutoCAD 中鼠标的巧用

鼠标左键用于选择，如选择点和选择某种图像；鼠标右键用于快捷菜单的使用，按住 Shift+ 右键用于打开对象捕捉快捷菜单；通过旋转中间滚轮向前或向后，实现缩放、拉近和拉远的效果；按住鼠标滚轮不放并拖动用于实现平移；Shift+ 按住鼠标滚轮不放并拖动用于实现垂直或水平的平移；Ctrl+ 按住鼠标滚轮不放并拖动用于随意地实时平移。

二、平面图形的绘制

1. 调整绘图中圆的精确度

经常制图的人都会有这样的体会，所画的圆都不圆了。学过素描的人都知道，圆是由很多折线组合而成。其实解决这种问题的方法很简单，只需在命令行中输入 VIEWRES 命令，设置“缩放百分比”为“1~20000”，数值越大，圆越精确。

2. 巧用绘图栏和工具栏

在对图形进行绘制和编辑时，绘图栏和工具栏中的按钮对应的命令分别在“绘图”和“修改”选项卡（在“AutoCAD 经典”工作空间中）中都有对应的选项，用户可根据操作习惯来进行操作，但选项卡中包含的操作要多一些。

3. 复原自动保存的图形

AutoCAD 将自动保存的图形存放到 AUTO.SV$ 或 AUTO?.SV$ 文件中，找到该文件将其改名为图形文件即可在 AutoCAD 中打开。默认状态下该文件一般存放在 Windows 的临时目录中，如 C:\WINDOWS\TEMP。

4. 节省图形自动重新生成时间技巧

将系统变量 REGENMODE 的值设为 0，或将 REGENAUTO 设为 OFF，就可以节省图形自动重新生成的时间。

5. 多个图形中的复制技巧

在多个图形文件中复制图形时，可采用两种方法。

- 使用命令操作：先在打开的源文件中使用 COPYCLIP 或 COPYBASE 命令将图形复制到剪贴板中，然后在打开的目的文件中用 PASTECLIP、PASTEBLOCK 或 PASTEORIG 命令将图形复制到指定位置。
- 用鼠标直接拖曳被选图形：注意在同一图形文件中拖曳只能是移动图形，而在两个图形文件之间拖曳图形才能复制。拖曳时，鼠标指针一定要指在选定图形的图线上而不是指在图线的夹点上。同时还要注意的是，用左键拖曳与用右键拖曳是有区别的。用左键是直接进行拖曳，而用右键拖曳时会弹出快捷菜单，依据菜单提供的命令可选择不同方式进行复制。

6. 设置图形密码

执行“保存”命令后，在打开的“图形另存为”对话框中单击“工具”按钮右侧下拉按钮▾，在弹出的下拉列表中选择“安全选项”选项，打开“安全选项”对话框，选择“密码”选项卡，在“用于打开此图形的密码或短语”文本框中输入密码。此外，还可使用“数字签名”选项卡在其中设置数字签名，最后单击 确定 按钮即可。

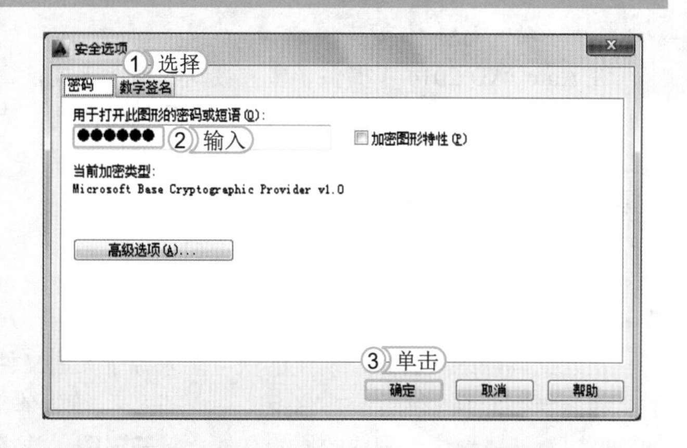

7. 缩短重生成图形线宽的时间

在绘图过程中，遇到线型或线宽重生成时，都会等一段时间才能完成。这是由于非连续线型和设置线宽增加了重生成（REGRN）和重画（REDRAW）的时间，所以在绘制图形时可以先将所有线型上的线宽设置为“0”的连续线型，在绘制完成后再统一修改图形对象的特性，以缩短绘图时间。

8. 快速选取对象

在选择对象时，可以在命令行中输入 FI 命令来设置快速选择的类型样式，并通过 FI 命令来筛选所需对象，除了 FI(LTER)，还有简化版的命令 QSELECT，也较为常用。

9. 把矩形设置为平行四边形

可以利用两种方式实现这一目的。一种方式是：在命令行中输入 STRETCH 命令，要用交叉窗口或交叉多边形选择要拉伸的对象，把要移动的点包括在选择窗口中（如矩形的一个边）就可以让两个点一起移动。另一种方法为：用夹点编辑方式，在选择蓝色夹点时按住 Shift 键，可以让多个点都变色，释放 Shift 键后再单击其中的一个变色点进入夹点编辑，可以让多个点一起移动。

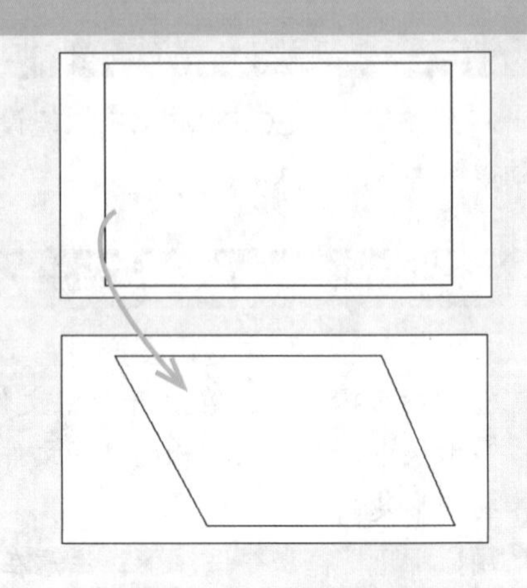

10. 将 L 画的线变成 PL

在命令行中输入 PEDIT 命令，编辑多段线，选择其中的“合并（J）”选项，即可将 L 画的线变成 PL。

11. 输入精确数据

在 AutoCAD 2014 中提供了多种数据的输入方式，精确数据的输入主要包括坐标点的输入以及对象捕捉。其设置方法为：打开“选项”对话框，选择“用户系统配置”选项卡，在“坐标数据输入的优先级”栏中可以设置坐标的输入，选中 ◉除脚本外的键盘输入(X) 单选按钮，或在输入坐标值之前，关闭对象捕捉功能。

12. 关掉某图层后还能看到该层的某些物体的解决方案

出现此问题的关键在于所用的块可能来源于其他文件，它本身是在不同的图层上绘制出来的。因此当在对某一图层作“关闭”、“冻结”等操作时，图形上似乎显示出命令无效。其解决办法为：找到这个图块的原始文件，打开该图，并将其改为都在同一图层上，再将原始图块文件另改名存放。重新打开图形文件，插入新改好的图块，放在某一空白处，然后用新图块全面替换原图块，这时就可以用“清理全图”（Purge）命令。如果无法找到原文件，可以将图中被怀疑的块复制成一个图块，把它放在图中某一空白处。然后将这个图块所有实体全部改为一个图层，再把这个图块另命名存储，最后用这一图块作一次全局替换。这样就保证图中没有旧的图块了，这时才可以用 Purge 命令。建议制作图块时只在一个层上进行（最好是 0 层），可以用不同的颜色，而不用不同的层。

13. 快速保存图层

可以把设置好的图层、标注或打印保存起来以便下次使用，其操作方法为：新建一个AutoCAD文档，把图层、标注样式等都设置好后另存为DWT格式（AutoCAD的模板文件），在AutoCAD安装目录下找到DWT模板文件放置的文件夹，把创建的DWT文件存放于该文件夹中，新建文档时提示选择存放的模板文件即可。或把存放的模板文件取名为“acad.dwt”（AutoCAD默认模板），替换默认模板，以后只要打开即可使用。

14. 及时清理图形

在一个图形文件中可能存在着一些没有使用的图层、图块、文本样式、尺寸标注样式和线型等无用对象。这些无用对象不仅增大文件的尺寸，而且降低AutoCAD的性能。用户应及时在命令行中输入“PURGE”命令进行清理。由于图形对象经常出现嵌套，因此往往需要用户接连使用几次PURGE命令才能将无用的对象清理干净。

15. 删除顽固图层的有效方法

删除顽固图层的有效方法是采用图层映射，只需在命令行中输入LAYTRANS命令，可将需删除的图层映射为0层，这个方法可以删除具有实体对象或被其他块嵌套定义的图层，可以说是万能图层删除器。

16. AutoCAD多重复制

在复制对象时，多重复制总是需要输入“M”，这样就显得比较麻烦，此时，可以在acad.lsp文件中添加LSP程序实现不必输入，但AP需要加载此LSP程序。

17. 在“图层状态管理器”对话框中新建与删除图形状态

打开“图层特性管理器”对话框后，按Alt+S组合键，打开“图层状态管理器”对话框，在该对话框中单击相应的按钮，然后按提示进行相应的操作，还可以对已知的图层状态进行新建和删除等操作。

18. 填充无效时的解决办法

在填充时会遇到填充图像无效的情况，此时，除了系统变量需要考虑外，还需要在“选项”对话框中进行检查。其具体方法为：在“选项”对话框中选择“显示”选项卡，选中☑应用实体填充(Y)复选框即可解决该问题。

19. 修改块

很多用户都以为修改块就是将其分解，改完后再合并和重定义成块，但那并不是比较快捷的方法。其实可以通过 REFEDIT 命令来实现。其方法为：在命令行中输入 REFEDIT，然后根据提示，修改好后输入 REFCLOSE 命令确定保存。

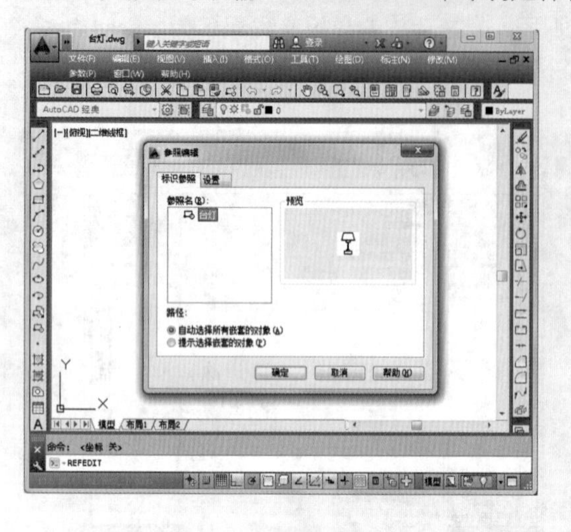

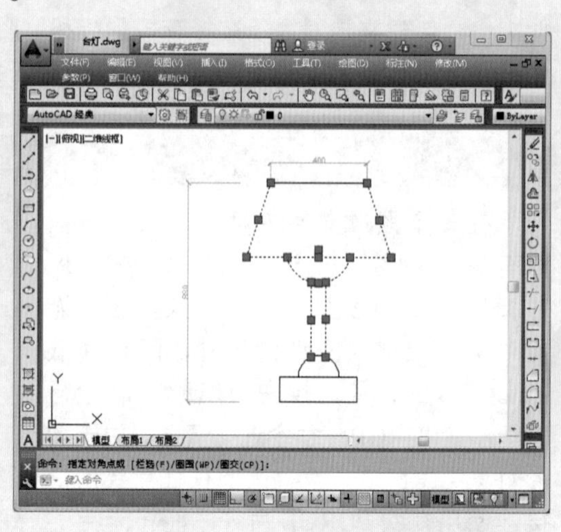

20. 将 AutoCAD 图形插入 Word 文档

Word 文档制作中，往往需要添加各种插图。Word 绘图功能有限，特别是对于复杂的图形，该缺点更加明显；AutoCAD 是专业绘图软件，功能强大，很适合绘制比较复杂的图形。用 AutoCAD 绘制好图形，然后插入 Word 文档中制作复合文档是解决问题的好办法，此时就可以用 AutoCAD 提供的 EXPORT 功能先将 AutoCAD 图形以 BMP 或 WMF 等格式输出，然后插入 Word 文档，也可以先将 AutoCAD 图形复制到剪贴板，再在 Word 文档中粘贴。需注意的是：由于 AutoCAD 默认背景颜色为黑色，而 Word 背景颜色为白色，首先应将 AutoCAD 图形背景颜色改成白色。另外，AutoCAD 图形插入到 Word 文档后，往往空边过大，效果不理想，这时，可使用 Word 图片工具栏中的裁剪功能进行修整，即可解决该问题。

21. HATCH 命令填充时找不到范围

在使用 HATCH 命令填充时常常会遇到找不到范围的情况，尤其是 DWG 文件本身较大的情况。常用的解决方法是用 LAYISO 命令让填充的范围线所在的图层孤立，再用 HATCH 命令填充就可以迅速找到填充范围。

HATCH 填充时主要线要封闭，可先用 LAYISO 命令让要填充的范围线所在的层孤立。在填充图案时，需要确定图案的边界集是否进行设置（在高级栏下）。所谓边界集，就是在对象集合中找边界，默认的设置是“当前视口”，所以图上对象很多时填充就会很慢。这种情况下还可新建一个边界集，让系统在一定范围内来快速找到边界。

22. 使用“工具选项板”插入图块

使用“工具选项板”插入图块也是提高绘图效率的有效方法，按 Ctrl+3 组合键即可打开“工具选项板”，然后在“工具选项板”中选择需要的图块，再直接将其拖放到绘图窗口中即可。

在“工具选项板”中不仅可以插入图块，还可以进行图案填充和渐变色填充，其方法也是直接拖入需要填充的区域到目标位置即可完成填充。

23. 设置插入图块的大小

在插入图块时，其插入图块的大小取决于定义块时在“块定义”或“写块”对话框中对图块设置的单位，如绘制图形时以“毫米”为单位，但在设置单位时选择了“厘米”选项，则在插入图块时，将会对图块进行放大处理，如果绘图单位为“厘米”，但是在创建图块时选择“毫米”选项，插入图块后，将会对图块进行缩小处理，所以在设置单位时要统一。

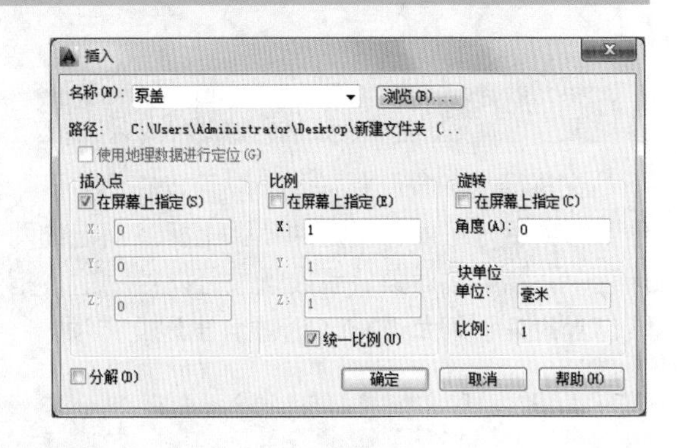

三、标注图形尺寸

1. 折弯线性

在进行尺寸标注时，有时需要将标注折弯以符合标注要求，而折弯线性就可以用折弯线性命令来实现，而不需要使用“直线”命令进行绘制。其方法为：在命令行中输入 DIMJOGLINE 命令或选择【标注】/【折弯线性】命令来调用，执行命令后只需要选择需要折弯的标注对象，然后指定折弯位置即可完成操作。折弯的对象只能是线性标注，不能是角度标注。

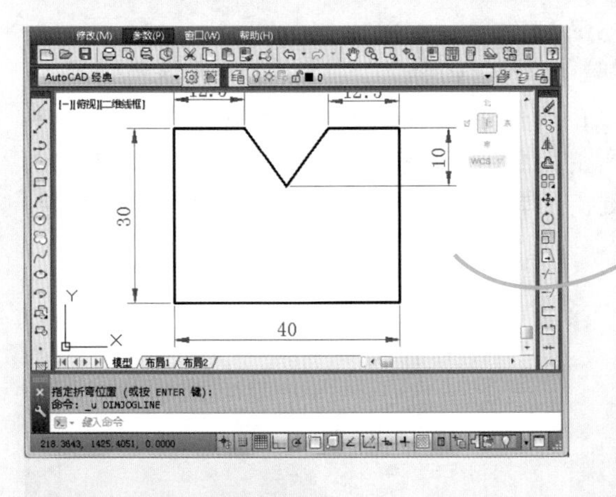

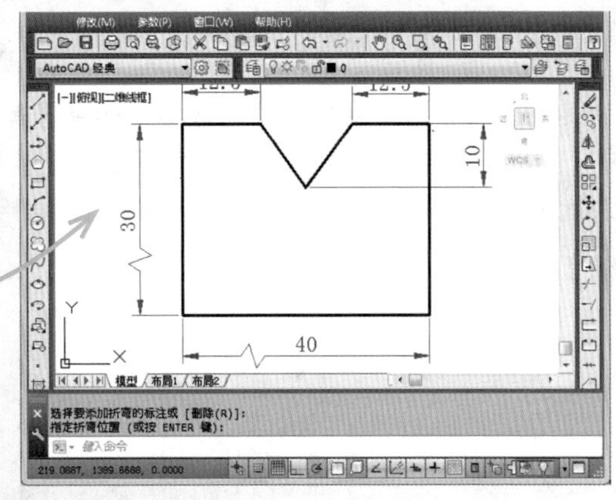

2. 打断标注

在完成尺寸标注后，如果发现标注的尺寸与图形对象相交或标注的尺寸与尺寸相交，将会影响到对图形或尺寸标注的查看，此时可以使用“打断标注”命令将标注打断，以便观察图形。其方法为：在命令行中输入 DIMBREAK 命令，或选择【标注】/【打断标注】命令，执行命令后只需要选择需要打断的标注对象和相交对象即可。

3. 尺寸标注的必需元素

尺寸标注主要由5种元素组成，其中延伸线又称为尺寸界线。在标注线性尺寸时，必不可少的元素主要有延伸线、尺寸线、标注文本和箭头，且标注的尺寸必须严格按照相关规定进行。

4. 弧长标注的“部分”与“引线”选项的应用

在执行“弧长标注”命令时，可以在命令行中选择“部分”或“引线”选项进行标注。选择“部分”选项后，可以在指定的圆弧上标注指定的两个点间的圆弧长度；选择“引线”选项后会在标注中添加引线对象，引线是按径向绘制的，指向所标注圆弧的圆心，但是只有当圆弧或弧线段包含的夹心角大于90° 时才会出现此选项。

5. 绘制公差指引线

若需标注出完整的形位公差，还必须包含指引线。在标注时可以先通过“多段线”命令将指引线绘制出来，再标注出形位公差。也可以通过在命令行中输入QLEADER命令，将其一次性标注出来。其方法为：在执行命令后输入“S”选择“设置”选项，打开“引线设置”对话框，在该对话框的“注释类型”栏中选中◎公差(T)单选按钮，单击 确定 按钮即可进行公差标注。

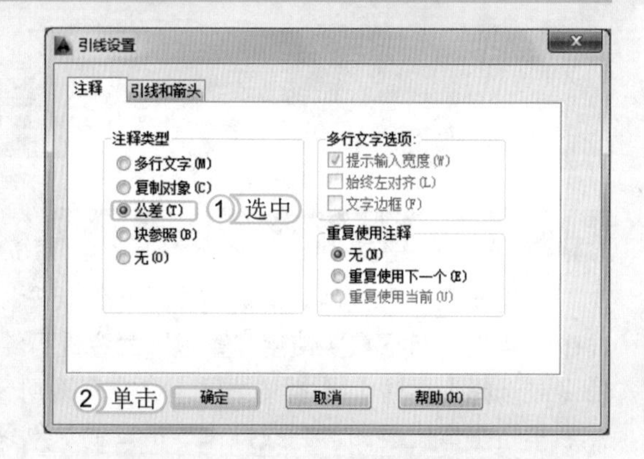

6. 在多行文字中输入数学符号

在使用多行文字命令输入数学中的乘号等类的符号时，若通过在“文本编辑器”选项卡中的“插入”组中单击“符号”按钮@是不能实现的，需要在五笔或拼音输入法状态下，在输入法状态条右端的“软键盘”按钮上单击鼠标右键，在弹出的快捷菜单中选择“数学符号”命令，打开软键盘，然后选择对应的符号即可输入。

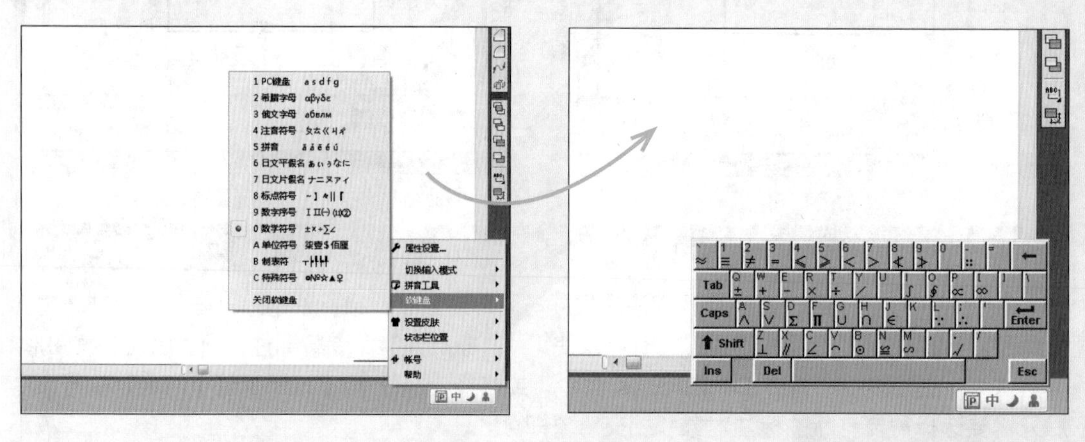

7. 改变文本字母大小写

在使用字母说明图形时，经常需要通过按 Caps Lock 键来控制输入字母的大小写，但是在修改文本时，就不能使用此方法来改变字母的大小写。在 AutoCAD 2014 的“文字编辑器”选项卡中选择需要改变大小写的字母文本，在“格式”组中单击“大写”按钮或“小写”按钮进行切换。“大写”按钮是指将小写字母切换为大写字母，也可以按 Shift+Ctrl+U 组合键；而“小写”按钮是指将大写字母转换为小写字母，也可以按 Shift+Ctrl+L 组合键。

8. 设置字体旋转问题

在命令行中输入 MIRRTEXT 命令，设置系统变量值为 0 时，可保持镜像过来的字体不旋转；设置系统变量值为 1 时，表示对镜像后的文字进行旋转。

9. 设置文本的显示

如果把 QTEXT 设为 ON，则打开快显文本模式。这样，在图样中新添加的文本会被隐藏起来而只显示一个边框，打印输出时也是如此。若需要更改文本的显示模式，可使用 REGEN 命令进行显示。另外，系统变量 QTEXTMODE 也控制着文本是否显示。图样中的文本较多时，文本的显示模式对系统性能的影响是很明显的。

10. 快速添加平方符号

在命令行中输入 T 命令后，输入数字，在数字后输入“/U+00B2”，然后选中所有数字，按 Enter 键确认，或单击“符号”按钮，在弹出的下拉列表中选择“平方”选项，也可对数字添加平方符号。

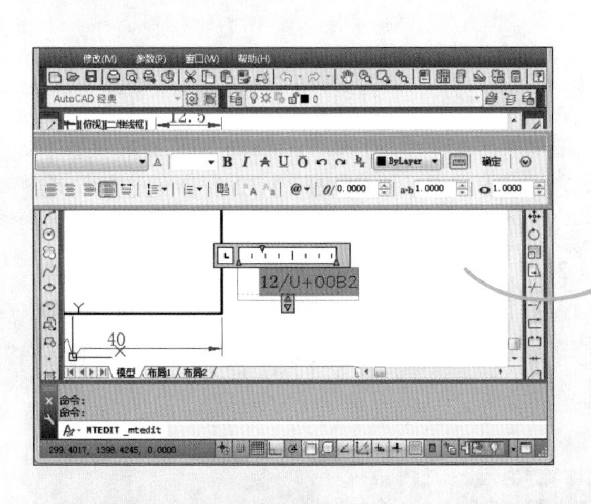

11. 修改附着的文件

若需将附着的文件进行修改，需要双击附着的文件，打开编辑窗口，在该窗口中即可进行更改。

12. 文字乱码

在命令行中输入“FONTALT”进行字体的更换，可以解决AutoCAD字体乱码现象。txt字体是标准的AutoCAD文字字体，这种字体可以通过很少的矢量来描述，是一种简单的字体，因此绘制起来速度很快；txt字体文件为txt.shx。

13. 字母与数字标注

在标注图形时需要用到字母和数字，字母和数字的字体又分为A型和B型，A型字体的笔画宽度（d）与字体高度（h）的关系为d=h/14；B型字体的笔画宽度与字体高度的关系为d=h/10。在同一张图样上，只允许选用一种形式的字体。

四、三维图形的绘制

1. 画轴测图

画轴测图时如果用坐标输入，那么三个正交方向的角度分别是30º（210º）、150º（330º）和90º（270º）。

2. 轴测图分类

根据轴测投影方向与轴测投影面是否为垂直，可以将轴测图分为正轴测图和斜轴测图两大类；根据轴向伸缩系数的不同可以分为正等轴测图（斜等轴测图）、正二轴测图（斜二轴测图）和正三轴测图（斜三轴测图）。

3. 合理设置SURFTAB1和SURFTAB2变量

在使用“网格”命令绘制网格模型时，为了让绘制的网格变得光滑，在绘制模型前需要设置SURFTAB1和SURFTAB2变量值。如果设置的SURFTAB1和SURFTAB2变量值过大，会增加系统对图形的计算量，在选择网格的边时，会出现桌面不能工作的情况。这说明图形的计算量超过了CPU的运算能力，会使得AutoCAD 2014软件无法响应，造成绘制的图形文件数据丢失。因此，在绘制网格模型前设置的SURFTAB1和SURFTAB2变量值一定要合理。在绘制由多条曲线形成的二维封闭图形曲面时可以使用面域功能，通过面域功能创建的曲面可以减少对图形的运算量。

4. 控制拉伸的路径方向

在沿路径拉伸二维对象时，有时是沿路径方向拉伸，而有时却是沿路径的相反方向进行拉伸，就不能很好地控制拉伸路径的方向。其实拉伸方向取决于拉伸路径的对象与被拉伸对象的位置，因此，在选择拉伸路径的对象时，拾取点靠近该对象的某一端，拉伸的对象就会朝这个方向进行拉伸。

5. 三维多段线的编辑技巧

三维多段线只能是直线段。当然，如果线段的长度足够短，也就接近光滑，所以有一些小程序就是用这样的方法来做三维拉伸。但是，做三角形截面拉伸会出现扭曲。

6. 根据样图绘制三维模型

在绘制三维模型时，可以先绘制出二维平面图，然后使用三维绘制和编辑命令进行绘制。如果所绘制的实体已经有样图，则不需绘制二维平面图；对于绘制正在设计中的模型，则需要先绘制平面图。由于处于设计过程中，对平面图的修改会非常频繁，因此，建议在设计阶段最好不要绘制三维实体模型。

7. 剖切实体对象技巧

在剖切实体对象时，要想使剖切后的对象既能表现出整体结构，又能表现出内容结构，需要在剖切对象时对实体对象进行分析，考虑从哪个面对对象进行剖切才能更好地表现实体对象。对于较复杂的图形，如果从任何一个面进行剖切后都不能清楚地表现出模型结构，可对没能表现出结构的局部实体进行再次剖切。

8. 通过移动控件移动对象

在选择要移动的三维对象时，按 Enter 键确认后，选中的对象上将显示出一个小控件。通过单击小控件上的轴，可以将移动约束到该轴上；单击轴之间的区域，可以将移动约束到该平面上，避免移动对象时无法准确确定位置。

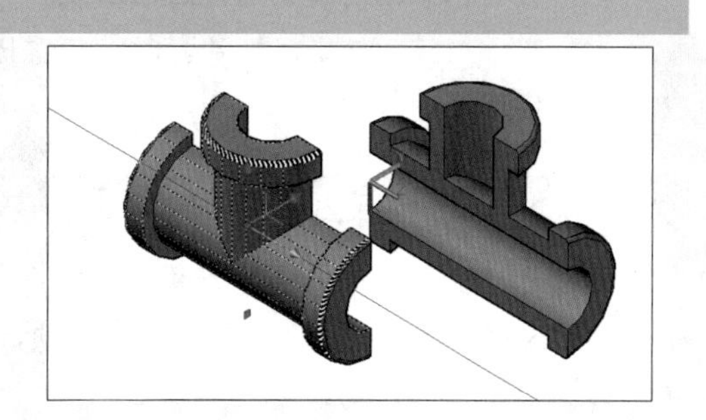

9. 快速编辑实体为曲面

在使用“分解”命令对实体对象进行分解操作后，实体对象会被分解为多个部分，实体就变成了由多个曲面组成的对象。在绘制一些曲面对象时，可以先绘制实体对象，再对实体分解，然后删除多余的曲面即可。运用这种方法绘制曲面不仅效率高，而且减少了系统对曲面的计算量。

10. 快速创建新面

使用“抽壳”命令，可以将三维实体转换为中心薄壁或壳体。将实体对象转换为壳体时，可以通过将现有面朝其原始位置的内部或外部偏移来创建新面。

五、图形的输出

1. 保存打印列表

保存打印列表可以在下次打印时，使用一样的样式，其具体方法为：在 AutoCAD 工作界面按 Ctrl+P 组合键，打开“打印 - 模型”对话框，在该对话框中的“打印样式表”下拉列表框中选择需要的样式，单击 确定 按钮即可。不过在这之前，需要创建一个自己的路径。

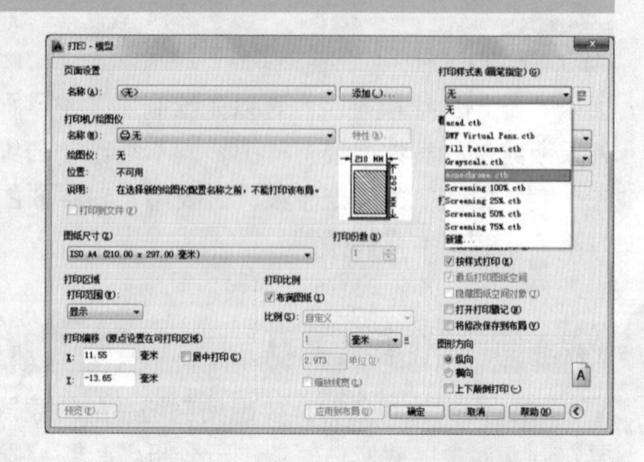

2. 两种打印方法

打印方法有两种：一种是模型空间打印；另一种则是布局空间打印。分别介绍如下。

- 模型空间打印：一个框一个框的打印则是模型空间打印，这需要对每个独立的图形插入图框，然后根据图的大小进行图框缩放。
- 空间布局打印：可实现批量打印，不需插件。不过需要把所有的图都画在一个模型空间里才可实现批量打印。

3. 设置默认打印机

在打印不同图形时，每次都需要对打印机或绘图仪进行选择，这样就显得比较麻烦，用户可以将经常使用的打印设备设置为默认输出设备，再次打印图形时，将自动选择该默认打印设备。设置默认输出设备主要是在“选项”对话框中进行。其方法为：打开“选项”对话框，选择“打印和发布”选项卡，在“用作默认输出设备”下拉列表框中选择安装好的打印设备即可。

4. 快速打印多个图形文件

在实际工作中，常常会遇到要同时打印多个图形文件的操作，若逐个打印文件，不仅操作麻烦，还会降低工作效率。这时，可采用 AutoCAD 提供的批处理功能，快速打印文件。其方法为：单击按钮，在弹出的菜单中选择【打印】/【批处理打印】命令，再在打开的“发布”对话框中进行设置即可。

5. 打印不出图形对象的解决方法

在打印图形时，有时会遇到能够显示出来的图形却打印不出来，这是因为图形绘制在了AutoCAD自动产生的图层上，如DEFPOINTS、ASHADE图层等。将在这些图层上的对象更改到其他图层中，通过在“特性”选项面板中更改对象的图层特性便可解决该问题。

6. 快速输出.eps格式文件

在将AutoCAD文件输出为.eps格式文件时，除了可以通过添加绘图仪的方法进行输出外，还可以通过单击按钮，在弹出的菜单中选择【输出】/【其他格式】命令，打开“输出数据”对话框，在“文件类型”下拉列表框中选择“封装PS (*.eps)”选项，不过这种方式不能输出指定的区域对象。

7. 多线设置技巧

当多线设置成宽度不为0时，打印时就按这个线宽打印。如果这个多段线的宽度太小，则打印不出宽度效果。例如，以毫米为单位绘图，设置多段线宽度为10，当您用1:100的比例打印时，就是0.1毫米。因此，多段线的宽度设置要考虑打印比例才行，而宽度是0时，就可按对象特性来设置（与其他对象一样）。

8. 着色效果的打印技巧

当FILLMODE参数为1.0，打印出来的都只有线框图，没有表面实形时，这种着色效果就不能直接打印。要先处理成图片，再插入图片，或做渲染后打印。其具体方法为：按Print Screen键，复制屏幕，粘贴至Photoshop中进行处理，渲染（Rander）文件之后，再在Photoshop中处理。

9. 打印机不工作的解决办法

打印机不工作的一般解决方法为：首先应该检查打印机是否处于联机状态，再检查当前打印机是否设置为暂停打印，最后可以在“记事本”程序中随意输入几行文字进行打印，如果能够打印则表示使用的打印程序有问题。

10. 常见输出命令

在命令行中输入BMPOUT命令为输出位图的命令；在命令行中输入PSOUT命令为输出PSD格式图片的命令；在命令行中输入JPGOUT命令为输出JPG格式图片的命令；在命令行中输入TIFOUT命令为输出TIF格式图片的命令。

11. 一次投影技巧

系统默认采用在新视口中冻结该图层（PV）。可以直接在模型空间复制，并调整好方向后进入布局，再做设置轮廓的操作，这样就可以实现一次投影。

12. 打印彩色线条

如果是颜色相关的打印，不能改变图层管理器中的打印样式设置，但可以通过采用命名打印样式的方式。

附录 B　72 小时后该如何提升

在创作本书时，虽然我们已尽可能设身处地为您着想，希望能解决您遇到的所有与 AutoCAD 绘图相关的问题，但我们仍不能保证面面俱到。如果您想学到更多的知识，或学习过程中遇到了困惑，还可以采取下面的渠道。

1. 加强实际操作

俗话说："实践出真知。"在书本中学到的理论知识未必能完全融会贯通，此时就需要按照书中所讲的方法，进行上机实践，在实践中巩固基础知识，加强自己对知识的理解，以将其运用到实际的工作或生活中。

2. 总结经验和教训

在学习过程中，难免会因为对知识不熟悉而造成各种错误，此时可将易犯的错误记录下来，并多加练习，增加对知识的熟练程度，减少以后操作的失误，提高日常工作的效率。

3. 吸取他人经验

学习知识并非一味地死学，若在学习过程中遇到了不懂或不易处理的内容，可在网上搜索一些优秀的视频讲解和完成的图稿等，借鉴他人的经验进行学习，这不仅可以提高自己的绘图速度，还能了解更多风格的图形及绘制方法，更能增加图形绘制的专业性。

4. 加强交流与沟通

俗话说："三人行，必有我师焉。"若在学习过程中遇到了不懂的问题，不妨多问问身边的朋友、前辈，听取他们对知识的不同意见，拓宽自己的思路。同时，还可以在网络中进行交流或互动，如在百度知道、搜搜、天涯问答、道客巴巴中提问等。

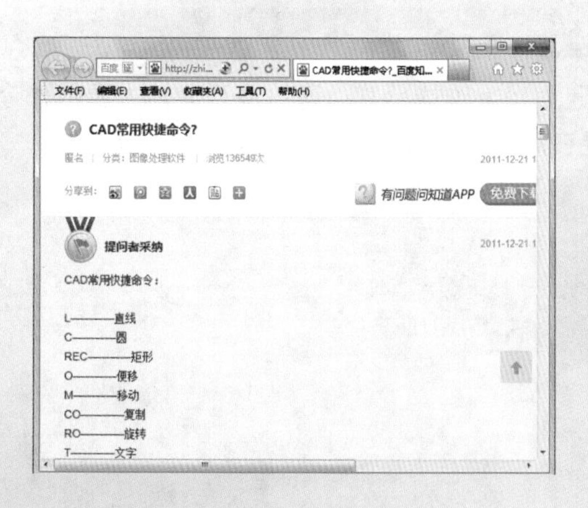

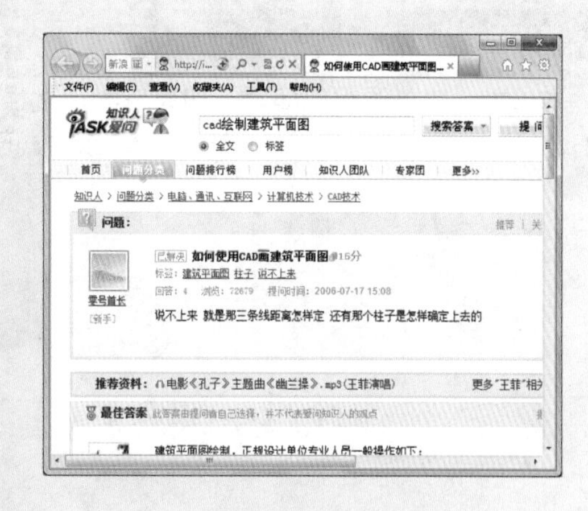

5. 通过网上提供的视频进行学习

在日常绘图中，需要使用的绘图方法和工具插件较多，但并不是每种方法都会使用，还可使用相关的书籍来进行学习。当遇到不熟悉或不会使用的绘图方法时，也可在网上搜索与该工具相关的教程视频进行学习，以掌握该工具的相关知识与相关操作。

6. 上技术论坛进行学习

本书已对平面类图形的绘制和三维图形的绘制方法进行了详细讲解，但由于篇幅有限，仍不可能面面俱到，此时读者可以采取其他方法获得帮助。如在专业的与软件相关的网站中进行学习，包括设计师联盟、机械设计 - 我要自学网和建筑设计 - 土木工程网等。这些网站各具特色，能够满足用户的不同设计需求。

设计师联盟

网址：http://bbs.cool-de.com

特色：设计师联盟是专注室内设计的网站。本站有最新的室内设计资讯，通俗易懂的教程，专业的实例方案和众多的素材资源等，让用户更快地掌握图纸的绘制方法和对各种风格的了解。本网站得到很多设计师和一些设计爱好者的青睐和喜爱。

机械设计 - 我要自学网

网址：http://www.51zxw.net

特色：机械设计 - 我要自学网是国内最丰富、最详细的机械类知识学习平台，该网站中提供了各种机械知识、机械软件、机械书籍、图纸画法和绘制要求等的教程以及软件下载，深受机械设计者、程序编辑人员以及与机械组装相关的用户的喜爱。

7. 还可以找我们

本书由九州书源组织编写，如果在学习过程中遇到了困难或疑惑，可以联系九州书源的作者，我们会尽快为您解答，关于九州书源的联系方式已经在前言中进行了介绍，这里不再赘述。